Physikalische
Organische
Chemie

Physikalische Organische Chemie

Von LOUIS P. HAMMETT

AKADEMIE-VERLAG · BERLIN
1976

Lizenzausgabe des Verlags Chemie, GmbH, Weinheim/Bergstraße

Erschienen im Akademie-Verlag, 108 Berlin, Leipziger Straße 3–4
Lizenznummer: 202 · 100/476/76
Gesamtherstellung: VEB Druckerei „Thomas Müntzer", 582 Bad Langensalza
Bestellnummer: 7621904 (6195) · LSV 1215, 1275
Printed in GDR
EVP 59,–

Vorwort zur zweiten Auflage

Als ich vor etwa dreißig Jahren die erste Auflage dieses Buches schrieb, war das Gebiet der Physikalischen Organischen Chemie als aktiver Forschungszweig kaum älter als zehn Jahre. Die Entwicklung seither ist durch ein stürmisches Wachstum gekennzeichnet. Der betrübliche Zustand, von dem Katchalsky* spricht, ist indessen noch lange nicht erreicht: „Ob es uns paßt oder nicht, ist es das Endziel jeder Wissenschaft, trivial zu werden, zu einem wohlbeherrschten Apparat zur Lösung von Schulbuch-Aufgaben oder zur praktischen Anwendung bei der Konstruktion von Maschinen zu werden." Solange wir noch in einer Weise überrascht werden können wie vor einigen Jahren, als die Entdeckung bekannt wurde, daß Reaktionen unter Beteiligung von Basen in Dimethylsulfoxid 10^{13}mal schneller verlaufen können als in Methanol, liegt dieses Ziel noch in weiter Ferne. Auch die Zeit, zu der es eine Schulbuch-Aufgabe sein wird, vorauszusagen, welche Substanz ein Katalysator für welche Reaktion ist, ist noch lange nicht da.

Trotzdem darf vieles, was vor dreißig Jahren noch bloße Hypothese war, heute als gesichert gelten. Beziehungen, die die Wirklichkeit besser wiedergeben, ersetzen manche der früheren groben Näherungen, und sowohl das Fach selbst wie seine Jünger haben einen gewissen Grad der Reife erreicht. Die Zeit scheint gekommen für eine gründliche Überarbeitung der früheren Auflage.

Wie die erste Auflage befaßt sich auch dieses Buch mit Reaktionsgeschwindigkeiten, Gleichgewichten und Mechanismen. Genauer behandelt es diese Probleme lediglich im beschränkten Bereich der heterolytischen Reaktionen in Lösung. Das Gebiet der Radikal-Reaktionen belegte 27 der 325 Seiten der ersten Auflage; 1957 war es allein Gegenstand eines Buches von 600 Seiten**. Ich kann so wenig zu Wallings Abhandlung hinzufügen, daß ich es vorziehe, dieses Gebiet hier gar nicht zu diskutieren. In der ersten Auflage waren 5 Seiten der Molekülorbital-Theorie gewidmet; auch sie werde ich aus dem gleichen Grund wie bei den Radikal-Reaktionen in dieser Überarbeitung nicht mehr behandeln.

Trotz dieser Weglassungen wäre das Buch über jedes vernünftige Maß hinausgewachsen, wollte es, wie es die erste Auflage anstrebte, enzyklopädischer und nicht illustrativer Natur sein, wollte es etwa alle Reaktionen diskutieren, über deren Mechanismus man etwas weiß, anstatt Beispiele auszuwählen, die das Vorgehen bei reaktionsmechanistischen Untersuchungen illustrieren.

Ich hoffe indessen, daß die Behandlung der Prinzipien, von denen man bei der Untersuchung von heterolytischen Reaktionen in Lösung Gebrauch macht, gründlich genug ist, so daß das Buch sowohl für den Studenten als auch für den praktisch tätigen Forscher von Nutzen sein wird.

---

*) Int. Sci. Technol., Oktober 1963, S. 43.

**) C. Walling, "Free Radicals in Solution", John Wiley & Sons, Inc., New York, 1957.

Diese Überarbeitung wuchs aus Vorlesungen und Seminaren heraus, die ich als Gast am Union Carbide Research Institute, an der University of South Carolina, am Brookhaven National Laboratory, an der Pennsylvania State University und an der Purdue University halten durfte. Ohne die Inspiration und die Anregungen, die ich von den Mitgliedern und Studenten dieser Institute erhalten habe, wäre es nie begonnen worden. Weiter gebührt mein Dank den Herren E. M. Arnett, M. M. Davis, H. L. Goering, R. W. Taft und H. Zollinger, die alle Teile des Manuskripts gelesen und kommentiert haben. Auch der Abteilung für Chemie der Princeton University, deren ausgezeichnete Bibliothek ich benutzen durfte, bin ich zu Dank verpflichtet.

Louis P. Hammett

Vorwort zur ersten Auflage

Beobachtet man die Entwicklung der Wissenschaft, so stellt man sehr häufig fest, daß die notwendige Unterteilung eines Faches zur zeitweiligen Vernachlässigung der Erscheinungen führt, die im Grenzbereich zwischen den speziellen Arbeitsgebieten liegen. Früher oder später macht sich dieser Mangel dann in einer Weise bemerkbar, daß er nicht mehr länger einfach übersehen werden kann, und ein neues Spezialgebiet entsteht. Etwas Derartiges spielte sich in den letzten Jahrzehnten an der Grenze zwischen der Physikalischen und der Organischen Chemie ab. Eine Zeitlang war es für physikalische wie für organische Chemiker fast eine Ehrensache, kaum etwas über das Feld des andern zu wissen. Auch heute noch kann man sich nötigenfalls mit dem Hinweis verteidigen, daß Spezialisierung eben sowohl Beschränkung als auch Vertiefung des Wissens bedeute. Mittlerweile hat sich eine ansehnliche Menge von Fakten, Prinzipien und Theorien angesammelt, die man zu Recht als „Physikalische Organische Chemie" bezeichnen kann. Dieser Name deutet darauf hin, daß die Erscheinungen der Organischen Chemie mit quantitativen und mathematischen Methoden untersucht werden.

Eine der Hauptrichtungen, in denen sich das Fach entwickelte, war die Untersuchung – mit quantitativen Methoden – der Reaktionsmechanismen und der verwandten Probleme des Effekts von Struktur und Umgebung auf die Reaktivität. In keiner andern Richtung wurden Resultate von so unmittelbarer praktischer Bedeutung für das Grundproblem der Chemie, die Kontrolle von chemischen Reaktionen, erzielt. Dieser Teil der Physikalischen Organischen Chemie ist Gegenstand des vorliegenden Buches.

Einer meiner Kollegen, ein Physiker, bezeichnete diese Art der Untersuchung einst scherzhaft als „Studium des Seifensiedens"; jeder angesehene Chemiker müsse sich heutzutage mit der Chemie der Atomkerne beschäftigen. Diese Bemerkung unterschätzt sowohl die theoretische als auch die praktische Bedeutung des Seifensiedens. Seife ist in unserer Zivilisation in keiner Weise ein zu vernachlässigender Faktor. Ich bin gar nicht sicher, ob wir über die Grundlagen des Seifensiedens, mit andern Worten der Esterhydrolyse, mehr wissen als über Atomkerne. Ich glaube, die theoretischen Probleme, die sich dabei stellen, sind ganz genau so interessant. Ich bin auch überzeugt, daß das Verständnis des Mechanismus, nach dem komplexe, natürlich vorkommende Substanzen, die Enzyme, Hydrolysen beschleunigen, ein entscheidender Fortschritt im Hinblick auf die Interpretation des Phänomens „Leben" wäre.

Ich entschuldige also dieses Buch zum Teil damit, daß es wichtige und interessante Dinge behandelt. Zur weiteren Rechtfertigung möchte ich herausstreichen, daß sich das Gebiet mittlerweile bis zu dem Punkt entwickelt hat, an dem eine einheitliche und zusammenhängende Behandlung auf der Grundlage von wenigen einfachen Verallgemeinerungen und Theorien möglich ist. Meine letzte Entschuldigung schließlich ist, daß bis heute lediglich in Zeitschriften weit verstreute Artikel, nicht aber ein umfassendes und befriedigendes Werk über dieses Gebiet zur Verfügung stehen. Es ist in der Tat ebenso schwierig, einem Studenten der Physikalischen Chemie, der sich für die Bedeutung der Untersuchung von Isotopenaustausch-Phänomenen in organischen Verbindungen interessiert, Literatur anzugeben, wie einem Studenten der Organischen Chemie, der die Säurekatalyse der Beckmann-Umlagerung oder der Cyclodehydratisierungs-Reaktion verstehen möchte. Ich hoffe, daß dieses Buch für beide Gruppen von Nutzen sein wird. Ich habe versucht, die Diskussion für einen Studenten mit einigermaßen gediegenen, doch elementaren Kenntnissen der Physikalischen und der Organischen Chemie verständlich zu machen. Ich bitte es mir nachzusehen, wenn es Stoff enthält, der dem fortgeschrittenen Praktiker in den beiden Gebieten offensichtlich und trivial erscheint.

Die Theorien und Prinzipien, die in diesem Buch dargestellt sind, sind nur zu einem kleinen Teil meine eigenen. Beim Versuch, sie den richtigen Urhebern zuzuschreiben, sind mir zweifellos Fehler unterlaufen. Zu meiner Verteidigung kann ich nur darauf hinweisen, wie schwierig es ist, den Vorrang von Ideen zu bestimmen. Gerne erkenne ich an, wie sehr ich anderen verpflichtet bin. Den Herausgebern des Journal of the American Chemical Society und der Chemical Reviews sowie der Faraday Society bin ich für die Erlaubnis, einige Abbildungen zu reproduzieren, verpflichtet. Meinen Kollegen an der Columbia University, insbesondere Herrn Prof. George E. Kimball, der Teile des Manuskripts gelesen und kommentiert hat, danke ich für Anregungen und Ratschläge. Nicht vergessen möchte ich auch meine Studenten, von denen ich mehr gelernt habe, als ich ihnen lehren konnte. Am meisten Dank schulde ich drei hervorragenden Lehrern, E. P. Kohler, H. Staudinger und J. M. Nelson, die den Samen legten, aus dem dieses Buch erwachsen ist.

Louis P. Hammett

Inhalt

1. Einleitung

Voraussage und Kontrolle des Verlaufs von chemischen Reaktionen stellt meiner Ansicht nach einen großen Teil der Arbeit des Chemikers dar. Zur Lösung dieser Aufgabe stehen, wie für jeden Versuch des Menschen, die Natur zu beherrschen, zwei Wege offen. Der eine besteht darin, umfassende, allgemeingültige Prinzipien aufzustellen, aus denen dann die einzelnen Eigenschaften der Materie abgeleitet werden können. Der andere beruht auf der empirischen Herleitung von Verallgemeinerungen aus einzelnen Bausteinchen, wobei man angenäherte, nur in beschränktem Umfang gültige Theorien zu Hilfe nimmt, wenn dadurch empirische Befunde erklärt werden können oder neue interessante Wege für experimentelle Untersuchungen aufgezeigt werden. Das Wesen unseres Fachgebietes bringt es mit sich, daß wir Chemiker weitgehend auf den zweiten Weg angewiesen sind. Ich habe in einem anderen Zusammenhang gesagt*: „Chemiker haben bereits nützliche und wertvolle Arbeitsprinzipien gefunden, lange bevor der theoretische Schlüssel zu allen Problemen der Chemie in der Schrödinger-Gleichung gefunden wurde. Selbst heute ist die Information, die der Chemiker unmittelbar aus dieser Gleichung ableiten kann, nur ein kleiner Teil dessen, was er weiß."

Manche Chemiker scheinen sich darob zu schämen und diejenigen Wissenschaftler zu beneiden, die dank der Natur ihres Fachgebietes mit Dirac** einiggehen können, daß „die Schönheit einer Gleichung wichtiger ist als ihre Übereinstimmung mit dem Experiment". Ich neige eher dazu, Stolz zu empfinden für ein Fach, das so viel erreicht hat durch geschickte Ausnützung aller nur denkbaren Möglichkeiten des Geistes, und zwar sowohl der groben und rohen, wie auch der feingeschliffenen und eleganten. Um noch einmal mich selbst zu zitieren***: „Ich hoffe, daß nichts, was ich gesagt habe, zum Glauben führt, ich würde die Theorie ablehnen oder ihre Bedeutung in irgendeiner Weise herabmindern. Ich glaube aber fest, daß wir über dem Respekt, den wir der Theorie entgegenbringen, nicht die ebenso großen Errungenschaften, die die Wissenschaft der empirischen Verallgemeinerung verdankt, vergessen sollten. Man denke nur an die enormen Folgen, die sich aus der – empirischen – Entdeckung einer unerwarteten und recht seltsam anmutenden quantitativen Beziehung zwischen den Linien im Wasserstoff-Spektrum durch einen Schweizer Lehrer für die Entwicklung der Theorie ergaben."

„Auch glaube ich, daß wir bisweilen den großen Unterschied zwischen exakter Theorie und approximativer Theorie übersehen. Lassen Sie mich einmal mehr meinen Respekt auch für die approximative Theorie betonen. Wenn beispielsweise die Molekülorbital-Theorie meinen Kollegen Breslow dazu führt, die Stabilität und den aromatischen Charakter einer so exotischen Verbindung wie des Cyclopropenyl-Kations

---

* Int. Sci. Technol., Januar 1946, S. 62.

** P. A. M. Dirac, *Sci. Am. 208:* 45 (1963).

*** Willard Gibbs Medal Address, Chicago Section, American Chemical Society, 19. Mai 1961.

vorauszusagen, so ist es offensichtlich, daß diese Theorie, mag sie auch nur eine Näherung sein, ein sehr wirkungsvolles Werkzeug zur Entdeckung neuartiger Phänomene darstellt. Wenn sie anderseits jedoch voraussagt, daß ein bestimmtes neues Phänomen oder eine neue Beziehung *nicht* möglich sei, so sollte man dies nicht für völlig entmutigend ansehen. Schickt man sich an, nach einem Effekt zu suchen, der nach einer solchen Theorie vorausgesagt wird, so sind die Voraussetzungen für einen erfolgreichen Abschluß der Untersuchung günstig. Beginnt man nach einem Effekt zu suchen, der nach einer solchen Theorie nicht möglich sein sollte, so stehen die Chancen gegen einen. Zum Glück jedoch gibt es neben den Wissenschaftlern, die stets auf den Favoriten setzen, auch solche, die lieber gegen die Voraussagen wetten (wenn ich hier einmal mit den Freunden des Pferdesports vergleichen darf). In der Wissenschaft sollten wir, so glaube ich, alles nur mögliche tun, um diejenigen zu ermutigen, die gewillt sind, in vernünftigem Maße gegen Chancen dieser Art zu setzen.

„Das soll nun nicht heißen, daß wir den Narren oder den Ahnungslosen, der in selbstmörderischer Weise gegen das Glück spielt, unterstützen sollen – den Mann, der Zeit und (fremdes) Geld aufwendet, um nach einem Effekt zu suchen, der im Widerspruch steht beispielsweise zu einem der Sätze von Willard Gibbs. Gibbs ging aus von durchwegs bewiesenen, allgemeinen Tatsachen (dem ersten und zweiten Hauptsatz der Thermodynamik) und arbeitete mit exakten mathematischen Verfahren. Seine Schlüsse sind das beste Beispiel exakter Theorie, das ich kenne, einer Theorie, gegen die anzukämpfen eitel und zwecklos ist.

„Die machtvollen Beziehungen, die Gibbs entdeckt hat, sind jedoch abstrakt. Um sie in konkrete Beziehungen zu übersetzen, die so heikle Begriffe wie die Konzentration von gelösten Substanzen einbeziehen, benötigt man entweder genaue empirische Zustandsgleichungen oder aber Theorien, die notgedrungen nur approximativ sein können. Vorsicht ist somit immer noch am Platz, namentlich, wenn die approximative Theorie mit dem Prestige eines hervorragenden Wissenschaftlers vermengt ist. In Nernsts hohem Alter beispielsweise gab es eine Zeit, da sich höchst selten jemand erkühnte, ein Ergebnis zu veröffentlichen, das im Widerspruch zu der speziellen, nur angenähert gültigen Zustandsgleichung stand, mit der Nernst in seiner Jugend so Wertvolles erreicht hatte. Diejenigen, die es versuchten, wurden von einem gewaltigen Ungewitter heimgesucht, das bis in die Tage von G. N. Lewis den Widersacher gewöhnlich zerschmetterte.

„Und die Moral von alledem: Man bringe der exakten Theorie großen Respekt entgegen, versichere sich aber gut, daß es wirklich exakte Theorie ist, die einen davon abhält, etwas zu versuchen, und nicht etwa nur das Lieblings-Schmerzmittel eines berühmten Mannes."

2. Die Thermodynamik von Reaktionen in Lösung

2.1. Das chemische Potential

Die Schlüsselrolle für das Verhalten einer Substanz i in chemischen Reaktionen spielt ihr chemisches Potential μ_i, das definiert ist als:

$$\mu_i = \left(\frac{\partial G}{\partial n_i}\right)_{T,P,n_j,x} \qquad (1)$$

Dabei ist G der Wert der Freien Energie nach Gibbs, die definiert ist als $E - TS + PV$ für eine bestimmte Phase, d. h. einen homogenen Teil der Materie, der die Substanz i enthält. n_i ist die Anzahl Mole der Substanz i in der Phase. Der Index n_j bedeutet, daß die Mengen aller Komponenten des Systems außer i konstant gehalten werden. Der Index x bezieht sich auf weitere Beschränkungen, die durch etwaige elektrische, magnetische, Oberflächen- oder Gravitationseffekte bedingt sind.

Gibbs, der die Funktion μ_i einführte, bezeichnete sie [1]* als das Potential der Substanz i, doch scheint man allgemein zu glauben, er hätte sie chemisches Potential genannt.

Der längere Ausdruck dürfte die Gefahr einer gewissen Mehrdeutigkeit vermeiden. Das chemische Potential ist die Größe, die Lewis und Randall 1923 in ihrem Pionierwerk „Thermodynamics" als molare freie Energie F_i bezeichneten, wenn die Substanz i eine reine Phase darstellt, als partielle molare freie Energie $\bar{\mathrm{F}}_i$, wenn i in Lösung vorliegt. Chemiker, deren Gemüter sich über der Frage der Definition des Ausdruckes „Freie Energie" und des dafür passenden Symbols erhitzen, machen sich oft bedauerlich wenig Gedanken über die sehr wesentliche Unterscheidung von drei Größen; in der Tat brauchen sie oft den gleichen Ausdruck für alle drei. Es handelt sich um die extensive Größe G oder F, die intensive Größe μ, F oder $\bar{\mathrm{F}}$, die für eine Substanz in Lösung konzentrationsabhängig ist, sowie die Größe μ° oder $\bar{\mathrm{F}}^\circ$, die definiert ist als

$$\mu^\circ = \lim_{c \to 0} (\mu - \mathbf{R}T \ln c) \qquad (2)$$

und unabhängig von der Konzentration ist. Zweifellos geht die Verwirrung zum großen Teil darauf zurück, daß „partielle molare freie Energie" ein unhandlicher Ausdruck ist, und daß große und kleine Großbuchstaben selbst im Druck nicht leicht zu unterscheiden sind, noch viel weniger natürlich in Hand- oder Maschinenschrift oder an der Wandtafel.

---

* Numerierte Literaturzitate sind am Schluß jedes Kapitels zusammengestellt.

Gibbs definierte das Potential als

$$\mu_i = \left(\frac{\partial E}{\partial m_i}\right)_{S,V,m_j,x} \tag{3}$$

wobei E Energie, S Entropie und m Masse in nicht spezifizierten Einheiten bedeutet. Die zwei Definitionen sind auf Grund der thermodynamischen Gesetze äquivalent, doch stellt Gl. (1) die für den Chemiker nützlichere Form dar. Gemäß dieser Definition ist das chemische Potential einer bestimmten Substanz in einer bestimmten Phase der Anstieg der Freien Energie nach Gibbs G der Phase mit steigender Menge der Substanz, wenn Temperatur, Druck und gewisse weitere Variabeln bei der Zugabe konstant gehalten werden und keine anderen Substanzen zur Phase zugefügt oder aus ihr entfernt werden. Das bedeutet, daß die Differenz des Potentials einer Substanz in zwei verschiedenen Zuständen bei konstanter Temperatur und Druck dem negativen Wert der reversibeln Netto-Nutzarbeit pro Mol* entspricht, die aufgebracht werden muß, um die Substanz vom ersten in den zweiten Zustand überzuführen.

Wie für die Gibbs-Energie, und wie im Grunde für die Energie selbst, läßt sich ein numerischer Wert für das chemische Potential einer Substanz nur bezüglich eines Standardzustandes (Bezugszustand, Referenzzustand) angeben. Der Potentialdifferenz, die mit dem Übergang einer Substanz aus einem System oder Zustand in ein anderes verbunden ist, läßt sich jedoch ein eindeutiger numerischer Wert zuordnen, wie es auch für die mit einer chemischen Reaktion verbundene Potentialdifferenz möglich ist. Macht man die oft vorteilhafte Annahme, der Bezugszustand sei stets bei der gleichen Temperatur und dem gleichen Druck wie der jeweils betrachtete Zustand, so ist es wichtig zu bedenken, daß die Temperatur- und Druckkoeffizienten von μ sowohl vom Bezugszustand als auch vom betrachteten Zustand abhängen.

Die große Bedeutung des chemischen Potentials liegt in folgendem: Ist seine Größe, bezogen auf einen festen Bezugszustand, für alle an einer chemischen Reaktion beteiligten Substanzen als Funktion der Zusammensetzung des Systems, der Temperatur und des Druckes bekannt, so kann man sofort für jeden beliebigen Satz von Bedingungen berechnen, bis zu welchem Ausmaß die Reaktion nach Erreichen des Gleichgewichts abgelaufen sein wird. Auch lassen sich die thermischen Effekte, die die Reaktion begleiten, die maximale Nutzarbeit, die man gewinnen kann, wenn man die Reaktion in Richtung auf das Gleichgewicht ablaufen läßt, und die minimale Arbeit, die man aufwenden muß, um das System aus dem Gleichgewicht zu bringen, berechnen.

2.2. Die Änderung der Gibbs-Energie bei einer Reaktion

Die Schlüssel-Beziehung ist:

$$\left(\frac{\partial G}{\partial \xi}\right)_{T,P} = \Delta\mu \tag{4}$$

* Zum Konzept der reversiblen Arbeit vgl. z. B. [2], S. 76–78, 140.

ξ ist die sogenannte Reaktionslaufzahl, d. h. $d\xi$ ist gleich der Änderung der Anzahl Mole jeder an der Reaktion beteiligten Substanz mit fortlaufender Reaktion, dividiert durch den stöchiometrischen Koeffizienten ν dieser Substanz. ν_i ist die Zahl, die vor dem chemischen Symbol der Substanz i steht, wenn man die stöchiometrische Gleichung der Reaktion in der üblichen Weise aufstellt; für die Bildung von Ammoniak aus Stickstoff und Wasserstoff als Beispiel lautet diese:

$$2NH_3 - N_2 - 3H_2 = 0 \tag{I}$$

Hier hat ν_i den Wert $+2$ für NH_3, -1 für N_2 und -3 für H_2, und

$$d\xi = \tfrac{1}{2} dn_{NH_3} = -dn_{N_2} = -\tfrac{1}{3} dn_{H_2} \tag{5}$$

Im Zusammenhang mit einer chemischen Reaktion bedeutet der Operator Δ, angewendet auf irgendeine Variable x, daß

$$\Delta x = \sum_i \nu_i x_i \tag{6}$$

Für die Reaktion (I) ergibt sich folglich:

$$\Delta\mu = 2\mu_{NH_3} - \mu_{N_2} - 3\mu_{H_2} \tag{7}$$

In der Sprache dieses Symbolismus bedeutet:

$$\Delta 1 = \sum_i \nu_i \tag{8}$$

Die Symbole ξ und ν wurden 1920 von de Donder eingeführt und später von Prigogine und Defay [3] verwendet; sie werden heute von der IUPAC empfohlen. Kirkwood und Oppenheim [4] benutzen statt ξ das Symbol λ und bezeichnen die Größe als „progress variable".

Die Gültigkeit von Gl. (4) folgt unmittelbar aus dem Satz, daß die Gibbs-Energie eines Systems eine Zustandsfunktion ist. Dieser Satz ergibt sich notwendig aus den Definitionen der Gibbs-Energie und des Carnot-Prozesses*.

Gemäß diesem Satz ist

$$dG = \left(\frac{\partial G}{\partial T}\right)_{P,n} dT + \left(\frac{\partial G}{\partial P}\right)_{T,n} dP + \sum_j \mu_j dn_j \tag{9}$$

für jede infinitesimale Änderung, wobei über alle Komponenten des Systems summiert wird. Hält man Temperatur und Druck des Systems konstant, und ist eine bestimmte chemische Reaktion die einzige Änderung, die eintritt, so vereinfacht sich Gl. (9) zu

* Der Beweis für diese Überlegungen läßt sich mit mehr oder weniger großen Schwierigkeiten aus jedem Lehrbuch der chemischen Thermodynamik herauslesen. Dasselbe gilt für den Satz, daß $dG < 0$ für jede spontane Änderung in einem System bei konstanter Temperatur und konstantem Druck.

$$dG = \sum_i \mu_i \, dn_i \tag{10}$$

wobei diesmal nur über die Substanzen summiert wird, die an der Reaktion beteiligt sind. Aus der Definition von ξ ergibt sich:

$$dn_i = \nu_i \, d\xi \tag{11}$$

Daraus folgt:

$$\frac{\partial G}{\partial \xi} = \sum_i \nu_i \mu_i = \Delta\mu_i \tag{12}$$

2.3. Das Gleichgewichts-Kriterium für eine chemische Reaktion

Die notwendige und hinreichende Bedingung für das Gleichgewicht in einer chemischen Reaktion ist, daß:

$$\Delta\mu = 0 \tag{13}$$

Dies folgt aus der grundlegenden Tatsache, daß in einem System, das sich bei konstanter Temperatur und Druck im Gleichgewicht befindet, weder eine Erhöhung noch eine Erniedrigung von ξ mit einer Verringerung der Gibbs-Energie des Systems verbunden sein kann. Dies ist nur möglich, wenn:

$$\left(\frac{\partial G}{\partial \xi}\right)_{T,P} = 0 \tag{14}$$

Gl. (13) folgt unmittelbar aus Gl. (4). Wenn ein System unter der einschränkenden Bedingung konstanter Temperatur und konstanten Drucks das Gleichgewicht erreicht hat, so wird die Reaktion auch dann nicht weiter fortschreiten, wenn anstelle der genannten andere Beschränkungen, wie etwa konstantes Volumen oder konstante Entropie, eingeführt werden.
Die Bedingung für das Gleichgewicht wird oft geschrieben als:

$$\Delta F = 0 \tag{15}$$

ΔF ist die Änderung von F, die die Bildung von ν_i Molen des Reaktionsproduktes i in einem System begleitet, das entweder nur aus reinen Phasen besteht oder so groß ist, daß die Reaktion zu keiner signifikanten Änderung in irgendeiner Phase führt. Definiert man ΔF in dieser Weise, so sind Gl. (15) und Gl. (13) gleichwertig.
Für ein heterogenes System, in dem die Zusammensetzung aller Phasen unveränderlich ist, wird die zweite Ableitung $\delta^2 G/\delta \xi^2$ Null, weil Änderungen in ξ alle μ_i-Werte unverändert lassen. Wenn sich aber die Zusammensetzung mindestens einer Phase mit fortschreitender Reaktion ändert, so wird einer oder mehrere der μ_i-Werte eine Funktion von ξ sein. Da eine Änderung von ξ G nicht verkleinern kann,

wenn das System bereits im Gleichgewicht ist, wird der Wert der zweiten Ableitung in diesem Fall für die Gleichgewichtszusammensetzung positiv sein.
Um die Bedeutung der eleganten und allgemein gültigen Beziehung (13) richtig einschätzen zu können, ist es notwendig, zu bestimmen oder abzuschätzen, wie die Potentiale der Reaktionspartner von der Zusammensetzung des Systems abhängen.

2.4. Die Näherung für verdünnte Lösungen

Es ist oft vorteilhaft, die Bestandteile einer Lösung zu unterteilen in einerseits das Gelöste, das einen relativ geringen Teil der Mischung darstellt, und anderseits das Lösungsmittel (oder die Mischung von Lösungsmitteln), das den großen Anteil darstellt. Die Bedeutung dieser Unterscheidung beruht auf der Tatsache, daß auf Grund der Erfahrung, die durch quantenstatistische Betrachtungen untermauert werden kann, die Beziehung

$$\mu_i = \mu_i^\circ + \mathbf{R}T \ln c_i \tag{16}$$

eine nützliche erste Näherung für die gelösten Teile darstellt, währenddem für das Lösungsmittel oder dessen Komponenten die Approximation

$$\mu_i = \mu_i^\circ \tag{17}$$

gilt. Hierbei ist c_i die Konzentration des Gelösten i in mol l^{-1}. μ_i° ist definiert als

$$\mu_i^\circ = \lim_{c \to 0} (\mu_i - \mathbf{R}T \ln c_i) \tag{18}$$

für eine gelöste Komponente und als

$$\mu_i^\circ = \lim_{c \to 0} \mu_i \tag{19}$$

für das Lösungsmittel oder eine Lösungsmittelkomponente. In beiden Fällen ist der Grenzwert für unendlich kleine Konzentration aller gelösten Stoffe unabhängig von der Konzentration des Gelösten.
Man darf erwarten, daß die in Gl. (16) und (17) dargestellten Näherungen für Konzentrationen bis zu etwa 0.1 mol/l an Gelöstem auf etwa 1% im Wert von c genau sind. Eine Ausnahme bilden ionisierte Elektrolyte und Hochpolymere.
Manche Chemiker ziehen andere Konzentrationsmaße als c vor. Für Gase ist der Partialdruck P_i in Atmosphären üblich, der gewöhnlich definiert wird als

$$P_i = c_i \mathbf{R}T \tag{20}$$

wobei $\mathbf{R} = 0.08205$ l atm mol^{-1} K^{-1}. Für flüssige Lösungen sind auch die Molalität m in Mol Gelöstem pro 1000 g Lösungsmittel und der Molenbruch x in Gebrauch.

Mit etwa der gleichen Genauigkeit, wie Gl. (16) gilt, sind m und x in verdünnter Lösung mit c verbunden durch die Beziehungen

$$m = \frac{c}{\rho} \tag{21}$$

und:

$$x = \frac{M_1 c}{1\,000\rho} \tag{22}$$

Hierbei ist ρ die Dichte in $\mathrm{g\,cm^{-3}}$ und M_1 die Molekülmasse (Molekulargewicht) des Lösungsmittels. Aus Gl. (16) ergibt sich also

$$\mu = (\mu^\circ + \mathbf{R}T \ln \rho^\circ) + \mathbf{R}T \ln m \tag{23}$$

und

$$\mu = \left(\mu^\circ + \mathbf{R}T \ln \frac{1\,000\rho^\circ}{M_1}\right) + \mathbf{R}T \ln x \tag{24}$$

wobei ρ° die Dichte des Lösungsmittels bedeutet. Für verdünnte Lösungen ist somit die Abhängigkeit des chemischen Potentials μ von m und x von der gleichen Form wie die Abhängigkeit von c, doch gelten statt μ° in Gl. (16) die entsprechenden Ausdrücke in den Klammern von Gl. (23) und Gl. (24). Der numerische Wert von μ° hängt in jedem Fall von den verwendeten Konzentrationseinheiten ab.

Der Vorteil der Molenbruch-Darstellung ist, daß für binäre Mischungen aus sehr ähnlichen Substanzen μ im ganzen Bereich von $x = 0$ bis $x = 1$ für beide Substanzen eine lineare Funktion von $\ln x$ mit der Steigung $\mathbf{R}\,T$ ist. Zugunsten von m spricht, daß, im Gegensatz zu x, keine Angaben über die Molekülmasse des Lösungsmittels in der Lösung nötig sind, und daß sich der Wert von m, im Gegensatz zu c, mit der Temperatur nicht ändert. Zugunsten von c kann man anführen, daß Abweichungen von Gl. (16) durch die mittlere Distanz zwischen gelösten Molekülen bestimmt werden und somit eine Funktion des Volumens der Lösung und nicht der Menge des Lösungsmittels sind.

2.5. Das Standard-Potential

Für die durch Gl. (18) definierte Größe werden verschiedene Namen und Symbole benutzt. Bei Lewis und Randall [2] heißt sie Standard-Freie-Energie („standard free energy") und hat das Symbol $\bar{F}_i^\circ$. In der Literatur wird diese Bezeichnung leider oft in Freie Energie abgekürzt, und das Symbol $\bar{F}_i^\circ$ wird durch F ersetzt. Lewis und Randall charakterisieren $\bar{F}_i^\circ$ als die partielle molare freie Energie von i in einer hypothetischen idealen Lösung mit $\bar{F}_i = \bar{F}_i^\circ$ und $c_i = 1$, in der aber die partielle molare Enthalpie und die Wärmekapazität des Gelösten die Werte der unendlich verdünnten Lösung haben.

Kirkwood und Oppenheim [4] bezeichnen die Größe als Referenzwert des chemischen Potentials („reference value of the chemical potential") und verwenden dafür das Symbol μ_i°. Prigogine und Defay [3] nennen sie „potentiel chimique propre" und benutzen das Symbol ζ_i. Das „potentiell chimique propre" steht im Gegensatz

zum „potentiel chimique du mélange", das die konzentrationsabhängige Größe $\mu_i - \mu_i^\circ$ ist (vgl. auch Gurney [5]).
Die Bezeichnung Standard-Potential und das Symbol μ_i° erscheinen vernünftig und werden im folgenden verwendet werden*.

2.6. Das Gleichgewichtsgesetz in der Näherung für verdünnte Lösungen

Für eine Reaktion in homogener Lösung ist die Gleichgewichtskonstante K definiert als:

$$K = \prod_j c_j^{\nu_j} \tag{25}$$

Die c_j bedeuten dabei die Konzentrationen aller gelösten Substanzen, die in der stöchiometrischen Gleichung erscheinen. Das Lösungsmittel indessen wird, selbst wenn es stöchiometrisch an der Reaktion beteiligt ist, in dieser Definition nicht berücksichtigt. In der Näherung für verdünnte Lösungen lautet das Gleichgewichtsgesetz

$$K = e^{-\Delta\mu^\circ/\mathbf{R}T} \tag{26a}$$

oder:

$$\Delta\mu^\circ = -\mathbf{R}T \ln K \tag{26b}$$

Die Näherung stimmt um so besser, je verdünnter die Lösung ist. Da die μ°-Werte nicht von der Konzentration des Gelösten abhängig sind, ist auch K konzentrationsunabhängig. K ist indessen eine Funktion der Temperatur und der Art des Lösungsmittels.
Die Summe, die durch $\Delta\mu^\circ$ dargestellt ist, enthält den μ°-Wert für das Lösungsmittel, obwohl in der Definition von K kein Faktor dafür enthalten ist. Für das Gleichgewichtsgesetz der Reaktion

$$\mathrm{A + S \rightleftharpoons B} \tag{II}$$

wobei A und B gelöste Komponenten und S das Lösungsmittel sind, ergibt sich somit

$$\frac{c_\mathrm{B}}{c_\mathrm{A}} = \exp \frac{\mu_\mathrm{A}^\circ + \mu_\mathrm{S}^\circ - \mu_\mathrm{B}^\circ}{\mathbf{R}T} \tag{27}$$

---

* *Anmerkung des Übersetzers:* Die Verwendung von „chemical potential" (Chemisches Potential), Symbol μ, wird von der International Union of Pure and Applied Chemistry (IUPAC) empfohlen. Allgemein in Gebrauch sind $\Delta G = (\partial G/\partial \xi)_{T,P} = \Delta\mu$ und $\Delta G^\circ = \Delta\mu^\circ$, die als Freie Reaktionsenthalpie und Standard-Freie-Reaktionsenthalpie bezeichnet werden.

Gl. (26) folgt unmittelbar aus der allgemeinen Gleichgewichtsbeziehung und der Näherung für verdünnte Lösungen. Im Gleichgewichtszustand gilt nach Gl. (13) allgemein:

$$0 = \Delta\mu = \sum_i \nu_i \mu_i = \sum_j \nu_j \mu_j + \nu_S \mu_S \tag{28}$$

ν_s und μ_s beziehen sich auf das Lösungsmittel; ν_s ist Null, wenn das Lösungsmittel nicht stöchiometrisch an der Reaktion beteiligt ist. Die Summierung über die j's betrifft nur gelöste Komponenten. Durch Substitution mit Hilfe der Gleichungen (16) und (17) erhält man

$$\sum_j \nu_j \mu_j^\circ + \sum \nu_j \mathbf{R}T \ln c_j + \nu_S \mu_S^\circ = 0 \tag{29}$$

und

$$\sum_i \nu_i \mu_i^\circ = -\sum_j \mathbf{R}T \ln c_j^{\nu_j} \tag{30}$$

was äquivalent zu Gl. (26) ist.

2.7. Der Aktivitätskoeffizient

Reale Lösungen verhalten sich oft nicht, wie man auf Grund der Näherung für verdünnte Lösungen erwarten würde. G. N. Lewis' Aktivitätskoeffizient γ ist ein sehr vorteilhaftes Maß für die beobachteten Abweichungen. Für eine gelöste Komponente j ist γ_j definiert als

$$\gamma_j = \frac{1}{c_j} \exp \frac{\mu_j - \mu_j^\circ}{\mathbf{R}T} \tag{31a}$$

oder

$$\mathbf{R}T \ln \gamma_j = (\mu_j - \mathbf{R}T \ln c_j) - \mu_j^\circ \tag{31b}$$

Für das Lösungsmittel oder eine Lösungsmittelkomponente werden wir im folgenden die Definition

$$\gamma_S^\circ = \exp \frac{\mu_S - \mu_S^\circ}{\mathbf{R}T} \tag{32}$$

verwenden. Gemäß diesen Definitionen nimmt der Aktivitätskoeffizient für unendlich kleine Konzentration des Gelösten den Grenzwert 1 an. (Beachte, daß Gl. (31 *b*) mit $\gamma_j = 1$, $\ln \gamma_j = 0$ in das Grenzgesetz für ideale Lösungen, Gl. (16), übergeht.)

2.8. Das exakte Gleichgewichtsgesetz

Durch Kombination von Gl. (13), (31) und (32) und Elimination von μ_j und μ_s erhält man die folgende exakte Beziehung:

$$K = \frac{K^\circ}{\prod_i \gamma_i^{\nu_i}} \tag{33}$$

K ist die bereits oben durch Gl. (25) definierte Funktion der Gleichgewichtskonzentrationen der gelösten Komponenten. K°, definiert als

$$K^\circ = \exp\left(-\frac{\Delta\mu^\circ}{\mathbf{R}T}\right) \tag{34}$$

ist der Grenzwert von K für unendlich kleine Konzentration aller gelösten Komponenten. Das Produkt der Aktivitätskoeffizienten umfaßt die Werte für alle stöchiometrischen Reaktionspartner, inbegriffen das Lösungsmittel, falls es an der Reaktion beteiligt ist. Für das Beispiel der Reaktion (II) nimmt Gl. (33) die Form

$$K = K^\circ \frac{\gamma_A \gamma_S}{\gamma_B} \tag{35}$$

an.

2.9. Das Vorzeichen der Ableitung $(\delta\mu/\delta c)_{T,p}$

Für einen gelösten Stoff in einer stabilen, homogenen Lösung gilt notwendigerweise die Ungleichung

$$\frac{\partial \mu_i}{\partial c_i} \geqslant 0 \tag{36}$$

und infolgedessen auch:

$$\frac{\partial \ln \gamma_i}{\partial \ln c_i} \geqslant -1 \tag{37}$$

Dies bedeutet, daß γ_i mit zunehmendem c_i zwar zu- oder abnehmen kann; die Geschwindigkeit der Abnahme von γ_i kann jedoch nicht größer als die Geschwindigkeit der Zunahme von c_i sein.

Die Gültigkeit dieser Beziehungen läßt sich durch folgende Überlegungen demonstrieren: Gegeben sind zwei Teile, *a* und *b*, einer Lösung. Temperatur, Druck und Zusammensetzung sind für beide Teile gleich, außer daß die Konzentration des Gelösten *i* in *a* größer ist als in *b*. Wäre nun das Potential von *i* in *a* kleiner als in *b*, so könnte *i* spontan von *b* nach *a* übergehen, denn dadurch würde der Wert von *G* im System erniedrigt. Dies würde auch gelten, wenn die anfängliche Konzentrationsdifferenz nur infinitesimal wäre. Der Prozeß würde so lange ablaufen, als das Potential von *i* in der Lösung *a* kleiner wäre als in *b*. Infolgedessen würden geringste Konzentrationsunterschiede in einer anfänglich homogenen Lösung zur Bildung von zwei Phasen mit unterschiedlicher Zusammensetzung führen. Dieses Phänomen tritt in übersättigten, also unstabilen Lösungen auf.

Daraus läßt sich schließen, daß die Ungleichung (36) für stabile Lösungen gilt. Eine allgemeinere und elegantere Diskussion des Vorzeichens von $\delta\mu/\delta c$, die auch andere Bedingungen als nur konstante Temperatur und konstanten Druck berücksichtigt, findet sich bei Kirkwood und Oppenheim [4, S. 59–67].
Aus Gl. (36) ergibt sich:

$$\frac{\partial \mu_i}{\partial \ln c_i} \geqslant 0 \tag{38}$$

Aus Gl. (31) findet man:

$$\frac{\partial \mu_i}{\partial \ln c_i} = \mathbf{R}T + \mathbf{R}T\frac{\partial \ln \gamma_i}{\partial \ln c_i} \tag{39}$$

Kombination von Gl. (38) und (39) führt zu

$$1 + \frac{\partial \ln \gamma_i}{\partial \ln c_i} \geqslant 0 \tag{40}$$

woraus die Ungleichung (37) unmittelbar folgt.

2.10. Aktivität und Standard-Aktivität

Die Aktivität a_{ij} einer Komponente i in einem Medium j läßt sich definieren als

$$a_{ij} = \exp\frac{\mu_{ij} - \mu_i^{\circ\circ}}{\mathbf{R}T} \tag{41a}$$

bzw.

$$\mathbf{R}T\ln a_{ij} = \mu_{ij} - \mu_i^{\circ\circ} \tag{41b}$$

Diese Definition ist namentlich bei der Betrachtung des Mediumeinflusses auf die Reaktivität vorteilhaft. μ_{ij} ist hier das Potential der Substanz i im Medium j. $\mu_i^{\circ\circ}$ ist das Standard-Potential von i in einem Referenzlösungsmittel bei der gleichen Temperatur und dem gleichen Druck. In der Terminologie von Lewis und Randall wäre der Standardzustand eine hypothetische ideale Lösung im Referenzlösungsmittel.
Im weiteren ist es günstig, eine Größe a_{ij}° wie folgt zu definieren:

$$a_{ij}^{\circ} = \exp\frac{\mu_{ij}^{\circ} - \mu_i^{\circ\circ}}{\mathbf{R}T} \tag{42a}$$

oder

$$\mathbf{R}T\ln a_{ij}^{\circ} = \mu_{ij}^{\circ} - \mu_i^{\circ\circ} \tag{42b}$$

a°_{ij} heißt die Standard-Aktivität des Stoffes i im Lösungsmittel j.
Die Größe $\mathbf{R}T \ln a^\circ_{ij}$ stellt die Änderung der Gibbs-Energie pro Mol dar, die mit dem Übergang von i aus einer sehr verdünnten Lösung im Referenzlösungsmittel in eine Lösung von gleicher Konzentration im Lösungsmittel j verbunden ist.
Aus diesen Definitionen und denjenigen für die Aktivitätskoeffizienten folgt für einen gelösten Stoff

$$a_{ij} = a^\circ_{ij} \gamma_{ij} c_{ij} \tag{43}$$

und für eine Komponente des Lösungsmittels:

$$a_{ij} = a^\circ_{ij} \gamma_{ij} \tag{44}$$

Für die nach Gl. (42) definierte Standard-Aktivität werden in der Literatur verschiedene andere Bezeichnungen verwendet: Degenerierter Aktivitätskoeffizient (degenerate activity coefficient) [6], Verteilungskoeffizient (distribution coefficient) [7], Lösungsmittelaktivitätskoeffizient (solvent activity coefficient) [8]. Parker und andere verwenden das Symbol $^\circ\gamma^s_i$.

2.11. Zur Systematik von Gleichgewichten in variierenden Medien

Wenn $K^{\circ\circ}$ den Grenzwert der Gleichgewichtskonstante einer Reaktion für unendlich kleine Konzentration an Gelöstem in einem Referenzlösungsmittel und K° den entsprechenden Wert in einem Lösungsmittel j darstellt, so gilt:

$$K^\circ_j = \frac{K^{\circ\circ}}{\prod_i (a^\circ_i)^{\nu_i}} \tag{45}$$

Wenn weiter K_j die Gleichgewichtskonstante bei endlicher Konzentration des Gelösten im Lösungsmittel j bezeichnet, so gilt:

$$K_j = \frac{K^{\circ\circ}}{\prod_i a_i^{\nu_i}} = \frac{K^{\circ\circ}}{\left(\prod_i \gamma_i^{\nu_i}\right)\left(\prod_i a^{\circ\nu_i}\right)} \tag{46}$$

Diese Gleichungen folgen unmittelbar aus der allgemeinen Gleichgewichtsbeziehung, Gl. (13), und den Definitionen von a, a° und γ.

2.12. Anzahl und Wahl der Komponenten

Gibbs [1] schrieb: „Wenn die erwähnten Bedingungen erfüllt sind, so ist die Wahl der Substanzen, die als Komponenten einer homogenen Masse betrachtet werden sollen, einzig und allein eine Sache der Bequemlichkeit und unabhängig von jeder Theorie über die innere Zusammensetzung der Masse." Eine dieser Bedingungen betrifft die Anzahl p der Komponenten; p muß so sein, daß die Differentiale dn_1,

$dn_2 \ldots dn_p$ „voneinander unabhängig sind und jede mögliche Änderung in der Zusammensetzung der homogenen Masse beschreiben...". Es ist also möglich, für jede Substanz, von der man weiß oder annimmt, daß sie in der betreffenden Phase vorkommt, ein Potential μ_i zu definieren, doch können mehrere dieser μ_i-Werte identisch oder in irgendeiner Weise voneinander abhängig sein.
Im Zusammenhang mit der Anzahl Komponenten ist die Zeitskala der Beobachtung von Interesse: Bei Raumtemperatur und in Abwesenheit eines Katalysators ist eine Mischung von Wasserstoff, Sauerstoff und Wasser beispielsweise ein Drei-komponenten-System, denn innerhalb der der menschlichen Beobachtung zugänglichen Zeitspanne tritt keinerlei Umwandlung ein. Bei hohen Temperaturen oder bei Gegenwart eines Katalysators stellt sie ein Zweikomponenten-System dar, denn in diesem Fall ist die Umwandlung so schnell, daß der Anteil von Wasser für jeden der menschlichen Beobachtung zugänglichen Zeitraum durch die Zusammensetzung des Systems gegeben ist. Im Bereich zwischen diesen beiden Extremen wird sich das System eher wie ein Dreikomponenten-System verhalten, wenn die Beobachtung sehr schnell erfolgen kann, oder aber wie ein Zweikomponenten-System, wenn die Beobachtung längere Zeit in Anspruch nimmt.

2.13. Primitive und raffinierte* Werte des chemischen Potentials

Dank der raschen Fortschritte der experimentellen Technik stellt der Chemiker heute immer mehr bisher nicht erkannte mobile Gleichgewichte fest. Es mag sich dabei etwa um Konformations-Gleichgewichte (wie beispielsweise das Gleichgewicht zwischen der Sessel- und der Wannenform des Cyclohexans) oder um die Bildung von Verbindungen irgendwelcher Art zwischen Lösungsmittel und Gelöstem oder zwischen zwei gelösten Partikeln handeln.
Nehmen wir an, eine Substanz A geht rasch und reversibel nach der Gleichung

$$\mathrm{A} + x\mathrm{S} \rightleftharpoons \mathrm{B} \tag{III}$$

in eine Substanz B über. Dabei ist S das Lösungsmittel oder eine Komponente eines gemischten Lösungsmittels. x kann positiv, Null oder negativ sein. Untersucht man dieses System mit primitiven Methoden, ohne um die Existenz von B zu wissen, so wird man für die Konzentration von A eine Größe c_A annehmen, die wir im folgenden als primitive Konzentration von A bezeichnen wollen. In Tat und Wahrheit ist jedoch

$$c_A = [\mathrm{A}] + [\mathrm{B}] \tag{47}$$

Bestimmt man in einem solchen Fall die Zunahme der Gibbs-Energie pro Einheit zugegebenen A's, so findet man eine Größe, die wir im folgenden als „primitives"

---

* *Anmerkung des Übersetzers:* Hammett verwendet in der englischen Original-Ausgabe den Ausdruck „sophisticated", dessen Bedeutung in diesem Sinnbereich sich etwa mit „hochentwickelt, sehr kompliziert, ohne die ursprüngliche Einfachheit, raffiniert, subtiler gemacht, verfeinert, veredelt" umschreiben läßt. „Sophisticated" enthält damit gewissermaßen eine Warnung vor übertriebener Entwicklung und Spitzfindigkeit. Wir werden im folgenden den Ausdruck „raffiniert" verwenden, der uns am treffendsten erscheint.

Potential von A bezeichnen und mit $\mu_A^{(p)}$ symbolisieren wollen. In Wirklichkeit hat man die Zunahme der Gibbs-Energie mit der Zugabe einer Mischung von A und B im Verhältnis [B]/[A] = K_{AB} bestimmt, wobei K_{AB} die Gleichgewichtskonstante der Reaktion (III) ist. Dies gilt, selbst wenn die Gegenwart von B bekannt ist, immer dann, wenn die Messung der Änderung der Gibbs-Energie viel langsamer ist, als sich das Gleichgewicht A – B einstellt. Es gilt auch, wenn man dieser Messung den Umsatz einer Reaktion, an der A beteiligt ist, zugrunde legt, wenn die Geschwindigkeit dieser Reaktion langsam im Vergleich zur Einstellung des A – B-Gleichgewichtes ist.

Bedient man sich einer verfeinerten Technik, die rasche Messungen erlaubt, so mag es möglich sein, tatsächlich die Zunahme der Gibbs-Energie pro Einheit zugegebenen A's zu messen, ohne daß die Umwandlung in B eine Rolle spielt. Man findet damit einen verfeinerten Wert des Potentials, den wir mit $\mu_A^{(s)}$ (*s* für „sophisticated") symbolisieren und als „raffinierten" Wert bezeichnen wollen.

Es ergibt sich indessen, daß

$$\mu_A{}^{(p)} = \mu_A{}^{(s)} = \mu_B{}^{(s)} - x\mu^{(s)} \tag{48}$$

d. h. der primitive und der raffinierte Wert des Potentials von A sind identisch. Der primitive Wert des Standard-Potentials ist jedoch kleiner als der raffinierte Wert:

$$\mu_A^{\circ(p)} = \mu_A^{\circ(s)} - RT\ln(1 + K_{AB}^{\circ}) \tag{49}$$

Der Unterschied ist groß, wenn K_{AB}° viel größer als eins ist. Er ist nur dann vernachlässigbar, wenn K_{AB}° viel kleiner als eins ist.

Diese Beziehungen lassen sich ohne weiteres auf ein System mit einer ganzen Anzahl von Gleichgewichten der Art

$$A + x_i S \rightleftharpoons B_i \tag{IV}$$

verallgemeinern. Dabei gilt:

$$c_A = [A] + \sum_i [B_i] \tag{50}$$

Gl. (48) ist nach wie vor gültig, Gl. (49) jedoch wird zu

$$\mu_A^{\circ(p)} = \mu_A^{\circ(s)} - RT\ln\left(1 + \sum_i K_i^{\circ}\right) \tag{51}$$

wobei im Gleichgewicht:

$$K_i^{\circ} = \lim_{c \to 0} \frac{[B_i]}{[A]} \tag{52}$$

Betrachten wir den Beweis für diese Beziehungen: Da

$$\frac{[B_i]}{[A]} = K_i \tag{53}$$

ergibt sich aus Gl. (50)

$$c_A = [A]\left(1 + \sum_i K_i\right) \tag{54}$$

und:

$$[B_i] = \frac{c_A K_i}{1 + \sum K_i} \tag{55}$$

Die Zugabe von dn mol von A zum System unter primitiven Bedingungen führt zur Bildung von $dn/(1 + \sum K_i)$ mol von A, zur Bildung von $(dnK_i)/(1 + \sum K_i)$ mol von jeder Substanz B_i und zum Verschwinden von $dn(\sum x_i K_i)/(1 + \sum K_i)$ mol S. Die Zugabe ist also mit einer Änderung der Gibbs-Energie von

$$dG = \frac{dn}{1 + \sum K_i}\,[\mu_A{}^{(s)} + \sum(\mu_{B_i}{}^{(s)} K_i - x_i \mu_S K_i)] \tag{56}$$

verbunden. Da jedoch $\mu_B^{(s)} - x_i \mu_S = \mu_A^{(s)}$, reduziert sich der Klammer-Ausdruck zu $\mu_A^{(s)}(1 + \sum K_i)$. Die Größe $\delta G/\delta n$ ist nach Definition gleich $\mu_A^{(p)}$. Infolgedessen ist $\mu_A^{(p)} = \mu_A^{(s)}$.
Aus der Beziehung

$$\mu_A{}^{(s)} = \mu_A^{\circ(s)} + \mathbf{R}T\ln[A] + \mathbf{R}T\ln\gamma_A \tag{57}$$

und den Gleichungen (48) und (55) ergibt sich:

$$\mu_A{}^{(p)} = \mu_A^{\circ(s)} + \mathbf{R}T\ln c_A + \mathbf{R}T\ln\gamma_A - \mathbf{R}T\ln(1 + \sum K_i) \tag{58}$$

Daraus folgt, daß die Größe

$$\mu_A^{\circ(p)} = \lim_{c\to 0}(\mu_A{}^{(p)} - \mathbf{R}T\ln c_A) \tag{59}$$

durch Gl. (51) gegeben ist.
Die Beziehungen (49) und (51) sind sehr nützlich für eine genaue Rechenschaft; für den Chemiker, der sich mit Gleichgewichten befaßt, stellen sie indessen nichts wirklich Ungewohntes dar. Ist nämlich die Änderung der Gibbs-Energie, die mit der Zugabe einer Gleichgewichts-Mischung von A und B zu einem System einhergeht, $\mu_A^{(p)}$, so lautet die Bedingung für das Gleichgewicht von A und B mit einer dritten Substanz M:

$$\mu_M - \mu_A{}^{(p)} = 0 \tag{60}$$

Daraus folgt

$$\Delta\mu_M^{\circ(p)} = -\mathbf{R}T\ln K_M^{\circ(p)} \tag{61}$$

wobei im Gleichgewicht:

$$K_{\mathrm{M}}^{(p)} = \frac{[\mathrm{M}]}{[\mathrm{A}] + [\mathrm{B}]} \tag{62}$$

Weiter folgt

$$\Delta\mu_{\mathrm{M}}^{\circ(p)} - \Delta\mu_{\mathrm{M}}^{\circ(s)} = -\mathbf{R}T\ln\frac{K_{\mathrm{M}}^{\circ(p)}}{K_{\mathrm{M}}^{\circ(s)}} \tag{63}$$

wobei im Gleichgewicht

$$K_{\mathrm{M}}^{(s)} = \frac{[\mathrm{M}]}{[\mathrm{A}]} \tag{64}$$

und:

$$\Delta\mu_{\mathrm{M}}^{\circ(s)} = -\mathbf{R}T\ln K_{\mathrm{M}}^{\circ(s)} \tag{65}$$

Da

$$\Delta\mu_{\mathrm{M}}^{\circ(p)} - \Delta\mu_{\mathrm{M}}^{\circ(s)} = -\mu_{\mathrm{A}}^{\circ(p)} + \mu_{\mathrm{A}}^{\circ(s)} = \mathbf{R}T\ln(1 + K_{\mathrm{AB}}^{\circ}) \tag{66}$$

führt Gl. (64) zu:

$$K_{\mathrm{M}}^{\circ(p)} = \frac{K_{\mathrm{M}}^{\circ(s)}}{1 + K_{\mathrm{AB}}^{\circ}} \tag{67}$$

Diese Beziehung läßt sich auch durch einfache Substitution von $K_{\mathrm{M}}^{(s)} = [\mathrm{M}]/[\mathrm{A}]$ und $K_{\mathrm{AB}} = [\mathrm{B}]/[\mathrm{A}]$ in Gl. (62) erhalten.
Ist B ein Assoziations-Produkt oder ein Dissoziations-Produkt von A, d. h. ist die Reaktion

$$n\mathrm{A} + x\mathrm{S} \rightleftharpoons \mathrm{B} \tag{V}$$

so führen die gleichen Betrachtungen zu:

$$\mu_{\mathrm{A}}^{\circ(p)} = \mu_{\mathrm{A}}^{\circ(s)} - \mathbf{R}T\ln(1 + nK_{\mathrm{AB}}[\mathrm{A}]^{n-1}) + \mathbf{R}T\ln\gamma_{\mathrm{A}} \tag{68}$$

Für $n > 1$, d. h. für eine Assoziation des Gelösten, wird daraus:

$$\mu_{\mathrm{A}}^{\circ(p)} = \mu_{\mathrm{A}}^{\circ(s)} \tag{69}$$

Dies entspricht der Tatsache, daß der Assoziationsgrad in einem solchen Fall gegen Null strebt, wenn sich die Konzentration dem Grenzwert Null nähert. Für $n < 1$, d. h. für eine Dissoziation des Gelösten, reduziert sich Gl. (68) zu:

$$\mu_{\mathrm{A}}^{\circ(p)} = \infty \tag{70}$$

Dies entspricht der Tatsache, daß die Dissoziation vollständig wird, wenn sich c_A dem Grenzwert Null nähert.
In jedem Fall ist der primitive Wert des Aktivitätskoeffizienten von A gegeben durch:

$$\gamma_A^{(p)} = \frac{\gamma_A^{(s)}}{1 + nK[A]^{n-1}} \tag{71}$$

Im Prinzip ist es möglich, aus der Variation der experimentell bestimmten $\gamma_A^{(p)}$-Werte mit Hilfe von Gl. (71) auf das Vorhandensein von Assoziation oder Dissoziation zu schließen. Wenn jedoch K klein ist oder die Messungen nur in einem sehr beschränkten Konzentrationsbereich durchgeführt werden können, ist es unmöglich, den Effekt einer solchen Reaktion von einem physikalischen Effekt, der auf die Variation der $\gamma^{(s)}$-Werte mit der Zusammensetzung des Systems zurückgeht, zu unterscheiden.
Wenn zwei verschiedene gelöste Substanzen miteinander reagieren, werden die Gleichungen komplizierter, lassen sich aber, falls nötig, immer noch ableiten.

2.14. Die Funktion q°

Es ist sehr nützlich und lehrreich, eine Größe q° durch die Beziehung

$$q_i^\circ = e^{-\mu_i^\circ/RT} \tag{72}$$

zu definieren. q° ist, wie das Standard-Potential, unabhängig von der Konzentration des Gelösten, variiert jedoch von Lösungsmittel zu Lösungsmittel und ist eine Funktion von Temperatur und Druck. Der Grenzwert der Gleichgewichtskonstanten einer chemischen Reaktion hängt, gemäß Gl. (34), mit den q°-Werten der beteiligten Substanzen nach der Gleichung

$$K^\circ = \prod_i (q_i^\circ)^{\nu_i} \tag{73}$$

zusammen. Die Multiplikation wird über alle Ausgangsprodukte durchgeführt, eingeschlossen das Lösungsmittel, wenn es an der Reaktion teilnimmt. Genau wie es für μ° der Fall ist, kann man der Funktion q° nur einen numerischen Wert zuschreiben, indem man auf einen willkürlich gewählten Bezugszustand bezieht. Produkte wie sie in Gl. (73) auftreten, haben indessen einen eindeutigen numerischen Wert. Dasselbe gilt für das Verhältnis der q°-Werte der Substanz i in zwei verschiedenen Lösungsmitteln bei der gleichen Temperatur und dem gleichen Druck.
Steht eine gelöste Substanz A in mobilem Gleichgewicht mit einer Gruppe von Isomeren oder Solvaten gemäß Gl. (IV), so hängt der primitive Wert von q_A nach der Gleichung

$$q_A^{\circ(p)} = q_A^{\circ(s)} + \sum_i \frac{q_{B_i}^{\circ(s)}}{(q_S^\circ)^{x_i}} \tag{74}$$

mit den raffinierten Werten für jede individuelle Verbindung zusammen. Für eine Gruppe von Isomeren in mobilem Gleichgewicht ist der primitive Wert von q°

einfach gleich der Summe der raffinierten Werte für die einzelnen Isomeren; für eine ähnliche Gruppe von Verbindungen, die sich im Solvatationsgrad unterscheiden, erscheint der $q°$-Wert des Lösungsmittels mit einem entsprechenden Exponenten im Nenner jedes Summanden.
Gl. (74) ergibt sich durch Substitution von

$$K_i = \frac{q_{B_i}^{\circ(s)}}{q_A^{\circ(s)}(q_S^\circ)^{x_i}} \tag{75}$$

in Gl. (51), wodurch

$$\mu_A^{\circ(p)} = \mu_A^{\circ(s)} - RT\ln\left[1 + \sum \frac{q_{B_i}^{\circ(s)}}{q_A^{\circ(s)}(q_S^\circ)^{x_i}}\right] \tag{76}$$

oder

$$q_A^{\circ(p)} = q_A^{\circ(s)}\left[1 + \sum \frac{q_{B_i}^{\circ(s)}}{q_A^{\circ(s)}(q_S^\circ)^{x_i}}\right] \tag{77}$$

2.15. Die Gibbs-Duhem-Gleichung

Die Anzahl unabhängiger Werte von chemischen Potentialen für jede Phase ist um eins geringer als die Anzahl der Komponenten, denn die μ_i-Werte müssen die Gibbs-Duhem-Gleichung

$$\sum_i n_i \, d\mu_i = 0 \tag{78}$$

erfüllen. Dies ist der quantitative Ausdruck der wohlbekannten Tatsache, daß eine intensive Größe von den relativen Mengen der Komponenten einer homogenen Phase abhängt, daß sie jedoch unabhängig von der Gesamtmenge der Phase ist, solange die relativen Anteile konstant sind. Die Beziehung läßt sich auf der folgenden Grundlage ableiten:
Man findet experimentell, daß die Gibbs-Energie einer Phase direkt proportional zur Masse der Phase ist. Die reversible Arbeit einer chemischen Reaktion, die in einer galvanischen Zelle ausgeführt wird, ist beispielsweise direkt proportional zur Menge Material, die reagiert hat. Vorausgesetzt ist dabei, daß die Änderungen in der Zusammensetzung der beteiligten Phasen entweder Null (wie etwa in der gesättigten Weston-Zelle) oder doch vernachlässigbar sind. Im Prinzip ist es demnach möglich, jede homogene Menge Materie bei konstanter Temperatur und konstantem Druck aus infinitesimal kleinen Inkrementen aufzubauen, deren jedes die gleiche Zusammensetzung wie die Menge selbst hat. Für jedes dieser Inkremente gilt:

$$dG = \sum_i \mu_i \, dn_i \tag{79}$$

Addition der Beiträge der Inkremente führt zu:

$$G = \sum_i \mu_i n_i \tag{80}$$

Durch Ableitung dieses Ausdrucks bei konstanter Temperatur und konstantem Druck erhält man:

$$dG = \sum_i \mu_i \, dn_i + \sum_i n_i \, d\mu_i \tag{81}$$

Unter den Beschränkungen von konstanter Temperatur und konstantem Druck gilt jedoch für ein System im Gleichgewicht:

$$dG = \sum_i \mu_i \, dn_i \tag{82}$$

Gl. (78) folgt unmittelbar daraus.

2.16. Molekülmassen in Lösungen

Die relative Molekülmasse M einer gasförmigen Substanz ist nach Avogadros Gesetz definiert als:

$$M = \lim_{P \to 0} \frac{w\mathbf{R}T}{PV} \tag{83}$$

Dabei ist w die Masse. Für eine gelöste Substanz A kann die Beziehung

$$\lim_{c \to 0} \frac{\partial \mu_A}{\partial \ln c_A} = \mathbf{R}T \tag{84}$$

die Molekülmasse definieren, denn

$$\mu_A = M_A \frac{\partial G}{\partial w_A} \tag{85}$$

und $\delta G / \delta w_A$ läßt sich praktisch bestimmen. Diese Definition ist nach Gl. (58) auch dann eindeutig, wenn die gelösten Partikel eine ganze Anzahl von Solvaten von verschiedener Molekülmasse einschließen; nach dieser Gleichung ist nämlich:

$$\lim_{c \to 0} \frac{\partial \mu_A^{(p)}}{\partial \ln c_A} = \mathbf{R}T \tag{86}$$

Das Potential von A in der Lösung muß gleich seinem Potential in der Gasphase, die mit der Lösung im Gleichgewicht steht, sein. Infolgedessen muß die in dieser Weise definierte Molekülmasse des Gelösten gleich der entsprechenden Molekülmasse in der Gasphase sein. Dies gilt selbst dann, wenn die gelöste Substanz hauptsächlich in Form einer stabilen Verbindung zwischen der in der Gasphase vorhandenen Spezies und dem Lösungsmittel vorliegt. In solchen Fällen nehmen allerdings die Abweichungen vom Grenzgesetz mit steigender Konzentration des Gelösten rascher zu.

Die übliche Methode zur Bestimmung der Molekülmasse einer gelösten Substanz beruht auf einer aus der Gibbs-Duhem-Gleichung abgeleiteten Beziehung, nämlich:

$$\lim_{\chi \to 0} \frac{d(\mu_1/M_1)}{d\chi} = -\frac{\mathbf{R}T}{1\,000\rho^\circ} M_2 \tag{87}$$

Dabei bezieht sich der Index 1 auf das Lösungsmittel, der Index 2 auf das Gelöste. χ ist die Konzentration des Gelösten in g/1, M ist die Molekülmasse und ρ° ist die Dichte des Lösungsmittels in g/ml. Der Wert der Ableitung auf der linken Seite läßt sich experimentell aus dem Dampfdruck P des Lösungsmittels bestimmen, da $d\mu_1 = \mathbf{R}T d \ln P$. Er läßt sich auch aus dem Gefrierpunkt, dem Siedepunkt oder dem osmotischen Druck der Lösung ermitteln. Die Größe μ_1/M_1 ist unabhängig von der Molekülmasse des Lösungsmittels, die somit nicht bekannt sein muß und sogar jeder praktischen Definition entbehrt.

Gl. (87) läßt sich ableiten, indem man Gl. (78) in die Form

$$\frac{d\mu_1}{dc_2} = -\frac{n_2}{n_1}\frac{d\mu_2}{dc_2} = -\frac{n_2}{n_1 c_2}\frac{d\mu_2}{d\ln c_2} \tag{88}$$

bringt und die Beziehungen

$$\lim_{c \to 0} \frac{n_2}{n_1} = \frac{M_1 c_2}{1\,000\rho^\circ} \tag{89}$$

und

$$\lim_{c \to 0} \frac{d\mu_2}{d\ln c_2} = \mathbf{R}T \tag{90}$$

einführt. Es wird:

$$\lim_{c \to 0} \frac{d\mu_1}{dc_2} = -\frac{M_1 \mathbf{R}T}{1\,000\rho^\circ} \tag{91}$$

Gl. (87) erhält man daraus durch Substitution von $d\chi = M_2 dc_2$.

2.17. Die Gibbs-Duhem-Gleichung für Mehrkomponenten-Systeme

Gl. (78) verlangt, daß ein Anstieg im Potential einer Komponente eines Zweikomponenten-Systems von einer Abnahme im Potential der andern Komponente begleitet sein muß. Da das Potential einer gelösten Substanz notwendigerweise mit der Konzentration zunimmt (Abschn. 2.9), führt eine Zunahme der Konzentration des Gelösten notwendigerweise zu einer Abnahme des Potentials und damit des Partialdampfdrucks des Lösungsmittels. Im Fall von mehr als zwei Komponenten sind die Konsequenzen dieser Gleichung indessen nicht so einfach – eine Tatsache, die bisweilen übersehen wird. Für ein Dreikomponenten-System – die Indizes 1 und 2 beziehen sich auf zwei Lösungsmittel, 3 auf gelösten Stoff – wird Gl. (78) zu:

$$n_1\,d\mu_1 + n_2\,d\mu_2 + n_3\,d\mu_3 = 0 \tag{92}$$

Daraus folgt:

$$n_1 \frac{d\mu_1}{dc_3} + n_2 \frac{d\mu_2}{dc_3} + n_3 \frac{d\mu_3}{dc_3} = 0 \tag{93}$$

Da $d\mu_3/dc_3$ notwendigerweise positiv ist, muß einer der beiden andern Terme, nicht jedoch notwendigerweise beide, negativ sein. Es ist somit möglich, daß der Partialdampfdruck einer Komponente einer Lösungsmittel-Mischung mit zunehmender Konzentration des Gelösten ansteigt.

Liegt die gelöste Komponente 3 in geringer Konzentration vor, so gilt nach der Näherung für verdünnte Lösungen $n_3\,d\mu_3 = V\mathbf{R}T\,dc_3$. Gl. (92) reduziert sich damit zu:

$$\frac{n_1}{V}\frac{d\mu_1}{dc_3} + \frac{n_2}{V}\frac{d\mu_2}{dc_3} + \mathbf{R}T = 0 \tag{94}$$

Infolgedessen ist es möglich, nur den Effekt des Gelösten auf das Potential der Komponente 1 zu messen und daraus auf den Effekt auf das Potential der Komponente 2 zu schließen*.

Sind die Komponenten 2 und 3 beide gelöste Substanzen in verdünnter Lösung, so reduziert sich Gl. (93) innerhalb der Näherung für verdünnte Lösungen zu:

$$\frac{n_1}{V}\,d\mu_1 + \mathbf{R}T\,d(c_2 + c_3) = 0 \tag{95}$$

2.18. Der Fall der gelösten ionischen Substanz

Wie es für manche andere Eigenschaften von starken Elektrolyten in Wasser oder wasserähnlichen Lösungsmitteln der Fall ist, lassen sich die chemischen Potentiale als die Summe der Werte der Ionen, die den Elektrolyten bilden, darstellen. Die Tabellierung der Werte für individuelle Ionen, aus denen die entsprechenden Werte für Elektrolyte aus irgendeiner Kombination dieser Ionen ermittelt werden können, ist zweifellos sehr nützlich.

---

* Wegen einer qualitativen Anwendung dieses Schlusses siehe [9].

Um eine solche Tabelle aufzustellen, braucht man lediglich einem willkürlich gewählten Ion einen Wert zuzuschreiben und anzunehmen, daß das Potential jedes Elektrolyten M_mX_x durch die Summe $m\mu_M + x\mu_X$ gegeben sei. Ist der dem Wasserstoff-Ion zugeordnete Wert $\mu_{H^+}^{(a)}$, so ist der Wert für Chlorid-Ion $\mu_{HCl} - \mu_{H^+}^{(a)}$, derjenige für Natrium-Ion ist $\mu_{NaCl} - \mu_{HCl} + \mu_{H^+}^{(a)}$; der Wert für Bromid-Ion kann entweder $\mu_{HBr} - \mu_{H^+}^{(a)}$ oder $\mu_{NaBr} - \mu_{NaCl} + \mu_{HCl} - \mu_{H^+}^{(a)}$ sein. Die Erfahrung hat gezeigt, daß eine Lösung, die durch Mischung von x mol/l von HCl und NaBr hergestellt wurde, die gleichen Eigenschaften besitzt wie eine solche, die durch Mischen von x mol/l von HBr und NaCl erhalten wurde. Folglich ist:

$$\mu_{HCl} + \mu_{NaBr} = \mu_{HBr} + \mu_{NaCl} \tag{96}$$

Die zwei Werte von $\mu_{Br^-}^{(a)}$ sind somit identisch, und die Annahme ist berechtigt. Dies gilt unabhängig vom Wert, den man dem Potential des Wasserstoff-Ions zuschreibt. Aus ästhetischen Gründen wird man indessen eine Wahl vermeiden, die zu negativen Werten für irgendwelche Ionen führen könnte.

Das Potential des Wasserstoff-Ions in einer wäßrigen Lösung von Salzsäure und Natriumchlorid läßt sich definieren als

$$\left(\frac{\partial G}{\partial n_{H^+}}\right)_{n_{Cl^-}, n_{Na^+}, Q}$$

Dieser Definition kann man indessen keinerlei physikalische Bedeutung zuschreiben, da das Differential dQ der elektrischen Ladung nach dem Faradayschen Gesetz gegeben ist durch:

$$dQ = \mathbf{F}(dn_{Cl^-} - dn_{Na^+} - dn_{H^+}) \tag{97}$$

Es ist deshalb nicht möglich, Wasserstoff-Ionen zu einer Lösung zuzufügen und dabei sowohl die Ladung wie die Menge Chlorid- und Natrium-Ionen konstant zu halten.

Die Größen

$$\left(\frac{\partial G}{\partial n_{H^+}}\right)_{n_{Na^+}, Q}, \quad \left(\frac{\partial G}{\partial n_{H^+}}\right)_{n_{Cl^-}, Q} \quad \text{und} \quad \left(\frac{\partial G}{\partial n_{H^+}}\right)_{n_{Na^+}, n_{Cl^-}}$$

haben eine echte physikalische Bedeutung. Die erste Größe ist identisch mit μ_{HCl}, denn die einzige Art, in der man Wasserstoff-Ionen zufügen und dabei die Menge der Natriumionen und die Ladung konstant halten kann, ist, auch ein Äquivalent Chlorid-Ionen zuzufügen. Aus ähnlichen Gründen ist die zweite Größe gleich $\mu_{HCl} - \mu_{NaCl}$. Keine dieser Größen ist somit eindeutig charakteristisch für die Zugabe von Wasserstoff-Ionen. Die dritte Größe hängt vom elektrischen Potential der betreffenden beteiligten Substanzen ab. Dieses ist, selbst bei einem gegebenen Wert der Ladung, nicht eindeutig durch die Zusammensetzung der Lösung bestimmt. Infolgedessen ist diese dritte Größe ohne Nutzen in chemischem Sinne.

Die Abhängigkeit vom elektrischen Potential folgt aus der Identität:

$$dG = \left(\frac{\partial G}{\partial n_{H^+}}\right)_{n_{Na^+}, Q} dn_{H^+} + \left(\frac{\partial G}{\partial n_{Na^+}}\right)_{n_{H^+}, Q} dn_{Na^+} + V\,dQ$$
$$= \left(\frac{\partial G}{\partial n_{H^+}}\right)_{n_{Na^+}, n_{Cl^-}} dn_{H^+} + \left(\frac{\partial G}{\partial n_{Na^+}}\right)_{n_{H^+}, n_{Cl^-}} dn_{Na^+} + \left(\frac{\partial G}{\partial n_{Cl^+}}\right)_{n_{H^+}, n_{Na^+}} dn_{Cl^-} \quad (98)$$

Dabei ist V das elektrische Potential. Da dies für alle möglichen Bedingungen gilt, gilt es auch für $dn_{Na^+} = dn_{Cl^-}$. Dies verlangt, daß $dQ = -\mathbf{F}\,dn_{H^+}$ ist. Da weiter

$$\left(\frac{\partial G}{\partial n_{H^+}}\right)_{n_{Na^+}, Q} = \left(\frac{\partial G}{\partial n_{HCl}}\right)_{n_{NaCl}, Q} \quad (99)$$

ergibt sich, daß:

$$\left(\frac{\partial G}{\partial n_{H^+}}\right)_{n_{Na^+}, n_{Cl^-}} = \left(\frac{\partial G}{\partial n_{HCl}}\right)_{n_{NaCl}, Q} - \mathbf{F}V \quad (100)$$

Die Konzentrationsabhängigkeit des chemischen Potentials eines binären starken Elektrolyten läßt sich, namentlich in sehr verdünnter Lösung, wesentlich besser durch die Gleichung $\mu = \mu^\circ + 2\mathbf{R}T\ln c$ als durch die Beziehung $\mu = \mu^\circ + \mathbf{R}T\ln c$ beschreiben. Es ist deshalb vernünftig, einen mittleren Ionen-Aktivitätskoeffizienten $\gamma_\pm$ durch

$$\mu = \mu^\circ + 2\mathbf{R}T\ln c + 2\mathbf{R}T\ln\gamma_\pm \quad (101)$$

zu definieren und $\gamma_\pm$ für einen Elektrolyten MX als

$$\gamma_\pm = \gamma_{M^+}\gamma_{X^-} \quad (102)$$

darzustellen. Man kann dann für irgendein willkürlich gewähltes Ion eine bestimmte funktionelle Abhängigkeit von γ von der Konzentration annehmen. Dadurch ist es möglich, die Konzentrationsabhängigkeit von γ für alle Ionen zu ermitteln, die Bestandteile von Elektrolyten sind, für die die Konzentrationsabhängigkeit von $\gamma_\pm$ bekannt ist. Die Debye-Hückel-Theorie beschränkt bis zu einem gewissen Grad die Art der Funktion, die man wählen kann (Abschn. 7.2).

In derselben Weise kann man individuellen Ionen nützliche, jedoch willkürliche Werte der Aktivität und der Standard-Aktivität zuschreiben. Für einen starken Elektrolyten MX gilt beispielsweise:

$$a^\circ_{MX} = a^\circ_{M^+}a^\circ_{X^-} \quad (103)$$

2.19. Der Temperaturkoeffizient des chemischen Potentials

Aus dem zweiten Hauptsatz der Thermodynamik ergibt sich als notwendige Konsequenz*, daß der Temperaturkoeffizient des chemischen Potentials der Komponente i gegeben ist durch:

$$\left(\frac{\partial \mu_i}{\partial T}\right)_{P,n} = -\bar{S}_i \tag{104}$$

Dabei ist $\bar{S}_i$ die (partielle) molare Entropie, definiert als

$$\bar{S}_i = \left(\frac{\partial S}{\partial n_i}\right)_{T,P,n_j,x} \tag{105}$$

wobei S die Entropie des Systems darstellt. Dies ist äquivalent zur Beziehung:

$$\left[\frac{\partial(\mu_i/T)}{\partial T}\right]_{P,n} = -\frac{\bar{H}_i}{T^2} \tag{106}$$

$\bar{H}_i$, die (partielle) molare Enthalpie der Komponente i, ist hier gegeben durch:

$$\bar{H}_i = \left(\frac{\partial H}{\partial n_i}\right)_{T,P,n_j,x} \tag{107}$$

H, die Enthalpie des Systems, ist definiert als $E + PV$. Thermodynamisch notwendig ergibt sich:

$$H = G + TS \tag{108}$$

Der Index n in Gl. (104) und (106) bedeutet, daß die Mengen aller Komponenten konstant sind; der Index n_j in Gl. (105) und (107) bedeutet, daß die Mengen aller Komponenten mit Ausnahme von i konstant gehalten werden.

2.20. Die Konzentrationsabhängigkeit der molaren Enthalpie und der molaren Entropie

Die partielle molare Enthalpie des Gelösten i läßt sich wie folgt darstellen**:

$$\bar{H}_i = \bar{H}_i^\circ - \mathrm{R}T^2\left(\frac{\partial \ln \gamma_i}{\partial T}\right)_{P,n} - \mathrm{R}T^2\left[\frac{\partial \ln(\rho/\rho^\circ)}{\partial T}\right]_{P,n} \tag{109}$$

Die Standard-Enthalpie $\bar{H}^\circ$ ist dabei offensichtlich:

$$\bar{H}_i^\circ = \lim_{c \to 0} H_i \tag{110}$$

* Siehe z. B. [4], S. 53 und 91, oder [2], S. 203.

** Siehe z. B. [11], S. 216.

ρ ist die Dichte der Lösung, ρ° diejenige des Lösungsmittels. Für das Lösungsmittel oder eine Komponente j eines gemischten Lösungsmittels ist die Standard-Enthalpie gleich der molaren Enthalpie des Lösungsmittels, das nichts Gelöstes enthält. Sie ist gegeben durch:

$$\bar{H}_j = \bar{H}_j^\circ - \mathbf{R}T^2 \left(\frac{\partial \ln \gamma_j}{\partial T}\right)_{P,n} \tag{111}$$

Dabei ist festzuhalten, daß sich zwar der Grenzwert in Gl. (110) auf die Konzentration in mol/l bezieht, daß jedoch für die Ableitungen in Gl. (109) und (111) die Gewichtszusammensetzung und nicht die Konzentration konstant gehalten wird.
Die Größe $\bar{H} - \bar{H}^\circ$ ist der Wärme-Effekt pro Mol, der die Übertragung des Gelösten oder des Lösungsmittels aus der betreffenden Lösung in das reine Lösungsmittel begleitet. Ihr Wert ist kleiner als derjenige der entsprechenden Größe $\mu - \mu^\circ$. Innerhalb der Näherung für verdünnte Lösungen darf man setzen:

$$\bar{H} = \bar{H}^\circ \tag{112}$$

Obwohl die molare Enthalpie einer gelösten Substanz i gegeben ist durch

$$\bar{H}_i = -T^2 \frac{\partial(\mu/T)}{\partial T} \tag{113}$$

folgt die Standard-Enthalpie der komplizierteren Beziehung:

$$\bar{H}_i^\circ = -T^2 \frac{\partial(\mu^\circ/T)}{\partial T} - \mathbf{R}T^2 \frac{\partial \ln \rho^\circ}{\partial T} \tag{114}$$

Dies ist die recht unangenehme Konsequenz davon, daß die Konzentration in mol/l als Maß für die Zusammensetzung der Lösung gewählt worden ist. Im Falle eines Lösungsmittels mit einem Ausdehnungskoeffizienten von 10^{-3} bei 300 K führt der Term, der ρ° enthält, zu einer Erhöhung der Standard-Enthalpie um 180 cal/mol; für Wasser ist die Erhöhung lediglich 37 cal/mol. Für das Lösungsmittel oder eine Komponente j eines gemischten Lösungsmittels gilt indessen:

$$\bar{H}_j^\circ = -T^2 \frac{\partial(\mu^\circ/T)}{\partial T} \tag{115}$$

Für die molare Entropie gilt

$$\bar{S}_i = \bar{S}_i^\circ - \mathbf{R} \ln c_i - \left[\frac{\partial(\mathbf{R}T \ln \gamma_i)}{\partial T}\right]_{P,n} - \mathbf{R}\left[\frac{\partial \ln(\rho/\rho^\circ)}{\partial T}\right]_{P,n} \tag{116}$$

für eine gelöste Substanz i und

$$\bar{S}_j = \bar{S}_j^\circ - \left[\frac{\partial(\mathbf{R}T \ln \gamma_j)}{\partial T}\right]_{P,n} \tag{117}$$

für das Lösungsmittel oder eine Komponente j des Lösungsmittels. Die Standard-Entropie $\bar{S}^\circ$ ist

$$\bar{S}_i^\circ = \lim_{c \to 0} (\bar{S}_i + \mathbf{R} \ln c_i) \tag{118}$$

für das Gelöste und

$$\bar{S}_j^\circ = \lim_{c \to 0} \bar{S}_j \tag{119}$$

für das Lösungsmittel oder eine Lösungsmittel-Komponente. Innerhalb der Näherung für verdünnte Lösungen gilt

$$\bar{S}_i^\circ = \bar{S}_i + \mathbf{R} \ln c_i \tag{120}$$

für eine gelöste Substanz i und

$$\bar{S}_j^\circ = \bar{S}_j \tag{121}$$

für das Lösungsmittel oder eine Lösungsmittel-Komponente j.

Die Beziehungen, die in diesem Kapitel aufgeführt sind, lassen sich aus Gl. (31) oder (32), der Definitionsgleichung des Aktivitätskoeffizienten, ableiten. Division durch T, Ableitung und Einführung in Gl. (106) führt zu:

$$-\frac{\bar{H}_i}{T^2} = \left[\frac{\partial(\mu^\circ/T)}{\partial T}\right]_{P,n} + \mathbf{R}\left(\frac{\partial \ln \gamma_i}{\partial T}\right)_{P,n} + \mathbf{R}\left(\frac{\partial \ln c_i}{\partial T}\right)_{P,n} \tag{122}$$

Aus

$$c_i = \frac{n_i}{V} = \frac{1\,000 \rho n_i}{\sum_i n_i M_i} \tag{123}$$

folgt:

$$\left(\frac{\partial \ln c_i}{\partial T}\right)_{P,n} = \left(\frac{\partial \ln \rho}{\partial T}\right)_{P,n} \tag{124}$$

Substitution in Gl. (122) und Bildung der Grenzwerte führt zu:

$$-\frac{\bar{H}_i^\circ}{T^2} = \left[\frac{\partial(\mu^\circ/T)}{\partial T}\right]_{P,n} + \mathbf{R}\left(\frac{\partial \ln \rho^\circ}{\partial T}\right)_{P,n} \tag{125}$$

Durch Substitution von Gl. (125) und (124) in Gl. (122) erhält man schließlich Gl. (109). Gl. (111) für das Lösungsmittel oder eine Lösungsmittelkomponente läßt sich auf die gleiche Art ableiten, wobei man jedoch den Term in Gl. (122), der c_i enthält, wegläßt.

Differentiation von Gl. (31) und Substitution in Gl. (104) führt zu

$$\bar{S}_i = -\left(\frac{\partial \mu^\circ}{\partial T}\right)_{P,n} - \mathbf{R} \ln c_i - \mathbf{R}\left(\frac{\partial \ln \rho}{\partial T}\right)_{P,n} - \left[\frac{\partial(\mathbf{R}T \ln \gamma_i)}{\partial T}\right]_{P,n} \tag{126}$$

für eine gelöste Substanz und zu einer entsprechenden Gleichung ohne den Term, der ρ enthält, für das Lösungsmittel. Bildet man die Grenzwerte, so erhält man:

$$\bar{S}_i^\circ = -\left(\frac{\partial \mu^\circ}{\partial T}\right)_{P,n} - \mathbf{R}T\left(\frac{\partial \ln \rho^\circ}{\partial T}\right)_{P,n} \tag{127}$$

Substitution in Gl. (126) führt schließlich zu Gl. (116).

2.21. Die Temperaturabhängigkeit der Gleichgewichtskonstante

Für die Gleichgewichtskonstante K bei endlicher Konzentration des Gelösten [Gl. (25)] gilt:

$$\left(\frac{\partial \ln K}{\partial T}\right)_P = \frac{\Delta \bar{H}}{\mathbf{R}T^2} + (\sum \nu)\left(\frac{\partial \ln \rho}{\partial T}\right)_P \tag{128}$$

Für den Grenzwert K° für unendlich kleine Konzentration des Gelösten gilt:

$$\left(\frac{\partial \ln K^\circ}{\partial T}\right)_P = \frac{\Delta \bar{H}^\circ}{\mathbf{R}T^2} + (\sum \nu)\left(\frac{\partial \ln \rho^\circ}{\partial T}\right)_P \tag{129}$$

Die Größe $\Delta \bar{H}$ ist definiert als:

$$\Delta \bar{H} = \sum_i \nu_i \bar{H}_i \tag{130}$$

Sie ist die kalorimetrisch bestimmbare Reaktionswärme. Die Summierung in Gl. (130) bezieht sich auf alle Substanzen, die stöchiometrisch an der Reaktion beteiligt sind, die Summierung $\sum \nu$ in Gl. (128) und (129) betrifft jedoch nur gelöste Reaktionsteilnehmer.

Diese Beziehungen lassen sich wie folgt ableiten: Aus Gl. (114) ergibt sich:

$$\frac{\partial(\Delta \mu^\circ / T)}{\partial T} = -\frac{\Delta \bar{H}^\circ}{T^2} - \mathbf{R}(\sum \nu)\frac{\partial \ln \rho^\circ}{\partial T} \tag{131}$$

Substitution von $-\mathbf{R}T \ln K^\circ$ für $\Delta \mu^\circ$ führt unmittelbar zu Gl. (129). Nach Gl. (109) ist:

$$\Delta \frac{\partial \ln \gamma}{\partial T} = -\frac{\Delta \bar{H} - \Delta \bar{H}^\circ}{\mathbf{R}T^2} - (\sum \nu)\frac{\partial \ln (\rho/\rho^\circ)}{\partial T} \tag{132}$$

Aus Gl. (33) folgt:

$$\frac{\partial \ln K}{\partial T} = \frac{\partial \ln K^\circ}{\partial T} - \Delta \frac{\partial \ln \gamma}{\partial T} \tag{133}$$

Durch Substitution aus Gl. (129) und (132) in Gl. (133) erhält man sofort Gl. (128).

2.22. Die experimentelle Bestimmung der Enthalpie und der Standard-Entropie einer Reaktion

Die Enthalpie einer Reaktion $\Delta \bar{H}$ läßt sich direkt kalorimetrisch messen. Sie läßt sich auch aus der Temperaturabhängigkeit der Gleichgewichtskonstante berechnen, allerdings meist mit bedeutend geringerer Genauigkeit. Zu diesem Zweck bringt man Gl. (128) mit Vorteil in die Form:

$$\Delta \bar{H} = -\mathbf{R} \frac{\partial \ln K}{\partial (1/T)} + \mathbf{R}(\textstyle\sum \nu) \frac{\partial \ln p}{\partial (1/T)} \tag{134}$$

Die Standard-Entropie einer Reaktion $\Delta \bar{S}^\circ$ läßt sich aus Messungen der Gleichgewichtskonstante und der Reaktionsenthalpie nach der Gleichung

$$\Delta \bar{S}^\circ = \frac{\Delta \bar{H}^\circ}{T} + \mathbf{R} \ln K^\circ \tag{135}$$

ermitteln. Dabei spielt es keine Rolle, nach welcher der beiden Methoden $\Delta \bar{H}$ bestimmt wurde. Nach der Beziehung

$$\Delta \bar{S}^\circ = \left[\frac{\partial(\mathbf{R}T \ln K^\circ)}{\partial T}\right]_p - \mathbf{R}T(\textstyle\sum \nu)\left(\frac{\partial \ln p^\circ}{\partial T}\right)_{p,n} \tag{136}$$

kann sie auch aus Messungen der Gleichgewichtskonstante allein bestimmt werden.

Die Gl. (135) und (136) leiten sich aus fundamentalen Entropie-Beziehungen ab. Nach Gl. (108) ist

$$\bar{H} = \mu + T\bar{S} \tag{137}$$

und:

$$\Delta \bar{H}^\circ = \Delta \mu^\circ + T \Delta \bar{S}^\circ \tag{138}$$

Daraus ergibt sich Gl. (135) durch Substitution von $-\mathbf{R}T \ln K^\circ$ für $\Delta \mu^\circ$. Nach Gl. (104) ist:

$$\Delta \bar{S}^\circ = -\left(\frac{\partial \Delta \mu^\circ}{\partial T}\right)_p \tag{139}$$

Durch Substitution aus Gl. (114) und (115) folgt schließlich Gl. (136).

2.23. Das Problem der Genauigkeit bei der Bestimmung von $\Delta \bar{H}°$ und $\Delta \bar{S}°$

Die Bestimmung der Reaktionsenthalpie und der Reaktionsentropie aus der Temperaturabhängigkeit der Gleichgewichtskonstante ist mit schwerwiegenden Problemen in bezug auf die Genauigkeit verbunden. Dies ist charakteristisch für alle Verfahren, bei denen empirische Differentiation eine Rolle spielt. Die Antragung von $\ln K$ gegen $1/T$ ist im Prinzip gekrümmt, wenn man auch in den meisten Fällen die Krümmung im experimentell zugänglichen Temperaturbereich nicht feststellen kann; eine bemerkenswerte Ausnahme bilden Aciditätskonstanten. Ist die Krümmung vernachlässigbar und wird K bei zwei Temperaturen gemessen, so ist:

$$\Delta \bar{H} = -\mathbf{R}\frac{\ln K_2 - \ln K_1}{1/T_2 - 1/T_1} \tag{140}$$

Die Unsicherheit $D\Delta \bar{H}$, die auf die Unsicherheit $D \ln K$ in der Gleichgewichtskonstante zurückgeht, ist:

$$D\,\Delta \bar{H} = 2^{1/2}\frac{\mathbf{R}T_1 T_2}{T_2 - T_1}\frac{DK}{K} \tag{141}$$

Ist beispielsweise $DK/K = 0.05$, liegt die Temperatur in der Gegend von 300 K, und ist $T_2 - T_1$ 50, so ist $D\Delta \bar{H} = 300$.
Die Abschätzung von $D\Delta \bar{H}$ ist zwangsläufig noch unsicherer, wenn die graphische Darstellung von $\ln K$ gegen $1/T$ merklich gekrümmt ist. In solchen Fällen müssen Messungen bei mehr als zwei Temperaturen durchgeführt werden. Die Extrapolation, die zur Bestimmung von $\Delta \bar{H}°$ nötig ist, wirft weitere Probleme hinsichtlich der Genauigkeit auf. Der Term mit dem Temperaturkoeffizienten der Dichte wird gewöhnlich vernachlässigt. In einer Untersuchung über den Einfluß einer Änderung des Lösungsmittels auf das Gleichgewicht kann er jedoch eine signifikante Rolle spielen.
Aus Messungen bei zwei Temperaturen läßt sich $\Delta \bar{S}°$ nach der Gleichung

$$\Delta \bar{S}° = \mathbf{R}\ln K° + \mathbf{R}T\frac{\ln K_2 - \ln K_1}{T_2 - T_1} \tag{142}$$

bestimmen. Dabei ist T die mittlere Temperatur, und $K°$ ist die Gleichgewichtskonstante bei dieser Temperatur. Die Unsicherheit des ersten Terms auf der rechten Seite dieser Gleichung ist eo ipso kleiner als die des zweiten Terms. In guter Näherung gilt somit:

$$D\,\Delta \bar{S}° = \frac{2^{1/2}\,\mathbf{R}T}{T_2 - T_1}\frac{DK°}{K°} \tag{143}$$

Die Unsicherheit in $\Delta\bar{S}^\circ$, die auf eine Unsicherheit von 5% in K° zurückgeht, ist somit bei Temperaturen im Bereich von 300 K und einer Differenz $T_2 - T_1 = 50$ von der Größenordnung 1 cal/K · mol.
Bedeutsam ist, daß ein Fehler in $\Delta\bar{H}^\circ$, der auf einen bestimmten Fehler in dK°/K° zurückgeht, um einen Faktor T größer als der Fehler in $\Delta\bar{S}^\circ$ ist. Wenn Änderungen im Lösungsmittel oder in der Struktur der Ausgangsprodukte nur einen vernachlässigbaren Effekt auf K° und dessen Temperaturkoeffizienten haben, so führen die zufälligen Abweichungen in K° zu einer linearen Beziehung zwischen $\Delta\bar{H}^\circ$ und $\Delta\bar{S}^\circ$ mit der Steigung T.

2.24. Primitive Werte der Standard-Enthalpie, Entropie und Wärmekapazität

Steht eine gelöste Substanz A in mobilem Gleichgewicht mit einem oder mehreren Isomeren oder Solvaten oder beiden, etwa in Reaktionen wie (IV), so ist der primitive Wert der Standard-Enthalpie gegeben durch:

$$\bar{H}_A^{\circ(p)} = \bar{H}_A^{\circ(s)} + \frac{\sum_i K_i^\circ \Delta\bar{H}_i^\circ}{1 + \sum_i K_i^\circ} \tag{144}$$

Er ist definiert als der Grenzwert des Verhältnisses $\delta H/\delta n_A$ für die Zugabe oder Bildung von A unter Bedingungen solcher Art, daß alle Isomeren und Solvate zu jeder Zeit praktisch in den Gleichgewichts-Proportionen vorhanden sind. $\bar{H}_A^{\circ(s)}$ ist das entsprechende Verhältnis unter Bedingungen solcher Art, daß kein A während der Zugabe oder Bildung in Isomere oder Solvate übergeht. $\Delta\bar{H}_i^\circ$ ist die Änderung der Standard-Enthalpie für die Umwandlung von A in das i-te Isomere oder Solvat.
Der primitive Wert der Standard-Entropie ist gegeben durch:

$$\bar{S}_A^{\circ(p)} = \bar{S}_A^{\circ(s)} + \frac{1}{T}\frac{\sum_i K_i^\circ \Delta\bar{H}_i^\circ}{1 + \sum_i K_i^\circ} + \mathbf{R}\ln\left(1 + \sum_i K_i^\circ\right) \tag{145}$$

Da die K°'s temperaturabhängig sind, können $\bar{H}^{\circ(p)}$ und $\bar{S}^{\circ(p)}$ offensichtlich komplizierte Funktionen der Temperatur sein, auch wenn $\bar{H}^{\circ(s)}$ und die $\Delta\bar{H}_i^\circ$'s eine einfache Temperaturabhängigkeit besitzen.
Wird nur ein einziges Isomeres oder Solvat B gebildet, so vereinfachen sich Gl. (144) und (145) zu

$$\bar{H}_A^{\circ(p)} = \bar{H}_A^{\circ(s)} + \frac{K_{AB}^\circ}{1 + K_{AB}^\circ}\Delta\bar{H}_{AB}^\circ \tag{146}$$

und:

$$\bar{S}_A^{\circ(p)} = \bar{S}_A^{\circ(s)} + \frac{K_{AB}^\circ}{1 + K_{AB}^\circ}\frac{\Delta\bar{H}_{AB}^\circ}{T} + \mathbf{R}\ln(1 + K_{AB}^\circ) \tag{147}$$

Der primitive Wert der molaren Wärmekapazität ist:

$$\bar{C}_{A}^{\circ(p)} = \bar{C}_{A}^{\circ(s)} + \frac{K_{AB}^{\circ}}{1 + K_{AB}^{\circ}} \Delta\bar{C}_{AB}^{\circ} + \frac{K_{AB}^{\circ}}{\mathbf{R}(1 + K_{AB}^{\circ})^2} \left(\frac{\Delta \bar{H}_{AB}^{\circ}}{T}\right)^2 \tag{148}$$

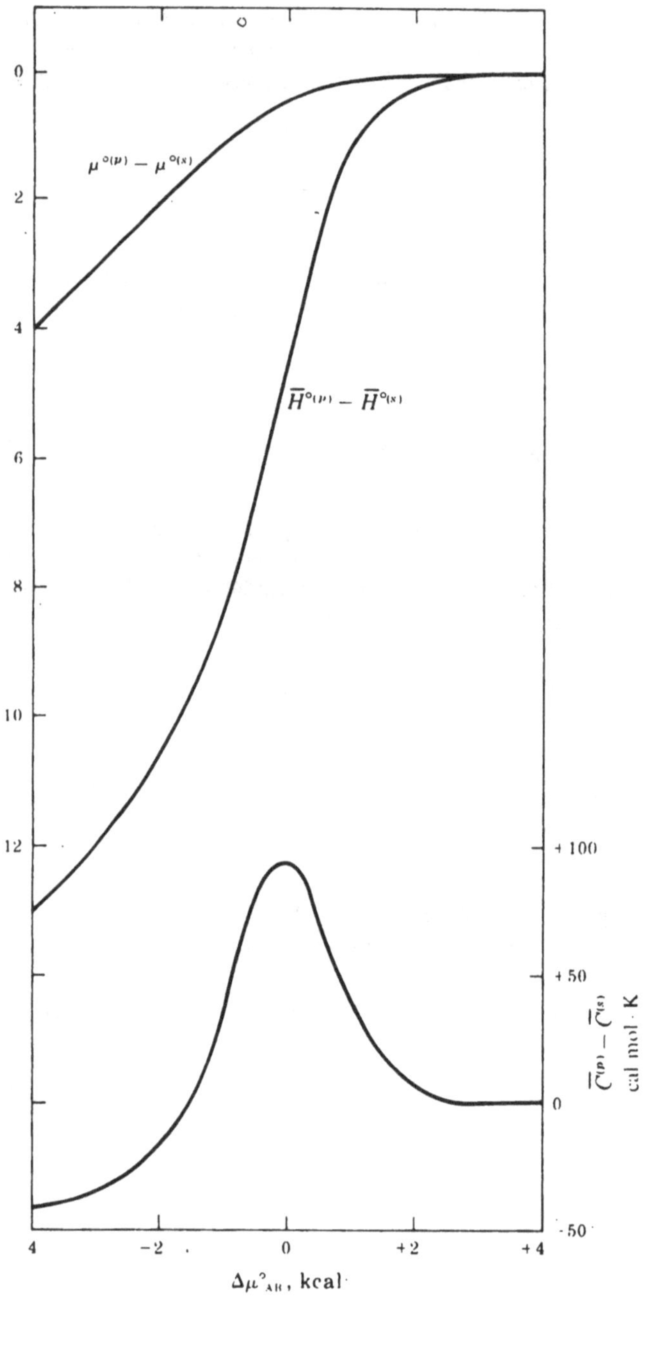

Abb. 2-1. Zur Thermodynamik eines A ⇌ B-Gleichgewichts in Lösung.

Ist B ein wasserstoffbrücken-gebundener oder andersartiger Komplex von A mit dem Lösungsmittel, so ist $\Delta \bar{H}^{\circ}_{AB}$ negativ und in der Größenordnung von mehreren Kilokalorien. $\Delta \bar{S}^{\circ}_{AB}$ ist ebenfalls negativ, und K°_{AB} liegt oft in der Gegend von eins. Unter diesen Bedingungen ist der Effekt einer Änderung in der Struktur der Ausgangsprodukte oder im Reaktionsmedium auf die Differenz $H^{\circ(p)}_{A} - H^{\circ(s)}_{A}$ bedeutend größer als auf die Differenz $\mu^{\circ(p)}_{A} - \mu^{\circ(s)}_{A}$; die Differenz $\bar{C}^{\circ(p)}_{A} - \bar{C}^{\circ(p)}_{A}$ steigt stark an, geht durch ein Maximum und fällt wieder rasch ab. Dieses Verhalten ist in Abb. 2-1 dargestellt. Die Abszisse $\Delta \mu^{\circ}_{AB}$ mißt den Effekt einer Änderung in der Struktur oder im Medium auf K°_{AB}. Für die Konstruktion der Kurven nach den Gl. (146), (147) und (148) wurden die Parameter $\Delta \bar{H}^{\circ}_{AB} = -9\,000 + \Delta \mu^{\circ}_{AB}$, $\Delta \bar{S}^{\circ}_{AB} = -30$, $\Delta \bar{C}^{\circ}_{AB} = -40$ und $T = 300$ K verwendet.

In solchen Fällen ist die Abhängigkeit von $C^{\circ(p)}_{A} - C^{\circ(s)}_{A}$ von der Temperatur nahezu ebenso dramatisch wie die Abhängigkeit von der Struktur oder vom Medium. Dies ist in Abb. 2-2 dargestellt, der die gleichen Annahmen wie in Abb. 2-1 zugrunde liegen. Zusätzlich wurde angenommen, daß Struktur und Medium (die in diesem Fall unveränderlich sind) zu $K^{\circ}_{AB} = 1$ bei 300 K führen.

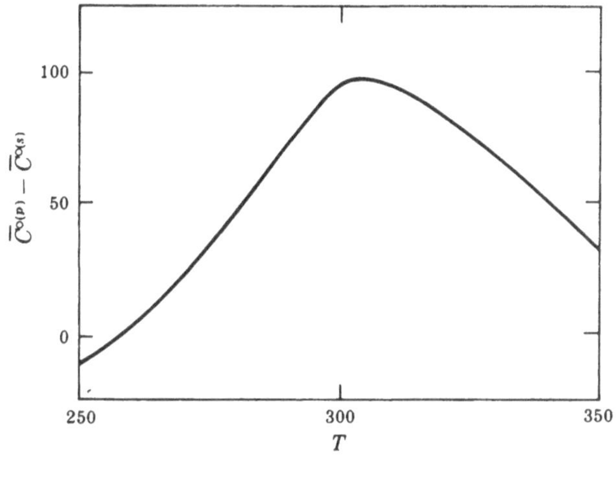

Abb. 2-2. Temperaturabhängigkeit der spezifischen Wärme bei Isomerisierung in Lösung oder bei spezifischer Solvatation.

Für Gase und viele kristalline Festkörper läßt sich die molare Wärmekapazität über einen weiten Temperaturbereich durch wenige Terme einer Potenzreihe in T darstellen [2, S. 165]. Potenzreihen eignen sich jedoch denkbar schlecht zur Beschreibung von Funktionen, die sich so verhalten, wie es die Darstellungen der Wärmekapazitäten in Abb. 2-1 und 2-2 zeigen. Die Wärmekapazität von kristallinen Festkörpern kann unter Umständen ähnlich der in Abb. 2-2 dargestellten Weise verlaufen, nämlich dann, wenn ein Übergang zwischen einem geordneten und einem ungeordneten Zustand auftritt*.

Gl. (144) läßt sich ableiten indem man Gl. (51) durch T dividiert und anschließend nach T ableitet; dabei benutzt man die Gl. (144) und (129), läßt jedoch die (normalerweise vernachlässigbaren) Terme mit der Dichte weg.

---

* Siehe z. B. [10].

2.25. Druck-Effekte

Die grundlegende thermodynamische Beziehung ist:

$$\left(\frac{\partial \mu_i}{\partial P}\right)_{T,n} = \bar{V}_i \tag{149}$$

$\bar{V}_i$, das molare Volumen von i, ist dabei definiert als

$$\bar{V}_i = \left(\frac{\partial V}{\partial n_i}\right)_{T,P,n_j,x} \tag{150}$$

und stellt die Änderung des Volumens der Phase pro Mol zugegebenen Stoffes i dar, wobei die Temperatur, der Druck und die Mengen aller Komponenten außer i konstant gehalten werden [2, S. 203]. In Lösungen, deren Verhalten stark von der Idealität abweicht, kann $\bar{V}_i$ beträchtlich vom molaren Volumen im reinen flüssigen Zustand abweichen [2, S. 209]. Die folgenden Beziehungen lassen sich in analoger Weise wie die entsprechenden Gleichungen für die Temperatur-Effekte ableiten:

$$\left(\frac{\partial \mu^\circ}{\partial P}\right)_{T,c} = \bar{V}_i - \mathbf{R}T\left(\frac{\partial \ln \gamma}{\partial P}\right)_{T,n} - \mathbf{R}T\left(\frac{\partial \ln \rho}{\partial P}\right)_{T,n} \tag{151}$$

$$\left(\frac{\partial \mu^\circ}{\partial P}\right)_{T,c} = \bar{V}_i^\circ - \mathbf{R}T\left(\frac{\partial \ln \rho^\circ}{\partial P}\right)_{T,n} \tag{152}$$

$$\left(\frac{\partial \ln K^\circ}{\partial P}\right)_T = -\frac{\Delta \bar{V}^\circ}{\mathbf{R}T} + (\sum \nu)\left(\frac{\partial \ln \rho^\circ}{\partial P}\right)_T \tag{153}$$

$$\left(\frac{\partial \ln K}{\partial P}\right)_T = -\frac{\Delta \bar{V}}{\mathbf{R}T} + (\sum \nu)\left(\frac{\partial \ln \rho}{\partial P}\right)_T \tag{154}$$

Da $\mathbf{R} = 0.08205\,\mathrm{l \cdot atm/K \cdot mol}$, führt ein ΔV-Wert von $50\,\mathrm{cm^3}$ bei 300 K nur zu einer relativen Änderung in K von 0.002 pro Atmosphäre.

2.26. Literatur

1. Gibbs, J. W., „The Collected Works of Willard Gibbs", Vol. I, p. 63, Longmans, Green & Co., New York, 1928.
2. Lewis, G. N. und M. Randall, „Thermodynamics", 2. Aufl., revidiert von K. S. Pitzer und L. Brewer, McGraw-Hill Book Co., New York 1961.
3. Prigogine, I., und R. Defay, "Thermodynamique chimique", Editions Desoer, Liège 1950.
4. Kirkwood, J. G. und I. Oppenheim, "Chemical Thermodynamics", McGraw-Hill Book Co. New York 1961.
5. Gurney, R. W., „Ionic Processes in Solution", McGraw-Hill Book Co., New York 1953.
6. Grunwald, E. und B. J. Berkowitz, *J. Am. Chem. Soc.*, *73*: 4939 (1951).

7. Kolthoff, I. M. und S. Bruckenstein, „Treatise on Analytical Chemistry", Bd. I, Teil 1, I. M. Kolthoff und P. J. Elving (Hsgb.), Kap. 13, Interscience Publishers, New York 1959.
8. Alexander, R. und A. J. Parker, *J. Am. Chem. Soc., 89:* 5549 (1967).
9. Lucas, G. R. und L. P. Hammett, *J. Am. Chem. Soc., 64:* 1928 (1942).
10. Davidson, N., „Statistical Mechanics", S. 377–378, McGraw-Hill Book Co., New York 1962.
11. Kortüm, G., „Einführung in die Chemische Thermodynamik", Vanderhoeck & Ruprecht, Göttingen, und Verlag Chemie, Weinheim, 1963; 6. Aufl. 1973.

3. Der Beitrag der statistischen Mechanik

3.1. Die Notwendigkeit der statistischen Mechanik

Die Gleichungen der Thermodynamik sind nichts anderes als rein logische Ableitungen aus zwei empirischen Gesetzen. Sie sind auf keine Modelle und bildliche Vorstellungen von molekularen Eigenschaften angewiesen. Sie bilden vielmehr den Rahmen, in den jedes befriedigende Modell passen muß. Zusammen mit weiteren empirisch abgeleiteten Beziehungen, dem idealen Gasgesetz und dem Raoultschen Gesetz für verdünnte Lösungen, führen sie zu manchen äußerst nützlichen Anwendungen in der Chemie. In den zwei oder drei Jahrzehnten nach 1880 stellten diese Anwendungen sogar eines der Hauptgebiete der Wissenschaft der Physikalischen Chemie dar. Der Nutzeffekt der thermodynamischen Gleichungen läßt sich durch Einbeziehung weiterer rein empirischer Beziehungen noch steigern. So machten etwa Lewis und Brönsted in den ersten zwei Jahrzehnten unseres Jahrhunderts große Fortschritte in der Beschreibung und Voraussage der Eigenschaften von Elektrolytlösungen. Dieser Fortschritt wurde indessen durch das erfolgreiche Modell, das Debye und Hückel 1923 entwickelten, erheblich beschleunigt. Leider wird gerade dieses Modell bisweilen falsch angewendet (siehe Abschn. 7.3). Es dürfte aber trotzdem außer Frage stehen, daß die Wissenschaft sich stets weit rascher entwickelt, wenn sie sich auf ein entsprechendes Modell stützen kann, als wenn sie auf empirische Verallgemeinerung allein angewiesen ist.

Alle erfolgreichen Modelle für chemische Reaktionen machen in irgendeiner Weise von der statistischen Mechanik, insbesondere der Quantenmechanik, Gebrauch. Die statistische Mechanik hatte zwar auch ohne das Quanten-Prinzip Erhebliches erreicht, sah sich jedoch hoffnungslos in Widersprüche verwickelt. Sie sagte beispielsweise voraus, daß alle Dissoziationsreaktionen bei irgendeiner endlichen Temperatur vollständig ablaufen würden.

3.2. Statistische Mechanik eines idealen Gases

Für das Modell des idealen Gases, d. h. eines Systems von weit voneinander entfernten, kleinen Partikeln, zwischen denen praktisch keine Wechselwirkungen bestehen, gibt die statistische Quantenmechanik die Schlüsselgröße μ° an als:

$$\mu^\circ = E_0 - \mathbf{R}T \ln \frac{Q}{N_0 V} \tag{1}$$

Weiter führt sie zu

$$\bar{H}^\circ = E_0 + \mathbf{R}T^2 \frac{\partial \ln (Q/V)}{\partial T} \tag{2}$$

und:

$$\bar{S}^\circ = \mathbf{R}\ln\frac{Q}{N_0 V} + \mathbf{R}T\frac{\partial \ln(Q/V)}{\partial T} \tag{3}$$

Die Größe E_0 ist die Energie, die die Substanz besäße, wenn alle Moleküle ohne Änderung des physikalischen Zustandes auf das niedrigst mögliche Energieniveau gebracht würden. Die Zustandssumme Q ist definiert als

$$Q = \sum_i^\infty g_i \exp\frac{-(\epsilon_i - \epsilon_0)}{\mathbf{k}T} \tag{4}$$

Die Summanden der Summe werden am besten als Boltzmann-Terme bezeichnet. Die ε_i sind die quantisierten Energien, die ein Molekül besitzen kann; ε_0 ist das niedrigste dieser Energieniveaus. Die Multiplizität oder das statistische Gewicht g_i ist die Anzahl der möglichen, gleich wahrscheinlichen Zustände, in denen ein Molekül sein kann, wenn die Energie den Wert ε_i besitzt. Diese Zustände können sich beispielsweise in der räumlichen Orientierung unterscheiden. $\mathbf{k} = \mathbf{R}/N_0$ ist die Boltzmann-Konstante. Die Summierung schließt alle erlaubten Energieniveaus des Moleküls ein. Die Gleichungen (1), (2) und (3) gelten sowohl, wenn die Substanz eine Komponente einer Gasmischung ist, als auch, wenn sie als reine Substanz vorliegt.

Die Gleichung

$$\mu = E_0 - \mathbf{R}T\ln\frac{Q}{N} \tag{5}$$

ergibt sich notwendig aus der Anwendung der Theorie der Quantenmechanik auf das Modell des idealen Gases. Den entsprechenden Beweis findet man in Lehrbüchern der statistischen Mechanik *. N bedeutet dabei die Anzahl der Moleküle. Für Systeme, die für die Chemie von Interesse sind, gilt

$$Q = \left(\frac{2\pi m\mathbf{k}T}{\mathbf{h}^2}\right)^{3/2} V Q_{\text{int}} \tag{6}$$

wobei m die Masse der Moleküle und Q_{int} die interne Zustandssumme, die unabhängig vom Volumen des Systems ist, bedeuten. Substitution der Beziehung

$$N = N_0 V c \tag{7}$$

in Gl. (5) führt zu:

$$\mu - \mathbf{R}T\ln c = E_0 - \mathbf{R}T\ln\frac{Q}{N_0 V} \tag{8}$$

Dies ist äquivalent zu Gl. (1). Aus Gl. (6) folgt, daß die rechte Seite von Gl. (8) unabhängig von der Konzentration ist.

---

* Z.B. [1], Kap. 1 – 7.

Damit ist:

$$\mu^\circ = E_0 - \mathbf{R}T\ln\left(\frac{2\pi m\mathbf{k}T}{\mathbf{h}^2}\right)^{3/2}\frac{Q_{int}}{N_0} \tag{9}$$

3.3. Die Natur der Zustandssumme

Die Zustandssumme einer Substanz ist eine konvergente unendliche Reihe. Der Index i ist 0 für das niedrigste Energieniveau, auf dem das Molekül sein kann, 1 für das nächsthöhere etc. Der Wert der Funktion hängt, abgesehen von Symmetrieeffekten, die manchmal eine Rolle spielen, von der Bewegung der Moleküle durch den Raum, d. h. von kinetischen Energien ab. E_0 dagegen ist hauptsächlich, wegen der kinetischen Nullpunktsenergie (Abschn. 3.8) jedoch nicht ausschließlich, eine Funktion von potentiellen Energien.
Die interne Zustandssumme läßt sich in guter Näherung als ein Produkt darstellen. Jeder Faktor entspricht einer der Bewegungsarten, in die die klassische Mechanik die Bewegung zerlegt. Es gilt also:

$$Q = Q_{tr}\, Q_{rot} \prod_j Q_j \tag{10}$$

Jeder Faktor in dieser Gleichung ist immer noch eine Summe von Boltzmann-Termen, d. h. von Termen der gleichen Form wie die Summanden in Gl. (4). Für Q_{tr} beziehen sich die g und ε nur auf die translatorische Bewegung, d. h. die Bewegung des Moleküls als Ganzes durch den Raum. Außer bei sehr niedrigen Temperaturen gilt

$$Q_{tr} = \left(\frac{2\pi m\mathbf{k}T}{\mathbf{h}^2}\right)^{3/2} V \tag{11}$$

wie bereits in Gl. (6) angedeutet wurde. Für Q_{rot} beziehen sich die g und ε nur auf die Rotation des Moleküls als Ganzes. Der Wert von Q_{rot} steigt mit zunehmendem Trägheitsmoment des Moleküls an und ist umgekehrt proportional zur Symmetriezahl σ. Die Symmetriezahl σ ist definiert als „die Zahl von verschiedenen Werten der Rotations-Koordinaten, die alle einer Orientierung des Moleküls entsprechen, unter Berücksichtigung der Tatsache, daß identische Atome nicht unterscheidbar sind“ [2]. Jeder Faktor im Produkt in Gl. (10) ist eine Funktion einer der internen Bewegungsarten des Moleküls, d. h. der Vibrationen, Rotationen oder Librationen (oszillierende Rotationen). Die Multiplikation wird über alle diese internen Bewegungen durchgeführt.

3.4. Die thermodynamischen Funktionen eines einfachen harmonischen Oszillators

Oft lassen sich einige der Q_j-Werte in Gl. (10) in guter Näherung durch die entsprechenden Werte für einen einfachen harmonischen Oszillator darstellen. Man darf annehmen, daß auch die Q_j-Faktoren, für die das nicht der Fall ist, sich qualitativ ähnlich verhalten werden. Die Bewegung eines harmonischen Oszillators ist dadurch charakterisiert, daß die rücktreibende Kraft der Auslenkung proportional ist. Abb. 3-1 zeigt den Beitrag eines harmonischen Oszillators zu wichtigen thermodynamischen Funktionen in Abhängigkeit von der Temperatur. Die Größe $(\mu^\circ - E_0)/T$ wird gewöhnlich als Freie-Energie-Funktion bezeichnet und ist gleich $-\mathbf{R} \ln Q$. Die Größe $(\bar{H}^\circ - E_0)/T$ ist als Wärmeinhalts-Funktion bekannt. Sie ist gleich $\mathbf{R} T \delta \ln Q/\delta T$.

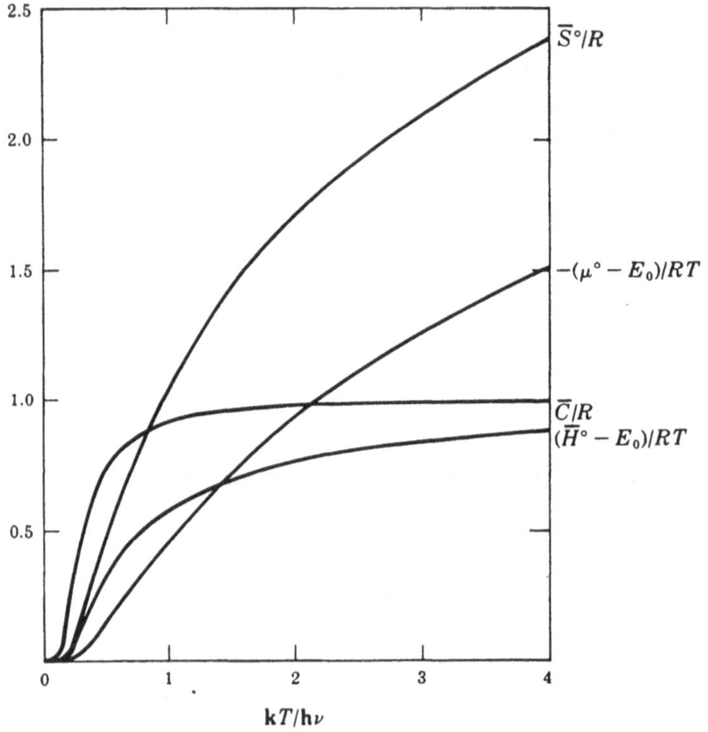

Abb. 3-1. Temperaturabhängigkeit der thermodynamischen Größen des harmonischen Oszillators.

Alle diese Funktionen gehen bei sehr tiefen Temperaturen vom Wert Null aus. Mit zunehmender Temperatur spielt als erste Größe die Standard-Wärmekapazität eine signifikante Rolle. Darauf folgt als nächste die Standard-Entropie, dann die Wärmeinhalts-Funktion und schließlich die Freie-Energie-Funktion. Die Freie-Energie-Funktion und die Standard-Entropie steigen ins Unendliche an, während die Wärmekapazität und die Wärmeinhalts-Funktion sich asymptotisch dem Grenzwert **R** annähern. Ist der Grenzwert praktisch erreicht, so wird die Bewegung als voll angeregt bezeichnet. Ein solcher Grenzwert ist nicht nur für Vibrationen, sondern für alle Bewegungsarten charakteristisch. Für das ideale Gas ist beispielsweise der Grenzwert für die Translation $5/2\mathbf{R}$ und für die Rotation **R** oder $3/2\mathbf{R}$, je nach der Form des Moleküls.

Der Verlauf dieser Kurven ist eindeutig bestimmt durch die Größe $\mathbf{h}\nu/\mathbf{k}T$. Dabei ist ν, die klassische Schwingungsfrequenz, gegeben durch:

$$\nu = \frac{1}{2\pi}\sqrt{\frac{k}{m_r}} \tag{12}$$

k ist hier die Proportionalitätskonstante für die rücktreibende Kraft, und m_r ist die reduzierte Masse. Der Wert aller dieser thermodynamischen Funktionen wird somit bei jeder Temperatur um so größer sein, je stärker die Kraft und je geringer die Masse ist.

In der Spektroskopie gilt $200\,\text{cm}^{-1}$ normalerweise als die Grenze zwischen dem mittleren und dem fernen Infrarot. Bei 300 K entspricht dies einem Wert der Abszisse in Abb. 3-1 von ungefähr 1. Bei dieser Frequenz trägt also die Vibration zur Freien-Energie-Funktion etwas weniger als 1 cal/K · mol, zur Wärmeinhalts-Funktion etwas mehr als 1 cal/K · mol bei. Bei Wellenzahlen von mehr als 1 000 ist der Beitrag zur Wärmeinhalts-Funktion weniger als 0.1 cal/K · mol; der Beitrag zur Freien-Energie-Funktion ist noch wesentlich kleiner. Bei Wellenzahlen von weniger als 20 liegt der Beitrag zur Wärmeinhalts-Funktion innerhalb von 0.1 cal/K · mol zum Grenzwert **R**; der Beitrag zur Freien-Energie-Funktion ist größer als 2.35 **R**.

3.5. Einige typische Zahlenwerte

Die Zustandssumme einer chemischen Substanz ist in jedem Temperaturbereich, der für chemische Reaktionen von Interesse ist, eine sehr große Zahl. Für gasförmiges Isobutan hat die Größe $Q/N_0 V$ bei 300 K beispielsweise den Wert 10^{11}. Zustandssummen nehmen mit steigender Temperatur und zunehmender Molekülmasse zu. Für Isobutan beispielsweise ist der Wert bei 400 K zehnmal größer als bei 300 K. Bei 300 K ist er 310mal größer für Isobutan als für Äthan. Zustandssummen sind größer für flexible Moleküle als für starre. Ihr Wert nimmt mit zunehmender Symmetrie ab. Der Wert für 1-Hexen ist 1 150mal größer als für das starrere Isomere

Tab. 3.1. Eigenschaften von gasförmigen Isobutan bei 300 K.[a]

	Translation	Rotation	Vibration	Gesamt
$\frac{\mu^\circ - E_0}{T}$	−26.79	−19.46	−3.55	−49.80
$\frac{\bar{H}^\circ - E_0}{T}$	4.97	2.98	6.44	14.39
$\bar{S}^\circ$	31.76	22.44	9.99	64.19
$\bar{C}^\circ$	4.97	2.98	15.30	23.25

[a] Basierend auf Berechnungen von Pitzer [3]. Die Werte sind in cal/K · mol angegeben. μ° ist definiert als $\lim(\mu - \mathbf{R}T \ln c)$, d. h. der Standardzustand ist 1 mol/l, nicht 1 atm.

Cyclohexan. Für das unsymmetrische Monodeuterobenzol ist die Zustandssumme etwa sechsmal größer als für das symmetrische Benzol.

Translation und Rotation leisten einen sehr großen Beitrag zur Zustandssumme einer gasförmigen Substanz. Tabelle 3.1 zeigt, wie die drei Bewegungsarten zu den thermodynamischen Eigenschaften von Isobutan beitragen. Man stellt fest, daß erstens der Wert der Freien-Energie-Funktion viel größer als derjenige der Wärmeinhalts-Funktion ist. Zweitens findet man, daß die internen Bewegungsarten nur einen kleinen Beitrag zur Freien-Energie-Funktion leisten, daß sie aber, sowohl relativ wie absolut gesehen, für einen beträchtlichen Teil der Wärmeinhalts-Funktion verantwortlich sind. Drittens stellt man fest, daß der translatorische Beitrag zur Wärmekapazität und zur Wärmeinhalts-Funktion 5/2 **R**, der rotatorische Beitrag 3/2 **R** ist.

3.6. Die Bestimmung von Zustandssummen

Die Zustandssumme einer Substanz läßt sich berechnen, wenn ihre Molekülmasse, ihre Trägheitsmomente und die Frequenzen der internen Bewegungen bekannt sind. Die Molekülmasse ist dann bekannt, wenn es sich um eine wohldefinierte Substanz handelt. Die Distanzen zwischen den Atomen und die Bindungswinkel sind im allgemeinen genügend genau bekannt, damit Trägheitsmomente berechnet werden können. Die Frequenzen der internen Bewegungen lassen sich im Prinzip aus Infrarot- und Raman-Spektren ermitteln. Die in Tab. 3.1 angegebenen thermodynamischen Daten beruhen auf Zustandssummen, die Pitzer in dieser Weise berechnet hat.

Isobutan ist indessen dank seiner Symmetrie besonders für eine solche Berechnung geeignet. Für komplexe organische Moleküle läßt sich die Zustandssumme gewöhnlich nicht in dieser Weise bestimmen. Nach semiempirischen Methoden, wie sie Pitzer [4] entwickelt hat, können die Zustandssummen für eine ganze Anzahl von Kohlenwasserstoffen und einige andere Moleküle ermittelt werden [5].

3.7. Statistische Mechanik des chemischen Gleichgewichts in der Gasphase

Für ein chemisches Gleichgewicht ergibt sich aus den Gl. (1), (2) und (3):

$$\Delta\mu^\circ = \Delta E_0 - \Delta\left(\mathbf{R}T\ln\frac{Q}{N_0 V}\right) \tag{13}$$

$$K^\circ = e^{-\Delta E_0/\mathbf{R}T}\prod_i\left(\frac{Q_i}{N_0 V}\right)^{\nu_i} \tag{14}$$

$$\Delta\bar{H}^\circ = \Delta E_0 + \Delta\left[\mathbf{R}T^2\frac{\partial\ln(Q/V)}{\partial T}\right] \tag{15}$$

$$\Delta\bar{S}^\circ = \Delta\left(\mathbf{R}\ln\frac{Q}{N_0 V}\right) + \Delta\left[\mathbf{R}T\frac{\partial\ln(Q/V)}{\partial T}\right] \tag{16}$$

Zustandssummen sind stets sehr große Zahlen – so groß, daß ihre Variation von Substanz zu Substanz kaum eine wesentliche Rolle spielt. Infolgedessen ist die Größe $\prod (Q_i/N_0 V)^{\nu_i}$ eine große Zahl für jede Reaktion, bei der die Zahl der Moleküle zunimmt, insbesondere also für alle Dissoziationsreaktionen. Gemäß Gl. (14) müssen solche Reaktionen praktisch vollständig ablaufen, es sei denn, der Einfluß der Zustandssummen werde durch einen kleinen Wert des exponentiellen Faktors ausgeglichen. Dies ist etwa möglich, wenn E_0 einen großen positiven Wert hat, oder wenn die Temperatur sehr tief ist.
Der Beitrag der Translation und Rotation zur Differenz $\bar{H}^\circ - E_0$ ist (siehe oben) bedeutend kleiner als der entsprechende Beitrag zur Differenz $\mu^\circ - E_0$. Infolgedessen ist die Differenz zwischen $\Delta \bar{H}^\circ$ und ΔE_0 für Reaktionen, bei denen sich die Anzahl der Moleküle ändert, notwendigerweise bedeutend kleiner als die Differenz zwischen $\Delta \mu^\circ$ und ΔE_0. Bei Reaktionen von komplexen Molekülen ist die Differenz $\Delta \bar{H}^\circ - \Delta E_0$ indessen durchaus nicht vernachlässigbar; wenn sich die Zahl der Moleküle nicht ändert, kann ihre Größe ähnlich dem Wert der Differenz $\Delta \mu^\circ - \Delta E_0$ sein. Für die Isomerisierung von 1-Hexen zu Cyclohexan bei 300 K ist $\Delta \bar{H}^\circ - \Delta E_0 = -2.16$ kcal, während $\Delta \mu^\circ - \Delta E_0 = +4.14$ kcal ist [5]. Bei dieser Temperatur bedeuten 2.16 kcal einen Faktor von 76 in der Gleichgewichtskonstante, ein Effekt, der kaum zu übersehen ist. Bei derartigen Reaktionen ist der Beitrag der Translation und Rotation zu $\bar{H}^\circ - E_0$ für Edukte und Produkte gleich. Die 2.16 kcal sind somit auf das Verschwinden oder die Versteifung von Vibrationen oder Librationen mit Frequenzen im Bereich von 20 bis 1000 Wellenzahlen zurückzuführen (Abschn. 3.4). Für die höheren Frequenzen in diesem Bereich ist der Beitrag zu $\bar{H}^\circ - E_0$ größer als zu $\mu^\circ - E_0$, für die tieferen Frequenzen ist dies umgekehrt.

3.8. Änderungen der Enthalpie und der potentiellen Energie

Recht häufig begegnet man der verfehlten Annahme, die Enthalpieänderung bei einer Reaktion sei eine gute Näherung für diejenige Änderung der potentiellen Energie, die die Reaktion begleiten würde, wenn alle beteiligten Substanzen auf ihrem niedrigsten Niveau der potentiellen Energie eingefroren wären. Bei der theoretischen Behandlung von Problemen wie etwa des Einflusses der Struktur auf die Reaktivität sieht man sich mit Änderungen der potentiellen Energie konfrontiert. Selbstverständlich möchte man die berechnete Größe mit einer experimentellen Größe gleichsetzen. Im letzten Kapitel haben wir indessen gezeigt, daß man $\Delta \bar{H}^\circ$ nicht ohne weiteres gleich ΔE_0 setzen darf. Die Lage wird weiter dadurch kompliziert, daß die Größe E_0 in den Gl. (1) und (2) nicht eigentlich die potentielle Energie darstellt, sondern damit durch die Beziehung

$$E_0 = E_p + \frac{1}{2} \sum_i \mathbf{h} \nu_i \tag{17}$$

verbunden ist. Die Summierung erfolgt über alle vibratorischen Freiheitsgrade des Moleküls. Die Größe $\frac{1}{2}\mathbf{h}\nu$, die sog. Nullpunkts-Energie der Vibration, wird von der Quantentheorie verlangt*. Die Vibrationen von hoher Frequenz, die am wenigsten zu $\Delta \bar{H}^\circ - \Delta E_0$ beitragen, leisten den größten Beitrag zu $E_0 - E_p$.

---

* Vgl. dazu z. B. [1], S. 31.

Damit verwandt ist eine weitere unerlaubte Annahme: Oft wird die Entropieänderung bei einer Reaktion mit der Größe $\Delta[\mathbf{R}\ln(Q/N_0 V)]$ gleichgesetzt. Sie unterscheidet sich jedoch von dieser um den gleichen Betrag $\Delta[\mathbf{R}T\delta\ln(Q/V)/\delta T]$, um den sich auch $\Delta H^\circ/T$ von $\Delta E_0/T$ unterscheidet. Die Versuchung, die beiden Größen gleichzusetzen, ist in diesem Fall besonders groß, denn es ist immer möglich, die Entropieänderung experimentell zu bestimmen. Auf der andern Seite besteht kaum Hoffnung, daß man die Größe $Q/N_0 V$ für eine Reaktion in Lösung je wird zuverlässig genau bestimmen können.

3.9. Die statistische Mechanik einer gelösten Substanz in verdünnter Lösung

Das Modell des Systems von weit voneinander getrennten Partikeln, zwischen denen keine Wechselwirkung besteht, läßt sich ebensogut auf eine gelöste Substanz in verdünnter Lösung anwenden wie auf ein verdünntes Gas. Es bestehen indessen zwei wichtige Unterschiede: Erstens besteht die Partikel im Fall der Lösung nicht bloß aus einem Molekül der gelösten Substanz; auch die benachbarten Lösungsmittelmoleküle, deren Verhalten durch das gelöste Molekül wesentlich beeinflußt wird, gehören dazu. Zweitens kann sich ein gelöstes Molekül nicht frei durch das ganze Volumen der Phase bewegen, wie es für Gasmoleküle möglich ist.
Wegen des ersten dieser Unterschiede muß man Gl. (4) ersetzen durch:

$$Q = \sum_i \frac{(N_0 V)^{\nu_i - 1} Q_i}{Q_S^{\nu_i}} \tag{18}$$

Q_i ist dabei eine Summierung von Boltzmann-Termen für die quantifizierten Zustände eines Aggregates aus Gelöstem und Lösungsmittel, das ν_i Lösungsmittelmoleküle enthält. Q_s ist eine entsprechende Summierung für die Zustände des Lösungsmittels. Diese Änderung ist nötig, weil das chemische Potential des Gelösten die Zunahme der Gibbs-Energie mißt, die mit der Zugabe des Gelösten zur Lösung einhergeht. Bei diesem Vorgang spielen sowohl der Einfluß des Gelösten auf die Bewegungen der umliegenden Lösungsmittelmoleküle, wie auch der Einfluß des Lösungsmittels auf die Bewegungen der gelösten Moleküle eine Rolle.
Zufolge des zweiten Unterschiedes sind sowohl Q_{tr} wie auch Q_{rot} für eine gelöste Substanz viel kleiner als für die gleiche Substanz in Gasphase. Dies ist ein Ausdruck eines allgemeinen Satzes der Quantenmechanik, nach dem eine Verringerung der Bewegungsfreiheit einer Partikel eine Vergrößerung des Abstandes zwischen den Energieniveaus zur Folge hat und dadurch den Wert der Zustandssumme verkleinert. Die Proportionalität der translatorischen Zustandssumme eines Gases zum Volumen und der Einfluß der Kraftkonstante eines Vibrators auf seine Zustandssumme sind weitere Beispiele für diesen Satz. Man kann sich vorstellen, daß die translatorische und rotatorische Bewegung eines Gasmoleküls in der Lösung in eine vibratorische Bewegung innerhalb eines gewissen freien Volumens (sog. „free volume box", nach Frank und Evans [6]) umgewandelt wird.
Die Gültigkeit des Gesetzes für chemisches Gleichgewicht in der Näherung für verdünnte Lösungen beweist indessen, daß das Verhältnis Q/V innerhalb der Fehler-

grenze dieser Näherung immer noch unabhängig von der Konzentration der Lösung ist.
Der Übergang einer Substanz aus der Gasphase in Lösung hat wenig Einfluß auf den Beitrag der internen Bewegungen des Moleküls, den Faktor $\prod Q_i$ in Gl. (10), zur Zustandssumme. Frank und Evans [6] führten aus: „Dies folgt aus der Tatsache, daß sich die Lage der Raman-Linien und Infrarot-Banden beim Übergang aus der Gasphase in den flüssigen Zustand nicht wesentlich ändert. Das bedeutet, daß sich die Frequenzen der Schwingungen kaum ändern und daß die vibratorischen Bewegungen nicht stark behindert werden."

3.10. Die Barclay-Butler-Regel

Die empirische, entschieden approximative Regel von Barclay und Butler besagt, daß die Werte von $\Delta\bar{S}^\circ$ und $\Delta\bar{H}^\circ$ für die Überführung eines Moleküls aus der flüssigen in die Gasphase linear miteinander verbunden sind. Dabei ist vorausgesetzt, daß im System keine starken Wechselwirkungen wie Wasserstoffbrücken-Bindungen, Charge-Transfer-Komplexbildung, Dipol-Dipol-Wechselwirkung etc. vorkommen [7]. Nach Frank [8] ist 0.00124 der beste Wert der Steigung bei Temperaturen in der Gegend von 300 K. Der Achsenabschnitt ist zahlenmäßig je nach dem verwendeten Standardzustand verschieden. Drückt man diesen sowohl für die Gas- als auch für die flüssige Phase in mol/l aus, so führt ein vernünftiger Wert zur Gleichung:

$$\Delta\bar{S}^\circ = 1.83 + 0.00124\Delta\bar{H}^\circ \qquad (19)$$

Gemäß Gl. (2) und (3) ist dies identisch mit:

$$\Delta \mathbf{R} \ln \frac{Q}{N_0 V} + \Delta \mathbf{R} T \frac{\partial \ln(Q/V)}{\partial T} = 1.83 + 0.00124 \left[\Delta E_0 + \Delta \mathbf{R} T^2 \frac{\partial \ln(Q/V)}{\partial T}\right] \qquad (20)$$

Wie Abb. 3-1 zeigt, sind die Größen $\mathbf{R} \ln (Q/N_0 V) = (\mu^\circ - E_0)/T$ und

$$\mathbf{R} T \frac{\delta \ln (Q/V)}{\delta T} = \frac{(\bar{H}^\circ - E_0)}{T}$$

nicht linear miteinander verbunden, wenn beide variabel sind. Infolgedessen ist die lineare Beziehung von Gl. (20) nur dann möglich, wenn die Vibrationen in der flüssigen Phase, wie auch die Translationen und Rotationen in der Gasphase voll angeregt sind. Dann ist nämlich der Wert von $\mathbf{R} T \delta \ln (Q/V)/\delta T$ in Lösung gleich einem ganzzahligen Vielfachen von $\mathbf{R}/2$.
Die lineare Beziehung von Gl. (20) verlangt auch, daß ΔE_0 und $\Delta \ln (Q/N_0 V)$ untereinander linear verbunden sind. Für diese Größen darf man wohl eine gewisse Parallelität, wenn auch nicht gerade eine lineare Beziehung erwarten. Eine stärkere Wechselwirkung zwischen gelösten Molekülen und Lösungsmittelmolekülen wird nämlich nicht nur den E_0-Wert für die flüssige Phase herabsetzen, sondern auch den

Abstand zwischen den vibratorischen Energieniveaus vergrößern und dadurch den Wert von Q vermindern.

3.11. Einige Besonderheiten von wäßrigen Lösungen

Wenn starke, spezifische Wechselwirkungen zwischen der gelösten Substanz und dem Lösungsmittel oder zwischen Lösungsmittelmolekülen auftreten, bricht die Barclay-Butler-Regel gewöhnlich zusammen. Dies ist besonders für wäßrige Lösungen der Fall. Für inerte Gase und einige leichte Kohlenwasserstoffe in wäßriger Lösung besteht zwar noch eine lineare Beziehung zwischen den $\Delta\bar{S}°$- und den $\Delta\bar{H}°$-Werten für den Übergang des Gelösten in die Gasphase. $\Delta\bar{H}°$ ist indessen 2 bis 4 kcal/mol stärker positiv als für die gleiche gelöste Substanz in einem Lösungsmittel wie Benzol. $\Delta\bar{S}°$ ist im Verhältnis noch stärker positiv. Man findet die Beziehung:

$$\Delta\bar{S}° = 14 + 0.0019\Delta\bar{H}° \tag{21}$$

Frank und Evans schließen aus diesen Beobachtungen, sowie aus der Tatsache, daß die molare Wärmekapazität der inerten Gase in wäßriger Lösung enorm hoch (bis 60 kcal/K · mol) ist, daß durch die Gegenwart der unpolaren Moleküle die Struktur des Wassers in Richtung auf größere Kristallinität modifiziert wird. Das Wasser bildet sozusagen mikroskopische Eisberge um die gelösten Moleküle. Dieses „Gefrieren" senkt die Energie und behindert die Bewegungsfreiheit der Wassermoleküle, wodurch der Wert von Q verkleinert wird.
Im Gegensatz dazu ist die molare Entropie von geladenen Partikeln, wie etwa der Alkali- und Halogenid-Ionen, in wäßriger Lösung sehr hoch. Für die Reaktion

$$2Ar \rightarrow K^+ + Cl^- \tag{I}$$

wurde beispielsweise ein Wert von $\Delta\bar{S}° = +8.5$ cal/K berechnet. Für Ionen dieser Art liegt $\Delta\bar{H}°$ für den Übergang aus der wäßrigen Lösung in die Gasphase in der Größenordnung von 60 bis 120 kcal/mol. Für Argon ist $\Delta\bar{H}° = 3$ kcal/mol. Die Einführung von elektrisch geladenen Partikeln führt also zu einer enorm starken Abnahme der Energie. Ebenfalls sind die Bewegungen der Oszillatoren, die die Größe der Zustandssummen bestimmen, freier, als wenn die gelöste Substanz elektrisch neutral ist. Nach dem Bild von Frank und Evans haben also Ionen einen strukturzerstörenden, neutrale Partikel einen strukturbildenden Effekt.
Weiter kompliziert wird die Lage dadurch, daß $\Delta\bar{S}°$ für die Ionisierung von Carbonsäuren in Wasser

$$RCOOH + H_2O \rightleftharpoons RCOO^- + OH_3^- \tag{II}$$

negativ und von beträchtlicher Größe (15 bis 30 cal/K) ist.

3.12. Änderungen der Standard-Entropie für Reaktionen in Lösung

In Lösung ist nicht nur die Standard-Entropie einer gelösten Substanz geringer als diejenige derselben Substanz in der Gasphase; auch die Differenz zwischen den

Standard-Entropien von ähnlichen Substanzen mit verschiedener Molekülmasse ist kleiner. In der Gasphase ist etwa die Standard-Entropie von Äthan um 10.35 cal/K stärker positiv als diejenige von Methan [5]. In Benzol-Lösung [9] beträgt die Differenz 7.55 cal/K, in wäßriger Lösung [6] 6.7 cal/K.

Tab. 3.2. Dissoziation von Aldehyd- und Ketonhydraten in wäßriger Lösung bei 25 °C.[a]

Verbindung	$\Delta\bar{S}^\circ$, cal/K	$\Delta\bar{H}^\circ$, kcal	$\Delta\mu^\circ$, kcal
Formaldehyd	30.8	14.6	5.4
Chloral	30.2	12.7	3.68
s-Dichloraceton	14.8	5.7	1.27
asym-Dichloraceton	16.4	5.5	0.62
Acetaldehyd	16.4	5.1	0.23
Diacetyl	12.7	4.5	0.72
Monochloraceton	7.7	2.0	-0.28

[a] Daten von Bell und McDougall [11].

Die Zunahme der Standard-Entropie bei einer Dissoziationsreaktion ist somit in Lösung weniger stark positiv als in Gasphase. Die Differenz wird um so größer, je höher die Molekülmasse der Reaktionspartner ist. Leffler und Grunwald [10] haben $\Delta\bar{S}^\circ$-Werte für die Dissoziation von Charge-Transfer- und wasserstoffbrückengebundenen Komplexen und ähnlichen Verbindungen zusammengestellt. Die Zahlenwerte bewegen sich zwischen 1.8 cal/K für den Acenaphthylen-Pikrinsäure-Komplex in Äthylendichlorid und 19.8 cal/K für das Dimere von Essigsäure in Tetrachlorkohlenstoff. Sehr viele Werte liegen in der Gegend von 10 cal/K. Die $\Delta\bar{S}^\circ$-Werte für Dissoziationsreaktionen von ähnlichen Verbindungen in der Gasphase liegen in der Gegend von 30 bis 45 cal/K. Die Daten von Leffler und Grunwald lassen keine augenfällige Abhängigkeit von der Molekülmasse und von Größe oder Art der Verbindung erkennen.

Tab. 3.3. Daten zur Reaktion zwischen Jod und Chlor (IV).[a]

Medium	$\Delta\bar{S}^\circ$, cal/K	$\Delta\bar{H}^\circ$, kcal	$\Delta\mu^\circ$, kcal
Gas	2.7	−6.56	−7.37
CCl_4	0.4	−7.94	−8.04

[a] Daten von Blair und Yost [12].

Bell und Mc Dougall [11] untersuchten Reaktionen der Art

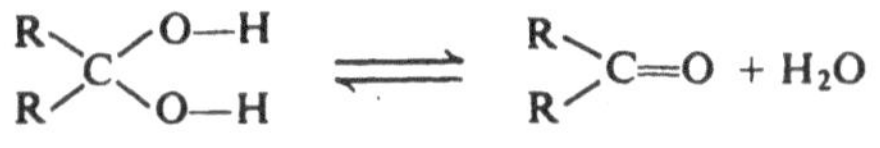

(III)

in wäßriger Lösung bei 25 °C. Sie fanden $\Delta \bar{S}°$-Werte in der gleichen Größenordnung, die ebenfalls keine deutlich erkennbare Abhängigkeit von der Natur des Ausgangsproduktes zeigen. Wie Tab. 3.2 zeigt, besteht indessen eine klare Parallelität zwischen $\Delta \bar{S}°$ und $\Delta \bar{H}°$ und damit auch zwischen diesen beiden Größen und $\Delta \mu°$. Dies läßt sich als Folge der gleichen Einflüsse verstehen, die auch zur Barclay-Butler-Regel führen.

Für Reaktionen, bei denen sich die Zahl der Moleküle nicht ändert, sollte man erwarten, daß der Übergang von der Gasphase in eine Lösung, in der keine starken Wechselwirkungen herrschen, keinen großen Einfluß auf die thermodynamischen Parameter hat. Tab. 3.3 zeigt die Resultate von Blair und Yost [12] für die Reaktion

$$I_2 + Cl_2 \rightleftharpoons 2ICl \tag{IV}$$

in Gasphase und in Tetrachlorkohlenstoff-Lösung. Tatsächlich unterscheiden sich die Werte in den beiden Medien nicht sehr stark.

3.13. Der Zusammenhang mit dem Problem von Struktur und Reaktivität

Der Einfluß einer Änderung in der Struktur eines Reaktionspartners auf die Gleichgewichtskonstante irgendeiner Reaktion läßt sich stets auf den Wert der Gleichgewichtskonstante einer Reaktion, bei der sich die Zahl der Moleküle nicht ändert, zurückführen. Wenn etwa K_V die Gleichgewichtskonstante der Reaktion

$$H_3NB(CH_3)_3 \rightleftharpoons H_3N + B(CH_3)_3 \tag{V}$$

und K_{VI} diejenige der Reaktion

$$(CH_3)_3NB(CH_3)_3 \rightleftharpoons (CH_3)_3N + B(CH_3)_3 \tag{VI}$$

ist, dann ist die Gleichgewichtskonstante der Reaktion

$$(CH_3)_3N + H_3NB(CH_3)_3 \rightleftharpoons (CH_3)_3NB(CH_3)_3 + H_3N \tag{VII}$$

gegeben durch:

$$K_{VII} = \frac{K_V}{K_{VI}} \tag{22}$$

Sie ist ein Maß für den Einfluß, den eine Änderung der Struktur vom Ammoniak zu Trimethylamin auf die Dissoziation des Trimethylbor-Komplexes nimmt.

Brown [13] bestimmte K_V und K_{VI} in der Gasphase bei Temperaturen zwischen 0 und 100 °C: K_{VII} ergibt sich zu 9.75 bei 373 K und zu 67 bei 273 K. Dies führt zu einem $\Delta \bar{S}°$-Wert für die Reaktion (VII) von -5.85 bei Temperaturen in der Gegend von 323 K. Die translatorischen und rotatorischen Beiträge zur Größe $\Delta \mathbf{R} T \delta \ln (Q/V)/\delta T$ sind beide Null. Der Beitrag der Translation zu $\Delta \mathbf{R} \ln (Q/N_0 V)$ berechnet sich nach Gl. (11) zu -2.34. Der Beitrag der Rotation zu dieser Größe sollte ebenfalls beträchtlich und in der gleichen Richtung sein. Der Beitrag der internen Bewegungen zur Summe $\Delta \mathbf{R} \ln (Q/N_0 V) + \Delta \mathbf{R} T \delta \ln (Q/V)/\delta T$ muß somit wesentlich kleiner als 3.5 cal/K sein; der Beitrag zu jedem einzelnen dieser Terme muß natürlich noch geringer sein.

Die Reaktion (VII) stellt einen Extremfall dar. Die Beiträge der Translation und der Rotation zur Änderung der Standard-Entropie sind so groß, wie es für diese Größen nur möglich ist. Die internen Bewegungen sollten in der Verbindung $(CH_3)_3NB(CH_3)_3$ stärker als in allen übrigen beteiligten Substanzen behindert sein. Dies sollte zu einem relativ stark negativen Beitrag der internen Bewegungen führen. Im Gegensatz dazu ist der translatorische Beitrag zur Änderung der Standard-Entropie der Reaktion

$$(CH_3)_3N + NH_4^+ \rightleftharpoons (CH_3)_3NH^+ + NH_3 \qquad \text{(VIII)}$$

in der Gasphase nur -0.1 cal/K, und die Beiträge der Rotation und der internen Bewegungen sind erheblich geringer als bei der Reaktion (VII). In wäßriger Lösung ist die Standard-Entropie für die Reaktion (VIII) indessen -14.7 cal/K [14]. Offensichtlich ist dieser große Effekt auf Wechselwirkungen zwischen der gelösten Substanz und dem Lösungsmittel und nicht auf Eigenschaften der formalen Reaktionspartner zurückzuführen.

Aus der Arbeit von Love, Cohen und Taft [15] geht deutlich hervor, daß die Terme, die $\ln (Q/N_0 V)$ und $\delta \ln (Q/V)/\delta T$ enthalten, für Reaktionen in Gasphase relativ unwesentlich, für Reaktionen in polaren Lösungsmitteln aber relativ wichtig sind. Beispielsweise ist $\Delta \bar{S}^\circ$ für die Reaktion

$$CF_3CH_2NH_2B(CH_3)_3 + CH_3CH_2NH_2 \rightleftharpoons$$
$$CF_3CH_2NH_2 + CH_3CH_2NH_2B(CH_3)_3 \qquad \text{(IX)}$$

in der Gasphase -0.1 cal/K, obwohl $\Delta \mu^\circ$ bei 324 K $-3\,860$ cal beträgt. Im Gegensatz dazu stehen der $\Delta \bar{S}^\circ$-Wert von 5.3 cal/K und der $\Delta \mu^\circ$-Wert von 6 850 cal für die Reaktion

$$CF_3CH_2NH_3^+ + CH_3CH_2NH_2 \rightleftharpoons CF_3CH_2NH_2 + CH_3CH_2NH_3^+ \qquad \text{(X)}$$

in wäßriger Lösung bei 298 K.

3.14. Die Zustandssumme q°

In der Thermodynamik haben wir die Funktion q° definiert als:

$$q_A^\circ = \exp \frac{-\mu_A^\circ}{\mathbf{R}T} \qquad (2.72)$$

Gemäß Gl. (1) und (4) ist also:

$$q_A^\circ = \frac{1}{N_0 V} \exp \frac{-E_0}{\mathbf{R}T} \sum_i g_i \exp \frac{-(\epsilon_i - \epsilon_0)}{\mathbf{k}T} \qquad (23)$$

Da $E_0/\mathbf{R} = \varepsilon_0/\mathbf{k}$, ergibt sich:

$$q_{\mathrm{A}}^{\circ} = \frac{1}{N_0 V} \sum_i g_i \exp \frac{-\epsilon_i}{\mathbf{k}T} \tag{24}$$

q° ist somit gleich der Summe von Boltzmann-Termen über alle signifikant besetzten Energieniveaus der Substanz A, multipliziert mit dem Faktor $1/N_0 V$. Es unterscheidet sich von der Zustandssumme, wie wir sie in Gl. (4) definiert haben, dadurch, daß die Energie für alle an der Reaktion beteiligten Substanzen von ein und derselben Bezugslinie aus, anstatt für jede Substanz einzeln von ihrem niedrigsten Energieniveau aus, gemessen wird. Ein weiterer Unterschied ist der Faktor $1/N_0 V$.

Wenn eine Substanz A in mobilem Gleichgewicht mit einem Isomeren B steht, so ist der primitive Wert von q° gemäß Gl. (2.74) gegeben durch:

$$q_{\mathrm{A}}^{\circ(p)} = q_{\mathrm{A}}^{\circ(s)} + q_{\mathrm{B}}^{\circ(s)} \tag{25}$$

Nach Gl. (24) ist also

$$q_{\mathrm{A}}^{\circ(p)} = \frac{1}{N_0 V} \sum_i g_i \exp \frac{-\epsilon_i}{\mathbf{k}T} \tag{26}$$

wobei über alle signifikant besetzten Energieniveaus von A *und* B summiert wird.

In der klassischen Chemie hatte man stets entweder ein Molekül A oder ein Molekül B vor sich, und die Unterscheidung war ganz klar. Gemäß Gl. (26) sieht indessen die Größe $q_{\mathrm{A}}^{\circ(p)}$, welche die thermodynamischen Eigenschaften eines Systems aus A und B im mobilen Gleichgewicht bestimmt, keinen Unterschied zwischen einem Paar von Zuständen, die zur Substanz A gehören, und einem Paar von Zuständen, von denen einer zu A, der andere zu B gehört. Selbstverständlich besteht doch ein Unterschied, doch betrifft dieser nur die zeitliche Abfolge und in keiner Weise den (zeitunabhängigen) Gleichgewichtszustand. Nehmen wir an, wir haben zwei Sätze A und B von Quantenzuständen der gleichen Anzahl und Art von Atomen vor uns: Wenn nun Übergänge von einem Zustand in einen andern innerhalb eines Satzes häufig erfolgen, währenddem sie innerhalb des anderen Satzes nur selten sind, so sind A und B ganz offensichtlich zwei verschiedene chemische Substanzen. Wenn jedoch die Häufigkeit der Übergänge von Zuständen in einem Satz zu Zuständen im anderen Satz immer größer wird, so verwischt sich der Unterschied zwischen den Substanzen A und B und verschwindet schließlich ganz.

Wenn eine gelöste Substanz A in einem mobilen Gleichgewicht mit einem oder mehreren Solvaten gemäß der Gleichung

$$A_0 + x_i S \rightleftharpoons A_i \tag{XI}$$

steht, so gilt:

$$q^{\circ(p)} = \sum_i \frac{q_i^{\circ(s)}}{(q_{\mathrm{S}}^{\circ})^{x_i}} \tag{27}$$

Dabei bezieht sich q_S° auf das Lösungsmittel. Dies ist einfach eine andere Schreibweise für Gl. (2.74) und ist äquivalent zu:

$$q^{\circ(p)} = \sum_i \frac{(N_0 V)^{x_i - 1} g_i \exp(-\epsilon_i/\mathbf{k}T)}{\left[\sum_j g_j \exp(-\epsilon_j/\mathbf{k}T)\right]^{x_i}} \tag{28}$$

Dabei sind die ε_i die Energien aller signifikant besetzten Quantenzustände von A *und* seinen Solvaten. Die ε_j bedeuten die entsprechenden Energien für ein Lösungsmittelmolekül in Abwesenheit der gelösten Substanz. Gl. (27) ist weiter äquivalent zu

$$q^{\circ(p)} = e^{-E_0/\mathbf{R}T} \sum_i \frac{(N_0 V)^{x_i - 1} Q_i}{Q_S^{x_i}} \tag{29}$$

und zu:

$$Q^{(p)} = \sum_i \frac{(N_0 V)^{x_i - 1} Q_i}{Q_S^{x_i}} \tag{30}$$

Diese Betrachtung zeigt, daß Gl. (18) (Abschn. 3.9) wirklich allgemein anwendbar ist. Eine Verbindung der gelösten Komponente mit x_i mol Lösungsmittel ist nichts anderes als ein Aggregat aus dem gelösten Molekül und denjenigen Lösungsmittelmolekülen, deren Bewegung durch die Gegenwart des gelösten Moleküls signifikant beeinflußt wird.

3.15. Literatur

1. Davidson, N., „Statistical Mechanics", McGraw-Hill Book Co., New York 1962.
2. Mayer, J. E. und M. G. Mayer, „Statistical Mechanics", S. 195, John Wiley & Sons, New York 1940.
3. Pitzer, K. S., *J. Chem. Phys., 5:* 474 (1937); *Chem. Rev., 27:* 39 (1940).
4. Pitzer, K. S., *J. Chem. Phys., 6:* 68 (1938).
5. Rossini, F. D. et al., „Selected Values of Physical and Thermodynamic Properties of Hydrocarbons and Related Compounds", Carnegie Press, Carnegie Institute of Technology, Pittsburgh 1953 und Ergänzungsbände.
6. Frank, H. S. und M. W. Evans, *J. Chem. Phys., 13:* 507 (1945).
7. Barclay, I. M. und J. A. V. Butler, *Trans. Faraday Soc., 34:* 1445 (1938).
8. Frank, H. S., *J. Chem. Phys., 13:* 493 (1945).
9. Bell, R. P., *Trans. Faraday Soc., 33:* 496 (1937).
10. Leffler, J. E. und E. Grunwald, „Rates and Equilibria of Organic Reactions", S. 52, John Wiley & Sons, New York 1963.
11. Bell, R. P. und A. O. McDougall, *Trans. Faraday Soc., 56:* 1280 (1960).
12. Blair, C. M. und D. M. Yost, *J. Am. Chem. Soc., 55:* 4489 (1933).
13. Brown, H. C., *J. Am. Chem. Soc., 67:* 378 (1945).
14. Everett, D. H. und W. F. K. Wynne-Jones, *Proc. Roy. Soc. (London), A 177:* 499 (1941).
15. Love, P., R. B. Cohen und R. W. Taft, *J. Am. Chem. Soc., 90:* 2455 (1968).

4. Die Behandlung von kinetischen Daten

4.1. Das ideale Massenwirkungsgesetz

Kernstück der chemischen Reaktionskinetik bildet das ideale Massenwirkungsgesetz. Es besagt, daß die Geschwindigkeit jeder chemischen Reaktion innerhalb der Fehlergrenze der Näherung für verdünnte Lösungen proportional dem Produkt der Konzentrationen der an der Reaktion effektiv teilnehmenden Substanzen ist und von keinen anderen Konzentrationen oder Reaktionen beeinflußt wird. Für eine Reaktion, bei der beispielsweise eine Substanz mit sich selbst reagiert, wäre die Geschwindigkeit demzufolge proportional dem Quadrat oder allenfalls sogar einer höheren Potenz der Konzentration dieser Substanz. Im weiteren sind die Vorwärts- und die Rückwärtsreaktion eines reversiblen Vorganges als unabhängige Reaktionen zu betrachten. Die Netto-Geschwindigkeit einer reversiblen Reaktion ist gleich der Differenz der Geschwindigkeiten der Vorwärts- und der Rückwärtsreaktion, welche beide in einer Weise von den entsprechenden Eduktkonzentrationen abhängen, wie wenn die umgekehrte Reaktion nicht vorhanden wäre.

Experimentell bestimmte Reaktionsgeschwindigkeiten weichen oft von den auf Grund der einfachen Theorie durch Anwendung des Massenwirkungsgesetzes auf die Stöchiometrie der Reaktion vorausgesagten Werten ab. Einen Extremfall stellt etwa die Reaktion

$$30ROH + B_{10}H_{14} \rightarrow 10B(OR)_3 + 22H_2 \qquad \text{(I)}$$

dar [1], deren Geschwindigkeit proportional zum Produkt $[ROH][B_{10}H_{14}]$ ist. Oft ist auch die Geschwindigkeit unabhängig von der Konzentration einer Substanz, obwohl diese bei der Reaktion verbraucht wird. Manchmal ist die Geschwindigkeit proportional zur Konzentration einer Substanz – z. B. eines Katalysators –, die in der stöchiometrischen Gleichung überhaupt nicht vorkommt. Oft besteht gar keine Proportionalität zu irgendeiner Konzentration, und die Geschwindigkeit wird statt dessen durch komplizierte Zwei- oder Drei-Parameter-Gleichungen beschrieben. Dies tritt dann auf, wenn eine Reaktion über mehrere Einzelschritte verläuft, deren Geschwindigkeit jeweils durch ein einfaches Geschwindigkeitsgesetz gegeben ist. Eine solche Sequenz wird als Reaktionsmechanismus bezeichnet. Es ist bisher immer möglich gewesen, einen Reaktionsmechanismus zu finden, durch den die beobachtete Abhängigkeit der Geschwindigkeit von den verschiedenen Konzentrationen erklärt werden konnte. Eher stellt die Vielzahl der Mechanismen, durch die das Verhalten einer bestimmten Reaktion beschrieben werden kann, sogar ein Problem dar.

4.2. Systematik und Nomenklatur

Die Reaktionsgeschwindigkeit wird am besten definiert als

$$v = \pm \frac{1}{V}\frac{dn}{dt} \qquad (1)$$

wobei V das Volumen und n die Anzahl Mole von Edukt (Ausgangsmaterial) oder Produkt bedeutet. Das Plus-Zeichen gilt für ein Produkt, das Minuszeichen für ein Edukt. In Lösung, nicht aber notwendigerweise in Gasphase, sind die Volumenänderungen bei einer Reaktion so klein, daß diese Definition praktisch identisch ist mit

$$v = \pm \frac{dc}{dt} \tag{2}$$

wobei $c = n/V$ die Konzentration darstellt. Für eine Reaktion in Lösung wird die Konzentration gewöhnlich in mol/l ausgedrückt. Die Zeit sollte wenn immer möglich in Sekunden angegeben werden (vgl. [2]).

Im folgenden werden wir den Ausdruck „kinetisch einfache irreversible Reaktion" für Vorgänge verwenden, deren Geschwindigkeit innerhalb der Fehlergrenze der Näherung für verdünnte Lösungen proportional einem Produkt von Konzentrationen in irgendeiner Potenz ist. Die Exponenten können positiv, negativ oder Null, ja sogar gebrochen sein. Die Summe aller Exponenten heißt die Reaktionsordnung. Somit sind, wenn A, B und C drei verschiedene Substanzen darstellen, alle Reaktionen, für die die folgenden Geschwindigkeitsgesetze gelten, dritter Ordnung:

$$\frac{d[\mathrm{A}]}{dt} = -k[\mathrm{A}]^3 \tag{3}$$

$$\frac{d[\mathrm{A}]}{dt} = -k[\mathrm{B}][\mathrm{A}]^2 \tag{4}$$

$$\frac{d[\mathrm{A}]}{dt} = -k[\mathrm{A}][\mathrm{B}][\mathrm{C}] \tag{5}$$

Die erste dieser Reaktionen wird auch als dritter Ordnung in bezug auf A, die zweite als zweiter Ordnung in bezug auf A und erster Ordnung in bezug auf B, die dritte als erster Ordnung in bezug auf jede der drei Substanzen bezeichnet. Der Proportionalitätsfaktor k, der in solchen Gleichungen auftritt, heißt spezifische Geschwindigkeit oder Geschwindigkeitskonstante. Der erste Ausdruck wird hier vornehmlich verwendet. Er deutet an, daß die Geschwindigkeit dem Wert von k entspricht, wenn alle Konzentrationen, die in der Geschwindigkeitsgleichung auftreten, eins sind. Der Ausdruck „spezifische Geschwindigkeit erster Ordnung" darf für die Größe

$$-\frac{1}{[\mathrm{A}]}\frac{d[\mathrm{A}]}{dt}$$

verwendet werden, auch wenn die Geschwindigkeit meßbar von der genauen Proportionalität zur Konzentration von A abweicht oder noch von anderen Konzentrationen als nur derjenigen von A abhängt. Der Ausdruck „spezifische Geschwindigkeit zweiter Ordnung" hat eine entsprechende Bedeutung.

Wenn die Geschwindigkeitsgleichung für eine Reaktion

$$v = k[A][B] \tag{6}$$

ist, aber [B] praktisch unabhängig von der Zeit ist, so zeigt die Reaktion eine Zeitabhängigkeit erster Ordnung und wird als pseudoerster Ordnung bezeichnet. Eine solche Situation kann etwa auftreten, wenn die ursprüngliche Reaktionsmischung soviel mehr B als A enthält, daß nur ein vernachlässigbar kleiner Teil von B verbraucht wird, während A vollständig wegreagiert, oder auch, wenn B ein Katalysator ist, d. h. eine Substanz, die praktisch ebensoschnell zurückgebildet wie sie verbraucht wird (Abschn. 5.26).

Den Ausdruck „kinetisch einfache reversible Reaktion“ werden wir im folgenden für Vorgänge verwenden, deren Netto-Geschwindigkeit der Differenz von zwei Termen entspricht, die beide von der kinetisch einfachen, irreversiblen Form sind.

4.3. Die Beziehung zwischen Geschwindigkeit und Gleichgewicht

Die Geschwindigkeit einer reversibeln Reaktion muß, unabhängig von der Form der Geschwindigkeitsgleichung, immer Null sein, wenn alle Konzentrationen dem Gleichgewichtszustand entsprechen. Für eine kinetisch einfache Reaktion bedeutet dies, daß innerhalb der Gültigkeit der Näherung für verdünnte Lösungen:

$$\frac{k_1}{k_{-1}} = K^x \tag{7}$$

Dabei bedeutet k_1 die spezifische Geschwindigkeit der Vorwärts-, k_{-1} die spezifische Geschwindigkeit der Rückwärtsreaktion. K ist die thermodynamisch definierte Gleichgewichtskonstante. x kann einen beliebigen Wert annehmen. Es ist indessen immer möglich, den Gleichgewichtsausdruck so zu schreiben, daß $x = 1$. Für eine Reaktion mit der Stöchiometrie

$$aA + bB + \cdots \rightleftharpoons mM + nN + \cdots \tag{II}$$

deren Vorwärts-Geschwindigkeit

$$v_1 = k_1[A]^\alpha [B]^\beta \cdots \tag{8}$$

ist, ist die Netto-Geschwindigkeit gegeben durch:

$$v = k_1[A]^\alpha [B]^\beta \cdots - k_{-1}[M]^{mx} [N]^{nx} [A]^{\alpha - ax} [B]^{\beta - bx} \tag{9}$$

Diese Feststellung läßt sich leicht beweisen, indem man in Gl. (9) $v = 0$ setzt, das Verhältnis k_1/k_{-1} bildet und mit der Gleichgewichtsbeziehung

$$\frac{[M]^m [N]^n \cdots}{[A]^a [B]^b \cdots} = K \tag{10}$$

vergleicht. Betrachten wir ein Beispiel: Für die Bromierung eines Ketons

$$RCOCH_3 + Br_2 \rightarrow RCOCH_2Br + H^+ + Br^- \qquad \text{(III)}$$

in verdünnter saurer Lösung findet man experimentell für v_1:

$$v_1 = k_1[RCOCH_3][H^+] \qquad (11)$$

Die Geschwindigkeit v_{-1} der Rückreaktion muß somit die Beziehung

$$v_{-1} = k_{-1}[RCOCH_2Br]\frac{[H^+]^2[Br^-]}{[Br_2]} \qquad (12)$$

erfüllen.

Die Notwendigkeit der Übereinstimmung von Geschwindigkeits- und Gleichgewichtsbeziehungen führt zu wichtigen Folgerungen im Zusammenhang mit Abweichungen vom idealen Massenwirkungsgesetz. Für Lösungen in einem reinen Lösungsmittel gilt für die Reaktion

$$A + B \rightleftharpoons M + N \qquad \text{(IV)}$$

die Gleichgewichtsbeziehung (Abschn. 2.8)

$$\frac{[M][N]}{[A][B]} = K^\circ \frac{\gamma_A \gamma_B}{\gamma_M \gamma_N} \qquad (13)$$

wobei die γ Funktionen der Konzentrationen aller gelösten Komponenten sind. Es ist somit unmöglich, daß beide der Gleichungen

$$v_1 = k_1[A][B] \qquad (14)$$

$$v_{-1} = k_{-1}[M][N] \qquad (15)$$

in denen k_1 und k_{-1} konzentrationsunabhängig sind, gleichzeitig exakt gelten, und es ist sehr unwahrscheinlich, daß dies für eine der beiden Gleichungen zutrifft. Die Brönsted-Beziehungen (Abschn. 7.1) für diesen Fall lauten:

$$v_1 = k_1[A][B]\frac{\gamma_A \gamma_B}{\gamma_\ddagger} \qquad (16)$$

$$v_{-1} = k_{-1}[M][N]\frac{\gamma_M \gamma_N}{\gamma_\ddagger} \qquad (17)$$

Diese Gleichungen tragen der Forderung nach Übereinstimmung von Geschwindigkeits- und Gleichgewichtsausdrücken Rechnung. Sie dürfen für Reaktionen von Ionen als bestätigt gelten; $\gamma_\ddagger$ hängt in solchen Fällen in der Weise vom Medium ab, wie es für eine Partikel mit einer elektrischen Ladung entsprechend der algebraischen Summe der Ladungen von A und B (was auch der Summe der Ladungen von M und N entspricht) zu erwarten ist.

4.4. Die experimentelle Untersuchung von kinetischen Problemen

Die experimentelle Untersuchung der Kinetik einer Reaktion oder einer Gruppe von verwandten Reaktionen kann aus mannigfachen Gründen von Interesse sein: Der Praktiker mag etwa Angaben über die Zeit, die für einen gewissen Umsatz einer Reaktion bei verschiedenen Bedingungen nötig ist, als Grundlage für die Entwicklung eines industriellen Verfahrens benötigen. Im Hinblick auf fernere Ziele stellen kinetische Untersuchungen ein unentbehrliches Werkzeug zur Übersetzung der qualitativen und diffusen Kenntnisse, die einen so großen Teil der Chemie darstellen, in exakte und systematische Beziehungen dar. Eine solche Systematisierung setzt voraus, daß man die entsprechenden Reaktionsmechanismen versteht. Dieses Verständnis beginnt mit der Interpretation der Kinetik der betreffenden Reaktion. Schließlich ist die Aufklärung eines komplexen Reaktionsmechanismus ein ästhetisch befriedigendes Unterfangen, das Chemiker seit jeher in Bann gezogen hat, auch wenn dies zu gewissen Zeiten in Abrede gestellt wurde.
Was immer das Motiv für eine kinetische Untersuchung sein mag, muß als erstes die Reaktion definiert werden. Als zweites muß die funktionelle Abhängigkeit der Reaktionsgeschwindigkeit von der Zusammensetzung des Systems bestimmt werden. Als drittes schließlich müssen die Werte der Parameter, die in diese Beziehung eingehen, ermittelt werden. Die erste dieser Aufgaben umfaßt etwa folgende Fragen: Ist die zu untersuchende Reaktion von Nebenreaktionen begleitet, die zu Produkten führen, deren Menge nicht stöchiometrisch mit der Menge der interessierenden Produkte verbunden ist? Wenn ja, in welchem Maße? Inwieweit ist die Reaktion reversibel? Was für Zwischenprodukte treten im Verlauf der Reaktion in feststellbarer Menge auf? Ohne diese nichtkinetischen Informationen ist eine brauchbare kinetische Untersuchung nicht durchzuführen. Die Beschaffung dieser Informationen ist in den letzten Jahren dank der Fortschritte in analytischen Methoden, wie etwa der Spektrophotometrie oder der Gaschromatographie, wesentlich erleichtert worden.
Die zweite Aufgabe betrifft etwa die Untersuchung des Einflusses von Katalysatoren und Inhibitoren, der Konzentration der Reaktionspartner, der Oberfläche des Reaktionsgefäßes, der Lichtintensität etc.
Die dritte Aufgabe wird man je nach der Art der Reaktion und der verlangten Genauigkeit anders anpacken. Für echt oder angenähert kinetisch einfache Reaktionen, die in genügend verdünnter Lösung durchgeführt werden, so daß Abweichungen vom idealen Verhalten keine Rolle spielen, läßt sich ohne weiteres eine Genauigkeit von wenigen Prozent in der spezifischen Geschwindigkeit erreichen, indem man zu passenden Zeiten den Umsatz bestimmt und die Steigung einer entsprechenden linearen Funktion der Konzentration gegen die Zeit abschätzt. Spektrophotometrische Methoden erlauben oft Messungen in so verdünnter Lösung, daß keine signifikanten Abweichungen vom idealen Verhalten berücksichtigt werden müssen.

4.5. Lineare Beziehungen für kinetisch einfache irreversible Reaktionen

Reaktionen, die eine Zeitabhängigkeit erster Ordnung aufweisen, sind sehr häufig. Für solche Reaktionen ist:

$$\frac{dc}{dt} = -kc \tag{18}$$

c ist die zeitabhängige Konzentration, von der die Geschwindigkeit abhängt. Separierung der Variabeln und Integration ergibt:

$$\ln c_0 - \ln c = kt \tag{19}$$

$\ln c_0$ ist eine Integrationskonstante, c_0 ist die Konzentration zu einer willkürlich gewählten Zeit, von der aus die Zeit gemessen wird. Für eine solche Reaktion ist die graphische Antragung von $\ln c$ gegen die Zeit eine Gerade, deren Steigung* gleich der spezifischen Geschwindigkeit k ist.

Oft sind Reaktionen zweiter Ordnung in bezug auf eine einzige Substanz. Dies gilt beispielsweise für die Dimerisierung von Cyclopentadien, sowohl in der Gas- [4] als auch in der flüssigen Phase [5]. Die Geschwindigkeitsgleichung ist:

$$\frac{dc}{dt} = -kc^2 \tag{20}$$

Dieselbe Gleichung gilt auch für den allgemeineren Fall einer Reaktion zweiter Ordnung, A + B → Produkte, wenn die Ausgangskonzentrationen der Reaktionspartner A und B gleich sind. In einem solchen Fall ist [A] = [B] = c während der ganzen Dauer der Reaktion, und die Gleichung

$$\frac{d[\mathrm{A}]}{dt} = \frac{d[\mathrm{B}]}{dt} = -k[\mathrm{A}][\mathrm{B}] \tag{21}$$

ist äquivalent zu Gl. (20). Separierung der Variabeln und Integration führt zu:

$$\frac{1}{c} - \frac{1}{c_0} = kt \tag{22}$$

Für eine solche Reaktion stellt die graphische Antragung von $1/c$ gegen die Zeit eine Gerade dar, deren Steigung der spezifischen Geschwindigkeit k entspricht.

---

* Brönsted verwendete das Symbol k für die Steigung der Geraden in einer Darstellung von $\log c$ gegen die Zeit, welche 0.4343 (logarithmischer Umrechnungsfaktor) mal größer als das k von Gl. (18) und (19) ist. Die Arbeit von Brönsted, Kilpatrick und Kilpatrick [3] hält sich, was die Konstanten erster Ordnung (bezeichnet als k_1 und k_2) betrifft, ebenfalls an diese Konvention. Die Konstanten zweiter Ordnung indessen (bezeichnet als k_3 und k_4), die sich ebenfalls von logarithmischen Funktionen ableiten, sind, wie mir Dr. Mary Kilpatrick freundlicherweise mitgeteilt hat, echte spezifische Geschwindigkeiten. In dieser Angelegenheit besteht einige Verwirrung, für die ich zu einem großen Teil verantwortlich bin.

In ähnlichen Fällen, in denen die Stöchiometrie nicht 1 : 1 ist, müssen entsprechende Faktoren eingeführt werden. Die Reaktion von Benzylchlorid (RCl) mit Quecksilber-Ion verläuft beispielsweise in der folgenden Art:

$$2RCl + Hg^{++} + 2H_2O \rightarrow 2ROH + HgCl_2 + 2H^+ \qquad (V)$$

Experimentell stellt man folgende Geschwindigkeitsgleichung fest:

$$\frac{d[RCl]}{dt} = 2\frac{d[Hg^{++}]}{dt} = -k[RCl][Hg^{++}] \qquad (23)$$

Wenn nun die Anfangskonzentration von Benzylchlorid zweimal größer als die der Quecksilber-Ionen ist, so wird zu allen Zeiten $[RCl] = 2[Hg^{++}]$ gelten, und die integrierte Form der Geschwindigkeitsgleichung läßt sich schreiben als

$$\frac{1}{[RCl]} - \frac{1}{[RCl]_0} = \frac{1}{2}kt \qquad (24)$$

oder als:

$$\frac{1}{[Hg^{++}]} - \frac{1}{[Hg^{++}]_0} = kt \qquad (25)$$

Wenn die Ausgangskonzentrationen der beiden Edukte einer Reaktion zweiter Ordnung mit 1 : 1-Stöchiometrie nicht gleich sind, so ist doch die Differenz zwischen den beiden Konzentrationen unabhängig von der Zeit. Wenn Δ diese Differenz und c die Konzentration eines der Ausgangsstoffe darstellt, so findet man für die Geschwindigkeitsgleichung:

$$\frac{dc}{dt} = -kc(c + \Delta) \qquad (26)$$

Integration führt zu:

$$\ln\frac{c + \Delta}{c} - \ln\frac{c_0 + \Delta}{c_0} = \Delta kt \qquad (27)$$

Für eine solche Reaktion ist die Antragung von $\ln[(c + \Delta)/c]$ gegen die Zeit linear. Die Steigung der Geraden entspricht dem Produkt aus der spezifischen Geschwindigkeit und der Konzentrationsdifferenz Δ. – Abb. 4-1 zeigt eine Darstellung dieser Art für die Reaktion [7]:

$$n\text{-}C_3H_7Br + S_2O_3^{--} \rightarrow n\text{-}C_3H_7S_2O_3^{-} + Br^{-} \qquad (VI)$$

c ist die Konzentration von Propylbromid, $c + \Delta$ diejenige von Thiosulfat. Die Linearität der Gerade ist über einen Bereich von 75% der Reaktion gut.

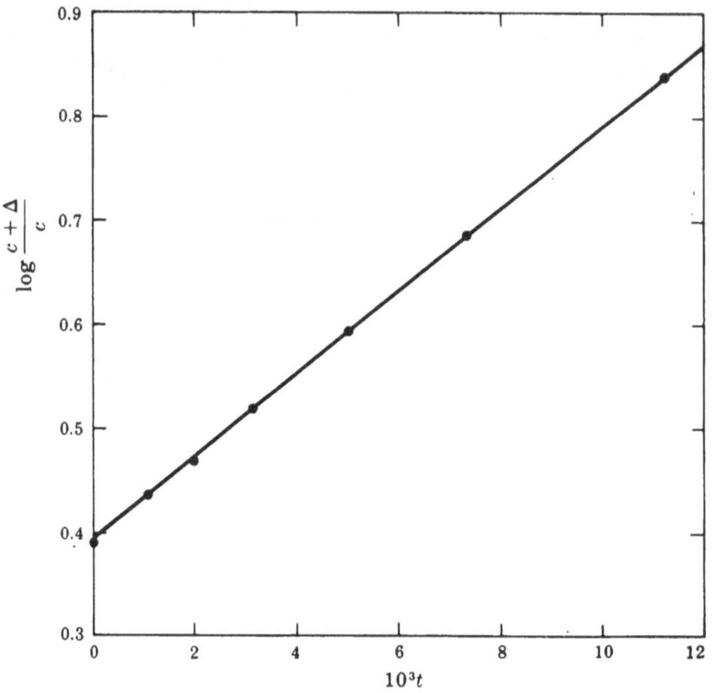

Abb. 4-1. Reaktion von *n*-Propylbromid und Thiosulfat-Ion (Daten von Crowell und Hammett [7]).

Für die Reaktion von Quecksilber-Ion (Konzentration c) mit Benzylchlorid (Konzentration $2c + \Delta$) ist die integrierte Form der Geschwindigkeitsgleichung:

$$\ln\frac{2c+\Delta}{2c} - \ln\frac{2c_0+\Delta}{2c_0} = \Delta kt \tag{28}$$

Wenn Δ während des größten Teils der Reaktion klein im Vergleich zu c ist, entspricht die Größe $\ln[(c + \Delta)/c]$ einer kleinen Differenz von zwei großen Zahlen, $\ln(c + \Delta)$ und $\ln c$. In diesem Fall erreicht man genügende Präzision bei der Berechnung von k am einfachsten dadurch, daß man Gl. (27) durch Reihenentwicklung der Logarithmen in

$$\left(\frac{1}{c} - \frac{\Delta}{2c^2} + \frac{\Delta^2}{3c^3} \cdots\right) - \left(\frac{1}{c_0} - \frac{\Delta}{2c_0{}^2} + \frac{\Delta^2}{3c_0{}^3} \cdots\right) = kt \tag{29}$$

umwandelt. Die Antragung der ersten Größe in den Klammern auf der linken Seite der Gleichung gegen die Zeit ergibt in erster Näherung eine Gerade mit der Steigung k. Man verwendet eine ausreichende Zahl von Termen der Reihenentwicklung, um die gewünschte Genauigkeit zu erzielen.

Die Geschwindigkeit der Nitrierung von Benzol mit einem großen Überschuß von Salpetersäure (etwa 5 M Salpetersäure auf 0.1 M Benzol) in Nitromethan als Lö-

sungsmittel ist unabhängig von der Benzolkonzentration. Sie ist außerdem für eine Anzahl von substituierten Benzolen gleich wie für Benzol selbst [8]. Die Geschwindigkeit ist eine Funktion der Salpetersäurekonzentration. Unter den eingehaltenen Bedingungen war die Säurekonzentration indessen nur 2% kleiner, nachdem alles Benzol wegreagiert hatte. Eine solche Reaktion wird als Reaktion nullter Ordnung bezeichnet; genauer wäre es zu sagen, sie zeigt eine Zeitabhängigkeit nullter Ordnung. In Anbetracht des Massenwirkungsgesetzes ist eine solche Situation nur dann möglich, wenn in einer relativ langsamen Reaktion der Salpetersäure ein Zwischenprodukt gebildet wird, das dann relativ rasch mit Benzol oder substituierten Benzolen reagiert. Für eine Reaktion dieser Art ist die graphische Darstellung der Benzolkonzentration als Funktion der Zeit linear.
Reaktionen dritter (und sogar höherer) Ordnung kommen in Lösung ziemlich oft vor. Normalerweise ist allerdings einer der Reaktionspartner ein Katalysator, dessen Konzentration im wesentlichen unabhängig von der Zeit ist. Die Zeitabhängigkeit entspricht in diesem Fall derjenigen einer Reaktion zweiter Ordnung. Die Integration einer Geschwindigkeitsgleichung dritter Ordnung läßt sich durchführen, wenn es nötig ist, doch ist dies nur selten der Fall.
Wenn eine Reaktion eine gebrochene Ordnung aufweist, d. h. wenn

$$\frac{dc}{dt} = -kc^{1/n} \tag{30}$$

mit $n > 1$, so ist die integrierte Form der Geschwindigkeitsgleichung:

$$c^{(n+1)/n} - c_0^{(n+1)/n} = \frac{n+1}{n} kt \tag{31}$$

Reaktionen mit gebrochener Ordnung in bezug auf ein Ausgangsprodukt sind ziemlich häufig. Die Ordnung der Reaktion von Vinyl-lithium mit 1,1-Diphenyläthylen in Tetrahydrofuran beispielsweise ist 1 in bezug auf Diphenyläthylen und 1/3 in bezug auf Vinyl-lithium [9]. Dies läßt sich erklären, indem man annnimmt, daß monomeres Vinyl-lithium zunächst in einem vorgelagerten mobilen, reversibeln Dissoziationsgleichgewicht aus polymerem Vinyl-lithium gebildet wird und dann relativ langsam mit dem Diphenyläthylen reagiert. Die mathematische Ableitung für den allgemeinen Fall einer solchen Reaktion ist recht kompliziert; wenn die Diphenyläthylen-Konzentration viel größer ist als die Konzentration an Vinyllithium, gelten indessen die Gleichungen (30) und (31). Gewöhnlich versucht man, solche Reaktionen in der Weise zu untersuchen, daß man die Steigung der Konzentration/Zeit-Kurve bei verschiedenen Konzentrationen ermittelt, um so ohne Integration auszukommen.

4.6. Das Problem der Präzision

Das Problem der Präzision wird dann wesentlich, wenn der Einfluß der Temperatur, eines Wechsels im Reaktionsmedium oder einer Veränderung der Struktur der Reaktionspartner auf die Reaktion untersucht werden soll. Collins [10, S. 63] bemerkt, daß wegen mangelnder Genauigkeit bei der Bestimmung der Reaktionsgeschwindigkeit „manche Schlüsse über die Größe, Richtung und Signifikanz kleiner Isotopeneffekte als zweifelhaft bezeichnet werden müssen". Dieselbe düstere Folgerung gilt auch für manche Diskussionen über die Aktivierungsenthalpie und -entropie, die jeweils aus Untersuchungen der Temperaturabhängigkeit der Reaktionsgeschwindigkeit ermittelt worden sind.

Die Berechnung einer Reaktionsgeschwindigkeit aus Messungen der Menge Substanz, die zu verschiedenen Zeiten reagiert hat, erfordert eine empirische Differentiation, d. h. die Ermittlung der Steigung einer Konzentrations/Zeit-Kurve. Unglücklicherweise ist dies stets eine Operation von recht geringer Genauigkeit. Dies gilt selbst dann, wenn die Meßpunkte nur mit statistischen Fehlern behaftet sind, und um so mehr, wenn neben den statistischen Fehlern noch systematische Abweichungen auftreten. Die Abschätzung der Steigung ist einfacher, wenn man die Darstellung der Konzentration gegen die Zeit linearisiert (vgl. dazu Abschn. 4.5). Leider bringt auch diese Vereinfachung immer eine Abnahme der möglichen Genauigkeit mit sich. Durch die Linearisierung selbst werden systematische Abweichungen eingeführt, denn sie geht von der Annahme aus, daß die Reaktionsgeschwindigkeit exakt proportional zu einem Produkt von Konzentrationen in verschiedenen Potenzen ist. Diese Annahme kann aus verschiedenen Gründen nicht ganz berechtigt sein: Abweichungen vom Verhalten idealer Lösungen können auftreten, die Reaktionspartner können an schwer feststellbaren vorgelagerten Gleichgewichten beteiligt sein (Abschn. 4.20), die Reaktion kann über zwei oder mehr Schritte mit vergleichbarer Geschwindigkeit führen (Abschn. 4.14), oder sie kann von unerwarteten Nebenreaktionen begleitet sein etc.

Im weiteren verlangt eine Linearisierung stets eine besondere Gewichtung der experimentellen Daten. In diesem Zusammenhang muß man bedenken, daß die effektiv beobachtete Größe praktisch nie die Konzentration des Ausgangsstoffes selbst ist. In günstigen Fällen ist sie proportional zu dieser Konzentration. Beispiele dafür sind etwa die Messung der optischen Dichte der Reaktionslösung bei einer Wellenlänge, bei der nur der Ausgangsstoff, nicht aber das Endprodukt absorbiert, oder die Bestimmung des Reagensvolumens, das nötig ist, um einen Titrationsendpunkt mit dem Ausgangsstoff herbeizuführen. In solchen Fällen ist

$$x = bc \tag{32}$$

wobei x die gemessene Größe und b eine Proportionalitätskonstante darstellt. Ausgedrückt mit x lautet die integrierte Form der Geschwindigkeitsgleichung für eine Reaktion erster Ordnung:

$$\ln x_0 - \ln x = kt \tag{33}$$

Für eine Reaktion zweiter Ordnung findet man die beiden Formen

$$\frac{1}{x} - \frac{1}{x_0} = \frac{k}{b}t \tag{34}$$

und:

$$\ln\left(1 + \frac{b\Delta}{x}\right) - \ln\left(1 + \frac{b\Delta}{x_0}\right) = \Delta kt \tag{35}$$

Nur für den Fall der Reaktion erster Ordnung läßt sich die spezifische Geschwindigkeit bestimmen, ohne daß der Proportionalitätsfaktor b bekannt ist.
Legt man für eine Reaktion erster Ordnung graphisch die beste Gerade in die Antragung von $\ln x$ gegen t, so versucht man dadurch, die Summe der Größe

$$|\vartheta \ln x| = |\ln x_{\text{beob.}} - \ln x_{\text{ber.}}| = \ln\left|\frac{x_{\text{beob.}}}{x_{\text{ber.}}}\right|$$

für alle experimentellen Punkte zu minimalisieren. Dabei ist $x_{\text{beob.}}$ der experimentell beobachtete Wert von x für eine bestimmte Zeit t. $x_{\text{ber.}}$ ist der Wert von x, den die Gerade für die gleiche Zeit angibt. Arbeitet man mit der Methode der kleinsten Fehlerquadrate, so minimalisiert man die Summe der Quadrate der gleichen Größe. Dies ist gleichbedeutend mit der Annahne, daß die Wahrscheinlichkeit eines experimentellen Fehlers in $\ln x$ unabhängig von der Größe von x ist. In den meisten Fällen wird statt dessen jedoch eher der Fehler in x selbst unabhängig von der Größe von x sein. Da für kleines ϑ

$$\vartheta \ln x = \frac{\vartheta x}{x} \tag{36}$$

führt ein bestimmter Fehler in x zu einem Fehler in $\ln x$, der um so größer ist, je kleiner x selbst ist. Es ist klar, daß somit sowohl die graphische Methode als auch die Methode der kleinsten Fehlerquadrate den mit kleinen Fehlern behafteten Punkten stets das gleiche Gewicht geben wie solchen, deren Fehler groß sind. Man kann diesen Fehler korrigieren, indem man eine gewichtete Analyse nach der Methode der kleinsten Fehlerquadrate durchführt. Es ist auch möglich, Gl. (33) in der Form

$$x = x_0 e^{-kt} \tag{37}$$

zu schreiben und mit Hilfe von Computern Werte von x_0 und k zu ermitteln, deren Standardabweichungen minimalisiert sind [10, S. 66–71].
Die Schwierigkeiten, die sich aus einer unkorrekten Gewichtung ergeben, sind für Reaktionen zweiter Ordnung noch größer als für Reaktionen erster Ordnung. Der Fehler in der Größe $1/x$ in Gl. (34), der von einem Fehler ϑx in der gemessenen Größe herrührt, ist:

$$\vartheta \frac{1}{x} = -\frac{1}{x^2}\vartheta x \tag{38}$$

Für Gl. (35) ist der entsprechende Fehler:

$$\vartheta \ln\left(1 - \frac{b\Delta}{x}\right) = -\frac{1}{x^2/b\Delta + x}\vartheta x \tag{39}$$

Trotz der Fortschritte in der analytischen Technik sieht sich der Kinetiker oft gezwungen, eine Größe zu messen, die zwar linear mit der Konzentration der Ausgangsverbindung verbunden, jedoch nicht zu ihr proportional ist. Beispiele für solche Größen sind etwa die Konzentration eines Reaktionsproduktes oder eine dazu proportionale Größe, die optische Dichte der Lösung bei einer Wellenlänge, bei der sowohl Produkt wie Edukt Licht absorbieren, die elektrische Leitfähigkeit, die Drehung der Ebene polarisierten Lichtes, die Höhe der Flüssigkeitssäule in einem Dilatometer etc. Ist unter solchen Bedingungen y die gemessene Größe, so läßt sich die lineare Beziehung ausdrücken als:

$$y = y_\infty + bc \tag{40}$$

y_∞ stellt hier den Wert dar, den y annimmt, wenn $c = 0$, d. h. wenn die Reaktion vollständig abgelaufen ist. Die integrierte Form der Geschwindigkeitsgleichung für eine Reaktion erster Ordnung, ausgedrückt mit y, lautet:

$$\ln |y_0 - y_\infty| - \ln |y - y_\infty| = kt \tag{41}$$

Für eine Reaktion zweiter Ordnung findet man die beiden Formen

$$\frac{1}{y - y_\infty} - \frac{1}{y_0 - y_\infty} = \frac{k}{b} t \tag{42}$$

und:

$$\ln\left(1 + \frac{b\Delta}{y - y_\infty}\right) - \ln\left(1 + \frac{b\Delta}{y_0 - y_\infty}\right) = \Delta kt \tag{43}$$

y_0 ist der Wert von y zur Zeit $t = 0$.
Unglücklicherweise geht in einer solchen Situation der Wert y_∞, der keineswegs genauer, oft sogar weniger genau als alle andern y-Werte bekannt ist, in die Bestimmung der Ordinate jedes einzelnen Punktes in der graphischen Darstellung ein. Infolgedessen erhält y_∞ bei der Bestimmung von k nach einem ungewichteten Verfahren (Methode der kleinsten Fehlerquadrate oder graphisch) ein n mal größeres Gewicht als jeder andere y-Wert. n ist in diesem Fall die Anzahl der y-Meßpunkte, mit Ausnahme des y_∞-Wertes. Guggenheim [12] berichtet über eine nicht näher beschriebene Reaktion, für die auf Grund von 24 Messungen einer nicht näher spezifizierten Größe bei verschiedenen Zeiten ein Wert für die spezifische Geschwindigkeit erster Ordnung berechnet wurde und bei der eine kleine Variation im Wert von y_∞ eine große Veränderung in der spezifischen Geschwindigkeit zur Folge hatte. Collins und Lietzke [10, S. 66] analysierten Guggenheims Daten mit Hilfe eines Computers nach der Methode der kleinsten Quadrate ohne Gewichtung und erhielten die folgenden Wertepaare von y_∞ und $k(\times 100)$: 6.488 und 1.5222; 6.492 und 1.5084; 6.497 und 1.4917. Die Standardabweichungen für k sind 0.0031, 0.0030 und 0.0032. Es ist also möglich, durch bloße Veränderung des Wertes von y_∞ um 0.15% (was bestimmt innerhalb der Fehlergrenze der experimentellen Bestimmung liegt) Werte für die spezifische Geschwindigkeit zu erhalten, die über einen Bereich

von 2% variieren und trotzdem alle scheinbar die gleiche Genauigkeit besitzen. Collins und Lietzke führten im weiteren auch eine Analyse nach einem linearen Verfahren durch, wobei sie jedem Meßpunkt ein Gewicht entsprechend seiner Lage zuordneten. Schließlich minimalisierten sie die Standardabweichungen von y_∞, k und t in der Gleichung (nicht-lineare Regression):

$$\frac{y}{y_\infty} = 1 - e^{-k(t-t_0)} \tag{44}$$

Die Ergebnisse dieses Verfahrens unterschieden sich indessen nicht signifikant von denjenigen der einfachen Methode der kleinsten Fehlerquadrate. Für keines der drei Wertepaare von y_∞ und k wichen Guggenheims Daten um mehr als 0.1% von den berechneten Werten ab. Trotz dieser sehr guten Übereinstimmung war jedoch die spezifische Geschwindigkeit bestimmt nur innerhalb einer Fehlergrenze von 2% genau.

Guggenheim [11] schlug eine Methode vor, bei der sowohl k als auch y_∞ anpaßbare Parameter darstellen. Sie erfordert keine komplizierten Berechnungen, hat aber den Nachteil, daß die Zeiten, zu denen y gemessen wird, genau geplant werden müssen. Heutzutage dürfte sich wohl eher die Verwendung eines Computers bezahlt machen.

Eine weitere Quelle für systematische Abweichungen liegt darin, daß die Annahme der linearen Beziehung zwischen der gemessenen Größe und der Konzentration der Ausgangsverbindung vermutlich nur eine Näherung darstellt. So ist etwa der Flüssigkeitsstand in einem Dilatometer proportional zum Volumen der Flüssigkeit. Für eine Reaktion A → B + C, wobei A, B und C gelöste Komponenten in einer verdünnten Lösung darstellen, ist das Volumen innerhalb der Fehlergrenze der Näherung für verdünnte Lösungen gegeben durch:

$$V = V_0 + a[\mathrm{A}] + b[\mathrm{B}] + c[\mathrm{C}] \tag{45}$$

Dabei sind a, b, c und V_0 konzentrationsunabhängige Größen. Wegen der Notwendigkeit der Erhaltung der Masse gilt

$$[\mathrm{A}]_0 - [\mathrm{A}] = [\mathrm{B}] - [\mathrm{B}]_0 = [\mathrm{C}] - [\mathrm{C}]_0$$

Der Index 0 bezieht sich auf Konzentrationen zur Zeit $t = 0$. Daraus erhält man:

$$V = \{b([\mathrm{B}]_0 + [\mathrm{A}]_0) + c([\mathrm{C}]_0 + [\mathrm{A}]_0) + V_0\} + (a - b - c)[\mathrm{A}] \tag{46}$$

Dies ist eine lineare Beziehung zwischen V und [A]. Damit ist auch eine lineare Beziehung zwischen der Dilatometer-Ablesung und [A] gegeben, die jedoch nur innerhalb der Fehlergrenze der Näherung für verdünnte Lösungen gilt.

4.7. Der Einfluß systematischer Abweichungen von der linearen Form

Abb. 4-2 zeigt die Größe $\log(y_\infty - y)$ als Funktion der Zeit für die Hydrolyse von Äthyltoluolsulfonat in einer Wasser/Dioxan-Mischung. Die Ausgangskonzentration des Esters betrug 0.1628 M [12]. y stellt die Anzahl Milliliter Base dar, die zur Titration der bei der Hydrolyse freigesetzten Säure benötigt wurden. y_∞ wurde aus der Anfangskonzentration des Esters berechnet. Die Darstellung erscheint linear, und die Daten können durch die Gleichung

$$\log(y_\infty - y) = 1.5021 - 2.526 \times 10^{-6}\, t \tag{47}$$

beschrieben werden. Die Standardabweichung beträgt 0.0009. Eine Darstellung in größerem Maßstab zeigt indessen eine leichte Krümmung, und die Gleichung

$$\log(y_\infty - y) = 1.5012 - 2.470 \times 10^{-6}\, t - 5 \times 10^{-13}\, t^2 \tag{48}$$

beschreibt die Daten besser. In diesem Fall beträgt die Abweichung 0.0007. Die Tatsache, daß die gleiche Krümmung in über zwei Dutzend weiteren Versuchen mit verschiedenen Ester-Ausgangskonzentrationen ebenfalls auftritt, legt den Verdacht nahe, daß es sich dabei um einen echten Effekt, und nicht bloß um ein experimentelles Artefakt handelt. Er wird weiter erhärtet durch die Feststellung, daß die anfängliche spezifische Geschwindigkeit, der Wert $d \ln c/dt$ zur Zeit $t = 0$, mit zunehmender Esterkonzentration abnimmt, und zwar um 8.5% zwischen 0.1 und 0.2 M. Wesent-

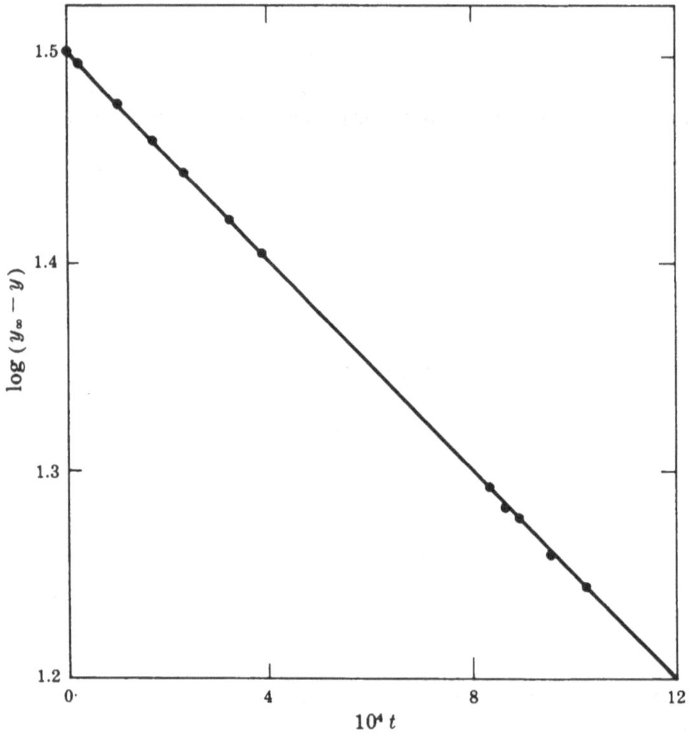

Abb. 4-2. Hydrolyse von Äthyltoluolsulfonat. Auftragung der Daten von McCleary und Hammett [12] nach dem Gesetz einer Reaktion erster Ordnung.

lich ist nun in diesem Fall, daß man, je nachdem, ob man die Krümmung für echt oder ein Artefakt hält, die spezifische Anfangsgeschwindigkeit (in diesem Beispiel der Koeffizient von t in Gl. (47) oder (48) multipliziert mit dem Faktor 2.303) um 2% verändern kann.

4.8. Die Bestimmung der Reaktionsordnung

Für eine Reaktion zweiter Ordnung mit nur einem Ausgangsstoff ist die Darstellung von $1/c$ gegen t linear. Trägt man die Daten für die Hydrolyse von Äthyltoluolsulfonat so auf, wie es Abb. 4-3 zeigt, so liegen die ersten sieben Punkte so nahe zu einer Geraden, daß man nicht entscheiden kann, ob nur statistische Streuung oder eine echte Krümmung vorliegt. Eine genauere Untersuchung zeigt indessen, daß die Krümmung echt und die Standardabweichung dreimal größer als für eine Darstellung erster Ordnung ist. Wäre der Experimentator mit den Meßwerten, die er während etwa elf Stunden erhielt (während welcher Zeit die Reaktion zu etwa 20% abgelaufen war), zufrieden gewesen, so hätte er keine überzeugenden Argumente gehabt, daß die Reaktion nicht zweiter Ordnung sein könnte. Er kehrte jedoch am nächsten Tag zurück und bestimmte die weiteren Punkte, die deutlich zeigen, daß die Reaktion nicht einer Kinetik zweiter Ordnung folgt. Derselbe Schluß ergibt sich, sogar mit größerer Sicherheit, aus einer Serie von Experimenten mit verschiedenen

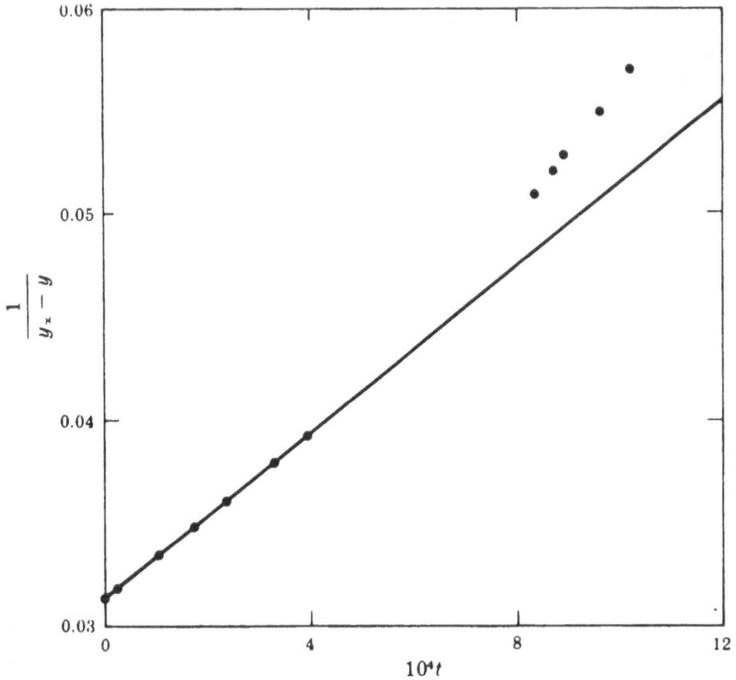

Abb. 4-3. Hydrolyse von Äthyltoluolsulfonat. Auftragung der Daten nach dem Gesetz einer Reaktion zweiter Ordnung.

c_0-Werten: Die Anfangssteigung der Darstellung $1/c$ gegen t nimmt mit zunehmendem c_0 ab und bleibt nicht konstant, wie es für eine Reaktion zweiter Ordnung der Fall sein müßte. Dies rührt daher, daß wenn

$$\frac{dc}{dt} = -kc \tag{49}$$

gilt, folglich auch:

$$\frac{d(1/c)}{dt} = -\frac{1}{c^2}\frac{dc}{dt} = \frac{k}{c} \tag{50}$$

4.9. Der Rührkessel-Reaktor

Durch Verwendung eines Rührkessel-Reaktors läßt sich die Genauigkeit einer kinetischen Messung um etwa eine Größenordnung erhöhen, weil dabei die Geschwindigkeit selbst, und nicht die Menge Substanz, die reagiert hat, bestimmt wird. Obwohl Rührkessel in der Industrie seit vielen Jahren bekannt sind, wurde eine solche Vorrichtung erst 1944 von Denbigh [13] erstmals für die Messung von Reaktionsgeschwindigkeiten eingesetzt. Ein Rührkessel-Reaktor besteht aus einem Gefäß mit festem Volumen, das zwei oder mehr Einlässe und einen Auslaß (alle von kleinem Durchmesser) besitzt und mit einem wirkungsvollen Rührer versehen ist. Durch jeden Einlaß fließt eine Reagenslösung mit einer genau kontrollierten Geschwindigkeit, die entweder konstant ist oder rasch um einen konstanten Wert oszilliert [14]. Da Volumenänderungen bei Reaktionen in Lösung nur sehr klein sind, verläßt die Reaktionslösung den Rührkessel mit einer Geschwindigkeit, die im wesentlichen der Summe der Geschwindigkeiten der zuströmenden Flüssigkeiten entspricht. Für ein solches System erhält man aus einer einfachen Materialbilanz:

$$\frac{dc}{dt} = \frac{u}{V}(c_0 - c) + v \tag{51}$$

v ist dabei die Geschwindigkeit, mit der sich die Substanz unter den im Reaktor herrschenden Bedingungen bildet, c ihre Konzentration im Rührkessel. u ist die Geschwindigkeit des ausfließenden Stromes, V das Reaktorvolumen und c_0 die Konzentration, die vorläge, wenn die zufließenden Ströme im Verhältnis ihrer Geschwindigkeiten gemischt würden, jedoch keine Reaktion erfolgte. c_0 ist Null für ein Reaktionsprodukt oder ein Zwischenprodukt, es sei denn, ein solches werde absichtlich in den Einlauf gegeben. v ist positiv, wenn die betrachtete Substanz ein Produkt, negativ, wenn sie ein Edukt ist. Wenn sie ein Zwischenprodukt ist, kann v positiv, negativ oder Null sein. Wenn dc/dt zu irgendeiner Zeit positiv ist, so wird die rechte Seite von Gl. (51) mit der Zeit abnehmen, und dc/dt wird weniger positiv werden. Wenn dc/dt negativ ist, wird es in ähnlicher Weise mit zunehmender Zeit weniger negativ werden. Wenn es Null ist, wird es Null bleiben. Im stationären Zustand, dem das System unweigerlich zustrebt, gilt:

$$v = \frac{u}{V}(c - c_0) \tag{52}$$

Wenn man also Lösung durch den Reaktor fließen läßt, bis der stationäre Zustand mit einer beliebigen Genauigkeit erreicht ist, und man außerdem u, V, c_0 und c messen kann, dann kann man die Reaktionsgeschwindigkeit v mittels Gl. (52) errechnen. c kann entweder im Reaktor selbst durch physikalische Methoden [15] oder im Auslauf durch rasches Abstoppen der Reaktion oder kontinuierliche Titrationsverfahren [16] bestimmt werden. Der stationäre Zustand ist dann erreicht, wenn c unabhängig von der Zeit geworden ist. Durch Veränderung der Konzentrationen in den zufließenden Strömen sowie durch Veränderung der Strömungsgeschwindigkeiten lassen sich die Konzentrationen der verschiedenen Substanzen im Reaktor im stationären Zustand variieren. Dadurch ist es möglich, die funktionelle Abhängigkeit der Reaktionsgeschwindigkeit von der Zusammensetzung der Reaktionslösung zu ermitteln.

Ein scheinbarer Nachteil des Rührkessel-Reaktors ist die große Menge Lösung, die durch den Reaktor fließen muß, bis der stationäre Zustand erreicht ist. Diese Menge braucht indessen nie größer als das siebenfache Reaktorvolumen zu sein [17] und entspricht der Menge Substanz, die für die Bestimmung von sieben oder weniger Punkten für eine herkömmliche Darstellung des Umsatzes gegen die Zeit nötig ist. Im übrigen ist die Genauigkeit einer Geschwindigkeit, die mit dem Rührkessel-Reaktor bestimmt worden ist, wesentlich höher als einer solchen, die durch konventionelle empirische Differentiation erhalten worden ist.

4.10. Kinetisch einfache reversible Reaktionen

Die Bestimmung der Gleichgewichtskonstanten einer meßbar reversibeln Reaktion ist einfacher als die Messung der entsprechenden Geschwindigkeit. Infolgedessen darf man für eine kinetische Untersuchung einer solchen Reaktion voraussetzen, daß die Gleichgewichtskonstante bekannt ist.

Für die Reaktion $A \rightleftharpoons B$, die erster Ordnung in beiden Richtungen ist, gilt:

$$\ln|[A]_e - [A]_0| - \ln|[A]_e - [A]| = (k_1 + k_{-1})\,t \tag{53}$$

Der Index 0 bezieht sich auf Konzentrationen zur Zeit $t = 0$, der Index e (von: equilibrium) auf Gleichgewichtskonzentrationen. Für eine Meßgröße y, die linear mit [A] verbunden ist, findet man

$$\ln|y_e - y_0| - \ln|y_e - y| = (k_1 + k_{-1})\,t \tag{54}$$

Die Steigung einer Antragung von $\ln|y_e - y|$ gegen t ist somit gleich der Summe $k_1 + k_{-1}$. Mit Hilfe der Gleichgewichtskonstante, die das Verhältnis dieser beiden Größen darstellt, lassen sich beide spezifischen Geschwindigkeiten ermitteln. Die Gleichungen (53) und (54) gelten auch, wenn [A] mit der Zeit zunimmt (eingeschlossen den Fall, daß anfänglich nur B vorhanden ist); es spielt keine Rolle, ob die Netto-Reaktion von links nach rechts oder von rechts nach links abläuft.

Für eine Reaktion A $\rightleftharpoons$ B + C mit der Geschwindigkeitsgleichung

$$\frac{d[\mathrm{A}]}{dt} = -k_1[\mathrm{A}] + k_{-1}[\mathrm{B}][\mathrm{C}] \tag{55}$$

ist es vorteilhaft, die Hilfsgrößen

$$m = 2[\mathrm{A}] + [\mathrm{B}] + [\mathrm{C}] \tag{56}$$

$$n = [(K + [\mathrm{C}] - [\mathrm{B}])^2 + 4K([\mathrm{A}] + [\mathrm{B}])]^{\frac{1}{2}} \tag{57}$$

zu definieren. Die integrierte Form wird damit zu:

$$\ln \frac{2[\mathrm{A}] - m - n}{2[\mathrm{A}] - m + n} = k_{-1} nt + C \tag{58}$$

C ist eine Integrationskonstante. Die Größen m und n sind in Übereinstimmung mit der Stöchiometrie der Reaktion unabhängig von der Zeit und können aus der Zusammensetzung der Reaktionslösung berechnet werden, wenn K bekannt ist. Wenn eine Antragung der linken Seite dieser Gleichung gegen die Zeit über eine genügende Zeitspanne linear ist, so ist die Gültigkeit von Gl. (55) erwiesen, und die spezifischen Geschwindigkeiten können aus der Steigung der Geraden und den Werten von K, m und n berechnet werden. Gl. (58) gilt unabhängig davon, ob die Netto-Reaktion von links nach rechts oder von rechts nach links abläuft.

Für die Reaktion A + B $\rightleftharpoons$ C + D, die in beiden Richtungen zweiter Ordnung ist, lautet die integrierte Form:

$$\frac{1}{a(p - q)} \ln \frac{x - p}{x - q} = k_{-1} t + C \tag{59}$$

p und q sind die Wurzeln der quadratischen Gleichung $ax^2 + bx + c$, wobei:

$$x = [\mathrm{A}]_0 - [\mathrm{A}]$$

$$a = K - 1 \tag{60}$$

$$b = -\{K([\mathrm{A}]_0 + [\mathrm{B}]_0) + [\mathrm{C}]_0 + [\mathrm{D}]_0\} \tag{61}$$

$$c = K[\mathrm{A}]_0 [\mathrm{B}]_0 - [\mathrm{C}]_0 [\mathrm{D}]_0 \tag{62}$$

Für $K = 1$ ist $a = 0$, und Gl. (59) vereinfacht sich zu:

$$\frac{1}{b} \ln(bx + c) = k_{-1} t + C \tag{63}$$

Für Werte von K in der Nähe von eins dürfte es vorteilhaft sein, die linke Seite von Gl. (59) in eine Potenzreihe von a zu entwickeln.

Für die Reaktion $2A \rightleftharpoons C + D$ gilt Gl. (59) ebenfalls, jedoch sind:

$$a = K - 1/4 \tag{64}$$

$$b = -\{K[A]_0 + 1/2([C]_0 + [D]_0)\} \tag{65}$$

$$c = K[A]_0^2 - [C]_0 [D]_0 \tag{66}$$

Alle in diesem Kapitel aufgeführten integrierten Formen lassen sich durch Substitution von passenden Materialbilanz-Beziehungen in die Geschwindigkeitsgleichungen und Verwendung von tabellierten Integralen herleiten.

4.11. Kinetisch komplexe Reaktionen

Zeigt eine Reaktion ein kinetisch komplexes Verhalten, so erlaubt dies bereits einige Schlüsse über ihren Mechanismus. Bodenstein und Lind [18] zeigten, daß die Geschwindigkeit der Reaktion von Wasserstoff und Brom durch die folgende Zwei-Parameter-Gleichung beschrieben wird:

$$\frac{d[HBr]}{dt} = \frac{k_a[H_2]\,[Br_2]^{1/2}}{1 + k_b[HBr]/[Br_2]} \tag{67}$$

13 Jahre später schlugen Christiansen, Herzfeld und Polanyi [19] unabhängig voneinander fast gleichzeitig einen Mechanismus vor, durch den Gl. (67) erklärt werden kann. Die Idee eines Radikal-Ketten-Mechanismus, die damit aus einer kinetischen Untersuchung auftauchte, bildet eine Grundlage für wichtige Zweige der modernen Chemie.

Zur Interpretation einer komplexen kinetischen Gleichung entwirft man zunächst einen Reaktionsmechanismus und stellt die entsprechenden Differentialgleichungen auf. Darauf wird das Unterfangen schwieriger, und zwar wegen der Unvollkommenheiten, die der analytischen Technik eben trotz ihrer raschen Fortschritte noch anhaften. Die Schwierigkeiten wären beseitigt, wäre man in der Lage, die Konzentrationen von Edukten, Produkten und sich merklich anreichernden Zwischenprodukten einzeln experimentell als Funktionen der Zeit zu bestimmen.

Betrachten wir zur Illustration der Möglichkeiten die elegante Arbeit von Juvet und Chiu [20] über die Methanolyse von Diäthylacetal: Diäthylacetal, Dimethylacetal und das Zwischenprodukt Methyläthylacetal lassen sich alle gaschromatographisch quantitativ bestimmen. Als Beispiel zeigt die Abb. 4-4 die Variation der Peak-Höhen in Abhängigkeit von der Zeit für eine solche Reaktion. Aus der Steigung von zwei beliebigen Kurven in dieser Darstellung zu einer bestimmten Zeit, den unabhängig bestimmten Gleichgewichtskonstanten und den gaschromatographischen Eichfaktoren lassen sich alle vier spezifischen Geschwindigkeiten dieser zweistufigen reversibeln Reaktion ermitteln.

Bis vor kurzem war an eine solche Untersuchung kaum zu denken, und auch heute ist sie noch keineswegs immer durchführbar. Viele der bisherigen Untersuchungen über kinetisch komplexe Reaktionen beruhen auf der Bestimmung von Daten wie etwa der Bildung von Säure in einer zweistufigen Hydrolyse:

$$A \rightarrow B + H^+ \qquad B \rightarrow C + H^+ \qquad \text{(VII)}$$

Die Geschwindigkeitsgleichung für einen solchen Fall lautet

$$\frac{d[H^+]}{dt} = k_1[A] + k_2[B] \qquad (68)$$

wobei weder [A] noch [B] experimentell meßbare Größen sind. Zu Gl. (68) kommen die zwei Beziehungen

$$\frac{d[A]}{dt} = -k_1[A] \qquad (69)$$

und:

$$\frac{d[B]}{dt} = k_1[A] - k_2[B] \qquad (70)$$

Wenn die Anfangskonzentrationen bekannt sind, ist das Gleichungssystem bestimmt. Wenn alle Reaktionen erster Ordnung sind, kann es in geschlossener Form integriert werden. Andernfalls ist eine exakte Integration selten möglich.

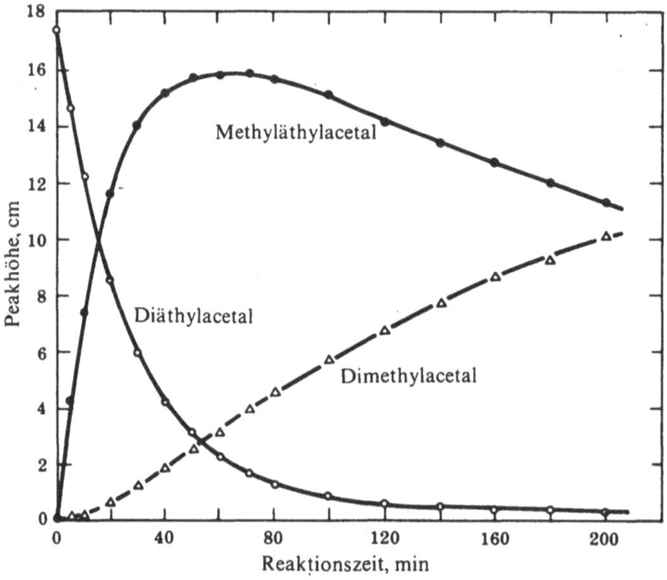

Abb. 4-4. Methanolyse von Diäthylacetal (nach Juvet und Chiu [20]).

Mit Hilfe von modernen Analog- und Digital-Computern ist ein Vergleich von experimentellen und theoretisch berechneten Daten auch ohne Integration durchführbar*.
Gleichgültig, wie man eine kinetisch komplexe Reaktion zu analysieren versucht, sollte man sich stets vor Augen halten, wie gut sich eine Gleichung mit mehreren Parametern an Daten anpassen läßt, deren Streuung in der Größenordnung von experimentellen Fehlern liegt. Man sollte sich deshalb nicht ohne weiteres mit einer bestimmten Funktion zufriedengeben und glauben, daß sie allein die Daten eindeutig beschreibe. Man sollte auch keine allzugroße Genauigkeit in der Bestimmung der verschiedenen Parameter erwarten, selbst wenn es sich nur um zwei handelt. Gewöhnlich beschreibt ein beträchtlicher Bereich der Wertepaare für die Parameter die kinetischen Daten mit nahezu der gleichen Genauigkeit (siehe Abschn. 4.6).
Eine Reaktion, die nicht meßbar reversibel ist, läßt sich durch wenige Parameter und einfachere Gleichungen beschreiben, als eine solche, bei der die Geschwindigkeit in beiden Richtungen ungefähr gleich groß ist. Manchmal läßt sich eine reversible Reaktion in eine quasi irreversible Reaktion überführen, indem man ein Reagens zugibt, das sich schnell und irreversibel mit einem Produkt umsetzt, das die kinetische Bestimmung andernfalls stören würde. Bartlett und Vincent [22] vereinfachten beispielsweise ihre Untersuchung der Reaktion

$$C_6H_5COCH_3 + I_2 \rightleftharpoons C_6H_5COCH_2I + I^- + H^+ \qquad \text{(VIII)}$$

dadurch, daß sie ein Nitrat oder ein Jodat zusetzten. Beide dieser Substanzen reagieren schnell und irreversibel mit Jodid-Ion und unterdrücken dadurch die Reaktion von rechts nach links.

4.12. Die experimentelle Feststellung eines Systems von Reaktionen erster Ordnung

Manchmal ist es nützlich zu wissen, ob alle Reaktionsschritte in einem System eine Zeitabhängigkeit erster Ordnung aufweisen. Ein System von Reaktionen – konsekutiven, kompetitiven oder beiden, reversibeln oder irreversibeln –, in dem alle Schritte eine Zeitabhängigkeit erster Ordnung aufweisen, läßt sich stets durch ein System von Differentialgleichungen erster Ordnung darstellen. Wenn a, b, c etc. Konzentrationen sind, und a_0, b_0, c_0 etc. die entsprechenden Konzentrationen zur Zeit $t = 0$ darstellen, werden die Gleichungen von der Form

$$\frac{da}{dt} = k_1 a + k_2 b + k_3 c + \cdots \qquad (71)$$

sein. Daraus erhält man:

$$\frac{d(a/a_0)}{dt} = k_1 \frac{a}{a_0} + k_2 \frac{b_0}{a_0}\frac{b}{b_0} + k_3 \frac{c_0}{a_0}\frac{c}{c_0} \qquad (72)$$

* Vgl. dazu z. B. [21].

Wenn man also eine Serie von Experimenten, jedes mit einem anderen Satz von Ausgangskonzentrationen, aber alle mit den gleichen Verhältnissen b_0/a_0, c_0/a_0 etc., durchführt, so muß man finden, daß die Verhältnisse a/a_0, b/b_0, c/c_0 etc. in allen Fällen die gleiche Funktion der Zeit darstellen. Dies ist nicht möglich, wenn irgendeine der Differentialgleichungen nichtlineare Terme enthält, in andern Worten, wenn einer der Reaktionsschritte eine andere Zeitabhängigkeit als nullter oder erster Ordnung aufweist.

4.13. Die Integration der Geschwindigkeitsgleichungen für ein System von Reaktionen erster Ordnung

Die Integration von Geschwindigkeitsgleichungen zum Zwecke des Vergleichs der experimentellen Daten mit einem bestimmten Reaktionsmechanismus ist heute dank der modernen Computer-Technik keine Notwendigkeit mehr. Sie wird mehr aus Sparsamkeitsgründen noch durchgeführt. Eine Möglichkeit, eine Integration zu umgehen, ohne jedoch Computer benutzen zu müssen, ist die Verwendung der Rührkessel-Reaktor-Technik. Es gibt indessen auch Gebiete, auf denen man aus einer integrierten Form beachtliche Informationen erhalten kann. Eine Integration ist immer möglich, wenn alle Reaktionsschritte in einem System eine Zeitabhängigkeit erster Ordnung aufweisen [23, 24]. Das allgemeine Verfahren sei am Beispiel der Reaktion

$$\mathrm{A} \underset{k_{-1}}{\overset{k_1}{\rightleftharpoons}} \mathrm{B} \qquad \mathrm{B} \xrightarrow{k_2} \mathrm{C} \tag{IX}$$

erläutert. Die Geschwindigkeitsgleichungen sind:

$$\frac{d[\mathrm{A}]}{dt} = -k_1[\mathrm{A}] + k_{-1}[\mathrm{B}] \tag{73}$$

$$\frac{d[\mathrm{B}]}{dt} = k_1[\mathrm{A}] - k_{-1}[\mathrm{B}] - k_2[\mathrm{B}] \tag{74}$$

$$\frac{d[\mathrm{C}]}{dt} = k_2[\mathrm{B}] \tag{75}$$

Von diesen drei Gleichungen sind wegen der Bedingung der Massenerhaltung

$$[\mathrm{A}] + [\mathrm{B}] + [\mathrm{C}] = 0 \tag{76}$$

nur zwei unabhängig. Aus Gl. (74) erhält man durch Ableitung nach t:

$$\frac{d^2[\mathrm{B}]}{dt^2} = k_1 \frac{d[\mathrm{A}]}{dt} - (k_{-1} + k_2) \frac{d[\mathrm{B}]}{dt} \tag{77}$$

Aus den Gleichungen (73), (74) und (77) erhält man durch Elimination von [A] und $d[\mathrm{A}]/dt$:

$$\frac{d^2[\mathrm{B}]}{dt^2} + (k_1 + k_{-1} + k_2)\frac{d[\mathrm{B}]}{dt} + k_1 k_2[\mathrm{B}] = 0 \tag{78}$$

Dies ist eine homogene Differentialgleichung zweiter Ordnung und ersten Grades mit einer einzigen abhängigen Variablen. Versucht man den Ansatz

$$[\mathrm{B}] = e^{-\rho t} \tag{79}$$

so findet man, daß Gl. (78) erfüllt ist, wenn:

$$\rho = \tfrac{1}{2}\left[k_1 + k_{-1} + k_2 \pm \sqrt{(k_1 + k_{-1} + k_2)^2 - 4k_1 k_2}\right] \tag{80}$$

Die allgemeine Lösung der Gleichung zweiten Grades ist somit

$$[\mathrm{B}] = \lambda_1 e^{-\rho_1 t} + \lambda_2 e^{-\rho_2 t} \tag{81}$$

wobei ρ_1 durch Gl. (80) mit dem Plus-Zeichen, ρ_2 durch dieselbe Gleichung mit dem Minus-Zeichen gegeben ist. λ_1 und λ_2 müssen entsprechend den Grenzbedingungen bestimmt werden.

Wenn beispielsweise zur Zeit $t = 0$ nur A allein vorhanden ist, so findet man aus Gl. (81) sofort:

$$0 = \lambda_1 + \lambda_2 \tag{82}$$

Differentiation von Gl. (81) führt zu:

$$\frac{d[\mathrm{B}]}{dt} = -\lambda_1 \rho_1 e^{-\rho_1 t} - \lambda_2 \rho_2 e^{-\rho_2 t} \tag{83}$$

Wenn zur Zeit $t = 0$ kein B vorhanden ist, wird Gl. (74) zu:

$$\left(\frac{d[\mathrm{B}]}{dt}\right)_{t=0} = k_1[\mathrm{A}]_0 \tag{84}$$

Daraus erhält man mit Gl. (83)

$$k_1[\mathrm{A}]_0 = -\lambda_1 \rho_1 - \lambda_2 \rho_2 \tag{85}$$

und mit Gl. (82):

$$\lambda_2 = -\lambda_1 = \frac{k_1[\mathrm{A}]_0}{\rho_1 - \rho_2} \tag{86}$$

Daraus folgt:

$$\frac{[\mathrm{B}]}{[\mathrm{A}]_0} = \frac{k_1}{\rho_1 - \rho_2}(-e^{-\rho_1 t} + e^{-\rho_2 t}) \tag{87}$$

Durch Ableitung von Gl. (87) erhält man die Größen $d[\mathrm{B}]/dt$ und $d^2[\mathrm{B}]/dt^2$, die man in Gl. (77) substituiert. Dies führt zu $d[\mathrm{A}]/dt$, woraus man durch Integration

$$\frac{[\mathrm{A}]}{[\mathrm{A}]_0} = \frac{\rho_1 - k_{-1} - k_2}{\rho_1 - \rho_2} e^{-\rho_1 t} - \frac{\rho_2 - k_{-1} - k_2}{\rho_1 - \rho_2} e^{-\rho_2 t} \tag{88}$$

findet. Aus Gl. (76) folgt dann:

$$\frac{[\mathrm{C}]}{[\mathrm{A}]_0} = 1 + \frac{\rho_2}{\rho_1 - \rho_2} e^{-\rho_1 t} - \frac{\rho_1}{\rho_1 - \rho_2} e^{-\rho_2 t} \tag{89}$$

Selbst in diesem Fall mit nur drei Parametern wäre es sehr schwierig abzuklären, ob sich experimentelle Daten über die zeitliche Abhängigkeit der Konzentrationen von A, B und C, oder experimentell bestimmte Größen wie etwa die bei der Hydrolyse eines bifunktionellen Esters freigesetzte Säuremenge, durch diese Gleichungen beschreiben lassen. Ebenfalls nicht einfach wäre es, die Werte der Konstanten k_1, k_{-1} und k_2 aus solchen experimentellen Daten zu ermitteln.

4.14. Die Interpretation von Geschwindigkeitsgesetzen mit zwei exponentiellen Termen

Oft ist eine qualitative Aussage sehr wertvoll: Wenn die Antragung des Logarithmus von $[\mathrm{A}]/[\mathrm{A}]_0$ oder von $(1 - [\mathrm{C}]/[\mathrm{A}]_0)$ gegen die Zeit eine Gerade ergibt, muß die negative Wurzel der Gl. (80) viel kleiner als die positive sein. Ist das der Fall, so ist die Steigung der Gerade ρ_1, d. h. $k_1 + k_{-1} + k_2$. Weiter gilt $k_1 k_2 \ll (k_1 + k_{-1} + k_2)^2$. Das bedeutet, daß entweder $k_{-1} \gg k_1 + k_2$ oder daß k_1 und k_2 sehr verschiedene Werte haben*.

Die Gleichungen (87), (88) und (89) vereinfachen sich erheblich, wenn der Schritt 1 im wesentlichen irreversibel ist, d. h. wenn $k_{-1} \ll k_1 + k_2$:

$$\frac{[\mathrm{A}]}{[\mathrm{A}]_0} = e^{-k_1 t} \tag{90}$$

$$\frac{[\mathrm{B}]}{[\mathrm{A}]_0} = \frac{k_1}{k_1 - k_2} (e^{-k_2 t} - e^{-k_1 t}) \tag{91}$$

$$1 - \frac{[\mathrm{C}]}{[\mathrm{A}]_0} = \frac{k_1}{k_1 - k_2} e^{-k_2 t} - \frac{k_2}{k_1 - k_2} e^{-k_1 t} \tag{92}$$

Leitet man Gl. (92) ab, so findet man für die Steigung s der Darstellung von $\ln(1 - [\mathrm{C}]/[\mathrm{A}]_0)$ gegen die Zeit:

$$s = -k_1 k_2 \frac{e^{-k_1 t} - e^{-k_2 t}}{k_2 e^{-k_1 t} - k_1 e^{-k_2 t}} \tag{93}$$

* Wegen einer Anwendung dieses Argumentes siehe [25].

Mit der Abkürzung $\Delta = k_2 - k_1$ wird dies zu:

$$s = -\frac{k_1(k_1 + \Delta)}{k_1 + \Delta/(1 - e^{-\Delta t})} \tag{94}$$

Zur Zeit Null ist die Steigung Null, mit zunehmender Zeit wird sie negativ. Der Übergang erfolgt um so schneller, je größer der Wert von Δ. Der Grenzwert, der schließlich erreicht wird, ist $-k_1$, wenn $k_2 > k_1$, und $-k_2$, wenn $k_2 < k_1$. Wenn k_2 viel größer als k_1 ist, vereinfacht sich Gl. (94), außer für sehr kurze Reaktionszeiten, zu:

$$s = -k_1(1 - e^{-k_2 t}) \tag{95}$$

Im speziellen Fall, daß $k_2 = 100\,k_1$, verschwinden nur 2% des Ausgangsstoffes während der Zeit, in der die Steigung bis auf 1% den Grenzwert $-k_1$ erreicht hat. Während des größten Teils der Beobachtungsdauer wird die scheinbare spezifische Geschwindigkeit erster Ordnung somit den konstanten Wert k_1 haben. Wenn k_2 viel kleiner als k_1 ist, wird sie umgekehrt, abgesehen von einer kurzen Anfangsperiode, den konstanten Wert $-k_2$ haben. Wenn Δ sehr klein ist, reduziert sich Gl. (94) zu:

$$s = -\frac{k_1 k_2}{k_1 + 1/t} \tag{96}$$

Die Menge h der Säure, die bei der säurekatalysierten Hydrolyse eines bifunktionellen Esters freigesetzt wird, ist gegeben durch

$$\frac{h}{[\mathrm{A}]_0} = \frac{[\mathrm{B}]}{[\mathrm{A}]_0} + 2\frac{[\mathrm{C}]}{[\mathrm{A}]_0} \tag{97}$$

wobei A den Diester, B den Monoester und C die Säure bedeuten. Mit Hilfe der Gleichungen (91) und (92) findet man:

$$\frac{h}{[\mathrm{A}]_0} = 2 - \frac{k_1 - 2k_2}{k_1 - k_2} e^{-k_1 t} - \frac{k_1}{k_1 - k_2} e^{-k_2 t} \tag{98}$$

Da zwei reaktionsfähige Stellen für die Umwandlung von A in B und nur eine für die Umwandlung von B in C zur Verfügung stehen, ist der Wert von k_1 in solchen Fällen oft ungefähr gleich $2k_2$. Für $k_1 = 2k_2$ vereinfacht sich Gl. (98) zu:

$$2 - \frac{h}{[\mathrm{A}]_0} = 2e^{-k_2 t} \tag{99}$$

Im allgemeineren Fall variiert die Steigung von $-\frac{1}{2}k_1$ bei kleinem t zu $-k_2$ bei großem t.

Geschwindigkeitsgesetze, die Summen von exponentiellen Termen enthalten, können sowohl von Parallel- als auch von Folgereaktionen abgeleitet sein. Die Menge der Säure, die bei der Hydrolyse einer Mischung von zwei Alkylhalogeniden

A und B freigesetzt wird, ist beispielsweise gegeben durch:

$$1 - \frac{h}{[A]_0 + [B]_0} = \frac{[A]_0}{[A]_0 + [B]_0} e^{-k_A t} + \frac{[B]_0}{[A]_0 + [B]_0} e^{-k_B t} \tag{100}$$

Es handelt sich bei diesem System um zwei Parallelreaktionen erster Ordnung. Die Steigung der Darstellung des Logarithmus der linken Seite von Gl. (100) als Funktion der Zeit ist unabhängig von der Zeit, wenn $k_A = k_B$. Bereiche von im wesentlichen konstanter Steigung können auch auftreten, wenn die beiden spezifischen Geschwindigkeiten stark voneinander verschieden sind. Abb. 4-5 zeigt eine solche Darstellung von Daten von Brown und Fletcher [26]. Brown und Fletcher wollten ursprünglich die Solvolyse von Diäthyl-*t*-butyl-carbinylchlorid untersuchen, fanden jedoch im Verlauf ihrer Arbeit heraus, daß es sich bei ihrem vermeintlich reinen Substrat um eine Mischung von zwei Chloriden handelte. Aus der Steigung und dem Achsenabschnitt des linearen Teils der Kurve bestimmten sie die Größen k_B und $[B]_0/([A]_0 + [B]_0)$. Die kinetischen Messungen zeigten also in diesem Fall, daß eine Mischung und keine reine Substanz reagierte und erlaubten die Bestimmung des Verhältnisses der Mischungskomponenten.

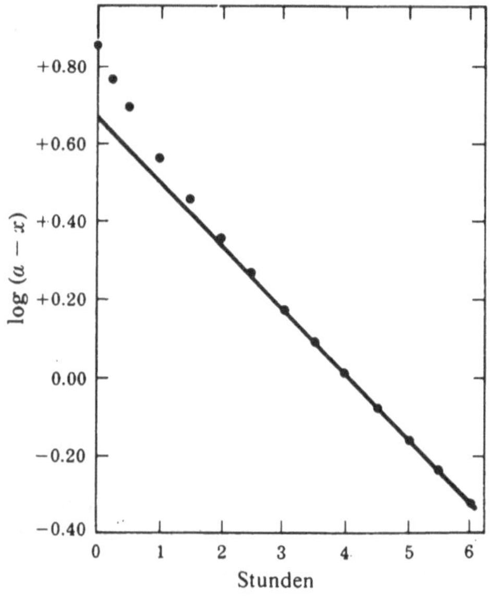

Abb. 4-5. Hydrolyse von Diäthyl-*tert.*-butyl-carbinyl-chlorid (nach Brown und Fletcher [26]).

4.15. Die Bodenstein-Näherung oder Quasi-Stationaritäts-Hypothese

Wenn die Konzentration eines Zwischenproduktes B während der ganzen Dauer einer Reaktion sehr klein ist im Vergleich zur Summe der Konzentrationen von Edukt und Produkt, ist es angebracht und nützlich, die zeitliche Änderung der Konzentration des Zwischenproduktes $d[B]/dt$ gleich Null zu setzen. Für den Mechanismus

$$\mathrm{KH} \underset{k_{-1}[\mathrm{H}^+]}{\overset{k_1[\mathrm{H}^+]}{\rightleftharpoons}} \mathrm{EH} \tag{X}$$

$$\mathrm{EH} + \mathrm{J}_2 \xrightarrow{k_2} \mathrm{P} + \mathrm{H}^+ + \mathrm{J}^-$$

der Bildung von Jodacetophenon (P) aus Acetophenon (KH) über die Enolform (EH), die nicht in experimentell feststellbarer Menge auftritt, läßt sich also die Gleichung

$$\frac{d[\mathrm{EH}]}{dt} = k_1[\mathrm{H}^+][\mathrm{KH}] - (k_{-1}[\mathrm{H}^+] + k_2)[\mathrm{EH}] \tag{101}$$

in guter Näherung durch die Gleichung

$$0 = k_1[\mathrm{H}^+][\mathrm{KH}] - (k_{-1}[\mathrm{H}^+] + k_2)[\mathrm{EH}] \tag{102}$$

ersetzen. Durch Kombination mit der Beziehung

$$\frac{d[\mathrm{J}_2]}{dt} = -k_2[\mathrm{EH}][\mathrm{J}_2] \tag{103}$$

findet man:

$$\frac{d[\mathrm{J}_2]}{dt} = -\frac{k_1 k_2[\mathrm{H}^+]}{k_{-1}[\mathrm{H}^+] + k_2}[\mathrm{KH}][\mathrm{J}_2] \tag{104}$$

Für den Vergleich von experimentellen Daten mit Gl. (104) kann man entweder direkt die Steigung von Darstellungen von $[\mathrm{J}_2]$ gegen die Zeit verwenden oder aber von der integrierten Form der Gleichung Gebrauch machen. Die Integration ist ohne weiteres möglich, da ja $[\mathrm{H}^+]$ unabhängig von der Zeit ist.

Die Näherung ist nicht deshalb gerechtfertigt, weil etwa $d[\mathrm{EH}]/dt$ praktisch Null ist, sondern weil es eine kleine Differenz von zwei großen Zahlen ist. Wäre das nicht der Fall, so müßte die Konzentration von EH auf einen meßbaren Wert ansteigen. Zur Zeit Null ist die Geschwindigkeit der Zunahme der Konzentration von EH gleich der Geschwindigkeit der Abnahme der Konzentration von KH. Die Konzentration von EH wird dann praktisch konstant, wenn die Terme $(k_{-1}[\mathrm{H}^+] + k_2)[\mathrm{EH}]$ und $k_1[\mathrm{H}^+][\mathrm{KH}]$ etwa gleich groß sind. Ist $(k_{-1}[\mathrm{H}^+] + k_2)$ viel größer als $k_1[\mathrm{H}^+]$, so tritt dies schon bei einem sehr kleinen Wert von $[\mathrm{EH}]$, also bevor viel KH reagiert hat, ein. Nach dem Durchlaufen eines Maximums nimmt die Konzentration von EH wieder ab, bleibt jedoch auf jeden Fall stets eine kleine Differenz von großen Zahlen.

Diese mathematische Behandlungsweise wurde 1913 von Bodenstein [27] eingeführt und hatte einen wesentlichen Einfluß auf den Fortschritt auf dem Gebiete der Reaktionsmechanismen. Ohne gute Gründe wird die Näherung oft als Stationaritäts-Hypothese (steady state approximation) bezeichnet. Es ist indessen vernünftiger, sie Bodenstein-Näherung zu nennen*.

---

* *Anmerkung des Übersetzers:* Die im deutschen Sprachgebrauch übliche Bezeichnung „Quasi-Stationaritäts-Hypothese“ scheint ebenfalls durchaus vernünftig.

Zur Abschätzung der Grenzen der Gültigkeit der Näherung wollen wir die Reaktion (IX), bei der alle Teilschritte eine Zeitabhängigkeit erster Ordnung aufweisen, betrachten. Unter der Bedingung, daß $k_{-1} + k_2 \gg k_1$, läßt sich Gl. (80) schreiben als:

$$\rho = \frac{1}{2}(k_{-1} + k_2)\left[1 \pm \sqrt{\left(1 + \frac{k_1}{k_{-1} + k_2}\right)^2 - \frac{4k_1 k_2}{(k_{-1} + k_2)^2}}\right] + \frac{1}{2}k_1 \qquad (105)$$

Daraus folgt in erster Näherung sofort

$$\rho_1 = k_{-1} + k_2 + \frac{k_1 k_{-1}}{(k_{-1} + k_2)} \qquad (106)$$

und:

$$\rho_2 = \frac{k_1 k_2}{k_{-1} + k_2} \qquad (107)$$

Aus Gl. (87) erhält man

$$\frac{[B]}{[A]_0} = \frac{k_1}{k_{-1} + k_2}(-e^{-\rho_1 t} + e^{-\rho_2 t}) \qquad (108)$$

und aus Gl. (88) findet man entsprechend:

$$\frac{[A]}{[A]_0} = \frac{k_1 k_{-1}}{(k_{-1} + k_2)^2} e^{-\rho_1 t} + e^{-\rho_2 t} \qquad (109)$$

Da ρ_1 viel größer ist als ρ_2, nimmt der Faktor $\exp(-\rho_1 t)$ viel schneller mit der Zeit ab als der Faktor $\exp(-\rho_2 t)$. Bis der erste Term in Gl. (108) beispielsweise auf 1% des zweiten Terms abgefallen ist, verläuft die Zeit $4.6/(k_{-1} + k_2)$. Der Bruchteil von A, der während dieser Zeit reagiert hat, ist $\exp[(4.6 k_1 k_2)/(k_{-1} + k_2)^2]$, d. h. nicht mehr, vielleicht aber wesentlich weniger als $4.6 k_1/k_2$.

Sobald die ersten Terme in Gl. (108) und (109) vernachlässigbar klein geworden sind, bleibt das Verhältnis $[B]/[A]$ konstant auf dem kleinen Wert $k_1/k_{-1} + k_2$. Die Konzentration von A ist dann gegeben durch:

$$\ln \frac{[A]}{[A]_0} = -\frac{k_1 k_2}{k_{-1} + k_2} t \qquad (110)$$

Fassen wir kurz zusammen: Wenn k_1 wesentlich kleiner als $k_{-1} + k_2$ ist, macht die Konzentration des Zwischenproduktes stets nur einen kleinen Bruchteil der Konzentration des Ausgangsstoffes aus. Mit Ausnahme einer kurzen Anfangsperiode, während der ein Bruchteil in der Größenordnung von $5 k_1/k_2$ des Ausgangsstoffes reagiert, ist die Kinetik praktisch erster Ordnung. Die empirische Geschwindigkeitskonstante ist gegeben durch $k_1 k_2/(k_{-1} + k_2)$.

Wenn irgendeiner der Reaktionsschritte eine andere Zeitabhängigkeit als erster Ordnung aufweist, so ist die mathematische Ableitung komplizierter. Sie ist indessen gründlich untersucht worden*, und es besteht kein Zweifel, daß auch in solchen Situationen ähnliche Folgerungen wie im Fall der Reaktionen erster Ordnung gelten.

4.16. Das Problem der Präzision im Multi-Parameter-Fall

Zucker und Hammett [29] untersuchten die Jodierung von Acetophenon. Sie unterdrückten die Rückreaktion nach dem Verfahren von Bartlett und Vincent [22], indem sie Nitrit oder Jodat zur Reaktionsmischung zugaben. Dabei wird pro Mol Acetophenon, das reagiert hat, ein halbes Mol Jod freigesetzt. Mit zugesetztem Nitrit verläuft die Reaktion wie folgt:

$$J^- + NO_2^- + 2H^+ \rightarrow \tfrac{1}{2} J_2 + NO + H_2O \tag{XI}$$

Wegen dieser Maßnahme ist die Geschwindigkeitsgleichung für den Mechanismus X

$$\frac{d[J_2]}{dt} = -\frac{1}{2}\frac{k_1 k_2 [H^+][KH][J_2]}{k_{-1}[H^+] + k_2[J_2]} \tag{111}$$

anstelle von Gl. (104). Zwischen den Konzentrationen von Jod und Acetophenon besteht im weiteren die Beziehung

$$[J_2] - \tfrac{1}{2}[KH] = \Delta \tag{112}$$

wobei Δ unabhängig von der Zeit ist.
Bei kleiner Wasserstoffionen-Konzentration vereinfacht sich Gl. (111) zu:

$$\frac{d[J_2]}{dt} = -\frac{1}{2} k_1 [H^+][KH] \tag{113}$$

Zusammen mit Gl. (112) ergibt sich daraus:

$$\frac{d \ln([J_2] - \Delta)}{dt} = -k_1 [H^+] \tag{114}$$

In 0.5- bis 15-prozentiger wäßriger Lösung von Schwefel- oder Perchlorsäure erhielten Zucker und Hammett Resultate, die auf schätzungsweise 1% im Wert von $k_1[H^+]$ genau mit dieser Gleichung erster Ordnung übereinstimmen. Die Konzentrationen der Ausgangsprodukte waren so gering, daß die Wasserstoffionen-Konzentration in diesem Bereich praktisch unabhängig von der Zeit war.
Bei Schwefelsäure-Konzentrationen in der Gegend von 51% lassen sich die experimentellen Resultate durch die Gleichung

$$\frac{d[J_2]}{dt} = \frac{k_1 k_2}{k_{-1}} [J_2]([J_2] - \Delta) \tag{115}$$

* Siehe z. B. [28].

darstellen, die sich aus Gl. (111) ergibt, wenn $k_1[H^+] \gg k_2[J_2]$. Für die praktischen Belange ist dies eine Geschwindigkeitsgleichung zweiter Ordnung mit dem einzigen Parameter $k_1 k_2/k_{-1}$.

In einem mittleren Säurekonzentrationsbereich lassen sich die Daten durch keinen dieser Extremfälle von Gl. (111) beschreiben. Gl. (111) stellt eine Zwei-Parameter-Gleichung dar, wie man sie bei kinetischen Untersuchungen sehr oft findet. Zum Vergleich der experimentellen Daten mit der theoretischen Beziehung bedient man sich in solchen Fällen oft der Anfangssteigung von Konzentrations/Zeit-Kurven. Da diese gekrümmt sind, ist die Bestimmung der Anfangssteigungen stets ziemlich ungenau. Innerhalb der gegebenen Grenzen läßt sich die Gültigkeit der Geschwindigkeitsbeziehung jedoch ohne weiteres demonstrieren. Auch die Werte der zwei unabhängigen Parameter können bestimmt werden. Gl. (111) läßt sich schreiben als

$$\frac{[J_2]-\Delta}{v} = \frac{1}{k_1[H^+]} + \frac{k_{-1}}{k_1 k_2} \times \frac{1}{[J_2]} \qquad (116)$$

wobei $v = -d(J_2]/dt$. Die graphische Antragung der linken Seite dieser Gleichung (die sich aus den experimentellen Daten berechnen läßt) gegen den reziproken Wert der Jod-Konzentration ergibt also eine Gerade mit der Steigung $k_{-1}/k_1 k_2$ und dem Achsenabschnitt $1/k_1[H^+]$. Schreibt man Gl. (111) als

$$\frac{([J_2]-\Delta)[J_2]}{v} = \frac{k_{-1}}{k_1 k_2} + \frac{1}{k_1[H^+]}[J_2] \qquad (117)$$

so läßt sich $k_1[H^+]$ aus der Steigung und $k_{-1}/k_1 k_2$ aus dem Achsenabschnitt einer ähnlichen graphischen Darstellung bestimmen. Je nachdem, ob die tiefen oder die hohen Jodkonzentrationen mit größerer Genauigkeit bekannt sind, wird man die eine oder die andere Darstellungsart wählen.

Gl. (111) läßt sich auch integrieren und in die Form

$$\left(\frac{\varkappa}{\Delta}-1\right)\log\frac{\Delta-c_0}{\Delta-c} - \frac{\varkappa}{\Delta}\log\frac{c_0}{c} = k't \qquad (118)$$

bringen. Dabei ist $c = [J_2]$, $\varkappa = k_{-1}[H^+]/k_2$ und $k' = 0.4343\,k_1[H^+]$. Man versucht nun, durch trial-and-error einen solchen Wert für $\varkappa$ zu finden, daß die graphische Darstellung der linken Seite dieser Gleichung als Funktion der Zeit eine Gerade ergibt und daß die Geraden für Experimente mit verschiedenen c_0- und Δ-Werten zusammenfallen. Abb. 4-6 zeigt eine solche Darstellung für sechs Versuche in 39.5-proz. Schwefelsäure. Die Anfangskonzentration von Acetophenon variierte in diesen Experimenten zwischen $5 \cdot 10^{-4}$ und $81 \cdot 10^{-4}$, diejenige von Jod zwischen $5 \cdot 10^{-4}$ und $7 \cdot 10^{-4}$ mol/l.

Offensichtlich steht diese große Menge von Daten mit Gl. (118) in Übereinstimmung. Die Experimentatoren stellten indessen fest, daß eine ganze Menge von Wertepaaren von $\varkappa$ und k eine praktisch gleich gute Gerade ergaben, und schätzten die Unsicherheit in $\varkappa$ und k' auf je 15%. Dies steht in frappantem Gegensatz zur Unsicherheit des einzelnen Parameters in dem Bereich, in dem Gl. (114) gilt, und zeigt deutlich, wie schwierig es ist, die Werte der Parameter in einem Mehr-Parameter-System hinreichend genau zu bestimmen.

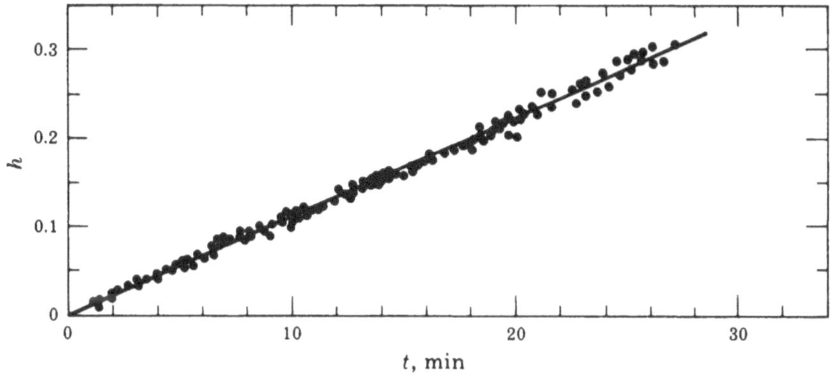

Abb. 4-6. Darstellung der integrierten Form der Geschwindigkeitsgleichung für die Jodierung von Acetophenon in 39.5-proz. Schwefelsäure (nach Zucker und Hammett [29]). Der Ordinatenwert h bedeutet die linke Seite von Gl. (118).

Heutzutage ist es möglich, eine Gleichung mit Hilfe von Computern mit wesentlich weniger Aufwand an experimentelle Daten anzupassen, als dies 1939 der Fall war. Man darf indessen nicht glauben, daß dadurch die Genauigkeit der bestimmten Werte bedeutend höher sei.

4.17. Bemerkungen zur Michaelis-Menten-Gleichung

Im Mechanismus

$$\begin{aligned} E + S &\underset{k_{-1}}{\overset{k_1}{\rightleftharpoons}} ES \\ ES &\xrightarrow{k_2} P + E \end{aligned} \qquad \text{(XII)}$$

wobei E = Enzym

S = Substrat

P = Reaktionsprodukt

ES = Enzym-Substrat-Komplex

sind die Bedingungen für die Bodenstein-Näherung erfüllt, wenn die Enzymkonzentration viel kleiner ist als die Summe der Konzentrationen von Substrat und Produkt [30]. Dies bedeutet, daß auch die Konzentration des Zwischenproduktes stets viel kleiner als die Summe der Konzentrationen von Edukt und Produkt ist. Im Experiment ist diese Bedingung gewöhnlich erfüllt. Es gilt also:

$$0 = k_1[E][S] - (k_{-1} + k_2)[ES] \qquad (119)$$

Wenn $[E]_0$ die Summe der Konzentrationen von freiem und gebundenem Enzym ist, gilt auch:

$$[ES] + [E] = [E]_0 \tag{120}$$

Aus Gl. (119) und (120) ergeben sich die Beziehungen

$$[ES] = \frac{k_1[E]_0[S]}{k_{-1} + k_2 + k_1[S]} \tag{121}$$

und:

$$v = \frac{d[P]}{dt} = \frac{k_1 k_2[E]_0[S]}{k_{-1} + k_2 + k_1[S]} \tag{122}$$

Michaelis und Menten [31] hatten die Beziehung

$$v = \frac{k_1 k_2[E]_0[S]}{k_{-1} + k_1[S]} \tag{123}$$

in der Annahme abgeleitet, daß die Bildung des Enzym-Substratkomplexes in einem mobilen, reversibeln Prozess erfolgt, d. h., daß k_{-1} viel größer ist als k_2. Heute weiß man aus Experimenten, bei denen die Konzentration des Zwischenproduktes spektrophotometrisch bestimmt werden konnte [32], daß dies indessen nicht immer der Fall ist.

Da sich die katalytische Aktivität von Enzymen im Verlauf ihrer Reaktion mit dem Substrat oft verändert, ist man versucht, mit der Anfangssteigung der Substratkonzentration/Zeit-Funktion zu arbeiten. Lineweaver und Burk [33] schlugen vor, $k_2[E_0]$ als den reziproken Achsenabschnitt und $(k_{-1} + k_2)/k_1$ als das Verhältnis von Steigung und Achsenabschnitt der Gerade

$$\frac{1}{v} = \frac{1}{k_2[E]_0} + \frac{k_{-1} + k_2}{k_1 k_2[E]_0}\frac{1}{[S]} \tag{124}$$

zu bestimmen. Eadie [34] ist der Ansicht, daß die Beziehung

$$v = k_2[E]_0 - \frac{k_{-1} + k_2}{k_1}\frac{v}{[S]_0} \tag{125}$$

die die gleichen Parameter (aus Achsenabschnitt und Steigung) liefert, eine bessere Gewichtung der Daten gewährleiste.

4.18. Systeme mit vorgelagertem mobilem Gleichgewicht

Bei hoher Wasserstoffionen-Konzentration vereinfacht sich die Geschwindigkeitsgleichung (104) für die Jodierung von Acetophenon über die Enolform (Reaktion (X)) zu (vgl. Gl. (115)):

$$\frac{d[J_2]}{dt} = -\frac{k_1 k_2}{k_{-1}} [KH][J_2] \tag{126}$$

Dies läßt sich auch schreiben als:

$$\frac{d[J_2]}{dt} = -K_1 k_2 [KH][J_2] \tag{127}$$

wobei $K_1 = k_1/k_{-1}$ die Gleichgewichtskonstante für das Keto-Enol-Gleichgewicht ist. Experimentell feststellbar ist unter diesen Bedingungen lediglich die Proportionalität zwischen der Geschwindigkeit und dem Produkt der Konzentrationen von Ketoform und Jod. Dieser Befund steht mit Gl. (127) in Übereinstimmung und kann somit auf eine Reaktion über die Enolform deuten. Allerdings läßt er sich ebensogut als Reaktion zweiter Ordnung zwischen der Ketoform und Jod, wobei die Enolform keine Rolle spielte, interpretieren. Aus den Daten bei hoher Wasserstoffionen-Konzentration läßt sich infolgedessen nicht entscheiden, welcher Mechanismus der richtige ist. Der langsame Übergang vom eindeutigen Zweischritt-Mechanismus, wie er bei tiefer Wasserstoffionen-Konzentration vorliegt, legt indessen nahe, daß die Reaktion auch in stark saurem Medium nach dem gleichen Mechanismus verläuft.

Aus Gl. (102) folgt mit $k_{-1}[H^+] \gg k_2$:

$$\frac{[EH]}{[KH]} = \frac{k_1}{k_{-1}} = K_1 \tag{128}$$

Mit Ausnahme der kurzen Anfangsperiode, während der Gl. (102) noch nicht gilt, verhalten sich somit die Konzentrationen der Keto- und der Enolform so, wie wenn sie in einem einfachen Gleichgewicht stünden und die Reaktion mit Jod nicht vorhanden wäre.

Bei der Halogenierung von Acetophenon ist der Wert von K_1 so klein, daß die Konzentration der Enolform unter allen Bedingungen stets viel kleiner ist als die Konzentration der Ketoform. Die Gleichungen (127) und (128) könnten somit über die Bodenstein-Näherung abgeleitet werden. Sie sind jedoch, unabhängig vom Wert von k_1, auch gültig, wann immer $k_{-1} \gg k_2$. Selbst wenn nämlich k_1 ebenso groß oder größer als k_{-1} wäre, wäre die Zeit, die nötig ist, bis das Verhältnis $[EH]/[KH]$ praktisch den Wert K_1 erreicht hat, so kurz, daß im wesentlichen noch keine Halogenierung stattgefunden hätte. Die beiden Mechanismen lassen sich also, ungeachtet der numerischen Größe von K_1, nicht unterscheiden.

Für den Fall, daß alle Reaktionen erster Ordnung sind, läßt sich dieser Schluß leicht beweisen. Mit der Annahme, daß $k_2 \ll k_{-1}$, findet man aus Gl. (80):

$$\rho_1 = k_1 + k_{-1} \tag{129}$$

$$\rho_2 = \frac{k_1 k_2}{k_1 + k_{-1}} = k_2 \frac{K_1}{1 + K_1} \tag{130}$$

Da ρ_2, das nicht größer als k_2 sein kann, viel kleiner als ρ_1 ist, wird der Faktor $\exp(-\rho_1 t)$ vernachlässigbar klein während eines Zeitintervalls, in welchem sich der Faktor $\exp(-\rho_2 t)$ noch kaum geändert hat. Außer für eine kurze Anfangsperiode vereinfachen sich somit die Gleichungen (87) und (88) zu

$$\frac{[B]}{[A]_0} = \frac{k_1}{k_1 + k_{-1}} e^{-\rho_2 t} \tag{131}$$

und:

$$\frac{[A]}{[A]_0} = \frac{k_{-1}}{k_1 + k_{-1}} e^{-\rho_2 t} \tag{132}$$

Daraus ergibt sich, daß

$$\frac{[B]}{[A]} = \frac{k_1}{k_{-1}} = K_1 \tag{133}$$

unabhängig von der Zeit ist, abgesehen wiederum von der Anfangsperiode. Die primitive Konzentration $c_A = [A] + [B]$ ist gegeben durch:

$$\frac{c_A}{[A]_0} = e^{-\rho_2 t} \tag{134}$$

Dies ist die Gleichung für eine einfache Reaktion erster Ordnung mit der spezifischen Geschwindigkeit ρ_2. Was die Kinetik betrifft, braucht man sich keine Gedanken darüber zu machen, ob ρ_2 wirklich die durch Gl. (130) gegebene Funktion der spezifischen Geschwindigkeiten der zwei Schritte einer zweischrittigen Reaktion ist. Man braucht auch nicht zu wissen, daß ein Teil des ursprünglich vorhandenen A rasch und reversibel in B übergeht. Mechanistische Informationen lassen sich natürlich in diesem Fall nicht aus der Kinetik ableiten. Wäre der Mechanismus $B \rightleftharpoons A \rightarrow C$, und nicht $A \rightleftharpoons B \rightarrow C$, so wäre ρ_2 in Gl. (134) als $k_{-1}k_2/(k_1 + k_{-1})$ anstatt nach Gl. (130) zu interpretieren. Die experimentell beobachtete Reaktion wäre indessen auch in diesem Fall ein einfacher Vorgang erster Ordnung.

4.19. Der Einfluß eines Assoziations-Gleichgewichtes

Wenn zwei Substanzen A und B rasch und reversibel in eine Verbindung AB übergehen und ein Produkt P relativ langsam gebildet wird, so sind die Konzentrationen von A, B und AB (abgesehen von einer kurzen Anfangsperiode) gegeben durch:

$$\frac{[AB]}{[A][B]} = K \tag{135}$$

Da die Konzentration von AB dem Produkt der Konzentrationen von A und B proportional ist, kann man kinetisch nicht zwischen einem Mechanismus unterscheiden, bei dem P aus dem Zwischenprodukt AB in einer Reaktion erster Ordnung entsteht, und einem, bei dem es aus A und B in einer Reaktion zweiter Ordnung gebildet wird, wobei AB kein Zwischenprodukt ist. In der Sprache des ersten Mechanismus schreibt man die Geschwindigkeitsgleichung erster Ordnung als:

$$\frac{1}{[\mathrm{AB}]}\frac{d[\mathrm{P}]}{dt} = k_1 \tag{136}$$

In der Sprache des zweiten Mechanismus ergibt sich die Geschwindigkeitsgleichung zweiter Ordnung:

$$\frac{1}{[\mathrm{A}][\mathrm{B}]}\frac{d[\mathrm{P}]}{dt} = k_2 \tag{137}$$

Mit Hilfe von Gl. (135) findet man:

$$k_2 = Kk_1 \tag{138}$$

Ausgedrückt mit den primitiven Konzentrationen

$$c_\mathrm{A} = [\mathrm{A}] + [\mathrm{AB}] \tag{139}$$

und

$$c_\mathrm{B} = [\mathrm{B}] + [\mathrm{AB}] \tag{140}$$

welche oft die einzigen bekannten Konzentrationen sind, ergibt sich:

$$\frac{[\mathrm{AB}]}{(c_\mathrm{A} - [\mathrm{AB}])(c_\mathrm{B} - [\mathrm{AB}])} = K \tag{141}$$

In diesem Fall lassen sich die Geschwindigkeitsgleichungen leichter übersehen, wenn man sie als Funktion der reziproken Geschwindigkeit, und nicht der Geschwindigkeit selbst, schreibt. Dies ist auch bei anderen komplizierten Reaktionssystemen oft der Fall. Löst man Gl. (141) nach $1/[\mathrm{AB}]$ auf, so erhält man:

$$\frac{1}{[\mathrm{AB}]} = \frac{1}{2}\left[\frac{1}{c_\mathrm{A}} + \frac{1}{c_\mathrm{B}} + \frac{1}{Kc_\mathrm{A}c_\mathrm{B}} + \sqrt{\left(\frac{1}{c_\mathrm{A}} + \frac{1}{c_\mathrm{B}} + \frac{1}{Kc_\mathrm{A}c_\mathrm{B}}\right)^2 - \frac{4}{c_\mathrm{A}c_\mathrm{B}}}\right] \tag{142}$$

Die andere Wurzel der quadratischen Gleichung hat keine physikalische Bedeutung, denn sie führt zu negativen Werten von entweder [A] oder [B]. Der primitive Wert $k^{(p)}$ der spezifischen Geschwindigkeit ist gegeben durch:

$$k^{(p)} = \frac{v}{c_\mathrm{A}c_\mathrm{B}} = \frac{k_1[\mathrm{AB}]}{c_\mathrm{A}c_\mathrm{B}} \tag{143}$$

Aus Gl. (142) und (143) erhält man:

$$\frac{1}{k^{(p)}} = \frac{1}{2k_1}\left[c_\mathrm{A} + c_\mathrm{B} + \frac{1}{K} + \sqrt{\left(c_\mathrm{A} + c_\mathrm{B} + \frac{1}{K}\right)^2 - 4c_\mathrm{A}c_\mathrm{B}}\right] \tag{144}$$

Diese Gleichung ist zwar im allgemeinen Fall recht kompliziert, vereinfacht sich aber unter geeigneten Bedingungen erheblich.

Wenn $c_A + c_B \ll 1/K$, so reduziert sich Gl. (144) zu $k^{(p)} = K k_1$. Wenn also K so klein oder die Lösung so verdünnt ist, daß Assoziation keine Rolle spielt, so entspricht die Kinetik derjenigen einer einfachen Reaktion zweiter Ordnung. Dies ist weiter nicht überraschend. Für ein etwas größeres K oder größere $(c_A + c_B)$-Werte vereinfacht sich Gl. (144) zu:

$$\frac{1}{k^{(p)}} = \frac{1}{k_1}\left(\frac{1}{K} + c_A + c_B\right) \tag{145}$$

Wenn c_B wesentlich kleiner als c_A ist, findet man:

$$\frac{1}{k^{(p)}} = \frac{1}{k_1}\left(\frac{1}{K} + c_A\right) \tag{146}$$

Ross und Kuntz [35] bestimmten die in Tab. 4.1 zusammengestellten Werte der spezifischen Geschwindigkeit der Reaktion von Anilin (A) mit Dinitrochlorbenzol (B) in Äthanol. Das Produkt dieser Reaktion ist Dinitrodiphenylamin. Die spezifische Geschwindigkeit nimmt mit zunehmender Anilinkonzentration ab. Abb. 4-7 zeigt die Antragung von $1/k^{(p)}$ gegen c_A. Aus der Steigung und dem Achsenabschnitt der Gerade bestimmt man nach Gl. (146) $k_1 = 1.63 \cdot 10^{-4}$ und $K = 0.49$. Aus der Kinetik läßt sich also in diesem Fall auf die Existenz eines Assoziationsgleichgewichts schließen und sogar ein Wert für die Assoziationskonstante bestimmen. Unabhängige spektroskopische Daten weisen ebenfalls auf ein solches Gleichgewicht hin, erlauben indessen keine Bestimmung der Gleichgewichtskonstante. Aus dem Spektrum des Assoziationsproduktes läßt sich schließen, daß es sich dabei um einen Charge-Transfer-Komplex (Elektronen-Donor-Acceptor-Komplex) handelt. Ross und Kuntz glauben, daß ein solcher Komplex kaum ein echtes Zwischenprodukt der Dinitrodiphenylamin-Bildung sein dürfte, da darin Anilin und Dinitrochlorbenzol in einer Lage fixiert sind, die für eine Umlagerung zum Substitutionsprodukt ungünstig erscheint. Dieses Argument beruht indessen auf strukturellen Überlegungen; aus der Kinetik lassen sich keine solchen Schlüsse ziehen.

Tab. 4.1. Reaktion von Anilin (A) mit 2,4-Dinitrochlorbenzol (B).[a]

B mol/l	A mol/l	$10^5 k^{(p)}$ l/mol · sec
0.04993	0.2004	7.28
0.05210	0.5009	6.44
0.05230	0.6737	6.14
0.04950	1.0106	5.33

[a] Daten von Ross und Kuntz [35].

Drückt man Gl. (146) mit der Geschwindigkeit anstelle der spezifischen Geschwindigkeit aus, so findet man:

$$v = \frac{k_1 c_A c_B}{1/K + c_A} \tag{147}$$

Diese Beziehung hat die gleiche mathematische Form wie die Michaelis-Menten-Gleichung (siehe Abschn. 4.17). Wie bei dieser Gleichung strebt die Geschwindigkeit bei gegebenem c_B mit zunehmendem c_A einem Grenzwert zu. Dieser Sättigungswert entspricht einer praktisch vollständigen Umwandlung des vorhandenen B in AB. Wenn AB ein echtes Zwischenprodukt ist, kann Zugabe von weiterem A die Konzentration von AB und damit die Geschwindigkeit nicht mehr erhöhen. Wenn AB kein Zwischenprodukt ist, so führt Zugabe von weiterem A bei konstanter Konzentration von AB zu einer Abnahme der Konzentration von B, wobei das Produkt [A][B] konstant bleibt.

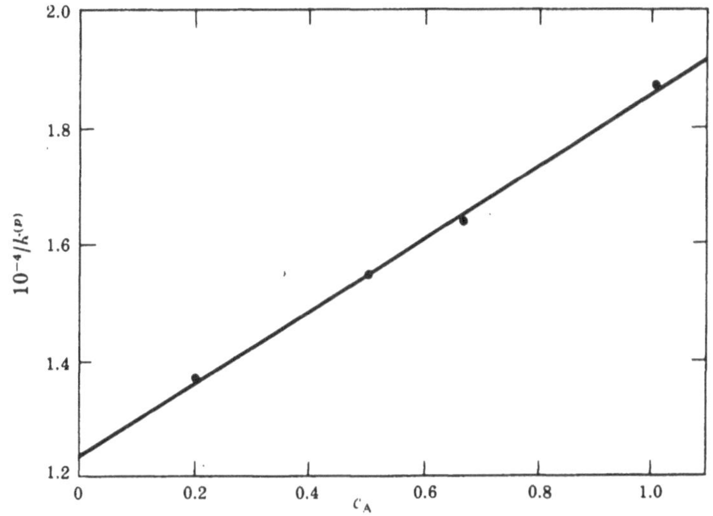

Abb. 4-7. Die Anilin/2,4-Dinitrochlorbenzol-Reaktion (Daten von Ross und Kuntz [35]).

Im Fall der Enzym-Katalyse läßt sich beweisen, daß der Enzym-Substrat-Komplex ein echtes Zwischenprodukt der Reaktion ist, wenn seine Konzentration im Verlauf der Reaktion experimentell bestimmt werden kann. Es ist vernünftig, aber nicht notwendig, anzunehmen, daß der Enzym-Substrat-Komplex auch dann ein Zwischenprodukt ist, wenn dies nicht möglich ist.

4.20. Bemerkungen zu komplexen Reaktionen

Für die Interpretation von kinetischen Daten ist es wesentlich zu wissen, inwiefern die experimentellen Daten direkte Schlüsse auf die Existenz einer mehrschrittigen Reaktion zulassen. Für ein System von Reaktionen erster Ordnung läßt sich eine quantitative Antwort auf diese Frage geben. Es ist anzunehmen, daß dieselben Schlüsse qualitativ auch auf Systeme mit Reaktionen anderer Ordnung zutreffen.

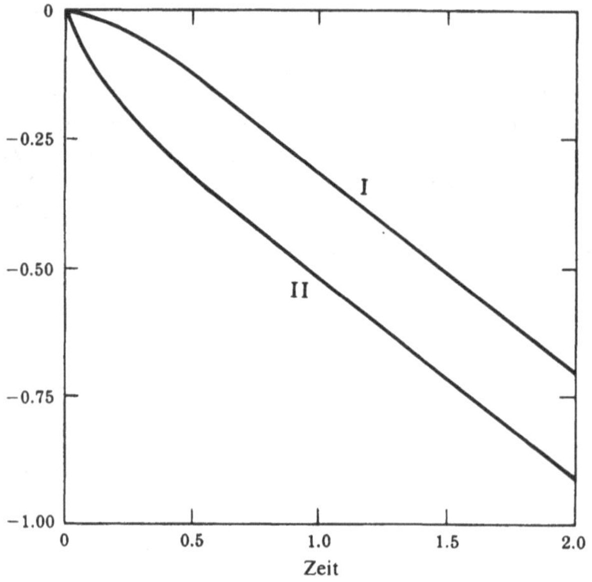

Abb. 4-8. Kinetik der Umwandlung von A in C, wenn A reversibel in B übergeht (s. Text).

Für die Reaktion erster Ordnung einer Substanz A zu einer Substanz C ist die Größe $\log(1 - [C]/[A]_0)$ linear in der Zeit. Kurve I in Abb. 4-8 zeigt eine solche Darstellung für das System

$$A \underset{k_{-1}}{\overset{k_1}{\rightleftharpoons}} B \xrightarrow{k_2} C \qquad \text{(IX)}$$

Dabei ist $k_1 = k_{-1} = k_2 = 2.303$, und zur Zeit $t = 0$ ist nur A vorhanden. Kurve II zeigt eine entsprechende Darstellung für das System

$$A \underset{k_{-1}}{\overset{k_1}{\rightleftharpoons}} B \qquad A \xrightarrow{k_2} C \qquad \text{(XIII)}$$

wobei zur Zeit $t = 0$ ebenfalls nur A vorhanden ist. Offensichtlich läßt sich die komplexe Natur einer solchen Reaktion ohne weiteres feststellen, wenn alle spezifischen Geschwindigkeiten gleich groß sind, denn dann zeigen die graphischen Darstellungen eine deutliche Krümmung während der ersten 20% der Reaktion. Auf Grund des verschiedenen Vorzeichens der Krümmung kann man sogar unterscheiden, ob C direkt aus A entsteht oder ob B ein Zwischenprodukt der Reaktion ist.

Unterscheiden sich die spezifischen Geschwindigkeiten um nur eine Größenordnung, so verschwinden die Merkmale der komplexen Natur und die Unterschiede zwischen den Mechanismen (IX) und (XIII) praktisch vollständig. Ist etwa $k_1 = k_{-1} = 10k_2$, so ist nur ein ganz kleiner Buckel am Anfang der Antragung von $\log(1 - [C]/[A]_0)$ gegen die Zeit zu erkennen. Nachdem nur 4% der Reaktion abgelaufen sind, ist die Darstellung auf 1% in der Konzentration genau linear. Der Wert von $[A]_0$, den man aus dem linearen Teil der Kurve extrapoliert, wäre nur 2.5% zu hoch, wenn B ein Zwischenprodukt ist, oder 2.5% zu klein, wenn A direkt in C übergeht. Um Unterschiede dieser Größenordnung mit einiger Sicherheit feststellen zu können, wären Daten von außergewöhnlicher Präzision notwendig.

4.21. Mehrstufige Reaktionen im Rührkessel-Reaktor

Im Fall einer mehrstufigen Reaktion kann die Rührkessel-Reaktor-Technik den Gewinn an Präzision bedeuten, der es erlaubt, wichtige Effekte erst festzustellen und nicht einfach zu übersehen. Ein Beispiel dafür ist etwa die alkalische Hydrolyse des bifunktionellen Esters Diäthylsuccinat [14]. Bedeutet a die Konzentration von Diäthylsuccinat im stationären Zustand im Reaktor, b die entsprechende Konzentration von Natriumhydroxid, $w = u/V$ die reduzierte Strömungsgeschwindigkeit, v_1 die Geschwindigkeit der Reaktion von Diäthylsuccinat zu Monoäthylsuccinat-Anion und v_2 die Geschwindigkeit der Bildung von Succinat-Dianion, so gilt im stationären Zustand

$$w(a_0 - a) - v_1 = 0 \tag{148}$$

und:

$$w(b_0 - b) - v_1 - v_2 = 0 \tag{149}$$

Wenn das ideale Massenwirkungs-Gesetz in der Form

$$v_1 = k_1 ab \tag{150}$$

$$v_2 = k_2 bc \tag{151}$$

exakt gelten würde, so hätte man die beiden spezifischen Geschwindigkeiten aus je zwei beliebigen Sätzen der experimentell zugänglichen Größen w, a_0, b und b_0 mit Hilfe der Beziehung

$$2a + 2c - b = 2a_0 - b_0 \tag{152}$$

bestimmen können. c bedeutet dabei die Konzentration von Monoäthylsuccinat-Anion. Es stellte sich indessen heraus, daß die so bestimmten Werte von k_1 über einen Bereich von 20% streuten und daß diejenigen von k_2 um einen Faktor zwei variierten. Ein Paar von Sätzen der experimentellen Größen führte sogar zu imaginären Werten von k_1 und k_2.
Wäre es möglich gewesen, die Konzentration der Bernsteinsäure in Gegenwart von Monoäthylsuccinat-Anion und Succinat-Dianion zu messen, so hätte man v_1 und v_2 nach Gl. (148) und (149) für alle Bedingungen im Reaktor als Funktion der verschiedenen Konzentrationen bestimmen können.
Die Abhängigkeit von v_2 von der Zusammensetzung des Reaktionsmediums konnte trotz allem untersucht werden, da reine Salze von Monoäthylsuccinat-Anion hergestellt werden konnten. Es zeigte sich, daß die Konstante k_2 in Gl. (151) eine recht

empfindliche Funktion der Kationenkonzentration ist: Sie stieg von 0.0175 auf 0.0237 an, wenn die Natriumionen-Konzentration von 0.048 auf 0.115 erhöht wurde. Mit dieser Kenntnis über v_2 ließ sich auch v_1 mit guter Genauigkeit bestimmen. Es stellte sich heraus, daß k_1 eine Funktion der Konzentration des Succinat-Dianions und vermutlich auch anderer zweifach negativ geladener Ionen ist. Dieser Effekt war völlig unerwartet. In früheren, sorgfältigen Untersuchungen über die Hydrolyse von Estern von zweibasigen Säuren war er noch nie festgestellt worden; man darf wohl sagen, daß er ohne die zusätzliche Genauigkeit, die durch die Verwendung der Rührkessel-Reaktor-Technik erreicht wurde, kaum hätte entdeckt werden können.

4.22. Der Rohr-Reaktor

Die beiden Probleme der Mischung der Reaktionspartner und der Messung von Zeitintervallen bereiten keinerlei Schwierigkeiten bei der Untersuchung von Reaktionen mit Halbwertszeiten (d. h. der Zeit, die nötig ist, bis die Hälfte des Ausgangsproduktes reagiert hat) von einer Stunde und mehr. Für Reaktionen mit Halbwertszeiten zwischen einer Sekunde und einer Stunde erschweren sie indessen die genaue Bestimmung der spezifischen Geschwindigkeit [36, 37]. Schnellere Reaktionen verfolgt man am besten mit irgendeiner automatischen Vorrichtung, die es erlaubt, eine physikalische Größe, die sich rasch der Zusammensetzung der Lösung anpaßt, als Funktion der Zeit zu messen. Besonders vorteilhaft ist natürlich eine Meßgröße, die proportional zur Konzentration des Ausgangsstoffes und damit zum Umsatz ist.

Der Rohr-Reaktor macht in sehr wirkungsvoller Weise Gebrauch von dieser Meßmethode und verringert außerdem die Mischprobleme. Das Verfahren wurde 1923 von Hartridge und Roughton [38] entwickelt. Es erlaubt die Messung der Geschwindigkeit von Reaktionen mit Halbwertszeiten bis hinunter zu 0.001 s. Damit erschloß es der Kinetik einen Bereich, der bis dahin unzugänglich war. Die Technik ist heute sehr hochentwickelt und weitgehend automatisiert. Sie hat zu sehr wesentlichen Ergebnissen geführt*.

Bei diesem Verfahren werden zwei Lösungen, die mit konstanter Geschwindigkeit strömen, schnell und gut gemischt und dann durch ein Rohr von konstantem Durchmesser geführt. Unter günstigen Bedingungen entspricht dann die Zusammensetzung einer dünnen, zylindrischen Schicht im Abstand l vom Punkt der Mischung derjenigen einer entsprechenden Lösung, die zwar nicht strömt, jedoch für ein Zeitintervall t von

$$t = \frac{Al}{u} \tag{153}$$

reagiert hat. Dabei ist A die Querschnittsfläche des Rohres und u ist die Strömungsgeschwindigkeit in Volumen pro Zeiteinheit. Aus der Messung einer physikalischen Eigenschaft, die vom Umsatz der Reaktion abhängig ist, als Funktion der Distanz l

* Wegen einer Übersicht siehe die Kapitel von F. J. W. Roughton und von B. Chance in [39].

erhält man somit die gleiche kinetische Information wie aus einer Messung dieser Größe als Funktion der Zeit in einem nicht strömenden System.
Bei solchen Messungen ist es außerordentlich wichtig, daß die Zusammensetzung der Lösung über den ganzen Querschnitt des Rohres konstant ist, d. h. daß Mischungs- und Diffusionseffekte parallel zur Rohrachse keine wesentliche Rolle spielen. Außerdem ist zu beachten, daß man die Messungen an einem Punkt beginnt, an dem die beiden Reaktionslösungen praktisch vollständig gemischt sind. Ist diese Bedingung nicht erfüllt, so läuft die Reaktion in einer Vielzahl von Volumenelementen von unterschiedlicher Zusammensetzung ab, und der experimentell bestimmte Umsatz hat keine Bedeutung.

4.23. Die Untersuchung der relativen Reaktivität mit der Methode der Konkurrenzreaktionen

Bei der Bestimmung von relativen Reaktionsgeschwindigkeiten nach der Methode der Konkurrenzreaktionen können Mischprobleme eine ernsthafte Schwierigkeit darstellen. Reagieren zwei Substanzen A und B gleichzeitig in derselben Lösung mit einem Reagens X unter Bildung der Produkte U und V, so gelten die Geschwindigkeitsgleichungen

$$-\frac{d[\mathrm{A}]}{dt} = k_{\mathrm{A}}[\mathrm{A}]^{a}[\mathrm{X}]^{x} \tag{154}$$

und:

$$-\frac{d[\mathrm{B}]}{dt} = k_{\mathrm{B}}[\mathrm{B}]^{a}[\mathrm{X}]^{x} \tag{155}$$

Dabei ist vorausgesetzt, daß beide Reaktionen kinetisch einfach, irreversibel und von der gleichen Ordnung sind. Aus Gl. (154) und (155) erhält man:

$$\frac{d[\mathrm{A}]}{d[\mathrm{B}]} = \frac{k_{\mathrm{A}}}{k_{\mathrm{B}}}\left(\frac{[\mathrm{A}]}{[\mathrm{B}]}\right)^{a} \tag{156}$$

Die integrierte Form ist je nach dem Wert des Exponenten a verschieden. Für $a = 1$ ist sie:

$$\frac{\ln([\mathrm{A}]/[\mathrm{A}]_0)}{\ln([\mathrm{B}]/[\mathrm{B}]_0)} = \frac{k_{\mathrm{A}}}{k_{\mathrm{B}}} \tag{157}$$

Wenn man also die Konzentrationen von A und B zu irgendeiner Zeit bestimmen kann, läßt sich das Verhältnis der beiden spezifischen Geschwindigkeiten sofort angeben. Der Zeitpunkt der Messung kann dadurch gegeben sein, daß man eine Menge des Reagens X verwendet, die nicht genügt, um eine vollständige Umsetzung von A oder B zu den entsprechenden Produkten zu ermöglichen, und die Reaktion vollständig, d. h. bis alles X verbraucht ist, ablaufen läßt.
Ist die experimentell meßbare Größe die relative Menge von U und V, dann läßt sich Gl. (157) mit den Beziehungen

$$[U] = [A]_0 - [A] \tag{158}$$

$$[V] = [B]_0 - [B] \tag{159}$$

schreiben als:

$$\frac{\ln(1 - [U]/[A]_0)}{\ln(1 - [V]/[B]_0)} = \frac{k_A}{k_B} \tag{160}$$

Aus der Bestimmung der Mengen von U und V, die zu einem bestimmten Zeitpunkt aus einer bekannten Menge von A und B entstanden sind, läßt sich also das Verhältnis der spezifischen Geschwindigkeiten ebenfalls erhalten, vorausgesetzt, daß der Wert des Exponenten a bekannt ist. Auch wenn er nicht bekannt ist, läßt sich das Verfahren indessen noch anwenden: Die integrierte Form reduziert sich nämlich, unabhängig von der Reaktionsordnung in bezug auf A und B, stets zu

$$\frac{[U]/[A]_0}{[V]/[B]_0} = \frac{k_A}{k_B} \tag{161}$$

wenn die Menge von X so gering ist, daß die Verhältnisse $[U]/[A]_0$ und $[V]/[A]_0$ klein gegenüber eins sind, nachdem die Reaktion vollständig abgelaufen ist. Eine besonders nützliche und bequeme Analysenmethode für diese Art der Bestimmung von relativen Reaktionsgeschwindigkeiten stellt die Gaschromatographie dar [41]. Das Verfahren der Konkurrenzreaktionen hat in jedem Fall den Vorteil, daß zeitunabhängige Mengen von Reaktionsprodukten miteinander verglichen werden und keine Reaktionsgeschwindigkeiten bestimmt werden müssen. Es eignet sich ausgezeichnet für schnelle Reaktionen, birgt jedoch auch Gefahren in sich. Die chemische Reaktion muß so langsam sein, daß während der Zeit, die für eine vollständige Durchmischung der Reaktionspartner nötig ist, nur ein sehr kleiner Teil der Reaktion abgelaufen ist. Andernfalls bestimmt man statt der relativen Reaktionsgeschwindigkeiten die relativen Diffusionsgeschwindigkeiten von A und B aus einem Volumenelement, das viel A und B enthält, in ein solches, das reich an X ist. Wenn die chemische Reaktion etwa in der Zeit abläuft, die für die Mischung nötig ist, so wird das experimentell bestimmte Geschwindigkeitsverhältnis irgendwo zwischen dem Verhältnis der Diffusionsgeschwindigkeiten und dem Verhältnis der chemischen Reaktivitäten liegen. In einem solchen Fall hängen die relativen Mengen der Reaktionsprodukte meist von der Rührgeschwindigkeit und von der Konzentration der Ausgangsstoffe, die den zeitlichen Verlauf der chemischen Reaktion beeinflußt, ab. Tolgyesi [42] stellte beide dieser Effekte bei der kompetitiven Nitrierung von Benzol und Toluol mit Nitronium-fluorborat in Tetramethylensulfon-Lösung fest. Caille und Corrin [43] untersuchten die Aluminiumchlorid-katalysierte Chlorierung und Bromierung von Benzol und Toluol. Sie fanden, daß das Verhältnis des in kompetitiven Experimenten gebildeten halogenierten Benzols und Toluols wesentlich kleiner ist als das Verhältnis der spezifischen Reaktionsgeschwindigkeiten der beiden Substanzen in nicht kompetitiven Experimenten. Bei den kompetitiven Experimenten hängt das Verhältnis von den Anfangskonzentrationen der Kohlenwasserstoffe ab.

Eine eingehende Besprechung der Anwendungen der Methode der Konkurrenzreaktionen bei der Untersuchung von Isotopeneffekten findet sich bei Collins [10, S. 74].
Bei der Untersuchung von Fragen wie etwa der relativen Reaktivität der ortho-, meta- und para-Stellung von monosubstituierten Benzolen stellen Mischvorgänge kein Problem dar [44]. Wenn eine Substanz A nach dem gleichen Mechanismus zwei verschiedene Produkte U und V bilden kann, gelten die Geschwindigkeitsgleichungen

$$\frac{d[\mathrm{U}]}{dt} = k_{\mathrm{U}} f(\mathrm{A},\mathrm{X}, \ldots) \tag{162}$$

und:

$$\frac{d[\mathrm{V}]}{dt} = k_{\mathrm{V}} f(\mathrm{A},\mathrm{X}, \ldots) \tag{163}$$

Selbst wenn die Reaktionen kinetisch komplex sind und die Funktion f vom Mischvorgang beeinflußt wird, trifft es doch stets zu, daß:

$$\frac{d[\mathrm{U}]}{d[\mathrm{V}]} = \frac{k_{\mathrm{U}}}{k_{\mathrm{V}}} \tag{164}$$

Die k stellen dabei ein Maß für die Reaktivität der Stellen in der Struktur von A dar, von denen sich U und V ableiten.

4.24. Sehr schnelle Reaktionen: Der Grenzwert der Diffusionskontrolle

Die Geschwindigkeit von Reaktionen mit Halbwertszeiten von weniger als 0.001 s läßt sich nicht durch Verfahren messen, die eine Mischung der Reaktionspartner bedingen. Solche Messungen sind jedoch mit Relaxationsmethoden, wie sie hauptsächlich von Eigen entwickelt worden sind, möglich*. Bei diesen Verfahren wird ein System, das sich im Gleichgewicht befindet**, einer raschen Änderung eines äußeren Parameters (Beispiele sind etwa Temperatur, Druck, elektrische Feldstärke etc.) unterworfen. Das System wird darauf einem anderen, den neuen Bedingungen entsprechenden Gleichgewichtszustand zustreben. Die Zeit, die für diesen Vorgang nötig ist, läßt sich in verschiedener Weise messen. Sie ist eine Funktion der spezifischen Geschwindigkeiten der verschiedenen Vorwärts- und Rückwärtsreaktionen.
Eine Reaktion zwischen gelösten Substanzen bedingt, daß die beiden Reaktionspartner zusammendiffundieren. Eine Ausnahme bildet lediglich die Protonen-Übertragung, die über eine kurze Kette von Wasser- oder wasserähnlichen Molekülen (über Wasserstoffbrücken) erfolgen kann. Dieser Mechanismus erklärt die hohe

* Übersichten gaben Eigen und Johnson in [45] und Eigen und De Maeyer in [39].
** *Anmerkung des Übersetzers:* Diese Bemerkung impliziert, daß nur reversible Reaktionen mit Methoden der Relaxationskinetik untersucht werden können.

Beweglichkeit von Wasserstoff- und Hydroxid-Ionen in wäßriger Lösung [46]. Auch in diesem Fall müssen jedoch die Reaktionspartner bis auf eine Distanz von wenigen Lösungsmittelmolekül-Durchmessern zusammendiffundieren. Die Theorie dieser Art von Diffusion wurde namentlich von Debye [47] im Detail entwickelt. Ihre Gültigkeit ist heute weitgehend erwiesen*. Nach Debyes Theorie limitiert die Diffusion die maximale spezifische Geschwindigkeit einer Reaktion zwischen zwei gelösten Substanzen in wäßriger Lösung auf einen Grenzwert in der Größenordnung von 10^{10} bis 10^{11} l/mol · s. In einem Medium höherer Viskosität wäre dieser Grenzwert niedriger.
Nach neueren Untersuchungen von Eigen** bricht eine Wasserstoffbrücke mit einer spezifischen Geschwindigkeit von 10^9 bis 10^{10}. Die spezifische Geschwindigkeit der umgekehrten Reaktion, der Bildung einer Wasserstoffbrücke, muß bis auf eine oder zwei Größenordnungen gleich derjenigen der Lösung der Brücke sein.
Die Geschwindigkeit von gewissen, sehr schnellen Reaktionen läßt sich auch mit spektroskopischen Methoden messen***.

4.25. Beweise für das ideale Massenwirkungsgesetz in Lösung⁺

Das ideale Massenwirkungsgesetz ist, jedenfalls was Reaktionen in Lösung angeht, eines der Prinzipien, die ursprünglich auf Grund von wenigen Beobachtungen abgeleitet wurden. Seine Daseinsberechtigung wurde später durch eine Vielzahl von Beobachtungen, die mit ihm in Übereinstimmung standen, und das Fehlen von ihm widersprechenden Befunden unter Beweis gestellt. Erklärungsversuche, etwa basierend auf der Theorie des Übergangszustandes, führten bis heute zu keinen detaillierten Modellvorstellungen. Man muß feststellen, daß das Problem eines molekularen Modells für den flüssigen Zustand nach wie vor einer Lösung harrt [50].
Im Laufe der Zeit haben sich, teilweise wegen dieses Problems, zwei Schulen der Reaktionskinetik herausgebildet: Eine Schule der Gasphasen-Kinetik und eine Schule der Kinetik in Lösung. Die beiden Schulen pflegen gewöhnlich nur sehr magere Beziehungen und hatten oft nur kaum verhüllte Verachtung füreinander übrig. Ein weiterer Grund für dieses Schisma liegt darin, daß, im Gegensatz zur theoretischen Seite, die praktische Untersuchung von Reaktionen in der Gasphase wesentlich schwieriger ist als in flüssiger Phase. Dies rührt daher, daß meßbare Reaktionsgeschwindigkeiten sehr oft nur unter Bedingungen erhalten werden können, unter denen kompetitive und konsekutive Reaktionen das System komplizieren. Bodenstein, der sich besonders um die Erforschung derartiger Systeme verdient gemacht hat, bemerkte [51], daß solche – wie er sich ausdrückte – „abnormale" Reaktionsverläufe sehr häufig zu beobachten seien, „namentlich bei Gasreaktionen, bei denen sie – im Gegensatz zu denen in Lösung – die Anzahl der braven bei weitem übertreffen". Tatsächlich ist es ebenso einfach, unkomplizierte Reaktionen mit leicht meßbarer Geschwindigkeit in Lösung zu finden, wie es schwer ist, sie in

* Siehe z. B. die Diskussion von Grunwald [48].
** Erwähnt in [49].
*** Vgl. dazu das Kapitel von Strehlow in [39].
+ Der Rest dieses Kapitels ist mit der Erlaubnis des Herausgebers unter leichter Überarbeitung übernommen aus *J. Chem. Ed. 43*: 464 (1966).

der Gasphase zu finden. Unkomplizierte Reaktionen sind in diesem Fall solche, die nicht von Spuren von Verunreinigungen oder der Oberfläche des Gefäßes beeinflußt werden und die sauber und frei von Nebenreaktionen sind. Leider hat diese Situation Kinetiker oft dazu geführt, den Weg des geringsten Widerstandes zu wählen und komplizierten Reaktionen auszuweichen. Auf der andern Seite hat sie jedoch viel dazu beigetragen, eine starke Grundlage für das ideale Massenwirkungsgesetz zu schaffen.

Das Schisma zwischen Gas-Kinetikern und Lösungs-Kinetikern mag ein bedauerlicher Ausdruck der Tatsache sein, daß Wissenschaftler auch Menschen sind - einer Tatsache, die wir oft gerne übersehen. Es gibt eben unter den Wissenschaftlern einerseits die reinen Ästheten, die sich um Eleganz in der Theorie bemühen und sich wenig über die Verbindungen der Theorie zur Realität aufhalten, und anderseits die reinen Praktiker, die sich nicht um die theoretischen Grundlagen einer Faustregel kümmern, solange sie ihnen nur hilft.

Das ideale Massenwirkungsgesetz wurde 1867 von Guldberg und Waage auf Grund von recht mageren empirischen Beobachtungen vorgeschlagen. Für lange Zeit konnte man an der allgemeinen Gültigkeit des Prinzips zweifeln. Tatsächlich waren viele Wissenschaftler sehr skeptisch. Gewiß war und ist es eher die Ausnahme als die Regel, daß man die stöchiometrische Gleichung einer Reaktion aufschreiben kann und dann findet, daß die Reaktionsgeschwindigkeit proportional dem Produkt der Konzentrationen der Substanzen auf der linken Seite der Gleichung ist. Van't Hoff kam indessen in seinem Büchlein „Études de dynamique chimique", das 1884 erschien und seiner Zeit bemerkenswert vorauseilte, zum Schluß, daß dieses scheinbare Fehlschlagen des Gesetzes eben nur scheinbar ist. Es erklärt sich dadurch, daß die Gesamtreaktion über Zwischenprodukte verläuft, wobei jedoch jeder einzelne Reaktionsschritt mit dem Gesetz in Übereinstimmung steht.

4.26. Die unabhängige Koexistenz von Reaktionen

Während der 1890er Jahre bemühte man sich in Ostwalds Schule der Physikalischen Chemie um die Untersuchung des sogenannten Prinzips der unabhängigen Koexistenz von Reaktionen. Dieses Prinzip besagt, daß die Geschwindigkeit einer bestimmten Reaktion nicht durch die Gegenwart oder Abwesenheit von anderen Reaktionen beeinflußt wird. Einen sehr wichtigen Aspekt bildete dabei die Frage, wie bei einer reversiblen Reaktion der Gleichgewichtszustand erreicht wird. Kistiakowsky [52] untersuchte in einer von Ostwald inspirierten Pionierarbeit die Geschwindigkeit der Bildung und Hydrolyse einer Anzahl von Estern in Äthanol-Wasser-Mischungen. Er konnte zeigen, daß die Netto-Geschwindigkeit die Differenz der Geschwindigkeiten von zwei völlig unabhängigen, gegenläufigen Prozessen war, deren jeder mit dem Massenwirkungsgesetz in Übereinstimmung stand.

Ungefähr gleichzeitig mit Kistiakowskys Untersuchung zeigte Bodenstein [53], daß die Geschwindigkeit der Reaktion

$$H_2 + I_2 \rightleftharpoons 2HI \qquad \text{(XIV)}$$

in der Gasphase durch die Gleichung

$$\frac{d[\mathrm{HJ}]}{dt} = 2k_1[\mathrm{H_2}][\mathrm{J_2}] - k_{-1}[\mathrm{HJ}]^2 \tag{165}$$

beschrieben wird. Seither wurde der Satz, daß die Geschwindigkeit einer reversiblen Reaktion einer Differenz von zwei Termen entspricht, ungezählte Male geprüft und für gültig befunden. Einer der Terme entspricht dabei der Geschwindigkeit der Reaktion von links nach rechts, der andere der Geschwindigkeit der unabhängigen Reaktion von rechts nach links.

4.27. Katalysierte Reaktionen und Reaktionen nullter Ordnung

Um die Jahrhundertwende war bereits eine ganze Anzahl Chemiker von der allgemeinen Gültigkeit des Massenwirkungsgesetzes überzeugt. Ostwald selbst scheint stets gewisse Vorbehalte dagegen gehabt zu haben. Bredig und Stern [54] fanden, daß die Geschwindigkeit der Benzoin-Kondensation (einer Kondensation von zwei Molekülen Benzaldehyd, die spezifisch durch Cyanid-Ionen katalysiert wird) proportional zum Produkt $[C_6H_5CHO]^2[CN^-]$ war, und stellten fest, daß „alle Hypothesen über den Mechanismus, die nicht mit der Kinetik in Einklang ständen, verworfen werden müßten". Sie kamen zum Schluß, daß ein Molekül Benzaldehyd rasch und reversibel mit einem Cyanid-Ion unter Bildung eines Zwischenproduktes reagiere. Dieses Zwischenprodukt reagiere dann langsam mit einem zweiten Molekül Benzaldehyd unter Bildung des Produktes Benzoin und unter gleichzeitiger Ausstoßung des Cyanid-Ions. Dieser zweite Schritt wird heute als der geschwindigkeitsbestimmende Schritt der Reaktion bezeichnet. An diesem Mechanismus war nicht weiter zu zweifeln. Der katalytische Effekt des Cyanid-Ions mußte nicht mehr unverständlichen, mystischen Kräften zugeschrieben werden; es war offensichtlich, daß Cyanid-Ion nur deshalb als Katalysator wirken kann, weil es an einer chemischen Reaktion teilnimmt und in einer darauf folgenden Reaktion wieder freigesetzt wird.

Ungefähr zur gleichen Zeit erschienen zwei bemerkenswerte Arbeiten von Lapworth [55]: In der ersten Arbeit schlug Lapworth auf Grund von qualitativen Beobachtungen über die Geschwindigkeit der Cyanhydrinreaktion

$$R_2CO + HCN \rightarrow R_2C(OH)CN \tag{XV}$$

die durch Basen beschleunigt und durch Säuren verlangsamt wird, vor, daß die Reaktion über zwei Schritte

$$R_2CO + CN^- \rightarrow R_2C(CN)O^- \tag{XVI}$$

$$R_2C(CN)O^- + HCN \rightarrow R_2C(OH)CN + CN^- \tag{XVII}$$

verlaufe, wobei der erste der geschwindigkeitsbestimmende Schritt sei. In der zweiten Arbeit zeigte Lapworth quantitativ, daß die Geschwindigkeit der Bromierung von Aceton in saurer Lösung unabhängig von der Konzentration von Brom, jedoch proportional zur Konzentration von Aceton und zur Konzentration der katalysierenden starken Säure ist. Er schloß daraus: „Die Unabhängigkeit der Reaktionsgeschwindigkeit von der Bromkonzentration zeigt klar, daß erstens die Reaktion über mindestens zwei Schritte abläuft, wobei Brom an einem oder mehreren davon nicht beteiligt ist, und daß zweitens die Geschwindigkeit des Schrittes oder der Schritte, an denen Brom teilnimmt, so groß ist, daß die Zeit für ihren Ablauf nicht gemessen werden kann. Die Tatsache, daß die Reaktionsgeschwindigkeit ungefähr proportional zur Acetonkonzentration ist, deutet darauf hin, daß an dem Reaktionsschritt, dessen Geschwindigkeit effektiv gemessen wird, nur ein Acetonmolekül beteiligt ist. Der Einfluß der Säurekonzentration läßt sich am besten dadurch erklären, daß man annimmt, daß an diesem Reaktionsschritt auch ein Wasserstoff-Ion beteiligt ist." Er schrieb weiter: „Die Unabhängigkeit der Reaktionsgeschwindigkeit von der Bromkonzentration zeigt ebenfalls klar, daß die Geschwindigkeit, mit der die zweite Form des Acetons bromiert wird, wesentlich größer als die Geschwindigkeit der Rückreaktion der labilen zur normalen Form sein muß."

4.28. Die dunkle Urzeit und die Renaissance

Die Arbeiten von Bredig und Stern und von Lapworth stellten die ganze Technik der kinetischen Untersuchung von Reaktionsmechanismen auf eine feste Grundlage. Seltsamerweise stieß sie jedoch zunächst nicht auf Interesse. Nach wie vor wurden komplizierte Theorien über Reaktionsmechanismen entwickelt, die durch einige einfache kinetische Experimente widerlegt worden wären (und später auch widerlegt worden sind); sie wurden indessen ohne weiteres akzeptiert und während einer Generation oder noch länger gelehrt. Einflußreiche organische Chemiker behaupteten – wohl als Reaktion auf solche Spekulationen – und glaubten vermutlich auch, sie würden bei Planung ihrer Untersuchungen keine mechanistischen Überlegungen berücksichtigen. Selbst Lapworth veröffentlichte nur noch eine Arbeit auf diesem Gebiet, allerdings wiederum eine wichtige Pionierarbeit [56]. Er stellte darin fest, daß Wasser die Geschwindigkeit der säurekatalysierten Veresterung einer Säure in alkoholischer Lösung herabsetzt, und zeigte, daß Ammoniak einen entsprechenden Effekt auf eine säurekatalysierte Reaktion in Wasser hat.

Goldschmidt* arbeitete von 1899 an in Norwegen an der Untersuchung von Säure/Base-Systemen in Anilin als Lösungsmittel. Er trug mit diesen Arbeiten wesentlich zum Verständnis der Tatsache bei, daß Wasser in Alkohol eine Base ist. Martinsen [58] führte, ebenfalls in Norwegen, quantitative Untersuchungen über die Geschwindigkeit von Nitrierungen durch. Weiter gibt es eine ausgezeichnete, aber völlig isoliert stehende Arbeit von Meerwein und van Emster [59] über die Umlagerung von Camphen-hydrochlorid. So gut alle diese Untersuchungen waren, so lagen sie doch außerhalb der Grundrichtung der Entwicklung. In Henrichs „Theorien der organischen Chemie" aus dem Jahre 1921, der Bibel der damaligen Organischen Chemie, findet sich nicht eine Andeutung über kinetische Untersuchungen oder über Beiträge der Kinetik zur Aufklärung von Reaktionsmechanismen.

In den späten zwanziger und frühen dreißiger Jahren untersuchten auf einmal Leute wie Bartlett, Ingold und Pedersen Reaktionsmechanismen. Die absolute Gültigkeit

---

* Vgl. die Diskussion von Goldschmidt in [57].

des Massenwirkungsgesetzes wurde frag- und kommentarlos angenommen. Warum diese Art von Untersuchungen so plötzlich aus dem Dunkel auftauchte, ist wohl ebenso schwer zu beantworten wie die Frage, warum sie zuvor so plötzlich verschwunden war. Natürlich hatte sich während der dunklen Zeit im Lager der Gasphasen-Kinetiker, das gewöhnlich sehr isoliert stand, auch allerlei ereignet. Besonders die brillanten Pionierarbeiten von Bodenstein [51] legen Zeugnis davon ab. Bodenstein fand einen Mechanismus für die komplizierte Reaktion von Wasserstoff mit Chlor und Brom und bestätigte ihn auf mannigfache Weise. Im weiteren führte er die Quasi-Stationaritäts-Hypothese (Abschn. 4.15) ein, die einen entscheidenden Fortschritt für die quantitative Behandlung von komplizierten Reaktionssystemen, bei denen sich die Zwischenprodukte nur in sehr geringer Menge anreichern, bedeutete. Es ist sehr wohl möglich, daß diese Hypothese der Renaissance der Lösungs-Kinetik zum Durchbruch verholfen hat. Auf jeden Fall wurde sie von den neuen Enthusiasten der Untersuchung von Reaktionsmechanismen in Lösung sofort angewendet.
Die entscheidenden Argumente zugunsten des Massenwirkungsgesetzes kamen wohl in den dreißiger Jahren aus den Untersuchungen über die Halogenierung von Ketonen und verwandten Reaktionen. Es stellte sich heraus, daß die säurekatalysierte Reaktion (außer bei sehr hohen Aciditäten) nullter Ordnung in bezug auf das Halogen ist und daß die Geschwindigkeit für Chlor, Brom und Jod gleich ist. Die Geschwindigkeit der Racemisierung eines optisch aktiven Ketons des Typs

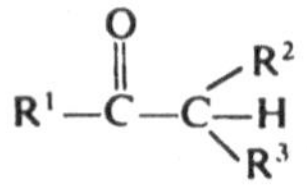

ist gleich groß wie die Geschwindigkeit der Halogenierung unter entsprechenden Bedingungen [60, 61]. Diese Resultate stellen überzeugende Beweise für den Mechanismus, den Lapworth vorgeschlagen hatte, dar. Lapworths „labile Form des Ketons“ ist das Enol

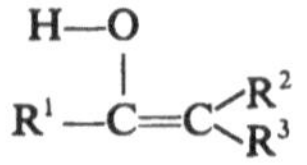

das nur in sehr geringer Menge vorhanden ist, das schneller mit dem Halogen reagiert, als es wieder in die Ketoform übergeht und in dem die optische Aktivität des Ketons, aus dem es entstanden ist, verlorengegangen ist. Die Art, wie sich die Reaktionsordnung in bezug auf das Halogen beim Übergang in stärker saure Medien von null nach eins ändert, stellt einen besonders kräftigen Beweis für den Mechanismus dar. Sie zeigt ebenfalls, daß das Massenwirkungsgesetz durchweg anwendbar ist. Ähnliche Untersuchungen aus der gleichen Zeit zeigten, daß die Reaktion in alkalischem Medium ebenfalls nullter Ordnung in bezug auf das Halogen ist. Die Geschwindigkeiten der Bromierung und der Jodierung sind auch in diesem Fall identisch [62]; auch die Geschwindigkeit der Bromierung und der Racemisierung eines optisch aktiven Ketons sind gleich [63]. Die Geschwindigkeit der Racemisierung und der Deuterium-Aufnahme durch das Keton sind fast gleich. Vermutlich sind sie, wenn entsprechende Korrekturen für kleinere Komplikationen eingeführt werden, identisch [64]. Die Chlorierung ist langsamer als die Bromierung und Jodierung. Ihre Geschwindigkeit hängt von der Chlorkonzentration in der gleichen Weise ab wie die Geschwindigkeit der Jodierung in stark saurem Medium von der Jodkonzentration [61]. Alle diese Tatsachen lassen sich durch Anwendung des Massenwirkungsgesetzes auf einen Zweitschritt-Mechanismus erklären. Das Zwischenprodukt kann in diesem Fall entweder das Enol oder das Enolat-Anion

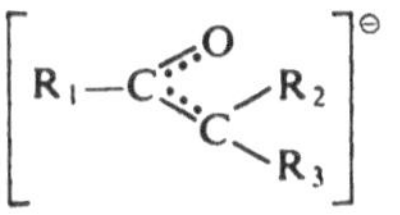

sein. Das Prinzip der allgemeinen Anwendbarkeit des idealen Massenwirkungsgesetzes scheint während der letzten dreißig Jahre nie ernsthaft in Frage gestellt worden zu sein. Es darf wohl als eine der am stärksten untermauerten Verallgemeinerungen der Chemie gelten.

4.29. Literatur

1. Beachell, H. C. und T. R. Meeker, *J. Am. Chem. Soc.*, *78:* 1796 (1956).
2. Tables of Chemical Kinetics, *Natl. Bur. Std. Circ.* 510, S. xviii, 1951.
3. Bronsted, J. N., M. Kilpatrick und M. Kilpatrick, *J. Am. Chem. Soc.*, *51:* 428 (1929).
4. Kistiakowsky, G. B. und W. Mears, *J. Chem. Phys.*, *5:* 687 (1937).
5. Kaufmann, H. und A. Wassermann, *Chem. Soc. (London) Trans.*, *1939:* 870.
6. Roberts, I. und L. P. Hammett, *J. Am. Chem. Soc.*, *59:* 1063 (1937).
7. Crowell, T. I. und L. P. Hammett, *J. Am. Chem. Soc.*, *70:* 3444 (1948).
8. Benford, G. A. und C. K. Ingold, *J. Chem. Soc.*, *1938:* 929.
9. Waack, R. und P. E. Stevenson, *J. Am. Chem. Soc.*, *87:* 1183 (1965).
10. Collins, C. J., *Advan. Phys. Org. Chem.*, *2:* 1 (1964).
11. Guggenheim, E. A., *Phil. Mag.*, (7) *2:* 538 (1936).
12. McCleary, H. R. und L. P. Hammett, *J. Am. Chem. Soc.*, *63:* 2254 (1941).
13. Denbigh, K. G., *Trans. Faraday Soc.*, *40:* 352 (1944).
14. Burnett, R. L. und L. P. Hammett, *J. Am. Chem. Soc.*, *80:* 2415 (1958).
15. Rand, M. J. und L. P. Hammett, *J. Am. Chem. Soc.*, *72:* 287 (1950).
16. Saldick, J. und L. P. Hammett, *J. Am. Chem. Soc.*, *72:* 283 (1950); H. M. Humphreys und L. P. Hammett, *ibid.* *78*, 521 (1956).
17. Young, H. H., Jr. und L. P. Hammett, *J. Am. Chem. Soc.*, *72:* 280 (1950).
18. Bodenstein, M. und S. C. Lind, *Z. Physik. Chem.*, *57:* 168 (1906).
19. Christiansen, J. A., *Kgl. Danske Videnskab. Selskab.*, *Mat.-Fys. Medd.*, *1:* 14 (1919); K. F. Herzfeld, *Z. Elektrochem.*, *25:* 301 (1919); M. Polanyi, *ibid.* *26:* 50 (1920).
20. Juvet, R. S., Jr. und J. Chiu, *J. Am. Chem. Soc.*, *83:* 1560 (1961).
21. Bartlett, P. D., S. D. Ross und C. G. Swain, *J. Am. Chem. Soc.*, *69:* 2971 (1947); T. J. Williams, *Ind. Eng. Chem.*, *80:* 1631 (1958); *Chem. Eng. News*, Jan. 8, 1962, p. 88; K. B. Wiberg und W. H. Richardson, *J. Am. Chem. Soc.*, *84:* 2800 (1962); L. J. Schaad, *ibid.*, *85:* 3588 (1963); K. B. Wiberg, „Physical Organic Chemistry", Anhang 8, John Wiley & Sons, New York 1964.
22. Bartlett, P. D. und J. R. Vincent, *J. Am. Chem. Soc.*, *55:* 4992 (1933).
23. Rakowski, A., *Z. Physik. Chem.*, *57:* 321 (1907).
24. Matsen, F. A. und J. F. Franklin, *J. Am. Chem. Soc.*, *72:* 3337 (1950).
25. Levy, J. B., R. W. Taft, Jr., D. Aaron und L. P. Hammett, *J. Am. Chem. Soc.*, *75:* 3955 (1953).
26. Brown, H. C. und R. S. Fletcher, *J. Am. Chem. Soc.*, *71:* 1845 (1949).
27. Bodenstein, M., *Z. Physik. Chem.*, *85:* 329 (1913).
28. Hirschfelder, J. O., *J. Chem. Phys.*, *26:* 271 (1957); J. T.-F. Wong, *J. Am. Chem. Soc.*, *87:* 1788 (1965).
29. Zucker, L. and L. P. Hammett, *J. Am. Chem. Soc.*, *61:* 2791 (1939).

30. Briggs, G. E. und J. B. S. Haldane, *Biochem. J.*, *19:* 338 (1925).
31. Michaelis, L. und M. L. Menten, *Biochem. Z.*, *49:* 333 (1913).
32. Chance, B., *J. Franklin Inst.*, *228:* 459 (1940).
33. Lineweaver, H. und D. Burk, *J. Am. Chem. Soc.*, *56:* 658 (1934).
34. Eadie, G. S., *J. Biol. Chem.*, *146:* 85 (1942).
35. Ross, S. D. und I. Kuntz, *J. Am. Chem. Soc.*, *76:* 3000 (1954).
36. Leimu, R., R. Korte, E. Laaksonen und U. Lehmuskoski, *Suomen Kemistilehti*, *19 B:* 93 (1946).
37. Humphreys, H. M. und L. P. Hammett, *J. Am. Chem. Soc.*, *78:* 521 (1956).
38. Hartridge, H. und F. J. H. Roughton, *Proc. Roy. Soc. (London)*, *A 104:* 376 (1923).
39. Friess, S. L., E. S. Lewis und A. Weissberger (Hsgb.), „Technique of Organic Chemistry", Bd. VIII, Teil 1, „Investigation of Rates and Mechanisms of Reactions", 2. Aufl., Interscience Publishers, New York 1961.
40. Ingold, C. K., „Structure and Mechanism in Organic Chemistry", S. 245, Cornell University Press, Ithaca, N. Y., 1953.
41. Walling, C. und W. Helmreich, *J. Am. Chem. Soc.*, *81:* 1144 (1959).
42. Tolgyesi, W. S., *Can. J. Chem.*, *43:* 343 (1965).
43. Caille, S. Y. und R. J. P. Corrin, *Chem. Commun.*, *1967:* 1251.
44. Scheffer, F. E. C. und W. F. Brandsma, *Rec. Trav. Chim.*, *45:* 522 (1926); A. E. Bradfield und B. Jones, *J. Chem. Soc.*, *1928:* 1006.
45. Eigen und J. S. Johnson, *Ann. Rev. Phys. Chem.*, *11:* 309 (1960).
46. Eigen, M. und L. de Maeyer, *Proc. Roy. Soc. (London)*, *A 247:* 505 (1958).
47. Debye, P., *Trans. Electrochem. Soc.*, *82:* 265 (1942).
48. Grunwald, E., *Progr. Phys. Org. Chem.*, *3:* 318 (1965).
49. *Chem. Eng. News*, Dec. 2, 1963, S. 38.
50. Eyring, H., J. H. Hildebrand und S. A. Rice, *Int. Sci. Technol.*, März 1963, S. 56.
51. Bodenstein, M., *Z. Elektrochem.*, *38:* 911 (1932).
52. Kistiakowsky, W., *Z. Physik. Chem.*, *27:* 250 (1898). Zuerst publiziert in russischen Journalen bereits acht Jahre früher.
53. Bodenstein, M., *Z. Physik. Chem.*, *13:* 56 (1894); *22:* 1 (1897).
54. Bredig, G. und H. Stern, *Z. Elektrochem.*, *10:* 582 (1904).
55. Lapworth, A., *J. Chem. Soc.*, *83:* 995 (1903); *85:* 30 (1904).
56. Fitzgerald, E. und A. Lapworth, *J. Chem. Soc.*, *93:* 2163 (1908); A. Lapworth, *ibid.* 2187.
57. Goldschmidt, H., *Z. Elektrochem.*, *36:* 662 (1930).
58. Martinsen, H., *Z. Physik. Chem.*, *50:* 385 (1905); *59:* 605 (1907); *62:* 713 (1908).
59. Meerwein, H. und K. van Emster, *Ber.*, *55:* 2500 (1922).
60. Ingold, C. K. und C. L. Wilson, *J. Chem. Soc.*, *1934:* 773.
61. Bartlett, P. D. und C. H. Stauffer, *J. Am. Chem. Soc.*, *57:* 2580 (1935).
62. Bartlett, P. D., *J. Am. Chem. Soc.*, *56:* 967 (1934).
63. Hsü, S. K. und C. L. Wilson, *J. Chem. Soc.*, *1936:* 623.
64. Hsü, S. K., C. K. Ingold und C. L. Wilson, *J. Chem. Soc.*, *1938:* 78.

5. Die Theorie des Übergangszustandes

5.1. Allgemeine Theorie des Übergangszustandes

Jede allgemeine Theorie der Reaktionsgeschwindigkeit in Lösung sieht sich früher oder später gezwungen, die spezifische Geschwindigkeit k als das Produkt von zwei Größen *

$$k = k^{\ddagger} K^{\ddagger} \tag{1}$$

zu behandeln. $K^{\ddagger}$ besitzt manche Eigenschaften einer Gleichgewichtskonstante für die Bildung des sogenannten kritischen oder aktivierten Komplexes oder Übergangszustandes aus den Ausgangsstoffen. $k^{\ddagger}$ ist eine Art verallgemeinerte Geschwindigkeit, die fast unabhängig von der Temperatur und völlig unabhängig vom Reaktionsmedium und von der Struktur der Reaktionspartner ist. Folgende Gründe sprechen für diesen Ansatz:

1. Die Antragung des Logarithmus der spezifischen Geschwindigkeit gegen die reziproke Temperatur ist gewöhnlich innerhalb der Fehlergrenze der experimentellen Daten eine Gerade. Dies trifft auch auf eine entsprechende Darstellung des Logarithmus einer Gleichgewichtskonstante zu. Abweichungen von der Linearität treten im Geschwindigkeits- wie im Gleichgewichtsfall unter den gleichen Bedingungen auf [1]–[3]. Für den Geschwindigkeitsfall heißt die lineare Beziehung Arrhenius-Gleichung.
2. Änderungen der Art und Konzentration von Ionen in einer Lösung haben denselben Effekt auf die Geschwindigkeit einer Reaktion zwischen Ionen wie auf die Lage des Gleichgewichts einer Reaktion, an der Ionen von entsprechender Ladung beteiligt sind. Quantitativ wird dieser „Salzeffekt" in einer 1922 von Brönsted [4] eingeführten Gleichung (Abschn. 4.3) ausgedrückt. Es ist vernünftig anzunehmen (mit Brönsted), daß dies nichts anderes als ein leicht zu untersuchender Fall der allgemeinen Beziehung

$$k = k^{\circ} \frac{\prod_i (\gamma_i)^{\nu_i}}{\gamma_{\ddagger}} \tag{2}$$

ist. Leicht zu untersuchen ist er deshalb, weil die Aktivitätskoeffizienten von Ionen in verdünnter Lösung berechnet werden können. $\gamma_{\ddagger}$ in Gl. (2) ist der Aktivitätskoeffizient des Übergangszustandes; das Produkt wird über die Aktivitätskoeffizienten aller Ausgangsstoffe gebildet. k° ist der Grenzwert, den k annimmt, wenn die Konzentrationen aller gelösten Komponenten gegen Null streben.
3. Der Effekt einer Strukturänderung in einem Reaktionspartner auf spezifische Geschwindigkeiten läßt sich in einem weiten Bereich mit dem entsprechenden Effekt

* Das Symbol $\ddagger$ wird als Doppelkreuz (engl.: double dagger) bezeichnet. Es wird allgemein zur Kennzeichnung von Größen verwandt, die mit dem Übergangszustand in Zusammenhang stehen.

auf Gleichgewichtskonstanten quantitativ korrelieren. Solche Korrelationen heißen lineare Freie-Energie-Beziehungen. Sie lassen sich ohne Unterschied auf die Logarithmen von spezifischen Geschwindigkeiten und auf die Logarithmen von Gleichgewichtskonstanten anwenden (Abschn. 11.2).

5.2. Betrachtungen zur potentiellen Energie

Die Idee eines Übergangszustandes, der mit den Ausgangsstoffen im Gleichgewicht steht, gewinnt durch das Konzept, das Polanyi* 1931 zu entwickeln begann, wesentlich an Genauigkeit und breiter Anwendbarkeit. Die Möglichkeit einer simultanen Anlagerung und Ablösung war bereits 1911 von Werner [6] im Zusammenhang mit der Waldenschen Umkehrung vorgeschlagen und 1923 von Lewis [7] wieder aufgegriffen worden. Polanyi verglich den damals eben erst bestimmten Wert von 11 kcal der Aktivierungsenergie der Reaktion

$$H + H_2(\text{ortho}) \rightarrow H_2(\text{para}) + H \qquad \text{(I)}$$

mit dem Wert von 100 kcal der Dissoziationsenergie von H_2 in Wasserstoffatome. Auf Grund von theoretischen Betrachtungen, die ursprünglich von London [8] ausgegangen waren, entwickelte er das mittlerweile vertraut gewordene Diagramm (Abb. 5-1) für eine Reaktion der allgemeinen Form:

$$A + BC \rightarrow AB + C \qquad \text{(II)}$$

Ein derartiger Prozeß wird gewöhnlich als Substitutionsreaktion bezeichnet. Ein typisches Beispiel aus der Organischen Chemie ist etwa:

$$HO^- + CH_3Br \rightarrow HOCH_3 + Br^- \qquad \text{(III)}$$

In Abb. 5-1 bedeutet r_{BC} die Distanz zwischen den Mittelpunkten derjenigen Atome in der Verbindung BC, die unmittelbar an der Reaktion beteiligt sind. Im Beispiel der Reaktion (III) sind dies Kohlenstoff und Brom. Die Ordinate r_{AB} stellt die entsprechende Distanz in der Verbindung AB dar, im Beispiel der Reaktion (III) also die Distanz zwischen dem Sauerstoff- und dem Kohlenstoffatom. Die ausgezogenen Kurven sind Äquipotentiallinien, d. h. sie verbinden Punkte von gleicher potentieller Energie. Ein solches Diagramm ist eine Vereinfachung einer vollständigeren Darstellung, die indessen nur in einem mehrdimensionalen Raum ausgeführt werden könnte. Sogar in dem einfachen Fall der Reaktion (I) wäre zur vollständigen Beschreibung neben der Distanz eine weitere Koordinate, die den H – H – H-Winkel angibt, nötig. Ein komplizierteres System könnte nur durch wesentlich mehr Koordinaten vollständig beschrieben werden. Bei Reaktionen in Lösung müßten beispielsweise auch Koordinaten, die die Lage aller Lösungsmittelmoleküle angeben, deren potentielle Energie durch die Gegenwart der reagierenden Moleküle verändert wird, eingeschlossen werden. Für jedes Wertepaar der Koordinaten r_{BC} und

* Wegen einer Übersicht siehe [5].

r_{AB} wird es indessen einen Satz von Werten aller übrigen Koordinaten geben, der der niedrigst möglichen Energie entspricht. Man setzt bei derartigen Diagrammen stillschweigend voraus, daß die Werte aller nicht dargestellten Koordinaten diesem Minimum der potentiellen Energie entsprechen. Für das Beispiel der Reaktion (I) scheint es beispielsweise vernünftig anzunehmen, daß die potentielle Energie dann minimal ist, wenn die drei Wasserstoffatome in einer Linie liegen. Ebenso scheint es vernünftig anzunehmen, daß der O–C–Br-Winkel in Reaktion (III) mehr oder weniger genau 180° ist.

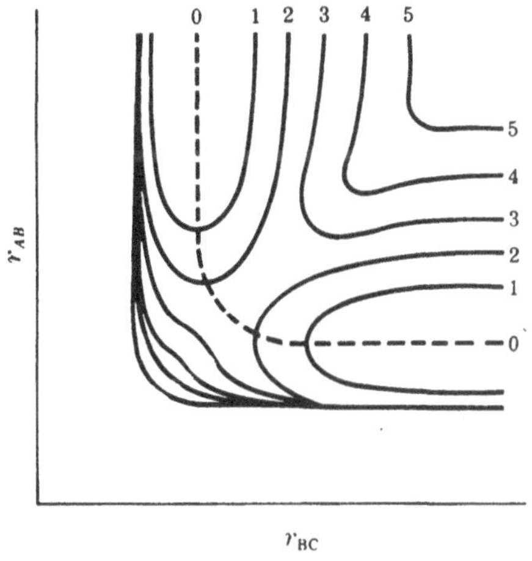

Abb. 5-1. „Höhenlinien"-Darstellung der Energie für ein System von drei Atomen A, B und C.

5.3. Die Reaktionskoordinate

Aus Abb. 5-1 läßt sich ersehen, daß, wenn sich das Atom A der Verbindung BC nähert, die Energie des Systems geringer ist, wenn sich gleichzeitig die B–C-Bindung etwas dehnt. Weiter findet man, daß sich die B–C-Bindung um so mehr strecken muß, je näher A kommt. Die gestrichelte Linie in Abb. 5-1 ist in der Weise konstruiert, daß die zu jedem Wert auf der Abszisse und auf der Ordinate gehörenden Punkte minimaler Energie miteinander verbunden wurden. Die Bewegung eines Punktes von links oben nach rechts unten entlang der gestrichelten Linie stellt denjenigen Reaktionsweg dar, der zu allen Zeiten den minimal möglichen Anstieg der potentiellen Energie verlangt. Neben diesem ausgezeichneten Reaktionsweg sind natürlich beliebig viele andere denkbar. Entlang der gestrichelten Linie gemessene Distanzen werden als Werte der Reaktionskoordinate bezeichnet. Mit zunehmendem Wert der Reaktionskoordinate nimmt die Distanz r_{AB} monoton ab, während gleichzeitig die Distanz r_{BC} monoton ansteigt. Die potentielle Energie nimmt zunächst zu und erreicht dann ein Maximum in einem Sattelpunkt oder Paß (links unten im Diagramm). Danach nimmt sie wieder ab. Der Höhenunterschied zwischen dem Paß und der Talsohle oben links im Diagramm entspricht dem minimalen Wert, um den die potentielle Energie der Reaktionspartner zunehmen muß, damit die Reaktion ablaufen kann. Dieser Energiebetrag, die sog. potentielle Aktivierungsenergie, ist viel kleiner als die Energie, die nötig ist, um die B–C-Bindung zu brechen.

Abb. 5-2 zeigt diese Beziehungen in etwas anderer Form. E_1 gibt die potentielle Energie für den Fall an, daß sich A in großer (unendlicher) Entfernung von BC befindet, E_2 ist die Energie des Übergangszustandes, und E_3 kennzeichnet den Fall, daß sich C sehr weit von AB entfernt aufhält. E_4 schließlich ist die potentielle Energie eines Systems, in dem A, B und C weit voneinander getrennt sind, d. h. in dem die A – B- und die B – C-Bindungen völlig gebrochen sind. Die Größe $E_2 - E_1$ ist die potentielle Aktivierungsenergie, $E_1 - E_3$ ist die Gesamt-Differenz zwischen den potentiellen Energien der Edukte und der Produkte. $E_4 - E_1$ entspricht der Dissoziationsenergie einer B – C-Bindung, $E_4 - E_3$ derjenigen einer A – B-Bindung.

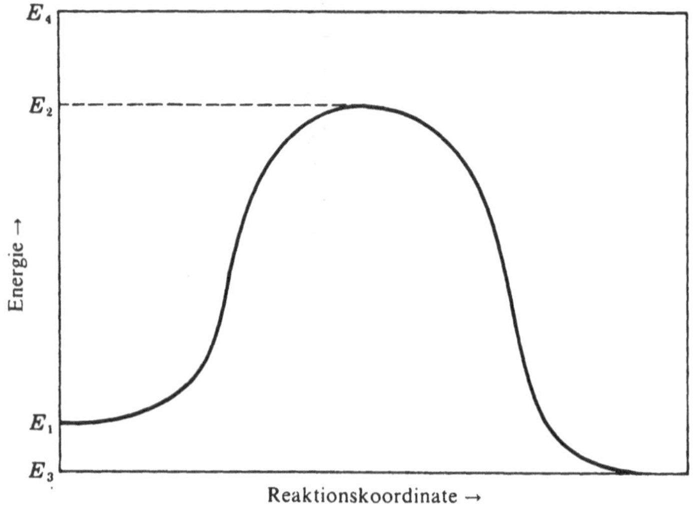

Abb. 5-2. Energie als Funktion der Reaktionskoordinate.

Die Theorie, die hinter der Konstruktion von Diagrammen wie Abb. 5-1 und 5-2 steht, ist nur sehr qualitativ und oft kaum mehr als angedeutet. Trotzdem hat sie einen enormen Einfluß auf die Entwicklung der theoretischen wie der praktischen organischen Chemie ausgeübt. Ohne Zweifel war sie von entscheidender Bedeutung im Zusammenhang mit dem Verständnis der Stereochemie von chemischen Reaktionen und den bemerkenswerten Fortschritten der Technik der stereospezifischen Synthese, die daraus hervorgingen. Vor dreißig Jahren noch galt die Waldensche Inversion und alles, was damit zusammenhing, als schwarze Kunst, deren Anhänger neuartige Riten mystifizierten.

Das qualitative Bild hatte auch einen großen Einfluß auf die Anschauungen über den Effekt von Änderungen der Struktur der Reaktionspartner oder des Reaktionsmediums auf die Reaktivität. Die Idee, daß der Bruch einer Bindung parallel mit der Bildung einer neuen Bindung erfolgt, wobei die bei der Bindungsbildung freigesetzte Energie zur Energie, die für die Lösung der andern Bindung aufgebracht werden muß, beiträgt, führt zu wichtigen Konsequenzen für dieses Problem. Polanyi führte wiederholt mit Nachdruck aus, daß die potentielle Aktivierungsenergie in einer Serie von Reaktionen mit den gleichen A und B, aber mit verschiedenen C's um so größer sein sollte, je größer die Dissoziationsenergie der B – C-Bindung ist. In einer Serie mit den gleichen B und C, aber verschiedenen A's sollte sie um so kleiner sein, je mehr Energie für die Dissoziation der A – B-Bindung nötig ist. In anderen Worten heißt dies, daß die potentielle Aktivierungsenergie um so kleiner ist, je schwächer die zu brechende Bindung und je stärker die zu bildende Bindung ist.

Intuitive Regeln dieser Art haben das Denken der organischen Chemiker für lange Zeit geprägt. Erst durch Polanyis Arbeiten erhielten sie indessen ein gewisses Ansehen. Auch die Aussichten, sie in quantitative Beziehungen umwandeln zu können, wurden erheblich besser. Die Schwierigkeit, daß sich ein Theorem über potentielle Energien nicht ohne weiteres auf Probleme von chemischen Gleichgewichten und Reaktionsgeschwindigkeiten anwenden läßt, war indessen noch nicht beseitigt.

5.4. Detaillierte Theorie des Übergangszustandes

Diese Lücke wurde schließlich durch Eyring [9] ausgefüllt. Er schlug vor, $k^{\ddagger}$ in Gl. (1) gleich $\mathbf{k}T/\mathbf{h}$ zu setzen und $K^{\ddagger}$ als Funktion der Zustandssumme eines veränderlichen Systems (und nicht eines stabilen Moleküls) zu interpretieren. Nach diesem Vorschlag ist der Grenzwert der spezifischen Geschwindigkeit k° einer kinetisch einfachen Reaktion gegeben durch:

$$k^{\circ} = \frac{\mathbf{k}T}{\mathbf{h}} e^{-\Delta E_0^{\ddagger}/\mathbf{R}T} \frac{Q^{\ddagger}/N_0 V}{\prod_j (Q_j^{\circ}/N_0 V)^{\nu_j}} \tag{3}$$

$\Delta E_0^{\ddagger}$ ist die Energie pro Mol, die nötig ist, um die Ausgangsverbindungen in den Übergangszustand überzuführen, wenn alle Moleküle (Ausgangsstoffe und Übergangszustand) auf dem niedrigsten erlaubten Energieniveau vorliegen. Das Produkt $\prod_j$ bezieht sich auf alle Substanzen, die an der Bildung des Übergangszustandes beteiligt sind, eingeschlossen – gegebenenfalls – das Lösungsmittel. $Q^{\ddagger}$ ist der Quotient aus der Zustandssumme des Übergangszustandes und der Zustandssumme für die Bewegung entlang der Reaktionskoordinate. Es ist also eine Summe von Boltzmann-Termen. Die praktische Definition von k° ist

$$k^{\circ} = \lim_{c \to 0} \frac{v}{\prod_i c_i^{\nu_i}} \tag{4}$$

wobei das Produkt $\prod_j$ sich nur auf Konzentrationen von gelösten Komponenten bezieht.

Oft ist es nützlich, Gl. (3) in der Form

$$k^{\circ} = \frac{\mathbf{k}T}{\mathbf{h}} \frac{q^{\ddagger}}{\prod_j (q_j^{\circ})^{\nu_j}} \tag{5}$$

zu schreiben. $q^{\ddagger}$ ist dabei definiert als (vgl. Abschn. 3.14):

$$q^{\ddagger} = e^{-E_0^{\ddagger}/\mathbf{R}T} \frac{Q^{\ddagger}}{N_0 V} \tag{6}$$

Da Q^{*} eine Summe von Boltzmann-Termen ist, ist es vernünftig und nützlich, in Analogie zu den thermodynamischen Funktionen einige zusätzliche Funktionen zu definieren, namentlich eine Gleichgewichtskonstante

$$K^{*} = \frac{q^{*}}{\prod_{j} (q_j^{\circ})^{\nu_j}} \quad , \qquad (7)$$

das Standard-Aktivierungspotential

$$\Delta\mu^{*} = -\mathbf{R}T \ln K^{*} \qquad (8)$$

die Standard-Aktivierungsentropie

$$\Delta\bar{S}^{*} = -\left(\frac{\partial \Delta\mu^{*}}{\partial T}\right)_{P} \qquad (9)$$

und die Standard-Aktivierungsenthalpie:

$$\Delta\bar{H}^{*} = \Delta\mu^{*} + T\Delta\bar{S}^{*} \qquad (10)$$

Setzt man in Gl. (8) bis (10) die Zustandssummen ein, so erhält man die folgenden äquivalenten Ausdrücke

$$\mu^{*} = E_0^{*} - \mathbf{R}T \ln \frac{Q^{*}}{N_0 V} \qquad (11)$$

$$\bar{S}^{*} = \mathbf{R} \ln \frac{Q^{*}}{N_0 V} + \mathbf{R}T \left[\frac{\partial \ln (Q^{*}/V)}{\partial T}\right]_{P} \qquad (12)$$

und:

$$\bar{H}^{*} = E_0^{*} + \mathbf{R}T^2 \left[\frac{\partial \ln (Q^{*}/V)}{\partial T}\right]_{P} \qquad (13)$$

In der Praxis bestimmt man die Aktivierungsentropie und -enthalpie aus der Temperaturabhängigkeit der spezifischen Geschwindigkeit mittels der Beziehungen

$$\Delta\bar{S}^{*} = \left[\frac{\partial(\mathbf{R}T \ln k^{\circ})}{\partial T}\right]_{P} - \mathbf{R} \ln \frac{\mathbf{ek}T}{\mathbf{h}} - \mathbf{R}(\sum \nu)\left(\frac{\partial \ln \rho^{\circ}}{\partial T}\right)_{P} \qquad (14)$$

und:

$$\Delta\bar{H}^{*} = -\mathbf{R}\left[\frac{\partial \ln k^{\circ}}{\partial(1/T)}\right]_{P} - \mathbf{R}T + \mathbf{R}(\sum \nu)\left[\frac{\partial \ln \rho^{\circ}}{\partial(1/T)}\right]_{P} \qquad (15)$$

$\Sigma\,\nu$ ist 0 für eine Reaktion erster Ordnung und -1 für eine Reaktion zweiter Ordnung. Die Terme, die die Dichte des Lösungsmittels ρ° enthalten, können gewöhnlich vernachlässigt werden.

Einige nützliche Zahlenwerte sind

$$\frac{\mathbf{k}}{\mathbf{h}} = 2.0836 \times 10^{10} \qquad \log\frac{\mathbf{k}}{\mathbf{h}} = 10.31882$$

$$\frac{\mathbf{ek}}{\mathbf{h}} = 5.6638 \times 10^{10} \qquad \log\frac{\mathbf{ek}}{\mathbf{h}} = 10.75311$$

$$298.2\frac{\mathbf{k}}{\mathbf{h}} = 6.213 \times 10^{12} \qquad \log 298{\cdot}2\frac{\mathbf{k}}{\mathbf{h}} = 12.7933$$

$$298.2\frac{\mathbf{ek}}{\mathbf{h}} = 1.689 \times 10^{13} \qquad \log 298.2\frac{\mathbf{ek}}{\mathbf{h}} = 13.2276$$

Die Arrhenius-Gleichung

$$k = Ae^{-E/\mathbf{R}T} \tag{16}$$

die auf Beobachtungen aus den achtziger Jahren des vorigen Jahrhunderts zurückgeht, nimmt an, daß die Aktivierungsenergie E und der präexponentielle Faktor A unabhängig von der Temperatur sind. Man findet somit

$$E = \Delta\bar{H}^{\ddagger} + \mathbf{R}T - \mathbf{R}(\sum \nu)\left[\frac{\partial \ln \rho^{\circ}}{\partial(1/T)}\right]_P \tag{17}$$

und:

$$R \ln A = \Delta\bar{S}^{\ddagger} - \mathbf{R}\ln\frac{\mathbf{ek}T}{\mathbf{h}} - \mathbf{R}T(\sum \nu)\left(\frac{\partial \ln \rho^{\circ}}{\partial T}\right)_P \tag{18}$$

5.5. Die theoretischen Grundlagen der detaillierten Theorie des Übergangszustandes

Die folgenden Überlegungen stammen im wesentlichen von Eyring [9]: Den Übergangszustand als chemische Verbindung zu behandeln, die im Gleichgewicht mit den Ausgangsstoffen steht, ist zwar verlockend, jedoch unmöglich. Das Maximum in der Darstellung der potentiellen Energie als Funktion der Reaktionskoordinate ist mathematisch nur ein Punkt. Die Anzahl Systeme, die exakt die dem Maximum entsprechende Anordnung besitzen, ist deshalb Null. Definiert man die Anzahl Systeme im Übergangszustand als eine Zahl, für die die Reaktionskoordinate in einem schmalen Bereich δ, der das Maximum einschließt, liegt, so hängt ihr Wert von der Länge dieses Bereiches ab. Für einen genügend kleinen Bereich ist er proportional zur Länge. Es gilt somit

$$N_t = N_0 V c_t \delta \tag{19}$$

wobei N_t die Anzahl Systeme ist, deren Reaktionskoordinate im Bereich δ liegt. V ist das Volumen, in dem die Reaktion abläuft. c_t ist die Proportionalitätskonstante und hat die Dimension Konzentration/Länge. Ist dx/dt die Geschwindigkeit längs der Reaktionskoordinate, so berechnet sich die Zeit, die ein System braucht, um das Intervall δ von Anfang bis Ende zu durchlaufen, als $\delta/(dx/dt)$. Ein System, das zu irgendeiner Zeit innerhalb des Bereiches δ liegt, wird somit nach der Zeit $\delta/(dx/dt)$ mit Sicherheit außerhalb des Bereiches der Übergangszustandes liegen. Da die Anzahl Systeme, die in diesem Zeitintervall reagieren, $N_0 V c_t$ ist, ist die Anzahl der Systeme, die pro Zeiteinheit reagieren, $N_0 V c_t dx/dt$. Die Reaktionsgeschwindigkeit in mol/l · s ist somit gegeben durch:

$$v = c_t \frac{dx}{dt} \tag{20}$$

Um die Theorie der statistischen Mechanik anwenden zu können, nimmt man nun an, die Reaktion, deren Geschwindigkeit von links nach rechts man betrachtet, befinde sich im Zustand chemischen Gleichgewichts. Mit Hilfe der konventionellen statistischen Mechanik erhält man dann:

$$\frac{c_t \delta}{\prod c_r} = \frac{1}{2} e^{-\Delta E_0^{\ddagger}/\mathbf{R}T} \frac{Q_t^\circ/N_0 V}{\prod (Q_r^\circ/N_0 V)} \tag{21}$$

Q_t° ist die Zustandssumme für ein System beim Maximum, der Index r bezieht sich auf die Ausgangsstoffe (Reaktanden). Der Faktor $\frac{1}{2}$ rührt daher, daß im Gleichgewichtszustand die Hälfte der Systeme beim Maximum auf dem Weg der Reaktion von links nach rechts, die andere Hälfte auf dem Weg der Reaktion von rechts nach links ist. In Anbetracht des Prinzips der unabhängigen Koexistenz von Reaktionen (Abschn. 4.26) scheint es vernünftig anzunehmen, daß sich die Anzahl der Systeme, die von links nach rechts reagieren, nicht ändert, wenn die Reaktion von rechts nach links unterdrückt wird. Dies läßt sich praktisch beispielsweise durch Zugabe eines Reagens erreichen, das rasch und irreversibel mit einer Substanz auf der rechten Seite der Reaktionsgleichung reagiert (Abschn. 4.11). Man darf also annehmen, daß Gl. (21) sowohl bei Anwesenheit wie bei Abwesenheit der Rückreaktion gilt. Mit diesem Schluß ist der Übergang zwischen Gleichgewichts- und Geschwindigkeits-Theorie hergestellt. Damit ist die wohl kritischste Stelle in diesen Überlegungen überwunden.

Wie jede andere Zustandssumme kann man Q_t° als Produkt von Faktoren betrachten, deren jeder einem der Freiheitsgrade entspricht, in die sich die Bewegungen der Atome in einem System aufteilen lassen. Einer dieser Freiheitsgrade entspricht der Bewegung entlang der Reaktionskoordinate. Ein vernünftiger Wert für den Faktor, der diesen (oft als „kritisch" bezeichneten) Freiheitsgrad darstellt, ist die theoretische Zustandssumme für ein eindimensionales Gas in einem Volumenelement der Länge δ. Damit findet man:

$$Q_t^\circ = \frac{\delta}{\mathbf{h}} (2\pi m_r \mathbf{k} T)^{1/2} Q^{\ddagger} \tag{22}$$

Dabei ist $Q^{\ddagger}$ das Produkt der Zustandssummen für alle Freiheitsgrade des Übergangszustandes mit Ausnahme desjenigen, der der Bewegung entlang der Reaktionskoordinate entspricht. m_r ist die reduzierte Masse für die Bewegung entlang dieser Koordinate. In ähnlicher Weise kann man die Größe dx/dt gleich der durchschnittlichen Geschwindigkeit von Molekülen der Masse m_r im eindimensionalen Gas setzen, d. h.:

$$\frac{dx}{dt} = \left(\frac{2\mathbf{k}T}{\pi m_r}\right)^{1/2} \tag{23}$$

Aus den Gleichungen (20) bis (23) folgt:

$$k^\circ = \frac{\mathbf{k}T}{\mathbf{h}} e^{-\Delta E_0^{\ddagger}/\mathbf{R}T} \frac{Q^{\ddagger}/N_0 V}{\prod (Q_r^\circ/N_0 V)} \tag{24}$$

Gewöhnlich führt man auf der rechten Seite der Gleichung noch einen Faktor κ ein. κ wird als Durchlässigkeits- oder Transmissionsfaktor bezeichnet. Es stellt eine Korrektur für die Anzahl Systeme dar, die zwar den Übergangszustand erreichen, jedoch reflektiert werden und nicht den Weg zur vollständigen Reaktion gehen. Die Theorie scheint darauf hinzudeuten, daß κ für die meisten Reaktionen zwischen $\frac{1}{2}$ und 1 liegt.

5.6. Die Gültigkeit der detaillierten Theorie des Übergangszustandes

Gl. (24) ist von der Theorie her gesehen plausibel und liefert Aktivierungsentropien in der richtigen Größenordnung für gewisse Reaktionen von sehr einfachen Molekülen in Gasphase, für die a-priori-Berechnungen möglich sind [10]. Sie steht weiter in Übereinstimmung mit der Theorie, die ich als allgemeine Theorie des Übergangszustandes bezeichnet habe. Dies wäre indessen für jede andere Gleichung auch der Fall, die die spezifische Geschwindigkeit als Produkt eines universellen Frequenzfaktors und eines Terms ausdrückt, der die gleiche Abhängigkeit wie eine Gleichgewichtskonstante von Temperatur, Struktur der Reaktionspartner und Reaktionsmedium zeigt. Die Übereinstimmung mit der allgemeinen Theorie verlangt, daß der Durchlässigkeitsfaktor κ, wenn er von eins verschieden ist, unabhängig vom Medium und von der Struktur der Reaktionspartner sein muß. Aus diesem Grunde habe ich ihn hier weggelassen. Der exponentielle Faktor und das Verhältnis der Zustandssummen in Gl. (24) sind so stark temperaturabhängig, daß das Eingehen der Temperatur in den Frequenzfaktor $\mathbf{k}T/\mathbf{h}$ keine wesentliche Rolle spielt.

Ungeachtet der Frage der exakten Gültigkeit von Gl. (24) ergeben sich aus der weiten Anwendbarkeit der allgemeinen Theorie des Übergangszustandes notwendigerweise die folgenden Schlüsse: 1. Die Größe dx/dt in Gl. (20) muß unabhängig von der Struktur der Reaktionspartner, vom Reaktionsmedium und von der Temperatur sein; 2. die Größe Q_t° in Gl. (21) muß proportional zu δ sein; 3. Q_t° muß den gleichen Wert haben, unabhängig davon, ob das System im Gleichgewicht ist oder ob die Rückreaktion unterdrückt ist. Bedingung (3) bedeutet, daß die Anzahl der Systeme, die im Gleichgewichtszustand den Übergangszustand pro Zeiteinheit von der rechten Seite der Reaktionsgleichung her passieren, klein sei gegenüber der Zahl, die den Übergangszustand von links her erreicht und nach links zurückkehrt. Nur wenn dies der Fall ist, wird die Population des Übergangszustandes um den verlangten Faktor 2 reduziert, wenn die Reaktion von rechts nach links unterdrückt wird. Die

Anzahl der Systeme, die im Gleichgewichtszustand den Übergangszustand von rechts nach links passieren, ist natürlich gleich groß wie die Anzahl der Systeme, die ihn von links nach rechts passieren. Bedingung (3) impliziert somit weiter, daß die Anzahl der Systeme, die irgendeinen Übergangszustand passieren, klein sein muß im Vergleich zur Anzahl derjenigen, die den Übergangszustand zwar erreichen, dann jedoch zurückfallen. Wenn diese Forderung nicht erfüllt ist, kann weder die allgemeine noch die detaillierte Theorie des Übergangszustandes angewendet werden.

Für Reaktionen in Lösung bedeutet diese Bedingung für die Anwendbarkeit der Theorie, daß sich alle Wechselwirkungen des im Übergangszustand befindlichen Systems mit dem Reaktionsmedium so schnell einstellen müssen, daß sie bei Anwesenheit oder Abwesenheit der Rückreaktion gleich sind. Unter Wechselwirkungen sind in diesem Fall nicht nur diejenigen von geringer Reichweite (etwa die Orientierung von Lösungsmittelmolekülen), sondern auch diejenigen von großer Reichweite (etwa zwischen einem geladenen Übergangszustand und Ionen in der Lösung) zu verstehen. Infolgedessen ist es möglich, daß die Geschwindigkeiten von sehr schnellen Reaktionen kleiner sind, als man auf Grund der Theorie des Übergangszustandes erwarten würde. Die Gültigkeit der Brönstedschen Gleichung für den Salzeffekt zeigt indessen klar, daß die Theorie für Reaktionen mit Halbwertszeiten in der Größenordnung von Minuten oder Stunden noch keinerlei Zeichen eines Zusammenbruchs zeigt. Es ist sogar möglich, wenn auch keineswegs sicher, daß sie für jede Reaktion mit meßbarer Geschwindigkeit durchaus noch gilt.

5.7. Verallgemeinerung auf andere Reaktionstypen

In den vorhergehenden Abschnitten haben wir die Gleichungen der Theorie des Übergangszustandes auf der Grundlage von potentielle-Energie-Diagrammen für Substitutionsreaktionen abgeleitet. Das Resultat läßt sich nun ohne Schwierigkeiten auch auf andere Reaktionstypen übertragen. Eine nichtkatalysierte *cis/trans*-Isomerisierung etwa läßt sich als Rotation eines ungesättigten Kohlenstoffatoms mit seinen Substituenten um die Bindung, die es mit dem andern ungesättigten Kohlenstoffatom verbindet, ansehen. Der Drehungswinkel θ stellt eine brauchbare Reaktionskoordinate dar. Eine Antragung der potentiellen Energie gegen θ wird ähnlich der Darstellung in Abb. 5-2 aussehen. Selbstverständlich ist das Diagramm auch in diesem Fall eine Vereinfachung, denn andere Bindungswinkel und -längen werden sich bei der Änderung von θ gleichzeitig auch ändern. Jede dieser zusätzlichen Variablen wird jedoch wieder einen Wert haben, der für ein gegebenes θ der niedrigst möglichen potentiellen Energie entspricht. Die Folge dieser niedrigst möglichen Energien geht schließlich in das Diagramm ein.

Wenn drei Bindungslängen oder -winkel direkt an einer Reaktion beteiligt sind, ist es etwas schwieriger, sich die Situation bildlich vorzustellen. Bei der Reaktion von Wasserstoff und Jod in der Gasphase [10] etwa ist es vernünftig anzunehmen, daß sich die beiden Moleküle seitlich aneinander lagern. Man schätzt, daß die H – H-Bindung im Übergangszustand 30% länger als in einem normalen H_2-Molekül, die J – J-Bindung 10% länger als in einem normalen J_2-Molekül ist. Die beiden H – J-Distanzen sind noch um 8% größer als im Endprodukt HJ. Es ist auch in diesem

Fall noch möglich, ein Diagramm in der Art von Abb. 5-1 zu zeichnen. Man kann beispielsweise auf der Ordinate die H – J-Distanz und auf der Abszisse die H – H-Distanz auftragen. Die Äquipotentiallinien stellen dann die potentielle Energie von Systemen dar, in denen die J – J-Distanz stets dem Zustand der minimalen Energie entspricht, der in Übereinstimmung mit dem entsprechenden Paar von H – J- und H – H-Distanzen möglich ist. Entlang der Linie durch den Talgrund gemessene Distanzen stellen dann eine brauchbare Reaktionskoordinate dar.
Ähnliche Überlegungen lassen sich auch für synchrone, einschrittige Substitutionsreaktionen anstellen. Betrachten wir als Beispiel die Enolisierung von Carbonylverbindungen (Abschn. 10.13):

$$B + HCH_2COR + HA \rightarrow BH^+ + CH_2{=}C(OH)R + A^- \qquad (IV)$$

Hier entfernt die Base B ein Proton vom α-Kohlenstoff, während gleichzeitig die Säure ein Proton an den Carbonyl-Sauerstoff abgibt. Man kann sich den Übergangszustand bildlich etwa wie folgt vorstellen:

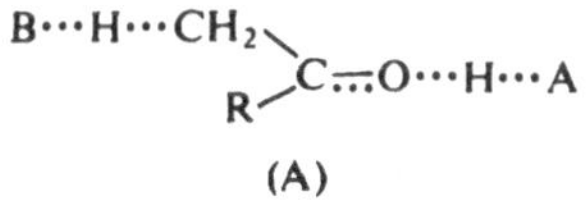

(A)

Die vier Bindungen, die gebildet oder gebrochen werden, sind durch punktierte Linien dargestellt. Gemäß Polanyis Theorem (Abschn. 5.3) wird die potentielle Aktivierungsenergie um so größer sein, je stärker die C – H- und H – A-Bindungen und je schwächer die H – B- und O – H-Bindungen sind.

5.8. Die Erweiterung auf nichtideale Lösungen

Die Gleichungen der Theorie des Übergangszustandes wurden zwar im Prinzip aus der statistischen Mechanik von Systemen in unendlich verdünnter Lösung abgeleitet. Trotzdem scheint es natürlich, ihren Anwendungsbereich auch auf mäßig verdünnte Lösungen auszudehnen. Die Gültigkeit der Brönstedschen Salzeffekt-Beziehungen (Abschn. 4.3 und 5.1) drängt eine solche Erweiterung geradezu auf. Am einfachsten führt man sie in der Weise aus, daß man $\Delta\mu^{\neq}$ in Gl. (8) als thermodynamische Größe behandelt und $K^{\neq}$ darstellt als:

$$K^{\neq} = (K^{\neq})^{\circ} \frac{\prod_i (\gamma_i)^{\nu_i}}{\gamma_{\neq}} \qquad (25)$$

Die γ_i sind dabei die üblichen thermodynamischen Aktivitätskoeffizienten der Ausgangsprodukte. $\gamma_{\neq}$ ist die entsprechende Größe für Systeme im Übergangszustand. $(K^{\neq})^{\circ}$ ist der Grenzwert, dem $K^{\neq}$ zustrebt, wenn die Konzentrationen aller gelösten Komponenten unendlich klein werden.

5.9. Die Zusammensetzung des Übergangszustandes

Für eine kinetisch einfache Reaktion, deren Geschwindigkeit gegeben ist durch

$$v = k[A]^a [B]^b \cdot \cdot \cdot \tag{26}$$

existiert mindestens ein (sog. geschwindigkeitsbestimmender) Übergangszustand mit der Zusammensetzung $aA + bB + \cdots + xS$. S bedeutet dabei das Lösungsmittel. Der Wert von x kann positiv, negativ oder Null sein und ist nicht durch die Kinetik der Reaktion bestimmt. Die Koeffizienten a, b etc. können ebenfalls positiv, negativ oder sogar gebrochen sein (Abschn. 4.2).

Dieser Schluß ergibt sich, was die gelösten Komponenten betrifft, aus einer einfachen Materialbilanz. Was das Lösungsmittel angeht, illustriert er die Tatsache, daß das Ausmaß der Wechselwirkung zwischen Lösungsmittel und Gelöstem eine unbekannte Größe ist (Abschn. 2.16). Im übrigen ist er natürlich auch eine Folge der Art und Weise, in der man Reaktionsordnungen bestimmt: Die Ordnung in bezug auf ein Edukt ermittelt man aus der Variation der Reaktionsgeschwindigkeit bei Veränderung der Konzentration dieses Eduktes in verdünnter Lösung. Die Konzentration des Lösungsmittels läßt sich indessen nicht wesentlich ändern, ohne daß man den Gültigkeitsbereich der Näherung für verdünnte Lösungen verläßt.

Eine kinetisch komplexe Reaktion läßt sich immer in kinetisch einfache, allenfalls durch mobile Gleichgewichte modifizierte Reaktionen auflösen.

5.10. Geschwindigkeitsbestimmender Übergangszustand oder geschwindigkeitsbestimmende Übergangszustände

Der Nachweis, daß eine Reaktion kinetisch einfach ist, beweist noch nicht, daß die Reaktion über einen einzigen, geschwindigkeitsbestimmenden Übergangszustand abläuft. Abb. 5-3 zeigt ein schematisches Diagramm der Standard-Potentiale für die Reaktionsfolge:

$$\begin{aligned} &A \underset{k_{-1}}{\overset{k_1}{\rightleftharpoons}} B \\ &B \xrightarrow{k_2} C \end{aligned} \tag{V}$$

Das Standard-Potential des Zwischenproduktes B braucht nur um ganz wenige Kilokalorien höher zu sein als dasjenige von A, damit die Bodensteinsche Quasi-Stationaritäts-Hypothese angewendet werden kann (Abschn. 4.15). Ist dies der Fall, so ist die Reaktionsgeschwindigkeit gegeben durch:

$$v = \frac{k_1 k_2}{k_{-1} + k_2} [A] \tag{27}$$

Sie ist also proportional zur Konzentration von A, genau wie wenn A über einen einzigen, geschwindigkeitsbestimmenden Übergangszustand in C überginge.

Substituiert man $q^{\ddagger}/q^{\circ}$-Verhältnisse für jedes k, so wird Gl. (27) zu:

$$k^{(p)} = \frac{\mathbf{k}T}{\mathbf{h}} \cdot \frac{1}{q_A^{\circ}[(1/q_1^{\ddagger}) + (1/q_2^{\ddagger})]} \tag{28}$$

Dabei ist:

$$q_A^\circ = e^{-\mu_A^\circ/\mathbf{R}T} = e^{-E_0/\mathbf{R}T} \frac{Q_A}{N_0 V} \tag{29}$$

$q_1^\ddagger$ und $q_2^\ddagger$ sind die analogen Größen für den ersten und zweiten Übergangszustand. Gl. (28) zeigt, daß keiner der beiden Übergangszustände das Prädikat „geschwindigkeitsbestimmend" beanspruchen kann, wenn ihre beiden Standard-Potentiale gleich groß sind. Unterscheiden sich die beiden Standard-Potentiale wesentlich, so ist derjenige Übergangszustand der geschwindigkeitsbestimmende, dessen Standard-Potential höher und dessen $q^\ddagger$-Wert kleiner ist. Dabei spielt es keine Rolle, ob es sich um den ersten oder den zweiten Übergangszustand handelt.

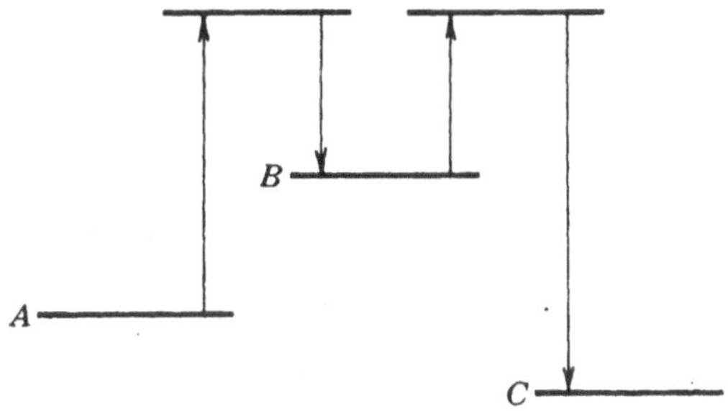

Abb. 5-3. Standardpotentiale für die Reaktionsfolge A ⇌ B → C.

Gl. (28) zeigt weiter, daß das Standard-Potential des Zwischenproduktes bei einer zweistufigen Reaktion keinen Einfluß auf die Kinetik der Reaktion hat, sobald es ein wenig größer als die Summe der Standard-Potentiale der Ausgangsstoffe ist. Umgekehrt können kinetische Untersuchungen in einem solchen Fall natürlich auch keine Informationen über das Standard-Potential, die Entropie oder die Enthalpie des Zwischenproduktes liefern.

In diesem Zusammenhang gibt es ein interessantes scheinbares Paradoxon: Wenn $q_1^\ddagger$ und $q_2^\ddagger$ gleich sind, wird Gl. (28) zu:

$$k^{(p)} = \frac{\mathbf{k}T}{\mathbf{h}} \frac{q^\ddagger}{2q_A^\circ} \tag{30}$$

Das bedeutet natürlich, daß in diesem Fall die eine Hälfte der Moleküle A, die zu einer bestimmten Zeit in das Zwischenprodukt übergegangen sind, in den Anfangszustand zurückkehrt und nur die andere Hälfte zu den Endprodukten weiterreagiert. Stellt man sich nun vor, daß das Standard-Potential des Zwischenproduktes immer mehr zunimmt, so muß der Faktor 2 im Nenner einmal verschwinden. Er muß spätestens dann verschwunden sein, wenn das Potential des Zwischenproduktes gleich dem der Übergangszustände ist, denn dann ist ja kein Zwischenprodukt mehr vorhanden, und es gilt:

$$k^{(p)} = \frac{\mathbf{k}T}{\mathbf{h}} \frac{q^\ddagger}{q_A^\circ} \tag{31}$$

Es ist kaum wahrscheinlich, daß dieses Verschwinden genau mit dem Zusammentreffen der Standard-Potentiale auf der gleichen Höhe zusammenfällt.

5.11. Parallele Übergangszustände

Man kann sich auch parallele Übergangszustände vorstellen. Die Zustandssumme eines Übergangszustandes ist in jedem Fall eine Summe von Boltzmann-Termen, deren Energie innerhalb von wenigen Kilokalorien über dem Niveau des niedrigsten Passes zwischen den Edukten und Produkten liegt. Die Systeme, die diesen Termen entsprechen, können sich in ihrer Geometrie, ihrer Multiplizität wie auch ihrer Energie unterscheiden; in jedem Fall sind sie jedoch Strukturen, in denen die Vorgänge der Bildung und Lösung der Bindungen, die für die Umwandlung der Edukte in die Produkte nötig sind, eben gerade ablaufen. Bei einigen davon mag die Wechselwirkung mit dem Lösungsmittel eine große Rolle spielen, bei anderen nicht.

Unterscheiden sich einige dieser Systeme wesentlich in ihrer Geometrie oder ihrem Lösungsmittelgehalt, so kann man sie (vorausgesetzt, man weiß über diese Tatsache Bescheid) als isomere Übergangszustände bezeichnen. Das sind indessen Wortspiele. Wesentlich ist in diesem Zusammenhang, daß eine Änderung der Temperatur, des Drucks oder der Struktur der Reaktionspartner den $q^{\neq}$-Wert des Übergangszustandes einer bestimmten Reaktion in der gleichen Weise beeinflußt wie den q°-Wert einer stabilen gelösten Komponente (Abschn. 2.24).

Im weiteren ist es möglich, daß zwei oder mehr Gruppen von solchen Übergangszustands-Systemen, die sich – abgesehen von ihrem Lösungsmittelgehalt – in ihrer Zusammensetzung unterscheiden, maßgeblich zur Anzahl der Passagen über die Energie-Barriere zwischen Edukten und Produkten beitragen (Abschn. 5.26).

5.12. Obligatorische und nichtobligatorische Zwischenprodukte

Die Versuche von Juvet und Chiu (Abschn. 4.11) zeigen, daß Methyläthylacetal ein obligatorisches Zwischenprodukt der säurekatalysierten Umwandlung von Diäthylacetal in Dimethylacetal ist. In anderen Worten heißt dies, daß kein kinetisch feststellbarer Anteil der Reaktion unter Umgehung des Zwischenproduktes direkt von der Diäthyl- zur Dimethylverbindung führt. Nach dem Prinzip der mikroskopischen Reversibilität (Abschn. 5.29) muß die gemischte Verbindung auch im Verlauf der umgekehrten Reaktion auftreten. Abb. 5-4 zeigt eine schematische Darstellung

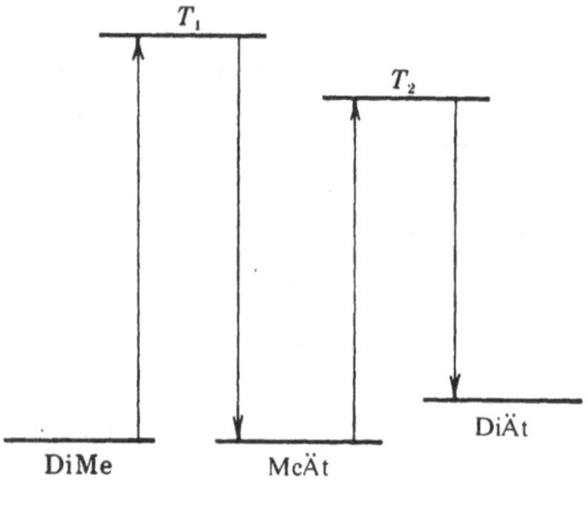

Abb. 5-4. Standardpotentiale für die Umwandlung von Dimethylacetal in Diäthylacetal. – DiMe = Dimethylacetal; MeÄt = Methyläthylacetal; DiÄt = Diäthylacetal.

der Standard-Potentiale für diese Reaktionsfolge. Wenn ein System das Niveau T_1 erreicht hat, das 21 kcal über dem Niveau des Dimethylacetals liegt, muß es zunächst in Form des Methyläthylacetals nochmals auf dessen Niveau zurückkehren, bevor es den Zustand T_2 erreichen kann, der 1.2 kcal tiefer als T_1 liegt.
Es ist wahrscheinlich, daß die beiden Reaktionen mit den Übergangszuständen T_1 und T_2 selbst über mehrere Schritte führen: Die Bildung des Methyläthylacetals aus Dimethylacetal würde über ein Zwischenprodukt der Struktur B, der Übergang der gemischten Verbindung zu Diäthylacetal über ein solches der Struktur C erfolgen. D und E stellen die Übergangszustände dar, die dem Methyläthylacetal unmittelbar vorausgehen und folgen.

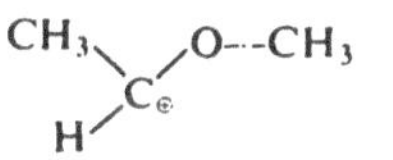

(B)

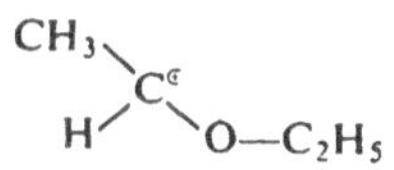

(C)

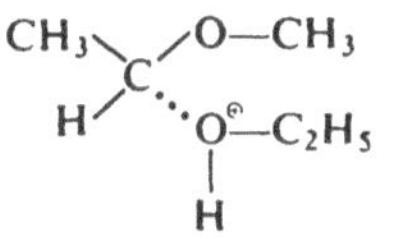

(D)

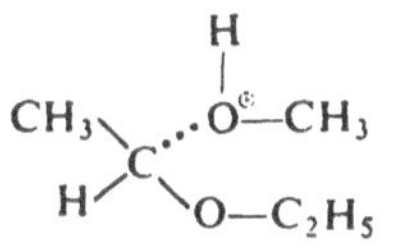

(E)

Es mag überraschen, daß der bevorzugte Weg von einem Übergangszustand zu einem andern, dessen Potential nur wenig geringer ist, durch ein tiefes Tal führt, d. h. daß zunächst eine große Menge Energie verlorengeht, die dann wieder gewonnen werden muß. Man muß sich indessen vor Augen halten, daß sich die beiden Übergangszustände in der Stellung des Protons, der Länge der C – O-Bindungen und der Verteilung von Lösungsmittelmolekülen in der Solvathülle unterscheiden. Offenbar muß deshalb für den Übergang von T_1 zu T_2 auf einem andern Weg als über das Zwischenprodukt eine Energiebarriere überwunden werden, die wesentlich höher als T_1 oder T_2 ist. Da die Population auf dem Niveau des Übergangszustandes viel kleiner ist als auf dem Niveau des Zwischenproduktes Methyläthylacetal, wäre selbst der Übergang über eine niedere Barriere zwischen T_1 und T_2 weniger häufig als der Übergang vom Zwischenprodukt über die hohe Barriere T_2.
In Fällen dieser Art, in denen eine ganze Anzahl von Raumkoordinaten zur Beschreibung des Systems nötig sind, ist es gefährlich, den Äquipotentialkurven in einem zweidimensionalen Diagramm zuviel Vertrauen zu schenken. Auch mechanischen Analogien sollte man nicht ohne weiteres trauen.
Leffler und Temple [11] fanden überzeugende Beweise für ein obligatorisches Zwischenprodukt bei der Reaktion:

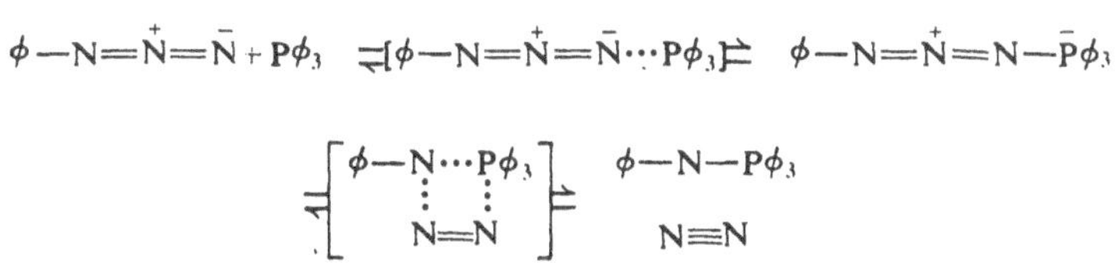

(VI)

Die beiden Übergangszustände (dargestellt durch die Strukturen in Klammern) haben ungefähr die gleichen Standard-Potentiale. Offenbar müssen indessen beim direkten Übergang von einem Übergangszustand zum andern soviele Bindungen verdreht, gelöst und gebildet werden, daß der Energiebedarf für diesen Prozeß (sozusagen die Aktivierungsenergie) sehr beträchtlich wäre.

5.13. Der Übergang vom Ausgangsstoff zum Übergangszustand

Die Geschwindigkeit der Bildung eines Produktes C aus einer Substanz B, die in mobilem Gleichgewicht mit einer Substanz A steht, ist gegeben durch (Abschn. 4.18)

$$v = k_2[\mathrm{B}] = K_1 k_2[\mathrm{A}] \qquad (32)$$

Dabei ist k_2 die spezifische Geschwindigkeit der Reaktion von B zu C. K_1 ist die Gleichgewichtskonstante des A – B-Gleichgewichts. Ausgedrückt mit den Mitteln der Theorie des Übergangszustandes lautet diese Gleichung

$$v = \frac{\mathbf{k}T}{\mathbf{h}} \frac{q_\mathrm{B}^\circ q^{\ddagger}}{q_\mathrm{A}^\circ q_\mathrm{B}^\circ}[\mathrm{A}] \qquad (33)$$

und somit:

$$v = \frac{\mathbf{k}T}{\mathbf{h}} \frac{q^{\ddagger}}{q_\mathrm{A}^\circ}[\mathrm{A}] \qquad (34)$$

Dies ist die Beziehung, die auch gelten würde, wenn C direkt aus A entstände.
Auch ohne die Theorie des Übergangszustandes war es bereits klar, daß diese beiden Mechanismen nicht kinetisch unterschieden werden können. Die Theorie macht indessen deutlich, daß der Einfluß von Temperatur, Druck, Medium, Struktur (eingeschlossen Substitution durch verschiedene Isotopen) auf die Reaktionsgeschwindigkeit eine Funktion der Differenz der entsprechenden Effekte auf die Standard-Potentiale des Übergangszustandes und der Edukte ist. Alle diese Effekte sind unabhängig vom Weg, auf dem der Übergangszustand erreicht wird. Infolgedessen kann ihre Untersuchung auch zu keinerlei Informationen über diesen Weg führen.
Die Theorie des Übergangszustandes zeigt weiter, daß der primitive Wert der spezifischen Geschwindigkeit einer Reaktion, deren Ausgangsmaterial eine Gleichgewichtsmischung ist, durch den primitiven Wert der q°-Funktion des Ausgangsstoffes bestimmt ist (Abschn. 3.14). Aus Gl. (34) und den Beziehungen

$$\frac{[\mathrm{B}]}{[\mathrm{A}]} = \frac{q_\mathrm{B}^\circ}{q_\mathrm{A}^\circ} \qquad (35)$$

und

$$c^{(p)} = [\mathrm{A}] + [\mathrm{B}] \qquad (36)$$

ergibt sich:

$$k^{(p)} = \frac{v}{c^{(p)}} = \frac{\mathbf{k}T}{\mathbf{h}} \frac{q^{\ddagger}}{q_\mathrm{A}^\circ + q_\mathrm{B}^\circ} \qquad (37)$$

5.14. Die Frage nach dem Mechanismus: Sinnlos oder nicht?

Bridgman [12] wies vor über 40 Jahren darauf hin, daß man sich, falls man keinen Weg findet, praktisch zwischen verschiedenen mechanistischen Möglichkeiten zu unterscheiden, die Frage stellen sollte, ob es sich dabei wirklich um echte Alternativen handelt. Möglicherweise versucht man, eine sinnlose Frage zu beantworten. Betrachten wir als Beispiel etwa die Reaktion von 1-Chlorpropan mit einer starken Base, bei der ein Olefin gebildet wird.
1-Chlorpropan ist bei Raumtemperatur eine Mischung der drei Konformeren F, G und H

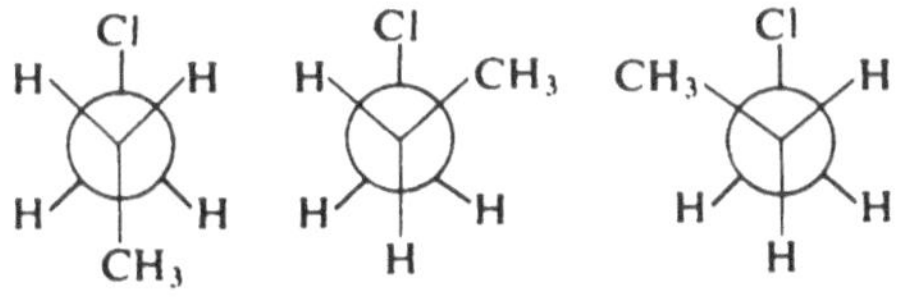

(F) (G) (H)

Die drei Formen stehen in einem mobilen Gleichgewicht, ihre relativen Anteile sind nicht sehr verschieden. Zwischen den einzelnen Konformeren liegt nur eine Energiebarriere von 3 oder 4 kcal. Die Beziehung zwischen ihnen unterscheidet sich lediglich im Grad, nicht jedoch in der Art von der Beziehung zwischen stabilen Isomeren. Wenn die Äthan-Kohlenstoffatome etwa Teil eines Ringes bilden, so entsprechen dieselben Anordnungen der Atome verschiedenen Isomeren, die nicht ohne weiteres ineinander übergehen. Im Fall der Ringverbindung ist die Olefinbildung schwierig, außer wenn das Chlor- und das Wasserstoffatom eine Stellung ähnlich derjenigen in den Verbindungen G und H einnehmen können, d. h. wenn die beiden Atome in die entgegengesetzte Richtung zeigen. Man darf somit annehmen, daß die in Struktur I gezeigte Anordnung oder ihr Spiegelbild sowohl im cyclischen wie im acyclischen Fall die günstigste Orientierung des Übergangszustandes darstellt.

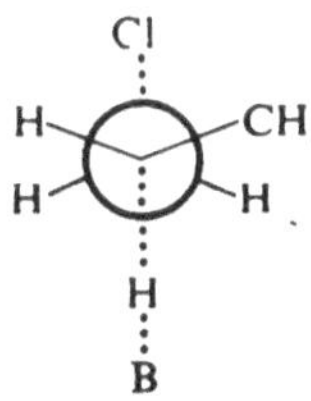

(I)

Grund dafür ist vermutlich, daß in dieser – und nur in dieser – Anordnung die beginnende Bildung der π-Bindung des Olefins die Energie des Übergangszustandes signifikant erniedrigen kann.
Wir besitzen damit starke Hinweise, daß der Übergangszustand für die Olefinbildung strukturell mehr den Konformeren G und H als dem Konformeren F gleicht. Auf der andern Seite ist nicht einzusehen, warum ein Molekül des Konformen F nicht in der Lage sein sollte, den Übergangszustand zu erreichen, indem gleichzeitig

mit den übrigen Änderungen, die dazu nötig sind, eine Drehung um die Äthan-Bindung erfolgte. Stellt man sich also die Frage: „Muß das Konformere F in das Konformere G oder H übergehen, bevor es den Übergangszustand erreichen kann?“, so müßte die Antwort „Nein“ lauten.
Wegen der strukturellen Ähnlichkeit wird jedoch der Übergang von G nach I sicher häufiger als der Übergang von F nach I sein. Die Antwort auf die Frage: „Welches Konformere des Ausgangsproduktes liegt zeitlich unmittelbar vor dem Übergangszustand?“ wäre somit: „G und H öfter als F.“
Man muß indessen bedenken, daß manche Systeme sehr nahe an den Übergangszustand herankommen, dann jedoch zurückfallen. Vermutlich werden sie häufiger in die strukturell ähnlichen Konformeren G und H als in das andersartige Konformere F zurückkehren. Fragt man also: „Wie groß sind die relativen Geschwindigkeiten der Bildung von Übergangszuständen aus den drei Konformeren?“, so scheint die beste Antwort zu sein: „Alle drei sind ungefähr gleich groß.“
Wir kommen somit zum Schluß, daß die Antwort auf die Frage nach dem Reaktionsmechanismus nicht eindeutig und klar sein kann, weil bereits die Frage nicht fest umrissen ist. Auf jeden Fall ist die Frage im Hinblick auf alle Phänomene, die wir gegenwärtig beobachten können, ohne Bedeutung, auch wenn sie nicht eo ipso unsinnig ist.
Die Frage nach der Struktur des Übergangszustandes, auf der andern Seite, ist sicher sinnvoll. Auch ist die Unterscheidung zwischen der Frage nach dem Mechanismus und der Frage nach der Struktur mehr als nur ein Wortspiel. Die Beweisführung für die Struktur I beruht auf strukturellen Parallelitäten. Es ist diese Art der Argumentation, die zu manchen Erfolgen der Organischen Chemie geführt hat. Der Schluß über die Struktur hat weiter große Bedeutung im Hinblick auf die Kontrolle des stereochemischen Verlaufs von chemischen Reaktionen.

5.15. Der Übergang vom Übergangszustand zum Reaktionsprodukt

Wäre die Reaktion der Chlorverbindung zum Olefin signifikant reversibel, so würde sich die Lage auf der Chlorverbindungs-Seite des Übergangszustandes nicht wesentlich von der Lage im irreversibeln Fall unterscheiden. Nach wie vor würde ein reger Verkehr zwischen der Chlorverbindung und Strukturen in unmittelbarer Nähe des Übergangszustandes herrschen; nur wenige Systeme würden auf die Olefin-Seite übergehen. Wäre die Reaktion in Richtung auf die Chlorverbindung irreversibel, so wäre die Anzahl der Systeme, die den Übergangszustand von der Seite der Chlorverbindung her erreichen, vernachlässigbar. Ein System im Übergangszustand (das in diesem Fall von der Olefin-Seite ausgegangen sein müßte) dürfte indessen nach wie vor auf dem gleichen Weg vom Energiemaximum in Richtung auf die Chlorverbindung absinken. Ein Übergangszustand mit der Struktur I würde hauptsächlich zum Konformeren G der Chlorverbindung führen.
Solange sich das Konformationsgleichgewicht zwischen den Verbindungen F, G und H im Vergleich mit der Bildung der Chlorverbindung schnell einstellte, wäre das einzige faßbare Produkt ein Gleichgewichtsmischung der Konformeren. Ein Produkt dieser Art wird oft als „thermodynamisch kontrolliert“ bezeichnet. Sind die Produkte keine mobilen Konformeren, sondern Ringverbindungen, deren Kon-

formation weitgehend fixiert ist, so führt ein Übergangszustand mit einer Struktur analog zu I hauptsächlich zu einem Produkt mit einer Struktur analog zu G.

5.16. Das Curtin-Prinzip*

Die enge Beziehung zwischen der Struktur des Übergangszustandes und der Produkt-Struktur wird besonders dann wichtig, wenn aus einem einzigen Reaktanden eine nichtstöchiometrische Mischung von Produkten, die nicht ohne weiteres ineinander übergehen, entsteht. 1,2-Diphenyl-1-chloräthan reagiert mit starken Basen unter Bildung einer Mischung von *cis*- und *trans*-Stilben. Die beiden Isomeren gehen nicht leicht ineinander über; ihre relativen Anteile sind je nach den Reaktionsbedingungen verschieden. Gemäß den Ausführungen im vorigen Kapitel muß der Übergangszustand, der zum *cis*-Stilben führt, eine Struktur in der Art von J, derjenige, der zum *trans*-Stilben führt, eine Struktur in der Art von K haben.

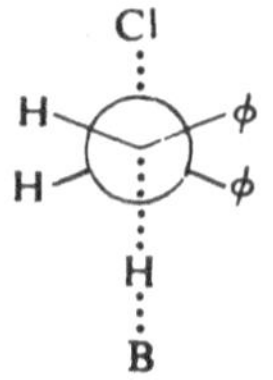

(J)

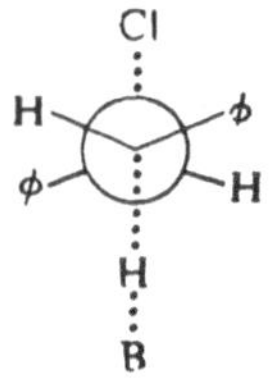

(K)

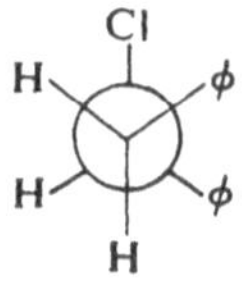

(L)

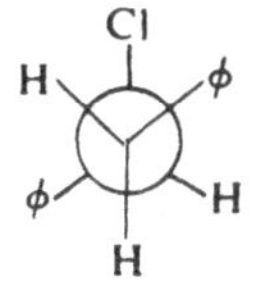

(M)

Von den drei Konformeren der Ausgangsverbindung gleicht eines, L (das sog. *gauche*-Konformere), mehr oder weniger dem Übergangszustand J. M (das sog. *anti*-Konformere) sieht dem Übergangszustand K ähnlich. Es wäre einfach, zu schließen, daß das Überwiegen von *trans*-Stilben im Produkt ein Ausdruck der Tatsache sei, daß das Edukt vorwiegend in der Form des *anti*-Konformeren vorliege. Das Curtin-Prinzip stellt diesen Schluß indessen in Abrede. Es besagt, daß das Verhältnis der Geschwindigkeiten der Bildung von *cis*- und *trans*-Stilben einzig und allein durch die Differenz der Standard-Potentiale der Übergangszustände J und K bestimmt ist. Es gilt folglich:

$$\frac{d[\mathrm{S}_t]/dt}{d[\mathrm{S}_c]/dt} = \frac{q_t^{\ddagger}}{q_c^{\ddagger}} \tag{38}$$

Dabei ist S Stilben, und die Indices *c* und *t* bedeuten *cis* und *trans*.
Da die drei Konformeren des Ausgangsstoffes in einem sehr mobilen Gleichgewicht stehen, ist die Geschwindigkeit $d[\mathrm{S}_t]/dt$ gegeben durch (Abschn. 5.13)

$$\frac{d[\mathrm{S}_t]}{dt} = \frac{\mathbf{k}T}{\mathbf{h}} \frac{q_t^{\ddagger}}{\sum q^{\circ}} \tag{39}$$

* Curtin [13]. Da Curtin sehr freigebig Anerkennung spendet, wird das Prinzip oft auch als Curtin-Hammett-Prinzip bezeichnet.

wobei über alle drei Konformeren summiert wird. Entsprechend ergibt sich auch:

$$\frac{d[S_c]}{dt} = \frac{\mathbf{k}T}{\mathbf{h}} \frac{q_c^{\ddagger}}{\sum q^{\circ}} \tag{40}$$

Gl. (38) folgt unmittelbar daraus.
In solchen Fällen wird die Produkt-Verteilung als kinetisch kontrolliert bezeichnet.

5.17. Die Stilben-Brom-Reaktion in Methanol

Die parallelen Übergangszustände, die zu einer kinetisch kontrollierten Produktverteilung führen, müssen nicht unbedingt im geschwindigkeitsbestimmenden Schritt einer Reaktion vorliegen; sie können auch darauf folgen. Die Untersuchung solcher Fälle, bei denen sich die parallelen Übergangszustände nicht bloß in ihrem Lösungsmittelgehalt unterscheiden, kann zu äußerst nützlichen Informationen und Einsichten führen. Die Arbeit von Bartlett und Tarbell [14] über die Reaktion von Stilben mit Brom in methanolischer Lösung ist das klassische Beispiel dafür.
Die Reaktion führt zu zwei Produkten, einem Dibromid N und einem Methoxybromid O:

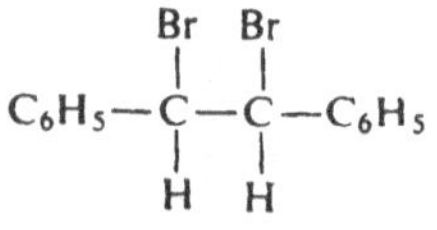

(N)

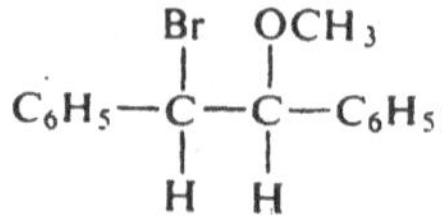

(O)

Das Verhältnis der beiden hängt von der Bromidionen-Konzentration in der Lösung ab. Brom und Methanol stehen in dem mobilen Gleichgewicht

$$Br_2 + CH_3OH \rightleftharpoons CH_3OBr + Br^- + H^+ \tag{VII}$$

dessen Gleichgewichtskonstante aus unabhängigen Messungen bekannt ist. Die Geschwindigkeit des Bromverbrauchs ist, wenn man dieses vorgelagerte Gleichgewicht berücksichtigt, proportional zu den Konzentrationen von Stilben und Brom. Die Reaktion muß also über einen geschwindigkeitsbestimmenden Übergangszustand, der Stilben, Brom und allenfalls Lösungsmittel enthält, führen. Nachgelagert muß ein Zwischenprodukt X sein, das mit der Geschwindigkeit

$$\frac{dc_O}{dt} = \frac{\mathbf{k}T q_O^{\ddagger}}{\mathbf{h}\; q_X^{\circ}} [X] \tag{41}$$

in das Methoxybromid und mit der Geschwindigkeit

$$\frac{dc_N}{dt} = \frac{\mathbf{k}T}{\mathbf{h}} \frac{q_N^{\ddagger}}{q_X^{\circ} q_b^{\circ}} [X][Br^-] \tag{42}$$

in das Dibromid übergeht. Aus Gl. (41) und (42) ergibt sich:

$$\frac{dc_N/dt}{dc_O/dt} = \frac{q_N^{\ddagger}}{q_O^{\ddagger}\, q_b^{\circ}}\,[\mathrm{Br}^-] \qquad (43)$$

In diesen Gleichungen bezieht sich der Index X auf das Zwischenprodukt, N auf das Dibromid, O auf das Methoxybromid und *b* auf das Bromid-Ion. Gl. (43) beschreibt quantitativ die experimentell gefundene Produktverteilung.

Betrachten wir die Feststellung, daß ein Zwischenprodukt vorliegen muß, etwas näher: Ein reaktives Zwischenprodukt läßt sich definieren als eine Substanz, deren Standard-Potential niedriger ist als die entsprechenden Werte der Übergangszustände, die ihm vorausgehen und folgen. Es ist an sich denkbar, daß der geschwindigkeitsbestimmende Übergangszustand Energie verliert und sich direkt, ohne über das Zwischenprodukt zu gehen, ins Dibromid umlagert. Er könnte auch die Elemente von Bromwasserstoff ausstoßen und, wiederum ohne Zwischenprodukt, ins Methoxybromid übergehen. Entsprechend den Ausführungen in Abschn. 5.16 wäre die relative Ausbeute der Produkte durch die Struktur oder die Strukturen, die diesen Übergangszustand ausmachen, bestimmt. Sie könnte somit nicht von der Konzentration der Bromid-Ionen in der Lösung abhängen. Die Tatsache, daß die Bromidionen-Konzentration die Produktverteilung beeinflußt, ohne die Gesamtgeschwindigkeit der Reaktion zu verändern, ist also der entscheidende Beweis für das Auftreten eines Zwischenproduktes.

Das Zwischenprodukt P läßt sich in befriedigender Weise wie folgt wiedergeben:

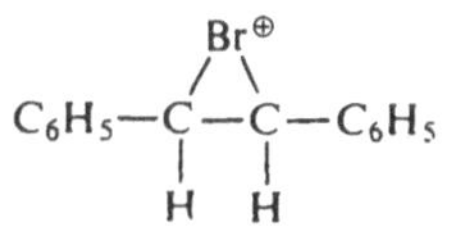

(P)

Roberts und Kimball [15] wiesen darauf hin, daß die Struktur Q

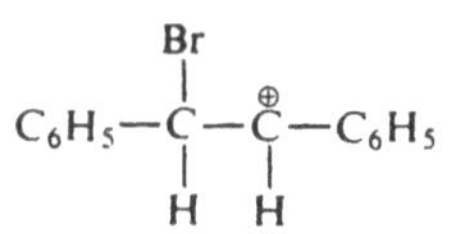

(Q)

aus zwei Gründen unbefriedigend ist, erstens, weil darin ein Kohlenstoffatom, das nur ein Elektronen-Sextett besitzt, nahe beim einsamen Elektronenpaar des Broms liegt, und zweitens, weil sie im Gegensatz zur Struktur P die Stereospezifität der Bromaddition an ein Olefin nicht erklärt.

Die Zusammensetzung des Zwischenproduktes ist, selbst abgesehen vom Lösungsmittelgehalt, durch die Kinetik nicht eindeutig bestimmt. Es könnte etwa anstelle des einen Bromatoms noch die beiden enthalten, die im geschwindigkeitsbestimmenden Übergangszustand vorhanden sind. Mechanismen, die über ein derartig zusammengesetztes Zwischenprodukt führen, sind zwar kinetisch durchaus möglich, doch scheinen sie bedeutend weniger attraktiv als derjenige, der über die Struktur P führt.

Man muß weiter bedenken, daß die Geschwindigkeit, mit der das Zwischenprodukt mit Bromid-Ion reagiert, durch die Diffusion der beiden Substanzen zueinander bestimmt sein könnte. Dieser Vorgang hätte, wie die rein chemische Reaktion, eine Geschwindigkeit, die proportional zum Produkt der Konzentrationen des Zwischenprodukts und des Bromid-Ions wäre. Die Kinetik liefert keine Informationen über die thermodynamischen Eigenschaften des Zwischenprodukts, außer, daß sein Standard-Potential kleiner ist als diejenigen der Übergangszustände für seine Umwandlung ins Dibromid oder ins Methoxybromid.

5.18. Der Mechanismus von ionischen Reaktionen

Weill und Morris [16] führten 1949 im Zusammenhang mit ihrer Untersuchung der Chloramin-Reaktion aus, daß es unmöglich sei, die Frage nach dem Mechanismus einer Reaktion, an der Ionen beteiligt sind, schlüssig zu beantworten. Vor wie nach dieser Feststellung wurde indessen immer wieder versucht, das Problem durch Untersuchungen des kinetischen Salzeffekts dennoch zu lösen.
Ammonium-Ion und Hypochlorit-Ion stehen in einem mobilen Gleichgewicht mit Ammoniak und Unterchloriger Säure. Die Gleichgewichtskonstante

$$K^\circ = \frac{[NH_3][HOCl]}{[NH_4^+][OCl^-]} \tag{44}$$

hat bei 25 °C den Wert 0.017. Eine äquimolare Mischung von Ammonium- und Hypochlorit-Ionen enthält also etwa 13% Ammoniak und Unterchlorige Säure. Eine Lösung dieser Substanzen reagiert relativ langsam unter Bildung von Chloramin (NH_2Cl). Die Geschwindigkeit der Reaktion ist gegeben durch:

$$v = k[NH_4^+][OCl^-] \tag{45}$$

Mit Hilfe von Gl. (44) läßt sich dies ebenso gut schreiben als:

$$v = \frac{k}{K}[NH_3][HOCl] \tag{46}$$

Der Übergangszustand hat die Zusammensetzung NH_4OCl, plus oder minus ein oder mehrere Lösungsmittelmoleküle. Eine vernünftige Struktur dafür ist R, doch auch S oder sogar T und weitere cyclische Strukturen, die eine größere Anzahl Wassermoleküle enthalten, stehen mit der Kinetik in Übereinstimmung.

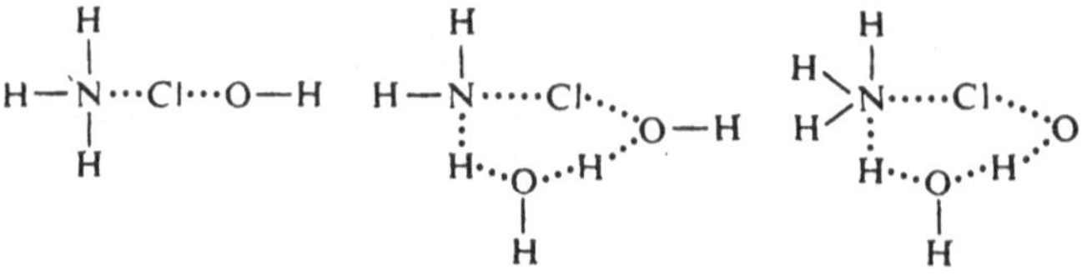

(R) (S) (T)

Was immer die Struktur des Übergangszustands sein mag, muß die spezifische Geschwindigkeit k einer Reaktion, bei der Ionen von entgegengesetzter Ladung zusammengebracht werden, mit zunehmender Gesamt-Ionenkonzentration abnehmen (Abschn. 7.2). Dies ist auch der Fall. Eine Veränderung der Ionenkonzentration hat auf k und K etwa den gleichen Einfluß. Infolgedessen muß die Größe k/K, die die spezifische Geschwindigkeit der Bildung eines neutralen Komplexes aus neutralen Edukten darstellt, kaum abhängig von der Ionenkonzentration sein. Auch das ist der Fall.

Da K weder sehr groß noch sehr klein ist, ist der primitive Wert der spezifischen Geschwindigkeit gegeben durch

$$k^{(p)} = \frac{v}{c_N c_C} \tag{47}$$

wobei

$$c_N = [NH_4^+] + [NH_3] \tag{48}$$

und:

$$c_C = [HOCl] + [OCl^-] \tag{49}$$

Dies ist eine zwar recht komplizierte, aber doch nicht unverständliche Funktion von c_N, c_C und, falls andere Säuren oder Basen zugegeben werden, der Wasserstoffionen-Konzentration.

5.19. Strukturelle Effekte in Systemen mit einem mobilen Gleichgewicht

Wenn ein Aldehyd oder ein Keton mit einer Stickstoffbase, wie etwa Hydroxylamin oder Semicarbazid, reagiert, entstehen zwei Produkte*. Eines davon, das Oxim, Semicarbazon oder die entsprechende Verbindung, ist das isolierbare Endprodukt. Das andere Produkt läßt sich gewöhnlich nicht isolieren, kann aber spektroskopisch nachgewiesen werden. Es scheint vernünftig, ihm die Carbinolamin-Struktur U zuzuschreiben.

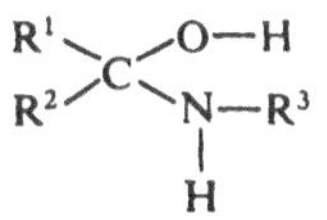

(U)

In wäßriger Lösung bei pH-Werten in der Nähe des Neutralpunktes ist die Bildung des Carbinolamins rasch und reversibel, die Bildung des Oxims oder der entsprechenden Verbindung dagegen relativ langsam. Die Gleichgewichtskonstante der Carbinolamin-Bildung liegt so, daß bei Ausgangskonzentrationen von Carbonylverbin-

* Die Beobachtung von Jencks [17], daß dem so ist, illustriert sehr schön, wieviel Scharfsinn und moderne instrumentelle Methoden zum besseren Verständnis altbekannter Reaktionen beitragen können.

dung und Base in der Größenordnung von 10^{-3} M die Carbinolamin-Konzentration klein im Vergleich dazu ist. Unter diesen Bedingungen ist die Reaktionsgeschwindigkeit im wesentlichen proportional zum Produkt der primitiven Konzentrationen von Carbonylverbindung und Base (Abschn. 4.19). Fitzpatrick und Gettler [18] zeigten in einer sehr sorgfältigen Untersuchung, bei der die Ausgangskonzentrationen um einen Faktor von 16 variiert und Messungen während 70 oder 80% der Reaktion durchgeführt wurden, daß diese Proportionalität bei der Oxim-Bildung aus einer großen Anzahl von Carbonylverbindungen zu finden ist.
Bei pH-Werten in der Gegend von 4 ist die Reaktion indessen unverkennbar komplex, und das Carbinolamin ist eindeutig ein Zwischenprodukt. Mit abnehmender Wasserstoffionen-Konzentration nimmt die Geschwindigkeit der Umwandlung des Carbinolamins in das Oxim immer mehr ab. Gleichzeitig nimmt die Reaktion mehr und mehr die Eigenschaften einer Reaktion mit nur einem, geschwindigkeitsbestimmenden Schritt an. Es scheint somit sehr wahrscheinlich, daß der Übergangszustand im pH-Bereich um 7 strukturell dem Carbinolamin gleicht. Er läßt sich etwa wie folgt darstellen:

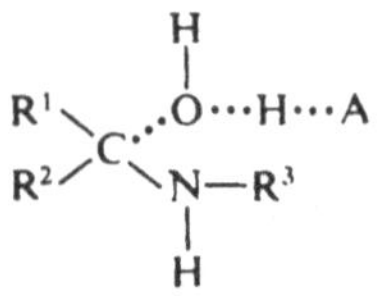

(V)

Das Carbinolamin wird in diesem pH-Bereich nach wie vor gebildet. Seine Bildung ist indessen rasch und reversibel und hat keinen Einfluß auf die Geschwindigkeit der Bildung des Oxims (oder der entsprechenden Verbindung). Die spezifische Geschwindigkeit der Oxim-Bildung ist gegeben durch

$$k = \frac{v}{[\mathrm{A}][\mathrm{B}][\mathrm{HA}]} = \frac{\mathbf{k}T}{\mathbf{h}} \frac{q^{\ddagger}}{q_{\mathrm{A}}^{\circ} q_{\mathrm{B}}^{\circ} q_{\mathrm{HA}}^{\circ}} \tag{50}$$

wobei A = Carbonylverbindung
B = Stickstoffbase
HA = Katalysator-Säure

Anderson und Jencks [19] untersuchten die Reaktion einer Anzahl von substituierten Benzaldehyden mit Semicarbazid. Sie bestimmten sowohl die Werte von $k[\mathrm{HA}]$ wie von K, der Gleichgewichtskonstante der Carbinolamin-Bildung. Wie Tab. 5.1 zeigt, ist k fast unabhängig vom Substituenten, während K in weiten Grenzen variiert. Das bedeutet, daß die Substitution fast den gleichen Effekt auf das Standard-Potential des Übergangszustandes wie auf dasjenige des Benzaldehyds hat, daß jedoch der Effekt auf das Standard-Potential des Carbinolamins sehr verschieden ist. In Anbetracht dessen, daß das Carbinolamin in diesem pH-Bereich ein Zwischenprodukt der Semicarbazon-Bildung ist, kann man die annähernde Konstanz der k-Werte als das Resultat entgegengesetzter Änderungen von K und der spezifischen Geschwindigkeit des Übergangs des Carbinolamins zum Semicarbazon erklären.

Nach dem Konzept, wonach die Frage nach dem Mechanismus in einem solchen Fall bedeutungslos ist, heißt dies ganz einfach, daß entgegengesetzte Änderungen der Größen $\mu_X^\circ - \mu_A^\circ$ und $\mu^{\neq} - \mu_X^\circ$ keine Änderung der Größe $\mu^{\neq} - \mu_A^\circ$ zur Folge haben. μ_X° bedeutet dabei das Standard-Potential des Carbinolamins.

Tab. 5.1. Reaktion von substituierten Benzaldehyden mit Semicarbazid in 25-proz. Äthanol im neutralen pH-Bereich bei 25 °C.[a]

Substituent	k[HA], min^{-1}	K
p-CH_3O	0.44	0.34
p-CH_3	0.56	0.62
H	1.08	1.32
p-Cl	0.87	4.14
m-NO_2	0.57	18.3
p-NO_2	0.96	40.1

[a] Daten von Anderson und Jencks [19].

5.20. Das Problem der stöchiometrischen Beteiligung des Lösungsmittels

Betrachten wir die Reaktion eines in Wasser oder Alkohol gelösten Alkyl- oder Arylalkyl-halogenids mit dem Lösungsmittel, die zur Bildung eines Alkohols oder Äthers führt: Bei einer solchen Reaktion ist es im Prinzip möglich, daß die Kohlenstoff-Sauerstoff-Bindung des Produktes im geschwindigkeitsbestimmenden Übergangszustand gerade im Begriffe ist zu entstehen. Der Übergangszustand läßt sich etwa darstellen als

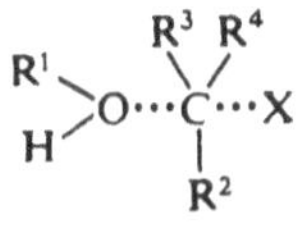

(W)

wobei die R Alkyl- oder Arylgruppen oder Wasserstoffatome und X das Halogenid-Ion symbolisieren. In Ingolds Terminologie ist dies ein S_N2-Mechanismus.
Es gibt indessen auch eindeutige Fälle, bei denen die Reaktion in zwei Schritten abläuft, wobei der geschwindigkeitsbestimmende Vorgang die Spaltung in ein Carboniumion $R^2R^3R^4C^{\oplus}$ und ein Halogenid-Ion ist. Dies wird in Ingolds Terminologie als S_N1-Reaktion bezeichnet. Der wesentliche Unterschied zwischen den beiden Mechanismen liegt darin, daß der geschwindigkeitsbestimmende Übergangszustand der S_N2-Reaktion, nicht aber der S_N1-Reaktion ein Lösungsmittel-Molekül enthält, das gerade im Begriff ist, eine Kovalenz zum reagierenden System zu bilden. Dies kann man als stöchiometrische Beteiligung des Lösungsmittels bezeichnen.

Dadurch unterscheidet man das Phänomen von weiteren Arten, in denen ein Lösungsmittel-Molekül mit dem Reaktanden oder dem Übergangszustand verbunden sein kann.
Die experimentelle Feststellung der stöchiometrischen Beteiligung des Lösungsmittels birgt mancherlei Probleme in sich, die gar nicht leicht zu lösen sind.

5.21. Die Aktivierungsentropie

Die translatorischen und rotatorischen Bewegungen leisten den maßgeblichen Beitrag zur Standard-Entropie. Infolgedessen ist die Standard-Entropie bei einer Reaktion in der Gasphase recht eng mit dem Wert $\Sigma \nu$ der Reaktion verbunden. Selbst in dem extremen Fall der Isomerisierung von 1-Hexen zu Cyclohexan (Abschn. 3.5) nimmt sie nur um 21 cal/K ab. In den meisten Fällen mit $\Sigma \nu = 0$ ist die Änderung der Standard-Entropie noch bedeutend kleiner. Für die Dimerisierung von Propen zu Cyclohexan ($\Sigma \nu = -1$) hat $\Delta \bar{S}^{\circ}$ den Wert -50 (für einen Standard-Zustand von 1 mol/l), für die Trimerisierung von Acetylen zu Benzol einen solchen von -74.
Der $\Delta \bar{S}^{\ddagger}$-Wert für die Vereinigung von zwei Molekülen zum Übergangszustand einer Reaktion zweiter Ordnung in der Gasphase variiert in einem Bereich von -12 (für die Reaktion $H_2 + J_2 \rightarrow 2\,HJ$) bis -40 (für die Dimerisierung von Cyclopentadien). Dies steht durchaus in Übereinstimmung mit den Erwartungen entsprechend diesem Konzept und der Theorie des Übergangszustandes. Werden die reagierenden Moleküle komplexer, so nimmt die Größe der Entropieänderung im allgemeinen zu. Für die Reaktion dritter Ordnung $2\,NO + O_2 \rightarrow 2\,NO_2$ ist $\Delta \bar{S}^{\ddagger} = -47$ bei 350 K.
In Lösung leisten die Bewegungen, die der Translation und der Rotation in der Gasphase entsprechen, einen geringeren Beitrag zur Entropie (Abschn. 3.12). Infolgedessen ist die Größe der Entropieänderung bei einer Reaktion mit $\Sigma \nu \neq 0$ in Lösung kleiner als in der Gasphase. Für eine Reaktion mit $\Sigma \nu = 0$ ist dies gerade umgekehrt. In Tab. 3.2 findet man beispielsweise für die Reaktion

$$CH_2(OH)_2 + ClCH_2COCH_3 \rightleftharpoons CH_2O + ClCH_2C(OH)_2CH_3 \qquad \text{(VIII)}$$

einen Wert $\Delta \bar{S}^{\circ} = -24$. All dies rührt natürlich daher, daß die nichtstöchiometrische Beteiligung des Lösungsmittels in Lösung eine sehr wesentliche Rolle spielt.
Die Aussichten, aus der Aktivierungsentropie auf die stöchiometrische Beteiligung des Lösungsmittels bei der Bildung eines Übergangszustandes in Lösung schließen zu können, sind deshalb nicht besonders gut. Eine ausgezeichnete und umfassende Diskussion dieser Probleme findet sich bei Schaleger und Long [20].

5.22. Strukturelle Isotopeneffekte

Einer der vibratorischen Freiheitsgrade eines Moleküls, das Wasserstoff enthält, entspricht im wesentlichen einer Bewegung des Wasserstoffatoms auf der Achse der Bindung zum Atom, an dem es hängt. Die Frequenz dieser Streckschwingung liegt in organischen Molekülen gewöhnlich in der Gegend von 2 800 bis 3 300 cm^{-1} [21].

In der Quantenmechanik sind die Energieniveaus eines harmonischen Oszillators gegeben durch:

$$\varepsilon = (n + \tfrac{1}{2})\,\mathbf{h}\nu \tag{51}$$

Dabei ist ν die Frequenz der Strahlung, die beim Übergang zwischen benachbarten Niveaus emittiert oder absorbiert wird; n ist 0, 1, 2 etc. Für die Frequenz der Streckschwingung der Wasserstoff-Bindung ist der Abstand zwischen den Energieniveaus so groß, daß die Population aller Niveaus, mit Ausnahme des niedrigsten, vernachlässigbar ist. Dies gilt zum mindesten im Temperaturbereich, der für Reaktionen in Lösung von Interesse ist. Im niedrigsten Niveau ist immer noch ein halbes Quantum, $^1/_2\,\mathbf{h}\nu$, vibratorische Energie vorhanden. Die tatsächliche Energie des Moleküls ist somit höher als die potentielle Energie, d. h. die Energie, die das Molekül besäße, wenn alle Bewegungen angehalten werden könnten. Die Differenz ist mindestens gleich der Summe der Halbquanten für alle Schwingungs-Freiheitsgrade des Moleküls. Die Frequenz einer Schwingung ist in guter Näherung umgekehrt proportional zur Quadratwurzel der Masse des leichteren Atoms. Für Deuterium anstelle von Wasserstoff sollte sie also 0.71mal, für Tritium 0.58mal größer sein. Die Substitution eines Wasserstoffatoms durch ein Deuteriumatom führt also zu einer Reduktion des Energieinhalts einer Verbindung um einen Betrag in der Größenordnung von 1 200 bis 1 500 cal.
Bei Reaktionen, bei denen ein Wasserstoffatom, ein Proton oder ein Hydrid-Ion von einem Atom auf ein anderes übertragen wird, kann man erwarten, daß die Streckschwingung des entsprechenden Wasserstoffs im Übergangszustand weitgehend oder vollständig verschwunden sein wird. Ist sie völlig verschwunden, so wird der Übergangszustand die gleiche Energie besitzen, unabhängig davon, ob H, D oder T übertragen wird. Der Energiebedarf für die Bildung des Übergangszustandes wird indessen für D um 1 200 bis 1 500 cal größer sein als für H; für T wird er noch größer sein. Wenn keine anderen Faktoren eine Rolle spielen, wird somit ein D-Atom 8- bis 12mal langsamer übertragen als ein H-Atom.
Für Reaktionen, bei denen ein Proton im geschwindigkeitsbestimmenden Schritt übertragen wird, wurden experimentell k_H/k_D-Werte zwischen 3.3 und 24 bestimmt. Eine ganze Anzahl von Gründen können zur Erklärung der Größe dieses Bereiches herangezogen werden. Zuallererst ist wohl an die heiklen Probleme im Zusammenhang mit der genauen Bestimmung dieses Verhältnisses zu denken [22].
Möglicherweise führt die Reaktion über mehrere aufeinander folgende Übergangszustände mit vergleichbaren Standard-Potentialen. In einem solchen Fall gilt nach Gl. (28):

$$\frac{k_H}{k_D} = \frac{q_D^\circ}{q_H^\circ}\,\frac{1/q_{aD}^\ddagger + 1/q_{bD}^\ddagger}{1/q_{aH}^\ddagger + 1/q_{bH}^\ddagger} \tag{52}$$

Dabei stellen a und b zwei solche Übergangszustände dar. Wird der Wasserstoff im Übergangszustand b, nicht aber in a übertragen, so gilt in erster Näherung $q_{bD}^\ddagger = q_{bH}^\ddagger$ und $q_{aD}^\ddagger/q_{aH}^\ddagger = q_D^\circ\,q_H^\circ$. Ungeachtet der Reihenfolge der Übergangszustände reduziert sich Gl. (52) damit zu:

$$\frac{k_H}{k_D} = \frac{q_b^{\ddagger} + q_{aD}^{\ddagger}}{q_b^{\ddagger} + q_{aH}^{\ddagger}} \tag{53}$$

Der Isotopeneffekt bewegt sich somit zwischen 1 – wenn $q_b^{\ddagger} \gg q_a^{\ddagger}$, d. h. wenn der Übergangszustand *a* geschwindigkeitsbestimmend ist – und dem normalen Wert $q_{aD}^{\ddagger}/q_{aH}^{\ddagger} = q_D^{\circ}/q_H^{\circ}$ – wenn der Übergangszustand *b* geschwindigkeitsbestimmend ist. Ein vorgelagertes Gleichgewicht kann nicht für die ungewöhnliche Größe eines Isotopeneffektes verantwortlich sein. Stehen beispielsweise die Substanzen A und B in einem solchen Gleichgewicht, so gilt:

$$\frac{k_H}{k_D} = \frac{q_H^{\ddagger}}{q_D^{\ddagger}} \frac{q_{AD}^{\circ} + q_{BD}^{\circ}}{q_{AH}^{\circ} + q_{BH}^{\circ}} \tag{54}$$

$q_H^{\ddagger}$ und $q_D^{\ddagger}$ beziehen sich dabei auf die Übergangszustände der relativ langsamen Umwandlung der einen Substanz in die andere. Der Isotopeneffekt liegt somit im Bereich zwischen $q_{AD}^{\circ}/q_{AH}^{\circ}$ und $q_{BD}^{\circ}/q_{BH}^{\circ}$. Der Mechanismus der Annäherung an den Übergangszustand – falls man überhaupt von einem Mechanismus sprechen kann – hat keinen Einfluß auf die Größe k_H/k_D.

Oft sind in einem Reaktanden mehrere H-Atome durch D substituiert. Reagiert etwa CH_3NO_2 mit einer Base zum Anion $CH_2NO_2^-$, so wird zwar nur ein Proton übertragen, doch können sich die Frequenzen der Streckschwingungen der verbleibenden Protonen bei der Bildung des Übergangszustandes aus den Edukten ändern. Dadurch ändert sich die Nullpunktsenergie. Dieser Effekt ist der Änderung, die durch die Protonen-Übertragung zustande kommt, überlagert. Er wird als sekundärer Isotopeneffekt bezeichnet.

Zwei der Schwingungs-Freiheitsgrade eines reagierenden Moleküls entsprechen einer Biegeschwingung der Bindung, durch die das Wasserstoffatom fixiert ist. Im Übergangszustand werden diese Bewegungen im wesentlichen zu Schwingungen im rechten Winkel zur Verbindungsachse A–B. A und B sind dabei die Punkte, an denen das Proton im Edukt und Produkt hängt. Dies ist in Formel X dargestellt.

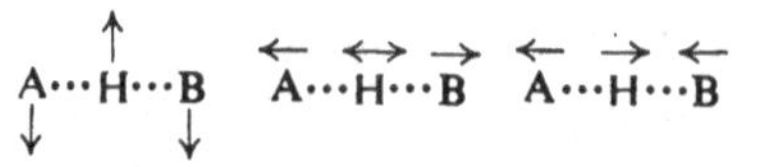

(X) (Y) (Z)

Es ist durchaus möglich, daß die Frequenz dieser Schwingung im Übergangszustand größer ist als im Edukt [21, S. 191]. Ist dies der Fall, so wird der Netto-Isotopeneffekt kleiner sein als einer, der nur auf Grund der Streckschwingung allein zustande kommt.

Im Übergangszustand kommen auch Bewegungen, wie sie in den Formeln Y und Z dargestellt sind, vor. Z ist die Null-Frequenz-Bewegung entlang der Reaktionskoordinate. Das Analog von Y im Edukt ist einer der translatorischen Freiheitsgrade, für die die Nullpunktsenergie null ist. Diese Schwingung erhöht infolgedessen die Nullpunktsenergie des Übergangszustandes gegenüber den Edukten und erniedrigt dadurch das Verhältnis k_H/k_D. Die Frequenz dieser Schwingung und damit ihr Einfluß auf den Isotopeneffekt ist dann klein, wenn die Kraftkonstanten, die zwischen H und A und H und B wirken, praktisch gleich groß sind. Wenn jedoch die Lösung der A – H-Bindung und die Bildung der B – H-Bindung nur sehr wenig fortgeschritten sind oder wenn die Bindungslösung und -bildung fast vollständig ist, kann der Effekt sehr beträchtlich sein [23, 24]. Offenbar ist dieser Effekt am kleinsten und der Netto-Isotopeneffekt am größten, wenn die Basizität von A und B gleich ist [25 – 27].

Bell und Goodall [28] fanden bei der Reaktion von 2-Nitropropan mit 2,6-Dimethylpyridin in wäßriger Lösung den merkwürdig großen Isotopeneffekt von $k_H/k_D = 19.5$. Lewis und Funderburk [27] bestimmten für dieselbe Reaktion in *t*-Butylalkohol/Wasser-Mischung einen Isotopeneffekt von 24.1, für die entsprechende Reaktion mit 2,4,6-Trimethylpyridin einen solchen von 24.3. Für sterisch weniger gehinderte Basen, sogar für solche mit einem (und nur einem) Methyl-Substituenten in 2-Stellung, liegt der Wert von k_H/k_D nicht über 14.6; für Pyridin selbst ist er nur 9.8. Bell und Lewis machen beide einen quantenmechanischen Tunneleffekt für die sehr hohen Werte verantwortlich*.

Es besteht kein Zweifel, daß auch sekundäre Isotopeneffekte existieren. Der k_H/k_D-Wert für die Solvolyse von $CH_3CD_2CCl(CD_3)_2$ in Äthanol/Wasser als Lösungsmittel bei 25 °C ist beispielsweise 2.35 [29]. Sekundäre Isotopeneffekte bis zu 3.3 wurden schon beobachtet. Die Untersuchung von sekundären Isotopeneffekten dürfte wertvollen Einblick in die feinen Änderungen der Struktur eines Moleküls geben, die bei der Bildung des Übergangszustandes vor sich gehen. Die Gründe für sekundäre Isotopeneffekte waren Anlaß zu vielen Diskussionen. Auch sind viele experimentelle Untersuchungen durchgeführt worden**.

Trotz aller Komplikationen scheint ein großer Isotopeneffekt (Größenordnung 5 und mehr) doch die Diagnose zu ermöglichen, daß im geschwindigkeitsbestimmenden Schritt der Reaktion ein Wasserstoffatom übertragen wird. Betrachten wir zur Illustration die Untersuchung von Westheimer und Nicolaides [31] über die Chromsäure-Oxidation von Isopropanol: Es zeigte sich, daß $(CH_3)_2CHOH$ 6mal schneller als $(CH_3)_2CDOH$ oxidiert wird. Daraus ergibt sich klar der Schluß, daß das Wasserstoffatom, das am Carbonium-Kohlenstoff hängt, im geschwindigkeitsbestimmenden Schritt übertragen wird.

5.23. Lösungsmittel-Isotopeneffekte

Das Standard-Potential μ_H° einer gelösten Substanz in H_2O unterscheidet sich von μ_D° derselben Substanz in D_2O um:

$$\mu_H^\circ - \mu_D^\circ = -RT \ln \frac{q_H^{\circ(p)}}{q_D^{\circ(p)}} \tag{55}$$

$q^{\circ(p)}$ stellt den primitiven Wert der Funktion q° dar. Falls zwischen der gelösten Substanz und dem Lösungsmittel eine signifikante Wechselwirkung besteht, so gilt nach Gl. (3.27):

---

* Wegen einer Diskussion dieses Effektes siehe [21], S. 205 – 214.

** Neuere Übersichtsartikel siehe unter [30].

$$\frac{q_{H}^{\circ(p)}}{q_{D}^{\circ(p)}} = \frac{\sum\limits_{i} q_{H}^{\circ(s)}/(q_{H_2O}^{\circ})^{x_i}}{\sum\limits_{i} q_{D}^{\circ(s)}/(q_{D_2O}^{\circ})^{x_i}} \tag{56}$$

Dabei sind $q_{H_2O}^{\circ}$ und $q_{D_2O}^{\circ}$ die Zustandssummen des freien H_2O und D_2O. x_i ist die Anzahl der Lösungsmittelmoleküle, die durch die gelöste Substanz beeinflußt werden. Ein nicht zu vernachlässigender Isotopeneffekt ist somit ohne weiteres möglich. Das Verhältnis $q_{H}^{\circ(p)}/q_{D}^{\circ(p)}$ läßt sich in manchen Fällen experimentell bestimmen. Es entspricht nämlich dem reziproken Wert des Verhältnisses der Partialdrucke der gelösten Substanz in den beiden Lösungsmitteln. Für CH_3F, CH_3Cl, CH_3Br und CH_3J sind diese Werte bei 40 °C etwa 0.95, 1.03, 1.065 und 1.08 [32]. Für *t*-Butylchlorid ist der entsprechende Wert bei 15 °C innerhalb einer experimentellen Fehlergrenze von 0.05 gleich 1 [33]. Daß diese Isotopeneffekte so nahe bei 1 liegen, ist recht überraschend. Die Änderungen des partiellen Molvolumens, der Standard-Entropie und der Standard-Wärmekapazität beim Übergang dieser Halogenide aus der Gasphase in Lösung zeigen nämlich, daß eine starke Wechselwirkung zwischen Lösungsmittel und Gelöstem besteht [34]. Offenbar muß man, wie Thornton [35] festgestellt hat, annehmen, daß gewisse Kraftkonstanten infolge einer solchen Wechselwirkung zu-, andere jedoch abnehmen.

Bei der Hydrolyse dieser Substanzen heben sich die Effekte nicht so vollständig auf. Das Verhältnis der spezifischen Geschwindigkeiten in H_2O und D_2O k_{H_2O}/k_{D_2O} beträgt 1.36, 1.28 und 1.33 für CH_3Cl, CH_3Br und CH_3J bei 40 °C, 1.13 für $(CH_3)_2SO_4$ bei 25 °C und 1.35 für *t*-Butylchlorid bei 15 °C. Daraus ergibt sich für das Verhältnis der $q^{\ddagger}$-Werte der entsprechenden Übergangszustände in den beiden Lösungsmitteln 1.40, 1.36, 1.44, 1.41 und 1.35.

Bei Säure-Base-Reaktionen mit leicht meßbarer Geschwindigkeit und bei säure- oder basekatalysierten Reaktionen sind die Lösungsmittel-Isotopeneffekte bedeutend größer. Bunton und Shiner [36] haben k_{H_2O}/k_{D_2O}-Werte zusammengestellt, die von 0.5 bis fast 6 variieren. Sie erklären die Effekte als Folge der Änderung der Schwingungseigenschaften aller isotopensubstituierten Wasserstoffe im Edukt, im Übergangszustand und in Lösungsmittelmolekülen, die durch Wasserstoffbrücken an Edukt oder Übergangszustand gebunden sind. Die Erklärung der Effekte wird ebenfalls diskutiert von Swain und Thornton [37], Kreevoy, Steinwand und Kaiser [38], Kresge und Onwood [39] und anderen.

Die Hoffnung, daß zwischen dem Lösungsmittel-Isotopeneffekt und dem Mechanismus einer Reaktion, bei der ein Proton übertragen wird, oder der stöchiometrischen Beteiligung des Lösungsmittels am Übergangszustand eine einfache Beziehung bestehen könnte, hat sich indessen als nichtig erwiesen.

5.24. Der Einfluß des Drucks auf die Reaktionsgeschwindigkeit

Nach der Theorie des Übergangszustandes ist der Einfluß des Drucks auf die spezifische Geschwindigkeit einer Reaktion gegeben durch:

$$\left(\frac{\partial \ln k^{\circ}}{\partial P}\right)_T = -\frac{1}{RT}(\bar{V}^{\ddagger} - \prod \bar{V}^{\circ}) - (n-1)\left(\frac{\partial \ln \rho^{\circ}}{\partial P}\right)_T \tag{57}$$

Die $\bar{V}^{\circ}$ bedeuten dabei die Grenzwerte der partiellen Molvolumina der Edukte. $\bar{V}^{*}$ ist der entsprechende Wert für den Übergangszustand. ρ° ist die Dichte des Lösungsmittels. Sie geht in die Gleichung ein, weil k mit der Konzentrationseinheit mol/l ausgedrückt wird. n ist die Reaktionsordnung. Da die Volumina oft sehr ausgeprägt druckabhängig sind, ist es gefährlich, die Ableitung einfach durch einen Differenzenquotienten zu ersetzen [40].
Besteht zwischen der gelösten Substanz und dem Lösungsmittel eine signifikante Wechselwirkung, so sind die V primitive Werte, denn Gl. (57) stellt eine Funktion der primitiven Werte der Standard-Potentiale dar:

$$\frac{\partial \ln k^{\circ}}{\partial P} = -\frac{1}{\mathbf{R}T}\frac{\partial(\mu^{*(p)} - \sum \mu^{\circ(p)})}{\partial P} \qquad (58)$$

Durch Ableitung von Gl. (2.51) und Substitution aus Gl. (2.152) erhält man:

$$\bar{V}^{\circ(p)} = \bar{V}_0^{\circ(s)} + \frac{\mathbf{R}T \sum K_i^{\circ}(\partial \ln K_i^{\circ}/\partial P)}{1 + \sum K_i^{\circ}} \qquad (59)$$

Dabei sind die Terme, die die Dichte enthalten, vernachlässigt. Mit der Beziehung

$$-\mathbf{R}T \ln K_i^{\circ} = \mu_i^{\circ} - x_i\,\mu_{\mathrm{S}}^{\circ} - \mu_0 \qquad (60)$$

findet man schließlich:

$$\bar{V}^{\circ(p)} = \bar{V}_0^{\circ(s)} + \sum_i \frac{K_i^{\circ}}{1 + K_i^{\circ}}(\bar{V}_i - \bar{V}_0^{\circ} - x_i\bar{V}_{\mathrm{S}}) \qquad (61)$$

Da die K druckabhängig sind, kann $\bar{V}^{\circ(p)}$ eine komplizierte Funktion des Drucks, der Natur der gelösten Substanz und des Übergangszustandes und der Anzahl und Art der vorkommenden Solvate und Isomeren sein.
Trotz allem findet man gewisse Regelmäßigkeiten: Für eine Reaktion, bei der in einem polaren Lösungsmittel aus neutralen Molekülen Ionen gebildet werden, ist $\Delta \bar{V}^{\circ}$ stets negativ. Für die Ionisierung einer einbasigen Säure in Wasser liegt der Wert beispielsweise in der Größenordnung von $-15\ \mathrm{cm^3/mol}$. Die $\Delta \bar{V}^{*}$-Werte sind für Reaktionen wie Solvolysen, Quaternisierungen von tertiären Aminen und nucleophile aromatische Substitutionsreaktionen ebenfalls negativ. Sie können Werte bis 70 annehmen *. Bei all diesen Reaktionen wird ein stark polarer Übergangszustand aus weniger polaren Reaktionspartnern gebildet. Die stark negativen $\Delta \bar{V}^{*}$-Werte lassen sich somit als Ausdruck der starken Wechselwirkung zwischen einem Ion oder einem Molekül, das einen starken Dipol enthält, und dem polaren Lösungsmittel deuten.
Bei Reaktionen wie $CH_3Br + OH^- \rightarrow CH_3OH + Br^-$, bei denen Reaktand und Übergangszustand die gleiche Ladung tragen, liegen die $\Delta \bar{V}^{*}$-Werte in der Gegend von $-8\ \mathrm{cm^3/mol}$. Sie dürften ein Maß für die Volumenänderung der gelösten Sub-

* Siehe dazu die Übersicht von Le Noble [41].

stanz sein [40]. Bei der Hydrolyse von substituierten Phenyldiazonium-Ionen findet man positive Werte in der Größe von 9 bis 10. Sie dürften darauf zurückzuführen sein, daß bei der Annäherung an den Übergangszustand Ladung vom Stickstoff auf den Phenylring verteilt wird, wodurch die Wechselwirkung mit dem Lösungsmittel abgeschwächt wird.
Nach Whalley [40] lassen sich säurekatalysierte Reaktionen in Wasser in zwei Gruppen einteilen: In einer Gruppe liegen die $\Delta \bar{V}^{\ddagger}$-Werte zwischen -2 und $+6\,\mathrm{cm^3/mol}$, in der andern liegen sie vornehmlich zwischen -6 und $-10\,\mathrm{cm^3/mol}$, wobei jedoch einige noch wesentlich stärker negativ sind. Whalley schlägt in etwas anderen Worten vor, daß in der zweiten Gruppe das Lösungsmittel stöchiometrisch an der Reaktion beteiligt sei, währenddem dies für die erste Gruppe nicht der Fall sei.
Zusammenfassend kann man feststellen, daß die Untersuchung von Druckeffekten wesentliche Einblicke in die Zusammensetzung und Struktur von Übergangszuständen verspricht.

5.25. Systeme mit mobilen Gleichgewichten in Edukt und Produkt

Es darf heute als erwiesen gelten*, daß Cyclohexanol aus einer Mischung von zwei Konformeren, die in einem mobilen Gleichgewicht stehen, besteht. Das axiale Konformere (A) hat die Struktur AA, das äquatoriale (E) die Struktur BB.

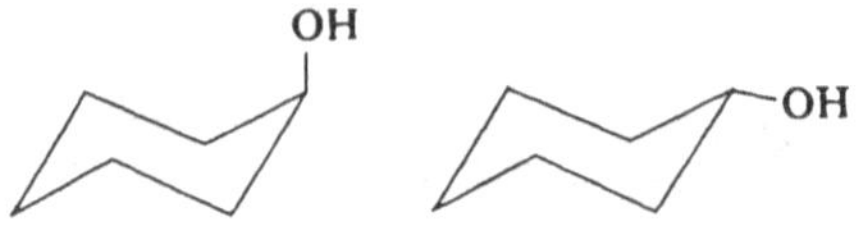

(AA) (BB)

Das Standard-Potential der Barriere zwischen den beiden liegt schätzungsweise 10 kcal über dem Niveau der Konformeren. Die spezifische Geschwindigkeit der Umwandlung der Konformeren ineinander sollte somit in der Größenordnung von $10^5\,\mathrm{s^{-1}}$ liegen. Sie ist also sehr groß im Vergleich zur spezifischen Geschwindigkeit von Reaktionen wie etwa der Veresterung des Alkohols mit Essigsäure-anhydrid in Pyridin, die in der Größenordnung von $10^{-4}\,\mathrm{l/mol \cdot s}$ liegt. Zwischen den Konformeren des Acetats liegt eine Barriere von ungefähr der gleichen Höhe wie zwischen den Konformeren des Alkohols. Da die Ringatome an der Acetylierung nicht direkt beteiligt sind, darf man annehmen, daß auch im Übergangszustand zwei Gruppen von quantisierten Systemen, T_A und T_E, unterschieden werden können, die axiale bzw. äquatoriale Konformation aufweisen. Die spezifische Geschwindigkeit der Acetatbildung ist proportional zur Summe $c_A^{\ddagger} + c_E^{\ddagger}$ der Konzentrationen der Systeme in den zwei Übergangszuständen. Da T_A praktisch im Gleichgewicht mit A und A im Gleichgewicht mit E steht, gilt

$$\frac{c_A^{\ddagger}}{[A]} = \frac{q_A^{\ddagger}}{q_A^{\circ}} \tag{62}$$

* Vgl. z. B. [42].

und

$$\frac{[\mathrm{A}]}{c_\mathrm{A}} = \frac{q_\mathrm{A}^\circ}{q_\mathrm{A}^\circ + q_\mathrm{E}^\circ} \tag{63}$$

wobei $c_\mathrm{A} = [\mathrm{A}] + [\mathrm{E}]$. Daraus folgt:

$$\frac{c_\mathrm{A}^\ddagger}{c_\mathrm{A}} = \frac{q_\mathrm{A}^\ddagger}{q_\mathrm{A}^\circ + q_\mathrm{E}^\circ} \tag{64}$$

In ähnlicher Weise findet man:

$$\frac{c_\mathrm{E}^\ddagger}{c_\mathrm{A}} = \frac{q_\mathrm{E}^\ddagger}{q_\mathrm{A}^\circ + q_\mathrm{E}^\circ} \tag{65}$$

Daraus folgt weiter:

$$k^{(p)} = \frac{\mathbf{k}T}{\mathbf{h}} \frac{q_\mathrm{A}^\ddagger + q_\mathrm{E}^\ddagger}{q_\mathrm{A}^\circ + q_\mathrm{E}^\circ} \tag{66}$$

Dies ist identisch mit der Beziehung, die sich aus dem Prinzip der unabhängigen Koexistenz von Reaktionen (Abschn. 4.26) ableitet, wenn es auch kaum so aussieht. Wenn nämlich

$$v = k_\mathrm{A}[\mathrm{A}] + k_\mathrm{E}[\mathrm{E}] \tag{67}$$

dann ist:

$$k^{(p)} = \frac{v}{c_\mathrm{A}} = \frac{k_\mathrm{A}}{1+K} + \frac{k_\mathrm{E} K}{1+K} \tag{68}$$

Dabei ist K die Gleichgewichtskonstante für die Umwandlung der axialen in die äquatoriale Form. Daraus findet man

$$\frac{\mathbf{h}}{\mathbf{k}T} k^{(p)} = \frac{q_\mathrm{A}^\ddagger}{q_\mathrm{A}^\circ} \frac{1}{1 + q_\mathrm{E}^\circ/q_\mathrm{A}^\circ} + \frac{q_\mathrm{E}^\ddagger}{q_\mathrm{E}^\circ} \frac{q_\mathrm{E}^\circ/q_\mathrm{A}^\circ}{1 + q_\mathrm{E}^\circ/q_\mathrm{A}^\circ} \tag{69}$$

was mit Gl. (66) identisch ist.
Gl. (66) läßt sich auch in der Form

$$k^{(p)} = \frac{\mathbf{k}T}{\mathbf{h}} \frac{q_\mathrm{A}^\ddagger/q_\mathrm{A}^\circ + K(q_\mathrm{E}^\ddagger/q_\mathrm{E}^\circ)}{1 + K} \tag{70}$$

schreiben, in der sie von Winstein und Holness [43] und Eliel und Lukach [44] ursprünglich abgeleitet worden war.
4-*t*-Butylcyclohexanol existiert in einer von zwei Konfigurationen, *cis* und *trans*, die nicht ohne weiteres ineinander übergehen. Wegen ihrer großen Raumbeanspruchung dürfte die *t*-Butylgruppe wohl nur in der äquatorialen Anordnung vor-

liegen. Im *trans-t*-Butylderivat CC steht somit die Hydroxygruppe äquatorial, im *cis*-Isomeren DD axial.

(CC)

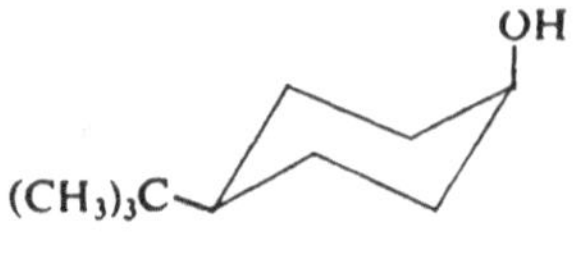

(DD)

Da die *t*-Butylgruppe und die Hydroxygruppe weit voneinander getrennt sind, darf man annehmen, daß der Einfluß des *t*-Butyl-Substituenten auf das Standard-Potential des axialen Konformeren des Übergangszustandes der Acetylierung ungefähr gleich dem entsprechenden Effekt auf dasjenige des axialen Konformeren des Cyclohexanols sein wird. Trifft dies zu, so wird das Verhältnis $q_A^{\ddagger}/q_A^{\circ}$ für die *cis-t*-Butylverbindung und für das unsubstituierte Cyclohexanol sehr ähnlich sein. Entsprechend kann man erwarten, daß das Verhältnis $q_E^{\ddagger}/q_E^{\circ}$ für das *trans-t*-Butylderivat und das unsubstituierte Cyclohexanol gleich sein wird. Auf dieser Grundlage beruht die kinetische Methode der Konformationsanalyse [43]: Sie nimmt an, daß k_c, die spezifische Geschwindigkeit der Acetylierung von *cis-t*-Butylcyclohexanol, für die Größe

$$\frac{\mathbf{k}T}{h} \cdot \frac{q_A^{\ddagger}}{q_A^{\circ}}$$

in Gl. (70) substituiert werden kann und daß sich k_t, die spezifische Geschwindigkeit der Acetylierung von *trans-t*-Butylcyclohexanol, entsprechend gleich

$$\frac{\mathbf{k}T}{h} \cdot \frac{q_E^{\ddagger}}{q_E^{\circ}}$$

setzen läßt. Dies führt zur Beziehung

$$k^{(p)} = \frac{k_c + Kk_t}{1 + K} \tag{71}$$

Unter Bedingungen, bei denen $k^{(p)}$ der Acetylierung von Cyclohexanol experimentell zu $8.60 \cdot 10^{-5}$ bestimmt wird, sind k_c und k_t für die Acetylierung der beiden isomeren *t*-Butylcyclohexanole $2.92 \cdot 10^{-5}$ und $10.8 \cdot 10^{-5}$. Daraus berechnet sich ein Wert von $K = 2.58$, der in recht guter Übereinstimmung mit Werten im Bereich von 2.8 bis 3.3 steht, die nach anderen Methoden der Konformationsanalyse erhalten wurden [45]. In vielen, aber nicht in allen Fällen findet man eine ähnliche Übereinstimmung zwischen *K*-Werten für Cyclohexanderivate, die nach der kinetischen Methode, und solchen, die nach anderen Verfahren der Konformationsanalyse bestimmt wurden [46].

Wenn bei einer Reaktion Bindungen zu Ringkohlenstoffatomen gebrochen werden, ist es denkbar, daß der Unterschied zwischen axialer und äquatorialer Konformation im Übergangszustand verschwindet. In diesem Fall muß man Gl. (70) durch

$$k^{(p)} = \frac{kT}{\mathbf{h}} \frac{q^{\ddagger}}{q_{\mathrm{A}}^{\circ} + q_{\mathrm{E}}^{\circ}} \tag{72}$$

und Gl. (71) durch

$$\frac{1}{k^{(p)}} = \frac{1}{k_c} + \frac{1}{k_t} \tag{73}$$

ersetzen. Damit wird $k^{(p)}$ gleich oder kleiner als die kleinere der beiden Größen k_c und k_t sein. Wenn Gl. (71) gilt, liegt $k^{(p)}$ immer zwischen diesen beiden Größen. Es scheint kein Fall bekannt zu sein, bei dem der experimentell bestimmte Wert von $k^{(p)}$ eindeutig außerhalb des Bereiches zwischen k_c und k_t liegt [47].
Man hat vermutet, daß, wenn Gl. (71) gilt, der primitive Wert der Aktivierungsenthalpie $\Delta \bar{H}^{\ddagger(p)}$ zwischen $\Delta \bar{H}_c^{\ddagger}$ und $\Delta \bar{H}_t^{\ddagger}$ liegen müsse [48]. Durch Ableitung von Gl. (71) und unter Verwendung der Beziehung

$$\frac{dK}{dT} = \frac{K \Delta \bar{H}^{\circ}}{RT^2}$$

findet man indessen:

$$\Delta \bar{H}^{\ddagger(p)} = \frac{k_c \Delta \bar{H}_c^{\ddagger} + K k_t \Delta \bar{H}_t^{\ddagger}}{k_c + K k_t} + \frac{K(k_t - k_c)}{(1+K)(k_c + K k_t)} \Delta \bar{H}^{\circ} \tag{74}$$

Dabei ist $\Delta \bar{H}^{\circ}$ die Standard-Enthalpieänderung für die Umwandlung des Eduktes aus der axialen in die äquatoriale Konformation. Der erste Term auf der rechten Seite dieser Gleichung ist ein gewichtetes Mittel der Werte von $\Delta \bar{H}_c^{\ddagger}$ und $\Delta \bar{H}_t^{\ddagger}$. Der zweite Term kann jedoch dazu führen, daß $\Delta \bar{H}^{\ddagger(p)}$ außerhalb des Bereiches zwischen diesen Größen liegt.

5.26. Katalyse

Eine Substanz C, die die Reaktion einer Substanz A zu einem Produkt P beschleunigt, ohne die Stöchiometrie zu verändern, wird als Katalysator bezeichnet. A wird oft Substrat genannt. In manchen Fällen zeigen die kinetischen Befunde klar, daß die katalysierte Reaktion über mehrere Schritte führt: A und C bilden zunächst ein Zwischenprodukt, bei dessen Übergang zu P der Katalysator wieder freigesetzt wird. Bereits 1902 zeigte Federlin [49], daß die Katalyse der Reaktion von $K_2S_2O_8$ mit H_3PO_3 durch HJ als das Resultat von zwei unabhängigen Reaktionen von vergleichbarer Geschwindigkeit interpretiert werden kann: Die eine ist die Reduktion des Persulfates durch Jodid, die andere die Oxidation des Phosphites durch Jod.
Crowell und Peck [50] untersuchten die Kondensation von Piperonal mit Nitromethan, die durch Butylamin katalysiert ist. Sie stellten eine komplexe Kinetik fest,

aus der eindeutig hervorgeht, daß die Schiffsche Base EE ein Zwischenprodukt der Reaktion ist.

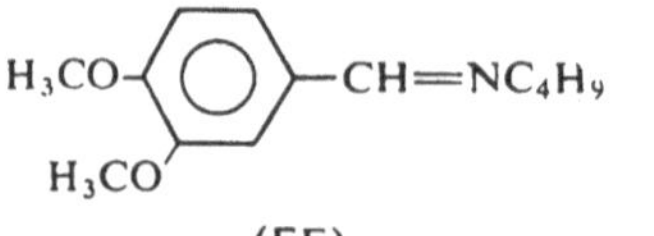

(EE)

Die Hydrolyse von *p*-Nitrophenylacetat ist durch Imidazol katalysiert. In diesem Fall konnte durch Untersuchung der Kinetik der Bildung und des Zerfalls von Acetylimidazol FF

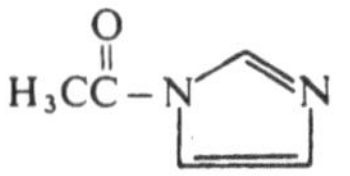

(FF)

gezeigt werden, daß diese Substanz ein Zwischenprodukt der Hydrolyse ist [51]. Die Geschwindigkeit der Reaktion von Acetyl-phenyl-phosphat und Acetyl-äthyl-phosphat mit Thioalkoholen ist bei Abwesenheit eines Katalysators vernachlässigbar klein. Imidazol ist auch für diese Reaktion ein Katalysator. Die Geschwindigkeit der katalysierten Reaktion ist unabhängig von der Konzentration des Thioalkohols [52]. Daraus ergibt sich, daß ein Zwischenprodukt auftreten muß, das durch Reaktion des Phosphat-Derivates mit Imidazol entsteht und das rasch mit dem Thioalkohol reagiert. Das Zwischenprodukt ist vermutlich Acetylimidazol. Diese Art der Katalyse wird oft als nucleophile Katalyse bezeichnet. In den Übersichtsreferaten von Bender [53] und Jencks [54] sind zahlreiche weitere Beispiele derartiger katalytischer Effekte zusammengestellt.

Die Untersuchung der Kinetik eines solchen Systems bietet keine anderen Probleme als die Untersuchung jeder kinetisch komplexen Reaktion. Auf der andern Seite wirft die Existenz einer Katalyse faszinierende und wichtige Fragen im Zusammenhang mit der Beziehung zwischen Struktur und Reaktivität auf. Warum soll etwa die Reaktion von *p*-Nitrophenylacetat mit Imidazol schneller sein als die Hydrolyse, wenn das Produkt der Reaktion mit Imidazol leichter als *p*-Nitrophenylacetat

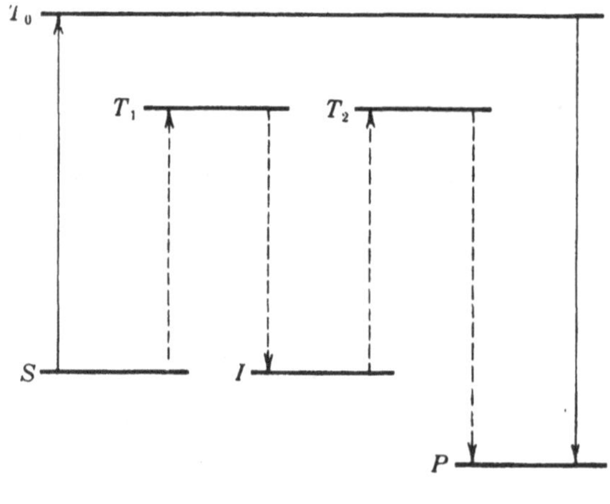

Abb. 5-5. Standardpotentiale für katalysierte und unkatalysierte Reaktionen. S = Substrat, P = Produkt, I = Zwischenprodukt, T_0 = Übergangszustand für die unkatalysierte Reaktion, T_1 = Übergangszustand für den Übergang von S zu I, T_2 = Übergangszustand für den Übergang von I zu P. Die ausgezogenen Pfeile stellen den Verlauf der unkatalysierten, die gestrichelten Pfeile denjenigen der katalysierten Reaktion dar.

hydrolysiert wird? Warum ist die Hydrolyse von Nitrophenylacetat durch Imidazol katalysiert, nicht jedoch die Hydrolyse von Äthylacetat?
Abb. 5-5 zeigt eine schematische Darstellung der verschiedenen Standard-Potentiale. Nach dem Theorem von Polanyi (Abschn. 5.3), das heute weitgehend anerkannt ist, ist sie indessen völlig falsch. Da die Energie von I höher ist als von P, sollte die Energie von T_1 höher, und nicht tiefer als die Energie von T_0 sein. Da die Energie beim Übergang von I nach P stärker abnimmt als beim Übergang von S nach I, sollte T_2 tiefer als T_1, und nicht auf der gleichen Höhe liegen. Polanyis Regel, die sonst so allgemein anwendbar ist, schlägt also im Fall der Katalyse gerade auf zwei Arten fehl.
Nehmen wir an, die Substanzen A und C stehen in einem mobilen Gleichgewicht mit einer Verbindung AC, die die gleiche Zusammensetzung wie der geschwindigkeitsbestimmende Übergangszustand der Umwandlung von A in P hat. Die Geschwindigkeit der katalysierten Bildung von P läßt sich dann ausdrücken als

$$v = \frac{\mathbf{k}T}{\mathbf{h}} \frac{q_{AC}^{\ddagger}}{q_{AC}^{\circ}} [AC] \tag{75}$$

oder:

$$v = \frac{\mathbf{k}T}{\mathbf{h}} \frac{q_{AC}^{\ddagger}}{q_A^{\circ} q_C^{\circ}} [A][C] \tag{76}$$

$q_{AC}^{\ddagger}$ bezieht sich dabei auf den Übergangszustand der katalysierten Reaktion. Die Frage, ob der geschwindigkeitsbestimmende Übergangszustand über das Zwischenprodukt AC oder direkt aus A und C gebildet werde, ist irrelevant und vielleicht völlig bedeutungslos (Abschn. 5.14). Man muß sich deshalb darüber im klaren sein, daß Katalyse auch ohne die Bildung einer Verbindung von A und C möglich ist, es sei denn, man wolle den Übergangszustand als eine solche Verbindung betrachten. Es ist sogar durchaus möglich, daß eine Verbindung AC eine Struktur besitzt, die keinen Fortschritt in Richtung auf den Übergangszustand, sondern gerade das Gegenteil darstellt.
Recht oft findet man, daß neben der katalysierten Reaktion auch die unkatalysierte Reaktion in signifikantem Maße abläuft. Entlang der Barriere zwischen A und P muß es somit signifikant besetzte Zustände geben, die die Elemente von C enthalten, und solche, die sie nicht enthalten. Die Geschwindigkeit der Bildung von P ist infolgedessen:

$$v = \frac{\mathbf{k}T}{\mathbf{h}} \left(\frac{q_A^{\ddagger}}{q_A} [A] + \frac{q_{AC}^{\ddagger}}{q_A^{\circ} q_C^{\circ}} [A][C] \right) \tag{77}$$

$q_{AC}^{\ddagger}$ stellt die Summe der Boltzmann-Terme für die Zustände dar, die C enthalten, $q_A^{\ddagger}$ die entsprechende Summe für die Zustände, die kein C enthalten. Gl. (77) läßt sich auch schreiben als:

$$v = \frac{\mathbf{k}T}{\mathbf{h}} \frac{q_A^{\ddagger}}{q_A^{\circ}} [A] \left(1 + \frac{q_{AC}^{\ddagger}}{q_A^{\ddagger} q_C^{\circ}} [C] \right) \tag{78}$$

Die Größe $q^{\ddagger}_{AC}/q^{\ddagger}_{A}q^{\circ}_{C}$ läßt sich als Gleichgewichtskonstante $K^{\ddagger}_{AC}$ für di Umwandlung eines Übergangszustandes, der kein C enthält, in einen solchen, der C enthält, ansehen*.
Wenn die Bildung der Verbindung AC keine wesentliche Rolle spielt, ist die primitive Konzentration c_A gleich [A], und man findet:

$$k^{(p)} = \frac{\mathbf{k}T}{\mathbf{h}} \frac{q^{\ddagger}_{A}}{q^{\circ}_{A}} (1 + K^{\ddagger}_{AC}[C]) \tag{79}$$

Definiert man die Beschleunigung durch den Katalysator als

$$\alpha = \frac{k^{(p)} - k_u}{k_u} \tag{80}$$

wobei k_u die spezifische Geschwindigkeit der unkatalysierten Reaktion darstellt, so ist:

$$\alpha = K^{\ddagger}_{AC}[C] \tag{81}$$

Der Effekt von Salzen auf die Geschwindigkeit von vielen Solvolysereaktionen in schwach ionisierenden Lösungsmitteln (wie Essigsäure, Aceton, Tetrahydrofuran etc.) ist ein ausgezeichnetes Beispiel für diese Art der Katalyse [56]: Für viele Ausgangsstoffe und Lösungsmittel und eine ganze Anzahl von Salzen läßt sich der Effekt eines zugegebenen Salzes durch die Gleichung

$$k = k^{\circ}(1 + b[S]) \tag{82}$$

in guter Näherung beschreiben. In gewissen Fällen, namentlich wenn der Effekt sehr groß ist, spielt ein quadratischer Term in [S] eine Rolle. Lithiumperchlorat hat manchmal einen sehr verschiedenen Einfluß (Abschn. 6.15). *b*-Werte von bis zu 20 000 (für den Effekt von Lithiumperchlorat auf die Solvolyse von Spirodienyl-*p*-nitrobenzoat in Aceton) wurden schon beobachtet; typische Werte für den Effekt in Essigsäure liegen indessen zwischen 10 und 40.
Nach Gl. (79) entspricht *b* der Gleichgewichtskonstante für die Umwandlung eines salzfreien Übergangszustandes in einen, der ein Molekül Salz enthält. Die Antragung von *k* gegen [S] ist linear oder hat positive Krümmung. Dies zeigt, daß die Wechselwirkung zwischen dem Salz und dem Ausgangsprodukt zu klein ist, um die Kinetik feststellbar zu beeinflussen. Der Salzeffekt läßt sich vernünftig erklären, wenn man annimmt, daß zwischen dem Salz und dem Übergangszustand eine Art multipolarer Komplex (Abschn. 8.3) gebildet wird, der hauptsächlich in Form eines Ionenpaares vorliegt.
Wenn die Bildung der Verbindung AC eine wesentliche Rolle spielt, so sind die Größen [A] und [C] in Gl. (78) durch die folgenden drei Gleichungen bestimmt:

$$\frac{[AC]}{[A][C]} = K^{c}_{AC} = \frac{q^{\circ}_{AC}}{q^{\circ}_{A}q^{\circ}_{C}} \tag{83}$$

* Die Beweisführung im folgenden stammt im wesentlichen von Kurz [55].

$$c_A = [A] + [AC] \tag{84}$$

$$c_C = [C] + [AC] \tag{85}$$

Dabei sind c_A und c_C primitive Konzentrationen. In diesem Fall ist eine explizite Lösung zwar möglich, aber reichlich kompliziert. Zwei Grenzfälle, die zu einfachen Formen führen, sind indessen von Interesse: Wenn c_C groß gegenüber c_A oder gut gepuffert ist, so gilt in guter Näherung $[C] = c_C$ und:

$$[A] = \frac{c_A}{1 + K^{\circ}_{AC} c_C} \tag{86}$$

Daraus folgt nach Gl. (78):

$$k^{(p)} = k^{\circ} \frac{1 + K^{\ddagger}_{AC} c_C}{1 + K^{\circ}_{AC} c_C} \tag{87}$$

Da in diesem Fall

$$\frac{dk^{(p)}}{dc_C} = \frac{K^{\ddagger}_{AC} - K^{\circ}_{AC}}{(1 + K^{\circ}_{AC} c_C)^2} \tag{88}$$

findet man nur dann eine positive Beschleunigung, wenn $K^{\ddagger}_{AC} > K^{\circ}_{AC}$. Das bedeutet, daß der Komplex, der durch den Übergangszustand mit dem Katalysator gebildet wird, stabiler als derjenige, der durch das Ausgangsprodukt gebildet wird, sein muß. Eine Antragung von $k^{(p)}$ gegen c_C wird in jedem Fall stark gekrümmt sein, wobei das Vorzeichen der Krümmung umgekehrt zum Vorzeichen der Steigung ist. In den meisten, wenn nicht in allen Fällen der Katalyse durch Säuren und Basen lassen sich die Bedingungen, unter denen Gl. (87) gilt, ohne weiteres realisieren.
Wenn c_C klein gegenüber c_A und nicht gepuffert ist, dann ist in guter Näherung $[A] = c_A$. Damit ergibt sich

$$[C] = \frac{c_C}{1 + K^{\circ}_{AC} c_A} \tag{89}$$

und:

$$k^{(p)} = k^{\circ} \left(1 + \frac{K^{\ddagger}_{AC} c_C}{1 + K^{\circ}_{AC} c_A}\right) \tag{90}$$

In diesem Fall findet man eine positive Beschleunigung, wenn $K^{\ddagger}_{AC} > 0$, d. h. wenn der Übergangszustand einen stabilen Komplex mit C bildet. Die Antragung von $k^{(p)}$ gegen c_C ist eine Gerade, deren Steigung mit zunehmendem c_A gegen den Grenzwert k° abnimmt. Wenn die Geschwindigkeit der unkatalysierten Reaktion gegenüber derjenigen der katalysierten Reaktion vernachlässigbar ist, vereinfacht sich Gl. (90) zu:

$$k^{(p)} = \frac{k_{AC} K^{\circ}_{AC} c_C}{1 + K^{\circ}_{AC} c_A} \tag{91}$$

Dies folgt aus den Beziehungen:

$$\frac{k^\circ K_{AC}^{\ddagger}}{K_{AC}^\circ} = \frac{\mathbf{k}T}{\mathbf{h}} \frac{q_A^{\ddagger}(q_{AC}^{\ddagger}/q_A^{\ddagger} q_C^\circ)}{q_A^\circ(q_{AC}^\circ/q_A^\circ q_C^\circ)} = \frac{\mathbf{k}T}{\mathbf{h}} \frac{q_{AC}^{\ddagger}}{q_{AC}^\circ} = k_{AC} \tag{92}$$

k_{AC} ist dabei die spezifische Geschwindigkeit der Umwandlung von AC ins Reaktionsprodukt. Mit zunehmendem c_A bei konstantem c_C nähert sich die Geschwindigkeit $v = k^{(p)} c_A$ dem konstanten Wert $k_{AC} c_C$.

5.27. Der Übergang vom Übergangszustand zum Produkt bei einer katalysierten Reaktion

Es ist durchaus möglich, daß zwischen dem geschwindigkeitsbestimmenden Übergangszustand einer katalysierten Reaktion und dem Endprodukt noch ein Zwischenprodukt auftritt, das C immer noch enthält. Im Prinzip ist ein solches Zwischenprodukt für die Reaktion jedoch genausowenig notwendig, wie eine Verbindung aus A und C vor dem Übergangszustand notwendig ist.

Nach der Hypothese, daß der Übergang vom Übergangszustand zum Produkt hauptsächlich auf dem Weg erfolgt, auf dem die Geometrie des Übergangszustandes am wenigsten gestört wird (Abschn. 5.15), muß man annehmen, daß im primären Produkt P und C oft noch in Kontakt stehen. Sie sind zwar nicht aneinander gebunden, liegen jedoch zusammen in einem Lösungsmittelkäfig [57]. Wenn P und C auseinanderdiffundieren, muß eine weitere Energiebarriere überwunden werden. Die Diffusionsbarriere kann an sich so hoch sein, daß aus einem einzelnen, geschwindigkeitsbestimmenden Übergangszustand mehr als ein Reaktionsprodukt gebildet werden kann. Offenbar ist dies manchmal der Fall (Abschn. 6.9). Das Verhältnis, in dem solche Produkte entstehen, ist dann eine Funktion der reziproken Werte der Energiebarrieren, die der Bildung der Produkte entgegenstehen, relativ zur Diffusionsbarriere.

5.28. Bemerkungen zur Enzym-Katalyse und zur heterogenen Katalyse

Gl. (91) ist identisch mit der Michaelis-Menten-Gleichung (Abschn. 4.17), wie sie gilt, wenn Enzym und Substrat in einem mobilen Gleichgewicht mit dem Enzym-Substrat-Komplex stehen. In der allgemeinen Form ist die Gleichung äquivalent zu:

$$\frac{\mathbf{k}T}{\mathbf{h}} \frac{c_E c_S}{v} = q_E^\circ q_S^\circ \left(\frac{1}{q_1^{\ddagger}} + \frac{1}{q_2^{\ddagger}} \right) + \frac{q_{ES}^\circ}{q_2^{\ddagger}} c_S \tag{93}$$

Bei niederen Substratkonzentrationen ist die Reaktionsgeschwindigkeit somit unabhängig vom Standard-Potential des Enzym-Substrat-Komplexes. Bei hohen Substratkonzentrationen ist die Geschwindigkeit unabhängig von den Standard-Potentialen des Enzyms und des Substrates.

Die Beziehungen, die wir für die homogene Katalyse abgeleitet haben, lassen sich mit einer Modifikation auch auf die heterogene Katalyse anwenden: Die Größe [C] in diesen Beziehungen muß durch die Größe σm_C ersetzt werden. m_C ist die Masse des

Katalysators und σ ist die Anzahl der katalytisch aktiven Stellen pro Masseneinheit des Katalysators, multipliziert mit dem Faktor $1/N_0$. Dies gilt sowohl, wenn die aktiven Stellen über das ganze Volumen des Katalysators verteilt sind (wie etwa in Ionenaustauscher-Harzen [58]) als auch, wenn sie nur auf der Oberfläche der Katalysator-Partikel liegen. In diesem Fall ist σ das Produkt der Dichte der aktiven Stellen pro Oberflächeneinheit der Partikel und des Verhältnisses von Oberfläche zu Masse des Katalysators. Innerhalb eines einzigen Katalysators kann die Energie der unbesetzten Stellen von Stelle zu Stelle in weiten Grenzen variieren. Dasselbe gilt auch für Stellen, die durch Edukt-Moleküle besetzt sind, gleichgültig, ob sie im Zustand des aktivierten Komplexes sind oder nicht. Die Summierungen, die die Werte der q-Funktionen bestimmen, müssen deshalb alle Arten der beteiligten aktiven Stellen einbeziehen.

5.29. Das Prinzip der mikroskopischen Reversibilität

Das Prinzip der mikroskopischen Reversibilität läßt sich einfach aus der Theorie des Übergangszustandes ableiten. Eine andere Ableitung ist indessen schwierig. Betrachten wir ein System von Reaktionen wie

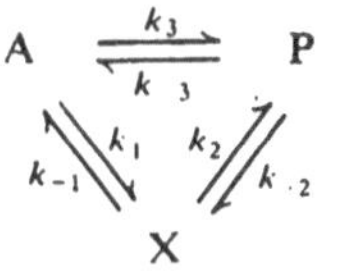

(IX)

in welchen die k unabhängig von den Konzentrationen von A, X und P sind, jedoch Funktionen von anderen Konzentrationen sein können. Das Prinzip der mikroskopischen Reversibilität besagt, daß in einem solchen System nur fünf Parameter unabhängig sind, weil zwischen den sechs k die Beziehung

$$\frac{k_3}{k_{-3}} = \frac{k_1 k_2}{k_{-1} k_{-2}} \tag{94}$$

besteht. Für ein beliebiges oder auch für alle k_i/k_{-i}-Verhältnisse kann man die entsprechende Gleichgewichtskonstante K_i einsetzen.
Substituiert man $q_i^{\ddagger}/q_i^{\circ}$ für jedes k_i, so wird deutlich, daß Gl. (94) nach der Theorie des Übergangszustandes gelten *muß*. Man erhält nämlich:

$$\frac{q_3^{\ddagger}/q_A^{\circ}}{q_3^{\ddagger}/q_P^{\circ}} = \frac{(q_1^{\ddagger}/q_A^{\circ})(q_2^{\ddagger}/q_X^{\circ})}{(q_1^{\ddagger}/q_X^{\circ})(q_2^{\ddagger}/q_P^{\circ})} \tag{95}$$

Dies ist eine Identität; beide Seiten reduzieren sich zu q_p°/q_A°. Diese Größe stellt die thermodynamische Gleichgewichtskonstante für die Umwandlung von A in P dar.
Akzeptiert man die Gültigkeit des Prinzips der mikroskopischen Reversibilität, so schaltet man zwangsläufig die Möglichkeit eines Zirkulargleichgewichtes* aus. Im

* Der Ausdruck „Zirkulargleichgewicht" geht auf Skrabel [59] zurück.

Extremfall eines Zirkulargleichgewichts wäre $k_{-3} = k_1 = k_2 = 0$, d. h. A könnte nur auf dem direkten Weg in P übergehen, während P nur auf dem indirekten Weg über X zu A zurückkehren könnte. Wenn Gl. (94) nicht genau erfüllt wäre, wäre eine gewisse Zirkulation in diesem Sinne tatsächlich zu erwarten; wäre die linke Seite der Gleichung größer, so würde die Zirkulation im Uhrzeigersinn, im umgekehrten Fall im Gegenuhrzeigersinn erfolgen.

Das Prinzip der mikroskopischen Reversibilität läßt sich auch auf größere Reaktionssysteme mit weiteren Substanzen anwenden. Oft hilft es, gefährliche Fallen bei der Betrachtung von Reaktionen, die über einen katalysierten und einen unkatalysierten Weg ablaufen können, zu umgehen.

Betrachten wir ein Beispiel: Bruice und Bruno [60] schlugen den folgenden Mechanismus für die Katalyse der Hydrolyse von δ-Thiovalerolacton (L) durch Imidazol (ImH) vor:

$$\begin{aligned}
&\mathrm{ImH} + \mathrm{L} \underset{k_{-1}}{\overset{k_1}{\rightleftharpoons}} \mathrm{IH}\\
&\mathrm{ImH} \overset{K_2}{\rightleftharpoons} \mathrm{Im}^- + \mathrm{H}^+\\
&\mathrm{Im}^- + \mathrm{L} \underset{k_{-3}}{\overset{k_3}{\rightleftharpoons}} \mathrm{I}^-\\
&\mathrm{I}^- + \mathrm{H}^+ \overset{K_4}{\rightleftharpoons} \mathrm{IH}\\
&\mathrm{IH} \overset{k_5}{\longrightarrow} \mathrm{P}
\end{aligned} \qquad \text{(X)}$$

P steht für die Reaktionsprodukte Thiovaleriansäure und Imidazol. I^- und IH sind Zwischenprodukte, auf die sich die Bodenstein-Näherung anwenden läßt. Damit der Mechanismus die experimentell festgestellte Abhängigkeit der Reaktionsgeschwindigkeit von der Wasserstoffionen-Konzentration erklärt, muß man annehmen, daß K_3k_2 viel kleiner als k_1, daß jedoch k_{-3}/K_4 ungefähr gleich groß wie k_{-1} ist. Westheimer und Bender [61] führten aus, daß diese Annahme im Widerspruch zum Prinzip der mikroskopischen Reversibilität steht. Sie würde tatsächlich eine Zirkulation bedingen, bei der IH nicht über das Zwischenprodukt Im^- gebildet würde, jedoch auf zwei Wegen (mit und ohne Im^- als Zwischenprodukt) zu ImH + L zurückkehrte.

Nach dem Mechanismus (X) kann I^- auf zwei Wegen aus ImH + L entstehen. Anwendung des Prinzips der mikroskopischen Reversibilität auf diese beiden Wege führt zu:

$$K_2 \frac{k_3}{k_{-3}} = \frac{1}{K_4} \frac{k_1}{k_{-1}} \qquad (96)$$

Dies ist äquivalent zu

$$\frac{K_2 k_3}{k_1} = \frac{k_{-3}/K_4}{k_{-1}} \qquad (97)$$

und steht somit im Widerspruch zu Bruice und Brunos Annahme.

Eine Fülle von oftmals verwirrender Literatur befaßt sich mit dem Prinzip der mikroskopischen Reversibilität*. Sie scheint ihren Anfang mit einem Vorschlag von Tolmann [62] genommen zu haben.
Davidson [63] stellte das Theorem bloß auf, „im Vertrauen darauf, daß es auf Grund der vorherigen Diskussion über die Zeitumkehr in der klassischen Mechanik plausibel erscheint". Onsager behandelte in seiner klassischen Arbeit über irreversible Thermodynamik [64] die Geschwindigkeitsgleichungen eines Systems in der Art von (X), namentlich:

$$\frac{d[\mathrm{P}]}{dt} = k_3[\mathrm{A}] + k_2[\mathrm{X}] - (k_{-2} + k_{-3})[\mathrm{P}] \tag{98}$$

$$\frac{d[\mathrm{A}]}{dt} = -(k_1 + k_3)[\mathrm{A}] + k_{-3}[\mathrm{P}] + k_{-1}[\mathrm{X}] \tag{99}$$

Wenn das ganze System im Gleichgewicht ist, sind $d[\mathrm{P}]/dt$ und $d[\mathrm{A}]/dt$ beide Null. Durch Elimination von $[\mathrm{X}]_e$, der Konzentration von X im Gleichgewicht, erhält man:

$$\frac{[\mathrm{P}]_e}{[\mathrm{A}]_e} = \frac{k_1 k_2 + k_{-1} k_3 + k_2 k_3}{k_{-1} k_{-2} + k_{-1} k_{-3} + k_2 k_{-3}} \tag{100}$$

„Hier indessen", so fährt Onsager fort, „pflegen Chemiker eine weitere, sehr interessante Beschränkung einzuführen, nämlich, daß, wenn das Gleichgewicht erreicht ist, jede individuelle Reaktion sich selbst ausbalancieren muß. Sie verlangen, daß der Übergang von A_e nach P_e gleich häufig erfolgt wie der Übergang von P_e nach A_e etc." Diese Beschränkung ist äquivalent zur Gleichung:

$$k_{-3}[\mathrm{P}]_e = k_3[\mathrm{A}]_e \tag{101}$$

Damit wird Gl. (100) zu

$$1 = \frac{k_{-1} + k_2 + k_1 k_2/k_3}{k_{-1} + k_2 + k_{-1} k_{-2}/k_{-3}} \tag{102}$$

oder

$$\frac{k_{-1} k_{-2}}{k_{-3}} = \frac{k_1 k_2}{k_3} \tag{103}$$

was identisch mit Gl. (94) ist.

5.30. Literatur

1. LaMer, V. K. und M. L. Miller, *J. Am. Chem. Soc.*, *57:* 2674 (1935).
2. Hulett, J. R., *Quart. Rev. (London)*, *18:* 227 (1964).
3. Leffek, K. T., R. E. Robertson und S. Sugamori, *J. Am. Chem. Soc.*, *87:* 2097 (1965).

* Vgl. dazu die Übersicht von Skrabel [59].

4. Brönsted, J. N., *Z. Physik. Chem., 102:* 169 (1922).
5. Evans, M. G. und M. Polanyi, *Trans. Faraday Soc., 34:* 11 (1938).
6. Werner, A., *Ber., 44:* 873 (1911).
7. Lewis, G. N., „Valence and the Structure of Atoms and Molecules", Chemical Catalog Co., New York 1923.
8. London, F., *Z. Elektrochem., 35:* 552 (1929).
9. Eyring, H., *J. Chem. Phys., 3:* 107 (1935).
10. Wheeler, A., B. Topley und H. Eyring, *J. Chem. Phys, 4:* 178 (1936).
11. Leffler, J. E. und R. D. Temple, *J. Am. Chem. Soc., 89:* 5235 (1967).
12. Bridgman, P. W., „The Logic of Modern Physics", The Macmillan Company, New York 1927.
13. Curtin, D. Y., *Rec. Chem. Progr., Kresge-Hooker Sci. Library, 15:* 111 (1954).
14. Bartlett, P. D. und S. D. Tarbell, *J. Am. Chem. Soc., 58:* 466 (1936); s. auch R. P. Bell und M. Pring, *J. Chem. Soc., 1966 B:* 1119.
15. Roberts, I. und G. E. Kimball, *J. Am. Chem. Soc., 59:* 947 (1937).
16. Weill, I. und J. C. Morris, *J. Am. Chem. Soc., 71:* 1664 (1949).
17. Jencks, W. P., *J. Am. Chem. Soc., 81:* 475 (1959).
18. Fitzpatrick, F. W. und J. D. Gettler, *J. Am. Chem. Soc., 78:* 530 (1956).
19. Anderson, B. M. und W. P. Jencks, *J. Am. Chem. Soc., 82:* 1773 (1960).
20. Schaleger, L. L. und F. A. Long, *Advan. Phys. Org. Chem., 1:* 1 (1963).
21. Bell, R. P., „The Proton in Chemistry", Cornell University Press, N. Y., 1959.
22. Collins, C. J., *Advan. Phys. Org. Chem., 2:* 60 (1964).
23. Westheimer, F. H., *Chem. Rev., 61:* 265 (1961).
24. Melander, L., „Isotope Effects on Reaction Rates", The Ronald Press Company, New York 1962; R. P. Bell, *Discussions Faraday Soc., 39:* 16 (1965).
25. Gruen, L. C. und F. A. Long, *J. Am. Chem. Soc., 89:* 1287 (1967).
26. Longridge, J. L. und F. A. Long, *J. Am. Chem. Soc., 89:* 1292 (1967).
27. Lewis, E. S. und L. H. Funderburk, *J. Am. Chem. Soc., 89:* 2322 (1967).
28. Bell, R. P. und D. M. Goodall, *Proc. Roy. Soc. (London), A 294:* 273 (1966).
29. Shiner, V. J., *J. Am. Chem. Soc. 75:* 2925 (1953).
30. Halevi, E. A., *Progr. Phys. Org. Chem., 1:* 109 (1963); E. R. Thornton, *Ann. Rev. Phys. Chem., 17:* 349 (1966).
31. Westheimer, F. H. und N. Nicolaides, *J. Am. Chem. Soc., 71:* 25 (1949).
32. Swain, C. G. und E. R. Thornton, *J. Am. Chem. Soc., 84:* 822 (1962).
33. Clarke, G. A., T. R. Williams und R. W. Taft, *J. Am. Chem. Soc., 84:* 2292 (1962).
34. Laughton, P. M. und R. E. Robertson, *Can. J. Chem., 43:* 154 (1965).
35. Thornton, E. R., *Ann. Rev. Phys. Chem., 17:* 367 (1966).
36. Bunton, C. A. und V. J. Shiner, *J. Am. Chem. Soc., 83:* 3207, 3214 (1961).
37. Swain, C. G. und E. R. Thornton, *J. Am. Chem. Soc., 83:* 3884 (1961).
38. Kreevoy, M. M., P. J. Steinwand und W. V. Kayser, *J. Am. Chem. Soc., 86:* 5013 (1964).
39. Kresge, A. J. und D. P. Onwood, *J. Am. Chem. Soc., 86:* 5014 (1964).
40. Whalley, E., *Advan. Phys. Org. Chem., 2:* 93 (1964).
41. le Noble, W. J., *Progr. Phys. Org. Chem., 5:* 207 (1967).
42. Eliel, E. L., „Stereochemie der Kohlenstoffverbindungen", Kap. 8, Verlag Chemie, Weinheim 1966.
43. Winstein, S. und N. J. Holness, *J. Am. Chem. Soc., 77:* 5562 (1955).
44. Eliel, E. L. und C. A. Lukach, *J. Am. Chem. Soc., 79:* 5986 (1957).
45. Eliel, E. L. und S. Schroeter, *J. Am. Chem. Soc., 87:* 5031 (1965).
46. Eliel, E. L. und F. J. Biros, *J. Am. Chem. Soc., 88:* 3334 (1966).
47. Mateos, J. L., C. Perez und H. Kwart, *Chem. Commun., 1967:* 125.
48. Kwart, H. und T. Takeshita, *J. Am. Chem. Soc., 86:* 1161 (1964).
49. Federlin, W., *Z. Physik. Chem., 41:* 565 (1902).
50. Crowell, T. I. und D. W. Peck, *J. Am. Chem. Soc., 75:* 1075 (1953).
51. Brouwer, D. M., M. J. v. d. Vlugt und E. Havinga, *Koninkl. Ned. Akad. Wetenschap.-Proc., B 60:* 275 (1957).
52. Jencks, W. P. und J. Carriuolo, *J. Biol. Chem., 234:* 1272 (1959).
53. Bender, M. L., *Chem. Rev., 60:* 53 (1960).
54. Jencks, W. P., *Progr. Phys. Org. Chem., 2:* 99 (1964).

55. Kurz, J. L., *J. Am. Chem. Soc.*, *85:* 987 (1963).
56. Fainberg, A. H. und S. Winstein, *J. Am. Chem. Soc.*, *78:* 2763; 2780 (1956); S. Winstein, S. Smith und D. Darwish, *ibid. 81:* 5511 (1959); S. Winstein, E. C. Friedrich und S. Smith, *ibid. 86:* 305 (1964).
57. Franck, J. und E. Rabinowitch, *Trans. Faraday Soc.*, *30:* 120 (1934).
58. Haskell, V. C. und L. P. Hammett, *J. Am. Chem. Soc.*, *71:* 1284 (1949); S. A. Bernhard und L. P. Hammett, *ibid. 75:* 1798 (1953).
59. Skrabel A., *Monatsh.*, *81:* 239 (1950).
60. Bruice, T. C. und J. J. Bruno, *J. Am. Chem. Soc.*, *84:* 2128 (1962).
61. Westheimer, F. H. and M. L. Bender, *J. Am. Chem. Soc.*, *84:* 4908 (1962).
62. Tolman, R. C., „Statistical Mechanics with Applications to Physics and Chemistry", Chemical Catalog Co., New York 1927.
63. Davidson, N., „Statistical Mechanics", S. 231, McGraw-Hill Book Co., New York 1962.
64. Onsager, L., *Phys. Rev.*, *37:* 405 (1931).

6. Einige Substitutionsreaktionen

6.1. Nucleophile Substitutionsreaktionen zweiter Ordnung an Kohlenstoff

Bei einer nucleophilen Substitutionsreaktion an einem Kohlenstoffatom wird eine neue Bindung zum Kohlenstoff gebildet und eine alte gebrochen. Das Atom, das die neue Bindung bildet, wie auch das ursprünglich gebundene Atom tragen je ein einsames Elektronenpaar, und man bezeichnet die Ionen oder Moleküle mit den elektronenreichen Atomen als Nucleophile. Beispiele für nucleophile Substitutionsreaktionen, die kinetisch zweiter Ordnung sein können, aber nicht müssen, sind etwa

$$J^- + R_3CCl \rightarrow R_3CJ + Cl^- \quad \text{(I)}$$

$$HO^- + R_3CCl \rightarrow HOCR_3 + Cl^- \quad \text{(II)}$$

$$R_3N + R_3CCl \rightarrow R_3NCR_3^+ + Cl^- \quad \text{(III)}$$

$$HO^- + R_3NCR_3^+ \rightarrow HOCR_3 + NR_3 \quad \text{(IV)}$$

$$R_3N + R_3CSR_2^+ \rightarrow R_3NCR_3^+ + SR_2 \quad \text{(V)}$$

R kann in diesen Formeln Wasserstoff oder Alkyl-, Aryl- oder Alkylarylgruppen bedeuten.

Sind die drei Liganden R am Kohlenstoffatom, an dem die Substitution erfolgt, nicht gleich, so kann die betreffende Substanz in optisch aktiver Form vorliegen. Bis heute ist eine große Anzahl von Substitutionsreaktionen mit optisch aktiven Reaktanden untersucht worden. In allen Fällen, bei denen experimentell die Reaktionsordnung 2 gefunden wurde, stellte man ausnahmslos eine Umkehrung der

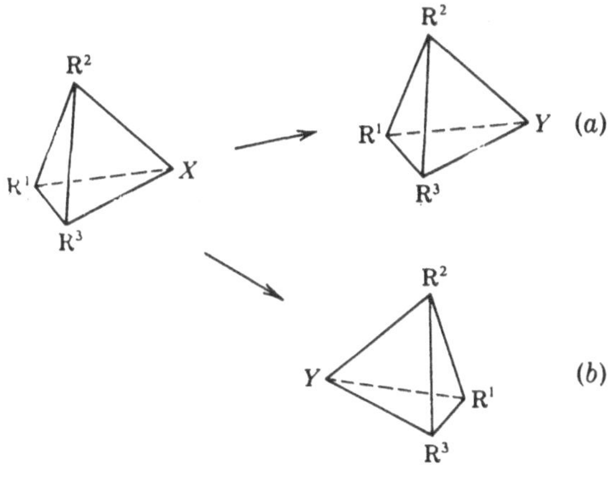

Abb. 6-1. Erhaltung (*a*) und Umkehrung (*b*) der Konfiguration in Substitutionsreaktionen.

Konfiguration im Sinne von Abb. 6-1b fest. R^1, R^2 und R^3 bedeuten dabei die Liganden am Kohlenstoffatom, an dem die Substitution erfolgt, Y ist das eintretende Nucleophil, X das austretende Nucleophil, die sog. Abgangsgruppe.
Die ersten Hinweise auf die Stereochemie solcher Reaktionen stammen aus einer bemerkenswerten Serie von Arbeiten von Kenyon, Phillips und Mitarbeitern [1]. Sie erkannten, daß die aus natürlicher Milch- und Äpfelsäure leicht erhältlichen optisch aktiven Substanzen für mechanistische Untersuchungen bereits recht komplizierte Ausgangsstoffe sind, und stellten daher eine Serie von reinen, optisch aktiven Alkoholen dar, die (außer der Hydroxygruppe) keine anderen funktionellen Gruppen enthielten – ein damals recht schwieriges Unterfangen. Ihre Experimente mit den Alkoholen führten zu einer Anzahl von klaren und eindeutigen Ergebnissen der folgenden Art:

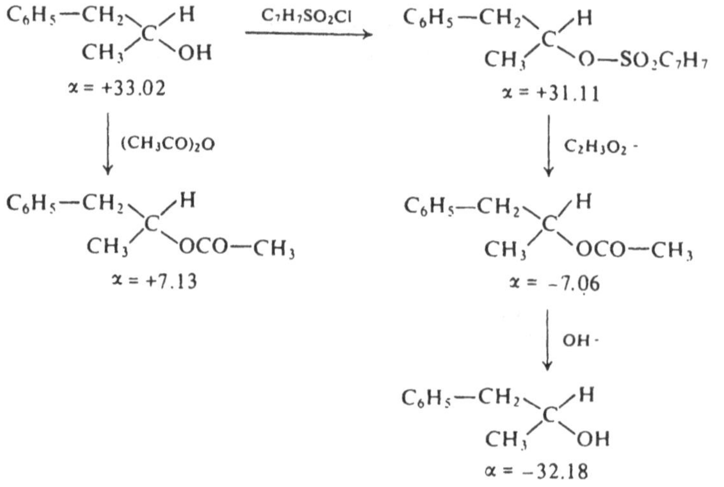

(VI)

Alle diese Reaktionen verlaufen mit hoher Ausbeute. Die optische Drehung der beiden Carbinole ist fast gleich groß.
Durch Ausschluß der anderen Möglichkeiten läßt sich die Konfigurationsumkehrung eindeutig auf denjenigen Reaktionsschritt zurückführen, bei dem das Toluolsulfonat-Ion durch das Acetat-Ion substituiert wird. Sie kann nicht von der Reaktion des Carbinols mit dem Toluolsulfochlorid herrühren, da dabei keine der Bindungen zum asymmetrisch substituierten Kohlenstoffatom gebrochen wird. Es ist kaum denkbar, daß eine Umkehrung der Konfiguration möglich ist, ohne daß eine dieser Bindungen gebrochen und durch eine neue Bindung in der anderen Konfiguration ersetzt wird. Eine Substitution an einer andern Stelle des Moleküls (in diesem Fall die Substitution des Protons der Hydroxygruppe durch die Toluolsulfonylgruppe) kann also keine Inversion erzeugen. Im weiteren schien es auch wahrscheinlich, daß bei der Acetylierung des Alkohols die Kohlenstoff-Sauerstoff-Bindung nicht berührt wird. Dies wurde später durch Isotopenmarkierungs-Experimente eindeutig bewiesen. Kenyon und Phillips fanden bei all ihren Experimenten das gleiche Verhalten und schlossen daraus, daß die Substitution eines Toluolsulfonat-Ions durch ein Carboxylat- oder Alkoxid(Alkoholat)-Ion stets eine Umkehr der Konfi-

guration mit sich bringe. Sie vermuteten sogar, daß jede nucleophile Substitution an einem Kohlenstoffatom zu einer Inversion führe.

6.2. Racemisierung und isotope Substitution

Seit 1913 ist bekannt [2], daß Alkylbromide durch Bromid-Ion und Alkyljodide durch Jodid-Ion racemisiert werden, wobei die Geschwindigkeit der Racemisierung proportional zur Konzentration des Halogenid-Ions ist. Man hat auch festgestellt [3], daß Alkylbromide mit isotopen Bromid-Ionen und Alkyljodide mit isotopen Jodid-Ionen eine Austauschreaktion ausführen, deren Geschwindigkeit proportional zur Halogenidionen-Konzentration ist. Der Isotopenaustausch ist ein reversibler Vorgang

$$RX + {}^{*}X^{-} \underset{k_1}{\overset{k_1}{\rightleftharpoons}} R^{*}X + X^{-} \tag{VII}$$

dessen Vorwärts- und Rückwärtsgeschwindigkeit praktisch identisch sind. Der Stern bezeichnet das radioaktive Halogenisotop. Bei der Bestimmung der Austauschgeschwindigkeit muß man den Zerfall der kurzlebigen radioaktiven Halogenisotopen berücksichtigen. Mit k_r, der spezifischen Zerfallsgeschwindigkeit, erhält man die Geschwindigkeitsgleichungen:

$$\frac{d[R^{*}X]}{dt} = k_1[RX][{}^{*}X^{-}] - k_1[R^{*}X][X^{-}] - k_r[R^{*}X] \tag{1}$$

$$\frac{d[{}^{*}X^{-}]}{dt} = k_1[R^{*}X][X^{-}] - k_1[RX][{}^{*}X^{-}] - k_r[{}^{*}X^{-}] \tag{2}$$

Wenn [A] die Gesamtkonzentration des Alkylhalogenids und [B] diejenige des Halogenid-Ions ist, so läßt sich ein experimentell bestimmbares Verhältnis γ definieren als:

$$\gamma = \frac{[R^{*}X]/[A]}{[{}^{*}X^{-}]/[B]} \tag{3}$$

Aus den Gleichungen (1) bis (3) und den Definitionen von [A] und [B] folgt, daß:

$$\frac{1}{k_1}\frac{d\gamma}{dt} = [B] + ([A] - [B])\gamma - [A]\gamma^2 \tag{4}$$

$$k_1 t = \frac{1}{[A] + [B]} \ln \frac{1 - ([A]/[B])\gamma}{1 - \gamma} \tag{5}$$

Wenn die Racemisierung über eine Substitution eines X^- durch ein anderes verläuft und jeder derartige Austausch die Konfiguration umkehrt, so ergibt sich die Geschwindigkeitsgleichung:

$$-\frac{d[dRX]}{dt} = \frac{d[lRX]}{dt} = k_1[dRX][X^{-}] - k_1[lRX][X^{-}] \tag{6}$$

Die optische Drehung α ist gegeben durch:

$$\alpha = m([d\text{RX}] - [l\text{RX}]) \tag{7}$$

Damit ergibt sich

$$\frac{d\alpha}{dt} = -2k_1[\text{X}^-]\alpha \tag{8}$$

und:

$$\ln\alpha_0 - \ln\alpha = 2k_1[\text{X}^-]t \tag{9}$$

Hughes und Mitarbeiter bestimmten k_1-Werte für den radioaktiven Austausch für drei verschiedene Halogenide, *s*-Octyljodid, α-Phenyläthylbromid und α-Brompropionsäure. Die Werte stimmten innerhalb der Unsicherheit von 10% in der Austauschmessung mit den k_1-Werten für die Racemisierung überein. Ein einzelner Fall einer solchen Übereinstimmung könnte zufällig sein, doch drei sind ein starker Hinweis darauf, daß Isotopenaustausch und Racemisierung Ausdruck des gleichen Prozesses sind, nämlich der Substitution eines Halogenid-Ions durch ein anderes, die unter Umkehr der Konfiguration erfolgt.
Auf Grund dieser Beobachtungen kann man sich den Übergangszustand dieser Substitutionsreaktionen (die kinetisch zweiter Ordnung sind) bildlich etwa in der Art von Abb. 6-2b vorstellen: Die Bindung des austretenden Nucleophils zum zentralen Kohlenstoff ist darin bereits etwas gestreckt, die entsprechende Bindung des eintretenden Nucleophils ist noch nicht so kurz, wie sie im Reaktionsprodukt sein wird. Die R-Gruppen liegen weit eher in einer Ebene mit dem zentralen Kohlenstoffatom, als es im Edukt oder Produkt der Fall ist. Zieht man im weiteren die starken Wechselwirkungen, die mit polaren Lösungsmittelmolekülen zweifellos vorhanden sind, in Betracht, so erklärt dieses Bild des Übergangszustandes alle Beobachtungen zufriedenstellend. Die Möglichkeit eines komplizierteren Mechanismus, der über mehrere Zwischenprodukte führte, läßt sich auf Grund der vorhandenen Daten zwar nicht ausschließen, doch besteht kein Grund, sich über diese Unsicherheit zu sehr aufzuhalten.

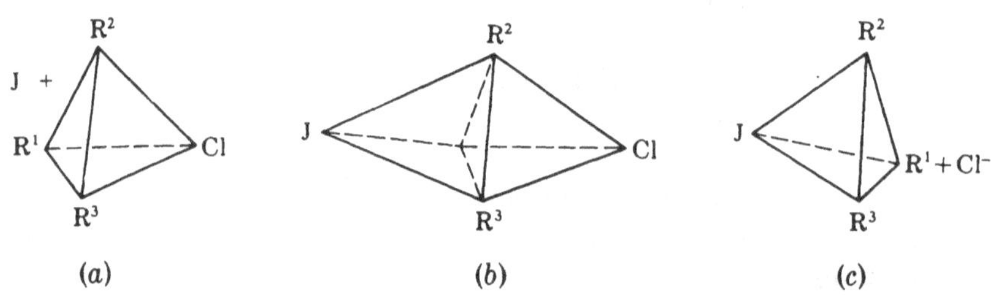

Abb. 6-2. Ausgangs- (*a*), Übergangs- (*b*) und Endzustand (*c*) bei der Substitution eines Chlorid-Ions durch ein Jodid-Ion.

6.3. Die Solvolysereaktion

Eine Solvolysereaktion ist eine nucleophile Substitutionsreaktion, die kinetisch erster Ordnung ist und bei der das eintretende Nucleophil ein Molekül des Lösungsmittels oder einer Lösungsmittelkomponente ist. Dieser Vorgang ist eng verbunden mit einer ganzen Anzahl anderer Reaktionen erster Ordnung, die man daher gemeinsam betrachten muß – etwa der Inversion der Konfiguration, der allylischen und weiteren Umlagerungen, der Substitutionsreaktionen, bei denen das Nucleophil nicht Bestandteil des Lösungsmittels ist, und der Olefinbildung.

Solvolysereaktionen gehen stets mit der Substitution von X in einer Substanz RX durch das Lyat-Ion einher (d. h. OS^-, wenn das Lösungsmittel HOS ist). Dabei kommt es vor, daß eine Solvolysereaktion erster Ordnung nicht in feststellbarem Maße von einer Substitutionsreaktion zweiter Ordnung mit dem Lyat-Ion begleitet ist.

Der Einfluß der Struktur von RX auf die Geschwindigkeit der Solvolysereaktion ist ganz wesentlich verschieden vom Effekt auf eine Reaktion zweiter Ordnung, an der das gleiche Substrat RX beteiligt ist. Für die Reaktion zweiter Ordnung nimmt die Geschwindigkeit in der Reihenfolge $R = CH_3 > C_2H_5 > i\text{-}C_3H_7$ ab. Die Reaktionsgeschwindigkeiten von tertiären Kohlenstoffverbindungen sind vermutlich noch geringer, allerdings besitzt man dafür keine direkten Beweise, weil die entsprechende Reaktion erster Ordnung so schnell ist. Streitwieser [4] hat die Verhältnisse der spezifischen Geschwindigkeiten der Reaktion von Methylverbindungen zu den spezifischen Geschwindigkeiten der Reaktionen der entsprechenden Isopropylverbindungen zusammengestellt: Die Werte liegen zwischen 18 600 für die Reaktion von Alkylbromid mit Jodid-Ion in Aceton bei 25 °C und 230 für die Reaktion von Alkyljodid mit Pyridin in Nitrobenzol bei 50 °C. Der Mittelwert ist 1 200. Wesentlich ist in diesem Zusammenhang, daß man diese Reihenfolge und ungefähr diesen Bereich von Geschwindigkeiten findet, unabhängig davon, ob das eintretende Nucleophil elektrisch neutral oder anionisch ist, und daß das Lyat-Ion keine besondere Stellung einnimmt.

Im Gegensatz dazu sind die Geschwindigkeiten der Solvolysereaktionen erster Ordnung von Methyl-, Äthyl- und Isopropylderivaten nicht stark voneinander verschieden; *t*-Butylderivate dagegen reagieren um mehrere Größenordnungen schneller. Mit Benzhydrylderivaten ist die Solvolyse ebenfalls sehr schnell, und eine Reaktion zweiter Ordnung mit dem Lyat-Ion ist nicht nachweisbar.

Diese strukturellen Effekte weisen mit Sicherheit darauf hin, daß die Reaktionen von tertiären Alkylverbindungen und Benzhydrylderivaten nicht über die gleiche Art Übergangszustand verlaufen wie die Substitutionsreaktionen zweiter Ordnung. Für Übergangszustände der Strukturen A oder B kann man die Abnahme der Reaktionsgeschwindigkeit mit höherer Alkylsubstitution einleuchtend als Folge der Abstoßung zwischen den Alkylgruppen und dem eintretenden Nucleophil erklären.

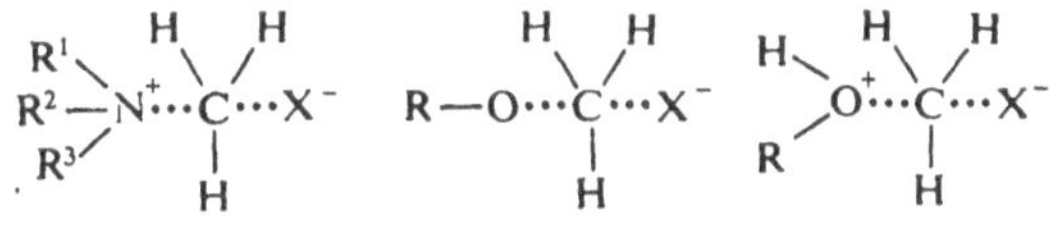

(A) (B) (C)

Es wäre kaum einzusehen, warum dieselben strukturellen Effekte nicht auch in einer Solvolysereaktion wirksam sein sollten, wenn C den Übergangszustand darstellte.

6.4. Der freie Carboniumion-Mechanismus

In Lösungsmitteln, in denen freie Ionen stabiler als Ionenpaare oder größere Aggregate sind, bietet der freie Carboniumion-Mechanismus* eine zufriedenstellende Interpretation für die Solvolysereaktion von tertiären Alkylverbindungen und Benzhydrylderivaten:

$$RX \underset{k_{-1}}{\overset{k_1}{\rightleftharpoons}} R^+ + X^-$$

$$R^+ + HOS \xrightarrow{k_2} ROS + H^+ \qquad \text{(VIII)}$$

Dieser Mechanismus kann den Effekt von Azid-Ion auf Geschwindigkeit und Produkt-Zusammensetzung erklären. Dieses Ion nimmt insofern eine Sonderstellung ein, als es als Nucleophil erfolgreich mit dem Lösungsmittel konkurrieren kann und zu einem Reaktionsprodukt führt, das nicht mehr weiter reagiert. Es wurde erstmals 1940 von Hughes und Ingold als Test auf den Carboniumion-Mechanismus eingesetzt. Die Einführung dieses diagnostischen Mittels war für die weitere Erforschung der Solvolysereaktion von großer Bedeutung. Im typischen Fall der Hydrolyse von *p,p*-Dimethylbenzhydrylchlorid in einer Mischung von 85 Vol.-% Aceton in Wasser führt ein Zusatz von 0.05 M Natriumazid zu einer Erhöhung der Reaktionsgeschwindigkeit (Geschwindigkeit, mit der das Benzhydrylchlorid verschwindet) um 48%. Der Effekt von zugesetztem Lithiumbromid oder Tetramethylammoniumnitrat ist nur um wenige Prozent davon verschieden. Wären die Reaktion mit Azid und die Hydrolyse voneinander unabhängige Prozesse, so wäre das Verhältnis der Geschwindigkeit der Bildung von Benzhydrylazid zur Gesamtgeschwindigkeit 0.48/1.48, d. h. 0.32. Der Molenbruch von Azid im Reaktionsprodukt war indessen 0.60 [6]. Dies kann nur deshalb möglich sein, weil das Azid mit einem Zwischenprodukt reagiert, das aus dem Benzhydrylchlorid ohne Mitwirkung des Azides entsteht.

Der freie Carboniumion-Mechanismus steht auch in Übereinstimmung mit dem sog. Massenwirkungs- oder gewöhnlichen Ioneneffekt. In einer Mischung von 80 Vol.-% Aceton in Wasser wird beispielsweise die Geschwindigkeit der Hydrolyse von Benzhydrylchlorid durch Zusatz von 0.1 M Lithiumchlorid um 13% verringert. Lithiumbromid hat den gleichen Effekt auf die Hydrolyse von Benzhydrylbromid. Auf der andern Seite beschleunigt Lithiumbromid die Hydrolyse von Benzhydrylchlorid um 17%, Lithiumchlorid diejenige von Benzhydrylbromid um 27% [7]. Nimmt man an, daß die Beschleunigung auf einen Salzeffekt auf k_1 im Reaktionssystem (VIII) zurückzuführen ist, so kann man die Verzögerung vernünftigerweise mit dem Term $k_{-1}[X^-]$, der im Nenner der Bodenstein-Gleichung für dieses System steht,

---

* Dieser Mechanismus wurde mehr oder weniger gleichzeitig von Olivier und Berger, Ward und Ingold [5] vorgeschlagen.

$$k^{(p)} = \frac{k_1 k_2}{k_2 + k_{-1}[X^-]} \tag{10}$$

in Verbindung bringen.
Eine ähnliche Situation haben wir bei der Solvolyse von nicht radioaktiv markiertem Alkylchlorid in Gegenwart von radioaktiven Chlorid-Ionen vor uns: In der noch nicht solvolysierten Ausgangsverbindung läßt sich radioaktives Chlor feststellen [8]. Ebenso wird bei der Solvolyse von radioaktivem Aralkylchlorid R*Cl in Gegenwart von inaktivem Chlorid radioaktives Chlorid freigesetzt [9]. In diesem Fall ist die spezifische Geschwindigkeit k_r der Bildung von radioaktiven Chlorid-Ionen $*Cl^-$ gegeben durch:

$$k_r = k_1 \left(1 - \frac{k_{-1}}{k_2 + k_{-1}[Cl^-]} \frac{[RCl][*Cl^-]}{[R*Cl]}\right) \tag{11}$$

Die spezifische Geschwindigkeit der Hydrolyse k_h, wenn nur Spuren von R*Cl vorhanden sind, ist durch Gl. (10) gegeben. Daraus ergibt sich:

$$\frac{k_r}{k_h} = 1 + \frac{k_{-1}}{k_2}\left([Cl^-] - \frac{[RCl][*Cl^-]}{[R*Cl]}\right) \tag{12}$$

Bei der Hydrolyse von Benzhydrylchlorid und verschiedenen substituierten Benzhydrylchloriden in einer Mischung von 70 Vol.-% Aceton in Wasser sind die k_{-1}/k_2-Werte, die sich aus dieser Gleichung ergeben, innerhalb der experimentellen Fehlergrenze von 5% im Bereich von 0.025 M bis 0.1 M unabhängig von der Konzentration des zugesetzten Elektrolyten. Sie sind auch gleich groß, unabhängig davon, ob HCl oder NaCl als Elektrolyt zugesetzt wird. Die Gültigkeit des freien Carboniumion-Mechanismus ist damit für diesen Fall weitgehend erwiesen.
Der freie Carboniumion-Mechanismus trägt auch der folgenden Beobachtung Rechnung: In Fällen, in denen das Carboniumion sowohl in ein Olefin als auch ein Carbinol übergehen kann, ist der Anteil des gebildeten Olefins in einem stark dissoziierenden Lösungsmittel mehr oder weniger unabhängig von der Natur von X, obwohl die Gesamtgeschwindigkeit der Reaktion stark von X abhängig ist. Das *t*-Butyl-Kation stellt ein derartiges Beispiel dar:

$$(CH_3)_3C^+ \begin{cases} \xrightarrow{+\,HOS} (CH_3)_3COS + H^+ \\ \longrightarrow (CH_3)_2C{=}CH_2 + H^+ \end{cases} \tag{IX}$$

Bei der Solvolyse von *t*-Butylverbindungen in Mischungen von 80 Vol.-% Äthanol in Wasser bei 25 °C ist etwa der Anteil des gebildeten Olefins 17% für das Chlorid und 13% für das Bromid und das Jodid. Die Gesamtgeschwindigkeit der Reaktion variiert indessen im Verhältnis 1 : 44 : 105. Im gleichen Lösungsmittel bei 65 °C führt die Eliminierung von $S(CH_3)_2$ aus $(CH_3)_3CS(CH_3)_2^+$ zum gleichen Anteil, 36%, an Olefin wie die Eliminierung von Cl^- aus $(CH_3)_3CCl$, obwohl die Geschwindigkeiten im Verhältnis 1 : 7.6 liegen [10].

6.5. Salzeffekte in stark dissoziierenden Lösungsmitteln

Offensichtlich üben Elektrolyte. die nicht stöchiometrisch an einer Solvolysereaktion beteiligt sind, einen beträchtlichen Einfluß auf die Geschwindigkeit der Reaktion aus. Die Effekte sind spezifisch für die betreffenden Elektrolyten. Sie sind so groß, daß man sie bei der Untersuchung von Fragen wie Massenwirkungseffekten oder der Produktverteilung zwischen Carbinol und Azid nicht einfach unter den Tisch wischen kann. Die spezifische Geschwindigkeit der Reaktion von *t*-Butylnitrat zu *t*-Butanol in einer Mischung von 60 Gew.-% Dioxan in Wasser wird beispielsweise durch einen Zusatz von 0.108 M Natriumhydroxid um 4.3 % erniedrigt; durch einen gleich großen Zusatz von Natriumperchlorat wird sie indessen um 16.5 % erhöht. In 75-proz. Dioxan wird die Geschwindigkeit der gleichen Reaktion durch Natriumperchlorat oder Perchlorsäure in einer Konzentration von 0.108 M um 37 % erhöht. Durch Kaliumnitrat wird sie um 16 %, durch Natriumchlorid oder -toluolsulfonat nur um 10 % erhöht [11] (siehe auch [7]). In gemischten wäßrigen Lösungsmitteln (wie etwa 80 % Aceton/20 % Wasser [12]), sowie in schwach dissoziierenden Lösungsmitteln (wie etwa Essigsäure) ist die spezifische Geschwindigkeit gewöhnlich linear von der Salzkonzentration abhängig. Für die Hydrolyse von *t*-Butylchlorid in ungemischter wäßriger Lösung indessen ist $\log k$ – und nicht k – eine lineare Funktion der Salzkonzentration [13]. Wenn der Effekt linear in k ist, verhält sich das Salz wie ein normaler Katalysator (Abschn. 5.26).

6.6. Die Rolle des Lösungsmittels

Die Rolle des Lösungsmittels in einer solvolytischen Reaktion wird durch den Einfluß von kleinen Mengen von Wasser auf die Alkoholyse von Benzhydrylchlorid illustriert [14]*. Abb. 6-3 zeigt, daß Wasser die Geschwindigkeit erhöht, und zwar bei Konzentrationen unter 1 M in linearer Weise, wobei Benzhydryläthyläther praktisch das ausschließliche Produkt bleibt. 0.60 M Wasser beispielsweise erhöhen die Geschwindigkeit um einen Faktor 1.38, während der Bruchteil von Benzhydrol im Reaktionsprodukt nur 0.018 ist. Wäre die Beschleunigung die Folge der Bildung eines Übergangszustandes in der Art von C, in dem das Wassermolekül eben eine Kohlenstoff-Sauerstoff-Bindung ausbildet, so wäre der Molenbruch des Benzhydrols im Produkt 0.38/1.38 = 0.27, und nicht 0.018. Es scheint deshalb vernünftig, einen Übergangszustand in der Art von D anzunehmen.

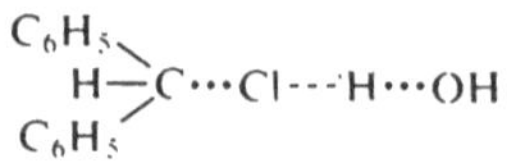

(D)

Das Wasser bildet eine Wasserstoffbrücke zum entstehenden Chlorid-Ion und erleichtert dadurch dessen Austritt. Ist kein Wasser vorhanden, so übernimmt ein Alkoholmolekül diese Aufgabe, erfüllt sie indessen weniger wirkungsvoll.

---

* Viele Geschwindigkeitsdaten stammen aus [15] und [16].

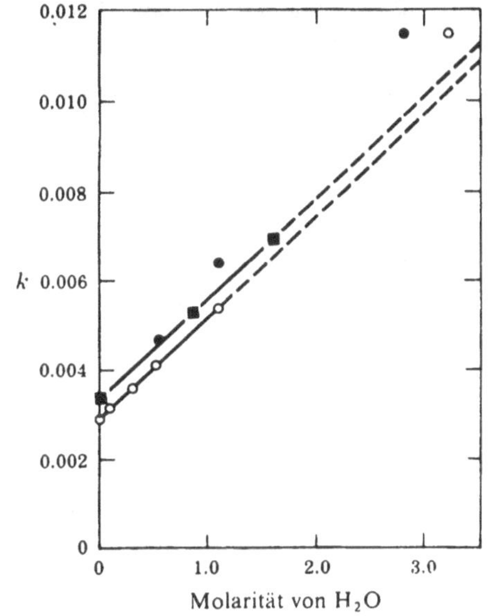

Abb. 6-3. Variation der spezifischen Geschwindigkeit mit dem Wassergehalt bei der Solvolyse von Benzhydrylchlorid (○ = Daten von Norris und Morton [16]; ● = Daten von Ward [15]; ■ = Daten von Farinacci und Hammett [14]).

6.7. Die Frage der Nomenklatur

Auf diesem wie auf so vielen Gebieten ist es sehr schwierig, theoretische Konzepte mit der experimentellen Praxis unter einen Hut zu bringen. Ingold [17] unterscheidet zwischen einer unimolekularen Substitution, bei der das Lösungsmittelmolekül im Übergangszustand noch nicht damit begonnen hat, eine Sauerstoff-Kohlenstoff-Bindung zu bilden, und einer bimolekularen Reaktion, deren Übergangszustand sich etwa durch die Struktur C darstellen läßt. Er bezeichnet die unimolekulare Reaktion als S_N1, die bimolekulare als S_N2.

Bei manchen Reaktionen können keine Massenwirkungseffekte oder andere Charakteristika des freien Carboniumion-Mechanismus festgestellt werden. Hinweise, die gegen einen Übergangszustand der Art C sprechen, stammen in diesen Fällen meist aus Untersuchungen des Einflusses der Struktur auf die Reaktivität, der in keinem Fall eindeutig ist. Im Extremfall von primären RX-Verbindungen ist die Reaktion erster Ordnung von Methylderivaten schneller als von Äthylderivaten; die Konfiguration von *n*-Butyl-1-*d*-brombenzolsulfonat wird durch die Reaktion erster Ordnung vollständig umgekehrt [18]. Diese beiden Tatsachen sprechen deutlich für einen Übergangszustand vom Typ C.

Wegen der charakteristischen Unsicherheit des Konzepts der Molekularität werde ich im folgenden den Ausdruck „Solvolyse“ für alle Reaktionen einer Verbindung RX mit dem Lösungsmittel, die kinetisch erster Ordnung sind, verwenden, und zwar unabhängig davon, ob ich einen Verdacht auf einen bestimmten Mechanismus habe.

6.8. Das Ungenügen des freien Carboniumion-Mechanismus

Der Anteil des Olefins, das bei der Solvolyse von $(CH_3)_3CX$ in Äthanol oder Essigsäure entsteht, ist nicht unabhängig von der Natur von X, wie es in 80proz. wäßrigem Äthanol oder in Wasser der Fall ist (Abschn. 6.4). Wie aus Tab. 6.1 hervorgeht, ist er statt dessen sehr ausgeprägt von X abhängig.

Ein ähnliches Problem finden wir bei der Allyl-Umlagerung: Die beiden Chloride E und F sollten das gleiche Carboniumion bilden, das man sich etwa in der Art von G vorstellen kann:

$$CH_3{-}CH{=}CH{-}CH_2Cl \quad (E) \qquad CH_3{-}CHCl{-}CH{=}CH_2 \quad (F)$$

$$CH_3{-}CH{\cdots}CH{\cdots}CH_2H_2^+ \quad (G)$$

$$CH_3{-}CH{=}CH{-}CH_2OC_2H_5 \quad (H) \qquad CH_3{-}CH(OC_2H_5){-}CH{=}CH_2 \quad (I)$$

Trotzdem führt die Solvolyse von E in Äthanol zu 8 %, die Solvolyse von F jedoch zu 18 % des Produktes I. In beiden Fällen besteht der Rest des Reaktionsproduktes aus der Verbindung H [21]. Hier, wie beim Problem des Anteils an Olefin, hängt die Zusammensetzung des Reaktionsproduktes stärker vom Ausgangsmaterial ab, als man auf Grund des freien Carboniumion-Mechanismus erwarten würde.

Tab. 6.1. Anteil des gebildeten Olefins (Molprozente) bei der Solvolyse von $(CH_3)_3CX$ in verschiedenen Lösungsmitteln.[a]

X	Wasser 25 °C	Wasser 75 C	Äthanol 75 C	Essigsäure 75 C
Cl^-	5.0	7.6	44.2	73
Br^-	5.0	6.6	36.0	69.5
J^-	4.0	6.0	32.3	
$(CH_3)_2S$		6.5	17.8	11.7

[a] Daten von Cocivera und Winstein [19]; s. auch [20].

Von Bedeutung ist auch die große Variation im Ausmaß der Racemisierung, die oft mit einer Solvolysereaktion einhergeht, wenn RX wegen der asymmetrischen Substitution des Carbonium-Kohlenstoffs optisch aktiv ist. Solche Reaktionen können von praktisch vollständiger Inversion (Umkehrung) der Konfiguration, völliger Racemisierung oder beträchtlicher Retention (Erhaltung) der Konfiguration begleitet sein. Konfigurationserhaltung wurde bisher nur in Fällen beobachtet, bei denen Grund zur Annahme besteht, daß zwei invertierende Substitutionsreaktionen aufeinander folgen (Abschn. 6.11) [22, 23]. Soweit bis heute bekannt, tritt Racemisierung bei primären aliphatischen Verbindungen nur in vernachlässigbarem Aus-

maß ein. Die Racemisierung nimmt gewöhnlich beim Übergang zu sekundären und tertiären Verbindungen zu und ist auch ausgeprägter bei α-Phenylderivaten als bei aliphatischen Verbindungen, beispielsweise im Falle von $C_6H_5-CHX-CH_3$ bzw. $CH_3-CH_2-CHX-CH_3$. Der Grad der Racemisierung hängt indessen so stark vom Lösungsmittel ab, daß es schwierig ist, diese Verallgemeinerungen exakt zu belegen.
Die Theorie sagt voraus, daß ein freies Carboniumion planar ist, daß es also eine Symmetrieebene enthält und infolgedessen nicht in der Lage ist, Asymmetrie vom Reaktanden auf das Produkt zu übertragen. Diese Idee wird durch die Tatsache gestützt, daß bei Solvolysereaktionen unter Bedingungen, die für freie Carboniumionen günstig sind, stets Racemisierung in großem Ausmaß auftritt. Die Solvolyse von α-Phenyläthylchlorid in Wasser oder wäßrigem Aceton führt beispielsweise zu Phenyläthylalkohol, der zwischen 83 und 98% racemisiert ist. Auch die nachgewiesene Planarität des Trimethylbor, das mit dem *t*-Butyl-Kation isoelektronisch ist, unterstützt diese Vorstellung [24].

6.9. Die Ionenpaar-Hypothese

Es ist anzunehmen (Abschn. 5.15), daß der Weg jenseits vom Übergangszustand sich nicht verzweigt, solange er abwärts führt. Das bedeutet, daß eine Gruppe von Systemen, die sich auf dem Maximum der Energiebarriere zwischen Ausgangsstoffen und Endprodukten befinden, die ähnliche Zusammensetzung und Geometrie besitzen und in denen die gleichen Bindungslösungs- und Bindungsbildungs-Prozesse ablaufen, notwendigerweise zu einer Gruppe von Systemen führen muß, deren Zusammensetzung und Geometrie eindeutig gegeben ist. Ein Ausweichen ist nur auf Kosten eines Anstiegs des Standard-Potentials möglich. Die Struktur, die so erreicht wird, kann so stabil sein, daß keine Weiterreaktion eintritt: Sie stellt dann das Endprodukt der Reaktion dar. Sie kann jedoch auch nur einen zeitweiligen Halt auf dem Weg zum Endprodukt, d. h. ein Zwischenprodukt, kennzeichnen.
Wenn der Übergang vom Übergangszustand zum Reaktionsprodukt eine Dissoziation bedingt, so erscheint es wahrscheinlich, daß mindestens ein Zwischenprodukt vor dem Endprodukt auftritt. Zwischen diesem Zwischenprodukt und dem Endprodukt kann man eine Energiebarriere vermuten, deren Höhe mindestens der Energie entspricht, die für die Auseinanderdiffusion der entsprechenden Fragmente nötig ist (Abschn. 5.27).
Für den Carboniumion-Mechanismus bedeutet dies, daß vor dem freien Carboniumion ein Zwischenprodukt gebildet wird, in welchem die Distanz zwischen dem austretenden Nucleophil und dem zentralen Kohlenstoffatom größer ist, als es im Reaktanden der Fall war. Die Elektronenverteilung im Zwischenprodukt und die Wechselwirkung mit dem Lösungsmittel gleichen eher denjenigen in den getrennten R^+- und X^--Ionen als denjenigen im RX-Molekül. Eine solche Struktur bezeichnet man vernünftigerweise als Ionenpaar. Wenn der Carbonium-Kohlenstoff asymmetrisch ist, muß also auch das zunächst gebildete Ionenpaar asymmetrisch sein.
Es ist denkbar, daß die Energiebarriere für die Dissoziation ausreichend hoch ist, so daß neben dem Trennungsprozeß auch andere Konkurrenzreaktionen ablaufen können. Dies ist besonders wahrscheinlich in Lösungsmitteln, in denen freie Ionen

nicht sehr stabil sind. Ein benachbartes Lösungsmittelmolekül könnte etwa auf der Gegenseite des X^--Ions eine Kohlenstoff-Sauerstoff-Bindung bilden und gleichzeitig oder auch später ein Proton an ein anderes Lösungsmittelmolekül abgeben. Auf jeden Fall würde bei diesem Vorgang die Konfiguration umgekehrt. Ein Lösungsmittelmolekül könnte auch ein Proton an das X^--Ion abgeben und gleichzeitig ein OS^--Ion an den Carbonium-Kohlenstoff anlagern. Dabei würde höchst wahrscheinlich ein Produkt mit der gleichen Konfiguration wie im Edukt entstehen. Wenn die Distanz zwischen R^+ und X^- genügend groß ist, könnte das R^+-Ion sich drehen, oder das X^--Ion könnte von einer Seite auf die andere gleiten. Dabei würde teilweise oder völlige Racemisierung eintreten. Ein Mechanismus, bei dem ein Ionenpaar als Zwischenprodukt auftritt, kann also teilweise Racemisierung des Solvolyseproduktes vernünftig erklären.

Die Ionenpaar-Hypothese gibt auch eine Erklärung für die Unvollständigkeit der Allyl-Umlagerung (Abschn. 6.8): Man kann annehmen, daß zwei isomere Ionenpaare entstehen, und daß die Anlagerung des Lösungsmittelmoleküls mit größerer Wahrscheinlichkeit an das Kohlenstoffatom erfolgt, an dem ursprünglich das X^- hing, als an das andere allylische Kohlenstoffatom. Sie erklärt auch die Abhängigkeit des Anteils des gebildeten Olefins von der Natur von X^-: Die Olefinbildung kann mit der Bildung des Solvolyseproduktes bereits im Ionenpaar-Zustand in Konkurrenz treten, und diese Konkurrenz kann durch die Natur von X^- beeinflußt sein.

Die Idee, die teilweise Racemisierung durch eine Art Ionenpaar-Mechanismus zu erklären, geht ursprünglich auf Ogg und Polanyi (1935) [25] zurück. 1940 wurde sie etwas genauer gefaßt, und der Ausdruck „Ionenpaar" wurde eingeführt [26, S. 172]. 1951 wandten Young, Winstein und Goering [27] das Ionenpaar-Konzept auf die allylische Umlagerung an. Seither wurde es von Winstein und Mitarbeitern* weiterentwickelt und zu breiter Anwendung gebracht.

Der Erfolg des Ionenpaar-Mechanismus schließt natürlich die Möglichkeit grundsätzlich voneinander unabhängiger Parallelreaktionen nicht aus. Es ist sehr wohl möglich, daß invertiertes oder nicht umgelagertes Reaktionsprodukt durch eine S_N2-Reaktion entsteht, während racemisiertes oder umgelagertes Produkt nach dem freien Carboniumion-Mechanismus gebildet wird.

6.10. Hinweise aus dem Azid-Test

Sneen und Mitarbeiter [29, 30] haben in ihrer Untersuchung der Solvolyse von 2-Octylmethansulfonat in einer Mischung von 30 Vol.-% Dioxan in Wasser direkte Hinweise auf einen Ionenpaar-Mechanismus gefunden: Sie stellten fest, daß Natriumazid die Geschwindigkeit des Verschwindens des Ausgangsstoffes in der in Abb. 6-4 gezeigten Weise erhöht. Die Zusammensetzung des Reaktionsproduktes ließ sich durch die Gleichung

$$\frac{[RN_3]}{[ROH]} = 9.04[N_3^-] \qquad (13)$$

* Siehe z. B. [28], S. 109.

zufriedenstellend beschreiben. Würde Octylazid in einer unabhängigen Reaktion zweiter Ordnung von RX und N_3^- gebildet, so würde der Verlauf der spezifischen Geschwindigkeit durch die obere Kurve in dei Figur dargestellt. Dies gilt unter der Annahme, daß der Salzeffekt von Natriumazid gleich groß ist wie der kleine Effekt einer Anzahl anderer Elektrolyten in diesem Medium. Ist der Mechanismus auf der andern Seite

$$\begin{array}{lcl} RX & \underset{k_{-1}}{\overset{k_1}{\rightleftharpoons}} & R^+X^- \\ R^+X^- + H_2O & \xrightarrow{k_s} & ROH + H^+X^- \\ R^+X^- + N_3^- & \xrightarrow{k_N} & RN_3 + X^- \end{array} \qquad (X)$$

mit $k_N/k_S = 9.04$ und $k_{-1}/k_S = 2.59$, so verläuft die spezifische Geschwindigkeit nach der unteren Kurve. In 25% Dioxan/75% Wasser wurden ähnliche Resultate gefunden. Unter diesen Umständen muß man zum Schluß kommen, daß in einer reversiblen Reaktion ein Zwischenprodukt gebildet wird, das mit Wasser oder Azid-Ion mit vergleichbarer Geschwindigkeit reagieren kann.

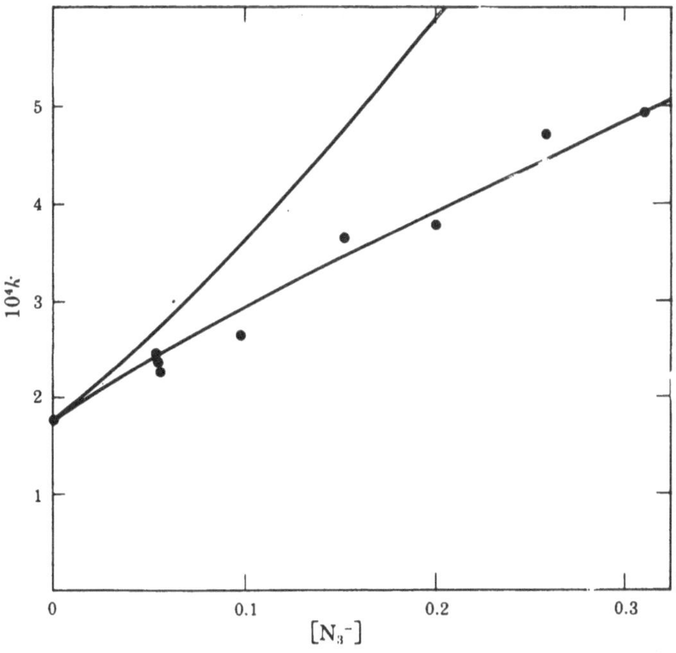

Abb. 6-4. Effekt von Azid-Ion auf die Solvolysegeschwindigkeit von 2-Octylmethansulfonat in 30-proz. Dioxan (Daten von Sneen und Larsen [30]).

Das Octanol, das bei der Reaktion entsteht, liegt, ob Azid zugesetzt ist oder nicht, zu etwa 95% in der invertierten Konfiguration vor. Das Octylazid, das bei Gegenwart von Natriumazid in Konzentrationen um 0.04 M gebildet wird, besitzt zu etwa 80% die umgekehrte Konfiguration. Das Zwischenprodukt muß somit asymmetrisch sein. Die Vorstellung eines Carboniumions, das so lange asymmetrisch bleibt, daß asymmetrischer Alkohol und asymmetrisches Azid entstehen können, und aus dem die Produkte mit invertierter Konfiguration entstehen, darf man wohl zurückweisen. Das Zwischenprodukt muß also Eigenschaften haben, wie sie weiter oben dem Ionenpaar zugeschrieben wurden.

Der relativ langsame Übergang dieses Ionenpaares in das Enantiomere steht in scharfem Gegensatz zum Verhalten des *p*-Chlorbenzhydryl-*p*-nitrobenzoat-Ionenpaares (Abschn. 6.14). Bei diesem erfolgt die Racemisierung sehr schnell im Vergleich zur Rückreaktion zum kovalent gebundenen Ausgangsprodukt oder zur Reaktion mit Wasser oder einem anderen Nucleophil. Möglicherweise ist diese Unterschied in der bedeutend größeren Stabilität der Benzhydrylverbindung begründet: Das Standard-Potential des Ionenpaars könnte, soweit es die Barriere für die Rückreaktion oder die Weiterreaktion mit Nucleophilen betrifft, erniedrigt sein. Die Barriere für die interne Umkehr der Konfiguration könnte davon jedoch nicht betroffen sein.

6.11. Die Rolle von nichthydroxylischen Lösungsmittel-Komponenten

Weiner und Sneen [29] stellten fest, daß bei der Hydrolyse von optisch aktivem 2-Octylmethansulfonat in reiner wäßriger Lösung Octanol zu 100% in der umgekehrten Konfiguration entsteht. Weiter fanden sie, daß bei der Solvolyse von 2-Octyl-brombenzolsulfonat in reinem Methanol der vollständig invertierte Octylmethyläther gebildet wird. Solvolyse in Mischungen von Wasser oder Methanol mit Dioxan führt indessen zu teilweise racemisiertem Produkt. Mit zunehmendem Dioxan-Gehalt des Lösungsmittels tritt mehr und mehr Racemisierung auf. Aus diesen Feststellungen folgerten Weiner und Sneen, daß bei Gegenwart von Dioxan ein Zwischenprodukt mit der Struktur J und umgekehrter Konfiguration beteiligt ist. Dieses Zwischenprodukt soll dann in einem weiteren Schritt mit Wasser oder Methanol zu Octanol oder Octylmethyläther substituiert werden. Dabei würde die Konfiguration nochmals umgekehrt, wobei Endprodukt von der Konfiguration der Ausgangsverbindung entstehen müßte.

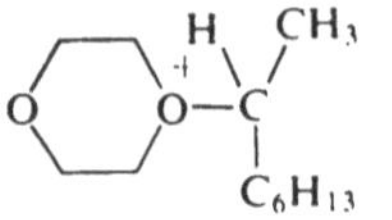

(J)

Die Solvolyse von optisch aktivem 2-Octyl-brombenzolsulfonat in 75-proz. Dioxan führt bei Abwesenheit von Azid zu Octanol, das nur zu 77% invertiert ist. Der Rest ist racemisch. Bei Gegenwart von 0.30 M Natriumazid entsteht völlig invertiertes Octanol in 35% Ausbeute. Der Rest des Reaktionsproduktes besteht aus völlig invertiertem Octylazid. Das racemisierte Octanol muß also aus einem asymmetrischen Zwischenprodukt entstanden sein, dessen Bildung durch das zugesetzte Azid unterdrückt wird. Für dieses Zwischenprodukt kann man sich kaum eine andere Struktur als J vorstellen.

Die Solvolyse von 2-Octyl-brombenzolsulfonat in einer Mischung von 80 Vol.-% Aceton in Methanol schließlich, führt zu einem Produkt, das neben Octylmethyläther 15 % Octanol enthält. Dies läßt sich vernünftig durch die Bildung eines substituierten Oxonium-Ions in der Art von J und die Reaktionen

$$(CH_3)_2C{=}\overset{+}{O}{-}CH(CH_3)C_6H_{13} + CH_3OH \longrightarrow (CH_3)_2C\begin{matrix}\diagup OCH(CH_3)C_6H_{13}\\ \diagdown OCH_3\end{matrix} + H^+$$

$$(CH_3)_2C\begin{matrix}\diagup OCH(CH_3)C_6H_{13}\\ \diagdown OCH_3\end{matrix} + CH_3OH \longrightarrow (CH_3)_2C{=}O + HO{-}\dot{C}H(CH_3)C_6H_{13} + (CH_3)_2O \qquad \text{(XI)}$$

erklären. Wenn Lutidin zugesetzt wird, entsteht kein Octanol, vermutlich weil dadurch die säurekatalysierte Ketal-Umwandlung unterdrückt wird.
Weiner und Sneen kommen zum Schluß, daß alle solvolytischen Reaktionen von 2-Octylderivaten und vermutlich auch von anderen sekundären aliphatischen Verbindungen RX über die Reaktion eines Ionenpaars, das noch die Konfiguration des Reaktanden besitzt, mit dem Lösungsmittel ablaufen, und daß dabei die Konfiguration umgekehrt wird. Zur Racemisierung soll es kommen, wenn sich eine Folge von zwei invertierenden Schritten beteiligt. Die relativ geringe Reaktivität von Lyat-Ionen gegenüber sekundären RX-Substraten läßt sich auf Grund dieser Hypothese verstehen: Der Übergang vom Reaktanden zum Ionenpaar erfolgt bei sekundären Verbindungen auch ohne Unterstützung durch beginnende Bindungsbildung zwischen dem Sauerstoff des Lösungsmittels und dem Carbonium-Kohlenstoff relativ leicht. Die Hypothese kann auch die Erhaltung der Konfiguration im Reaktionsprodukt erklären (Abschn. 6.14): Wenn eine Verbindung vom Typ J rascher aus dem Ionenpaar entsteht als eine Verbindung K oder L und dann rasch in einer zweiten invertierenden Reaktion mit dem Lösungsmittel oder dem Lyat-Ion reagiert, so wird das Reaktionsprodukt die Konfiguration des Ausgangsstoffes besitzen.

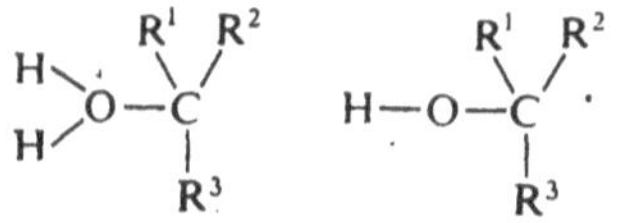

(K) (L)

6.12. Die Allyl-Umlagerung

Die Solvolyse von M in Essigsäure ist in beträchtlichem Umfang von zwischenzeitlicher Umlagerung zu N begleitet [27]:

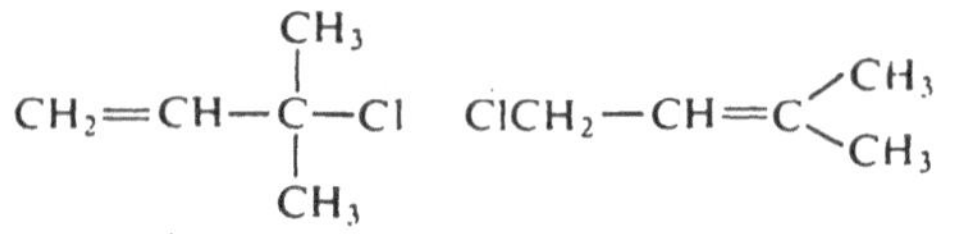

(M) (N)

In einem System, das verschiedene Mengen von Kaliumchlorid und Kaliumacetat enthält, in dem jedoch die Summe der beiden Konzentrationen konstant ist, ist die Geschwindigkeit der Umlagerung unabhängig von der Kaliumchlorid-Konzentration. Young, Winstein und Goering [27] schlugen vor, die Bildung eines Ionenpaars oder eines Gemisches von isomeren Ionenpaaren als den geschwindigkeitsbestimmenden Vorgang sowohl für die Solvolyse als auch für die Umlagerung zu betrachten. Dieses Zwischenprodukt könnte dann mit vergleichbarer Geschwindigkeit entweder mit dem Lösungsmittel unter Bildung des allylischen Acetats reagieren oder in N übergehen. Sie bezeichneten diesen Prozeß als „interne Rückkehr" (internal return).
Der Effekt eines Lösungsmittelwechsels gibt, wie in so vielen Fällen, Rätsel auf: In reinem Äthanol tritt keine Umlagerung auf, in einer Mischung von 75% Äthanol/25% Wasser findet man jedoch beträchtliche Mengen von Umlagerungsprodukt. Die Solvolysegeschwindigkeit ist in Äthanol und in Essigsäure ungefähr gleich groß, in wäßrigem Äthanol ist die jedoch etwa 45mal größer. Im wäßrigen Äthanol entsteht bei Gegenwart von radioaktiven Chlorid-Ionen in der Lösung etwas radioaktiv markiertes allylisches Halogenid, jedoch nicht genug, um den Schluß zu erlauben, die gesamte Umlagerung verlaufe über das Carboniumion. Man kann verstehen, daß Äthanol schneller mit dem Carboniumion des Ionenpaars reagieren kann als Essigsäure, wobei die Bildung des umgelagerten allylischen Chlorids unterdrückt wird. Warum derselbe Effekt jedoch im wäßrigen Äthanol nicht zu weniger, sondern zu mehr Umlagerung als im wasserfreien Lösungsmittel führen sollte, ist indessen schwer einzusehen.
Als Alternative kann man sich vorstellen, daß Solvolyse und Umlagerung unabhängige Reaktionen seien [31]. In diesem Falle hätten alle Moleküle (auf Grund der Wechselwirkung des partiell ionischen Chlors mit dem Lösungsmittel) gelockerte Kohlenstoff-Chlor-Bindungen. Einige dieser Systeme hätten dazuhin eine Geometrie, die zur Verschiebung des Chlors zum anderen allylischen Kohlenstoff führen würde. Andere hätten eine Geometrie, die zum Ionenpaar und damit zum Solvolyseprodukt führen würde. Der Lösungsmittel-Effekt ist indessen auch mit dieser Hypothese rätselhaft: Man würde erwarten, daß die Population der beiden Gruppen von Systemen im Übergangszustand unabhängig von der Natur des Lösungsmittels wäre, es sei denn, man schriebe den Systemen, die zum Ionenpaar führen, signifikanten S_N2-Charakter zu. Dies scheint jedoch für den Fall eines ungesättigten tertiären Chlorids wenig wahrscheinlich.

6.13. Racemisierung des Ausgangsstoffes bei der Solvolyse

Wenn das Carbonium-Kohlenstoffatom einer Verbindung RX asymmetrisch substituiert ist, so wird die Solvolyse oft in beträchtlichem Ausmaß von Racemisierung des noch nicht verbrauchten Ausgangsstoffes begleitet, und zwar besonders in schwach dissoziierenden Lösungsmitteln (wie etwa Essigsäure). Unabhängig vom Mechanismus kann die spezifische Geschwindigkeit k_t der Reaktion von RX zu ROS stets durch acidimetrische Titration bestimmt werden. Winstein bezeichnet k_t als „titrimetrische Konstante". Wenn das gebildete ROS optisch inaktiv ist, so ist die polarimetrische Konstante k_α gegeben durch

$$k_\alpha = k_t + 2k_{in} \tag{14}$$

k_α ist dabei als $-d \ln|\alpha|/dt$ definiert, wobei α auf die optische Drehung hinweist. k_{in} ist die spezifische Geschwindigkeit der Inversion der *d*- und *l*-Form von RX.
Wenn der Ionenpaar-Mechanismus

$$\begin{array}{lcccc} d\text{-RX} & \underset{k_{-1}}{\overset{k_1}{\rightleftharpoons}} & d\text{-I} & \xrightarrow{k_2} & \text{ROS} \\ l\text{-RX} & \underset{k_{-1}}{\overset{k_1}{\rightleftharpoons}} & l\text{-I} & \xrightarrow{k_2} & \text{ROS} \end{array} \tag{XII}$$

gilt und die Enantiomeren des Ionenpaars I in einem mobilen Gleichgewicht stehen, so findet man:

$$\frac{d[d\text{-RX}]}{dt} = -k_1[d\text{-RX}] + k_{-1}[d\text{-I}]$$
$$\frac{d[l\text{-RX}]}{dt} = -k_1[l\text{-RX}] + k_{-1}[l\text{-I}] \tag{15}$$

Da im Gleichgewicht $[d\text{-I}] = (l\text{-I}]$, gilt auch

$$\frac{d([d\text{-RX}] - [l\text{-RX}])}{dt} = -k_1([d\text{-RX}] - [l\text{-RX}]) \tag{16}$$

Daraus ergibt sich, weil α proportional zu $[d\text{-RX}] - [l\text{-RX}]$ ist:

$$-\frac{d\ln|\alpha|}{dt} = k_1 \tag{17}$$

Da auch

$$[d\text{-I}] + [l\text{-I}] = \frac{k_1}{k_{-1} + k_2}([d\text{-RX}] + [l\text{-RX}]) \tag{18}$$

folgt schließlich:

$$k_t = \frac{k_1 k_2}{k_{-1} + k_2} \tag{19}$$

Winstein und Robinson [32] stellten als ein bemerkenswertes und allgemeines Merkmal dieser Situation fest, daß das Verhältnis k_α/k_t nahezu unabhängig vom Lösungsmittel und von der Natur von X ist. Für die Solvolyse von 3-Phenyl-2-butylbrombenzolsulfonat etwa liegen die Werte von k_α/k_t im Verhältnis 1.5 : 2.2 : 1.0 in den Lösungsmitteln Ameisensäure, Essigsäure und Äthanol. Die k_α-Werte dagegen verhalten sich wie $5.7 \cdot 10^3 : 3.7 : 1$. Für die Solvolyse von Norbornyl-brombenzolsulfonat variiert k_α/k_t in Mischungen von Carbonsäuren nur um einen Faktor von 4, währenddem k_t um einen Faktor 10^4 variiert. Bei der Acetolyse von Norbornylderivaten ist das Verhältnis nahezu gleich für das Chlorid, das Bromid, das Jodid und das Brombenzolsulfonat.

Wenn der Ionenpaar-Mechanismus (XII) gilt, so bedeutet diese Verallgemeinerung, daß die Größe $k_2/(k_{-1} + k_2)$ fast unabhängig von der Natur des Lösungsmittels und von X ist. Dies ist nur dann möglich, wenn auch das Verhältnis $q_1^{\ddagger}/q_2^{\ddagger}$ und die Differenz $\mu_1^{\ddagger} - \mu_2^{\ddagger}$ in ähnlicher Weise unabhängig sind. Die Indizes beziehen sich dabei auf den ersten und zweiten Übergangszustand. Der erste Übergangszustand dieses Mechanismus entspricht sicher dem besten Weg über die Barriere zwischen RX und dem Ionenpaar, der zweite ist indessen nicht so genau definiert. Er könnte mit der Barriere für die Trennung des Ionenpaars oder auch mit der Barriere für die Anlagerung eines benachbarten Lösungsmittelmoleküls an das Carboniumion des Paars in Zusammenhang stehen. Was immer die zweite Barriere ist, würde man doch kaum erwarten, daß die Differenz in der Höhe der beiden Barrieren fast nicht durch einen Wechsel des Lösungsmittels oder von X beeinflußt würde.
Wenn auf der anderen Seite die Racemisierung und die Solvolyse unabhängige Parallelreaktionen sind, so gilt:

$$k_\alpha = k_t + k_r \tag{20}$$

Dabei ist k_r die spezifische Geschwindigkeit der Racemisierung. Die Bedingung, daß k_α/k_t unabhängig vom Lösungsmittel und von der Natur von X sei, bedeutet in diesem Fall, daß k_r/k_t unabhängig ist. Da beide Übergangszustände eine Lockerung der kovalenten C–X-Bindung verlangen und da vermutlich beide von der Wechselwirkung des entstehenden X^--Ions mit dem Lösungsmittel beeinflußt werden, kann man die Forderung für diesen Mechanismus vielleicht eher annehmen als für den Ionenpaar-Mechanismus. Welche Möglichkeit immer man akzeptiert, stets muß man sich vor der Ansicht hüten, die Natur müsse immer kompliziert sein, es sei denn, man findet theoretische Gründe, warum sie es doch ist.

6.14. Weitere Hinweise aus der Azid-Reaktion

Goering und Mitarbeiter [22, 23] haben gezeigt, daß auch die Racemisierung und Hydrolyse von *p*-Chlorbenzhydryl-*p*-nitrobenzoat in Mischungen von 80 und 90 Vol.-% Aceton mit Wasser bei 100°C nach dem Ionenpaar- (oder jedenfalls einem sehr ähnlichen) Mechanismus ablaufen. Experimente mit radioaktiv markiertem Carboxylat-Sauerstoff zeigen, daß die Solvolyse unter vollständiger Lösung der Bindung zwischen dem Benzhydryl-Kohlenstoff und dem Carboxylat-Sauerstoff erfolgt. Das Hydrolyseprodukt Chlorbenzhydrol ist weitgehend racemisch, doch findet man auch 8 bis 10% Konfigurationserhaltung (Abschn. 6.11). Durch Zusatz von ^{14}C-markierter *p*-Nitrobenzoesäure konnte gezeigt werden, daß kein wesentlicher Teil der Racemisierung des unreagierten Ausgangsstoffes, die parallel mit der Hydrolyse abläuft, durch Rekombination eines freien Carboniumions und eines Nitrobenzoat-Ions oder durch Reaktion eines freien Nitrobenzoat-Ions mit irgendeinem Zwischenprodukt erfolgt.
Wenn 0.141 M Natriumazid zugesetzt wurde, trat gar keine Racemisierung mehr auf. Damit besteht kein Zweifel mehr, daß ein Zwischenprodukt auftritt, das in sein

Enantiomeres übergehen kann, das in beiden Konfigurationen zum Chlorbenzhydryl-nitrobenzoat zurückkehren kann und das bei Gegenwart von Azid schneller zu Chlorbenzhydrylazid reagiert, als es invertiert. Nach Winstein [28, S. 121] reduziert zugesetztes Natriumazid das Ausmaß der mit der Hydrolyse von *p*-Chlorbenzhydryl-chlorid einhergehenden Racemisierung des Reaktanden zwar erheblich, unterdrückt sie jedoch nicht völlig.
Goering und Mitarbeiter stellten bei der Hydrolyse von Chlorbenzhydryl-nitrobenzoat auch eine Sauerstoff-Gleichverteilung („scrambling") fest: Dazu wurde der Carbonyl-Sauerstoff des Ausgangsmaterials radioaktiv markiert, und die Geschwindigkeit des Erscheinens der Markierung im Äther-artigen Sauerstoff (C – O – C) wurde bestimmt. Diese Reaktion ist erheblich schneller als die Racemisierung oder die Hydrolyse. Ihre Geschwindigkeit wird durch Zusatz von Natriumazid kaum beeinflußt. Man kann dieses Phänomen auf die Gegenwart von zwei Arten von Ionenpaar-Zwischenprodukten zurückführen, indem man Gebrauch von einer Idee macht, die Winstein und Mitarbeiter [34] schon in anderem Zusammenhang vorgeschlagen hatten: Zunächst wird ein Ionenpaar gebildet, in welchem der Carbonium-Kohlenstoff schnell vom einen zum anderen Sauerstoffatom übergehen, das Anion jedoch nicht von der einen auf die andere Seite des Carboniumions wechseln kann und das auch nicht mit Azid-Ion reagiert. Winstein bezeichnet dieses erste Ionenpaar als „inneres Ionenpaar" („intimate ion pair"). Im zweiten, dem „lösungsmittelgetrennten" („solvent-separated") oder „äußeren" Ionenpaar sind sowohl Racemisierung als auch Reaktion mit dem Azid-Ion möglich. Die experimentellen Daten sind allerdings auch vereinbar mit der Möglichkeit, daß die Sauerstoff-Gleichverteilung unabhängig von der Bildung irgendeines Ionenpaars in einer Parallelreaktion erfolgt: Der Carbonium-Kohlenstoff könnte einfach von einem zum anderen Carboxylat-Sauerstoff übergehen, wobei seine Bindung zum Sauerstoff im Übergangszustand durch die Wechselwirkung mit dem Lösungsmittel gelockert wäre.

6.15. Der spezielle Salzeffekt

Das Bild von mehreren aufeinander folgenden Zwischenprodukten des Ionenpaar-Typs anstelle eines einzigen wurde von Winstein und Mitarbeitern ursprünglich zur Erklärung des ungewöhnlichen Einflusses von Lithiumperchlorat auf gewisse Reaktionen vorgeschlagen. Es handelt sich dabei um die Solvolyse (in Essigsäure) einer Anzahl von Arylsulfonaten, die relativ stabile kationische Zwischenprodukte bilden. In Abb. 6-5 ist als typisches Beispiel der Effekt von Lithiumperchlorat auf die Acetolyse von *threo*-3-*p*-Anisyl-2-butyl-*p*-brombenzolsulfonat dargestellt [32]. Die Ordinate für die untere Kurve ist die spezifische Geschwindigkeit k_t der Umwandlung der Ausgangsverbindung in das entsprechende Acetat, für die obere k_α, die polarimetrische spezifische Geschwindigkeit (Abschn. 6.13).
Der spezielle Salzeffekt ist der scharfe Anstieg in k_t bei niederen Konzentrationen von Lithiumperchlorat, zusammen mit der Tatsache, daß k_t schließlich ungefähr parallel zu k_α verläuft, jedoch bedeutend kleiner als diese Konstante ist. Winstein erklärt dieses Phänomen mit dem Mechanismus

$$\begin{array}{lcl} \mathrm{RX} \underset{k_{-1}}{\overset{k_1}{\rightleftharpoons}} \mathrm{R^+X^-} & \underset{k_{-2}}{\overset{k_2}{\rightleftharpoons}} & \mathrm{R^+\|X^-} \\ \mathrm{R^+\|X^- + HOS} & \xrightarrow{k_{sx}} & \mathrm{ROS + HX} \\ \mathrm{R^+\|X^- + LiClO_4} & \underset{k_{ey}}{\overset{k_{ex}}{\rightleftharpoons}} & \mathrm{R^+\|ClO_4^- + LiX} \\ \mathrm{R^+\|ClO_4^- + HOS} & \xrightarrow{k_{sy}} & \mathrm{ROS + HClO_4} \end{array} \qquad \mathrm{(XIII)}$$

wobei R^+X^- das innere Ionenpaar, $R^+\|X^-$ das lösungsmittel-getrennte Ionenpaar bedeuten. Wenn k_{ex} und k_{sy} genügend groß gegenüber k_{sx} sind*, wird ein Zusatz von Lithiumperchlorat k_t vergrößern. Kein weiterer Anstieg der Solvolysegeschwindigkeit wird mehr erfolgen, wenn praktisch alles ROS auf dem Weg über das Perchlorat gebildet wird. Der jetzt noch zu beobachtende Anstieg geht auf einen normalen linearen Salzeffekt zurück. Das entscheidende Argument zugunsten des Auftretens eines inneren Ionenpaares ist die Tatsache, daß k_α stets bedeutend größer als k_t ist. Wenn das innere Ionenpaar rasch racemisiert und k_{-1} nicht viel kleiner ist als k_2, wird die Racemisierung auch dann schneller sein als der Übergang zu ROS, wenn jedes lösungsmittel-getrennte Paar infolge des katalytischen Effekts des Lithiumperchlorats in ROS übergeht.

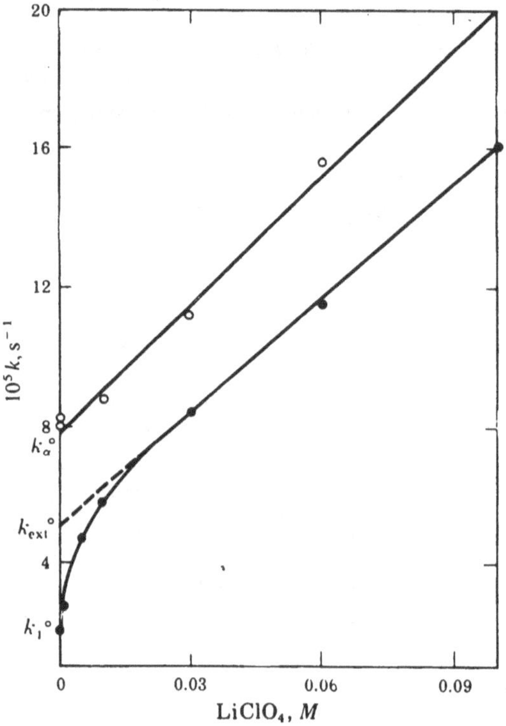

Abb. 6-5. Effekt von Lithiumperchlorat auf die Acetolyse von *threo*-3-*p*-Anisyl-2-butyl-*p*-brombenzolsulfonat bei 25 °C (nach Winstein und Robinson [32]).

* *Anmerkung des Übersetzers:* *x* steht für den Substituenten X, *y* für den Substituenten Y = ClO_4; *e* ist vom englischen Wort für Austausch (exchange), *s* von Solvolyse (solvolysis) abgeleitet.

Nimmt man an, daß sich kein Zwischenprodukt anreichert, so kann man die Bodenstein-Näherung auf diesen Mechanismus anwenden. Dies führt zu

$$\frac{1}{k_t} = \frac{1}{k_{ext}} \left\{ 1 + \frac{1}{a + b_s[\text{LiClO}_4]/(1 + c[\text{LiX}])} \right\} \tag{21}$$

wobei

$$k_{ext} = \frac{k_1 k_2}{k_{-1} + k_2} \tag{22}$$

und a, b_s und c Funktionen der spezifischen Geschwindigkeiten der verschiedenen Reaktionsschritte sind. Man nimmt weiter an, daß k_{ext} eine lineare Funktion der Konzentrationen s_i aller vorhandenen Ionophore (Abschn. 8.13) ist, d. h.:

$$k_{ext} = k^{\circ}_{ext} \left(1 + \sum_i b_i s_i \right) \tag{23}$$

Gl. (21) stellt die experimentellen Befunde für eine beträchtliche Anzahl von RX-Verbindungen, bei denen ein spezieller Salzeffekt auftritt, ausgezeichnet dar. Sie erklärt nicht nur den Effekt von zugesetztem Lithiumperchlorat, sondern auch die starke Abnahme von k_t, die ein Zusatz von LiX bei Gegenwart von Perchlorat bewirkt. Bei Abwesenheit von Lithiumperchlorat übt LiX in diesen Fällen nur einen schwachen positiven Salzeffekt aus.

Die Beinahe-Parallelität der Antragung von k_α und des linearen Teils der Antragung von k_t gegen die Lithiumperchlorat-Konzentration stellt indessen ein Problem dar. In mindestens einem Fall ist diese Parallelität sehr exakt [36]. Wenn Mechanismus (XIII) gilt, so ist $k_\alpha = k_1$. Die Linearität der k_α-Antragung bedeutet somit, daß die Ableitung dk_1/ds unabhängig von s, der Salzkonzentration, ist. Der lineare Teil der k_t-Darstellung wird durch Gl. (22) beschrieben. Daraus ergibt sich:

$$\frac{dk_{ext}}{ds} = \frac{k_2}{k_{-1} + k_2} \frac{dk_1}{ds} - \frac{k_1 k_2}{(k_{-1} + k_2)^2} \frac{dk_{-1}}{ds} + \frac{k_1 k_{-1}}{(k_{-1} + k_2)^2} \frac{dk_2}{ds} \tag{24}$$

Da k_1 eine Funktion von s ist, kann die Darstellung von k_{ext} nur dann linear sein, wenn sowohl k_{-1} als auch k_2 unabhängig von s sind. Ist dies der Fall, so reduziert sich die rechte Seite von Gl. (24) zum ersten Term, und man findet:

$$\frac{dk_{ext}/ds}{dk_\alpha/ds} = \frac{k_2}{k_{-1} + k_2} \tag{25}$$

Aus den Achsenabschnitten in Abb. 6-5 bestimmt man $k_2/(k_{-1} + k_2) = 0.67$. Das Verhältnis der Steigungen ist indessen 0.88. Die Differenz zwischen diesen Werten liegt bestimmt außerhalb jeder vernünftig geschätzten experimentellen Fehlergrenze.

Ist indessen nur eine Sorte Ionenpaar vorhanden und erfolgt die Racemisierung des Ausgangsmaterials in einer unabhängigen Parallelreaktion mit der spezifischen Geschwindigkeit k_r, so ist k_t nach wie vor durch Gl. (21) gegeben. Der Wert von

k_{ext} ist dann jedoch gleich k'_1, der spezifischen Geschwindigkeit des Übergangs von RX zum Ionenpaar. Die polarimetrische Konstante ist gegeben durch:

$$k_\alpha = k'_1 + k_r \tag{26}$$

Ist k_r unabhängig von der Salzkonzentration, was für eine interne Umlagerung denkbar ist, so sollten die Steigungen der Darstellungen von k_α und k_{ext} als Funktion der Lithiumperchlorat-Konzentration gleich sein.

6.16. Doppelte Inversion der Konfiguration

Der Schleier von Verwirrung, der einst über der Waldenschen Umkehrung lag, wurde im wesentlichen durch eine Arbeit von Cowdrey, Hughes und Ingold [37] gelüftet. Sie zeigte, daß – um ein typisches Beispiel zu nennen – α-Brompropionsäure in Methanol auf zwei kinetisch unterscheidbaren Wegen reagiert: Der eine ist eine Reaktion erster Ordnung des Brompropionat-Ions, der andere eine Reaktion zweiter Ordnung des Brompropionat-Ions mit einem Methanolat-Ion. Die relativen Werte der spezifischen Geschwindigkeiten liegen so, daß bei Natriummethanolat-Konzentrationen von 0.5 bis 1 M die Reaktion zweiter Ordnung überwiegt, während bei Konzentrationen in der Gegend von 0.03 bis 0.06 M die Reaktion erster Ordnung überwiegt. Bei Gegenwart von 1 M Base reagiert das Anion von *d*-Brompropionsäure zu *l*-Methoxypropionsäure, bei Gegenwart von 0.077 M Base jedoch zu *d*-Methoxypropionsäure. Dieses einzige Experiment erklärte das klassische Problem, daß eine kleine Änderung in der Konzentration eines Ausgangsproduktes zu einem Wechsel im Vorzeichen der optischen Drehung des Reaktionsproduktes führen kann. Die vermeintliche kleine Änderung führt in Tat und Wahrheit zu einem völligen Umbruch im Reaktionsmechanismus.

Im Fall des Methylesters der Brompropionsäure kann man ebenfalls eine Reaktion erster und eine Reaktion zweiter Ordnung feststellen; beide Reaktionen führen indessen zu Produkten mit dem gleichen Vorzeichen der optischen Drehung. Offensichtlich handelt es sich dabei um die Solvolyse und um die Substitution des Bromid-Ions durch Methanolat-Ion in einer Reaktion zweiter Ordnung, bei der die Konfiguration des α-Kohlenstoffs umgekehrt wird. Der Brom- und der Methoxy-Ester können aus den entsprechenden Säuren hergestellt und auch in Reaktionen, an denen das asymmetrisch substituierte Kohlenstoffatom nicht beteiligt ist, in diese übergeführt werden. Mit dieser Kenntnis der Konfigurationen der beiden Ester läßt sich dann beweisen, daß bei der Reaktion zweiter Ordnung des Brompropionat-Ions die Konfiguration des α-Kohlenstoffs umgekehrt wird, während die Reaktion erster Ordnung unter Erhaltung der Konfiguration verläuft.

Die Erklärung dieses Phänomens geht auf Bean, Kenyon und Phillips [1] zurück: Sie nahmen an, daß zunächst ein α-Lacton in einer invertierenden Substitution durch eines der Sauerstoffatome der Carboxylatgruppe gebildet werde. Dieses Sauerstoffatom werde dann in einer weiteren invertierenden Reaktion durch ein Lösungsmittelmolekül oder ein Lyat-Ion substituiert.

Diese Interpretation wird durch Resultate von Grunwald und Winstein [38] unterstützt: Sie fanden, daß die Reaktion zwar durch Zusatz von Perchloraten beschleunigt,

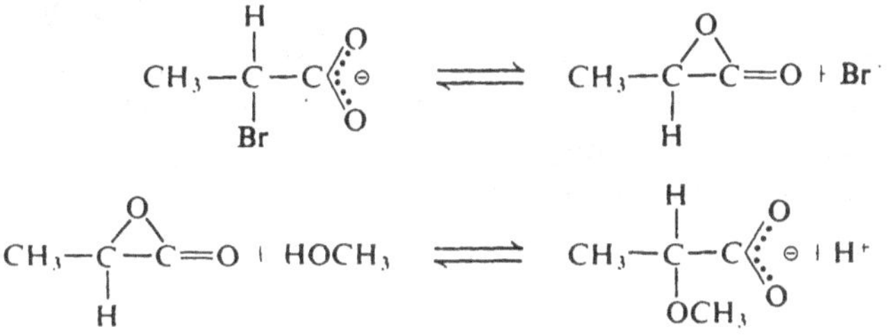

(XIV)

durch Zusatz von Bromiden jedoch verlangsamt wird. Dies dürfte darauf zurückzuführen sein, daß der erste Schritt der Reaktion reversibel ist.

Als Cowdrey, Hughes und Ingold ihre Experimente durchführten, bestand eine gewisse Schwierigkeit darin, daß nur ein einziges Sauerstoff-Markierungs-Experiment über die Esterhydrolyse (die Arbeit von Polanyi und Szabo über die Hydrolyse von Amylacetat [39]) bekannt war. Sie hatte gezeigt, daß der Äther-artige Sauerstoff des Esters mit der Alkylgruppe verbunden bleibt (O-Acyl-Spaltung), was bedeutet, daß bei der Hydrolyse die Konfiguration der Alkylgruppe nicht umgekehrt werden kann. Es war indessen auch mit Sicherheit bekannt, daß die Hydrolyse von β-Lactonen unter gewissen Bedingungen die Konfiguration der Alkylgruppe umkehrt [40]. Seither hat man gefunden, daß Esterhydrolysen in manchen Fällen unter Lösung der O-Alkyl-Bindung ablaufen und infolgedessen zur Umkehrung der Konfiguration führen können.

6.17. Das Bromoniumion-Zwischenprodukt

Winstein und Lucas [41] fanden, daß bei der Reaktion mit starker Bromwasserstoffsäure optisch aktives *erythro*-3-Brom-2-butanol O in *meso*-2,3-Dibrombutan Q übergeht, während optisch aktives *threo*-3-Brom-butanol zu racemischem 2,3-Dibrombutan führt.

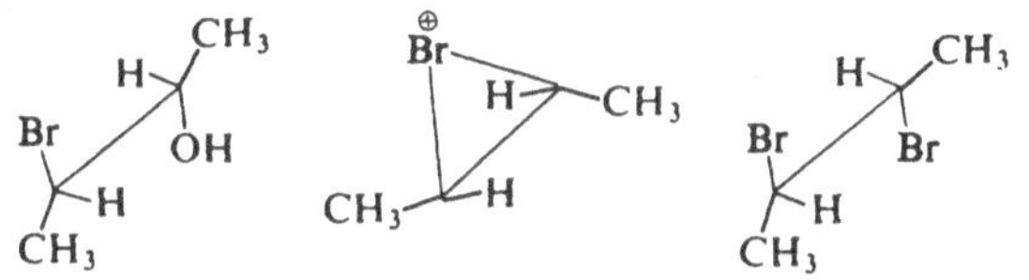

(O) (P) (Q)

Sie erklärten diese Stereochemie durch die Anlagerung eines Protons an den Sauerstoff, woraufhin Wasser durch das Nachbar-Bromatom unter Inversion verdrängt wird. Dabei entsteht das cyclische Bromonium-Ion P. In einer weiteren invertierenden Substitutionsreaktion durch ein externes Bromid-Ion wird schließlich der Drei-Ring wieder geöffnet. Ein derartiges Bromonium-Ion wurde auch von Roberts und Kimball (Abschn. 5.17) zur Erklärung der Stereospezifität der Bromanlagerung an ein Olefin vorgeschlagen.

Tritt tatsächlich ein Bromoniumion-Zwischenprodukt auf, so würde man erwarten, daß die Bildungsenergie dieses Zwischenproduktes zur Erniedrigung der Energie des Übergangszustandes beiträgt. Die Geschwindigkeit der Solvolyse sollte somit größer sein, wenn ein solches Zwischenprodukt gebildet werden kann, als in einem Fall, in dem die Zwischenprodukt-Bildung ausgeschlossen werden könnte und in dem keine anderen Einflüsse auf die Solvolysegeschwindigkeit vorhanden wären. Winstein, Grunwald und Ingraham [42] prüften diese Hypothese durch eine Untersuchung der *cis*- und *trans*-1,2-Cyclohexanderivate R und S.

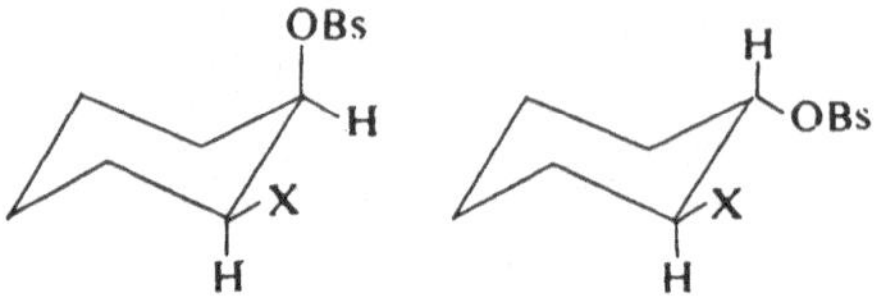

(R) (S)

OBs stellt die *p*-Brombenzolsulfonat-Gruppe dar. In der *cis*-Verbindung R sind X und OBs durch die Ringgeometrie in einer Lage festgehalten, in der X das Kohlenstoffatom, an dem OBs sitzt, unmöglich von der dieser Gruppe entgegengesetzten Seite her angreifen kann. In der *cis*-Verbindung sollte infolgedessen eine invertierende Substitution von OBs durch X unter Bildung eines dreigliedrigen Ringes schwierig oder unmöglich sein. In der *trans*-Verbindung ist keine derartige Behinderung vorhanden. Experimentell wurde gefunden, daß das Verhältnis der spezifischen Geschwindigkeiten der Reaktionen von *trans*- und *cis*-Verbindung bei der Solvolyse in Essigsäure 1.12 ist, wenn X Brombenzolsulfonat ist. Ist X Chlor, so ist das Verhältnis 3.8, für Brom 810 und für Jod $2.7 \cdot 10^6$. Offensichtlich hat die Bildung des dreigliedrigen Ringes im Fall des Broms einen großen Einfluß auf das Standard-Potential des Übergangszustandes der Solvolysereaktion. Im Fall des Jods ist der Effekt noch größer, im Fall des Chlors und des Arylsulfonats ist er dagegen sehr gering oder gar nicht vorhanden.

Die Bromoniumion-Hypothese besitzt also einen der größten Vorzüge, die eine Theorie haben kann: Sie erklärt durch eine einzige Annahme Phänomene, die ohne sie vollständig unabhängig erscheinen. In diesem Fall sind diese Phänomene die Stereochemie der Halogen-Anlagerung an ein Olefin; die Stereochemie der Solvolyse von Verbindungen, in denen α-ständig zum Kohlenstoffatom mit der nucleophilen Abgangsgruppe Brom gebunden ist; und der erstaunliche Effekt eines Bromatoms in dieser Stellung auf die Solvolysegeschwindigkeit. Winstein bezeichnete den Effekt eines benachbarten Bromatoms auf die Solvolysegeschwindigkeit als „anchimeric assistance". Im deutschen Sprachgebrauch sind die Bezeichnungen „Nachbargruppen-Effekt" oder „Nachbargruppen-Beteiligung" üblich (Anm. des Übers.).

6.18. Das Problem des Phenoniumions

Cram [44] untersuchte die Solvolyse von 3-Phenyl-2-butyl-toluolsulfonat und erhielt äußerst interessante Ergebnisse. Diese Substanz liegt in Form von zwei Stereoisomeren, *threo* T und *erythro* V, vor.

Beide werden in Essigsäure- oder Ameisensäurelösung solvolysiert, wobei in 50 bis 70% Ausbeute Acetat- oder Formatester entsteht. Der Rest des Reaktionsproduktes besteht hauptsächlich aus Olefinen. Der Ester, der aus der optisch aktiven *threo*-Verbindung erhalten wird, ist zu mehr als 95 % racemisch *threo*. Aus der optisch aktiven *erythro*-Verbindung entsteht zu mehr als 94 % optisch aktiver Ester in der Konfiguration der Ausgangsverbindung. Isotopenmarkierungs-Experimenten zufolge erhält man aus einem Ester mit an C-α gebundener Phenylgruppe eine 1 : 1-Mischung von Substanzen mit der Phenylgruppe am *a*- bzw. *b*-Kohlenstoff [45].

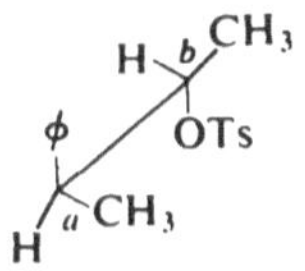

(T)

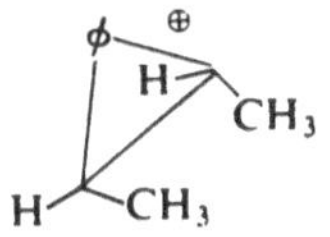

(U)

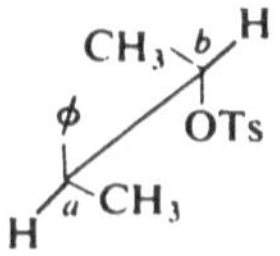

(V)

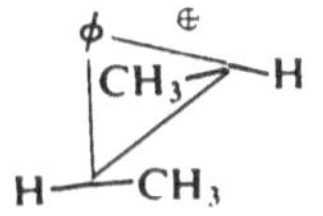

(W)

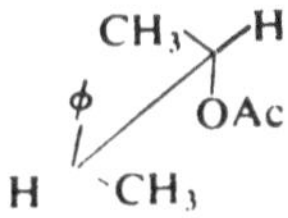

oder
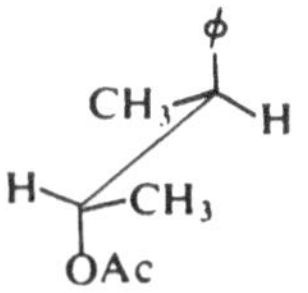

(X)

Die Tatsache, daß die Konfiguration erhalten bleibt und nicht umgekehrt wird, läßt vermuten, daß ein Zwischenprodukt auftritt. Dieses Zwischenprodukt muß mit dem Lösungsmittel im Durchschnitt gleich oft am Kohlenstoff *a* wie am Kohlenstoff *b* reagieren. Es muß außerdem der Drehung um die *a*—*b*-Bindung, die *threo*- und *erythro*-Verbindung ineinander überführen würde, Widerstand entgegensetzen. Übergang zwischen *threo*- und *erythro*-Verbindung tritt zwar auf, aber nur zu etwa 5 % bei der Acetolyse und in noch weit geringerem Maße bei der Formolyse. Alle diese Forderungen sind erfüllt, wenn man den Zwischenprodukten, die aus der *threo*- und *erythro*-Verbindung entstehen, die Strukturen U und W zuschreibt. Cram bezeichnet solche Verbindungen als Phenonium-Ionen. Die Struktur U besitzt eine Symmetrieebene. Infolgedessen kann eine invertierende Reaktion mit dem Lösungsmittel nur zu einem racemischen Produkt mit *threo*-Konfiguration führen. Eine invertierende Reaktion mit der Struktur W am Kohlenstoff *a* oder *b* führt zum gleichen Produkt, der optisch aktiven *erythro*-Verbindung X mit erhaltener Konfiguration.

Nach dieser Vorstellung sollte man, wie insbesondere Brown [46] hervorgehoben hat, eine Nachbargruppen-Beteiligung in der Art, wie man sie beim Bromonium-Ion findet, erwarten. Ob dies wirklich der Fall ist oder nicht, darüber gehen die Meinungen der Fachleute diametral auseinander [47]. Die Eleganz der Theorie des

Bromonium-Ions, einer Theorie, die anderweitig unabhängige Phänomene erklärt, erscheint deshalb in der Phenoniumion-Hypothese etwas getrübt.

6.19. Umlagerungen

„Alle Umlagerungen, bei denen das Kohlenstoff-Skelett verändert wird, lassen sich auf Grund einer Hypothese von Whitmore [48] wie folgt erklären: Ein Carboniumion wird gebildet, und eine Alkylgruppe wandert mitsamt ihrem bindenden Elektronenpaar vom Nachbar-Kohlenstoff zum Carbonium-Kohlenstoff... Die wandernde Gruppe kann auch ein Wasserstoffatom mit seinem bindenden Elektronenpaar sein, d. h. ein Hydrid-Ion" [26, S. 317]. Seit ich dies geschrieben habe, sind große Mengen detaillierter Informationen über solche Umlagerungen zusammengetragen worden. Gleichermaßen haben sich auch mechanistische Probleme in der Art, wie wir sie bei der Frage des Phenonium-Ions getroffen haben, angehäuft*. Ich werde nicht versuchen, dieses umfangreiche Material zusammenzufassen. Mein Kommentar von 1940 sollte insofern erweitert werden, als unter der Bezeichnung „Nachbar-Kohlenstoff" Atome in den 5- und 6-Stellungen in 8- bis 12gliedrigen Ringen eingeschlossen werden sollten, jedenfalls soweit es Hydrid-Wanderungen angeht [50].

Im Interesse der historischen Genauigkeit sollte man im Auge behalten, daß Whitmore ausdrücklich verneinte, daß sein Zwischenprodukt ein (freies) Carboniumion sei; es enthielt ein Kohlenstoffatom mit einem Elektronensextett. Das „Establishment" der frühen dreißiger Jahre war der Idee von Ionen als Zwischenprodukten ganz und gar abhold. Wenn man bedenkt, welch große Rolle Ionenpaare im heutigen Denken spielen, so war Whitmores Konservativismus vielleicht sehr weitsichtig.

6.20. Elektrophile aromatische Substitution

In einer anderen bekannten Gruppe von Reaktionen wird ein Ring-Wasserstoff einer aromatischen Verbindung, manchmal auch eine Sulfogruppe, eine Nitrogruppe oder ein Halogen durch ein anderes Atom oder eine andere Gruppe substituiert. All diesen Reaktionen gemeinsam ist die Art und Weise, in der sich eine Änderung der Struktur der aromatischen Verbindung auswirkt. Die Gruppe umfaßt Friedel-Crafts-Reaktionen, Wasserstoff-Isotopenaustausch, Sulfonierungen, die meisten Arten von Nitrierungen, gewisse Arten von Halogenierungen und Azokupplungen**. Da bei allen diesen Vorgängen offenbar eine Partikel mit Elektronenmangel durch eine andere substituiert wird, ist es zweckmäßig, sie als elektrophile aromatische Substitutionsreaktionen zu bezeichnen. Das entsprechende Ingold-Symbol ist S_E.

Die Azokupplungsreaktion von Phenolen und aromatischen Aminen kann in verdünnter wäßriger Lösung durchgeführt werden und ist seit langem ein technisch wichtiger Prozeß. Aus diesem Grunde ist eine große Menge von Informationen

* Ausgezeichnete Übersichtsreferate finden sich in [4], S. 126–157 und in [49], Kap. 14.
** Eine ausgezeichnete Übersicht findet sich in [51].

theoretischer und empirischer Natur darüber vorhanden. Zollinger und Mitarbeiter führten, aufbauend auf dieser Grundlage, eine Serie von sehr instruktiven Untersuchungen dieser Reaktion aus.

6.21. Die Azokupplungsreaktion

Aromatische Diazoniumsalze sind in wäßriger Lösung starke Elektrolyte. Die zwei Stickstoffatome sind nicht austauschbar*. Durch die Resonanz gemäß Y wird die Struktur des Diazonium-Ions vernünftig angegeben.

(Y)

Sowohl durch elektrometrische Titration [53] als auch durch spektroskopische Methoden [54] läßt sich zeigen, daß das Diazonium-Ion an einer mobilen Gleichgewichtsreaktion

$$ArN_2^+ + H_2O \rightleftharpoons ArN_2O^- + 2H^+ \qquad (XV)$$

beteiligt ist. Diese Experimente geben keinerlei Hinweise auf die Gegenwart des Diazoniumhydroxids ArN_2OH; sie zeigen vielmehr, daß bei allen pH-Werten nie mehr als 1 % des vorhandenen Diazonium-Ions in Form des Diazoniumhydroxids vorliegen. Der pK_D-Wert, d. h. der Wert von $-\log K_D$ für das zweibasige Diazonium-Ion ArN_2^+, variiert von 18.88 für das *p*-Nitrobenzoldiazonium-Ion bis 25.18 für die *p*-Methyl-Verbindung [54].

Der primitive Wert $k^{(p)}$ der spezifischen Geschwindigkeit der Kupplung von Diazoniumverbindung und Phenol ist definiert als**:

$$k^{(p)} = \frac{v}{c_d c_p} \qquad (27)$$

v ist die Reaktionsgeschwindigkeit und

$$c_d = [Ar_d N_2^+] + [Ar_d N_2O^-] \qquad (28)$$

$$c_p = [Ar_pOH] + [Ar_pO^-] \qquad (29)$$

$k^{(p)}$ nimmt im pH-Bereich zwischen 4.5 und 9.2 mit steigendem pH-Wert zu. Wittwer und Zollinger [53] stellten indessen fest, daß die spezifische Geschwindigkeit im Bereich zwischen 12 und 13 mit zunehmendem pH-Wert wieder sinkt. In Abb. 6-6 ist dieser Befund graphisch dargestellt. Die experimentellen Punkte sind die Daten von Wittwer und Zollinger für die Reaktion

* Vgl. dazu die Zusammenfassung in [52], S. 40.

** *Anmerkung des Übersetzers:* Im folgenden weisen die Indizes *p* und *d* auf Phenol bzw. Diazoniumverbindung hin.

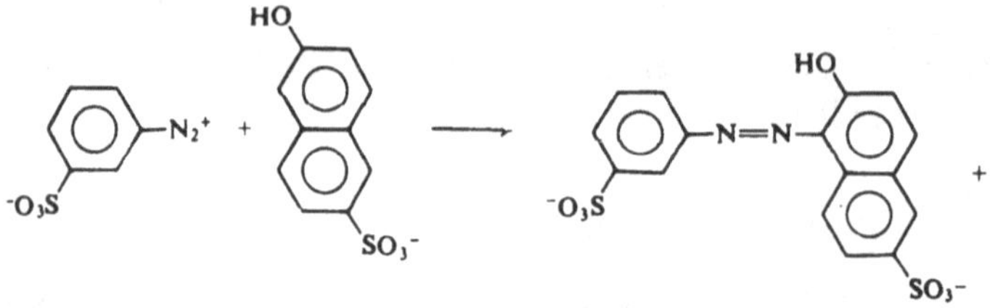

(XVI)

die bei 0 °C in einer passenden Pufferlösung, in der die Ionenstärke durch Zusatz von Kaliumchlorid jeweils auf 0.7 gebracht wurde (Abschn. 7.10), durchgeführt wurde. Die Zersetzung der Diazoniumverbindung wurde berücksichtigt, indem sowohl die Abnahme der Konzentration der Diazoniumverbindung als auch die Menge des gebildeten Farbstoffs in entsprechenden Zeitintervallen bestimmt wurden.
Die Resultate lassen sich durch die Geschwindigkeitsgleichung

$$v = k[Ar_dN_2^+][Ar_pO^-] \tag{30}$$

darstellen. Aus der Gleichung

$$\frac{[Ar_dN_2O^-][H^+]^2}{[Ar_dN_2^+]} = K_d \tag{31}$$

folgt:

$$c_d = [Ar_dN_2^+]\left(1 + \frac{K_d}{[H^+]^2}\right) \tag{32}$$

In ähnlicher Weise findet man:

$$c_p = [Ar_pO^-]\left(1 + \frac{[H^+]}{K_p}\right) \tag{33}$$

$k^{(p)}$ ist somit gegeben durch:

$$k^{(p)} = \frac{k}{(1 + [H^+]/K_p)(1 + K_d/[H^+]^2)} \tag{34}$$

In Abb. 6-6 ist die Beziehung zwischen $\log k^{(p)}$ und pH, die sich aus Gl. (34) ergibt, graphisch dargestellt. Die Kurve steht offensichtlich in Übereinstimmung mit den experimentellen Daten. Dabei ist wesentlich, daß die Werte $K_d = 2.1 \cdot 10^{-22}$ und $K_p = 6.3 \cdot 10^{-10}$, die für die Konstruktion der Kurve verwendet wurden, nicht aus den kinetischen Daten stammen, sondern unabhängig davon durch elektrometrische Titration der Diazoniumverbindung und des Phenols erhalten wurden.
An sich lassen sich die Werte von K_d und K_p aus kinetischen Messungen allein bestimmen, wenn auch nicht mit großer Präzision. Für große Wasserstoffionen-Konzentrationen reduziert sich Gl. (34) zu $k^{(p)} = k\,K_p/[H^+]$, d. h. zu $\log k^{(p)} = \log(k\,K_p) + \text{pH}$. Aus dem linearen Teil der Kurve auf der linken Seite des Maximums läßt sich somit der Wert des Produktes $k\,K_p$ ermitteln. In ähnlicher Weise findet man

die Gleichung für den linearen Teil der Kurve auf der rechten Seite des Maximums: $\log k^{(p)} = \log(k/K_d) - 2\,\text{pH}$. Daraus ergibt sich der Wert des Verhältnisses k/K_d. Individuelle Werte für die drei Parameter lassen sich indessen nur aus dem Verlauf der Kurve in der Gegend des Maximums bestimmen.

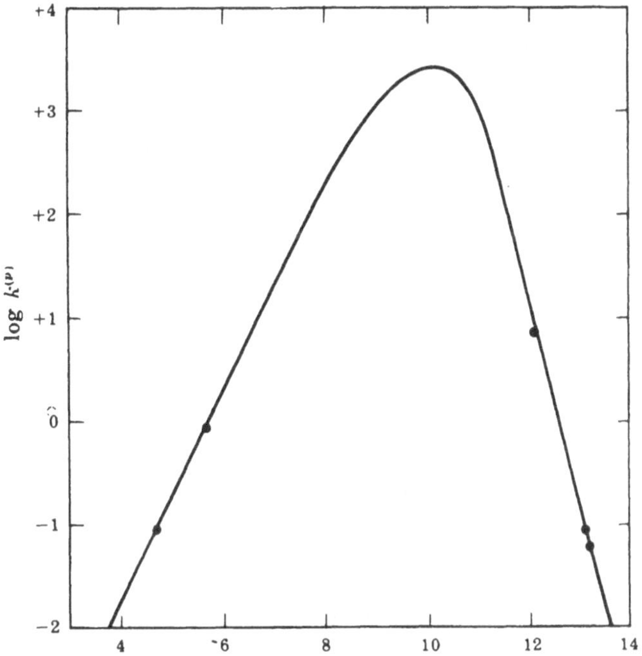

Abb. 6-6. Geschwindigkeit der Kupplung von diazotierter Metanilsäure mit 2-Naphthol-6-sulfonsäure (Daten von Wittwer und Zollinger [53]).

6.22. Das Problem der Annäherung an den Übergangszustand

Es ist nicht möglich, die Gegenwart von Diazoniumhydroxid in einem mobilen Gleichgewicht mit dem Diazonium-Ion auszuschließen, obwohl direkte Hinweise auf seine Existenz fehlen. Nehmen wir ein solches mobiles Gleichgewicht an, so ist:

$$\frac{[H^+][Ar_dN_2OH]}{[Ar_dN_2^+]} = K_i \tag{35}$$

Aus dieser Gleichung und der Gleichgewichts-Beziehung für die Ionisierung des Phenols findet man:

$$[Ar_dN_2OH][Ar_pOH] = \frac{K_i}{K_p}[Ar_dN_2^+][Ar_pO^-] \tag{36}$$

Die mit einer zu $[Ar_dN_2^+][Ar_pO^-]$ proportionalen Geschwindigkeit übereinstimmenden experimentellen Daten entsprechen einem Mechanismus, bei dem ein

Diazonium-Ion direkt mit einem Phenolat-Ion reagiert. Sie lassen sich aber auch mit einer Geschwindigkeit proportional zu $[Ar_dN_2OH][Ar_pOH]$ und einem Mechanismus, bei dem ein Diazoniumhydroxid mit dem Phenol reagiert, erklären. Sie stehen sogar gleichermaßen in Übereinstimmung mit einem Mechanismus, bei dem ein Diazotat-Anion mit der konjugaten Säure des Phenols reagiert.
Hier wie in manchen Fällen, in denen ein Ausgangsstoff an einem mobilen Gleichgewicht beteiligt ist, war es sehr schwierig, den detaillierten Reaktionsmechanismus zu ermitteln (Abschn. 5.18). Der Schein kann trügen. Wenn bei der Azokupplungsreaktion K_p wesentlich größer ist als $K_d^{1/2}$, so ist sowohl $[H^+]/K_p$ als auch $K_d/[H^+]^2$ über einen signifikanten pH-Bereich viel kleiner als eins. In diesem Fall reduziert sich Gl. (34) zu $k^{(p)} = k$, und die Darstellung in Abb. 6-6 geht in eine Kurve mit einem breiten, flachen Maximum über. Dies ist in Abb. 6-7 dargestellt, die mit den Werten $K_d = 10^{-24}$ und $K_p = 10^{-5}$ berechnet wurde. Messungen im pH-Bereich unterhalb 10 lassen sich durch die Gleichung

$$k^{(p)} = k \frac{K_p}{K_p + [H^+]} \tag{37}$$

darstellen, die der Beziehung

$$\frac{[Ar_pO^-]}{c_p} = \frac{K_p}{K_p + [H^+]} \tag{38}$$

sehr ähnlich sieht. Dies läßt die Annahme naheliegend erscheinen, daß das Phenolat-Ion Ar_pO^- direkt an der Reaktion teilnimmt [56].

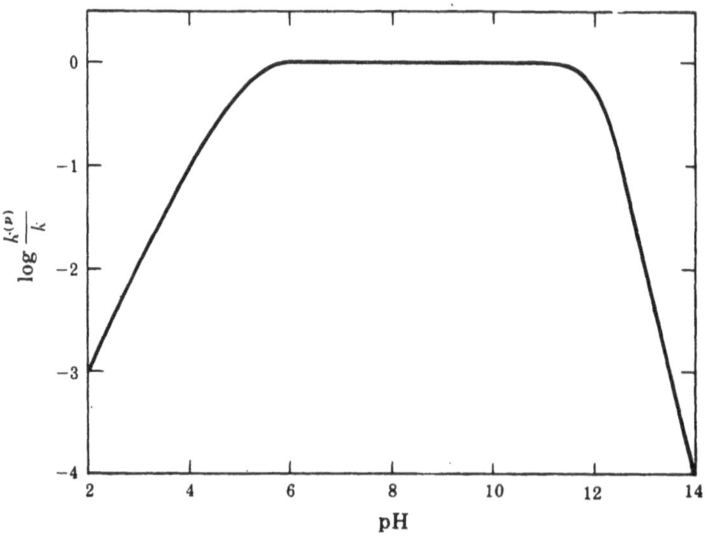

Abb. 6-7. Berechnete Kupplungsgeschwindigkeit für $K_p = 10^{-5}$ und $K_d = 10^{-24}$

6.23. Die Natur des Übergangszustandes bei der Azokupplungsreaktion

Bei der Azokupplungsreaktion muß erstens eine Bindung zwischen dem Diazo-Stickstoff und dem Kohlenstoffatom des Phenols gebildet werden, und zweitens muß ein Wasserstoffatom von diesem Kohlenstoff entfernt werden. Die einfache Ausstoßung eines nackten Protons würde indessen eine überaus hohe Energie erfordern; sie kann nur mit Unterstützung einer Base erfolgen. Die Base kann, muß aber nicht, das Lösungsmittel Wasser sein. Ist die Bindung zwischen dem Proton und der Base im geschwindigkeitsbestimmenden Übergangszustand bereits weitgehend ausgebildet, so sollte Substitution von D oder T für dieses H die Reaktionsgeschwindigkeit wesentlich erniedrigen. Für Deuterium kann es sich dabei um einen Faktor bis zu 12 handeln (Abschn. 5.22). Man sollte auch erwarten, daß in einem solchen Fall gelöste Basen, namentlich Hydroxid-Ion, anstelle des Wassers an der Reaktion teilnehmen würden. Dieser Vorgang würde zu meßbaren Abweichungen von Gl. (34) im alkalischen Gebiet führen.

6.24. Die Pyridinkatalyse

Seit vielen Jahren ist es in der Farbstoffindustrie bekannt und von großer technischer Bedeutung, daß gewisse Azokupplungsreaktionen, die andernfalls sehr langsam verlaufen, durch Pyridin stark katalysiert werden. Dieser Effekt scheint nur dann vorhanden zu sein, wenn die Kuppungsstelle durch Nachbar-Substituenten stark eingeengt ist [56]. So zeigt die Kupplungsreaktion mit 1-Naphthol-4-sulfonsäure Z (welche, wie der Pfeil andeutet, in 2-Stellung kuppelt) keine Pyridinkatalyse, und die Kupplungsgeschwindigkeit läßt sich bis zu pH = 10 durch Gl. (34) beschreiben [57, 58]. Substitution von H durch D in der 2-Stellung hat keinen signifikanten Effekt auf die Reaktionsgeschwindigkeit. Für die Kupplung mit *o*-Methoxybenzol-diazonium-Ion ist das Verhältnis $k_H/k_D = 0.97$, für die Kupplung mit *p*-Chlorbenzol-diazonium-Ion ist es 1.04 [59]. Dieses Verhalten ist offenbar typisch für sterisch nicht gehinderte Kupplungsreaktionen. Es gleicht demjenigen von vielen anderen elektrophilen aromatischen Substitutionsreaktionen, insbesondere Nitrierungen und Halogenierungen, die keinen Wasserstoff-Isotopeneffekt zeigen [60].

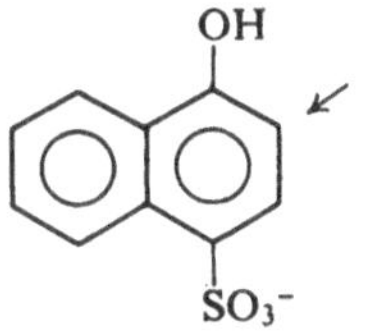

(Z)

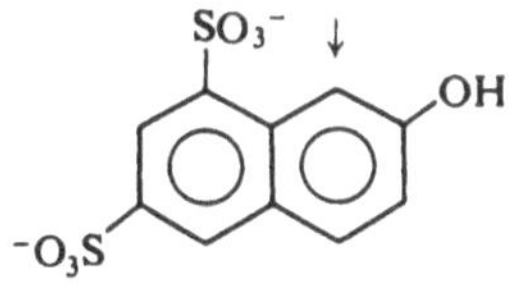

(AA)

Im Gegensatz dazu reagiert 2-Naphthol-6,8-disulfonsäure (AA) nur 0.018-mal so schnell wie 1-Naphthol-4-sulfonsäure mit *p*-Chlorbenzoldiazonium-Ion [59]. 2-Naphthol-6,8-disulfonsäure kuppelt in der 1-Stellung, die durch die *peri*-ständige Sulfogruppe stark sterisch gehindert ist. Die Reaktion ist ausgeprägt durch Pyridin katalysiert, durch 0.25 M Pyridin beispielsweise einhundertfach. In stark alkalischer

Lösung ist die Reaktionsgeschwindigkeit größer, als man auf Grund von Gl. (34) erwartet. Substitution des Wasserstoffatoms in der 1-Stellung durch Deuterium vermindert die Kupplungsgeschwindigkeit mit *p*-Chlorbenzoldiazonium-Ion um einen Faktor 6.55 [57].

Die Katalyse durch Pyridin ist nicht nur stark, sie ist auch alles andere als linear. In Abb. 6-8 sind Versuche dargestellt, bei denen verschiedene Mengen von Pyridin und ein zehntel Äquivalent HCl zu einem Phosphatpuffer von pH = 6.68 gegeben wurden. Durch Zusatz von Kaliumchlorid wurde die Ionenstärke jeweils auf 0.2 gebracht. Bei niederen Pyridinkonzentrationen war der Einfluß auf den elektrometrisch bestimmten pH-Wert klein. Sogar bei Zusatz von 1 M Pyridin sank er nur bis auf 6.5. Die Ordinate der Figur ist das *k* von Gl. (34), nicht das $k^{(p)}$. Die Abszisse stellt die Pyridinkonzentration dar. Die Punkte sind die experimentellen Resultate.

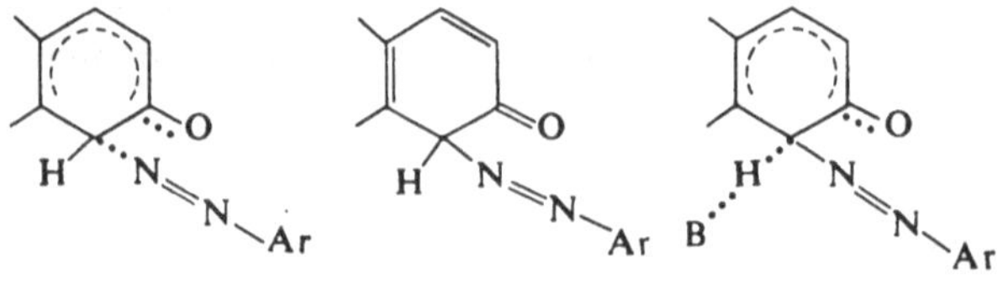

(BB) (CC) (DD)

Dieses Verhalten läßt sich durch einen Zweischritt-Mechanismus mit den zwei Übergangszuständen BB und DD und einem Zwischenprodukt der Struktur CC erklären.

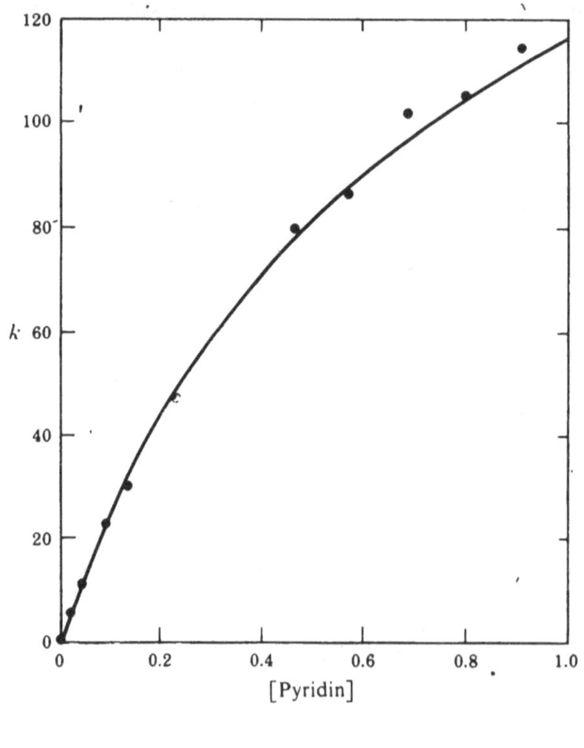

Abb. 6-8. Pyridinkatalyse bei der Kupplung von diazotiertem *p*-Chloranilin mit 2-Naphthol-6,8-disulfonsäure (Daten von Ernst, Stamm und Zollinger [59]).

Die Base B kann entweder Wasser, das HPO_4^{--}-Ion des Puffers oder Pyridin sein. Da die Reaktionsgeschwindigkeit proportional zum Produkt [D][N] ist, wobei D Diazonium-Ion und N Naphtholat-Ion bedeutet, darf man die Bodenstein-Gleichung anwenden. Damit erhält man [61]:

$$\frac{1}{k^{(P)}} = \frac{1}{k_1}\left\{1 + \frac{1}{k_w/k_{-1} + (k_2/k_{-1})[P]}\right\} \tag{39}$$

Dabei ist P = Pyridin

k_1 = spezifische Geschwindigkeit der Bildung des Zwischenproduktes aus D und N
k_w = spezifische Geschwindigkeit der Reaktion des Zwischenproduktes mit Wasser oder HPO_4^{--} oder beiden
k_2 = spezifische Geschwindigkeit der Reaktion des Zwischenproduktes mit Pyridin

Die Kurve in Abb. 6-8 wurde nach dieser Gleichung mit den Parametern $k_1 = 244$, $k_w/k_{-1} = 0.00248$ und $k_2/k_{-1} = 0.987$ berechnet. Die Standardabweichung der experimentellen Punkte ist 3%. Positive und negative Abweichungen sind zufällig verteilt.

6.25. Wasserstoff-Isotopeneffekte bei der Azokupplung

Ist das Wasserstoffatom in 1-Stellung der 2-Naphthol-6,8-disulfonsäure durch Deuterium substituiert, so findet man für die Kupplung mit *p*-Chlorbenzoldiazonium-Ion ein Verhältnis k_H/k_D von 6.55 bei Abwesenheit von Pyridin, 6.01 mit 0.0232 M Pyridin und 3.62 mit 0.905 M Pyridin [58]. Dieses Verhalten läßt sich mit dem Zweischritt-Mechanismus erklären. Durch den Zusatz von Pyridin wird die Geschwindigkeit des zweiten Schrittes erhöht. Infolgedessen hängt die Gesamtgeschwindigkeit stärker vom ersten Schritt ab, bei dem kein primärer Isotopeneffekt vorhanden ist.

Vernachlässigt man mögliche sekundäre Isotopeneffekte, so sollten k_1 und k_{-1} durch Substitution von D für H nicht beeinflußt werden. Mit dieser Annahme findet man

$$\frac{k_H}{k_D} = x\,\frac{1 + (k_2/k_w)[P]}{1 + (x/y)(k_2/k_w)[P]}\;\frac{1 + (1/x)(k_w/k_{-1}) + (1/y)(k_2/k_{-1})[P]}{1 + (k_w/k_{-1}) + (k_2/k_{-1})[P]} \tag{40}$$

wobei

$$x = \frac{k_{w(H)}}{k_{w(D)}} \tag{41}$$

und:

$$y = \frac{k_{2(H)}}{k_{2(D)}} \tag{42}$$

Die k's auf der rechten Seite von Gl. (40) beziehen sich alle auf die Wasserstoff-Verbindung. Aus dem experimentell bei Abwesenheit von Pyridin bestimmten k_H/k_D-Wert erhält man $x = 6.57$. Aus dem k_H/k_D-Wert bei hohen Pyridinkonzentrationen

ergibt sich $y = 5.97$. Mit diesen Werten für x und y findet man für eine Pyridinkonzentration von 0.0232 M einen Wert für k_H/k_D von 6.01, was sehr gut mit dem experimentell bestimmten Wert übereinstimmt.
Weitere Informationen erhält man aus dem Isotopeneffekt, der bei der Kupplung der gleichen Naphtholsulfonsäure mit *p*-Chlor-, *m*-Chlor- und *p*-Nitrobenzoldiazonium-Ion auftritt [58]. Die spezifischen Geschwindigkeiten der Kupplung der H-Verbindung in einem Phosphatpuffer liegen im Verhältnis $1.00 : 12.3 : 1.78 \cdot 10^3$. Die entsprechenden k_H/k_D-Werte sind 6.55, 5.48 und 4.78. Unter der Annahme, daß k_1 und k_{-1} keinem Isotopeneffekt unterliegen, findet man:

$$\frac{k_H}{k_D} = \frac{(k_w/k_{-1}) + x}{(k_w/k_{-1}) + 1} \tag{43}$$

Da x wesentlich größer als 1 ist und kaum – wenn überhaupt – durch die Substituenten des Diazonium-Ions beeinflußt werden sollte, muß also das Verhältnis k_w/k_{-1} in der gleichen Reihenfolge zunehmen. Das bedeutet, daß das Standard-Potential des zweiten Übergangszustandes schneller als dasjenige des ersten Übergangszustandes abnehmen muß.
Alle diese Erscheinungen stellen überzeugende Argumente gegen einen synchronen Einschritt-Mechanismus dar. Bei einem solchen wäre nur ein einziger Übergangszustand vorhanden, in dem die Ablösung des Protons und die Bildung der Kohlenstoff-Stickstoff-Bindung gleichzeitig erfolgte. Wollte man einen synchronen Mechanismus postulieren, so müßte man annehmen, daß die Wasser- und die Pyridin-Reaktion unabhängige Parallelreaktionen wären. Man muß zwar zugeben, daß ein nichtlinearer Mediumeffekt quantitativ das Verhalten einer Zweischritt-Reaktion vortäuschen kann. Man müßte anderseits die unwahrscheinliche Annahme machen, daß der Isotopeneffekt für die Pyridin-Reaktion nur 3.62, für die Wasser-Reaktion jedoch 6.55 wäre. Diese Annahme erscheint deshalb unwahrscheinlich, weil Pyridin schneller als Wasser reagiert und deshalb einen größeren, und nicht einen kleineren Effekt auf die Vibrationsfrequenz des Übergangszustandes haben sollte. Wären wirklich zwei unabhängige Reaktionen vorhanden, so würde beispielsweise die Reaktion bei Gegenwart von 0.0232 M Pyridin, die 9.7mal schneller als bei Abwesenheit von Pyridin ist, zu 90% über die Pyridin-Route ablaufen. Der Isotopeneffekt sollte deshalb 3.83 anstelle des beobachteten 6.01 sein. Schließlich müßte man noch eine weitere unwahrscheinlich anmutende Annahme machen: Eine Erniedrigung des Standardpotentials des Übergangszustandes durch eine Änderung der Struktur des Diazonium-Ions müßte eine Verkleinerung des Isotopeneffektes mit sich bringen.
Auf der andern Seite steht der Zweischritt-Mechanismus qualitativ und quantitativ in Übereinstimmung mit den verschiedenen Phänomenen, mit denen der synchrone Mechanismus in Widerspruch gerät. Der Schluß, daß Azokupplungsreaktionen auch in den Fällen nach dem Zweischritt-Mechanismus verlaufen, in denen keine Pyridinkatalyse und keine Isotopeneffekte festgestellt werden können, ist indessen eine Extrapolation. Wie jede Extrapolation ist er mit einer gewissen Unsicherheit behaftet.

6.26. Sterische Einflüsse bei der Azokupplung

Der Wert von k_1 für die Kupplung von *p*-Chlorbenzoldiazonium-Ion mit der sterisch gehinderten 2-Naphthol-6,8-disulfonsäure ist 244 l/mol · sec. Wenn die Kupplung mit 1-Naphthol-4-sulfonsäure nach dem gleichen Mechanismus verläuft, so ist k_1 gleich k und hat den Wert 404 l/mol · sec [59]. Es scheint also, daß sterische Hinderung in der Gegend der Reaktionsstelle keinen großen Einfluß auf die Standard-Potentiale der Reaktionspartner und des ersten Übergangszustandes, beispielsweise BB, hat; die Annäherung des Azo-Stickstoffs an den Naphthol-Kohlenstoff ist also kaum behindert. Die sterische Hinderung hat indessen einen großen Effekt auf die Differenz zwischen den Standardpotentialen des ersten und des zweiten Übergangszustandes. Für die Wasser-Reaktion muß $\mu_w^\ddagger$ mindestens 2 kcal kleiner als $\mu_1^\ddagger$ sein, denn sonst würde man keine komplexe Kinetik beobachten. Im sterisch gehinderten Fall ist $\mu_w^\ddagger$ um 3.5 kcal höher als $\mu_1^\ddagger$, denn $k_w/k_{-1} = 0.0025$. Der sterische Effekt drückt sich also im Unterschied zwischen den Standardpotentialen der Übergangszustände BB und DD aus. Er hängt, in anderen Worten, mit der Behinderung des Angriffs der Base in DD zusammen.

Soweit es die phenolische Komponente betrifft, läßt sich der Effekt einer Strukturänderung aus Modellbetrachtungen voraussagen. Die k_H/k_D-Werte für die Kupplung mit *p*-Chlorbenzoldiazonium-Ion in der durch den Pfeil markierten Stellung sind 1.04 für EE, 3.10 für FF, 6.2 für GG und 6.55 für HH [59]. Wie man erwartet, hat die Sulfogruppe in *peri*-Stellung in GG und HH einen größeren Effekt als diejenige in *ortho*-Stellung in FF. Basenkatalyse wurde auch bei der Kupplung mit der Komponente II beobachtet. Dies zeigt, daß der sterische Effekt nicht auf die negativ geladene SO_3^--Gruppe beschränkt ist.

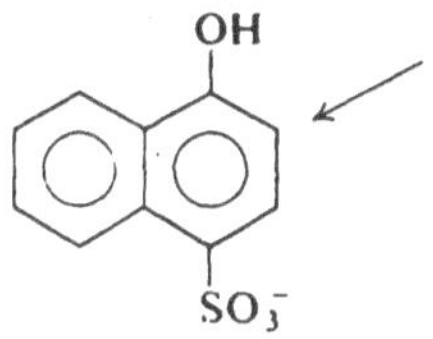

(EE)

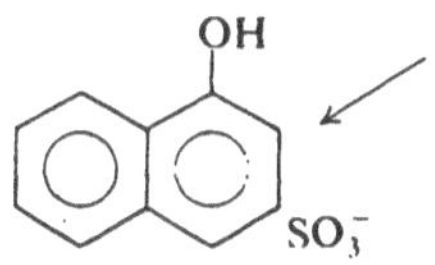

(FF)

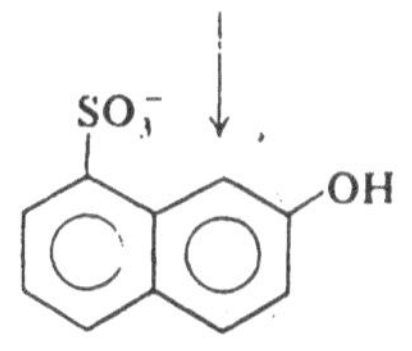

(GG)

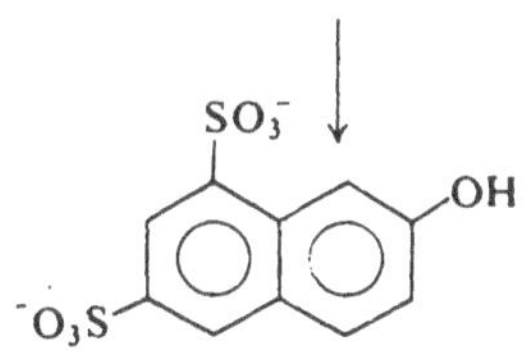

(HH)

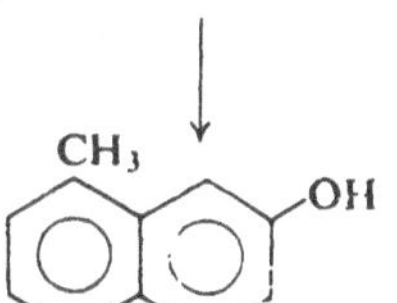

(II)

Was die Base angeht, so ist Pyridin wirksamer als tertiäre Alkylamine, obwohl es schwächer basisch ist. Chinuclidin ist ein besserer Katalysator als Triäthylamin [62, 63]. Die k_2/k_{-1}-Werte für einige methylsubstituierte Pyridine und die entsprechenden pK-Werte sind in Tab. 6.2 zusammengestellt. Ist kein sterischer Effekt vorhanden, so ist die stärkere Base der bessere Katalysator. Basen, die in 2-Stellung einen Substituenten tragen, sind indessen weniger wirksam, als man auf Grund ihrer Basizität erwarten würde.

Tab. 6.2. Einfluß von Pyridinderivaten auf die Geschwindigkeit der Kupplung von *p*-Chlorbenzoldiazonium-Ion mit 2-Naphthol-6,8-disulfonsäure.[a]

	Pyridin	α-CH_3	β-CH_3	γ-CH_3	2,6-$(CH_3)_2$
$\frac{k_2}{k_{-1}}$	1.30	0.65	1.60	2.50	0.20
pK	5.50	6.37	6.12	6.43	7.09

[a] Daten von Zollinger [62].

Diese Resultate sind insofern wesentlich, als sie es erlauben, die Stellung der Base im zweiten Übergangszustand auf den Punkt festzulegen, an dem die sterische Hinderung erfolgt. Ohne diese Daten könnte man eine Struktur in der Art von JJ

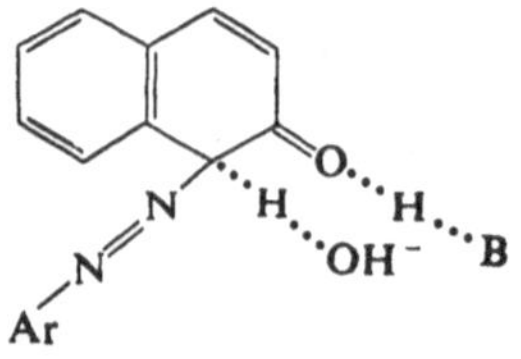

(JJ)

nicht ausschließen, in der das Ringproton durch ein Hydroxid-Ion abstrahiert wird, während gleichzeitig ein Pyridinium-Ion ein Proton auf den phenolischen Sauerstoff überträgt. Wäre dies der Übergangszustand für den zweiten Schritt, so wäre dessen Geschwindigkeit proportional zum Produkt $[C_5H_5NH^+][OH^-]$. Dieses ist selbst proportional zur Pyridinkonzentration und steht somit in Übereinstimmung mit der experimentellen Beobachtung.
Diese Art von Problemen im Zusammenhang mit der Struktur des Übergangszustandes trifft man bei allen allgemein säure- oder basekatalysierten Reaktionen [64]. Die Untersuchung von sterischen Einflüssen auf die Reaktionsgeschwindigkeit ist auch in anderen Fällen zur Klärung solcher Fragen beigezogen worden [65].

6.27. Ein Entropie-Phänomen

ortho-Nitrobenzoldiazonium-Ion kuppelt mit 1-Naphthol-3-sulfonsäure sowohl in der *ortho*- oder 2- als auch in der *para*- oder 4-Stellung [66]. Die spezifische Geschwindigkeit, das k der Gl. (34), variiert mit Art und Konzentration der Pufferlösung, in der die Reaktion durchgeführt wird, selbst wenn der pH-Wert konstant gehalten wird. Dies ist das charakteristische Merkmal einer allgemein säure- oder basekatalysierten Reaktion (Abschn. 10.1). In Abb. 6-9 sind die spezifischen Geschwindigkeiten der Kupplungsreaktionen in den beiden Stellungen in einem 1 : 1-

Natriumacetat-Essigsäure-Puffer gegen die Acetationen-Konzentration aufgetragen. Die obere Kurve zeigt, daß die *ortho*-Kupplung nur schwach durch Basen katalysiert wird und daß die obere Grenze der Beschleunigung sehr rasch erreicht ist. Die Kurve wurde auf der Grundlage von Gl. (39) mit den Parametern $k_1 = 5.5 \cdot 10^{-5}$, $k_w/k_{-1} = 0.7$ und $k_2/k_{-1} = 0.6$ berechnet. k_2 ist die spezifische Geschwindigkeit der Reaktion des Acetat-Ions mit dem Zwischenprodukt. Aus diesen Werten ergibt sich, daß die spezifische Geschwindigkeit der Kupplung in *ortho*-Stellung in 0.5 M Acetat-Puffer bereits 80% des Wertes von k_1 beträgt, d. h. daß im wesentlichen der erste Schritt geschwindigkeitsbestimmend ist. Die untere Kurve für die Kupplung in *para*-Stellung zeigt das Bild einer beträchtlichen sterischen Hinderung. Die Base Acetat-Ion wirkt als starker Katalysator. Die Geschwindigkeit bei Abwesenheit des Katalysators ist um mehr als eine Größenordnung kleiner als die entsprechende Geschwindigkeit der Kupplung in *ortho*-Stellung. Die sterische Hinderung ist vermutlich auf das Wasserstoffatom in *peri*-Stellung zurückzuführen.

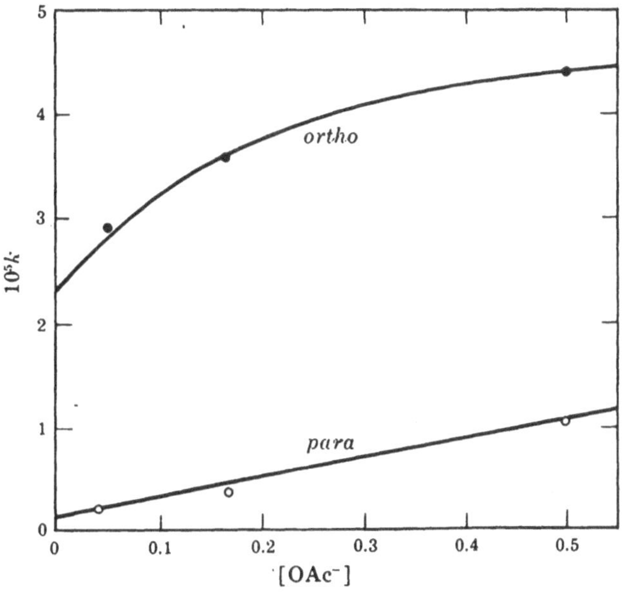

Abb. 6-9. Geschwindigkeit der Kupplung von diazotiertem *o*-Nitroanilin mit 1-Naphthol-3-sulfonsäure in der *ortho*- und *para*-Stellung (Daten von Stamm und Zollinger [66]).

Aus dem Temperatureinfluß auf die Kupplungsgeschwindigkeit in den beiden Stellungen in 0.5 M Acetat-Puffer ergibt sich, daß die Aktivierungsentropie für die *ortho*-Kupplung um 28 ± 8 cal/K stärker positiv ist als für die *para*-Kupplung. Dies ist möglicherweise auf unterschiedliche Zusammensetzung der geschwindigkeitsbestimmenden Übergangszustände zurückzuführen. Für die *ortho*-Kupplung ist die beobachtete Geschwindigkeit im wesentlichen k_1. Sie ist somit durch die Änderung des Standardpotentials bestimmt, die mit der Kombination von zwei gelösten Partikeln, des Diazonium-Ions und des Naphtholat-Ions, unter Bildung des geschwindigkeitsbestimmenden Übergangszustandes einhergeht. Für die *para*-Kupplung bei hohen Katalysatorkonzentrationen ist die spezifische Geschwindigkeit im wesentlichen durch das Standardpotential des zweiten Übergangszustandes bestimmt.

Zu dessen Bildung müssen drei gelöste Partikel, Diazonium-Ion, Naphtholat-Ion und Acetat-Ion, vereinigt werden. Es ist sehr wohl möglich, daß infolgedessen die Aktivierungsenergie für die *para*-Kupplung geringer als für die *ortho*-Kupplung ist, wenn auch die Lage durch Solvatationseffekte kompliziert sein könnte (Abschn. 5.21).

6.28. Literatur

1. Phillips, H., *J. Chem. Soc.*, *123:* 44 (1923); J. Kenyon, H. Phillips und H. G. Turley, *ibid. 127:* 399 (1925); H. Phillips, *ibid. 127:* 2552 (1925); G. A. C. Gough, H. Hunter und J. Kenyon, *ibid.* 2052 (1926); J. Kenyon, H. Phillips und V. P. Pittman, *ibid.* 1072 (1935); C. M. Bean, J. Kenyon und H. Phillips, *ibid.* 303 (1936).
2. Holmberg, B., *J. Prakt. Chem.*, (2) *88:* 553 (1913).
3. Hughes, E. D., F. Juliusberger, S. Masterman, B. Topley und J. Weiss, *J. Chem. Soc.*, *1935:* 1525; E. D. Hughes, F. Juliusberger, A. D. Scott, B. Topley und J. Weiss, *ibid. 1936:* 1173; W. A. Cowdrey, E. D. Hughes, T. P. Nevell und C. L. Wilson, *ibid. 1938:* 209.
4. Streitwieser, A., Jr., „Solvolytic Displacement Reactions", McGraw-Hill Book Co., New York 1962.
5. Olivier, S. C. J. und G. Berger, *Rec. Trav. Chim.*, *45:* 712 (1926); A. M. Ward, *J. Chem. Soc.*, *1927:* 2285; C. K. Ingold, *Ann. Rept. Progr. Chem.* (*Chem. Soc., London*), *24:* 156 (1927).
6. Bateman, L. C., E. D. Hughes und C. K. Ingold, *J. Chem. Soc.*, *1940:* 974.
7. Benfey, O. T., E. D. Hughes und C. K. Ingold, *J. Chem. Soc.*, *1952:* 2488.
8. Bunton, C. A. und B. Nayak, *J. Chem. Soc.*, *1959:* 3854.
9. Bailey, T. H., J. R. Fox, E. Jackson, G. Kohnstam und A. Queen, *Chem. Commun.*, *1966:* 122.
10. Cooper, K. A., E. D. Hughes und C. K. Ingold, *J. Chem. Soc.*, *1937:* 1280; K. A. Cooper, E. D. Hughes, C. K. Ingold und B. J. MacNulty, *ibid. 1948:* 2038.
11. Lucas, G. L. und L. P. Hammett, *J. Am. Chem. Soc.*, *64:* 1938 (1942).
12. Winstein, S., M. Hojo und S. Smith, *Tetrahedron Letters*, *1960:* 12.
13. Clarke, G. A. und R. W. Taft, *J. Am. Chem. Soc.*, *84:* 2295 (1962).
14. Farinacci, N. T. und L. P. Hammett, *J. Am. Chem. Soc.*, *59:* 2542 (1937); *60:* 3097 (1938).
15. Ward, A. M., *J. Chem. Soc.*, *1927:* 2285.
16. Norris, J. F. und A. A. Morton, *J. Am. Chem. Soc.*, *50:* 1795 (1928).
17. Ingold, C. K., „Structure and Mechanism in Organic Chemistry", S. 310ff., Cornell University Press, Ithaca, N. Y., 1953.
18. Streitwieser, A., Jr., *J. Am. Chem. Soc.*, *77:* 1117 (1955).
19. Cocivera, M. und S. Winstein, *J. Am. Chem. Soc.*, *85:* 1702 (1963).
20. Cram, D. J. und M. R. V. Sahyun, *J. Am. Chem. Soc.*, *85:* 1257 (1963).
21. Catchpole, A. G. und E. D. Hughes, *J. Chem. Soc.*, *1948:* 1.
22. Goering, H. L., E. G. Briody und J. F. Levy, *J. Am. Chem. Soc.*, *85:* 3059 (1963).
23. Goering, H. L. und S. Chang, *Tetrahedron Letters*, *1965:* 3607.
24. Lévy, H. A. und L. O. Brockway, *J. Am. Chem. Soc.*, *59:* 2085 (1937).
25. Ogg, R. A., Jr., und M. Polanyi, *Trans. Faraday Soc.*, *31:* 604 (1935).
26. Hammett, L. P., „Physical Organic Chemistry", 1. Aufl., McGraw-Hill Book Co., New York 1940.
27. Young, W. G., S. Winstein und H. L. Goering, *J. Am. Chem. Soc.*, *73:* 1958 (1951).
28. Winstein, S., B. Appel, R. Baker und A. Diaz, *Chem. Soc.* (*London*) *Spec. Pub.* 19, 1965.
29. Weiner, H. und R. A. Sneen, *J. Am. Chem. Soc.*, *87:* 287, 292 (1965).
30. Sneen, R. A. und J. W. Larsen, *J. Am. Chem. Soc.*, *88:* 2593 (1966).
31. de la Mare, P. D. B. und C. A. Vernon, *J. Chem. Soc.*, *1954:* 2504.
32. Winstein, S. und G. C. Robinson, *J. Am. Chem. Soc.*, *80:* 169 (1958).
33. Goering, H. A. und J. F. Levy, *J. Am. Chem. Soc.*, *86:* 120 (1964).
34. Winstein, S., E. Clippinger, A. H. Fainberg und G. C. Robinson, *J. Am. Chem. Soc.*, *76:* 2597 (1954).
35. Winstein, S., P. E. Klinedienst, Jr., und G. C. Robinson, *J. Am. Chem. Soc.*, *83:* 885 (1961). In diesem Artikel steht fälschlich k_1 statt k_{-1} im Nenner von Gl. (22).
36. Allred, E. L. und S. Winstein, *J. Am. Chem. Soc.*, *89:* 3998 (1967).
37. Cowdrey, W. A., E. D. Hughes und C. K. Ingold, *J. Chem. Soc.*, *1937:* 1208; *1938:* 1243.

38. Grunwald, E. und S. Winstein, *J. Am. Chem. Soc., 70:* 841 (1948).
39. Polanyi, M. und A. L. Szabo, *Trans. Faraday Soc., 30:* 508 (1934).
40. Olson, A. R. und R. J. Miller, *J. Am. Chem. Soc. 60:* 2687 (1938).
41. Winstein, S. und H. J. Lucas, *J. Am. Chem. Soc., 61:* 1575, 2845 (1939).
42. Winstein, S., E. Grunwald und L. L. Ingraham, *J. Am. Chem. Soc., 70:* 821 (1948); E. Grunwald, *ibid. 73:* 5458 (1951).
43. Winstein, S., C. R. Lindegren, H. Marshall und L. L. Ingraham, *J. Am. Chem. Soc., 75:* 147 (1953).
44. Cram, D. J., *J. Am. Chem. Soc., 71:* 3863, 3975 (1949); *86:* 3767 (1964).
45. Smith, W. B. und M. Showalter, *J. Am. Chem. Soc., 86:* 4136 (1964).
46. Brown, H. C., *Chem. Soc. (London) Spec. Pub.* 16, S. 140, 1962.
47. Brown, H. C., K. J. Morgan und F. J. Chloupek, *J. Am. Chem. Soc., 87:* 2137 (1965); D. J. Cram und J. A. Thompson, *ibid. 89:* 6766 (1967).
48. Whitmore, F. C., *J. Am. Chem. Soc., 54:* 3274 (1932).
49. Hine, J., „Reaktivität und Mechanismus in der organischen Chemie", 2. Aufl., Georg Thieme Verlag, Stuttgart 1966.
50. Cope, A. C., S. W. Fenton und C. F. Spencer, *J. Am. Chem. Soc., 74:* 5884 (1952); H. J. Urech und V. Prelog: *Helv. Chim. Acta, 40:* 477 (1957); J. D. Dunitz und V. Prelog, *Angew. Chem., 73:* 896 (1960).
51. Berliner, E., *Progr. Phys. Org. Chem., 2:* 253 (1964).
52. Zollinger, H., „Diazo and Azo Chemistry", S. 40, Interscience Publishers, New York 1961.
53. Wittwer, C. und H. Zollinger, *Helv. Chim. Acta, 37:* 1954 (1954).
54. Lewis, E. S. und H. Suhr, *Ber., 91:* 2350 (1958).
55. Conant, J. B. und W. D. Peterson, *J. Am. Chem. Soc., 52:* 1220 (1930); R. Wistar und P. D. Bartlett, *ibid. 63:* 413 (1941).
56. Pütter, R., *Angew. Chem., 63:* 188 (1951).
57. Zollinger, H., *Helv. Chim. Acta, 38:* 1597 (1955).
58. Zollinger, H., *Helv. Chim. Acta, 38:* 1617 (1955).
59. Ernst, R., O. A. Stamm und H. Zollinger, *Helv. Chim. Acta, 41:* 2274 (1958).
60. Melander, L., *Arkiv. Kemi, 2:* 213 (1950); *Chem. Soc. (London) Spec. Pub.* 16, S. 77, 1962; „The Use of Nuclides in the Determination of Organic Reaction Mechanisms", University of Notre Dame Press, Notre Dame, Ind., 1965.
61. Zollinger, H., *Chem. Ind. (London), 1965:* 885.
62. Zollinger, H., *Helv. Chim. Acta, 38:* 1623 (1955).
63. Zollinger, H., *Angew. Chem., 70:* 204 (1958).
64. Pedersen, K. J., *J. Phys. Chem., 38:* 581 (1934).
65. Zucker, L. und L. P. Hammett, *J. Am. Chem. Soc., 61:* 2785 (1939).
66. Stamm, O. A. und H. Zollinger, *Helv. Chim. Acta, 40:* 1955 (1957).

7. Salzeffekte

7.1. Die Brönsted-Gleichung

Der Salzeffekt nimmt eine Schlüsselstellung in der Theorie der Geschwindigkeit von Reaktionen ein. Dies ist darauf zurückzuführen, daß der einzige quantitativ voraussagbare Mediumeffekt auf eine Reaktionsgeschwindigkeit durch die Brönsted-Gleichung

$$k = k^\circ \frac{\gamma_A \gamma_B}{\gamma_\ddagger} \tag{1}$$

gegeben ist. Sie bezieht sich auf den Effekt von Art und Konzentration der Ionen in einer Lösung auf die spezifische Geschwindigkeit einer Reaktion zwischen den Ionen A und B. k° ist der Grenzwert der spezifischen Geschwindigkeit für unendlich kleine Konzentration aller Ionen. γ_A und γ_B sind die Aktivitätskoeffizienten von A und B. $\gamma_\ddagger$ ist der Aktivitätskoeffizient einer Partikel mit einer Ladung entsprechend der algebraischen Summe der Ladungen von A und B und läßt sich somit als Aktivitätskoeffizient des Übergangszustandes interpretieren.

7.2. Das Grenzgesetz

Die Debye-Hückel-Theorie besagt, daß der Aktivitätskoeffizient (Abschn. 2.18) einer ionischen Partikel i die Beziehung

$$\lim_{I \to 0} \frac{d \log \gamma_i}{d I^{1/2}} = -A z_i^2 \tag{2}$$

erfüllt. I ist dabei die Ionenstärke der Lösung, die definiert ist als:

$$I = \frac{1}{2} \sum_j c_j z_j^2 \tag{3}$$

Dabei wird über alle in der Lösung vorhandenen Ionen, eingeschlossen i, summiert. c_j ist die Konzentration und z_j die Anzahl der Ladungseinheiten des Ions j. Der Wert von A ist gegeben durch

$$A = 0.4343 \frac{(2\pi N_0)^{1/2} \mathbf{e}^3}{(10 \epsilon \mathbf{k} T)^{3/2}} = 1.825 \times 10^6 (\epsilon T)^{-3/2} \tag{4}$$

wobei ε die Dielektrizitätskonstante des Mediums darstellt. Für Wasser ist der Wert von A 0.512 bei 25 °C, 0.492 bei 0 °C und 0.608 bei 100 °C.
Die Theorie sagt also voraus, daß sich die Steigung einer Darstellung von $\log \gamma$ gegen $I^{1/2}$ dem Grenzwert $-Az^2$ nähert, wenn $I^{1/2}$ gegen null strebt. Messungen

von mittleren Ionenaktivitätskoeffizienten, Messungen der Lösungsmittel-Aktivität (vgl. Abschn. 2.16) und Untersuchungen über den Einfluß der Ionenstärke auf die Löslichkeit von starken Elektrolyten und andere Gleichgewichte, an denen Ionen beteiligt sind, haben diese Voraussage in jeder Hinsicht bestätigt*. Es hat sich auch gezeigt, daß sie nicht nur auf wäßrige Lösungen, sondern auch auf solche in Lösungsmitteln mit wesentlich geringerer Dielektrizitätskonstante zutrifft. Eine verwandte Voraussage über die Beziehung zwischen Leitfähigkeit und Konzentration wurde sogar in noch besserem Maße bestätigt gefunden**.
Kombination des Grenzgesetzes der Debye-Hückel-Theorie mit der Brönsted-Gleichung führt zu

$$\lim_{I \to 0} \frac{d \log k}{d I^{1/2}} = 2 z_A z_B A \tag{5}$$

Der Faktor $2 z_A z_B$ rührt daher, daß $z_{\ddagger} = z_A + z_B$; $z_A^2 + z_B^2 - z_{\ddagger}^2$ wird damit zu $-2 z_A z_B$. Nach dieser Gleichung hat also, da die z algebraische Zahlen sind, eine Darstellung von $\log k$ gegen $I^{1/2}$ eine positive Steigung, wenn die Ladung von A und B das gleiche Vorzeichen haben. Haben sie verschiedene Vorzeichen, so resultiert eine negative Steigung. In beiden Fällen sollte der Grenzwert der Steigung bei kleiner Ionenstärke $2 z_A z_B A$ sein. Für den Fall, daß A oder B ein neutrales Molekül ist, sagt die Gleichung die Steigung null voraus.

7.3. Salzeffekte bei der Azokupplungsreaktion

Zollingers [4] Daten über Azokupplungsreaktionen (Abschn. 6.21) mit 2-Naphthylamin-6-sulfonsäure A demonstrieren die Gültigkeit dieser Voraussagen sehr schön:

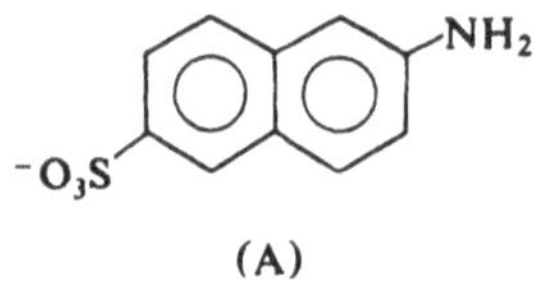

(A)

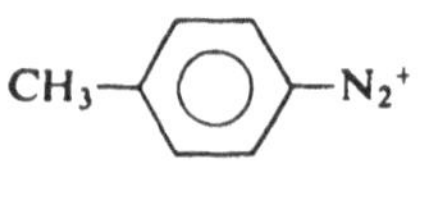

(B)

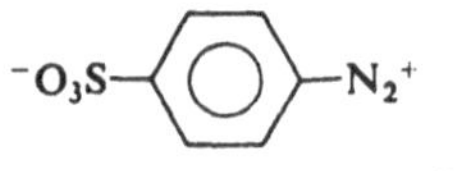

(C)

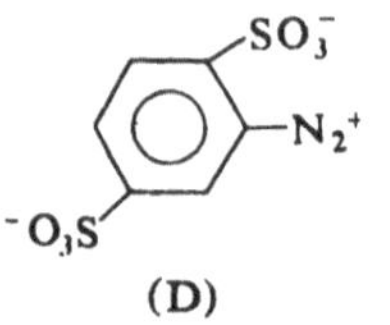

(D)

Die Reaktionen wurden bei 10°C in einem 0.005 M Acetat-Puffer durchgeführt. In dieser Lösung liegt praktisch alles Naphthylamin in der Form A, die eine negative Ladung trägt, vor. Die Konzentration der Ausgangsprodukte lag im Bereich von 10^{-3} bis 10^{-5} M. Die Ionenstärke wurde jeweils durch Zusatz entsprechender Mengen von Kaliumchlorid konstant gehalten. Für die Reaktion mit dem positiv

* Siehe z. B. [1] oder [2].
** Siehe z. B. [3].

geladenen 4-Diazotoluol B (Abb. 7-1) ist die Steigung negativ ($z_A z_B = -1$); für die Kupplung mit der elektrisch neutralen Diazobenzol-4-sulfonsäure C ist die Geschwindigkeit im wesentlichen unabhängig von der Ionenstärke; für die Reaktion mit der negativ geladenen Diazobenzol-2,5-disulfonsäure D schließlich ist die Steigung positiv.

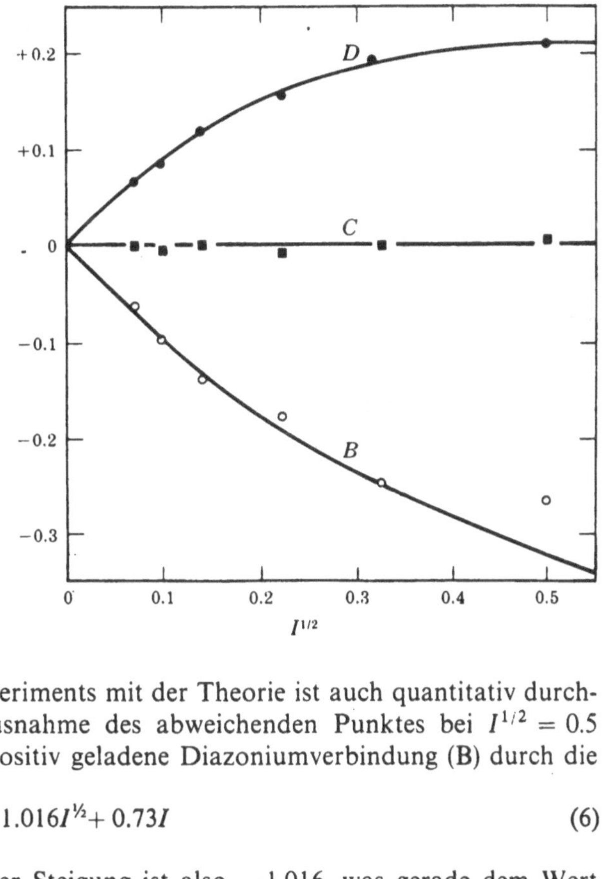

Abb. 7-1. Geschwindigkeit der Azokupplung des Amins *A* mit *B* (○ = log *k* + 0.532), *C* (■ = log *k* − 1.835) und *D* (● = log *k* − 1.586) (Daten von Zollinger [6]).

Die Übereinstimmung des Experiments mit der Theorie ist auch quantitativ durchaus zufriedenstellend: Mit Ausnahme des abweichenden Punktes bei $I^{1/2} = 0.5$ lassen sich die Daten für die positiv geladene Diazoniumverbindung (B) durch die Gleichung

$$\log k = -0.532 - 1.016 I^{1/2} + 0.73 I \qquad (6)$$

beschreiben. Der Grenzwert der Steigung ist also −1.016, was gerade dem Wert der Größe $2 z_A z_B A$ bei der Versuchstemperatur entspricht. Die Kurve für die negativ geladene Diazoniumverbindung D läßt sich in ähnlicher Weise durch die Gleichung

$$\log k = 1.586 + 1.016 I^{1/2} - 1.46 I + 0.53 I^{3/2} \qquad (7)$$

beschreiben. Der Grenzwert der Steigung entspricht wiederum $2 z_A z_B A$.

7.4. Zur Anwendung des Grenzgesetzes auf unsymmetrische Ionen

Die Debye-Hückel-Theorie beruht auf der Annahme, daß kugelsymmetrische, geladene Körper in einem Medium eingetaucht sind, dessen Dielektrizitätskonstante überall dem Wert entspricht, der durch makroskopische Messungen am Lösungsmittel bestimmt wird. Ionen in der Art von A, B, C und D sind nun offensichtlich keine Kugeln, und die Ladung ist nicht symmetrisch verteilt. Trotzdem stimmt die Theorie mit dem experimentell gefundenen Verhalten dieser Ionen überein. Dies ist vermutlich darauf zurückzuführen, daß die Ionen in sehr verdünnter Lösung genügend weit voneinander entfernt sind, daß die Wechselwirkung zwischen ihnen derjenigen zwischen geladenen Kugeln gleicht.

Bei der alkalischen Hydrolyse von aliphatischen Monoester-Ionen müssen die Ladungen noch extremer an bestimmten Stellen der Ionen lokalisiert sein.

$$OH^- + C_2H_5OOC(CH_2)_xCOO^- \rightarrow {}^-OOC(CH_2)_xCOO^- + C_2H_5OH \qquad (I)$$

In jedem vernünftigen Bild des Übergangszustandes dieser Reaktionen sind zwei getrennte Ladungen vorhanden; die Distanz zwischen ihnen nimmt mit steigender Anzahl x der Methylengruppen zu. Sie ist in der Größenordnung von 4 Å für Oxalat ($x = 0$) und von 7 Å für Adipat ($x = 4$). Nielsen [5] untersuchte den Salzeffekt für Werte von x von 0, 1, 2 und 4. Die Konzentrationen der Substrate lagen im Bereich von 0.0009 bis 0.011. Die Ionenstärke wurde über einen Bereich von 0.05 bis 0.25 variiert und jeweils durch entsprechende Zusätze von Kaliumchlorid konstant gehalten. In Abb. 7-2 sind Nielsens Werte von $\log k$ für drei dieser Reaktionen gegen $I^{1/2}$ am Anfang der Reaktion dargestellt. Das Oxalat verhält sich in ähnlicher Weise.

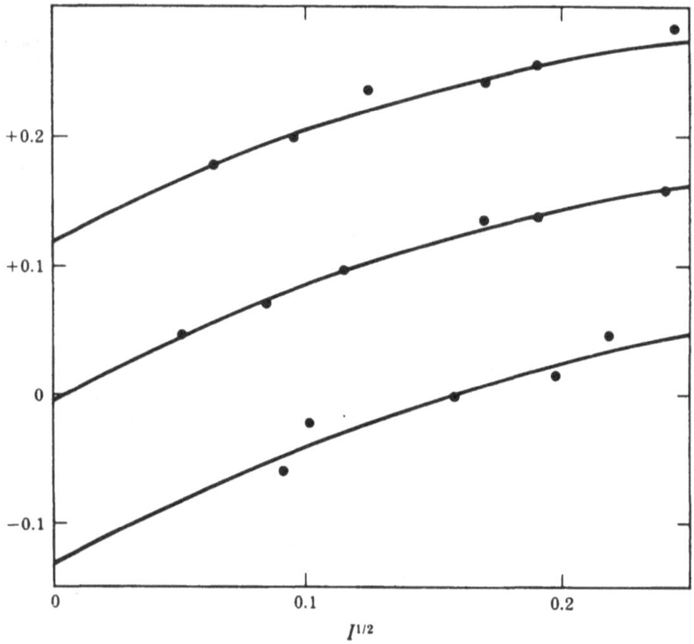

Abb. 7-2. Alkalische Hydrolyse von Monoester-Anionen. Untere Kurve: $\log k + 0.1$ für Malonat, mittlere Kurve: $\log k$ für Succinat, obere Kurve: $\log k$ für Adipat (Daten von Nielsen [5]).

Die Ionenstärke der Lösung nimmt mit fortschreitender Reaktion zu, doch die spezifische Geschwindigkeit ändert sich nicht. Grund dafür ist vermutlich, daß sie nur von der Art und Konzentration der vorhandenen Kationen abhängt (Abschn. 7.9). Die Kurven in Abb. 7-2 stellen die Gleichung

$$\log k = \log k° + 1.012 I^{1/2} - bI \tag{8}$$

dar. Die Werte von b sind 1.2 für Malonat, 1.4 für Succinat und 1.6 für Adipat. Der Koeffizient 1.012 ist der Wert von $2 z_A z_B A$ bei 20 °C, der Versuchstemperatur. Bei geringen Salzkonzentrationen zeigen alle Ester-Ionen die gleiche Abhängigkeit von der Salzkonzentration. In allen Fällen steht sie mit dem Debye-Hückel-Grenzgesetz in Übereinstimmung.

7.5. Das Grenzgesetz für mehrfach geladene Ionen

In Abb. 7-3 sind Resultate der Untersuchung von Barrett und Baxendale [6] über die Reaktion von $Cr(C_2O_4)_3^{3-}$ mit Fe^{2+} in sehr verdünnter Lösung dargestellt. Der höchste Wert der Ionenstärke war in diesem Fall 0.006. Salze einer Anzahl verschiedener Valenztypen haben auf die Geschwindigkeit dieser Reaktion zwischen mehrfach geladenen Ionen einen Effekt, der in diesen sehr verdünnten Lösungen praktisch dem Grenzwert der Steigung nach der Debye-Hückel-Theorie entspricht. Dies ist deshalb besonders bemerkenswert, weil bei nur leicht höherer Ionenstärke plötzlich Abweichungen von diesem Grenzgesetz auftreten, wenn sowohl mehrfach positiv wie mehrfach negativ geladene Ionen vorhanden sind.

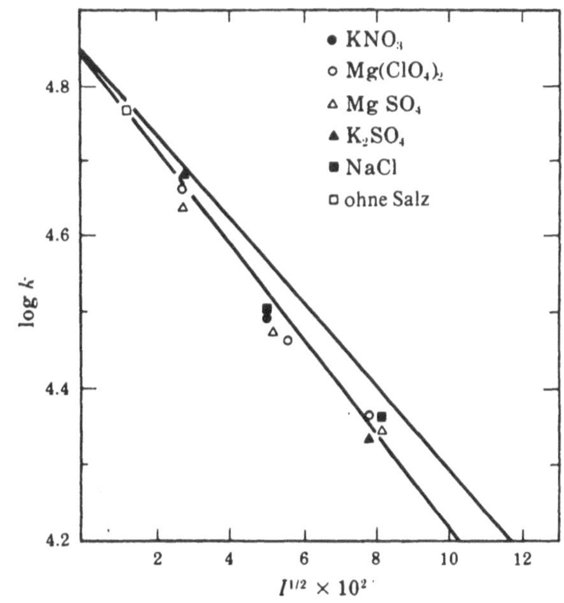

Abb. 7-3. Geschwindigkeit der Reaktion von Fe^{++} mit $Cr(C_2O_4)_3^{3-}$. Die obere Gerade entspricht dem Grenzwert der Steigung nach der Debye-Hückel-Theorie, die untere Gerade repräsentiert die gemessenen Daten über den Effekt von $KClO_4$ und $HClO_4$ (nach Barrett und Baxendale [6]).

7.6. Salzeffekte auf Aktivitätskoeffizienten bei mäßigen Salzkonzentrationen

Wäre das Debye-Hückel-Grenzgesetz bei endlichen Konzentrationen gültig, so ließe sich die Beziehung $\log\gamma = -Az^2$ bei Konzentrationen, die von praktischer und theoretischer Bedeutung sind, anwenden. Die Abweichungen von diesem Gesetz sind allerdings, auch wenn nur einfach geladene Ionen vorhanden sind, bei einer Ionenstärke von 0.1 schon recht beträchtlich. Bereits bei einer Ionenstärke von 0.01 sind sie merklich. Sind mehrfach geladene Ionen vorhanden, so sind die Abweichungen noch wesentlich größer.

Der Aktivitätskoeffizient eines Ions ist in zwei Lösungen von gleicher Ionenstärke, die jedoch verschiedene Elektrolyten enthalten, nicht gleich. Aus diesem Grund ist es wünschenswert, mit Systemen zu arbeiten, bei denen sich alle oder fast alle vorhandenen Ionen von einem einzigen Elektrolyten ableiten. Dies läßt sich etwa realisieren, wenn man den Effekt verschiedener Konzentrationen eines einzelnen löslichen Elektrolyten auf die Löslichkeit eines schwerlöslichen Salzes untersucht. Die Konzentration der Ionen, die sich vom schwerlöslichen Salz ableiten, ist so gering, daß man annehmen darf, ihr Effekt lasse sich durch das Grenzgesetz beschreiben. Der Effekt des zugesetzten Salzes läßt sich in diesem Fall klar feststellen.

Bei solchen Untersuchungen trifft man zwei gegensätzliche Verhaltenstypen: Der eine, den man als Fall der schwachen Wechselwirkung bezeichnen kann, tritt in wäßrigen Lösungen, die weder mehrfach geladene Kationen noch Anionen enthalten, auf, Der beobachtete Wert von $\log\gamma$ weicht nur langsam vom Grenzgesetz ab. Die Abweichung ist in Richtung eines höheren Wertes von γ als das Grenzgesetz voraussagt. Experimentelle Daten lassen sich durch eine alternierende Potenzreihe in $I^{1/2}$ darstellen:

$$\log\gamma_i = -z_i^2 AI^{1/2} + BI - CI^{3/2} \tag{9}$$

Dies gilt wenigstens bis zu Ionenstärken von mehreren zehntel mol/l. Wenn in wäßriger Lösung mehrfach geladene Ionen mit beiden Vorzeichen vorhanden sind, so tritt die Abweichung plötzlich und bereits bei kleinen Ionenstärken ein. Sie ist anfänglich in Richtung auf einen kleineren Aktivitätskoeffizienten als vom Grenzgesetzt vorausgesagt. Diesen Fall bezeichnet man als starke Wechselwirkung. Bisweilen wird er als „symptomatisch für beträchtliche Ionenassoziation" bezeichnet.

Abb. 7-4 illustriert diese beiden Fälle. Sie basiert auf einer Arbeit von LaMer und Mason [7]. Das schwerlösliche Salz besteht aus dem dreifach geladenen Kation $Co(NH_3)_6^{3+}$ und dem einfach geladenen Anion $Co(NH_3)_2(NO_2)_4^-$. Seine Löslichkeit in Wasser bei 25°C beträgt $1.651 \cdot 10^{-4}$ M. Für ein Salz dieses Valenztyps ist der mittlere Ionenaktivitätskoeffizient (Abschn. 2.18) gegeben durch:

$$\log\gamma_\pm = \tfrac{1}{4}(\log\gamma_+ + 3\log\gamma_-) \tag{10}$$

Das Verhältnis der $\gamma_\pm$-Werte in zwei beliebigen gesättigten Lösungen entspricht dem umgekehrten Verhältnis der Löslichkeiten. Der absolute Wert des Aktivitätskoeffizienten wird im Fall der schwachen Wechselwirkung durch Extrapolation auf die Ionenstärke null bestimmt.

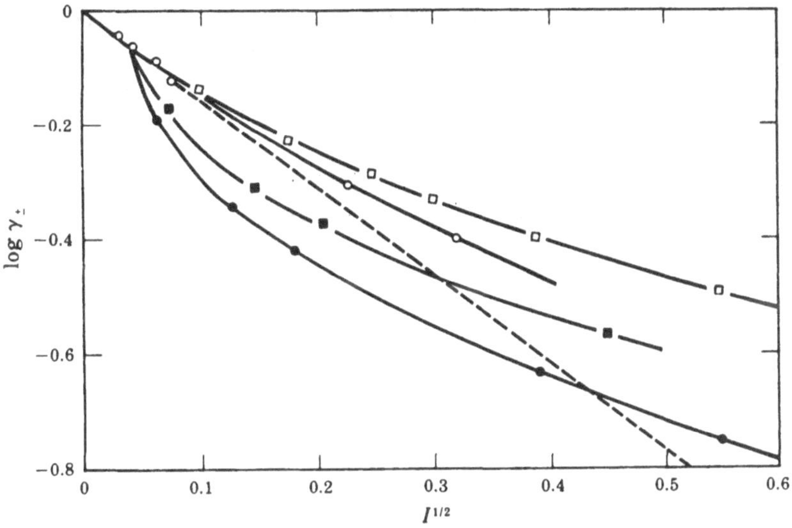

Abb. 7-4. Einfluß verschiedener Salze auf den mittleren Ionenaktivitätskoeffizienten von $[Co(NH_3)_6]^{3+}[Co(NH_3)_2(NO_2)_4]_3^-$. ○ = KNO_3, □ = $BaCl_2$, ■ = $MgSO_4$, ● = K_2SO_4. (Daten von LaMer und Mason [7]).

Aus Gl. (9) und (10) findet man:

$$\log \gamma_\pm = -1.536 I^{1/2} + \tfrac{1}{4}(B_+ + 3B_-)I - \tfrac{1}{4}(C_+ + 3C_-)I^{3/2} \tag{11}$$

Der Grenzwert −1.536 der Steigung ist in der Abbildung als gestrichelte Linie eingetragen. Wenn Kalium- oder Natriumnitrat zugesetzt wird, so findet man ein Verhalten entsprechend der schwachen Wechselwirkung. Die experimentellen Daten lassen sich durch die Gleichung

$$\log \gamma_\pm = -1.536 I^{1/2} + 0.88 I \tag{12}$$

beschreiben, die in Abb. 7-4 ebenfalls dargestellt ist (s. Legende wegen der Zuordnung). Die Daten für Systeme, bei denen Bariumchlorid zugesetzt ist (wobei wiederum nur einfach geladene Anionen vorhanden sind), stehen in guter Übereinstimmung mit der Gleichung:

$$\log \gamma_\pm = -1.536 I^{1/2} + 1.76 I - 1.1 I^{3/2} \tag{13}$$

Auch diese Kurve ist in der Abbildung eingezeichnet.
Enthält die Lösung sowohl die doppelt negativ geladenen Sulfat-Ionen wie die dreifach positiv geladenen Hexamminkobalt-Ionen, so findet man das für starke Wechselwirkung typische Verhalten. Bereits bei kleiner Ionenstärke tritt eine plötzliche Ab-

weichung des Aktivitätskoeffizienten zu niedrigeren Werten ein. Bei Ionenstärken in der Gegend von 0.02 entspricht die Steigung ungefähr dem Grenzwert. Der Aktivitätskoeffizient ist indessen um etwa 20% kleiner, als das Grenzgesetz voraussagt. Bei hohen Ionenstärken schneidet die Kurve die Gerade des Grenzgesetzes, und der Aktivitätskoeffizient wird größer, als dieses voraussagt. Der auffällige Unterschied zwischen dem Effekt des 2:1-Salzes Bariumchlorid und des 1:2-Salzes Kaliumsulfat bei einer gegebenen Ionenstärke ist sehr typisch.

7.7. Salzeffekte auf die Geschwindigkeit von Reaktionen zwischen Ionen bei mäßigen Salzkonzentrationen

Der gleiche Unterschied zwischen starker und schwacher Wechselwirkung findet sich auch beim Einfluß eines zugesetzten Elektrolyten auf die spezifische Geschwindigkeit von Reaktionen zwischen Ionen. Abb. 7-5 zeigt ein typisches Beispiel aus der Arbeit von LaMer und Fessenden [8]. Es handelt sich dabei um die Reaktion:

$$S_2O_3^{--} + BrCH_2CO_2^- \rightarrow {}^-S_2O_3CH_2CO_2^- + Br^- \qquad \text{(II)}$$

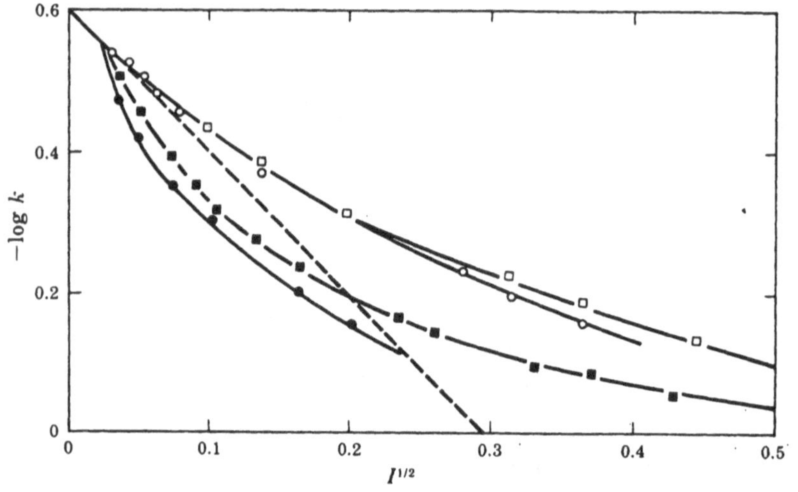

Abb. 7-5. Salzeffekt auf die Bromacetat-Thiosulfat-Reaktion. □ = Na^+, ○ = K^+, ■ = Mg^{++}, ● = Ba^{++}. (Daten von LaMer und Fessenden [8]).

Die Reaktionsmischungen wurden so hergestellt, daß nur ein einziges Kation vorhanden war. Für die Reaktion eines doppelt geladenen Anions mit einem einfach geladenen Kation ist der Grenzwert der Steigung bei 25°C 2.048. Die Daten für Kaliumsalze lassen sich durch die Gleichung

$$\log k = -0.606 + 2.05 I^{1/2} - 3.2 I + 2.6 I^{3/2} \qquad (14)$$

diejenigen für Natriumsalze durch die Gleichung

$$\log k = -0.606 + 2.05I^{1/2} - 3.91I + 3.86I^{3/2} \quad (15)$$

beschreiben.
Wenn das Kation das doppelt geladene Magnesium, Calcium oder Barium ist, so erfolgt die Abweichung vom Grenzwert der Steigung plötzlich, bei kleiner Ionenstärke und in der entgegengesetzten Richtung, als es bei den einfach geladenen Kationen der Fall ist. Zwischen dem Effekt auf Reaktionsgeschwindigkeiten und demjenigen auf Gleichgewichtsphänomene (wie die Löslichkeit von Salzen) besteht also eine exakte Parallelität. In beiden Fällen treten starke und schwache Wechselwirkungen auf, und der Effekt scheint von weitgehend der gleichen Natur zu sein.

7.8. Salzeffekte als Stütze für die Theorie des Übergangszustandes

Alle Phänomene, die mit Salzeffekten zusammenhängen, zeigen, daß die Geschwindigkeit einer Reaktion durch Änderungen des Reaktionsmediums in der gleichen Weise beeinflußt wird wie das Gleichgewicht einer Assoziationsreaktion, an der die Ausgangsstoffe beteiligt sind. Das Grenzgesetz für eine Ionenstärke von null ist für den Fall der Geschwindigkeit und den Fall des Gleichgewichtes identisch. Abweichungen entsprechend der starken und der schwachen Wechselwirkung treten in beiden Fällen unter den gleichen Bedingungen auf und haben die gleiche Form.
Die Gleichheit dieser Effekte auf Geschwindigkeit und Gleichgewicht stellt ein kräftiges Argument zugunsten der allgemeinen Theorie des Übergangszustandes dar. Sie beweist insbesondere, daß ein elektrisch geladener Übergangszustand in der gleichen Weise mit den Ionen in einer Lösung in Wechselwirkung tritt wie ein stabiles geladenes Molekül. Dies gilt sowohl für die sog. Ionenassoziation als auch für den Fall nur schwacher Wechselwirkungen.

7.9. Die Olson-Simonson-Regel

Olson und Simonson [9] zeigten, daß die Geschwindigkeit einer Reaktion zwischen Ionen mit dem *gleichen* Ladungsvorzeichen in wäßriger Lösung bei Ionenstärken in der Gegend von 0.01 bis 0.1 M praktisch immer unabhängig von der Ladung der Ionen mit dem gleichen Vorzeichen wie die Reaktionspartner ist. Ein Beispiel für diesen Effekt war bereits früher von Brönsted und Delbanco [10] bei der Reaktion von Nitrourethan-Anion mit Hydroxid-Ion gefunden worden:

$$C_2H_5OOCNNO_2^- + OH^- \rightarrow N_2O + CO_3^{--} + C_2H_5OH \quad \text{(III)}$$

In Tab. 7.1 sind die spezifischen Geschwindigkeiten für diese Reaktion in einer Lösung, die 0.00581 M Nitrourethan-Anion und 0.0250 M Hydroxid-Ion enthält, zusammengestellt. Sie sind offensichtlich für Systeme, in denen die Kaliumionen-Konzentration gleich groß ist, praktisch gleich, obwohl die Ionenstärke von 0.101 bis 0.171 variiert.
Olson und Simonson [9] untersuchten die Reaktion:

$$Co(NH_3)_5Br^{++} + Hg^{++} + H_2O \rightarrow Co(NH_3)_5(H_2O)^{3+} + \tfrac{1}{2}HgBr_2 + \tfrac{1}{2}Hg^{++} \quad \text{(IV)}$$

Die Konzentrationen der Ausgangsstoffe waren $5 \cdot 10^{-6}$ M und $2.50 \cdot 10^{-4}$ M. Die Geschwindigkeiten bei Zusatz von $NaClO_4$ und bei Zusatz von $La(ClO_4)_3$ sind, bei gleicher Perchlorationen-Konzentration, praktisch gleich, obwohl die Ionenstärke stark verschieden ist. Die experimentellen Daten sind in Tab. 7.2 zusammengestellt. Für die Reaktion (II) sind die spezifischen Geschwindigkeiten bei Edukt-Konzentrationen von 0.001 M bei Gegenwart von 0.02 M KNO_3, 0.01 M K_2SO_4 und 0.0067 M $K_3Co(CN)_6$ 0.472 bzw. 0.472 bzw. 0.462 [9]. Die Kaliumionen-Konzentration in allen diesen Lösungen ist gleich, doch die Ionenstärke variiert von 0.0240 über 0.0340 bis 0.0440. Die Resultate von Kiss und Vass [11] für dieselbe Reaktion zeigen, daß die spezifische Geschwindigkeit bei Zusatz von $MgSO_4$ und von $Mg(NO_3)_2$ gleich ist, wenn die Magnesiumkonzentration gleich groß ist.

Tab. 7.1. Salzeffekte bei der Nitrourethan-Reaktion.[a]

zugesetztes Salz	Salz-Molarität	$[K^+]$	I	k
KCl	0.07	0.101	0.101	0.242
K_2SO_4	0.035	0.101	0.136	0.243
$K_3Co(CN)_6$	0.0233	0.101	0.171	0.247
$Pt(NH_3)_4Cl_2$	0.035		0.136	0.306
$Co(NH_3)_6Cl_3$	0.0233		0.171	0.586

[a] Daten von Brönsted und Delbanco [10].

Tab. 7.2. Salzeffekte bei der Reaktion von Brompentamminkobalt-Ion mit Quecksilber-Ion.[a]

zugesetztes Salz	Salz-Molarität	$10^3[ClO_4^-]$	$10^3 I$	k
keines		0.25	1.75	103.8
$NaClO_4$	7.06	7.31	8.81	145.0
$La(ClO_4)_3$	2.35	7.30	15.85	146.7
$NaClO_4$	11.70	11.95	13.45	162.2
$La(ClO_4)_3$	3.90	11.95	25.25	164.2
$NaClO_4$	23.56	23.81	25.31	200.4
$La(ClO_4)_3$	7.85	23.80	48.85	200.4

[a] Daten von Olson und Simonson [9].

Die Geschwindigkeit der Reaktion zwischen Hydroxid-Ion und den doppelt geladenen Anionen von Bromphenolblau und Bromphenolrot ist bei gleicher Kationenkonzentration für zugesetztes KCl, K_2SO_4, $K_3Fe(CN)_6$ und $K_4Fe(CN)_6$ bei Salz-Normalitäten von 0.02 bis 0.2 gleich [12]. Auch die Geschwindigkeit der alkalischen Hydrolyse des Monoäthylmalonat-Ions in Wasser ist bei Zusatz von NaCl, Na_2SO_4, $Na_3P_3O_3$, $Na_4P_4O_{12}$ und $Na_5P_3P_{10}$ in der gleichen Salz-Normalität (bei Werten bis zu 0.08) praktisch gleich [13]. Die Olson-Simonson-Regel gilt zwar für die alkalische

Hydrolyse von Monoäthyloxalat-Ion und Monoäthylmalonat-Ion; auf die Hydrolyse von Monoäthyladipat- und Monoäthylsebacat-Ion haben K_2SO_4 und KNO_3 indessen bei gleicher Ionenstärke den gleichen Einfluß [14]. Die Geschwindigkeit der alkalischen Hydrolyse von Monoäthylsuccinat-Ion in 70-proz. wäßrigem Äthanol ist gleich, wenn doppelt geladene Succinationen vorhanden sind, wie wenn die Lösung nur einfach geladene Anionen enthält. Dies gilt, solange die Konzentration der Kationen gleich ist [15].

7.10. Unterdrückung des Salzeffektes bei der Bestimmung der Reaktionsordnung

Zur Bestimmung der Ordnung einer Reaktion zwischen Ionen arbeitet man am vorteilhaftesten mit den kleinstmöglichen Edukt-Konzentrationen, jedoch bei Gegenwart von mehreren mol/l eines einwertigen Salzes, das nicht an der Reaktion teilnimmt. Andernfalls besteht die Gefahr, daß man eine völlig falsche Reaktionsordnung findet: Die Änderungen in den Edukt-Konzentrationen, die zur Bestimmung der Ordnung nötig sind, können nämlich große Änderungen in den Aktivitätskoeffizienten von Reaktanden und Übergangszustand herbeiführen. Infolgedessen ändert sich zwar die Geschwindigkeit, jedoch in einer Art, die in keiner Weise mit der Reaktionsordnung zusammenhängt. Ionenaktivitätskoeffizienten ändern sich mit der Gesamt-Ionenkonzentration weniger schnell bei hohen als bei tiefen Ionenkonzentrationen. Der große Überschuß eines Inert-Elektrolyten hilft somit, die Änderungen der Aktivitätskoeffizienten klein zu halten.

Tab. 7.3. Gleichgewichtskonstante der Reaktion (V) bei 25 °C in Lösungen, die alle 1.65 M KCl und 0.1 M HCl enthalten.[a]

$10^3[Fe^{++}]$	$10^3[Fe^{3+}]$	$10^3[J_2]$	$10^3[J^-]$	K
1.257	1.223	5.3	1.14	20.7
3.536	2.644	1.29	2.24	21.4
7.535	4.83	2.38	3.58	21.3
15.74	9.00	4.15	5.49	20.5
3.856	1.104	1.04	5.26	21.4
0.804	0.436	0.32	1.61	20.5
10.45	1.92	1.85	10.17	21.0
5.752	0.43	0.76	17.13	21.6

[a] Daten von Brönsted und Pedersen [17].

Eine andere, im wesentlichen gleichwertige Methode besteht darin, die Ionenstärke der Lösung durch entsprechende Zusätze eines inerten Salzes konstant zu halten, während die Edukt-Konzentrationen variiert werden. Das Verfahren, Salzeffekte auf Gleichgewichte und Reaktionsgeschwindigkeiten durch einen großen Überschuß von Inertelektrolyt zu unterdrücken, wurde ursprünglich von Brönsted [16] vorgeschlagen. In Tab. 7.3 sind die Daten für die Gleichgewichtsreaktion

$$Fe^{3+} + J^- \rightleftharpoons Fe^{++} + \tfrac{1}{2}J_2 \qquad \text{(V)}$$

bei Gegenwart von 1.65 M KCl und 0.1 M HCl zusammengestellt. Sie zeigen, wie wirksam die Methode ist. Die Gleichgewichtskonstante K

$$K = \frac{[Fe^{++}][J_2]^{1/2}}{[Fe^{3+}][J^-]} \tag{16}$$

bleibt zufriedenstellend konstant, obwohl die Edukt-Konzentrationen um einen Faktor von mehr als 10 variieren.

7.11. Die Natur der Debye-Hückel-Theorie

Die Debye-Hückel-Theorie geht vom Modell einer leitenden Kugel in einem uniformen Medium mit konstanter Dielektrizitätskonstante aus. Sie macht Gebrauch von der statistischen Mechanik nach Boltzmann und der Poisson-Gleichung der Elektrostatik und erhält damit die Differentialgleichung:

$$\frac{1}{r^2}\frac{d}{dr}\left(r^2\frac{d\phi}{dr}\right) = -\frac{4\pi}{\epsilon}\sum_j c_j z_j \exp\left(\frac{-z_j \mathbf{e}\phi}{\mathbf{k}T}\right) \tag{17}$$

Hier ist r die Distanz vom Mittelpunkt eines bestimmten Ions, das als Nullpunkt des Koordinatensystems gewählt wird. ϕ ist das elektrische Potential im Abstand r. ε ist die Dielektrizitätskonstante, die durch makroskopische Messungen am Lösungsmittel bestimmt wird. c_j ist die Konzentration der Ionen vom Typ j, und z_j, eine algebraische Zahl, ist die Anzahl Einheitsladungen auf einem Ion j. Die Summierung bezieht sich auf alle vorhandenen Ionen. Es bestehen kaum Zweifel, daß diese Beziehung für sehr verdünnte Lösungen theoretisch zutreffend ist, namentlich, wenn die z klein sind und ε groß ist. Sind diese Bedingungen nicht erfüllt, so treten indessen Schwierigkeiten auf*.

Wenn diese Bedingungen erfüllt sind, läßt sich Gl. (17) wesentlich vereinfachen, indem die Exponentialfunktion in eine Reihe entwickelt wird und nur die ersten zwei Glieder der Reihe berücksichtigt werden:

$$\exp\left(-\frac{z_j \mathbf{e}\phi}{\mathbf{k}T}\right) = 1 - \frac{z_j \mathbf{e}\phi}{\mathbf{k}T} \tag{18}$$

In dieser Weise reduzierten Debye und Hückel die nichtlineare Differentialgleichung (17) in eine lineare Form. Integriert man diese lineare Gleichung zwischen den Grenzen $r = a$, dem Durchmesser des Ions im Koordinaten-Nullpunkt, und $r = \infty$, so erhält man den bekannten Ausdruck:

$$\log\gamma_i = -\frac{A z_i^2 I^{1/2}}{1 + bI^{1/2}} \tag{19}$$

Der Koeffizient b ist definiert als

* Siehe z. B. die Diskussion in [18], S. 515 – 520.

$$b = \frac{50.3}{(\epsilon T)^{1/2}} a \tag{20}$$

wobei der Durchmesser a in Angström-Einheiten gemessen wird. Für Wasser bei 25 °C ist $b = 0.328\,a$ [18]*.

7.12. Anpassung der Theorie für den Fall der schwachen Wechselwirkung

Weder in der Theorie noch in der Praxis besteht ein Grund, das Grenzgesetz, Gl. (2), zu dem sich Gl. (19) bei geringen Ionenstärken reduziert, in Frage zu stellen. Auf der andern Seite darf man Gl. (19) weder für die Theorie noch für die Praxis als streng gültig betrachten. Sie beschreibt die experimentell festgestellte Änderung der Aktivitätskoeffizienten mit der Ionenstärke nicht sehr gut. Auch wenn sie an die experimentellen Daten angepaßt werden kann, so sind doch auf jeden Fall die a-Werte, die diese Anpassung erlauben, nur sehr ungefähr bekannt. Man mag sogar zweifeln, ob es überhaupt möglich ist, den Durchmesser eines Ions in Lösung abzuschätzen, selbst wenn es sich um ein sphärisches Ion handelt. Eine bedeutend bessere Übereinstimmung mit dem Experiment läßt sich erreichen, indem man einen zusätzlichen, zur Konzentration proportionalen Term einführt:

$$\log \gamma_i = -\frac{A z_i^2 I^{1/2}}{1 + b I^{1/2}} + \sum_j \beta_j c_j \tag{21}$$

In diesem Fall wird nur über die Ionen mit entgegengesetztem Vorzeichen zu i summiert. Für den mittleren Ionenaktivitätskoeffizienten eines einzelnen starken Elektrolyten und für eine Reihe weiterer wichtiger Anwendungen ist dies äquivalent zu:

$$\log \gamma_i = -\frac{A z_i^2 I^{1/2}}{1 + b I^{1/2}} + \beta I \tag{22}$$

Guggenheim [19] fand, daß sich alle bekannten Daten über den mittleren Ionen-Aktivitätskoeffizienten von gewöhnlichen anorganischen starken Elektrolyten in Wasser durch die Gleichung

$$\log \gamma_i = -\frac{A z_i^2 I^{1/2}}{1 + I^{1/2}} + \beta I \tag{23}$$

darstellen lassen. Diese Gleichung entspricht Gl. (22) mit einem Wert von $b = 1$. Scatchard [20] hält die Übereinstimmung für besser, wenn $b = 1.5$ ist. Pitzer und Brewer [21] fanden bei der Durchsicht der Daten keinen Grund, einen dieser Werte zu bevorzugen, da je nach Substanz der eine oder der andere Wert zu einer besseren Übereinstimmung führt.

---

* Die Einzelheiten dieser Herleitung findet man in [18], Kap. 21, in [1] und [2] und in praktisch jedem modernen Lehrbuch der physikalischen Chemie.

Da

$$\frac{1}{1+I^{1/2}} = 1 - I^{1/2} + I - I^{3/2} \cdots \tag{24}$$

solange $I^{1/2} < 1$, ist die Guggenheim-Gleichung äquivalent zu

$$\log \gamma_i = -Az_i^2 I^{1/2} + (\beta + Az_i^2)I - Az_i^2 I^{3/2} \tag{25}$$

und die Scatchard-Gleichung zu

$$\log \gamma_i = -Az_i^2 I^{1/2} + (\beta + 1.5Az_i^2)I - 1.5Az_i^2 I^{3/2} \tag{26}$$

Die Tatsache, daß diese Gleichungen die Wirklichkeit vernünftig beschreiben, heißt also lediglich, daß die experimentellen Daten durch eine Potenzreihe in $I^{1/2}$ dargestellt werden können, wobei der Koeffizient des ersten Terms theoretisch bestimmt werden kann. Der Koeffizient des dritten Terms, der von der zweiten Ableitung der experimentellen Daten abhängt, ist nur mit so geringer Präzision bestimmt, daß man nicht entscheiden kann, ob er für alle Elektrolyten gleich groß ist. Daß sich die experimentellen Daten durch eine Potenzreihe darstellen lassen, bedeutet natürlich an sich keinen Fortschritt für die Theorie; die Tatsache indessen, daß es sich um eine Potenzreihe in $I^{1/2}$ und nicht in I handelt, ist äußerst bedeutsam. Sie zeigt, daß sich das Verhalten von Elektrolyten niedriger Wertigkeit in Lösungsmitteln mit hoher Dielektrizitätskonstante tatsächlich durch die Debye-Hückel-Approximation, Gl. (18), beschreiben läßt.

7.13. Die Bjerrum-Approximation

Im Fall der starken Wechselwirkung versagt die Debye-Hückel-Theorie völlig. Bjerrum [22] hat indessen eine andere Näherungslösung der Poisson-Boltzmann-Gleichung vorgeschlagen, die die Wirklichkeit besser wiedergibt. Sie basiert auf den folgenden Annahmen: 1. Diejenigen Ionen, die weit vom Ursprung des Koordinatensystems entfernt sind, wirken entscheidend auf die Energie des Ions im Nullpunkt, weil die Anzahl der Ionen im Abstand r proportional zu r^2 ist. 2. Nahe liegende Ionen mit entgegengesetzter Ladung zum Ion im Nullpunkt haben einen großen Einfluß, weil die Stärke der Wechselwirkung proportional zu $1/r$ ist. 3. Die Anzahl nahe liegender Ionen mit gleicher Ladung wie das Ion im Ursprung ist wegen der elektrostatischen Abstoßung so klein, daß ihr Effekt vernachlässigbar ist. 4. Der Einfluß von Ionen beiderlei Vorzeichens in mittleren Distanzen vom Nullpunkt ist klein, weil weder ihre Anzahl noch die Wechselwirkungsenergie groß ist.

Es erscheint somit vernünftig, den Gesamteffekt in zwei Teile zu unterteilen. Der eine Teil umfaßt den Einfluß von Ionen in einer Distanz, die größer ist als ein bestimmter Wert d. Er ist gegeben durch Gl. (19) mit:

$$b = \frac{50.3}{(\epsilon T)^{1/2}} d \tag{27}$$

Der andere Teil bezieht sich auf die Ionen, die nahe beim Nullpunkt liegen. Man berücksichtigt ihn wie jede andere Assoziation von Molekülen verschiedener Sorte: Man schreibt die Gleichgewichtskonstante K_j für die Assoziation von Ionen des Typs i, von denen sich eines im Nullpunkt befindet, mit jeder Sorte Ionen j mit entgegengesetzter Ladung zum Ion im Ursprung. Wie jede Gleichgewichtskonstante für eine Reaktion zwischen Ionen, unterliegt K einem Salzeffekt.
Damit ist der primitive Wert $\gamma_i^{(p)}$ des Aktivitätskoeffizienten von Ionen des Typs i gegeben durch

$$\gamma_i^{(p)} = \alpha_i \gamma_i^{(s)} \tag{28}$$

Dabei ist α_i der Bruchteil der gesamten Menge von i im System, der frei, also nicht an der Bildung von Assoziationsprodukten mit Ionen j beteiligt ist. Weiter ist

$$\log \gamma_i^{(s)} = -\frac{A z_i^2 I^{1/2}}{1 + b I^{1/2}} \tag{29}$$

wobei I nur auf Grund der freien Ionen berechnet wird. b hängt von der Bjerrum-Distanz d ab. Der mittlere Ionenaktivitätskoeffizient $\gamma_\pm^{(p)}$ bei der primitiven Konzentration c eines symmetrischen Elektrolyten bei Abwesenheit anderer Elektrolyte ist dann durch die Lösung der Gleichungen

$$\gamma_\pm^{(p)} = \alpha \gamma_\pm^{(s)} \tag{30}$$

$$\frac{c\alpha^2}{1-\alpha} = \frac{1}{K^\circ (\gamma_\pm^{(s)})^2} \tag{31}$$

$$\log \gamma_\pm^{(s)} = -\frac{A z^2 I^{1/2}}{1 + b I^{1/2}} \tag{32}$$

$$I = z^2 \alpha c \tag{33}$$

gegeben. Bjerrum schlug vor, für die Distanz d denjenigen Wert zu wählen, für den die Wahrscheinlichkeit, ein Ion j in einer Kugelschale der Dicke dr zu finden, minimal ist [18, S. 511]. Dies ist

$$d = -\frac{z_i z_j \mathbf{e}^2}{2\epsilon \mathbf{k} T} \tag{34}$$

Für Wasser bei 25 °C ist die Distanz 3.57 Å für einen 1 : 1-Elektrolyten. Dies führt zu einem Wert von $b = 1.17$. Die entsprechenden Werte für 2 : 2-Elektrolyten sind 14.28 für d und 4.68 für b.
Die Gleichungen (30) bis (33) stellen einen funktionellen Zusammenhang zwischen γ und c her, in welchem zwei Parameter wählbar sind, und der infolgedessen äußerst anpassungsfähig ist. Davies [23] stellte indessen fest, daß viele Daten über Elektrolyte höherer Wertigkeit in Wasser beschrieben werden können, wenn man die Bjerrum-Distanz $d = 3.7$ Å wählt. Auch die K-Werte, die für ein bestimmtes Salz

berechnet wurden, waren stets gleich denen, die mit Hilfe einer einfacheren Theorie über die Beziehung zwischen Leitfähigkeit und Konzentration erhalten wurden. Davies' Wahl der Bjerrum-Distanz hat indessen keinen Zusammenhang mit der Interpretation von Gl. (30) bis (33) als Näherungslösung der Poisson-Boltzmann-Gleichung.

Guggenheim [24] hat gezeigt, daß Bjerrums Überlegungen tatsächlich zu einer solchen Näherungslösung führen können, vorausgesetzt, d wird richtig gewählt. Er verglich Bjerrums Resultate mit den exakten numerischen Lösungen der Poisson-Boltzmann-Gleichung für 1:1- und 2:2-Elektrolyten mit verschiedenen Ionen-Durchmessern. Mit diesem Verfahren zeigte er auch, daß eine beträchtliche Anzahl d-K-Wertepaare zu einer gleich guten Übereinstimmung führten. Für einen 2:2-Elektrolyten in Wasser etwa ist die Übereinstimmung für einen Wert von $d = 10$ Å gleich gut wie für den Wert von 14.3 Å, den Gl. (34) liefert. Kleinere d-Werte führen indessen zu signifikanten Abweichungen. Der $K°$-Wert, der dem Wert $d = 10$ Å entspricht, ist um 20% größer als der entsprechende Wert für $d = 14.3$ Å. Wählt man kleinere Werte für d, so zählt man weniger Ionen j als „nahe liegend"; infolgedessen findet man einen größeren Wert für α. Auf der andern Seite zählt man mehr Ionen als „weit entfernt" und erhält somit einen kleineren Wert von γ. Das Produkt $\alpha\gamma$ bleibt praktisch unverändert. Die Untersuchung von Aktivitätskoeffizienten oder von Leitfähigkeits-Phänomenen kann aus diesem Grund nicht zur genauen Bestimmung des Ausmaßes der Ionenassoziation herangezogen werden. Dies ist natürlich wiederum der typische Ausdruck der Tatsache, daß eine Gleichung mit zwei Parametern an die experimentellen Daten angeglichen wird.

Bjerrum erhielt eine Beziehung mit einem einzigen Parameter, dem Ionendurchmesser a. Dieser läßt sich innerhalb gewisser Grenzen anpassen, indem man die Zustandssumme der Ionenpaare, für die r zwischen a und d liegt, auf der Grundlage des harmonischen Oszillators berechnet. Fuoss [3, S. 210] schlug eine andere Einparameter-Beziehung vor, die den beobachteten Zusammenhang zwischen Leitfähigkeit und Konzentration oft zufriedenstellend wiedergibt, namentlich, wenn die Elektrolyten aus großen symmetrischen Ionen bestehen und die Dielektrizitätskonstante des Lösungsmittels klein oder von mittlerer Größe ist. Sowohl die Bjerrum- als auch die Fuoss-Beziehung betrachten im Endeffekt rein elektrostatische Wechselwirkungen als einziges Kriterium. Abweichungen führen sie auf spezifische Kräfte zwischen verschiedenen Ionen oder zwischen Ionen und Lösungsmittelmolekülen zurück.

7.14. Ionenpaare in chemischen Reaktionen

Davies und Williams [25] analysierten die Daten von LaMer und Fessenden (Abschn. 7.7) über die Geschwindigkeit der Reaktion von Magnesiumthiosulfat mit Magnesiumbromacetat unter Anwendung der Ionenpaar-Vorstellung. Die Brönsted-Gleichung für diese Reaktion ist:

$$k = k^{\circ} \frac{\gamma_{\mathrm{B}}^{(p)} \gamma_{\mathrm{T}}^{(p)}}{\gamma_{+}^{(p)}} \tag{35}$$

T bedeutet dabei Thiosulfat, B Bromacetat und $\ddagger$ bezieht sich auf den Übergangszustand. Nach der Ionenpaar-Theorie wird jedes γ gleich einem Produkt $\alpha\gamma^{(s)}$ gesetzt. Für $\gamma^{(s)}$ wurde die Beziehung

$$\log \gamma^{(s)} = -Az^2\left(\frac{I^{1/2}}{1 + I^{1/2}} - 0.2I\right) \tag{36}$$

verwendet, die experimentell nicht von der Form

$$\log \gamma^{(s)} = -\frac{Az^2 I^{1/2}}{1 + 1.2I^{1/2}} \tag{37}$$

unterschieden werden kann und somit auf eine Bjerrum-Distanz von 3.7 Å hinausläuft. Dies ist nur ein kleiner Bruchteil der 14.3 Å, zu denen Gl. (34) für einen 2:2-Elektrolyten führt. Trotzdem sollte die Gültigkeit der Folgerungen nicht ernsthaft in Frage gestellt sein, denn die gleiche Beziehung wurde auch zur Bestimmung von K_B und K_T aus Leitfähigkeits- und Löslichkeits-Daten verwendet [26]. Dabei ergab sich $K_B = 3.57$ und $K_T = 69$.
Mit $[T^{--}]$ für die Konzentration von freien Thiosulfat-Ionen, $[M^{++}]$ für die Konzentration von freien Magnesium-Ionen und [MT] für die Konzentration des Magnesium-Thiosulfat-Ionenpaars findet man:

$$\frac{[MT]}{[T^{--}][M^{++}]} = K_T^\circ \gamma_2^2 \tag{38}$$

γ_2 stellt dabei den durch Gl. (36) definierten Wert von $\gamma^{(s)}$ für ein doppelt geladenes Ion dar. Bezeichnet man die primitive Konzentration des Thiosulfats, die gleich derjenigen des Bromacetats war, als c, so ergibt sich:

$$\frac{[T^{--}]}{c} = \alpha_T = \frac{1}{1 + K_T^\circ \gamma_2^2 [M^{++}]} \tag{39}$$

In ähnlicher Weise folgt aus

$$\frac{[MB^+]}{[B^-][M^{++}]} = K_B^\circ \frac{\gamma_1 \gamma_2}{\gamma_1} \tag{40}$$

$$\alpha_B = \frac{1}{1 + K_B^\circ \gamma_2 [M^{++}]} \tag{41}$$

Weiter ergibt sich

$$\alpha_\ddagger = \frac{1}{1 + K_\ddagger^\circ (\gamma_2 \gamma_3/\gamma_1)[M^{++}]} \tag{42}$$

wobei $K_\ddagger^\circ$ die Gleichgewichtskonstante (vgl. Abschn. 5.26) für die Assoziation des dreifach negativ geladenen freien Übergangszustandes mit einem Magnesium-

Ion zu einem einfach negativ geladenen Ionenpaar-Übergangszustand ist. Aus den Gl. (39), (41) und (42) und den Beziehungen für die Stoff- und Ladungsbilanz folgt weiter:

$$\frac{1}{c} = \frac{3/2}{[M^{++}]} - \frac{K_T^\circ \gamma_2^2}{1 + K_T^\circ \gamma_2^2 [M^{++}]} - \frac{K_B \gamma_2}{1 + K_B \gamma_2 [M^{++}]} \tag{43}$$

Aus dieser Gleichung läßt sich die Konzentration der freien Magnesium-Ionen für jedes beliebige Reaktionssystem berechnen. Aus Gl. (35) folgt:

$$k = k^\circ \frac{\alpha_B \alpha_T}{\alpha_*} \frac{\gamma_1 \gamma_2}{\gamma_3} \tag{44}$$

Daraus ergibt sich zusammen mit Gl. (43):

$$k^{(p)} = k^\circ \frac{\{1 + K_*^\circ(\gamma_2 \gamma_3/\gamma_1)[M^{++}]\} \gamma_1 \gamma_2/\gamma_3}{(1 + K_B^\circ \gamma_2 [M^{++}])(1 + K_T^\circ \gamma_2^2 [M^{++}])} \tag{45}$$

k° kann durch Extrapolation aus den Daten für die Reaktion der Natrium- und Kaliumsalze, für welche Ionenpaarbildung vermutlich vernachlässigbar ist, bestimmt werden. Die γ-Werte lassen sich aus Gl. (36) berechnen. Gl. (45) enthält also nur den einen anpaßbaren Parameter K_*°. Sie läßt sich in die Form

$$\log \frac{k^{(p)}(1 + K_B^\circ \gamma_2 [M^{++}])\{1 + K_T^\circ \gamma_2^2 [M^{++}] - k^\circ(\gamma_1 \gamma_2/\gamma_3)\}}{[M^{++}]} = \log k^\circ K_*^\circ - 2 \log \gamma_2 \tag{46}$$

bringen. Die bekannte Größe y, die durch die linke Seite dieser Gleichung gegeben ist, sollte also eine lineare Funktion von

$$x = \frac{I^{1/2}}{1 + I^{1/2}} - 0.2I \tag{47}$$

mit einer Steigung von -4.07 sein. Die Antragung von y gegen x in Abb. 7-6 stammt von Davies und Williams. Sie haben darin nicht nur die Daten von LaMer und Fessenden über Magnesiumsalze, sondern auch ihre eigenen Resultate über Calcium- und Bariumsalze sowie einige Werte aus der Arbeit von Kiss und Vass [11] eingeschlossen, in der Magnesiumnitrat oder -sulfat zur Umsetzung von Natriumthiosulfat mit Natriumbromacetat zugesetzt waren. Die Steigung der Geraden entspricht dem erwarteten Wert von -4.07.
Davies und Williams verwendeten die Geschwindigkeitsgleichung:

$$-\frac{d[T^{--}]}{dt} = k_1 [T^{--}][B^-] \frac{\gamma_1 \gamma_2}{\gamma_3} + k'[M^{++}][T^{--}][B^-]\gamma_2^2 \tag{48}$$

Setzt man ihre k_1- und k'-Werte gleich k° und $k^\circ K_*^\circ$ der vorstehenden Ableitung, so sind die Gleichungen identisch.

Aus dem Achsenabschnitt der graphischen Darstellung von Gl. (46) findet man einen Wert von $K^\circ_\ddagger$ von 450 für die Magnesiumsalz-Reaktion. Dies ist größer als der Wert 69 von K_T, der seinerseits größer als der Wert 3.57 von K_B ist. Es scheint vernünftig, daß die Assoziation für den dreifach geladenen Übergangszustand größer ist als für das doppelt geladene Thiosulfat-Ion, genau wie sie für das Thiosulfat-Ion größer ist als für das einfach geladene Bromacetat-Ion.

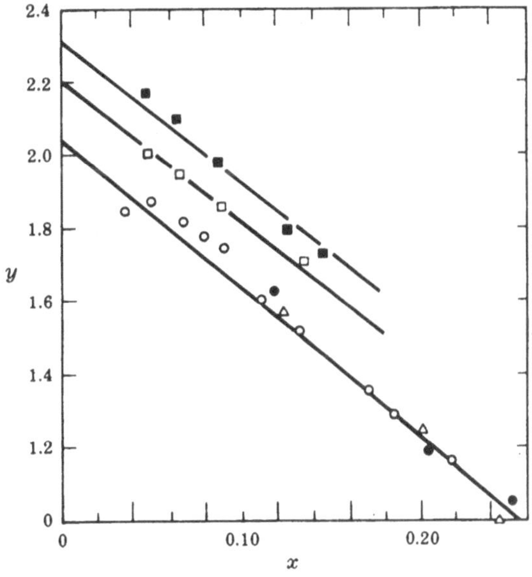

Abb. 7-6. Zum reaktiven Verhalten von Ionenpaaren nach Gl. (46) und Gl. (47). – Daten von LaMer und Fessenden [8]: ■ = Ba, □ = Ca, ○ = Mg. Daten von Kiss und Vass [11]: ● = $Mg(NO_3)_2$ zugesetzt, △ = $MgSO_4$ zugesetzt. (Nach Davies und Williams [25].)

7.15. Ionenpaarbildung und die Olson-Simonson-Regel

Davies und Williams berechneten die Konzentrationen an freien Magnesium-Ionen und die Ionenstärke für einige Systeme, die Kiss und Vass untersucht hatten, mit Hilfe von K_B und K_T, die im vorstehenden Abschnitt definiert wurden. Unabhängig davon bestimmten sie ebenfalls K°-Werte von 143 für $MgSO_4$ und 5.3 für $NaSO_4^-$. In Tab. 7.4 sind einige Daten zu solchen Berechnungen zusammengestellt. Es handelt sich in diesem Fall um die Reaktion von 0.00125 M Natriumthiosulfat mit 0.00125 M Natriumbromacetat bei Gegenwart von 0.05 M Magnesiumnitrat bzw. 0.05 M Magnesiumsulfat. Wie die letzte Kolonne zeigt, ist das Verhältnis der Geschwindigkeit bei Gegenwart von Magnesiumsulfat zu derjenigen bei Gegenwart von Magnesiumnitrat 0.95. Das stimmt genau mit dem experimentell gefundenen Wert überein und entspricht im wesentlichen der Olson-Simonson-Regel.
Nach diesen Berechnungen ist die Konzentration an freien Magnesium-Ionen in der Sulfatlösung signifikant kleiner als in der Nitratlösung. Die Ionenstärke ist jedoch nur um 8 % geringer, da ein Sulfat-Ion zweimal soviel zur Ionenstärke beiträgt wie zwei Nitrat-Ionen. Das γ-Verhältnis ist deshalb in den beiden Lösungen nicht sehr verschieden. Obwohl $K^\circ_\ddagger$ den großen Wert 450 hat, ist die Größe $K^\circ_\ddagger \gamma_2 \gamma_3/\gamma_1$ bei Ionenstärken in der Gegend von 0.15 nur gleich 13. Nach Gl. (42)

ist deshalb die Größe $\alpha_{\ddagger}$ nicht sehr empfindlich auf die Magnesiumkonzentration im Bereich von 0.05 M. Die Werte α_B und α_T sind noch weniger empfindlich; zudem sind die Änderungen beim Übergang von der Sulfatlösung zur Nitratlösung so, daß sie sich teilweise mit der Änderung von $\alpha_{\ddagger}$ kompensieren. Diese Analyse von Davies und Williams hat viel zum Verständnis der Olson-Simonson-Regel beigetragen.

7.16. Die Bedeutung des Ausdrucks „Ionenpaar"

Die Ausdrücke „Ionenpaar" und „Ionenassoziation" beziehen sich auf zwei Ionen von entgegengesetzter Ladung, die zwar in Kontakt stehen, jedoch weitgehend die interne elektronische Struktur der individuellen getrennten Ionen bewahrt haben. Wie es oft für solche wissenschaftliche Klassifikationen der Fall ist, ist es auch in diesem Fall schwierig, eine entsprechende praktisch brauchbare Definition zu finden. Zum Glück oder auch Unglück ist die Form der Beziehung zwischen den primitiven Werten der Aktivitätskoeffizienten und der Zusammensetzung der Lösung, die sich aus der Bjerrum-Approximation ergibt, gleich wie diejenige der Gleichung, die die Ionisation eines schwachen Elektrolyten, in dem kovalente Bindungen eine wesentliche Rolle spielen, beschreibt. Das Verfahren von Davies bewahrt zwar die Form der Bjerrum-Gleichung, doch verlangt es die Einführung eines Parameters *d*, der, wie Guggenheim zeigte (Abschn. 7.13), mit der Poisson-Boltzmann-Gleichung im Widerspruch steht.

Tab. 7.4. Einfluß von zugesetzten Magnesiumsalzen auf die Thiosulfat-Bromoacetat-Reaktion.[a]

zugesetztes Salz	$[Mg^{++}]$	I	α_B	α_T	$\alpha_{\ddagger}$	$\frac{\alpha_B \alpha_T}{\alpha_{\ddagger}}$	$\frac{\gamma_B \gamma_T}{\gamma_{\ddagger}}$	$\frac{k}{k^0}$
$Mg(NO_3)_2$	0.0496	0.150	0.94	0.75	0.60	1.17	3.24	3.80
$MgSO_4$	0.0330	0.138	0.93	0.81	0.67	1.16	3.11	3.60

[a] Daten von Kiss und Vass [11].

Dies ist weiter nicht überraschend. Es ist kaum möglich, zwei Ionen von entgegengesetzter Ladung nahe zusammenzubringen, ohne daß sich die interne Elektronenverteilung der Ionen ändert. Diese Änderung würde, wenn sie weitergehen würde, zur Ausbildung einer kovalenten Bindung führen. Wenn etwa ein Cäsium-Ion und ein Fluorid-Ion in der Gasphase zusammengebracht werden, so ist diese interne Veränderung offenbar so gering, daß die Bindung zwischen Cäsium und Fluor in Paulings Worten [27] „im wesentlichen ionisch mit nur ganz geringem kovalentem Charakter" ist. Kommen indessen ein Jodid-Ion und ein Wasserstoff-Ion in der Gasphase zusammen, so entsteht ein Jodwasserstoffmolekül, in dem sich zwei Elektronen in einem Orbital befinden, das zwischen dem Jod- und dem Wasserstoffkern konzentriert ist. Trotzdem hat das Molekül aber einen kleinen Überschuß an negativer Ladung auf der Jodseite und einen entsprechenden Überschuß an positiver Ladung auf der Wasserstoffseite bewahrt; infolgedessen besitzt es ein Dipolmoment. Es ist

„im wesentlichen kovalent mit etwas ionischem Charakter". Ungeachtet der Größe der Ladungsverschiebung, die durch die Nachbarschaft der beiden Ionen erzeugt wird, erfolgt die Änderung immer in Richtung auf eine Struktur mit geringerer Energie. Die Energie, die nötig ist, um die Ionen zu trennen, ist somit um so größer, je ausgeprägter der kovalente Charakter ist.

In einer Struktur, die durchaus noch als Ionenpaar bezeichnet werden kann, ist die zur Trennung der Ionen notwendige Energie größer, wenn die Ladung unsymmetrisch als wenn sie kugelsymmetrisch verteilt ist. Diese Asymmetrie der Ladungsverteilung, die man in den meisten Ionen findet, die für die Organische Chemie von Interesse sind, kann zu einer Änderung der Gleichgewichtskonstante der Ionenassoziation um mehrere Größenordnungen führen. Dies ist besonders dann der Fall, wenn Wasserstoffbrücken-Bindungen auftreten.

Wynne-Jones [28] fand etwa aus Leitfähigkeitsmessungen im Lösungsmittel Nitrobenzol Assoziationskonstanten von 5 bis $7 \cdot 10^2$ für Piperidinium- und Dipropylammonium-perchlorat, $6 \cdot 10^3$ für Piperidinium- und Dipropylammonium-pikrat und $5 \cdot 10^4$ für Diphenylguanidinium-pikrat. Im Fall des Tetraäthylammonium-pikrats war die Assoziation so gering, daß sie experimentell gar nicht festgestellt werden konnte. Die Leitfähigkeit von Piperidinium-pikrat wird durch Zusatz kleiner Mengen von Piperidin oder Pikrinsäure nicht beeinflußt. Das bedeutet, daß der Effekt nicht auf unvollständige Protonenübertragung von der Pikrinsäure auf das Piperidin zurückzuführen ist. Er läßt sich indessen auf Wasserstoffbrücken-Bindung zwischen dem sauren Proton eines substituierten Ammonium-Ions und dem Sauerstoff des Anions zurückführen. Dieser Effekt ist ausgeprägter mit dem stärker sauren Diphenylguanidinium-Ion als mit den schwächer sauren Piperidinium- und Dipropylammonium-Ionen, ebenso für das stärker basische Pikrat-Ion als für das weniger basische Perchlorat-Ion. Im Fall der quartären Ammonium-Ionen, die kein saures Proton enthalten, ist er gar nicht vorhanden. Die Leitfähigkeit der sekundären Ammoniumsalze wird weiter durch Zusatz kleiner Mengen von Äthanol wesentlich erhöht. Grund dafür ist, daß Äthanol mit dem Ammonium-Ion bei der Bildung von Wasserstoffbrücken-Bindungen zum Anion in Konkurrenz steht.

Es ist zu erwarten, daß Ionenpaarbildung nur unter ganz besonders günstigen Umständen mit dem Modell der Wechselwirkung von geladenen Kugeln in einem Kontinuumsdielektrikum in Übereinstimmung zu bringen ist. Ionenpaarbildung sollte eine kleinere Rolle spielen, wenn die Ladung auf einem Ion weit verteilt als wenn sie auf einem einzigen Atom konzentriert ist. Ist die Ladung konzentriert, so kann die Struktur in der Gegend der Konzentration einen großen Einfluß auf den Abstand haben, bis zu dem sich die Ionen einander nähern können; die Ionenpaarbildung kann sterisch behindert sein. Neben den Wasserstoffbrücken-Bindungen können in einem Ionenpaar auch Charge-Transfer-Kräfte (Abschn. 8.29) wirken. Ionenpaare können untereinander oder mit irgendwelchen polaren Molekülen multipolare Komplexe (Abschn. 8.30) bilden. In Wasser, möglicherweise auch in anderen Lösungsmitteln, stört die Gegenwart einer gelösten Partikel, sei sie geladen oder ungeladen, die Struktur der Flüssigkeit. Ohne Zweifel wird ein Ionenpaar diese Struktur anders beeinflussen als getrennte Ionen. Alle diese Faktoren spielen eine Rolle für die Energieänderung, die mit der Ionenpaarbildung einhergeht, und wirken sich somit auf das Ausmaß der Ionenpaarbildung aus.

7.17. Bemerkungen zur schwachen Ionenpaarbildung

Findet man in einem System keine starke Wechselwirkung, so heißt das noch nicht, daß auch keine Ionenpaarbildung auftritt. Die Beziehung, die durch Gl. (30) bis (33) gegeben ist, läßt sich in die folgende MacLaurin-Reihe entwickeln:

$$\log \gamma^{(p)} = -Az^2 y + (Az^2 b - 0.43K^\circ) y^2 - Az^2 b^2 y^3 \tag{49}$$

y ist dabei definiert als $(cz^2)^{1/2}$, stellt also die Quadratwurzel des primitiven Wertes der Ionenstärke dar. Solange K° kleiner als 2.3 Ab ist, findet man somit das für die schwache Wechselwirkung charakteristische Bild der alternierenden Potenzreihe in der Quadratwurzel der Ionenstärke, obwohl Ionenpaarbildung in gewissem Ausmaß vorhanden ist. Da nun jedoch die Größe Ab stets positiv ist und die meisten Daten über 1:1-Elektrolyte in Wasser zeigen, daß der Koeffizient von y^2 weit positiver ist als jeder vernünftige Wert von Az^2b, müssen noch andere Faktoren diesen Koeffizienten beeinflussen, die nicht durch die Terme Az^2b und 0.43 K° erfaßt werden. Das Modell, auf dem die Poisson-Boltzmann-Gleichung beruht, kann diese Faktoren nicht erklären.

7.18. Salzeffekte von Nichtelektrolyten in wäßriger Lösung *

Betrachtet man neben dem Einfluß der Ladung eines Ions auf die Wechselwirkung des Ions mit dem Medium gleichzeitig den Effekt, den ein ungeladenes Molekül ausübt, so muß man einen weiteren Term im Koeffizienten von y^2 in Gl. (49) einführen. Die Variation des Aktivitätskoeffizienten eines Nichtelektrolyten mit der Elektrolytkonzentration in wäßriger Lösung ist durch eine Gleichung der Form

$$\log \gamma_i = \varkappa_{ij} c_j \tag{50}$$

gegeben. Dabei ist γ_i der Aktivitätskoeffizient des Nichtelektrolyten i und c_j die Konzentration des Elektrolyten j. Die Gleichung gibt die Wirklichkeit bei kleinen bis mäßigen Ionenstärken ausgezeichnet wieder. Für Nichtelektrolyten von geringer Löslichkeit entspricht sie der Setschenov-Gleichung [30]:

$$\log \frac{s_0}{s} = Kc \tag{51}$$

Hier stellt s_0 die Löslichkeit in reinem Wasser, s die Löslichkeit bei der Elektrolytkonzentration c dar.

Wie die meisten Eigenschaften von starken Elektrolyten in verdünnter wäßriger Lösung sind die $\varkappa$-Werte additiv. Für einen gegebenen Nichtelektrolyten ist etwa die Differenz zwischen den $\varkappa$-Werten für ein Chlorid und ein Bromid im wesentlichen unabhängig vom Kation; entsprechend ist die Differenz für ein Natrium- und ein Kaliumsalz unabhängig vom Anion. Die Reihenfolge der Effekte ist für alle Nichtelektrolyte praktisch gleich. Eine Ausnahme bilden nur saure und basische Nichtelektrolyte, beispielsweise Benzoesäure und Anilin. Einige $\varkappa$-Werte für Benzol sind:

* Dieses Kapitel basiert weitgehend auf der Diskussion von Long und McDevit [29].

NaCl: +0.195, KCl: +0.166, LiCl: +0.141, RbCl: +0.141, NH_4Cl: +0,103, CsCl: +0.088, HCl: +0.048, Na_2SO_4: +0.548, NaF und NaOH: +0.255, NaBr: +0.155, $NaClO_4$: +0.106, $HClO_4$: −0.041, Kaliumbenzoat: −0.01, $(CH_3)_4NBr$: −0.24. Der negative Wert für quartäre Ammoniumsalze ist typisch für den Effekt von Elektrolyten, die große Ionen, seien sie positiv oder negativ geladen, enthalten. Dieses Phänomen wird als Hydrotropismus [31] bezeichnet.

Die Reihenfolge der Effekte verschiedener Elektrolyte ist für polare Nichtelektrolyte praktisch gleich wie für unpolare, beispielsweise Benzol. Die $\varkappa$-Werte sind jedoch durchgehend stärker negativ. Für Schwefeldioxid ist $\varkappa$ für NaCl nur +0.01; für NaBr ist es −0.05, für KJ −0.13.

Die Reihenfolge der $\varkappa$-Werte ist ähnlich derjenigen, die man bei vielen Eigenschaften wäßriger Elektrolytlösungen findet. Für den klassischen Kolloid-Chemiker ist sie die Hofmeister-Serie, die ursprünglich im Zusammenhang mit dem Aussalzen einer Anzahl von Proteinen aufgestellt wurde*. Traube [33] zeigte, daß es sich bei dieser Serie um die Reihenfolge der Einflüsse von Salzen auf die Kompressibilität und Oberflächenspannung von Wasser wie auch einer ganzen Anzahl weiterer, biologisch wichtiger Eigenschaften handelt. Traube bezeichnete sie als die Reihenfolge des „Haftdrucks" der Lösung. Tamann [34] und Gibson [35] entwickelten eine Methode zur Messung dieses „inneren" Druckes. Sie beruht auf der Tatsache, daß die Kompressibilität von Salzlösungen bei kleinen Drucken gleich derjenigen von Wasser bei höheren Drucken ist und sich auch in entsprechender Weise mit dem Druck ändert. Den zusätzlichen Druck, den man auf reines Wasser ausüben muß, um seine Kompressibilität derjenigen einer Salzlösung bei geringem Druck anzugleichen, bezeichnete Gibson als „wirksamen Druck" („effective pressure") P_e des Salzes. Long und McDevit fanden, daß die Größe dP_e/dc_s, wobei c_s die Salzkonzentration ist, weitgehend mit den $\varkappa$-Werten für die Einflüsse von verschiedenen Salzen auf die Aktivitätskoeffizienten in wäßrigen Lösungen von Benzol, Sauerstoff und Wasserstoff parallel geht.

Diese Effekte lassen sich wie folgt erklären: Wasser ist eine weitgehend strukturierte Flüssigkeit, in der starke und gerichtete Kräfte zwischen den Molekülen wirken. Will man ein unpolares Molekül in Wasser geben, so muß man Arbeit gegen diese Kräfte leisten. Die meisten Elektrolyte reduzieren Volumen und Kompressibilität und erhöhen dadurch den Energiebedarf für die Einführung des unpolaren Moleküls. Infolgedessen sind das Standardpotential und der Aktivitätskoeffizient des Nichtelektrolyten bei Gegenwart von Elektrolyt höher. Bestände der Effekt des Elektrolyten einzig in der Zerstörung dieser Struktur („structure breaking", wie sich Frank und Evans [36] ausdrückten) – d. h. einem Zusammenbruch der eisähnlichen Struktur des Wassers in der Gegend des Ions –, so sollte er mit zunehmender Größe der Ionen abnehmen, da das elektrische Feld in der Umgebung eines großen Ions weniger intensiv als in der Nähe eines kleinen Ions ist. Er nimmt in der Tat in der Reihe Na^+, K^+, Rb^+, Cs^+ wie auch in der Reihe F^-, Cl^-, Br^-, J^- ab. Li^+ tanzt jedoch aus der Reihe und liegt zwischen K^+ und Cs^+. NH_4^+, OH_3^+ und OH^- liegen weit entfernt von den Stellen, die man auf Grund von kristallographischen Daten erwarten würde. Kleine Kationen und Anionen haben offenbar eine „struktur-

* Vgl. z. B. [32].

bildende Wirkung“ (Frank und Evans), die dem normalen strukturzerstörenden Effekt eines Ions entgegenwirkt. Eine plausible Erklärung für diesen Effekt ist, daß sich die Wassermoleküle in der gleichen Weise mit vierzähliger Symmetrie um ein kleines Ion lagern, wie sie es offenbar um jedes individuelle Wassermolekül tun. Der störende Einfluß solcher Ionen auf die Wasserstruktur ist deshalb relativ gering. Die besondere Stellung dieser kleinen Ionen ist anscheinend auf wäßrige Lösungen beschränkt. In Methanol oder Äthylenglykol ist sie nicht zu beobachten [37].
Basische Nichtelektrolyte sind besonders empfindlich auf Änderungen im Anion des Salzes. Die $\varkappa$-Werte für Anilin sind etwa: KOH: +0.22, KCl: +0.13, KBr: +0.07, KJ: 0.00. Die Werte für Lithium- und Natriumsalze sind meist stärker negativ als für Kaliumsalze. Die $\varkappa$-Werte für Ammoniak sind: KCl: +0.057, NaCl: +0.033, LiCl: −0.024. Bei sauren Nichtelektrolyten sind die Werte für die Lithiumsalze entsprechend mehr positiv, und das Anion hat einen relativ geringen Einfluß. Die $\varkappa$-Werte für Benzoesäure sind: LiCl: +0.189, NaCl: +0.182, KCl: +0.144, $NaNO_3$: +0.075, $NaClO_4$: +0.052, KBr: +0.109, KJ: +0.049.
Diese Effekte lassen sich wie folgt verstehen [1, 38]: An Kationen, insbesondere kleinen sowie Onium-Ionen wie NH_4^+, OH_3^+, werden sich die umliegenden Wassermoleküle mit ihren Protonen nach außen anlagern und damit eine anziehende Wirkung auf basische Nichtelektrolyt-Moleküle ausüben. An kleine Anionen werden sich die Wassermoleküle umgekehrt mit dem Sauerstoff nach außen gruppieren, und der Einfluß auf basische und saure Nichtelektrolyte wird bei Anionen gerade entgegengesetzt zum Einfluß von Kationen sein.

7.19. Salzeffekte auf Reaktionen zwischen einem neutralen Molekül und einem Ion in wäßriger Lösung

Wenn ein Ion mit einem neutralen Molekül reagiert, so hat der Übergangszustand die gleiche Ladung wie das Ausgangs-Ion. Wenn $\log \gamma$ für den Nichtelektrolyten eine lineare Funktion der Ionenstärke ist, so wird der Grenzwert der Steigung der Antragung von $\log k$ gegen $I^{1/2}$ null sein. Häufig heben sich Abweichungen vom Grenzwert der Steigung für Übergangszustand und Reaktanden auf, und die spezifische Geschwindigkeit ist über einen weiten Bereich unabhängig von der Ionenstärke. Die Reaktion des Anions von 2-Naphthylamin-6-sulfonsäure mit dem neutralen 4-Sulfodiazobenzol (Abb. 7-1) ist ein Beispiel dieser Art. In Brönsteds klassischer Arbeit von 1922 [39], in der er erstmals Gl. (1) vorschlug, finden sich zahlreiche weitere Beispiele.
Bisweilen heben sich die Aktivitätskoeffizienten zwischen Übergangszustand und Reaktanden bis zu erstaunlich hohen Salzkonzentrationen auf. Die spezifische Geschwindigkeit der Hydrolyse von Äthylacetat etwa wird durch Natriumchlorid in Konzentrationen bis zu 0.5 M nicht beeinflußt [40]. Der Übergangszustand ist in diesem Fall ein großes Molekül mit einer lokalisierten Ladung. Man kann sich leicht vorstellen, daß der Logarithmus seines Aktivitätskoeffizienten gleich der Summe der entsprechenden Größen für ein ähnliches ungeladenes Molekül, Äthylacetat, und einen kleinen geladenen Körper, Hydroxid-Ion, sein kann. In Lösungen, die bei konstanter Ionenstärke sowohl Calcium- als auch Natriumchlorid enthalten, ist die spezifische Geschwindigkeit der gleichen Reaktion bis zu 0.16 M unabhängig

von der Calciumchlorid-Konzentration. Auf der andern Seite ist aus dem Effekt, den Calciumhydroxid auf die Löslichkeit von Calciumjodat ausübt, bekannt, daß zwischen Calcium-Ion und Hydroxid-Ion starke Wechselwirkung besteht. Die entsprechende Assoziationskonstante liegt in der Gegend von 20. Es scheint somit, daß zwischen Calcium-Ion und Übergangszustand starke spezifische Wechselwirkungen ähnlicher Größe wie zwischen Calcium-Ion und Hydroxid-Ion bestehen. Verwendet man Bariumchlorid statt Calciumchlorid, so findet man eine Geschwindigkeitszunahme von 10% bei 0.0592 M Bariumsalz. Dies deutet auf stärkere Wechselwirkung zwischen Barium-Ion und Übergangszustand als zwischen Barium-Ion und Hydroxid-Ion hin.

Die Hydroxidionen-katalysierte Depolymerisation von Diacetonalkohol

$$(CH_3)_2C(OH)CH_2COCH_3 \rightarrow 2CH_3COCH_3 \qquad (VI)$$

auf der andern Seite wird durch Calcium- oder Barium-Ionen stark und spezifisch verzögert [41]. Für Kalium- und Rubidiumhydroxid ist die spezifische Geschwindigkeit $k = v/c_a c_{OH^-}$ unabhängig von c_{OH^-} über einen weiten Bereich. c_a ist dabei die Konzentration des Diacetonalkohols, c_{OH^-} der primitive Wert der Konzentration des Hydroxid-Ions. Für Natriumhydroxid nimmt k bei einer Änderung der Konzentration von 0 bis 0.4 M nur um 7% ab. Für Calciumhydroxid indessen beträgt die Abnahme 12% bei nur 0.036 M, und für Bariumhydroxid ist sie noch etwas größer. Offenbar besteht in diesem Fall nur geringe Wechselwirkung zwischen dem negativ geladenen Übergangszustand und den Erdalkali-Ionen.

Der Wert von $\log k$ für die Hydrolyse von Acetylimidazolium-Ion

(VII)

in 0.1 M wäßriger Salzsäure nimmt für eine ganze Anzahl von 1 : 1-Elektrolyten linear mit der Salzkonzentration bis zu 4 M ab [42]. Für Natriumperchlorat reichen die Daten bis zu einer Salzkonzentration von 8 M. Die Linearität ist an dieser Stelle immer noch vorhanden; die Geschwindigkeit ist 500mal kleiner als bei Abwesenheit von Salz. Sulfat erhöht die Geschwindigkeit leicht, doch der Effekt flacht bald ab. Magnesium, Calcium und Lanthan verzögern stark und in nicht linearer Weise. Der Effekt der verschiedenen Salze zeigt keinen Zusammenhang mit ihrem Einfluß auf die Aktivität von Wasser. Die Unterschiede zwischen den Effekten der verschiedenen Kationen sind gering. $d \log k/d c_s$ beträgt indessen -0.301 für $NaClO_4$, -0.240 für Natrium-toluolsulfonat, -0.255 für NaBr, -0.150 für NaCl und -0.141 für $NaNO_3$. Offensichtlich sind die Terme mit $I^{1/2}$ und $I^{3/2}$ in Gl. (9) im wesentlichen gleich für den positiv geladenen Übergangszustand und das Ausgangs-Ion, während der Koeffizient des linearen Terms in I für den Übergangszustand weit positiver ist als für das Edukt.

7.20. Salzeffekte auf eine Reaktion zwischen einem Ion und einem neutralen Molekül in Schwefeldioxid-Lösung

Schwefeldioxid bei 0 °C ist ein schwach dissoziierendes Lösungsmittel mit einer Dielektrizitätskonstante von 15.6. Die Dissoziationskonstanten von typischen

Ionenpaaren darin sind $2.14 \cdot 10^{-4}$ für Tetraäthylammoniumbromid, $1.43 \cdot 10^{-4}$ für Kaliumbromid und $2.7 \cdot 10^{-5}$ für Lithiumbromid. Lichtin und Rao [43] fanden, daß die spezifische Geschwindigkeit $v/c_s[\mathrm{RBr}]$ der Austauschreaktion von *p*-Nitrobenzylbromid mit Alkali- und quartären Ammoniumbromiden im Bereich von Salzkonzentrationen zwischen 10^{-4} und $5 \cdot 10^{-2}$ um einen Faktor 3.6 abnimmt. Diese Veränderung läßt sich quantitativ durch die Gleichung

$$v = [\mathrm{RBr}]\,(k_f[\mathrm{Br}^-] + k_p[\mathrm{MBr}]) \tag{52}$$

beschreiben. Dabei sind k_f und k_p unabhängig von der Salzkonzentration. Die Gleichgewichtskonstante

$$\frac{[\mathrm{MBr}]}{[\mathrm{M}^+]\,[\mathrm{Br}^-]} = K^\circ \gamma_\pm{}^2 \tag{53}$$

läßt sich aus Leitfähigkeits-Daten bestimmen. Weiter gilt:

$$\log \gamma_\pm = -\frac{AI^{1/2}}{1 + bI^{1/2}} \tag{54}$$

Die Übereinstimmung mit den experimentellen Daten ist für größere Werte von b besser. Für eine Bjerrum-Distanz von 30 Å ist sie etwa zweimal so gut wie für eine solche von 3.28 Å.
Gl. (52) läßt sich auch in der Form

$$k^{(p)} = k_f \frac{1 + (k_p/k_f)\,K^\circ \gamma_\pm{}^2[\mathrm{M}^+]}{1 + K^\circ \gamma_\pm{}^2[\mathrm{M}^+]} \tag{55}$$

schreiben. Mit Hilfe der Theorie des Übergangszustandes läßt sie sich weiter auch in die Form

$$k^{(p)} = k_f \frac{1 + K^{*} \gamma_\pm{}^2[\mathrm{M}^+]}{1 + K^\circ \gamma_\pm{}^2[\mathrm{M}^+]} \tag{56}$$

bringen. K^* ist dabei der Grenzwert der Gleichgewichtskonstanten für die Umwandlung eines Übergangszustandes, der kein M^+ enthält, in einen solchen, der M^+ enthält (vgl. Abschn. 5.26). Die Größe $(k_p/k_f)K^\circ\gamma_\pm^2$ mißt somit die Tendenz des Übergangszustandes, Ionenpaare zu bilden. Da das Ionenpaar und die freien Ionen in einem mobilen Gleichgewicht stehen, ist die Frage nach dem Mechanismus, nach dem der M^+ enthaltende Übergangszustand gebildet wird, bedeutungslos.
Die k_f-Werte sind unabhängig vom Kation. Die k_p-Werte dagegen, und infolgedessen auch die K^*-Werte, nehmen in der gleichen Reihenfolge Li^+, K^+, $(\mathrm{CH_3})_4\mathrm{N}^+$, $(\mathrm{C_2H_5})_4\mathrm{N}^+$ wie die K°-Werte zu, jedoch weniger rasch.

7.21. Salzeffekte auf Solvolysereaktionen in wäßriger Lösung

Clark und Taft [44] untersuchten den Einfluß von Elektrolyten auf den Aktivitätskoeffizienten γ_b von *t*-Butylchlorid und den Aktivitätskoeffizienten des Übergangs-

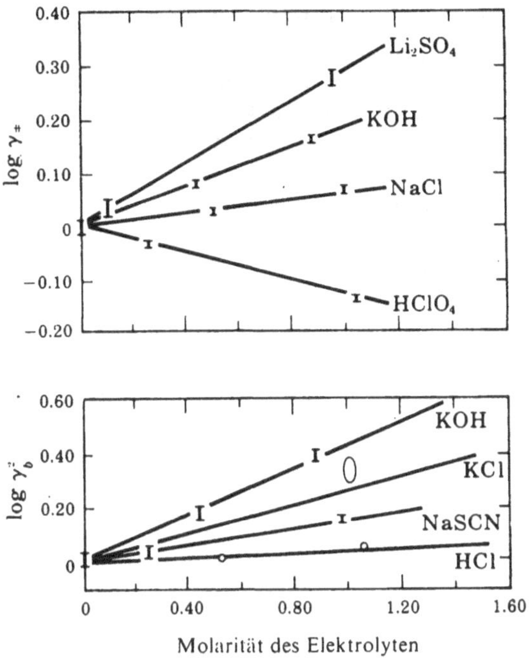

Abb. 7-7. Einfluß von Elektrolyten auf den Aktivitätskoeffizienten von *tert.*-Butylchlorid in wäßriger Lösung und auf den Aktivitätskoeffizienten des Übergangszustandes seiner Hydrolyse (nach Clarke und Taft [44]).

Tab. 7.5. Relative Effekte von verschiedenen Ionen auf den Aktivitätskoeffizienten von *tert.*-Butylchlorid und denjenigen des Übergangszustands der Hydrolyse von *tert.*-Butylchlorid.[a]

	$\varkappa_b$	$\varkappa_\ddagger$
Na^+	(0)	(0)
OH_3^+	−0.28	−0.09
Li^+	−0.06	−0.03
K^+	+0.06	−0.01
NH_4^+	−0.21	−0.05
$(CH_3)_4N^+$	−0.17	0.00
Cl^-	(0)	(0)
F^-	+0.25	+0.15
OH^-	+0.12	+0.14
Br^-	−0.07	−0.07
J^-	−0.14	−0.15
NO_3^-	−0.04	−0.02
ClO_4^-	−0.08	−0.11
SCN^-	−0.18	−0.16
$CH_3CO_2^-$	−0.06	+0.15
SO_4^{--}	+0.6	+0.2

[a] Daten von Clarke und Taft [44].

zustandes der Hydrolyse dieser Substanz. Zu diesem Zwecke bestimmten sie $k_p = v/p_b$, wobei v die Geschwindigkeit der Hydrolyse und p_b den Grenzwert des Partialdruckes von *t*-Butylchlorid in der Lösung zur Zeit null darstellt. Die Variation von p_b mit der Salzkonzentration ist ein Maß für γ_b, die Variation von k_p mißt $\gamma_{\neq}$. Wie Abb. 7-7 zeigt, sind sowohl $\log \gamma_b$ als auch $\log \gamma_{\neq}$ lineare Funktionen der Salzkonzentration. Für γ_b stimmen die $\varkappa$-Werte recht gut mit denjenigen für Benzol überein. Nur Tetramethylammoniumbromid und Natriumbenzoat haben wesentlich stärker positive Werte, als man auf Grund dieser Korrelation erwarten würde. In Tab. 7.5 sind die Effekte von verschiedenen Kationen relativ zu Natrium-Ion und von verschiedenen Anionen relativ zu Chlorid-Ion auf $\varkappa_b$ und $\varkappa_{\neq}$ zusammengestellt.
Für Natrium-, Kalium- und Lithiumsalze sind die Einflüsse auf $\varkappa_b$ und $\varkappa_{\neq}$ für Salze eines bestimmten Valenztyps sehr schön parallel: Für 12 Salze des 1 : 1-Typs etwa ist die Größe $d \log k/d c_s = 0.24$ mit einer Standardabweichung von 0.05, was kleiner ist als die geschätzte Unsicherheit der individuellen Werte. Für Säuren, Ammoniumsalze und organische Elektrolyte heben sich die Effekte auf Übergangszustand und Reaktand allerdings nicht mehr auf. Der Wert von $d \log k/d c_s$ ist -0.05 für HNO_3, $+0.14$ für $HClO_4$, $+0.16$ für NH_4Cl, $+0.08$ für Natriumacetat und $+0.02$ für Tetramethylammoniumbromid. Für fünf 1 : 2-Salze beträgt dieser Wert 0.63 mit einer Standardabweichung von 0.06.

7.22. Salzeffekte auf Nichtelektrolyte in nichtwäßrigen Lösungsmitteln

Salzeffekte auf den Aktivitätskoeffizienten von Nichtelektrolyten in wäßriger Lösung und auf die $k/k°$-Werte für Solvolysereaktionen sind exponentiell, d. h.:

$$\gamma = e^{2.3 \varkappa c_s} \tag{57}$$

Die $\varkappa$-Werte sind so klein, daß die Krümmung einer Darstellung von γ oder $k/k°$ gegen c_s bei Salzkonzentrationen unter 0.1 M gar nicht erkennbar ist. Die Steigung solcher scheinbar linearer Darstellungen ist $2.3\varkappa$ und liegt im Bereich zwischen -0.5 und $+0.5$.
In Essigsäure als Lösungsmittel ist der Einfluß von Lithiumperchlorat, -toluolsulfonat und -acetat, von Diphenylguanidiniumperchlorat und -acetat und von Toluolsulfonsäure auf die Solvolyse einer ganzen Anzahl von Substanzen unverkennbar linear, außer wenn der spezielle Salzeffekt auftritt, und ganz sicher nicht exponentiell [45]. Die Steigungen der Darstellungen von $k/k°$ gegen c_s liegen zwischen 0.5 und 34; sie sind also um Größenordnungen größer als für Solvolysereaktionen in Wasser.
Es besteht kein Grund zur Annahme, daß diese Phänomene in Essigsäure und in Wasser irgendwie zusammenhängen, außer vielleicht der unglücklichen Tatsache, daß sie beide als Salzeffekte bezeichnet werden. In wäßrigen Salzlösungen sind Ionenkonzentrationen hoch; in Essigsäurelösung sind sie extrem klein. Die Salzeffekte in Wasser lassen sich als Effekt des Salzes auf die Energie, die aufgebracht werden muß, um Raum für das Nichtelektrolyt-Molekül zu schaffen, verstehen. Die Salzeffekte in Essigsäure sind als Einflüsse der Assoziation eines Salzmoleküls (oder

Ionenpaars, wenn man diesen Ausdruck vorzieht) mit dem Übergangszustand der Solvolysereaktion (Abschn. 5.26) zu erklären.

Der Einfluß von Lithiumperchlorat auf die polarimetrische Konstante k_α (Abschn. 6.13) von E

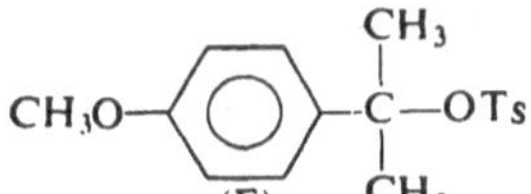

(E)

ist linear für Salzkonzentrationen bis zu 0.06 oder 0.1 M [46]. Die Steigung b ist 12.2 für Essigsäure und 13.1 für 50% Essigsäure-Wasser. In Dimethylformamid ist sie nur 1.4, in Dimethylsulfoxid ist sie vernachlässigbar. In Tetrahydrofuran dagegen erreicht sie die Größe von 482, in Äthylacetat gar von 553.
In einer Mischung von 50 Gew.-% Dioxan in Wasser ist $\log \gamma$ für Naphthalin und 1-Naphthoesäure für zahlreiche Salze linear mit der Salzkonzentration [47]. Die Steigungen entsprechen den typischen Werten für wäßrige Lösungen. Für andere Salze findet man eine Krümmung mit dem gleichen Vorzeichen wie die Steigung. Salzeffekte auf die Solvolyse von E und die Racemisierung von *threo*-3-Phenyl-2-butyl-toluolsulfonat in diesem Lösungsmittel gleichen weitgehend denjenigen auf die Aktivitätskoeffizienten der Naphthalinverbindungen [48].

7.23. Eine historische Bemerkung

Obwohl Lewis die Aktivitätsfunktion bereits 1907 eingeführt hatte, steckte ihre Anwendung bei der exakten thermodynamischen Untersuchung von Elektrolytlösungen in den frühen zwanziger Jahren noch immer in den Kinderschuhen. Die Vorstellung, daß starke Elektrolyte völlig ionisiert seien, war allgemein verbreitet. Aktivitätskoeffizienten wurden mit der Gesamt-Konzentration einer ionischen Komponente und nicht mit der sog. wahren Konzentration, wie sie die Arrhenius-Theorie vorschlug, ausgedrückt. Man wußte, daß die in dieser Art definierten Aktivitätskoeffizienten mit zunehmender Elektrolytkonzentration stets abnehmen.
Nach der Thermodynamik ist die Gleichgewichtsbeziehung für die Reaktion

$$A + B \rightleftharpoons C + D \qquad \text{(VIII)}$$

gegeben durch:

$$\frac{[C][D]}{[A][B]} = K^\circ \frac{\gamma_A \gamma_B}{\gamma_C \gamma_D} \qquad (58)$$

Das bedeutet, daß jeder Ausdruck für die Reaktions*geschwindigkeit*, der mit der Thermodynamik in Übereinstimmung steht, die Aktivitätskoeffizienten der Ausgangsstoffe enthalten muß. Am einfachsten schreibt man für die Geschwindigkeit v:

$$v = k_1^\circ [A][B] \gamma_A \gamma_B - k_{-1}^\circ [C][D] \gamma_C \gamma_D \qquad (59)$$

Informationen über Aktivitätskoeffizienten von Nichtelektrolyten, die zur Prüfung dieser Idee hätten herangezogen werden können, waren praktisch noch nicht vorhanden. Die meisten Chemiker akzeptierten das Dogma, daß Reaktionen zwischen Ionen „unmeßbar rasch" seien. Brönsted indessen war Assistent bei Jorgensen gewesen, unter dessen Leitung in Kopenhagen ein Zentrum für die Untersuchung von Kobaltamminen entstanden war. Wer mit den Reaktionen von Kobaltamminen vertraut war, konnte das Dogma der „unmeßbar hohen Geschwindigkeit" unmöglich annehmen. 1922 wies Brönsted [39] darauf hin, daß die Geschwindigkeit jeder Reaktion, an der Ionen beteiligt sind, auf Grund aller bekannten Tatsachen über Aktivitätskoeffizienten mit zunehmender Elektrolytkonzentration abnehmen müßte, wenn Gl. (59) gültig wäre. Er führte zahlreiche Beispiele von Reaktionen zwischen einem Ion und einem Nichtelektrolyten an, bei denen praktisch kein Salzeffekt auf die Reaktionsgeschwindigkeit auftritt. Weiter nannte er verschiedene Fälle von Reaktionen zwischen zwei Ionen mit gleichem Vorzeichen, bei denen zugesetzte Elektrolyte die Reaktionsgeschwindigkeit wesentlich erhöhen.

Damit Übereinstimmung zwischen Geschwindigkeitsgleichung und Gleichgewichtsbeziehung besteht, ist es lediglich notwendig, daß die Geschwindigkeitsgleichung von der Form

$$v = k_1^\circ[\mathrm{A}][\mathrm{B}]\frac{\gamma_\mathrm{A}\gamma_\mathrm{B}}{\phi} - k_{-1}^\mathrm{c}[\mathrm{C}][\mathrm{D}]\frac{\gamma_\mathrm{C}\gamma_\mathrm{D}}{\phi} \tag{60}$$

ist. ϕ kann dabei einen beliebigen Wert haben oder eine beliebige Funktion der Zusammensetzung des Systems sein. Brönsted schlug vor, ϕ gleich dem Aktivitätskoeffizienten eines Ions, dessen Ladung gleich der algebraischen Summe der Ladungen von A und B ist, zu setzen. Dieser Betrag ist ebenfalls gleich der Summe der Ladungen von C und D. Er begründete seinen Vorschlag wie folgt: „Die Wahrscheinlichkeit, daß ein molekulares System aus einem normalen Zustand in einen sehr unwahrscheinlichen Zustand übergeht, ist proportional dem Verhältnis der Aktivitätskoeffizienten des normalen und des unwahrscheinlichen Zustandes."

Dieser Vorschlag zur Natur des kinetischen Salzeffektes ist ein Jahr älter als die Debye-Hückel-Theorie. Er stammt aus einem Laboratorium, in dem der Einfluß von zugesetzten Salzen auf die Löslichkeit von Kobaltamminsalzen im Detail untersucht worden war. Resultate dieser Untersuchung waren unter anderem: 1. Der Logarithmus des Aktivitätskoeffizienten eines Ions *i* ist praktisch ausschließlich durch Art und Konzentration der Ionen mit entgegengesetzter Ladung zu *i* bestimmt. 2. Innerhalb des Bereiches, der der Messung leicht zugänglich ist, ändert sich der Logarithmus des Aktivitätskoeffizienten in recht guter Näherung mit der Kubikwurzel aus der Elektrolytkonzentration. 3. Der Effekt eines Ions *j* mit entgegengesetzter Ladung zu *i* nimmt mit der Ladung auf einem der beiden Ionen rasch zu; die Normalität von *j* ist ein besseres Maß für seine Auswirkung als die Molarität. 4. Dem Einfluß der Ladung sind kleinere Effekte, die für *i* und *j* spezifisch sind, überlagert. 5. Infolgedessen ist das Ionenstärke-Prinzip, das Lewis und Randall 1921 auf empirischer Grundlage vorgeschlagen hatten, nicht allgemein anwendbar.

Als 1923 die Debye-Hückel-Theorie erschien, wandte sie Brönsted sogleich auf das Problem der Reaktionsgeschwindigkeit an. Er zeigte, daß der Salzeffekt auf die Geschwindigkeit der Reaktion (III) in guter Übereinstimmung mit der Theorie steht, solange nur einfach geladene Ionen vorhanden sind, daß dies aber nicht mehr der Fall ist, sobald mehrfach geladene Ionen vorliegen (Tab. 7.1) [10]. Diese Er-

scheinungen lassen sich, so stellte er fest, durch spezifische Wechselwirkung zwischen Ionen, wie er sie 1922 vorgeschlagen hatte, erklären: Die reagierenden Ionen und der Übergangszustand sind alle negativ geladen. Sie sind deshalb besonders stark von Art und Wertigkeit der positiv geladenen Ionen abhängig.
Die enthusiastische Aufnahme der Debye-Hückel-Theorie ließ all dies rasch in Vergessenheit geraten. 1930 veröffentlichte Livingston [49] ein heutzutage vertrautes Diagramm, in dem die Geraden entsprechend dem theoretischen Grenzgesetz für Reaktionen von sechs Ladungstypen, variierend von $Co(NH_3)_5Br^{++}$ + Hg^{++} bis $Co(NH_3)_5Br^{++}$ + OH^-, eingezeichnet waren. Für jede dieser Linien waren die entsprechenden experimentellen Daten als Punkte eingezeichnet. Dieses Diagramm wurde wieder und wieder kopiert und findet sich in zahlreichen Lehrbüchern der Physikalischen Chemie und sogar der Reaktionskinetik. Livingston wies darauf hin, daß „die Punkte diejenigen Experimente darstellen, bei denen Salze des einwertigen Typs zugesetzt waren", gab jedoch keine Erklärung, weshalb er die Daten zu den anderen Salzen wegließ. In Lehrbüchern ist sogar diese Warnung oft unterschlagen.
Vor diesem Hintergrund erschien die Arbeit von Olsen und Simonson und verbreitete sozusagen Schrecken und Bestürzung. Manche Leute bezeichneten sie als revolutionär, was als Lob oder auch nicht gemeint sein konnte. Andere waren der Ansicht, daß der Artikel im Prinzip nichts Neues enthalte. Offenbar war die Meinung recht weit verbreitet, daß es kaum von gutem Geschmack zeuge, derartige Fragen überhaupt aufzuwerfen. Wie dem auch sei, der wichtige Beitrag von Olson und Simonson fiel weitgehend der Vergessenheit anheim. Die ganze Angelegenheit ist ein Beispiel für die unerfreulichen Auswirkungen des weitverbreiteten – und didaktisch schädlichen – Fehlers, die Grenzen einer Theorie zu verschleiern, anstatt sie offen zu nennen.

7.24. Literatur

1. Harned, H. S. und B. B. Owen, „The Physical Chemistry of Electrolyte Solutions", 3. Aufl., Reinhold Publishing Corporation, New York 1958.
2. Robinson, R. A. und R. H. Stokes, „Electrolyte Solutions", 2. Aufl., Academic Press, New York 1959.
3. Fuoss, R. M. und F. Accascina, „Electrolyte Conductance", Interscience Publishers, New York 1959.
4. Zollinger, H., *Helv. Chim. Acta, 36:* 1723 (1953).
5. Nielsen, R. F., *J. Am. Chem, Soc., 58:* 206 (1958).
6. Barrett, J. und J. E. Baxendale, *Trans. Faraday Soc., 52:* 210 (1958).
7. LaMer, V. K. und C. F. Mason, *J. Am. Chem. Soc., 49:* 410 (1927).
8. LaMer, V. K. und R. W. Fessenden, *J. Am. Chem. Soc., 54:* 2351 (1932).
9. Olson, A. R. und T. R. Simonson, *J. Chem. Phys., 17:* 1167 (1949).
10. Brønsted, J. N. und A. Delbanco, *Z. Anorg. Allgem. Chem., 144:* 248 (1925).
11. von Kiss, A. und P. Vass. *Z. Anorg. Allgem. Chem., 217:* 305 (1934).
12. Rudra, L. und M. N. Das, *J. Chem. Soc., A 1967:* 630.
13. Indelli, A., G. Nolan, Jr., und E. S. Amis, *J. Am. Chem. Soc., 82:* 3237 (1960).
14. Indelli, A., *Trans. Faraday Soc., 59:* 1827 (1963).
15. Burnett, R. L. und L. P. Hammett, *J. Am. Chem. Soc., 80:* 2415 (1958).
16. Brönsted, J. N., *Medd. Kgl. Vetenskapsakad. Nobelinst., 5:* 1 (1919).
17. Brönsted, J. N. und K. Pedersen, *Z. Physik. Chem., 103:* 307 (1923).
18. Davidson, N., „Statistical Mechanics", McGraw-Hill Book Co., New York 1962.
19. Guggenheim, E. A., *Phil. Mag., 19:* 588 (1935); E. A. Guggenheim und J. C. Turgeon, *Trans. Faraday Soc., 51:* 747 (1955).

20. Scatchard, G., in W. J. Hamer (Hsgb.), „The Structure of Electrolyte Solutions", S. 9, John Wiley & Sons, New York 1939.
21. Lewis, G. N. und M. Randall, „Thermodynamics", 2. Aufl., S. 327, revidiert von K. S. Pitzer und L. Brewer, McGraw-Hill Book Co., New York 1961.
22. Bjerrum, N., *Kgl. Danske Videnskab. Selskab Mat.-Fys. Medd.*, *7*(9): (1926).
23. Davies, C. W., *J. Chem. Soc.*, *1938*: 2093; *Discussions Faraday Soc.*, *24*: 83 (1957).
24. Guggenheim, E. A., *Discussions Faraday Soc.*, *24*: 53 (1957).
25. Davies, C. W. und I. W. Williams, *Trans. Faraday Soc.*, *54*: 1547 (1958).
26. Denney, T. O. und C. B. Monk, *Trans. Faraday Soc.*, *47*: 992 (1951); C. W. Davies und P. A. H. Wyatt, *ibid.* *45*: 770 (1949).
27. Pauling, L., „Die Natur der chemischen Bindung", 3. Aufl., Verlag Chemie, Weinheim 1968.
28. Wynne-Jones, W. F. K., *J. Chem. Soc.*, *1931*: 785; vgl. auch die Übersicht in M. M. Davis, Acid-Base Behavior in Aprotic Organic Solvents, *Natl. Bur. Std. U.S. Monograph* 105, S. 41 ff., 1968.
29. Long, F. A. und W. F. McDevit, *Chem. Rev.*, *51*: 119 (1952).
30. Setschenov, J., *Z. Physik. Chem.*, *4*: 117 (1889).
31. Neuberg, C., *Biochem. Z.*, *76*: 107 (1916).
32. Thomas, A. W., „Colloid Chemistry", S. 344, McGraw-Hill Book Co., New York 1934.
33. Traube, J., *J. Phys. Chem.*, *14*: 452 (1910).
34. Tamann, G., „Aggregatzustände", Voss, Leipzig 1923.
35. Gibson, R. E., *J. Am. Chem. Soc.*, *56*: 4, 865 (1934); *57*: 284 (1935).
36. Frank, H. S. und M. W. Evans, *J. Chem. Phys.*, *13*: 507 (1945).
37. Gibson, R. E., *J. Am. Chem. Soc.*, *59*: 1521 (1937).
38. Kruyt, H. R. und C. Robinson, *Proc. Acad. Sci. Amsterdam*, *29*: 1244 (1926); K. H. Meyer und M. Dunkel, *Z. Physik. Chem.* (Bodenstein Festband), *1931*: 553.
39. Brönsted, J. N., *Z. Physik. Chem.*, *102*: 169 (1922).
40. Bell, R. P. und G. M. Waind, *J. Chem. Soc.*, *1950*: 1979.
41. Bell, R. P. und J. E. Prue, *J. Chem. Soc.*, *1949*: 362.
42. Marburg, S. und W. P. Jencks, *J. Am. Chem. Soc.*, *84*: 232 (1962).
43. Lichtin, N. N. und K. N. Rao, *J. Am. Chem. Soc.*, *83*: 2417 (1961).
44. Clarke, G. A. und R. W. Taft, *J. Am. Chem. Soc.*, *84*: 2295 (1962).
45. Fainberg, A. H. und S. Winstein, *J. Am. Chem. Soc.*, *78*: 2763, 2780 (1956).
46. Winstein, S., S. Smith und D. Darwish, *J. Am. Chem. Soc.*, *81*: 5511 (1959).
47. Grunwald, E. und A. F. Butler, *J. Am. Chem. Soc.*, *82*: 5647 (1960).
48. Duynstee, E. F. J., E. Grunwald und M. L. Kaplan, *J. Am. Chem. Soc.*, *82*: 5654 (1960).
49. Livingston, R., *J. Chem. Educ.*, *7*: 2887 (1930).

8. Der Einfluß des Lösungsmittels auf die Reaktivität

8.1. Das grundlegende Prinzip

Die Auswirkung einer Änderung des Lösungsmittels auf das Gleichgewicht einer chemischen Reaktion ist durch die Differenz der Effekte auf die Standardpotentiale von Edukten und Produkten bestimmt. Die Kenntnis der Salzeffekte (Kap. 7) läßt erwarten, daß sich die Änderung des Reaktionsmediums auf die Reaktionsgeschwindigkeit über die Differenz der Effekte auf die Standardpotentiale von Edukten und Übergangszustand auswirken wird. Der letztere reagiert auf Änderungen im Reaktionsmedium in der gleichen Weise wie ein stabiles Molekül. Das Problem der Lösungsmitteleinflüsse auf das Reaktionsverhalten läßt sich somit im Fall des Gleichgewichts wie dem der Geschwindigkeit im Prinzip auf den Lösungsmitteleinfluß auf die Standardpotentiale gelöster Partikel zurückführen. Wenn diese gelösten Partikel elektrisch geladen sind, läßt sich der Effekt einigermaßen verstehen.

8.2. Der elektrostatische Beitrag zum chemischen Potential einer ionischen Verbindung

Um die Ladung Q auf einen isolierten Körper von makroskopischen Dimensionen, der in einem Medium mit der Dielektrizitätskonstante ε eingetaucht ist, zu bringen, muß man Arbeit leisten. Diese Arbeit hat den Betrag $Q^2/2a$, wenn es sich um eine Kugel mit dem Radius a handelt*. Betrachtet man dieses makroskopische System als Modell für ein Ion mit der Ladung $z\mathbf{e}$, so findet man einen elektrostatischen Beitrag von $N_0 z^2 \mathbf{e}^2/2a$ zum chemischen Potential des Ions. Um einen Beitrag zum chemischen Potential handelt es sich deshalb, weil diese Größe reversible Arbeit, oder, in anderen Worten, Freie Energie darstellt. Da ε temperaturabhängig ist, ist die Freie Energie weder gleich der potentiellen Energie noch gleich der Enthalpie.
Für einen binären Elektrolyten ist der elektrostatische Beitrag μ°_{el} gegeben durch

$$\mu^\circ_{\text{el}} = \frac{N_0 z^2 \mathbf{e}^2}{2\epsilon}\left(\frac{1}{a_+} + \frac{1}{a_-}\right) \tag{1}$$

Bei der Ableitung dieser Gleichung macht man unter anderem die Annahme, daß sich nur ein kleiner Teil der Lösungsmittelmoleküle im elektrischen Feld der Ionen ausrichtet. Infolgedessen wird Gl. (1) am ehesten gültig sein, wenn ε und die a groß sind, während z klein ist.
Bei sehr asymmetrischen Ionen, wie etwa Acetat- oder Methylammonium-Ion, darf man hoffen, daß Gl. (1) eine nützliche Näherung darstellt, wenn man für a den Radius der CO_2- oder NH_3-Struktur, auf der die Ladung konzentriert ist, annimmt. Die Methylgruppe dürfte allerdings die Energie über den auf diese Weise vorausgesagten

---

* Wegen einer ausgezeichneten Diskussion siehe [1].

Wert ansteigen lassen, da sie Lösungsmittel-Moleküle von einem Teil des Volumens in der Nähe der Ladung fernhält. Auf der andern Seite darf man erwarten, daß sich eine Partikel wie etwa das Pikrat-Ion wie ein großes, nicht sehr unsymmetrisches Ion verhält, da die Ladung über die ganze Struktur verteilt sein wird.

8.3. Ionenpaarbildung: Der ideale elektrostatische Fall

Wenn zwei Ionen mit entgegengesetzter Ladung ein Ionenpaar bilden, so besitzt diese Partikel ein Dipolmoment. Ein elektrischer Dipol besitzt elektrostatische Energie, die eine Funktion der Dielektrizitätskonstante des umgebenden Mediums ist*. Nach Geddes und Kraus [3] ist das Dipolmoment des Ionenpaares eines typischen quartären Ammoniumpikrats ungefähr halb so groß, wie wenn keine Ladungs-Verzerrung vorhanden wäre; es beträgt also $a\mathbf{e}$, anstelle von $2a\mathbf{e}$. Jedes vernünftige Modell verlangt, daß die Größe $d\mu^\circ_{el}/d(1/\varepsilon)$ für einen solchen Dipol ein kleiner Bruchteil der Größe

$$\frac{d\mu^\circ_{el}}{d(1/\epsilon)} = \frac{N_0 z^2 \mathbf{e}^2}{a_\pm} \tag{2}$$

ist. Dabei ist μ°_{el} der elektrostatische Beitrag zum Standardpotential der getrennten Ionen und $1/a_\pm = 1/a_+ + 1/a_-$. Ist $d\mu^\circ_{el}/d(1/\varepsilon)$ nicht nur klein, sondern vernachlässigbar, so finden wir

$$\frac{d \ln K}{d(1/\epsilon)} = \frac{N_0 z^2 \mathbf{e}^2}{a_\pm \mathrm{R}T} \tag{3}$$

wobei K die Gleichgewichtskonstante für die Ionenpaar-Bildung darstellt. Gl. (3) ergibt sich ebenfalls aus den theoretischen Betrachtungen von Denison und Ramsay [4] und von Fuoss [5].

8.4. Ionenassoziation in quartären Ammoniumsalzen

Viele wichtige Informationen über Ionenassoziation stammen aus Leitfähigkeits-Untersuchungen an quartären Ammoniumsalzen in verschiedenen Lösungsmitteln. Kraus** und Fuoss haben sich als Pioniere auf diesem Gebiet besonders hervorgetan.

Die Sachlage ist insofern etwas verworren, als die Theorie der Leitfähigkeit eine ganze Reihe von Verfeinerungen erfahren hat [7]. Infolgedessen variieren die Werte der Assoziationskonstanten, die aus einem Satz von Leitfähigkeitsdaten berechnet wurden, um Faktoren bis zu 1.5, je nachdem, wie verfeinert die Berechnungsmethode war [8] und zu welcher Zeit die betreffende Publikation erschien.

Trotz solcher Schwierigkeiten findet man oft, daß log K für quartäre Ammoniumsalze von nicht allzu unsymmetrischen Anionen in einer ganzen Anzahl von Lösungs-

* Siehe z. B. [2].

** Vgl. den ausgezeichneten Übersichtsartikel von Kraus [6].

mitteln eine lineare Funktion von $1/\varepsilon$ ist. Dies gilt insbesonders dann, wenn die Lösungsmittel nicht vom stark wasserstoffbrückenbildenden oder stark kationsolvatisierenden Typ sind. Abb. 8-1 zeigt einen typischen Fall. Die Lösungsmittel überstreichen den Bereich von *m*-Dichlorbenzol ($\varepsilon = 5.04$) bis Nitrobenzol ($\varepsilon = 34.69$). Die eingezeichnete Gerade entspricht der Beziehung:

$$\log K = -0.470 + \frac{46}{\epsilon} \tag{4}$$

Aus der Steigung läßt sich ein Wert von $a = 5.3 \cdot 10^{-8}$ berechnen. Dies steht durchaus mit bekannten molekularen Dimensionen in Übereinstimmung.
Wie man nach Gl. (3) erwartet, ist das Ausmaß der Ionenassoziation größer für kleinere Ionen. Witschonke und Kraus [10] beispielsweise fanden, daß die Assoziation von Tetra-*n*-butylammoniumpikrat in Nitrobenzol so gering ist, daß sie mit der damals verwendeten Methode zur Analyse der Daten gar nicht festgestellt werden konnte. Für Tetraäthylammoniumpikrat fanden sie einen Wert von 7 für die Gleichgewichtskonstante K der Ionenpaarbildung; für Tetraäthylammoniumchlorid war $K = 80$, für Tetraäthylammoniumbromid 62.

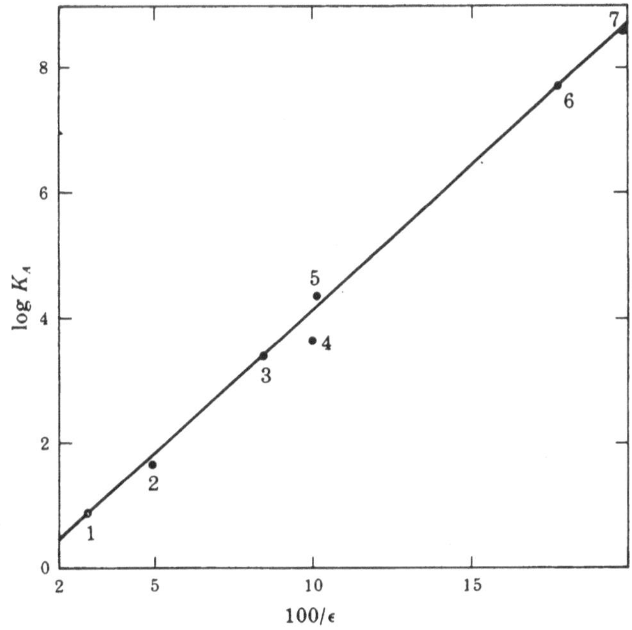

Abb. 8-1. Beziehung zwischen der Assoziationskonstante von *tetra-n*-Butylammoniumpikrat und der Dielektrizitätskonstante ε des Lösungsmittels (nach Inami, Bodenseh und Ramsey [9]; die Daten stammen aus verschiedenen Quellen).

8.5. Ionen-Triplette und höhere Ionen-Assoziate

Ein Ionenpaar ist ein elektrischer Dipol. Infolgedessen führt seine Assoziation mit einem dritten Ion, gleichgültig welcher Ladung, notwendigerweise zu einer Abnahme der elektrostatischen Energie. In Lösungsmitteln mit Dielektrizitätskonstanten $\varepsilon < 12$ spielen solche Ionen-Triplette eine wesentliche Rolle für die Leitfähigkeit von quartären Ammoniumsalz- und anderen Elektrolyt-Lösungen. In gleicher Weise ist die Assoziation von zwei Ionenpaaren zu einem Salz-Dimeren (Ionen-Quadruplet) von einer Abnahme der elektrostatischen Energie begleitet. Lagern sich weitere Ionen oder Ionenpaare an dieses Dimer an, so nimmt die Energie noch weiter ab. Dieser Vorgang führt über Assoziate unterschiedlicher Größe am Ende zu einem Salzkristall. Der kryoskopisch bestimmte Assoziationsgrad (das Verhältnis des durchschnittlichen Molekulargewichts zum Molekulargewicht des monomeren Salzes) der großen quartären Ammoniumjodide, -perchlorate und -thiocyanate in Benzol variiert zwischen 2.4 und 3.2. Dies gilt bei einer Salzkonzentration von 0.001 Formelgewichten pro 1000 g Lösungsmittel [11]. Der Assoziationsgrad nimmt mit steigender Salzkonzentration bis zu einem Wert von 32 für Tetra-*n*-butylammoniumthiocyanat in einer Konzentration von 0.3 Formelgewichten pro 1000 g Lösungsmittel zu. Bei höheren Salzkonzentrationen nimmt er wieder ab, möglicherweise, weil die Volumenkonzentration des Salzes an diesem Punkt bereits 0.1 ist. Die gelösten Partikel in einer solchen Lösung gleichen eher Fragmenten der kristallinen Substanz als freien Ionen oder Ionenpaaren. Das Medium kann schon fast als mäßig verdünntes geschmolzenes Salz bezeichnet werden.

8.6. Zur Wasserstoffbrücken-Bindung

Die ungleichmäßige Ladungsverteilung, die man in organischen Ionen so häufig findet, kann das Ausmaß der Ionenpaar-Bildung ganz wesentlich beeinflussen. Sie führt zur Ausbildung von Zonen mit großen Potentialgradienten in der Umgebung der Ionen, die Anlaß zu starker Anziehung zwischen Kation und Anion sein können. Dabei ist insbesondere an Wasserstoffbrücken-Bindungen zu denken. Sind die Bedingungen für solche Bindungen zwischen Anion und Kation günstig, so stellt man oft eine Zunahme der Assoziationskonstante um mehrere Größenordnungen fest (Abschn. 8.7).

Ist ein Wasserstoffatom kovalent an ein stark elektronegatives Atom, wie etwa Fluor, Sauerstoff oder Stickstoff, oder – in Molekülen wie Chloroform oder Acetylen – sogar Kohlenstoff gebunden, so befindet sich der Wasserstoffkern nahe der Oberfläche eines Systems, dessen Elektronenverteilung weitgehend durch das elektronegative Atom bestimmt ist.

Die Oberfläche des Moleküls besitzt dann in der Gegend des Wasserstoffkerns einen sehr steilen Potentialgradienten. An der Oberfläche von elektronegativen Atomen, die einsame Elektronenpaare enthalten, bestehen umgekehrt große Potentialgradienten mit entgegengesetztem Vorzeichen. Lassen sich zwei solche Bereiche mit entgegengesetztem Vorzeichen im selben oder in verschiedenen Molekülen zusammenbringen, so resultiert daraus eine beträchtliche Energieabnahme; sie kann bis zu ^{0} kcal betragen. Diese Art der Wechselwirkung zwischen zwei Molekülen oder strukturellen Gruppen in einem einzelnen Molekül wird als Wasserstoffbrücken-Bindung bezeichnet. Es ist vernünftig, das Molekül oder die Gruppe, die das Wasserstoffatom liefert, Wasserstoffbrücken-Donor zu nennen, doch sind auch andere Konventionen in Gebrauch. Das Molekül oder die Gruppe, an die sich der Wasserstoff anlagert, ist dann der Akzeptor. In Strukturformeln werden Wasserstoffbrücken oft durch gestrichelte Linien dargestellt.

Negative Abweichungen vom idealen Verhalten von mehr oder weniger äquimolaren Lösungen von Donor und Akzeptor geben direkte Hinweise auf Wasserstoffbrücken-Bindungen: Man stellt in solchen Fällen bedeutend geringere Potentiale oder molare Enthalpien der Mischungskomponenten fest, als man sie auf Grund der Gesetze für ideale Lösungen erwarten würde. Weitere wichtige Hinweise stammen aus der Verschiebung der Streckfrequenz der O–D-Bindung in deuteriertem Alkohol in Richtung auf kleinere Frequenzen und anderen ähnlichen Infrarotabsorptions-Phänomenen.

Die Verschiebung in den Infrarot-Spektren deutet auf eine Abnahme der Kraftkonstante der Schwingung hin. Für eine Serie von nicht allzu unähnlichen Substanzen kann man erwarten, daß die Abnahme der Kraftkonstante einer entsprechenden Zunahme der Bildungsenergie der Bindung zum Akzeptor entspricht. In der Tat besteht eine gute lineare Beziehung zwischen der Verschiebung, die beim Mischen von CH_3OD mit verschiedenen Stickstoff- und Sauerstoffbasen eintritt, und dem pK-Wert der Basen [12]. Ein neuerer Übersichtsartikel von Arnett [13] zeigt, daß 42 Punkte bis auf eine einzige Ausnahme über einen Bereich von 22 pK-Einheiten innerhalb von 2 Einheiten auf beiden Seiten der besten Gerade liegen. Pyridin und Chinolin sind in der Darstellung absichtlich weggelassen. Diese Verbindungen sind für eine gegebene Verschiebung um etwa 4 pK-Einheiten schwächere Basen als aliphatische Amine. Zweifellos hat sterische Abstoßung in vielen Fällen einen großen Einfluß auf Wasserstoffbrücken-Bindungen. Dies sollte jedoch kaum von großer Bedeutung sein, wenn der Donor ein exponiertes Wasserstoffatom besitzt, wie es in Methanol der Fall ist.

Es bestehen qualitative Hinweise auf eine Beziehung zwischen der Stärke der Wasserstoffbrücken-Bindung und der Acidität des Donors. Eine solche Beziehung ist zwar zu erwarten, doch sind quantitative Aussagen derzeit nicht möglich.

8.7. Wasserstoffbrücken-gebundene Ionenpaare

Wir haben bereits (Abschn. 7.16) einige Hinweise auf Wasserstoffbrücken-Bindungen zwischen Anionen und unvollständig substituierten Ammonium-Ionen erwähnt. Es gibt indessen eine ganze Menge weiterer Hinweise. Sie stammen aus Messungen des Dipolmoments, der Infrarot- und Ultraviolett-Absorption und verwandter Eigenschaften. Davis [15, S. 41 ff.] hat dieses Gebiet kürzlich umfassend und kritisch besprochen. In Lösungsmitteln wie Benzol, Chlorbenzol und Nitrobenzol, die relativ wenig zur Ausbildung von Wasserstoffbrücken neigen, fanden Kraus und Mitarbeiter [6, 10, 11] etwa folgendes: Die Assoziationskonstanten der Pikrate von Ammoniak und von primären, sekundären und tertiären Aminen sind um einen Faktor in der Größenordnung von 10^3 größer als diejenigen der entsprechenden quartären Ammoniumpikrate. Die Assoziation mit Iodid-Ion ist etwas stärker als mit Pikrat-Ion; die Assoziation mit Perchlorat-Ion ist gewöhnlich um eine Größenordnung schwächer.

Ionenpaare, in denen starke Wasserstoffbrücken-Bindungen vorhanden sind, neigen im allgemeinen wenig zur Polymerisation. Der Assoziationsgrad von Tri-*n*-butylammonium- und Tri-*iso*-amylammoniumpikraten in Benzol ist nur 1.01 bei 0.001

formaler Salzkonzentration. Er steigt nur bis auf 2.2 bei einer Konzentration von 0.3 [11] (vgl. Abschn. 8.5).

Das Verhalten der stark gefärbten Salze des Phenolbromophthaleinpurpurs A

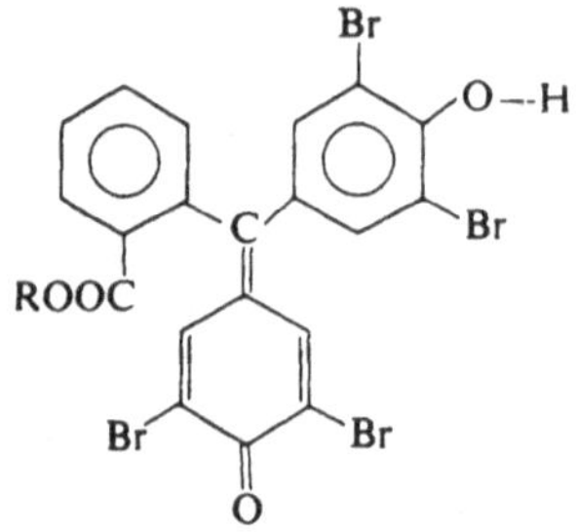

(A)

erlaubt Schlüsse über wesentliche Differenzen zwischen Salzen von tertiären Aminen und solchen, deren Kationen mehr als ein saures Wasserstoffatom enthalten [16]. Die Phenolgruppe ist hier mit einem ausgedehnten ungesättigten System verbunden; das Absorptionsspektrum im sichtbaren und ultravioletten Bereich wird sehr stark durch die Umgebung der Gruppe beeinflußt. Das Phenol selbst ist gelb; das Absorptionsmaximum liegt bei 4000 Å. Das Tetrabutylammoniumsalz ist in einer ganzen Anzahl von Lösungsmitteln blau; das Absorptionsmaximum ist in der Gegend von 6050 Å. Das Triäthylammoniumsalz ist indessen purpur in Kohlenwasserstoffen, halogenierten Kohlenwasserstoffen, Äthern und Estern; das Absorptionsmaximum liegt bei 5400 Å. In Lösungsmitteln, die für Ionendissoziation günstiger sind, ändert die Farbe nach blau. Die Salze mit sekundären Aminen sind ebenfalls blau, doch ist der Farbton verschieden von denen mit quartären Salzen. Das Absorptionsmaximum liegt bei 5750 Å. Davis schlägt für die sekundären Salze die dimere Struktur B

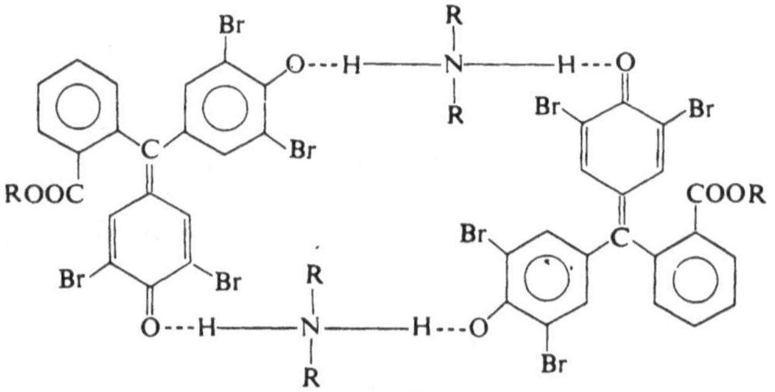

(B)

vor.

Aus der Infrarot-Spektroskopie [17, 15, S. 66–67, 94] ergeben sich Hinweise, daß Diäthylammoniumacetat in höherem Grad als Triäthylammoniumacetat dimerisiert ist. Vermutlich ist dies auf eine cyclische Struktur, an der beide Wasserstoffatome des Diäthylammonium-Ions beteiligt sind, zurückzuführen.

Die Charakterisierung der 1:1-Verbindungen einer neutralen Base B mit einer neutralen Säure HA als wasserstoffbrücken-gebundenes Ionenpaar hat Anlaß zu größeren Diskussionen gegeben. Barrow [18] nimmt auf Grund von Infrarot-Untersuchungen an, daß wasserstoffbrücken-gebundene Ionenpaare BH^+---A^-, in denen das Proton von der Säure auf die Base übertragen ist, mit einer isomeren Struktur B---HA, in der das Proton noch kovalent an A^- gebunden ist, in einem mobilen Gleichgewicht stehen. Je stärker die Base und je schwächer die Säure, um so mehr wird das Gleichgewicht auf der Seite des Ionenpaars liegen. Davis [15, S. 72] zweifelt an der Gültigkeit der Beweise für dieses Modell. Er nimmt an, daß in jedem Fall nur eine Verbindung gebildet wird, daß jedoch das Proton mit zunehmender Basenstärke oder abnehmender Säurestärke aus der Nähe von A^- in die Nähe von B übergeht.

8.8. Wechselwirkung zwischen Wasserstoffbrücken-Donoren und Anionen

Wasserstoffbrücken-Donoren bilden Verbindungen mit Anionen, und zwar sowohl mit freien Anionen wie auch mit solchen, die Teil eines Ionenpaars sind. Die Bildung solcher Verbindungen verschiebt das Ionenpaar-Gleichgewicht in Richtung auf die freien Ionen*.

Kolthoff und Mitarbeiter und Coetzee und Mitarbeiter haben solche Erscheinungen in Acetonitril als Lösungsmittel sehr eingehend untersucht. Die Dielektrizitätskonstante von Acetonitril bei 20 °C ist 37.5. Typische quartäre Ammoniumsalze, wie etwa die Perchlorate, Salicylate und *p*-Nitrophenolate, zeigen kaum Ionenpaarbildung [19]. In Abb. 8-2 sind die Titrationskurven dargestellt, die Kolthoff und Chantooni [20] bei der Leitfähigkeitstitration von 3,5-Dinitrobenzoesäure mit Triäthylamin in Acetonitril erhielten. Sie lassen sich quantitativ durch eine vollständige Protonenübertragung von der Säure auf die Base und die Reaktionen

$$BH^+\text{---}A^- \rightleftharpoons BH^+ + A^- \quad \text{(I)}$$

$$A^- + HA \rightleftharpoons A^-\text{---}HA \quad \text{(II)}$$

$$BH^+\text{---}A^-\text{---}HA \rightleftharpoons BH^+ + A^-\text{---}HA \quad \text{(III)}$$

erklären. Die Dissoziationskonstante K_I des einfachen Salzes BH^+---A^- und der Grenzwert der Leitfähigkeit des Ions wurden aus der Beziehung zwischen Leitfähigkeit und Konzentration des Salzes ermittelt. Die Assoziationskonstante K_{II} wurde aus dem Effekt von Säure auf die Löslichkeit von Kaliumdinitrobenzoat bestimmt. Die ionische Dissoziationskonstante K_{III} des konjugaten Salzes BH^+---A^----HA und der Grenzwert der Leitfähigkeit der entsprechenden Ionen wurden aus dem Leitfähigkeitsverhalten von Lösungen des Amins in großem Überschuß von Säure erhalten. Zur Konstruktion der in der Abbildung dargestellten Kurven wurden die Werte $K_I = 1.2 \cdot 10^{-5}$, $K_{II} = 1.7 \cdot 10^4$ und $K_{III} = 3.0 \cdot 10^{-2}$ verwendet. Offensichtlich ist die Verbindung A^----HA recht stabil. Sie würde in einer 0.1 M Lösung nur zu 5% in A^- und HA dissoziieren. Weiter ist die Konstante für

* Vgl. die Übersicht in [15], S. 88–112.

die ionische Dissoziation des konjugaten Salzes 400mal größer als für das einfache Salz. Dieses Beispiel zeigt sehr schön, daß die Stärke einer bestimmten Wasserstoffbrücke bei der Bildung weiterer Wasserstoffbrücken zum selben Akzeptormolekül stets kleiner wird.

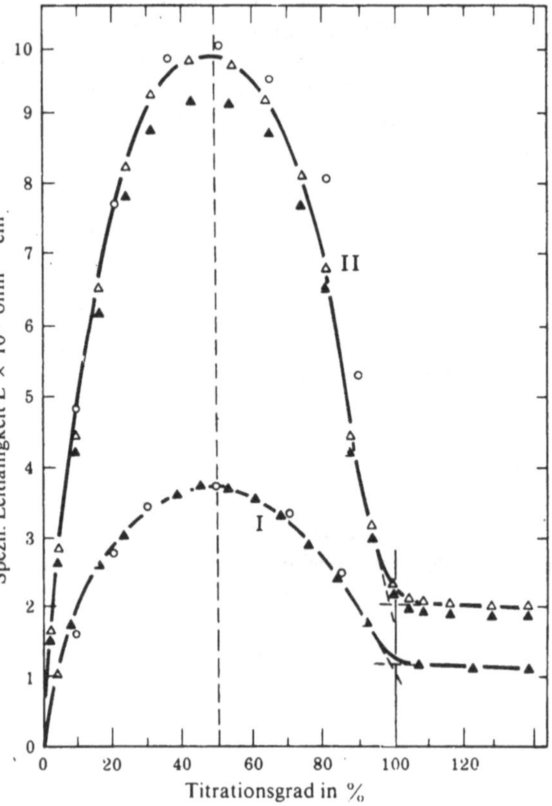

Abb. 8-2. Leitfähigkeitstitration von 3.5-Dinitrobenzoesäure mit Triäthylamin in Acetonitril. ▲ = experimentelle Punkte, △ = experimentelle Punkte, korrigiert für den Einfluß der Viskosität, ○ = berechnete Punkte. (Nach Kolthoff und Chantooni [20].)

Kolthoff bezeichnet die Assoziation einer Säure HA mit dem Anion A^- als Homokonjugation, die Assoziation einer Säure HR mit dem Anion A^- als Heterokonjugation*. Kolthoff und Chantooni [21] untersuchten die Heterokonjugation an Reaktionen der Art

$$A^- + HR \rightleftharpoons A^-\text{---}HR \qquad \text{(IV)}$$

$$A^- + 2HR \rightleftharpoons A^-\text{---}(HR)_2 \qquad \text{(V)}$$

---

* *Anmerkung des Übersetzers:* Im Hinblick auf den gängigen Gebrauch des Wortes Assoziation bei der Aneinanderlagerung von Molekülen und insbesondere auch Ionen sollte man besser von „Eigenassoziation" und „Fremdassoziation" sprechen, zumal unter Homokonjugation in der theoretischen Organischen Chemie etwas ganz anderes verstanden wird.

in Acetonitril. Dabei ist A^- 3,5-Dinitrobenzoat-Ion und HR ist Resorcin. Aus dem Effekt von Resorcin auf die Löslichkeit von Kaliumdinitrobenzoat bestimmten sie die Gleichgewichtskonstanten $3.4 \cdot 10^2$ und $5.1 \cdot 10^3$. Sie fanden weiter, daß sich der Einfluß von Resorcin auf die konduktometrische Titration von Dinitrobenzoesäure mit Triäthylamin quantitativ beschreiben läßt, wenn man in einer zusätzlichen Annahme die Konstante für die ionische Dissoziation von A^----HR und A^----$(HR)_2$ je gleich 0.01 setzt. Mit *p*-Bromphenol anstelle von Resorcin wurden sehr ähnliche Resultate erhalten. Infrarotabsorptions-Daten legen nahe, daß das Phenol in diesen Systemen ein Wasserstoffbrücken-Donor ist. Die Standardpotentiale der verschiedenen wasserstoffbrücken-gebundenen Verbindungen relativ zu freiem $A^- + HA + 2HR$ sind in Abb. 8-3 dargestellt. HR ist in diesem Fall Resorcin.

In der Verbindung BH^+---A^----$(HR)_2$ ist der Akzeptor Dinitrobenzoat-Ion an drei Donoren gebunden. In diesem Ion sind zwei Stellen besonders für solche Bindungen geeignet, nämlich die zwei Carboxylat-Sauerstoffe. Die Möglichkeit einer Bindung an die Nitrogruppe läßt sich sicherlich auch nicht ausschließen. Es ist indessen durchaus möglich, daß mehr als ein Donor-Molekül stark an ein einziges Atom im Akzeptor gebunden sein kann. So untersuchten Agarwal und Diamond [22] die Verteilung

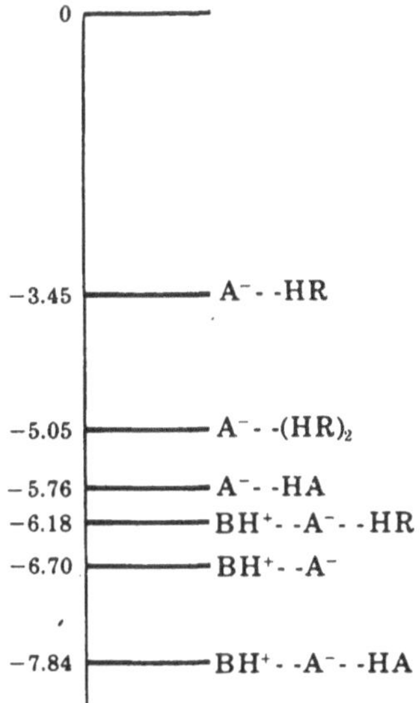

Abb. 8-3. Standardpotentiale im System Triäthylamin (B)/3,5-Dinitrobenzoesäure (HA)/Resorcin (HR) (nach Daten von Kolthoff und Chantooni [21]).

von Tetrapentyl- und Tetrahexylammoniumhydroxid zwischen Wasser und Benzol, das verschiedene Mengen von Benzyl- oder Decylalkohol enthielt. Sie stellten fest, daß das Hydroxid in der Benzol-Lösung hauptsächlich als Ionenpaar, an das drei Alkoholmoleküle gebunden sind, vorliegt. Aus der Verteilung von Tetrapropyl- und Tetrabutylammoniumhydroxid zwischen Wasser und Nitrobenzol, das Benzyl- oder 4-Methylhexylalkohol enthält, ergibt sich, daß das Hydroxid im wesentlichen in Form von freien Ionen, die drei Alkoholmoleküle tragen, vorliegt. Diese sind ziemlich sicher an das Hydroxid-Ion, und nicht an das Kation gebunden.

Die Infrarot-Untersuchung von Bufalini und Stern [23] zeigt deutlich, daß Alkohole gegenüber Anionen als Wasserstoffbrücken-Donoren wirken können. Lösungen von Methanol in Benzol in Konzentrationen von weniger als 0.03 M zeigen eine Absorptionsbande bei 2.75 μm, die auf die O – H-Streckschwingung zurückgeführt werden kann. Bei höheren Konzentrationen erscheint eine weitere Bande bei 3.0 μm. Die Variation der relativen Intensitäten der beiden Banden führt zum Schluß, daß die neue Bande einem Methanol-Dimeren zuzuschreiben ist. Bei Methanolkonzentrationen, bei denen die 3.0 μm-Bande vernachlässigbar ist, tritt bei Zusatz von Tetrabutylammoniumbromid eine neue Bande bei 2.98 μm auf. Eine quantitative Interpretation dieser Erscheinungen ist schwierig, weil das Salz zum großen Teil als Dimeres vorliegt. Offenbar ist bei niedrigen Alkoholkonzentrationen ein Alkoholmolekül mit einem Molekül des Ionenpaars assoziiert, und die Salz-Dimeren können sich auch mit dem Alkohol verbinden. Die Kombination von Methanol mit Tetrabutylammoniumpikrat ist so gering, daß sie auf diese Art gar nicht festgestellt werden kann. Mit anderen Tetrabutylammoniumsalzen nimmt das Ausmaß der Assoziation in der Reihenfolge Formiat, Nitrat, Bromid, Chlorid zu.

An Dimethylaniliniumchlorid ist Methanol in geringerem Maße gebunden als an Tetrabutylammoniumchlorid. Dies ist vermutlich darauf zurückzuführen, daß das Chlorid-Ion in der aromatischen Verbindung bereits durch eine Wasserstoffbrücke mit dem Kation verbunden ist und sich infolgedessen weniger gut zur Ausbildung einer weiteren Wasserstoffbrücke eignet. *n*- und *tert*.-Butanol sowie N-Methylacetamid bilden ebenfalls Wasserstoffbrücken-Bindungen zu Tetrabutylammoniumbromid aus, und zwar der tertiäre Alkohol in etwas geringerem Grad als der normale, beide aber wesentlich schwächer als Methanol.

Wasserstoffbrücken-Bindungen von Donoren zu Anionen wurden auch auf verschiedene andere Arten untersucht: Donoren wie Alkohole, Phenole und Essigsäure erhöhen das Ausmaß der Protonen-Übertragung von HCl auf eine Indikatorbase in Dioxan [24]. Offenbar verändert die Wasserstoffbrücken-Bindung in diesem Fall das Elektronensystem der Säure in einer Weise, die die Übertragung des Protons auf die Base begünstigt.

Die Frequenzen der O – H-, N – H- und C – H-Streckschwingungen in Alkoholen, Phenolen, Aminen und Kohlenstoff-Verbindungen mit saurem Wasserstoff (beispielsweise Chloroform) werden bei Assoziation mit Anionen verschoben [25, 26]. Aus diesen Untersuchungen ergibt sich, daß die Intensität der Wechselwirkung zwischen Donor und Anion in der Reihenfolge Jodid, Bromid, Chlorid, Fluorid, d. h. mit abnehmendem Ionenradius zunimmt. Mit Pikrat- oder Perchlorat-Ion ist die Wechselwirkung relativ schwach. In einer Serie von Phenolen nimmt die Intensität im allgemeinen mit steigender Acidität zu [24, 25]; *ortho*-disubstituierte Phenole können jedoch beträchtlich aus der Reihe tanzen. Für Tetraäthylammonium-, Tetrabutylammonium-, N-Hexadecylpyridinium- und Tetraphenylarsoniumchlorid sind die Frequenzverschiebungen 334, 355, 324 und 305 cm^{-1} [26]; für die Bromide und Jodide sind sie praktisch unabhängig von der Art des Kations. Dies deutet auf eine spezifische Wechselwirkung zwischen dem Kation und dem relativ kleinen Chlorid-Ion hin, die im Fall der größeren Halogenid-Ionen offenbar eine bedeutend geringere Rolle spielt.

8.9. Wechselwirkung zwischen Wasserstoffbrücken-Akzeptoren und Kationen

Erscheinungen der gleichen Art, die auf Donor-Anion-Wechselwirkung hinweisen, zeigen auch Kation-Akzeptor-Wechselwirkungen an*. Die Leitfähigkeit des Salzes $(CH_3)_3NOH^+C_6H_2(NO_2)_3O^-$ in Nitrobenzol wird durch Wasser, Pyridin, Triäthylamin oder Piperidin erheblich vergrößert [10]. Die Leitfähigkeit von Tributylammoniumpikrat oder -bromid in *o*-Dichlor- oder Chlorbenzol wird durch Pyridinderivate erhöht [27]; die Größe der Leitfähigkeitsänderung nimmt mit steigender Basizität in der Reihenfolge 4-Cyanpyridin, Pyridin, 4-Methylpyridin zu. pH-Messungen mit Hilfe von Glaselektroden in Acetonitril [28] zeigen, daß zahlreiche primäre, sekundäre und tertiäre Amine stark assoziierte Kationen BH^+---B bilden.

8.10. Weitere Wechselwirkungen zwischen Ionen und neutralen Molekülen

Starke spezifische Wechselwirkungen zwischen einem Ion und einem neutralen Molekül können auch ohne Wasserstoffbrücken-Bindungen vorhanden sein. Lichtin [29] fand beispielsweise, daß die Umwandlung von Triphenylmethylchlorid in ein Ionenpaar, die sich durch die auffallende Veränderung des Spektrums sehr schön beobachten läßt, in Schwefeldioxid um einen Faktor 10^8 stärker entfaltet ist als in Nitrobenzol. Schwefeldioxid besitzt eine Dielektrizitätskonstante von 15.4 und ein Dipolmoment von 1.62; für Nitrobenzol sind die entsprechenden Werte 34.5 und 4.24. Aus der Spektroskopie ergeben sich Hinweise auf eine Assoziation von Schwefeldioxid mit Chlorid-Ion, nicht jedoch mit dem Triphenylmethyl-Kation. Die Assoziation von Schwefeldioxid mit Halogenid-Ionen ist offenbar vom Charge-Transfer-Typ [29, 30].

Die Ionenpaar-Assoziationskonstante von Tetrabutylammoniumbromid in Methanol oder Nitromethan ist zu klein (d. h. < 10) für eine Bestimmung, in Nitrobenzol ist sie jedoch 56 [31]. Der Unterschied zwischen der Methanol- und der Nitrobenzol-Lösung läßt sich auf Wasserstoffbrücken-Bindung vom Methanol zum Bromid-Ion zurückführen. Daß signifikante Wechselwirkungen zwischen Nitromethan und irgendeinem der beiden Ionen bestehen sollen, ist kaum anzunehmen. Hyne [32] schlägt eine spezifische Wechselwirkung zwischen Nitrobenzol und dem Ionenpaar vor. Die Dielektrizitätskonstanten der drei Lösungsmittel sind fast gleich.

Sogar große quartäre Ammonium-Ionen können mit gewissen Arten von neutralen Molekülen spezifisch assoziiert werden. Gilkerson und Ezell [33] stellten fest, daß die Leitfähigkeit von Methyl-tri-*n*-butylammoniumperchlorat und -jodid in *o*-Dichlorbenzol durch Triphenylphosphinoxid erhöht wird. Die Erhöhung läßt sich quantitativ beschreiben, wenn man annimmt, daß eine 1:1-Verbindung zwischen dem Phosphinoxid und dem Kation gebildet wird. Die ionische Beweglichkeit einer solchen Verbindung ist geringer als die der unkomplexierten Verbindung, vermutlich wegen ihrer erhöhten Masse. Eine Assoziation mit dem Anion ist kaum möglich, denn die Assoziationskonstante von 39.0 ist für Perchlorat und Jodid

* Übersicht siehe [15], S. 79–88.

gleich. Außerdem ist zu erwarten, daß Phosphinoxid auf Grund seiner Struktur eher mit Kationen als mit Anionen Assoziate bilden wird. Das Molekül besitzt eine exponierte negative Ladung auf dem Sauerstoffatom, in dessen Umgegend ein hoher elektrischer Potentialgradient auftreten sollte. Die positive Ladung dagegen ist weitgehend abgeschirmt. Die gleichen Fakten deuten auf eine analoge Assoziationsverbindung zwischen Methyl-tri-*n*-butylammonium-Ion und Triphenylphosphinoxid in Äthylendichlorid als Lösungsmittel hin; die Assoziationskonstante ist jedoch nur 6.8. Dies legt eine Konkurrenz zwischen Phosphinoxid und Lösungsmittelmolekülen und damit eine spezifische Assoziation des Lösungsmittels mit dem quartären Ammonium-Ion nahe.

8.11. Übersicht über die Wechselwirkungen zwischen Ionen und Lösungsmittel

Alexander und Parker [34] bestimmten die Löslichkeit einer Anzahl von schwerlöslichen Elektrolyten in verschiedenen Lösungsmitteln, deren Dielektrizitätskonstanten >30 sind. Aus diesen Daten ermittelten sie die Standardaktivitäten a°, deren Logarithmen in Tab. 8.1 zusammengestellt sind. Die Werte verstehen sich relativ zu denen in Dimethylformamid, dem Lösungsmittel, das Anionen am schlechtesten solvatisiert und für das ein vollständiger Satz von Daten zur Verfügung steht. Sie wurden auf der Basis von null für das am wenigsten solvatisierte Ion, Tetraphenylborat, zugeordnet (Abschn. 2.18). Die Standardaktivität a°_{ij} des Ions i im Lösungsmittel j ist somit gegeben durch

$$\mathbf{R}T \log a^\circ_{ij} = (\mu^\circ_{ij} - \mu^\circ_{0j}) - (\mu^\circ_{i0} - \mu^\circ_{00}) \tag{5}$$

wobei μ°_{0j} = Standardpotential von $B(C_6H_5)_4^-$ im Lösungsmittel j
μ°_{i0} = Standardpotential des Anions i in Dimethylformamid
μ°_{00} = Standardpotential von $B(C_6H_5)_4^-$ in Dimethylformamid

In der Praxis wird sie in ähnlicher Weise als vierfache Differenz von Löslichkeitsprodukt-Daten bestimmt.

Hält man sich vor Augen, daß die $\log a$-Werte vierfache Differenzen darstellen, daß sie Werte der Größe $\mu - \mathbf{R}T \ln c$ bei kleinen, aber doch endlichen Konzentrationen und nicht die Grenzwerte μ° enthalten und daß die Auswahl der Ionen und Lösungsmittel groß ist, so sind die Regelmäßigkeiten in Tab. 8.1 doch recht auffallend. Mit Ausnahme einiger weniger Unstimmigkeiten ist die Reihenfolge der Ionen in allen Lösungsmitteln gleich; ebenso ist die Sequenz der Lösungsmittel für alle Ionen gleich. Das symmetrische Bromid- und das unsymmetrische Azid-Ion haben, ungeachtet des Lösungsmittels, stets fast den gleichen Wert; dasselbe gilt auch für das symmetrische Iodid- und das unsymmetrische Thiocyanat-Ion. Die Werte in Acetonitril und Dimethylsulfoxid sind für alle Ionen praktisch gleich.

Für symmetrische Ionen entspricht die Reihenfolge derjenigen der kristallographischen Radien: Die Solvatation ist um so ausgeprägter, je kleiner der Radius des nackten Ions. Was die Wechselwirkung mit einer Serie von Lösungsmitteln angeht, so verhalten sich unsymmetrische Ionen durchaus wie symmetrische. Es scheint somit vernünftig anzunehmen, daß ein einzelner Parameter die Solvatationskraft eines Lösungsmittels, ein anderer die Tendenz eines Anions, sich solvatisieren zu lassen, beschreibt. Die Lösungsmittel-Parameter S, die ebenfalls in Tab. 8.1 zusammengestellt sind, sind gemittelte Werte der Größe $\log a^\circ_{ij}/(\log a^\circ_{i0})$, wobei das Referenzlösungsmittel („0") Methanol ist. Die Anion-Parameter A sind gemittelte Werte der Größe $(\log a^\circ_{ij})/S$. Das Produkt SA gibt die $\log a^\circ$-Werte in der Tabelle mit einer Standardabweichung von 0.5 wieder.

Tab. 8.1. Logarithmen der den Anionen zugeordneten Standardaktivitäten, bezogen auf Dimethylformamid bei 25 °C.[a]

	H_2O	CH_3OH	$HCONH_2$	DMSO	CH_3CN	HMPT	DMAC	A
OAc^-	−18.4	−11.9		−3.0	−2.4		+1.0	−11.2
Cl^-	−15.3	−9.2	−8.8	−1.3	−1.2	+0.2	+1.3	−9.2
Br^-	−13.3	−7.6	−7.3	−1.6	−1.7	+0.1	+1.0	−7.7
N_3^-	−13.0	−7.6		−1.7	−1.2	+0.2	+1.3	−7.5
OTs^-	−10.6	−5.9	−5.0					−5.8
J^-	−10.4	−5.3		−1.6	−1.2	−1.3	+0.4	−5.6
SCN^-	−10.2	−5.4		−1.6	−1.1		+0.5	−5.6
Pic^-	−5.0	−2.0			−0.3			−2.4
ClO_4^-	−6.7	−2.0		+0.3				−2.9
J_3^-	−0.7	−0.7			−0.6		−1.0	−0.9
BPh_4^-	0	0	0	0	0	0	0	0
S	+1.76	+1.0	+0.92	+0.24	+0.19	−0.08	−0.11	

[a] Basierend auf Daten von Alexander und Parker [34]. Die Werte für Pikrat und Perchlorat sind relativ unsicher. Die Dielektrizitätskonstanten dieser Lösungsmittel sind: Wasser, 78.5; Methanol, 32.6; Formamid, 109; Dimethylsulfoxid (DMSO), 46.7; Acetonitril, 37.5; Dimethylformamid (DMF), 36.7; Dimethylacetamid (DMAC), 37.8; HMPT ist Hexamethylphosphortriamid. OAc^- ist Acetat-Ion, OTs^- ist Toluolsulfonat-Ion, Pic^- ist Pikrat-Ion. S und alle $\log a^\circ$-Werte sind nach Definition in Dimethylformamid gleich null.

In Tab. 8.2 sind $\log a^\circ$-Werte für eine Reihe von Kationen relativ zum Lösungsmittel Acetonitril zusammengestellt. Dem Tetraphenylarsonium-Ion wurde jeweils der Wert null zugeordnet. Die Daten sind zwar spärlicher als für die Anionen. Offensichtlich sind jedoch hier ebenfalls große Unterschiede in der Kation-Solvatationskraft zwischen den verschiedenen Lösungsmitteln vorhanden; auch ist der Effekt eines Wechsels des Lösungsmittels um so größer, je kleiner das Ion ist.

Die Lösungsmittel, die in Tab. 8.1 und 8.2 aufgeführt sind, lassen sich in drei Gruppen einteilen: Wasser, Methanol und Formamid sind Lösungsmittel, die sowohl Anionen als auch Kationen stark solvatisieren. Acetonitril solvatisiert beide Arten von Ionen nur schwach. Dimethylformamid, Dimethylacetamid, Dimethylsulfoxid und Hexamethylphosphortriamid solvatisieren Kationen stark, Anionen jedoch schwach. Parker [35] stellte auf der Grundlage von zahlreichen Beobachtungen die folgende Reihe der Solvatationskraft verschiedener Lösungsmittel für Kationen auf*: Me_2SO,

* *Anmerkung des Übersetzers:* In dieser Reihe wäre $(Me_2N)_3PO$, Hexamethylphosphortriamid, noch vor Me_2SO, Dimethylsulfoxid, einzuordnen, s. z. B. H. Normant, *Angew. Chem.*, *79:* 1029 (1967).

$Me_2NAc > Me_2NCHO$, SO_2, $H_2O > COMe_2$, Sulfolan > MeOH ≫ MeCN, $MeNO_2 > PhCN$, $PhNO_2$. Alle Lösungsmittel in dieser Liste mit Ausnahme von Wasser, Methanol und Schwefeldioxid solvatisieren Anionen nur schwach.

Tab. 8.2. Logarithmen der den Kationen zugeordneten Standardaktivitäten, bezogen auf Acetonitril bei 25 °C.[a]

	H_2O	$HCONH_2$	CH_3OH	DMSO	HMPT	DMF
Na^+			−2.4	(−3.9)	−4.4	(−4.6)
K^+	−2.2		+0.1	(−3.3)	+0.1	−1.3
Cs^+	−2.9	−2.5	−0.2			−1.1
NBu_4^+	−0.4		0.0			
Ph_4As^+	0	0	0	0	0	0

[a] Basierend auf Daten von Alexander und Parker [34]. Die Werte in Klammern sind relativ unsicher.

Viele Hinweise aus Löslichkeits-, Leitfähigkeits- und Reaktionsgeschwindigkeits-Phänomenen deuten mindestens qualitativ darauf hin, daß das Lithium-Ion in kationsolvatisierenden Lösungsmitteln einen viel stärker negativen log $a°$-Wert als das Natrium-Ion hat. Ähnliche Beobachtungen weisen auf stark negative log $a°$-Werte für Fluorid- und Hydroxid-Ionen in anionsolvatisierenden Lösungsmitteln hin. Das Verhältnis der Löslichkeiten von Kaliumfluorid und Kaliumchlorid ist beispielsweise 0.36 in Methanol, aber nur 0.029 in Aceton, einem Lösungsmittel, das Anionen schlecht solvatisiert [36].
Im Fall der Alkali- und Halogenid-Ionen geht die Stärke der Solvatation mit ihrem Ausmaß parallel. Dies läßt sich aus den Daten von Prue und Scherrington [37], die in Tab. 8.3 zusammengestellt sind, ableiten. Die Stokes-Radien sind diejenigen Werte der Ionenradien, die aus den Leitfähigkeitsdaten unter der Annahme, daß sich die Ionen wie makroskopische Kugeln in einem strukturlosen, viskosen Medium verhalten, berechnet wurden. Sie sollten nicht ernsthaft als die echten Werte der Ionenradien in Lösung betrachtet werden. Die relativen Werte für verschiedene Ionen sind indessen zweifellos signifikant. Man stellt fest, 1. daß die Aggregate von Kationen und assoziierten Lösungsmittel-Molekülen im Durchschnitt um so größer sind, je kleiner das Kation im unsolvatisierten Zustand ist, und zwar sowohl in Methanol wie in Dimethylformamid; 2. daß Anionen in Methanol stark und um so ausgedehnter solvatisiert sind, je kleiner das unsolvatisierte Ion ist; 3. daß Anionen in Dimethylformamid relativ schlecht solvatisiert sind.

Tab. 8.3. Stokessche und kristallographische Radien von Ionen.

	Li^+	Na^+	K^+	Rb^+	Cs^+	Cl^-	Br^-	J^-	ClO_4^-
CH_3OH	3.8	3.3	2.9				2.7	2.4	2.1
$HCON(CH_3)_2$	4.1	3.4	3.3	3.2	3.0	1.9	1.9	2.0	2.0
kristallographisch	0.60	0.95	1.33	1.48	1.69	1.81	1.95	2.16	2.4

[a] Daten von Prue und Sherrington [37].

8.12. Die Bedeutung der Dielektrizitätskonstante

Die Dielektrizitätskonstante eines Mediums hat einen Einfluß auf die Stabilität eines Ions. Dieser Einfluß ist indessen nur dann wesentlich, wenn die Konstante klein ist. Die molare elektrostatische Energie eines Ions mit 2 Å Radius in Chlorbenzol ($\varepsilon = 5.62$) ist um 21.6 kcal geringer als in Benzol ($\varepsilon = 2.27$). Die entsprechende Differenz zwischen den Lösungsmitteln Wasser ($\varepsilon = 78.5$) und Methanol ($\varepsilon = 32.6$) beträgt jedoch nur 1.48 kcal/mol. Es ist zu erwarten, daß der Einfluß der Dielektrizitätskonstanten in Medien mit $\varepsilon \lesssim 20$ mindestens vergleichbar zu den spezifischen Solvatationseffekten ist. In Medien mit $\varepsilon \gtrsim 30$ dürfte er jedoch gegenüber den spezifischen Solvatationseffekten unbedeutend sein.

Fredenhagen [38] hat bereits vor 40 Jahren auf die überragende Bedeutung der spezifischen Solvatationseffekte in Lösungsmitteln mit hoher Dielektrizitätskonstante hingewiesen. Er zeigte, daß HCN mit $\varepsilon = 113$ bei 22 °C ein erheblich schlechteres Lösungsmittel für Elektrolyte ist als Wasser. Bei 0 °C betragen die Sättigungskonzentrationen in HCN 0.037 M für Kaliumchlorid, 0.050 M für Kaliumnitrat und 0.1 M für Kaliumcyanid. Er zeigte weiter, daß Silberjodid in flüssigem Ammoniak, der sehr stabile Komplexe mit dem Silber-Ion bildet, leicht löslich ist, und daß die Löslichkeit in der Reihenfolge Bromid, Chlorid, Fluorid abnimmt. Silberfluorid ist bereits schwerlöslich. In Wasser, das kleine Anionen stark solvatisiert, aber weniger stabile Komplexe mit Silber-Ion bildet als Ammoniak, ist die Reihenfolge umgekehrt: Silberfluorid ist ein lösliches Salz, die anderen Halogenide sind schwerlöslich. Die Löslichkeit nimmt in der Reihenfolge Chlorid, Bromid, Jodid ab.

8.13. Zu den Alkalimetall-Derivaten von organischen Verbindungen

Die bekannten Alkalimetallsalze der Anorganischen Chemie sind in Fuoss' Terminologie „Ionophore", d. h. sie sind ihrer Natur nach ionische Substanzen. Im Gegensatz dazu wird etwa HCl, das durch Protonenübertragung ionisiert wird, als „Ionogen" bezeichnet. Die Salze liegen im kristallinen Zustand in Form von Ionengittern vor, in denen keine einfachen Moleküle festgestellt werden können. Bei hohen Temperaturen gehen sie als einfache oder polymere Moleküle wie etwa KCl oder $(KCl)_2$ in die Gasphase über. In diesen Molekülen scheint keine kovalente Bindung in nennenswertem Ausmaß vorhanden zu sein. Die Salze sind gewöhnlich leicht löslich in Wasser. In wäßriger Lösung tritt kaum Assoziation zu Ionenpaaren oder höheren Aggregaten auf. Die Löslichkeit in organischen Lösungsmitteln ist, von wenigen Ausnahmen abgesehen, sehr gering.

Im Gegensatz dazu besitzen Alkalimetallsalze, die große organische Anionen enthalten, oft eine beträchtliche Löslichkeit in organischen Lösungsmitteln. Die Konzentration an freien Ionen ist jedoch im allgemeinen klein, selbst wenn die Dielektrizitätskonstante hoch ist. In Nitrobenzol ($\varepsilon = 35.7$) liegen Kalium-, Natrium- und Lithiumpikrat hauptsächlich in Form von Ionenpaaren vor. Die Dissoziationskonstanten für den Übergang in freie Ionen betragen $6.9 \cdot 10^{-4}$, $2.8 \cdot 10^{-4}$ und $6 \cdot 10^{-8}$ [10].

In Lösungsmitteln geringer Polarität assoziieren sich die einfachen Ionenpaare zu Polymeren („Ionenmultipletts", „Ionencluster"), im Extremfall zu Aggregaten von kolloidalen oder beinahe kolloidalen Ausmaßen. Der Schmelzpunkt von Benzol wird durch das Natriumsalz des Butylmalonäthylesters in einer Konzentration von 0.14 M nicht meßbar erniedrigt [39], was nur bedeuten kann, daß der Polymerisationsgrad des Salzes mindestens 40 betragen muß.

Lithiumalkyle sind mäßig flüchtig und sehr leicht löslich in Medien von geringer Polarität. Sowohl in Gas- wie in flüssiger Phase liegen sie als stabile und definierte Polymere vor. Äthyllithium ist in Benzol hexamer [40]. In Gasphase scheint es als Tetrameres oder als Hexameres oder als Gemisch dieser beiden vorzuliegen [41]. In Benzol-Lösung bilden sich aus Äthyl- und *tert.*-Butyllithium leicht gemischte Polymere [42]. In Äthyläther oder in ätherhaltiger Hexan-Lösung bildet *n*-Butyllithium eine stabile Verbindung, die zwei Moleküle Butyllithium und ein Molekül Äther enthält [43]. Elektrostatische Kräfte wurden oft für die Bildung solcher Polymerer und ähnlicher Verbindungen verantwortlich gemacht. Auch Drei- oder Vierzentren-Bindungen zwischen Lithium- und Kohlenstoffatomen wurden vorgeschlagen [43, 44].

Alkylderivate von Natrium und der schwereren Alkalimetalle sind im wesentlichen unlöslich in Lösungsmitteln, mit denen sie nicht reagieren. Da ein Kristall nichts anderes als der Extremfall eines hochpolymeren Moleküls ist, ist der Unterschied zu den Lithiumalkylen möglicherweise nicht so tiefgreifend, wie es scheinen mag.

Natrium- und Kalium- sowie auch Lithiumsalze von phenylierten Methanen lösen sich in so unpolaren Lösungsmitteln wie Benzol. Aus der detaillierten Untersuchung von Hogen-Esch und Smid [45, 46] über die Alkalimetall-Derivate von Fluoren geht hervor, daß solche Substanzen in zwei spektroskopisch unterscheidbaren Formen vorliegen, die untereinander im mobilen Gleichgewicht stehen. Die beiden Formen wurden als Kontakt-Ionenpaar und lösungsmittelgetrenntes Ionenpaar angesprochen. Wie Tab. 8.4 zeigt, sind lösungsmittelgetrennte Ionenpaare im Fall der leichteren Alkalimetall-Ionen und der kationsolvatisierenden Lösungsmittel offenbar begünstigt. Eine Temperaturabnahme fördert die Bildung dieser Spezies. Die Gleichgewichtskonstante für die Umwandlung des Kontakt-Ionenpaars in das lösungsmittelgetrennte Ionenpaar in Tetrahydrofuran ist 0.064 bei 24.2 °C und steigt auf 6.15 bei −63 °C an. Diese Änderung entspricht einem Wert von $\Delta \bar{H}^\circ$ von −7.6 kcal/mol. All dies steht in Übereinstimmung mit der Annahme, daß die Kontakt-Form tatsächlich in geringerem Maße als die lösungsmittelgetrennte Form solvatisiert ist und daß für die Solvatation eine Wechselwirkung zwischen dem Lösungsmittel und dem Alkalimetall-Ion (oder etwas diesem sehr ähnlichem) eine wesentliche Rolle spielt. Die Tatsache, daß eine hundertfache Verdünnung oder ein Zusatz von Natrium-tetraphenylborat, das in diesen Lösungsmitteln in erheblichem Maße in die freien Ionen dissoziiert ist, die relativen Mengen der beiden Formen nicht beeinflußt, zeigt, daß der Übergang zwischen ihnen nicht in einer Assoziation oder Dissoziation bestehen kann. Die Lösungen der Alkalimetall-Derivate des Fluorens zeigen eine sehr geringe elektrische Leitfähigkeit. Gibt man zu einer Lösung von Fluorenyllithium in Dioxan kleine Mengen von Dimethylsulfoxid, so beobachtet man einen scharfen isosbestischen Punkt (vgl. Abschn. 9.20). Daraus läßt sich schließen, daß lediglich zwei Formen auftreten.

Die Wellenlänge der Absorptionsmaxima liefert weitere Hinweise auf die Natur dieser Ionenpaare. Für das lösungsmittelgetrennte Ionenpaar ist sie unabhängig vom

Lösungsmittel und vom Kation; für das Kontakt-Ionenpaar dagegen ist sie um so kleiner, je kleiner das Kation ist, was auf eine stärkere Wechselwirkung schließen läßt.

Tab. 8.4. Bruchteil f der lösungsmittelgetrennten Ionenpaare und Absorptionsmaxima λ_c und λ_s (in µm) der kontakt- und lösungsmittelgetrennten Ionenpaare in Alkalimetall-Derivaten von Fluoren.[a]

Kation	Tetrahydrofuran			Dimethoxyäthan		
	λ_c	λ_s	f	λ_c	λ_s	f
Li^+	349	373	0.80		373	1.00
Na^+	356	373	0.05	358	373	0.95
K^+	362	373	0.0	362		~0.1
Cs^+	364		0.0	364		0.0
NBu_4^+	368		0.0			

[a] Daten von Hogen-Esch und Smid [45]. Mit Li^+ oder Na^+ in Dioxan und mit Li^+ in Toluol wurden keine lösungsmittelgetrennten Paare beobachtet. Die Absorptionsmaxima waren 346 bis 348 für die Li^+-Verbindung und 353 für die Na^+-Verbindung. Weder mit Li^+ noch mit Na^+ wurden in Pyridin und in Dimethylsulfoxid Kontaktionenpaare festgestellt. Die Absorptionsmaxima lagen alle bei 373.

8.14. Der Effekt von anionsolvatisierenden Lösungsmitteln auf die Geschwindigkeit von Reaktionen zwischen Anionen und neutralen Molekülen

Die Geschwindigkeit von Reaktionen zwischen Anionen und neutralen Molekülen wird durch das Lösungsmittel in dramatischer Weise beeinflußt. Erst seitdem Lösungsmittel wie Dimethylsulfoxid und Dimethylformamid erhältlich sind, hat man dies richtig schätzen gelernt. Die Trägheit von Halogenen in aromatischen Verbindungen in heterolytischen Reaktionen ist sprichwörtlich. Indessen reagiert Brombenzol mit Kalium-*tert.*-butanolat bei Raumtemperatur in Dimethylsulfoxid rasch, während anderseits die Reaktion in *tert.*-Butanol bei Temperaturen unter 180 °C vernachlässigbar ist [47].

Derartige Effekte, die offenbar sehr allgemein sind, lassen sich mit Hilfe einer Hypothese von Miller und Parker [35, 36, 48] verstehen: Danach muß man sich den Übergangszustand solcher Reaktionen als ein großes Anion mit weitgehend verteilter Ladung vorstellen. Ein Modell dafür wäre etwa das Pikrat-Ion. Der Übergangszustand wird infolgedessen in wesentlich schwächerer Wechselwirkung mit Wasserstoffbrücken-Donoren stehen als die kleinen Ausgangs-Ionen Chlorid, Bromid oder Azid. Das bedeutet, daß das Standardpotential des Ausgangs-Ions beim Übergang von einem Lösungsmittel, das Anionen schwach solvatisiert (wie etwa Dimethylformamid) in eines, das sie stark solvatisiert (wie etwa Methanol), viel stärker abnimmt als dasjenige des Übergangszustands. Der Lösungsmittelwechsel bewirkt also eine Zunahme im $\Delta\mu^{\neq}$-Wert der Reaktion und damit eine Abnahme der spezifischen Geschwindigkeit.

Der Einfluß einer Änderung des Lösungsmittels auf die Geschwindigkeit von Reaktionen zwischen Anionen und neutralen Molekülen läßt sich sehr gut mit dem Lösungsmittel-Parameter S von Tab. 8.1 korrelieren. Dies ist in Abb. 8-4 für drei Reaktionen dargestellt:

$$CH_3J + Cl^- \rightarrow CH_3Cl + J^- \tag{VI}$$

$$p\text{-}NO_2C_6H_4F + N_3^- \rightarrow p\text{-}NO_2C_6H_4N_3 + F^- \tag{VII}$$

$$2{,}4\text{-}(NO_2)_2C_6H_3J + SCN^- \rightarrow 2{,}4\text{-}(NO_2)_2C_6H_3SCN + J^- \tag{VIII}$$

In jedem Fall ist die Größe $\log(k/k_d)$, wobei k_d die spezifische Geschwindigkeit in Dimethylformamid ist, als Funktion von S (vgl. Abschn. 8.11) dargestellt. Wenn der Einfluß des Lösungsmittels auf die Geschwindigkeit tatsächlich durch den Effekt auf das Verhältnis $a°/a^{\neq}$ gegeben ist – wobei sich $a°$ auf das Ausgangs-Ion und $a^{\neq}$ auf das Ion im Übergangszustand bezieht –, so entspricht die Steigung dieser Darstellung der Differenz $A° - A^{\neq}$ zwischen den Anion-Parametern (Abschn. 8.11) des Ausgangs-Ions und des Übergangs-Ions. Aus den Steigungen -6.3, -4.2 und -1.6 und den $A°$-Werten aus Tab. 8.1 berechnet man $A^{\neq}$-Werte von -2.9 für den Übergangszustand der Reaktion (VI), -3.3 für denjenigen der Reaktion (VII) und -4.0 für denjenigen der Reaktion (VIII). Diese Werte sind nur leicht stärker negativ als der für das Pikrat-Ion, das Miller und Parker als Modell für den Übergangszustand vorgeschlagen haben.

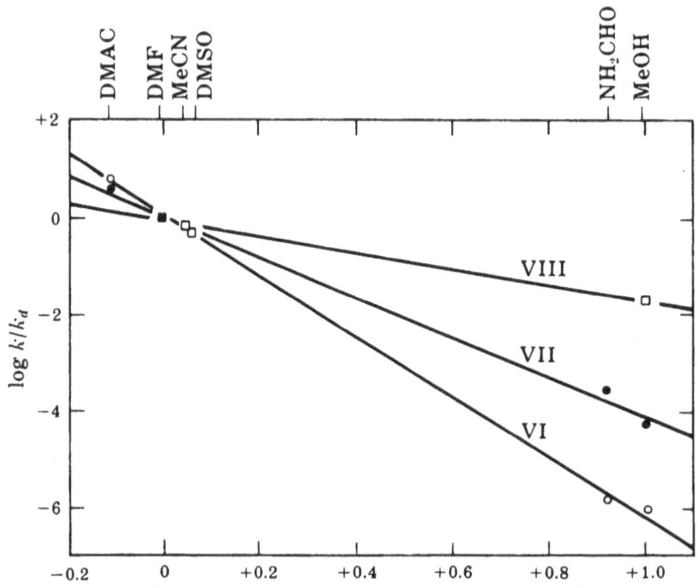

Abb. 8-4. Relative Geschwindigkeit von Reaktionen zwischen Anionen und neutralen Molekülen (Daten von Miller und Parker [36] und Parker [48]).

Aus dem A^{+}-Wert des Übergangszustandes der Reaktion (VIII) und weiteren Daten von Miller und Parker läßt sich ein *S*-Wert von +0.38 für Nitromethan und +0.09 für Sulfolan berechnen. Ein *S*-Wert, den man in der gleichen Weise für Aceton ermitteln würde, wäre indessen von zweifelhaftem Wert, da in diesem Lösungsmittel Assoziation zwischen Kationen und Anionen eine erhebliche Rolle spielt.

Tab. 8.5. Spezifische Geschwindigkeiten k_m und k_d der Reaktion $CH_3J + X^-$ in Methanol bzw. Dimethylformamid, sowie A^{+}-Werte für die Übergangszustände.[a]

X^-	$10^5 k_m$	k_d	$\log \frac{k_m}{k_d}$	A^{+}
SCN^-	2.0	0.011	−2.74	−2.9
N_3^-	0.30	0.136	−4.66	−2.8
Cl^-	0.010	0.130	−6.11	−3.1

[a] Daten von Parker [48].

Tab. 8.6. Verhältnis der spezifischen Geschwindigkeit in Methanol, k_m, zu derjenigen in Dimethylformamid, k_d.[a]

Reaktion	k_m	$\frac{(k_m/k_d)_J}{(k_m/k_d)_X}$
$CH_3Cl + N_3^-$	20×10^{-5}	0.05
$CH_3Br + N_3^-$	5.9×10^{-5}	0.17
$CH_3J + N_3^-$	1.0×10^{-5}	(1)
$CH_3Cl + SCN^-$	0.025	0.17
$CH_3Br + SCN^-$	0.010	0.23
$CH_3J + SCN^-$	0.0043	(1)

[a] Daten von Coniglio et al. [49].

Je größer der Übergangszustand und je gleichmäßiger seine Ladungsverteilung ist, um so weniger sollte seine Standardaktivität von Änderungen im Lösungsmittel beeinflußt werden. Die Daten von Coniglio et al. [49], die in Tab. 8.6 zusammengestellt sind, bestätigen dies. Das Verhältnis, das in der rechten Kolonne der Tabelle steht, ist gleich der Größe

$$\frac{a_J^\circ a_X^{\ddagger}}{a_X^\circ a_J^{\ddagger}}$$

wobei die *a* die Standardaktivitäten in Methanol relativ zu denen im Dimethylformamid darstellen. Der Index J bezieht sich auf CH_3J, der Index X auf CH_3X als Substrat Da der Wert dieses Verhältnisses für die Reaktion mit Thiocyanat-Ion und Azid-Ion nicht gleich ist, kann er nicht allein durch das Verhältnis a_J°/a_X° bestimmt sein, welches unabhängig vom Anion ist. Infolgedessen müssen auch Unterschiede in den Standardaktivitäten der Übergangszustände vorhanden sein. Die Daten lassen sich erklären, wenn man annimmt, daß der Übergangszustand um so intensiver durch Methanol solvatisiert wird, je kleiner das austretende Ion ist, und daß der Einfluß einer Änderung des austretenden Ions größer ist, je kleiner das eintretende Ion ist.

8.15. Der Einfluß von spezifisch kationsolvatisierenden Lösungsmitteln auf die Geschwindigkeit von Reaktionen zwischen Anionen und neutralen Molekülen

Bei Abwesenheit von stark solvatisierenden Lösungsmitteln und insbesondere in solchen von niedriger Dielektrizitätskonstante spielt Wechselwirkung zwischen Kationen und Anionen eine ganz wesentliche Rolle für die Geschwindigkeit von Reaktionen zwischen Anionen und neutralen Molekülen. Im allgemeinen wirkt sich dieser Effekt bedeutend stärker auf das Ausgangs-Ion als auf den Übergangszustand aus, was sich in relativ geringen Reaktionsgeschwindigkeiten äußert. In solchen Fällen kann ein Übergang in ein Lösungsmittel, das Kationen stark und spezifisch solvatisiert (ohne daß Lösungsmittel-Anion-Wechselwirkungen an die Stelle der Kation-Anion-Wechselwirkungen treten), zu einem spektakulären Geschwindigkeitsanstieg führen. Für die Reaktion des Natriumsalzes von *n*-Butylmalonäthylester mit *n*-Butylbromid sind die relativen Geschwindigkeiten in Benzol 1, in Tetrahydrofuran (THF) 14, in Äthylenglykoldimethyläther 80, in Dimethylformamid (DMF) 970 und in Dimethylsulfoxid 1420 [39, 56]. Selbst geringe Mengen von stark kationsolvatisierenden Substanzen haben einen großen Effekt. Die relativen Geschwindigkeiten der Reaktion in Benzol bei Gegenwart von 1 M der folgenden Verbindungen sind: Aceton 1.4, Pyridin 1.9, THF 1.2, Äthanol 6.4, Dimethoxyäthan (Äthylenglykoldimethyläther) 10.6, Dimethylisobutyramid 20, Dimethylbenzamid 34, DMF 36, Dimethylacetamid 41, N-Methyl-2-pyrrolidon 57, N-Methyl-2-pyridon 141. Zaugg findet, daß sich das Kation-Solvatisierungs-Potential mit der berechneten hohen Elektronendichte in einem π-Orbital, etwa an einem Sauerstoffatom der Amide, korrelieren läßt. Mit dem Dipolmoment des Moleküls dagegen besteht kein Zusammenhang.

Die Intensität der Wechselwirkung zwischen Kationen und Anionen scheint in der gleichen Weise von der Natur der Ionen abzuhängen, wie die Wechselwirkung der Ionen mit dem Lösungsmittel: Für symmetrische Ionen ist sie um so größer, je kleiner das Ion ist. Dies kann zu interessanten Umkehrungen in der Reihenfolge der Reaktivität in einer Serie von Ionen führen. In Aceton etwa sind die relativen spezifischen Geschwindigkeiten der Reaktion von Tetrabutylammoniumhalogeniden mit Isobutyl-toluolsulfonat 1 für das Jodid, 4.9 für das Bromid, 18 für das Chlorid. Im Fall der Lithiumhalogenide jedoch sind sie 1 für das Jodid, 0.92 für das Bromid und 0.16 für das Chlorid [51]. Diese Erscheinung läßt sich erklären, wenn man annimmt, daß im Übergangszustand Lithium nicht mehr Ionenpaar-gebunden ist, und wenn man das Ausmaß der Dissoziation der Lithium-Halogenid-Ionenpaare aus Leitfähigkeitsdaten bestimmt. Diese Dissoziation ist um so geringer, je kleiner das Anion ist. In Lösungsmitteln, die Anionen solvatisieren, ist die Solvatation um so stärker, je kleiner das Ion ist. In einer Dioxan-Wasser-Mischung sind die relativen

Geschwindigkeiten der Reaktion von Äthyltoluolsulfonat mit Natrium- oder Kaliumhalogeniden 1 für das Jodid, 0.32 für das Bromid und 0.14 für das Chlorid [52]. In Dimethylformamid, das Kationen viel besser als Aceton solvatisiert, sind die relativen spezifischen Geschwindigkeiten der Reaktion von Lithiumhalogeniden mit Methyltoluolsulfonat 1 für das Jodid, 3.4 für das Bromid und 9.1 für das Chlorid, wenn man auf die Salzkonzentration null extrapoliert [53]. Zugabe von 5 M Wasser reduziert die spezifische Geschwindigkeit der Reaktion mit dem Chlorid um einen Faktor 24, diejenige der Reaktion mit dem Jodid jedoch nur um einen Faktor 2.
Es scheint, daß die Reaktivitäts-Reihenfolge, die oft als Reihenfolge der Nucleophilie bezeichnet wird, im Fall der nackten Anionen vom Jodid über das Bromid zum Chlorid zunimmt. Die Intensität der Wechselwirkung des Anions mit dem Lösungsmittel oder mit einem Kation nimmt indessen in der gleichen Reihenfolge zu, und zwar oft in einem Maße, daß die Reihenfolge der Nucleophilie in einem Lösungsmittel, das Anionen gut solvatisiert, oder unter Bedingungen, unter denen die Wechselwirkung zwischen Anionen und Kationen besonders begünstigt ist, umgekehrt wird.

8.16. Chelat-Solvatation von Kationen

In vielen Fällen, so auch bei der Alkylierung der Natriumsalze von Malonesterderivaten, verlaufen Reaktionen zwischen Anionen und neutralen Molekülen wesentlich rascher in Dimethoxyäthan (Äthylenglykoldimethyläther) als in Tetrahydrofuran oder in Diäthyläther [54–56]. Dieser Effekt wurde der Ausbildung einer Chelat-Struktur zwischen den beiden Sauerstoffatomen im Glykoläther und dem Metall-Ion zugeschrieben [56]. Eine derartige Struktur bietet erhebliche Entropie-Vorteile gegenüber einer Anordnung, in der das Metall-Ion mit zwei separaten sauerstofftragenden Molekülen koordiniert ist. Die Resultate einer Untersuchung der Leitfähigkeit von Tetraphenylboraten in den zwei Lösungsmitteln unterstützen diese Interpretation [57]. Sowohl die Stokes-Radien wie die Gleichgewichtskonstanten für die Ionenassoziation weisen darauf hin, daß ein Natrium-Ion mit zwei Glykoläthermolekülen oder vier Tetrahydrofuranmolekülen koordiniert ist, und daß das Cäsium-Ion mit Dimethoxyäthan (Glykoldimethyläther), nicht jedoch mit Tetrahydrofuran eine Koordinationsverbindung bildet. Chan und Smid [46] berichten über Hinweise aus der NMR- und Absorptionsspektroskopie, die auf die Bildung von wohldefinierten Verbindungen zwischen Fluorenyl-lithium und Fluorenyl-natrium mit Polyglykoläthern $CH_3O(CH_2CH_2O)_xCH_3$ (mit x zwischen 1 und 4) schließen lassen.

8.17. Die Kinetik von Reaktionen, an denen Ionen-Aggregate beteiligt sind

Die Reaktion

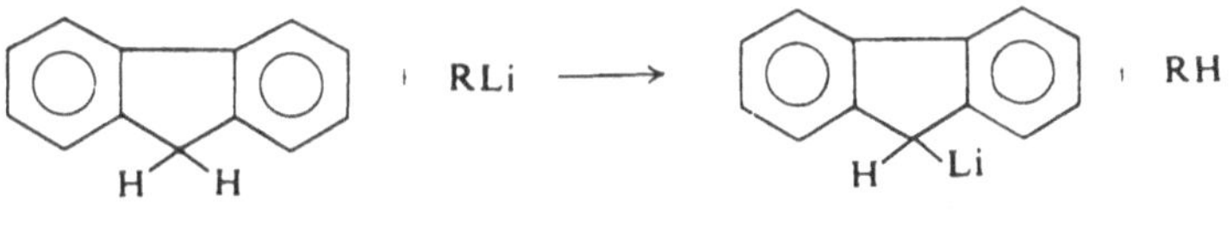

(IX)

in Benzol ist erster Ordnung in bezug auf den Kohlenwasserstoff. Mit *n*-Butyllithium ist die Ordnung in bezug auf das Alkyllithium 0.18, mit *tert*.-Butyllithium ist sie 0.26. Für die Reaktion von Lithiumalkylen mit 1,1-Diphenyläthylenen findet man praktisch die gleichen Werte [58]. *n*-Butyllithium liegt in Benzol als Hexameres, das *tert*.-Butylderivat als Tetrameres vor [60]. Die Kinetik deutet also auf einen Mechanismus hin, bei dem das polymere Alkyllithium mit dem Monomeren in mobilem Gleichgewicht steht; der Übergangszustand dürfte aus einem Monomer-Molekül und einem Molekül des Kohlenwasserstoffs bestehen.
Im Fall der Alkylierung von Natriumsalzen von Malonester-Derivaten ist die Situation wesentlich anders (vgl. Abschn. 8.15). Diese sind in Benzol mindestens vierzigfach polymer. Die Anfangsgeschwindigkeit der Alkylierung ist proportional zur Konzentration der Natriumverbindung. (Im Verlauf der Reaktion treten allerdings Komplikationen auf.) Sie ist ebenfalls proportional zur Konzentration des Alkylhalogenids. Diese Erscheinungen lassen sich erklären, wenn man einen Übergangszustand, der je ein Molekül monomeres Natriumderivat und Alkylhalogenid enthält, und ein mobiles Gleichgewicht

$$n\text{-Polymer} \rightleftharpoons (n-1)\text{-Polymer} + \text{Monomer} \qquad \text{(X)}$$

annimmt. Die Monomer-Konzentration, die durch ein solches Gleichgewicht bestimmt ist, ist beinahe unabhängig von *n*, wenn *n* eine große Zahl ist. Eine andere Möglichkeit zur Erklärung des Phänomens bietet sich in der Annahme, daß die Reaktion an der Oberfläche des Polymer-Aggregates abläuft. Wenn der Polymerisationsgrad nicht stark von der Konzentration abhängt, wird die Anzahl Reaktionsstellen und damit die Geschwindigkeit praktisch proportional zur Gesamtkonzentration der Natriumverbindung sein. Kryoskopische Daten zeigen, daß das Natriumderivat bei Zusatz von Dimethylformamid nach wie vor weitgehend polymerisiert ist. Bei Gegenwart dieses oder eines anderen stark kationsolvatisierenden Lösungsmittels ist die Alkylierungsreaktion bis zu einem Umsatz von über 80% erster Ordnung. Die Geschwindigkeit der katalysierten Reaktion, d. h. der zusätzlichen Reaktion, die durch den Zusatz der kationsolvatisierenden Substanz erzeugt wird, ist proportional zur Katalysatorkonzentration in der Potenz 1 bis 3/2.
Sowohl die Alkyllithium-Reaktionen als auch die Natriummalonester-Reaktionen sind erster Ordnung in bezug auf die monomeren Metallalkyle. Die Übergangszustände müssen somit das Metall-Ion, das Anion und das neutrale Molekül enthalten. Das bedeutet, daß die Beschleunigung durch kationsolvatisierende Lösungsmittel nicht notwendigerweise ein Ausdruck der Bildung von freien Anionen ist; notwendig ist lediglich, daß das Lösungsmittel mit dem Metall-Ion im Übergangszustand in stärkerer Wechselwirkung als im Ausgangszustand steht, denn dadurch wird die Energiebarriere für die Reaktion des Anions mit dem neutralen Molekül erniedrigt. Eine anionsolvatisierende Substanz würde diese Barriere erhöhen.

8.18. Zu Reaktionen mit festen Ausgangsprodukten

Reaktionen wie etwa diejenige zwischen Brombenzol und *tert*.-Butanolat (vgl. Abschn. 8.14) verlaufen viel schneller in einem Lösungsmittel, das spezifisch Kationen solvatisiert, als in einem inerten Medium, zu dem das Alkoholat als feste Substanz zugegeben wird. Vergleiche zwischen homogenen und heterogenen Reaktionen sind indessen gefährlich, da eine an sich rasche heterogene Reaktion durch die Bildung einer undurchlässigen Schicht von Reaktionsprodukt auf der Oberfläche der reagierenden Partikel erheblich behindert sein kann. Soweit man jedoch von diesem Effekt absehen kann, ist die Reaktion des Feststoffes im wesentlichen identisch mit derjenigen eines gelösten hochpolymeren Aggregates, das ein niedriges Oberfläche-Volumen-Verhältnis besitzt. Lösung, selbst als Polymeres, bedeutet in jedem Fall eine große Zunahme der Zahl der erreichbaren Reaktionsstellen pro Einheitsmenge des Ausgangsstoffes. Sie bedeutet ferner eine große Zunahme in der Dicke der Diffusionsschicht, die ein monomeres Edukt-Molekül passieren muß, damit es in der eigentlichen Lösung reagieren kann.

8.19. Der Einfluß des Lösungsmittels auf Reaktionen von ambidenten Anionen

Das β-Naphtholat-Ion ist in der Terminologie von Kornblum ambident. Es kann mit Alkylierungsreagentien entweder am Sauerstoff unter Bildung eines Alkylnaphthyläthers oder am Kohlenstoff unter Bildung eines 1-Äthyl-2-naphthols reagieren. Bei der Reaktion von Natrium-β-naphtholat mit Benzylbromid findet man keine C-Alkylierung, wenn das Lösungsmittel Dimethylformamid oder Dimethylsulfoxid ist. In Dimethoxyäthan (Äthylenglykoldimethyläther) findet man dagegen 22%, in Tetrahydrofuran 36%, in Methanol 34%, in Äthanol 28%, in 2,2,2-Trifluoräthanol 85% und in Wasser 84% C-Alkylierung [61]. Die gleiche Art von Lösungsmitteleffekt auf die Produktverteilung trifft man auch bei der Alkylierung von Natrium-β-naphtholat mit Methyl- oder Propylbromid und bei der Reaktion von Alkaliphenolaten mit Alkylchlorid oder -bromid oder Benzoylchlorid an [62]. Bei solchen Alkylierungen hängt die Produkt-Verteilung kaum von der Natur des Kations ab, wenn sie in Methanol oder Äthanol ausgeführt werden. Ist das Lösungsmittel dagegen Diäthyläther, Tetrahydrofuran, Benzol oder Toluol, so nimmt der Anteil der C-Alkylierung ab, wenn das Kation in der Reihenfolge von Lithium, Natrium, Kalium nach Tetramethylammonium variiert wird. Diese Erscheinungen lassen darauf schließen, daß ein Phenolat-Ion, das stark solvatisiert oder mit einem kleinen Kation gepaart ist, vorzugsweise am Kohlenstoff reagiert. Vermutlich spielt der Sauerstoff bei der Solvatation oder der Ionenpaar-Bildung des Phenolat-Ions die wesentliche Rolle; er ist infolgedessen für eine Alkylierung schwer zugänglich. Ein freies Phenolat-Ion oder eines, das mit einem großen oder stark solvatisierten Kation gepaart ist, reagiert auf der andern Seite bevorzugt am Sauerstoff. Der Unterschied zwischen dem Anteil an C-Alkylierung in Glykoldimethyläther und Tetrahydrofuran ist signifikant. Die Dielektrizitätskonstanten 6.8 und 7.3 der beiden Lösungsmittel sind zwar fast gleich, doch der Glykoläther solvatisiert Kationen bedeutend besser.

8.20. Der Einfluß des Lösungsmittels auf Reaktionen zwischen Kationen und Anionen

Die spezifische Geschwindigkeit der Reaktion

$$(CH_3)_3S^+ + Br^- \underset{k_{-1}}{\overset{k_1}{\rightleftharpoons}} CH_3Br + (CH_3)_2S \qquad (XI)$$

bei geringer Ionenstärke und einer Temperatur von 100 °C ist $1.17 \cdot 10^4$ in Dimethylformamid und 3.6 in einer Mischung von 88 Gew.-% Methanol in Wasser [63]. Das Verhältnis ist 3 300. Die Gleichgewichtskonstanten in den beiden Lösungsmitteln sind 290 und 0.06. Ihr Verhältnis beträgt 4 800. Eine Änderung des Lösungsmittels hat also etwa den gleichen Effekt auf das Standardpotential des Übergangszustandes wie dasjenige des Reaktionsproduktes. Die Aktivierungsentropie der Reaktion in Dimethylformamid ist +31, während die Zunahme der Standardentropie von den Edukten zu den Produkten 71 beträgt. Die Standardentropie-Differenz zwischen Übergangszustand und Produkten ist so groß, daß sie wohl überwiegend, wenn nicht ganz auf die Freisetzung von Lösungsmittel-Molekülen bei diesem Prozeß zurückgeführt werden muß. Diese Befunde lassen sich erklären, wenn man annimmt, daß die Anion-Solvatisierung bei der Bildung des Übergangszustandes aus den Reaktanden größtenteils verlorengeht, die Kation-Solvatation jedoch nicht. Das Anion ist in Dimethylformamid weniger stark solvatisiert als in Methanol/Wasser; infolgedessen ist die Potentialzunahme im hydroxylischen Lösungsmittel größer und die Reaktionsgeschwindigkeit geringer. Das Verschwinden der Kation-Solvatation beim Gang vom Übergangszustand zu den Produkten ist dann für die Entropie-Zunahme von 40 cal/K verantwortlich. Da jedoch beide Lösungsmittel mit dem Kation in Wechselwirkung stehen, ist die Differenz zwischen den Standardpotentialen des Übergangszustandes und der Produkte in beiden Lösungsmitteln etwa gleich groß.

Der $\Delta \bar{S}°$-Wert für die Bildung von Ionenpaaren aus $(CH_3)_3S^+$ und Br^- in Dimethylformamid ist +28, was etwa dem Wert für die Bildung des Übergangszustandes der Reaktion (XI) entspricht. Dies deutet darauf hin, daß die Wechselwirkung des Ionenpaars und des Übergangszustandes mit dem Lösungsmittel ungefähr gleich stark ist.

Die spezifische Geschwindigkeit der Reaktion von *p*-Nitro-malachitgrün C mit Azid-Ion ist $6.1 \cdot 10^4$ in Methanol,

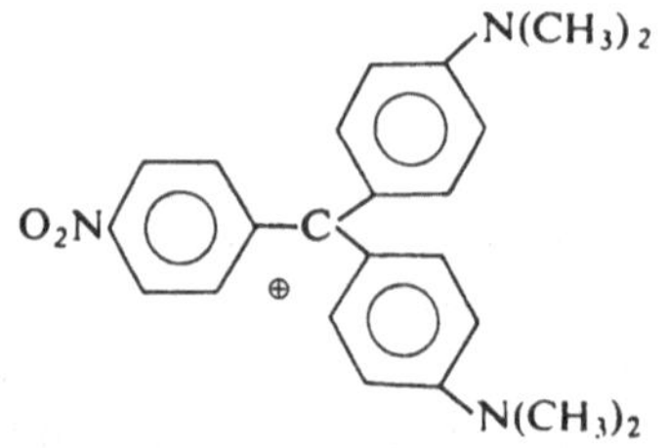

(C)

in Dimethylsulfoxid ist sie mit Bestimmtheit größer als $5 \cdot 10^7$ [64]. Das Verhältnis der Geschwindigkeiten in den beiden Lösungsmitteln ist somit > 300. Das Verhältnis der Gleichgewichtskonstanten ist nur 120. Das bedeutet, daß ein Wechsel von Dimethylsulfoxid zu Methanol das Standardpotential des Übergangszustandes relativ zu C bedeutend stärker erhöht als dasjenige von *p*-Nitromalachitgrün-azid. Soweit es die unmittelbare Umgebung der Reaktionszone betrifft, würde man erwarten, daß der Übergangszustand, der vermutlich noch einen Rest ionischen Charakters aufweist, in stärkerer und nicht in schwächerer Wechselwirkung mit Methanol steht als das Reaktionsprodukt. Man muß indessen bedenken, daß zwischen den Dimethylaminogruppen im Reaktionsprodukt und Methanol vermutlich Wasserstoffbrücken-Bindungen bestehen. Diese Wechselwirkung sollte im Übergangszustand, in dem noch etwas positive Ladung vom Carboniumion auf die Aminogruppen delokalisiert sein dürfte, schwächer sein.

8.21. Dispersionskräfte

Sind keine starken und spezifischen Wechselwirkungen (wie etwa Wasserstoffbrücken-Bindungen) vorhanden, so wirken zwischen elektrisch neutralen Molekülen lediglich die Kräfte, die Anlaß zur Konstante a in der Van-der-Waals-Gleichung geben. Ihre Intensität nimmt mit zunehmendem Abstand rasch ab; infolgedessen werden in verdünnter Lösung nur wenige Lösungsmittelmoleküle vom Gelösten erheblich beeinflußt, solange nur diese Kräfte vorhanden sind. London hat eine quantenmechanische Interpretation dieser Kräfte entwickelt [65]. Danach hängen sie davon ab, wie viele Elektronen in allen beteiligten Molekülen vorhanden sind, und wie lose sie gebunden sind. Die Anzahl der Elektronen nimmt mit dem Volumen des Moleküls zu. Aus diesem Grunde nimmt die Energie, die man aufwenden muß, um ein Molekül aus einer kondensierten Phase in den Zustand eines verdünnten Gases überzuführen, gewöhnlich mit dem molekularen Volumen zu. Die Beiträge zur Zustandssumme, die bei einem solchen Übergang eine Rolle spielen, leiten sich von voll angeregten Bewegungen ab (Abschn. 3.4). Die Enthalpieänderung bei der Verdampfung sollte somit praktisch parallel mit der Änderung der potentiellen Energie gehen. Kräfte dieser Art werden als van-der-Waals-, London- oder Dispersionskräfte bezeichnet.

8.22. Die Kohäsionsenergie-Dichte

Die Parallelität zwischen der Verdampfungsenthalpie und dem molekularen Volumen ist nicht exakt. Für gesättigte Kohlenwasserstoffe bewegt sich das Verhältnis $\Delta \bar{H}^\circ/\Delta \bar{V}$ zwischen 40 cal/cm³ für Propan und 65 cal/cm³ für Hexadecan. Diese Größe wird als Kohäsionsenergiedichte bezeichnet. Sie ist 57 für n-Hexan, 73 für Cyclohexan, 90 für Benzol, 34 für Perfluorohexan, 81 für Tetrachlorkohlenstoff und 100 für Dioxan [66, S. 435–439].

8.23. Reguläre und ideale Lösungen

Für binäre Mischungen aus Komponenten, zwischen denen nur Dispersionskräfte wirken und deren molekulare Volumina nicht stark verschieden sind, gilt eine Gleichung der Form

$$\mu_a = \mu_a{}^l + \mathbf{R}T \ln x_a + \phi_b{}^2\, \bar{V}_a(\delta_a - \delta_b)^2 \tag{6}$$

für jede der Komponenten über den ganzen Konzentrationsbereich*. Hier ist x_a der Molenbruch und $\bar{V}_a$ das molare Volumen der Komponente a. Der hochgestellte

* Vgl. [66], insbesondere Kap. XIII und XVII.

Index l bezieht sich auf den Zustand der reinen Flüssigkeit. ϕ_b ist der Volumenanteil der Komponente b. Der Löslichkeitsparameter δ ist ungefähr gleich der Quadratwurzel der Kohäsionsenergiedichte. Die Übereinstimmung mit dem Experiment ist indessen besser, wenn man δ als anpaßbaren, für jede Komponente charakteristischen Parameter behandelt. Hildebrand bezeichnet Lösungen, deren Verhalten sich durch Gl. (6) beschreiben läßt, als reguläre Lösungen.
Wenn δ_a gleich δ_b ist, so reduziert sich Gl. (6) zu:

$$\mu_a = \mu_a^{\,l} + \mathbf{R}T \ln x_a \tag{7}$$

Dies ist der Fall einer idealen Lösung. Ideales Verhalten findet man nicht nur in Mischungen von offensichtlich verwandten Substanzen, wie etwa Benzol und Toluol, sondern bisweilen auch im Fall von weniger verwandten Komponenten. Beispiele sind die Paare Benzol/Äthylenchlorid und Chlorbenzol/Naphthalin. Das Raoultsche Gesetz

$$P_a = P_a^{\,l} x_a \tag{8}$$

ist, innerhalb der Genauigkeit des idealen Gas-Gesetzes für die Dampfphase, eine notwendige Konsequenz von Gl. (7). Da $\ln x$ unabhängig von der Temperatur ist, ergeben sich die Beziehungen

$$\bar{H}_a = H_a^{\,l} \tag{9}$$

und

$$\bar{S}_a = \bar{S}_a^{\,l} - \mathbf{R} \ln x_a \tag{10}$$

ebenfalls als notwendige Folge (vgl. Abschn. 2.19). Bei der Mischung der Komponenten einer idealen Lösung wird somit keine Wärme freigesetzt, d. h. die Mischungswärme ist gleich null. Da die Intensität der intramolekularen Kräfte zwischen gleichen und ungleichen Molekülen in einer idealen Lösung gleich ist, ist es nicht verwunderlich, daß auch keine oder praktisch keine Volumeneffekte beim Mischen auftreten.
Da jeder der Faktoren im letzten Term von Gl. (6) *eo ipso* positiv ist, muß das Potential jeder Komponente einer regulären, aber nicht idealen Lösung größer sein, als es in einer idealen Lösung mit den gleichen Molenbrüchen wäre. Für solche Lösungen ist also

$$P_a > P_a^{\,l} x_a \tag{11}$$

d. h. der Dampfdruck jeder Komponente ist größer, als er über einer idealen Lösung gleicher Zusammensetzung wäre. Durch Ableitung der Größe μ_a/T nach der Temperatur erhält man:

$$\bar{H}_a = \bar{H}_a^{\,l} + \phi_b^2 \bar{V}_a(\delta_a - \delta_b)^2 - T\frac{\partial[\phi_b^2 \bar{V}_a(\delta_a - \delta_b)^2]}{\partial T} \tag{12}$$

Außer wenn der letzte Term groß und positiv ist, was offenbar nie der Fall ist, ist die molare Enthalpie einer Komponente einer regulären, aber nichtidealen Lösung größer als die der reinen flüssigen Komponente. Außerdem ist die Mischungswärme positiv.

Die Werte von δ für verschiedene Substanzen können um bis zu 5 $\mathrm{cal}^{1/2}/(\mathrm{cm}^3)^{1/2}$ variieren. Das Standardpotential einer Komponente a einer regulären Lösung, das definiert ist als

$$\mu_a^\circ = \lim_{x_a \to 0} (\mu_a - \mathbf{R}T \ln x_a) \tag{13}$$

kann somit bis zu 2.5 kcal größer sein als das der reinen Flüssigkeit, wenn $\bar{V} = 100\ \mathrm{cm}^3/\mathrm{mol}$ ist.
Hildebrand nimmt an, daß für eine reguläre Lösung gilt:

$$\bar{S}_a^\circ \equiv \lim_{x_a \to 0} (\bar{S}_a + \mathbf{R} \ln x_a) = \bar{S}_a{}^l \tag{14}$$

Dies ist gleichbedeutend damit, den letzten Term auf der rechten Seite von Gl. (12) gleich null zu setzen. Diese Annahme verlangt die Einführung der wenig überzeugenden Nebenbedingung, daß die Kraftkonstante, die die Frequenz der Vibration oder Libration eines Moleküls in einem flüssigen System bestimmt, durch eine Veränderung der molekularen Umgebung, die die Energie des Moleküls verändert, nicht beeinflußt wird. Es ist viel plausibler, in Übereinstimmung mit der Barclay-Butler-Regel (Abschn. 3.10) anzunehmen, daß $\bar{S}^\circ$ linear mit $\bar{H}^\circ$ und deshalb auch mit μ° variiert.

8.24. Zur Überführung einer gelösten Substanz aus einer regulären Lösung in eine andere

Wenn das Standardpotential einer gelösten Substanz a durch Gl. (13) definiert ist, so findet man für die Differenz $\Delta\mu^\circ$ für die Überführung von a aus dem Lösungsmittel b in das Lösungsmittel c nach Gl. (6):

$$\Delta\mu_a^\circ = \bar{V}_a^\circ(\delta_c - \delta_b)(\delta_b + \delta_c - 2\delta_a) \tag{15}$$

Dabei ist vorausgesetzt, daß beide Lösungen regulär sind. Ist das Standardpotential von a definiert als

$$\mu_a^\circ = \lim_{c_a \to 0} (\mu_a - \mathbf{R}T \ln c_a) \tag{16}$$

so ergibt sich ein zusätzlicher Term $\mathbf{R}T \ln(\bar{V}_c^\circ/\bar{V}_b^\circ)$ auf der rechten Seite der Gleichung. Wenn b und c identische Löslichkeitsparameter besitzen, so ändert sich das Standardpotential von a nicht. Dasselbe ist der Fall, wenn der Löslichkeitsparameter von a dem Mittel der Werte von b und c entspricht.
Nach einer Beziehung [66, S. 201], die theoretisch gleich gut begründet ist wie Gl. (6), ist der $\Delta\mu^\circ$-Wert für die Überführung eines gelösten Stoffes a aus der reinen Flüssigkeit a in eine Mischung der Lösungsmittel b und c gleich demjenigen für die Überführung in eine hypothetische Flüssigkeit, deren Löslichkeitsparameter ein volumengewichtetes Mittel der Parameter von b und c ist:

$$\delta_m = \phi_b \delta_b + \phi_c \delta_c \tag{17}$$

Daraus folgt für die Übertragung von a aus einer Lösung in b in eine Mischung von b und c:

$$\Delta\mu_a^\circ = \bar{V}_a \phi_c(\delta_c - \delta_b)\,[\phi_c(\delta_c - \delta_b) - 2(\delta_a - \delta_b)] \tag{18}$$

Auf dieser Basis ist $\Delta\mu_a^\circ$ eine recht komplizierte Funktion von ϕ_c. Es ist Null, wenn $\delta_b = \delta_c$. Andernfalls verläuft es über den ganzen Bereich konkav nach oben. Ein physikalisch signifikantes Minimum liegt nur dann vor, wenn δ_a zwischen δ_b und δ_c liegt. Beim Minimum ist

$$\phi_c = \frac{\delta_a - \delta_b}{\delta_c - \delta_b} \tag{19}$$

und:

$$\Delta\mu_a^\circ = \bar{V}_a(\delta_a - \delta_b)^2 \tag{20}$$

8.25. Der Effekt der starken Wechselwirkung

Die theoretischen Argumente, die Gl. (6) stützen, führen zum Schluß, daß diese Gleichung nur dann gilt, wenn die Wechselwirkungsenergie zwischen zwei ungleichen

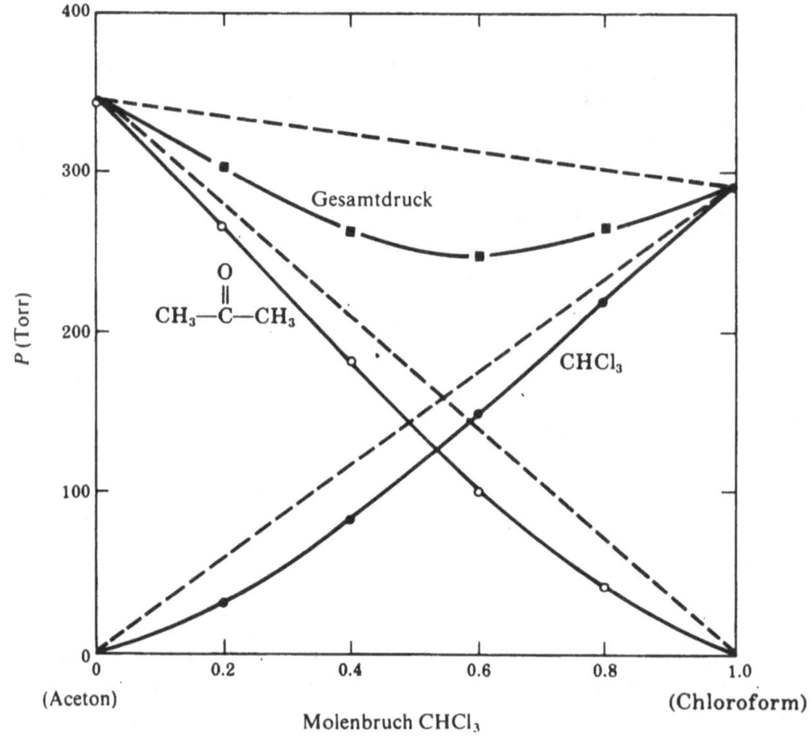

Abb. 8-5. Dampfdruck-Diagramm für das System Chloroform-Aceton bei 25 °C. (Daten von von Zawidski [68]; reproduziert aus G. M. Barrow, „Physical Chemistry", Copyright 1961, McGraw-Hill Book Co.)

Molekülen gleich dem geometrischen Mittel der Wechselwirkungsenergie zwischen Paaren von gleichen Molekülen ist. In gewissen Ausnahmefällen ist diese Bedingung auch dann erfüllt, wenn starke spezifische Wechselwirkungen vorliegen. Sowohl in Methanol wie in Äthanol beispielsweise bestehen starke Wasserstoffbrücken-Bindungen. Trotzdem läßt sich der Dampfdruck ihrer Mischungen mit der Beziehung für ideale Lösungen, Gl. (8), beschreiben [67].

Mischungen von Aceton und Chloroform zeigen ein eher typisches Verhalten. Wie Abb. 8-5 zeigt, liegen die Dampfdrucke erheblich unter den Werten, die man für eine ideale Lösung erwartet. Der $\Delta\bar{H}$-Wert für die Bildung einer äquimolaren Mischung ist gleich $\bar{H}_a - \bar{H}_a^l + \bar{H}_b - \bar{H}_b^l$ und beträgt -45 cal. Der zugehörige Wert von $\Delta\bar{S}$ ist $+0.27$, was 2.5 cal/K weniger als der Wert für die entsprechende ideale Lösung ist [69]. Alle diese Erscheinungen deuten auf eine besonders starke Bindung von Aceton zu Chloroform hin. Es ist anzunehmen, daß es sich dabei um Wasserstoffbrücken-Bindungen handelt.

Wenn eine Komponente einer binären Mischung Wasserstoffbrücken-Bindungen zu sich selbst bildet und die andere Komponente weder ein Donor noch ein Akzeptor ist, so ist der Dampfdruck der Mischung viel größer als der Wert für eine entsprechende ideale Lösung. In einem solchen Fall zeigt $\Delta\bar{H}$ eine komplizierte Abhängigkeit von der Zusammensetzung des Systems. Für Mischungen von Methanol und Tetrachlorkohlenstoff ist es negativ bei hohem Methanolgehalt und positiv in den übrigen Bereichen [70].

8.26. Die isokinetische Beziehung für verschiedene Lösungsmittel

Nach der Barclay-Butler-Regel (Abschn. 3.10) ist die Verdampfungswärme $\bar{H}^g - \bar{H}^\circ$ einer Komponente einer Lösung eine lineare Funktion der Verdampfungsentropie $\bar{S}^g - \bar{S}^\circ$. Dies gilt sowohl für Änderungen in der Zusammensetzung und in der Struktur der einzelnen Komponenten als auch für Variation des Lösungsmittels. Die Steigung beträgt etwa 800. Wenn die Regel gilt – was vermutlich nur dann der Fall ist, wenn keine starken Wechselwirkungen vorhanden sind –, so sollte also die Gleichung

$$\delta_M \bar{H}^\circ = 800\delta_M \bar{S}^\circ \qquad (21)$$

auf Änderungen im Lösungsmittel anwendbar sein. δ_M ist hier der Lösungsmittel-Stabilisierungs-Operator nach Leffler und Grunwald [71]. Er beschreibt den Effekt einer Änderung des Lösungsmittels auf die Größe, die dem Symbol folgt. Im weiteren sollte auch die Beziehung

$$\delta_M \Delta\bar{H}^{\ddagger} = 800\delta_M \Delta\bar{S}^{\ddagger} \qquad (22)$$

auf die Aktivierungsenthalpie und -entropie einer Reaktion in der Lösung anwendbar sein.

Leider stehen keine experimentellen Daten über Reaktionen in Systemen, in denen keine starken Wechselwirkungen vorhanden sind, zur Verfügung, mit denen die

Gültigkeit von Gl. (22) geprüft werden könnte. Leffler [72] wies indessen darauf hin, daß sich die Beziehung

$$\delta_M \Delta \bar{H}^\circ = \beta \delta_M \Delta \bar{S}^\circ \tag{23}$$

auf viele Reaktionen in einer ganzen Anzahl von Lösungsmitteln anwenden läßt. Dabei variiert β von Reaktion zu Reaktion und liegt mit großer Wahrscheinlichkeit eher in der Gegend von 300 bis 400 als von 800. Eine derartige Abhängigkeit wird als isokinetische Beziehung bezeichnet. Abb. 8-6 zeigt die graphische Darstellung einer solchen Beziehung, bei der $\beta = 320$ ist. Leffler und Grunwald [71, S. 327ff.] erwähnen 25 Fälle, die sich durch Gl. (23) mit einem Korrelationskoeffizienten von 0.95 oder besser beschrieben lassen. Die Liste solcher Fälle ließe sich bedeutend erweitern, würde man auch diejenigen einschließen, in denen entweder $\delta_M \Delta \bar{H}^+$ oder $\delta_M \Delta \bar{S}^+$ so klein ist, daß die stets vorhandene Streuung die Enthalpie-Entropie-Beziehung verdeckt, in denen jedoch die Beziehungen

$$\delta_M \Delta \mu^+ = \left(1 - \frac{T}{\beta}\right) \delta_M \Delta \bar{H}^+ \tag{24}$$

oder

$$\delta_M \Delta \mu^+ = (T - \beta)\, \delta_M \Delta \bar{S}^+ \tag{25}$$

gelten. Diese ergeben sich notwendig aus Gl. (23).

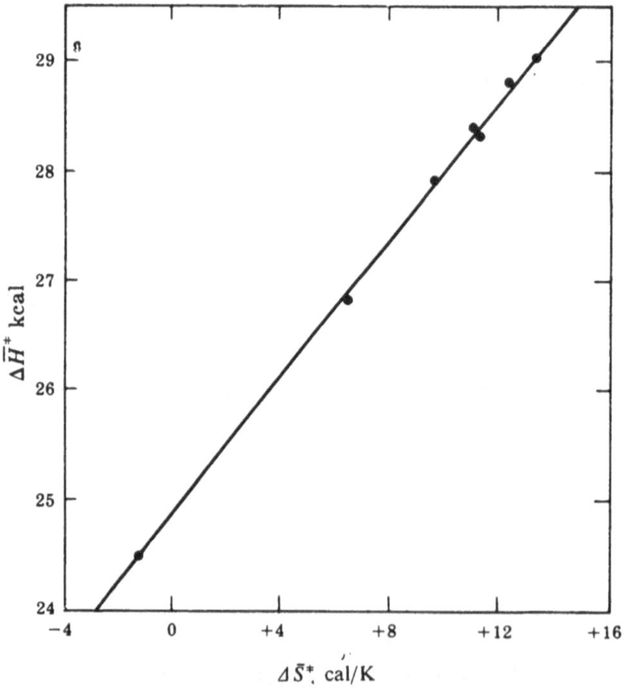

Abb. 8-6. Isokinetische Beziehung für die Zersetzung von $C_6H_5N{=}NC(C_6H_5)_3$. Die Lösungsmittel von links nach rechts sind: Cyclohexan, Benzol, Malonester, Nitrobenzol, Chlorbenzol, Anisol, Benzonitril. (Daten von Alder und Leffler [73].)

Allgemein ausgdrückt ist

$$\delta_M \Delta \bar{H}^{+} = \delta_M \Delta E_0^{+} + \delta_M \Delta \left(\mathbf{R} T^2 \frac{\partial \ln Q}{\partial T} \right) \quad (26)$$

und:

$$\delta_M \Delta \bar{S}^{+} = \delta_M \Delta \mathbf{R} \ln Q + \delta_M \Delta \left(\mathbf{R} T \frac{\partial \ln Q}{\partial T} \right) \quad (27)$$

Offenbar kann die Barclay-Butler-Regel nur dann zutreffen (Abschn. 3.10), wenn die Größe $\delta_M(\partial \ln Q/\partial T)$ gleich Null ist und das Verhältnis $\partial_M \ln Q/\partial_M E_0$ weder vom Lösungsmittel noch von der gelösten Substanz abhängt. Dies ist anscheinend nur der Fall, wenn ausschließlich Dispersionskräfte eine Rolle spielen. Im Fall von mehr spezifischer Wechselwirkung zwischen Lösungsmittel und Gelöstem ist die isokinetische Beziehung dann möglich, wenn das Verhältnis $\partial_M \ln Q/\partial_M E_0$ den gleichen Wert für Reaktanden und Übergangszustand hat, auch wenn es nicht eigentlich unabhängig vom Gelösten ist. Vorausgesetzt ist dabei, daß auch $\delta_M \Delta(\partial \ln Q/\partial T) = 0$.
Es ist kaum überraschend, daß derart präzise Forderungen nicht immer erfüllt werden und die isokinetische Beziehung oft zusammenbricht, namentlich wenn gemischte Lösungsmittel beteiligt sind. Leffler und Grunwald [71] stellen fest, daß die Darstellungen von $\Delta \bar{H}^{+}$ gegen $\Delta \bar{S}^{+}$ bisweilen hakenförmig oder N-förmig sind. Für den Fall der Solvolyse von *tert.*-Butylchlorid in Alkohol-Wasser-Mischungen mußten sie sogar einen passenden Namen erfinden; am besten erschien ihnen der Ausdruck „Thurber-förmig“ *.

8.27. Die Solvolyse in Alkohol-Wasser-Mischungen

Die Geschwindigkeit der Solvolyse von *tert.*-Butylchlorid bei 25 °C ist um mehr als sieben Größenordnungen größer in Wasser als in Äthanol [74]. Der $\Delta \mu^{+}$-Wert ist eine keineswegs besonders auffallende Funktion des Molenbruchs des Wassers (Abb. 8-7). Der Übergangszustand dieser Reaktion dürfte polarer als die Ausgangsstoffe sein, d. h. er liegt irgendwo auf dem Weg zu einem Carboniumion und einem Chlorid-Ion. Es erscheint deshalb natürlich, den Geschwindigkeitsunterschied der Erniedrigung des Standardpotentials des Übergangszustandes zuzuschreiben, die eintritt, wenn der weniger polare Alkohol durch das stärker polare Wasser ersetzt wird. Olson und Halford fanden indessen, daß $\Delta \mu^{+}$ nahezu parallel mit dem μ°-Wert des *tert.*-Butylchlorids verläuft. Das bedeutet, daß der Lösungsmitteleffekt sich hauptsächlich in den Kräften äußert, die *tert.*-Butylchlorid weniger löslich in Wasser als in Alkohol machen.
Winstein und Fainberg [75] untersuchten die Temperaturabhängigkeit der Reaktionsgeschwindigkeit dieser Solvolysereaktion. Sie fanden, daß sich die Aktivierungsenthalpie und -entropie – im Gegensatz zu dem monotonen Verlauf von $\Delta \mu^{+}$ –

* *Anmerkung des Übersetzers:* James Grover Thurber (1894–1961) war ein bekannter amerikanischer Karikaturist und Schriftsteller.

in komplizierten, grotesken Figuren ergehen, wenn die Zusammensetzung des Lösungsmittels geändert wird (Abb. 8-7). Sehr ähnliche Effekte findet man auch in Wasser-Dioxan- und Wasser-Essigsäure-Mischungen.

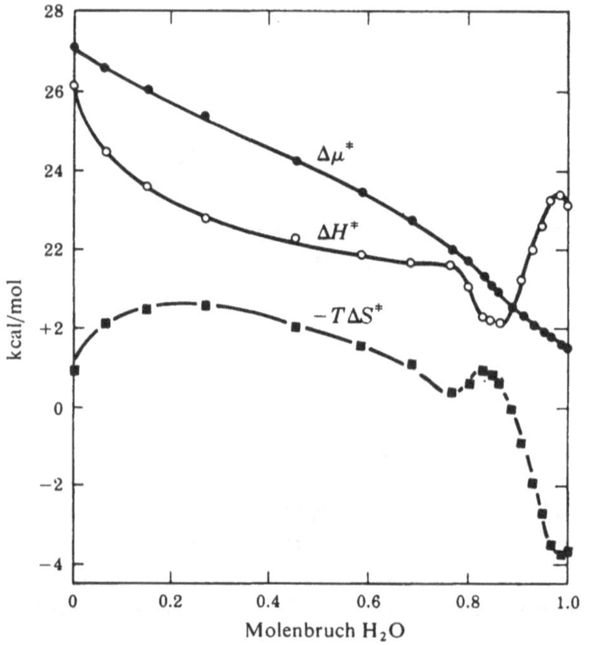

Abb. 8-7. Solvolyse von *tert.*-Butylchlorid in wäßrigem Äthanol (nach Winstein und Fainberg [75]).

Arnett und Mitarbeiter [76] haben kürzlich ein registrierendes Kalorimeter entwickelt, das die direkte Messung der Lösungswärme von reaktiven gelösten Substanzen auf sehr bequeme Weise ermöglicht. Sie stellten damit fest, daß die Standardenthalpie $\bar{H}_s$ von *tert.*-Butylchlorid bei einem Molenbruch von Wasser von ca. 0.85 ein Maximum besitzt, das genau mit dem Minimum des $\Delta\bar{H}^{+}$-Wertes für die Solvolysereaktion zusammenfällt (Abb. 8-8). Die Standardenthalpie $\bar{H}^{+}$ des Übergangszustandes verläuft in diesem Zusammensetzungsbereich offenbar durch ein Minimum. Dies könnte allerdings ein Artefakt sein, denn die experimentellen Daten im Bereich des hohen Wassergehaltes sind nicht sehr zuverlässig. Andere Forscher haben Zweifel an Winstein und Fainbergs ΔH^{+}-Wert für das reine Wasser geäußert [77].
Arnett und Mitarbeiter fanden weiter, daß sich die Lösungswärme einer großen Zahl von Nichtelektrolyten und organischen Elektrolyten in Äthanol-Wasser-Mischungen ähnlich wie diejenige von *tert.*-Butylchlorid verhält. Im Bereich eines Molenbruchs von Wasser zwischen 0.8 und 0.9 tritt jeweils ein deutliches Maximum auf. Dies ist der Fall bei *n*-Butylchlorid, Isopropylbromid, Tetrachlorkohlenstoff, *tert.*-Butanol und Äthylacetat. Bei Natriumtetraphenylborat, Tetrabutylammoniumjodid, Tetraphenylarsoniumchlorid und Natriumbenzolsulfonat ist der Effekt besonders stark. Bei Kaliumchlorid, -bromid und -jodid, Tetramethylammoniumchlorid und *tert.*-Butyldimethylsulfoniumjodid ist das Maximum zwar vorhanden, aber nicht sehr ausgeprägt.

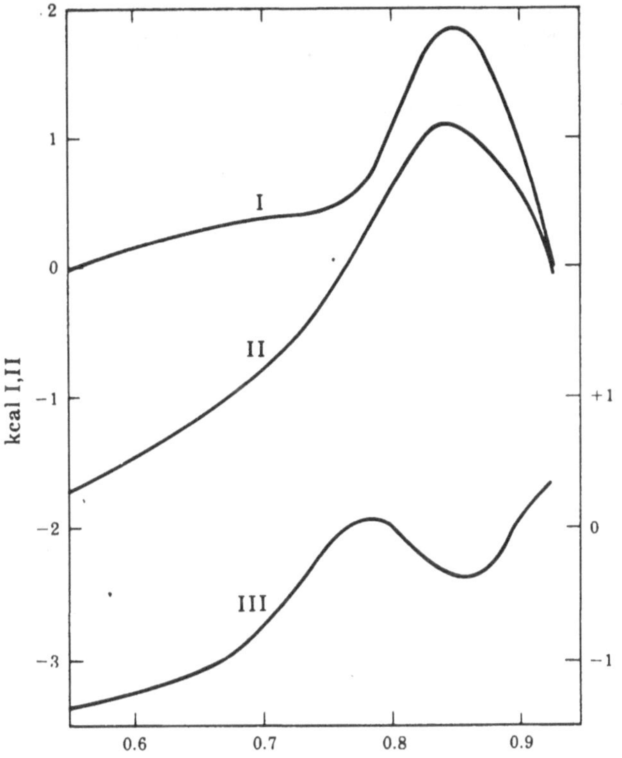

Abb. 8-8. Solvolyse von *tert.*-Butylchlorid in Äthanol-Wasser-Mischungen. Abszisse: Molenbruch des Wassers. Ordinaten: I: 22 − $\Delta \bar{H}^{*}$; II: $\bar{H}^{*}$ von *tert.*-Butylchlorid bezogen auf einen Molenbruch des Wassers von 0.765; III: $\bar{H}^{*}$ des Übergangszustandes bezogen auf einen Molenbruch des Wassers von 0.765. (Daten von Winstein und Fainberg [75] und von Arnett, Bentrude, Burke und Duggleby [76].)

Der $\Delta C_p^{\ddagger}$-Wert für die Solvolyse von *tert.*-Butylchlorid hängt ebenfalls stark von der Zusammensetzung des Lösungsmittels ab. Martin und Robertson [78] fanden einen Wert von −83 cal/K in reinem Wasser, −116 cal/K bei einem Molenbruch von Wasser von 0.89, −49 bei einem Molenbruch von 0.85 und −34 bei einem Molenbruch von 0.75.

Die großen Änderungen in der Enthalpie und die noch auffallenderen Änderungen in der Wärmekapazität, die mit relativ geringen Änderungen der Standardenthalpie einhergehen, entsprechen den Erwartungen für Systeme, in denen starke Wechselwirkungen vorhanden sind. Sie stehen insbesondere mit dem Konzept von Frank und Evans (Abschn. 3.11) in Übereinstimmung, wonach sich um ein gelöstes Molekül in verdünnter wäßriger Lösung eine Hülle aus einer beträchtlichen Anzahl Wassermolekülen ausbildet. Dadurch wird die Entropie des Systems erniedrigt. Tritt dies ein, so muß die Enthalpie entsprechend abnehmen. Die Bildung einer Hülle um eine gelöste Partikel wie *tert.*-Butylchlorid steht mit der Bildung von Strukturen aus Wassermolekülen allein in Konkurrenz. Werden kleine Mengen von anderen Lösungsmitteln, wie etwa Alkohol, zugegeben, so muß sie weiter auch mit der Bildung von Strukturen um die Alkohol-Moleküle konkurrieren. An dieser Strukturbildung ist eine große Anzahl von Wassermolekülen beteiligt; eine kleine Abnahme der Aktivität des Wassers führt deshalb zu einer großen Abnahme im Ausmaß der Strukturbildung und somit zu einem erheblichen Anstieg in der molaren Enthalpie und

Entropie der gelösten Substanz. Wenn die Solvathüllen um die gelösten Moleküle im wesentlichen zerstört sind, führt eine weitere Zugabe von Alkohol, der die durchschnittliche Stärke der Anziehung zwischen einem Lösungsmittelmolekül und seinen Nachbarn erniedrigt, zu einer Abnahme der molaren Enthalpie und Entropie des Gelösten. Der Grund dafür ist, daß es für ein großes Molekül wie *tert.*-Butylchlorid jetzt leichter ist, sich einen Weg in das System zu bahnen.

8.28. Andere Lösungsmitteleffekte auf die Solvolysegeschwindigkeit

Es ist kaum anzunehmen, daß die Unabhängigkeit der thermodynamischen Eigenschaften des Übergangszustandes der Solvolysereaktion vom Lösungsmittel, die man in Alkohol-Wasser-Mischungen findet, ein allgemeines Phänomen ist. In inerten Lösungsmitteln haben Wasserstoffbrücken-Donoren in kleinen Konzentrationen einen Effekt auf Reaktionen, die sehr nahe mit Solvolysen verwandt sind, der kaum auf etwas anderes als Wasserstoffbrücken-Bindung zum entstehenden X^--Ion zurückgeführt werden kann. Die Camphenhydrochlorid-Umlagerung in Nitrobenzol beispielsweise wird durch Chlorwasserstoff und Phenole beschleunigt. Der Effekt eines bestimmten Phenols ist um so größer, je stärker sauer es ist [79].
Vergleicht man den Effekt einer Änderung des Lösungsmittels auf die Solvolysegeschwindigkeit einer Substanz mit demjenigen auf die Solvolysegeschwindigkeit einer anderen, so findet man lineare Freie-Energie-Beziehungen von beschränktem Gültigkeitsbereich. Grunwald und Winstein schreiben:

$$\log k - \log k^\circ = mY \qquad (28)$$

Dabei ist k die spezifische Geschwindigkeit der Solvolyse der Substanz R im Lösungsmittel S, Y die Differenz zwischen $\log k$ für die Solvolyse von *tert.*-Butylchlorid im Lösungsmittel S und $\log k^\circ$ für dessen Solvolyse in einem Standardlösungsmittel, einer 20 : 80-Mischung (Volumenanteile) von Wasser und Äthanol. m ist die Steigung der Darstellung von $\log k$ für die Substanz R als Funktion von Y. Wären m durch die Natur des Substrats R und Y durch die Natur des Lösungsmittels S vollständig bestimmt, so müßte die Antragung von $\log k$ für eine bestimmte Substanz in verschiedenen Lösungsmitteln gegen Y eine einzige Gerade mit der Steigung m und einem Achsenabschnitt, der der spezifischen Geschwindigkeit der Solvolyse der Substanz R im Standardlösungsmittel entspricht, sein.
In der Praxis sind solche Darstellungen zwar linear für Mischungen von je zwei gegebenen Lösungsmitteln, doch decken sich die Geraden für verschiedene Lösungsmittelpaare nicht [81]. Dies ist in Abb. 8-9 dargestellt, in der $\log k$ für die Solvolyse von Neophylchlorid (2,2-Dimethyl-2-phenäthylchlorid) gegen Y aufgetragen ist. Zur Beschreibung des Parameters Y hat sich die Bezeichnung „Ionisationskraft des Lösungsmittels" eingeführt. Smith, Fainberg und Winstein [82] betrachten die Solvolyse von *p*-Methoxyneophyl-toluolsulfonat als ein besseres Maß für die Polarität des Lösungsmittels als diejenige von *tert.*-Butylchlorid. Der Grund dafür ist, daß in diesem System praktisch keine „interne Rückkehr" (vgl. Abschn. 6.12) auftritt. Die experimentell festgestellte spezifische Geschwindigkeit dürfte somit die-

jenige des Ionisationsprozesses sein und nicht die Größe $k_1 k_2/(k_{-1} + k_2)$ darstellen, die ohne weiteres eine komplizierte Lösungsmittelabhängigkeit zeigen könnte. Swain und Mitarbeiter [83] beschreiben Lösungsmitteleffekte auf eine große Anzahl Reaktionen vom Solvolysetyp durch eine Vier-Parameter-Gleichung:

$$\log \frac{k}{k^\circ} = c_1 d_1 + c_2 d_2 \tag{29}$$

Dabei ist k° die spezifische Geschwindigkeit der Solvolyse der Substanz R in 80proz. wäßrigem Alkohol und k ist diejenige im Lösungsmittel S. c_1 und c_2 hängen nur vom Substrat ab und werden für *tert.*-Butylchlorid gleich null gesetzt. d_1 und d_2 sind nur Funktionen des Lösungsmittels und werden für Äthanol/Wasser 80 : 20 gleich null gesetzt. Als weitere Bedingung wird $c_1 = 3.00\, c_2$ für Methylbromid und $c_1 = 0.33\, c_2$ für Triphenylmethylfluorid eingeführt. Die reagierenden Stoffe variieren von *p*-Nitrobenzol- bis zu Triphenylmethyl-Derivaten und von Fluoriden bis zu Arylsulfonaten. Man findet eine ausgezeichnete Übereinstimmung; der mittlere Fehler für alle Verbindungen entspricht einem Faktor von 1.33 in k, wobei k/k° über neun Größenanordnungen variiert.

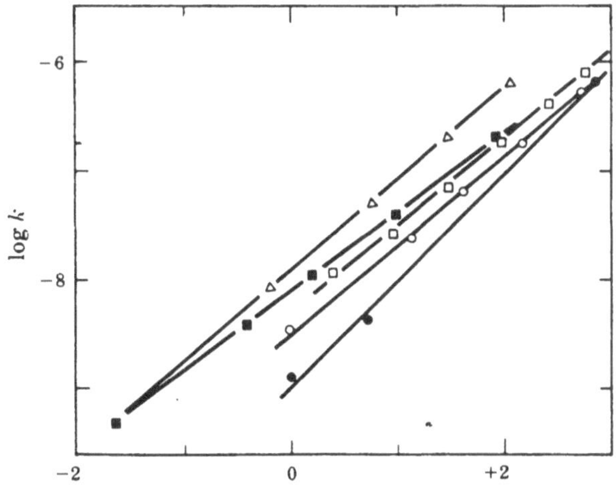

Abb. 8-9. Antragung von log k gegen Y für die Solvolyse von Neophylchlorid bei 50°C. ○ = Äthanol-Wasser, □ = Methanol-Wasser, ● = Dioxan-Wasser, ■ = Essigsäure-Wasser, △ = Essigsäure-Ameisensäure. (Nach Fainberg und Winstein [81].)

Zur Interpretation dieser Beziehung nehmen Swain und Mitarbeiter an, daß der Übergangszustand der Solvolyse von RX mit dem Lösungsmittel auf zwei verschiedene Arten in Wechselwirkung tritt: Ein Lösungsmittel-Molekül kann sich an X, ein zweites an das entstehende Carboniumion – auf der Gegenseite von X – anlagern. Man könnte sich auch vorstellen, daß sich jeder der Terme auf der rechten Seite von Gl. (29) auf eine unabhängige Reaktion bezieht; im Übergangszustand der einen, nicht aber der anderen Reaktion wäre ein Lösungsmittelmolekül im Begriff, sich an das Carboniumion anzulagern. Noch eine andere Erklärung wäre, daß ein Term sich auf den Mediumeffekt auf die reagierende Verbindung, der andere auf den Übergangszustand bezieht. Auf jeden Fall muß man sich vor Augen halten, daß eine Vier-Parameter-Gleichung stets eine sehr wirkungsvolle Methode zur Korrelation jeder Art von experimentellen Daten ist.

8.29. Charge-Transfer-Komplexe

Oft bilden sich Verbindungen von beachtlicher Stabilität zwischen Molekülen, deren eines, der Akzeptor, eine hohe Affinität für Elektronen besitzt, während das andere, der Donor, lose gebundene Elektronen enthält. Nach der Theorie von Mulliken [84] ist in solchen Verbindungen ein gewisser Teil der Ladung vom Donor auf den Akzeptor übergegangen. Man kann sich solche Komplexe also als Resonanzhybrid von $A + D$ mit der Struktur $A^- + D^+$ vorstellen, in welcher elektrostatische Bindungskräfte zwischen A und D wirksam sind. Sie besitzen sehr charakteristische, niedrige elektronische Anregungszustände und zeigen deshalb eine Absorption bei tiefen Frequenzen, die nicht mit der Absorption von A oder D allein zusammenhängt. Farblose Komponenten bilden infolgedessen oft gefärbte Verbindungen, und gefärbte Komponenten führen zu Komplexen, die bei noch niedrigeren Frequenzen absorbieren. Derartige Verbindungen werden als Charge-Transfer-, Donor-Akzeptor- oder π-Komplexe bezeichnet. Der Ausdruck π-Komplex rührt daher, daß die lose gebundenen Elektronen des Donors gewöhnlich in π-Orbitalen liegen.

Die Verbindungen von Silber-Ionen mit Olefinen [85] und von Jod mit Benzolderivaten [86] sind Charge-Transfer-Komplexe. Dasselbe gilt für die zahlreichen stark gefärbten Produkte aus Polynitroverbindungen und Aromaten, wie etwa den Komplex aus 1,3,5-Trinitrobenzol und Naphthalin [87].

Die Gleichgewichtskonstanten für die Bildung der Komplexe von Jod und Benzolderivaten in Tetrachlorkohlenstoff bewegen sich zwischen 0.151 für Benzol und 1.52 für Hexamethylbenzol [88]. Für die Verbindung (das „Pikrat") von Pikrinsäure mit Naphthalin in Chloroform ist der entsprechende Wert 1.51 [89], für die Verbindung aus 1,3,5-Trinitrobenzol und Acenaphthylen 2.43 [90].

Im allgemeinen, wenn auch vielleicht nicht immer, sind die Geschwindigkeiten der Bildung und der Dissoziation von Charge-Transfer-Komplexen sehr groß. Derartige Verbindungen können einen beträchtlichen Effekt auf das kinetische Verhalten eines Systems ausüben (Abschn. 4.19).

Das Für und Wider die Möglichkeit, ob Charge-Transfer-Komplexe einen wesentlichen Einfluß auf aromatische Substitutionsreaktionen ausüben können, war Anlaß zu zahlreichen Diskussionen*.

8.30. Multipolare oder dipolare Komplexe

Verschiedene Erscheinungen deuten darauf hin, daß Moleküle, die lokalisierte, starke elektrische Dipole enthalten, Verbindungen von beachtlicher Stabilität eingehen können. Die Stabilität hängt in diesen Fällen von der Stärke des Dipols ab. Ritchie und Mitarbeiter [92] fanden etwa, daß die Intensität der Infrarotabsorption einer verdünnten Lösung von Benzonitril in Tetrachlorkohlenstoff im Bereich des Spektrums, der charakteristisch für die CN-Gruppe ist, bei Zusatz von Dimethylsulfoxid abnimmt. Die Abnahme läßt sich durch die Bildung einer Verbindung zwischen Nitril und Sulfoxid im Verhältnis 1 : 1 (und nur in diesem) erklären. Die Komplexbildungskonstante ist 0.9; für *p*-Chlor-, *m*- und *p*-Nitro-benzonitril findet man den gleichen Wert. Die Dipolmomente der *p*-substituierten Derivate sind viel

* Vgl. dazu die ausgezeichnete Übersicht von Berliner [19].

geringer als dasjenige des unsubstituierten Nitrils, aber die Tatsache, daß sich die Dipolmomente einzelner Gruppen in Benzolderivaten beinahe additiv verhalten, zeigt, daß das lokalisierte Moment der CN-Gruppe kaum durch die Substituenten beeinflußt wird. Auf der andern Seite haben solche Substituenten einen sehr großen Einfluß auf die Geschwindigkeit und das Gleichgewicht von Prozessen, an denen vornehmlich der Stickstoff oder der Kohlenstoff der Cyanogruppe beteiligt ist. Auf Grund dessen nehmen Ritchie und Mitarbeiter an, daß sich bei der Bildung der Assoziate die CN- und OS-Dipole seitlich aneinander anlagern:

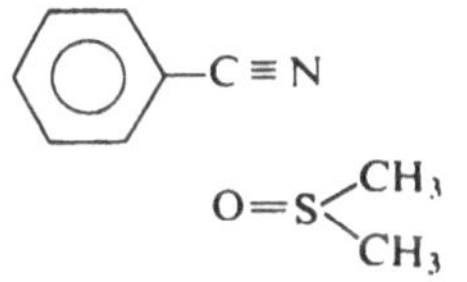

(D)

Taft und Mitarbeiter [93] stellten fest, daß die Fluor-NMR-Abschirmungsparameter von *p*-Nitrofluorbenzol relativ zu Fluorbenzol (d. h. die Differenz zwischen dem Parameter für die Nitroverbindung und demjenigen für die unsubstituierte Verbindung) in Tetrachlorkohlenstoff-Lösung wesentlich mit der Konzentration des Nitrofluorbenzols variieren. Für Konzentrationen bis zu 2 M entspricht die Änderung weitgehend der Bildung eines Dimeren mit einer Assoziationskonstante von 0.25. Der Unterschied des Abschirmungsparameters des Dimeren relativ zum Monomeren ist -1.7. Für 3,4-Difluornitrobenzol findet man eine Assoziationskonstante von 0.29. Da ein Fluor-Substituent in 3-Stellung gegenüber einer Nitrogruppe im allgemeinen einen größeren Effekt auf Reaktionsgeschwindigkeiten und Gleichgewichte hat als ein solcher in 4-Stellung, darf man wohl annehmen, daß die Assoziationskonstante für Nitrobenzol ohne Fluor-Substituent ebenfalls in der Gegend von 0.25 liegt. Mit einer Assoziationskonstante dieser Größe und der Annahme, daß das Dipolmoment des Dimeren null ist, lassen sich Höjendahls* Daten über die Konzentrationsabhängigkeit der Dielektrizitätskonstante der Lösungen von Nitrobenzol in Tetrachlorkohlenstoff in Konzentrationen bis zu 2 M quantitativ erklären. Die Daten von Burg und Jenkins [95] über den Schmelzpunkt von Lösungen von Nitrobenzol in Benzol stehen in quantitativer Übereinstimmung mit einer Dimerisationskonstante von 0.4 bei 3 °C. Sowohl der geringe Effekt eines Fluoratoms in 3-Stellung auf den Abschirmungsparameter als auch die Daten über die Dielektrizitätskonstante von Nitrobenzol-Lösungen unterstützen die Hypothese, daß das Dimere durch elektrostatische Kräfte zusammengehalten wird und daß die Gruppendipole der beiden Moleküle einander entgegengesetzt sind.
Aus einer Untersuchung von NMR-Abschirmungsparametern [96] ergibt sich, daß *p*-Nitrofluorbenzol und *p*-Nitrosofluorbenzol eine 1 : 1-Verbindung bilden. Ihre Bildungskonstante ist ungefähr gleich eins. In dieser Verbindung sind beide Fluorsignale im Vergleich zu den freien Komponenten nach tieferem Feld verschoben. Diese Tatsache unterstützt die oben erwähnte Hypothese. Die Verschiebungen betragen etwa -1.80 ppm für die Nitroso- und -1.06 für die Nitroverbindung. In

* Zitiert in [94].

allen Gleichgewichten, in denen Protonenübertragung, Wasserstoffbrücken-Bildung und Lewis-Säure-Basen-Kombination eine Rolle spielen, ist, im Gegensatz dazu, das Fluor-Signal der sauren Komponente nach höherem Feld, dasjenige der basischen Komponente nach tieferem Feld verschoben. In der Reaktion

$$FC_6H_4BCl_2 + N{\equiv}C{-}C_6H_4F \rightleftharpoons FC_6H_4{-}\overset{Cl}{\underset{Cl}{\overset{|}{\underset{|}{B^-}}}}{-}N^+{\equiv}C{-}C_6H_4F \qquad (XII)$$

beispielsweise beträgt die Verschiebung für das Fluoratom in der Borverbindung +12, für dasjenige im Nitril −10.9. Im wasserstoffbrückengebundenen Komplex von *p*-Fluorphenol mit *p*-Fluoracetophenon ist die Verschiebung für das Fluor im Phenol etwa +2, für dasjenige im Keton etwa −2.

Die NMR-Daten zeigen, daß die Bildung solcher Verbindungen sehr rasch ist, rascher als daß sie im NMR-Spektrometer verfolgt werden könnte. Ritchie nennt derartige Verbindungen „dipolare Komplexe"; Taft zieht die Bezeichnung „multipolare Komplexe" vor.

Taft und Mitarbeiter untersuchten in ähnlicher Weise die Bildung von 1 : 1-Verbindungen aus Substanzen der allgemeinen Formel *p*-XC_6H_4F, wobei X gleich NO, NO_2, CN, $COCH_3$, CF_3, $COCF_3$, SO_2F oder SO_2CF_3 ist, mit anderen Substanzen mit starkem, lokalisiertem Dipol, wobei jeweils mindestens eine der beiden Komponenten weder ein guter Wasserstoffbrücken-Donor noch -Akzeptor war. Substanzen

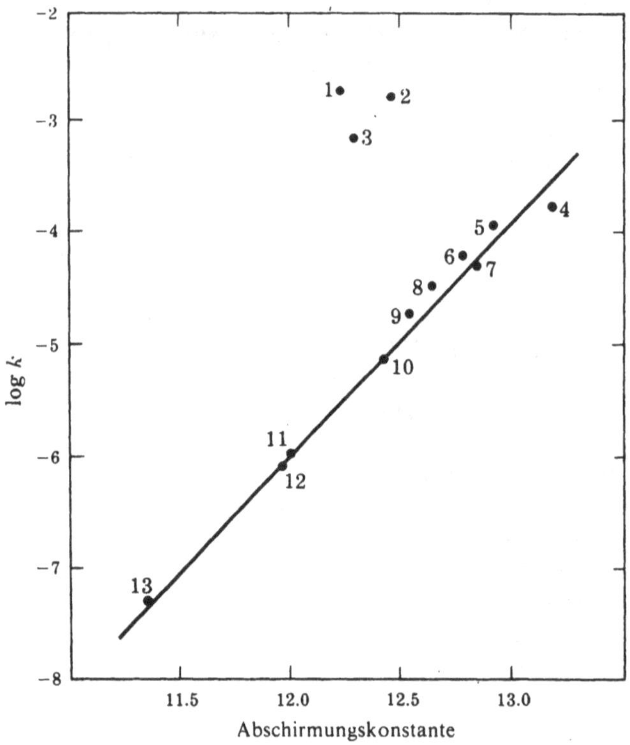

Abb. 8-10. Korrelation von log *k* für die Solvolyse von *p*-Methoxyneophyl-toluolsulfonat mit dem Fluor-NMR-Abschirmungsparameter von *p*-Nitrosofluorbenzol. 1 = Essigsäure, 2 = Methanol, 3 = Äthanol, 4 = Dimethylsulfoxid, 5 = Nitromethan, 6 = Acetonitril, 7 = Dimethylformamid, 8 = Essigsäureanhydrid, 9 = Pyridin, 10 = Aceton, 11 = Äthylacetat, 12 = Tetrahydrofuran, 13 = Diäthyläther. (Daten von Taft, Klingensmith, Price und Fox [96].)

in der zweiten Gruppe waren unter anderem $(CH_3)_2SO$, CH_3CN, $C_6H_5NO_2$, $(CH_3)_2NCHO$, $(CH_3CO)_2O$, Pyridin, Diäthylketon und Äthylacetat. Die Assoziationskonstanten gehen mehr oder weniger parallel mit der Größe des Dipolmoments des einzelnen, dominierenden polaren Zentrums.

Taft wies darauf hin, daß der Übergangszustand von Solvolysereaktionen oder von Reaktionen wie etwa

$$NH_3 + RX \rightarrow RNH_3^+ + X^- \qquad \text{(XIII)}$$

eine Struktur mit einem starken lokalisierten Dipol ist. Er sollte somit multipolare Komplexe mit Lösungsmitteln bilden, die ebenfalls starke lokalisierte Dipole enthalten. In der Tat geht die Bildung solcher Verbindungen, wie sie durch die Fluor-NMR-Abschirmungsparameter aufgezeigt wird, sehr schön parallel mit der Geschwindigkeit von typischen Solvolysereaktionen. In Abb. 8-10 ist $\log k$ für die Solvolyse von *p*-Methoxyneophyltoluolsulfonat gegen die Abschirmungsparameter von *p*-Nitrosofluorbenzol relativ zu Fluorbenzol für eine Anzahl von Lösungsmitteln dargestellt. Für Lösungsmittel, die keine Wasserstoffbrücken-Donoren sind, ist die Korrelation über einen Bereich der spezifischen Geschwindigkeit von mehr als drei Größenordnungen ausgezeichnet. Wie zu erwarten, ist die Geschwindigkeit in Essigsäure, Methanol und Äthanol erheblich größer als in Lösungsmitteln, die Verbindungen ähnlicher Stabilität mit *p*-Nitrosofluorbenzol bilden, in denen jedoch keine Wasserstoffbrücken bestehen. Für Substitutionsreaktionen zweiter Ordnung der Art

$$(CH_3)_3N + p\text{-}NO_2C_6H_4CH_2Cl \rightarrow (CH_3)_3NCH_2C_6H_4NO_2^+ + Cl^- \qquad \text{(XIV)}$$

findet man ähnliche Parallelitäten.

Offensichtlich ist die Bildung von multipolaren Komplexen zwischen polaren Lösungsmitteln und Übergangszuständen, Reaktanden oder beiden ein wesentlicher Faktor für den Einfluß des Lösungsmittels auf die Reaktivität. Die Fluor-NMR-Abschirmung gibt ein mächtiges Werkzeug für die Untersuchung dieser Art von molekularer Wechselwirkung an die Hand [97].

8.31. Literatur

1. Gurney, R. W., „Ionic Processes in Solution", McGraw-Hill Book Co., New York 1953.
2. Kirkwood, J. G., *J. Chem. Phys.*, *2:* 351 (1934).
3. Geddes, J. A. und C. A. Kraus, *Trans. Faraday Soc.*, *32:* 585 (1936).
4. Denison, J. T. und J. B. Ramsey, *J. Am. Chem. Soc.*, *77:* 2615 (1955).
5. Fuoss, R. M., *J. Am. Chem. Soc.*, *80:* 5059 (1958).
6. Kraus, C. A., *J. Chem. Educ.*, *35:* 324 (1958).
7. Fuoss, R. M. und L. Onsager, *J. Phys. Chem.*, *67:* 628 (1963).
8. Nash, G. R. und C. B. Monk, *Trans. Faraday Soc.*, *54:* 1650 (1958); R. L. Kay und D. F. Evans, *J. Am. Chem. Soc.*, *86:* 2748 (1964).
9. Inami, Y. H., H. K. Bodenseh und J. B. Ramsey, *J. Am. Chem. Soc.*, *83:* 4745 (1961).
10. Witschonke, C. R. und C. A. Kraus, *J. Am. Chem. Soc.*, *69:* 2472 (1947).
11. Copenhafer, D. T. und C. A. Kraus, *J. Am. Chem. Soc.*, *73:* 4557 (1951); H. S. Young und C. A. Kraus, *ibid.* 4732.
12. Gordy, W. C. und S. C. Stanford, *J. Chem. Phys.*, *8:* 170 (1940); L. P. Hammett, *ibid.* 644.

13. Arnett, E. M., *Progr. Phys. Org. Chem.*, *1:* 256 (1963).
14. Tamres, M., S. Searles, E. M. Leighly und D. W. Mohrman, *J. Am. Chem. Soc.*, *76:* 3983 (1954).
15. Davis, M. M., Acid-Base Behavior in Aprotic Organic Solvents, *Natl. Bur. Std. U.S. Monograph* 105, 1968.
16. Davis, M. M. und P. J. Schuhman, *J. Res. Natl. Bur. Std.*, *39:* 221 (1947); M. M. Davis und M. Paabo, *J. Am. Chem. Soc.*, *82:* 5081 (1960).
17. Yerger, E. A. und G. M. Barrow, *J. Am. Chem. Soc.*, *77:* 6206 (1955).
18. Barrow, G. M., *J. Am. Chem. Soc.*, *78:* 5802 (1956).
19. Coetzee, J. F. und G. P. Cunningham, *J. Am. Chem. Soc.*, *87:* 2534 (1965).
20. Kolthoff, I. M. und M. K. Chantooni, Jr., *J. Am. Chem. Soc.*, *85:* 426 (1963).
21. Kolthoff, I. M. und M. K. Chantooni, Jr., *J. Am. Chem. Soc.*, *85:* 2195 (1963).
22. Agarwal, B. R. und R. M. Diamond, *J. Phys. Chem.*, *67:* 2785 (1963).
23. Bufalini, J. und K. H. Stern, *J. Am. Chem. Soc.*, *83:* 4362 (1961).
24. Bartlett, P. D. und H. J. Dauben, Jr., *J. Am. Chem. Soc.*, *62:* 1339 (1940).
25. Lund, H., *Acta Chem. Scand.*, *12:* 298 (1958).
26. Allerhand, A. und P. von R. Schleyer, *J. Am. Chem. Soc.*, *85:* 1233 (1963).
27. Ralph, E. K., III., und W. R. Gilkerson, *J. Am. Chem. Soc.*, *86:* 4783 (1964).
28. Coetzee, J. F. und G. R. Padmanabhan, *J. Am. Chem. Soc.*, *87:* 5005 (1965).
29. Lichtin, N. N., *Progr. Phys. Org. Chem.*, *1:* 88 (1963).
30. Lippincott, E. R. und F. E. Welch, *Spectrochim. Acta*, *17:* 47 (1956).
31. Kay, R. L. und D. F. Evans, *J. Am. Chem. Soc.*, *86:* 2748 (1964).
32. Hyne, J. B., *J. Am. Chem. Soc.*, *85:* 304 (1963).
33. Gilkerson, W. R., und J. B. Ezell, *J. Am. Chem. Soc.*, *87:* 3812 (1965).
34. Alexander, R. und A. J. Parker, *J. Am. Chem. Soc.*, *89:* 5549 (1967).
35. Parker, A. J., *Quart. Rev.* (*London*), *16:* 163 (1962).
36. Miller, J. und A. J. Parker, *J. Am. Chem. Soc.*, *83:* 117 (1961).
37. Prue, J. E. und P. J. Sherrington, *Trans. Faraday Soc.*, *57:* 1795 (1961).
38. Fredenhagen, K. und J. Dahmlos, *Z. Anorg. Allgem. Chem.*, *179:* 77 (1929); K. Fredenhagen, *ibid.*, *186:* 1 (1930).
39. Zaugg, H. E., B. E. Horrom und S. Borgwardt, *J. Am. Chem. Soc.*, *82:* 2895 (1960).
40. Brown, T. L. und M. T. Rogers, *J. Am. Chem. Soc.*, *79:* 1859 (1957).
41. Berkowitz, J., D. A. Bafus und T. L. Brown, *J. Phys. Chem.*, *65:* 1380 (1961).
42. Weiner, M. A. und R. West, *J. Am. Chem. Soc.*, *85:* 485 (1963).
43. Cherma, Z. K., G. W. Gibson und J. F. Eastham, *J. Am. Chem. Soc.*, *85:* 3517 (1963).
44. Brown, T. L., D. W. Dickerhoof und D. A. Bafus, *J. Am. Chem. Soc.*, *84:* 1371 (1962).
45. Hogen-Esch, T. E. und J. Smid, *J. Am. Chem. Soc.*, *88:* 307, 318 (1966).
46. Chan, L. L. und J. Smid, *J. Am. Chem. Soc.*, *89:* 4547 (1967).
47. Cram, D. J., B. Rickborn und G. R. Knox, *J. Am. Chem. Soc.*, *82:* 6412 (1960).
48. Parker, A. J., *J. Chem. Soc.*, *1961:* 1328.
49. Coniglio, B. O., D. E. Giles, W. R. McDonald und A. J. Parker, *J. Chem. Soc.*, *B 1966:* 152.
50. Zaugg, H. E., *J. Am. Chem. Soc.*, *82:* 2903 (1960); *83:* 837 (1961).
51. Winstein, S., L. G. Savedoff, S. Smith, I. D. R. Stevens und J. S. Gall, *Tetrahedron Letters*, *9:* 24 (1960).
52. McCleary, H. R. und L. P. Hammett, *J. Am. Chem. Soc.*, *63:* 2254 (1941).
53. Weaver, W. M. und J. D. Hutchinson, *J. Am. Chem. Soc.*, *86:* 261 (1964).
54. Wittig, G. und E. Stahnecker, *Ann.*, *605:* 69 (1957).
55. Zook, H. D. und T. Russo, *J. Am. Chem. Soc.*, *82:* 1258 (1960).
56. Zook, H. D. und W. L. Gumby, *J. Am. Chem. Soc.*, *82:* 1386 (1960).
57. Carvajal, C., K. J. Tölle, J. Smid und M. Swarc, *J. Am. Chem. Soc.*, *87:* 5548 (1965)
58. Evans, A. G. und D. B. George, *J. Chem. Soc.*, *1961:* 4653; A. G. Evans und N. H. Rees, *ibid. 1963:* 6039; R. A. H. Casling, A. G. Evans und N. H. Rees, *ibid. B 1966:* 519.
59. Margerison, D. und J. P. Newport: *Trans. Faraday Soc.*, *59:* 2058 (1963).
60. Weiner, M., G. Vogel und R. West, *Inorg. Chem.*, *1:* 654 (1962).
61. Kornblum, N., R. Seltzer und P. Haberfield, *J. Am. Chem. Soc.*, *85:* 1148 (1963).
62. Kornblum, N., P. J. Berrigan und W. J. le Noble, *J. Am. Chem. Soc.*, *85:* 1142 (1963).
63. Mac, Y. C., W. A. Millen, A. J. Parker und D. W. Watts, *J. Chem. Soc.*, *B 1967:* 525.
64. Ritchie, C. D., G. A. Skinner und V. G. Badding, *J. Am. Chem. Soc.*, *89:* 2063 (1967).

65. London, F., *Z. Physik, 63:* 245 (1930).
66. Hildebrand, J. H. und R. L. Scott, „The Solubility of Nonelectrolytes", 3. Aufl., Reinhold Publishing Corporation, New York 1950.
67. Schmidt, G. C., *Z. Physik. Chem., 99:* 71 (1921).
68. Zawidski, J. von, *Z. Physik. Chem., 35:* 129 (1900).
69. Prigogine, I. und R. Defay, „Thermodynamique chimique", S. 414, Desoer, Liège 1950.
70. Scatchard, G., S. E. Wood und J. M. Mochel, *J. Am. Chem. Soc., 68:* 1962 (1946).
71. Leffler, J. E. und E. Grunwald, „Rates and Equilibria of Organic Reactions", John Wiley & Sons, New York 1963.
72. Leffler, J. E., *J. Org. Chem., 20:* 1201 (1955).
73. Alder, M. G. und J. E. Leffler, *J. Am. Chem. Soc., 76:* 1425 (1954).
74. Olson, A. R. und R. S. Halford, *J. Am. Chem. Soc., 59:* 2644 (1937).
75. Winstein, S. und A. H. Fainberg, *J. Am. Chem. Soc., 79:* 5937 (1957).
76. Arnett, E. M., P. M. Duggleby und J. J. Burke, *J. Am. Chem. Soc., 85:* 1351 (1963); E. M. Arnett, W. G. Bentrude, J. J. Burke und P. M. Duggleby, *ibid., 87:* 1541 (1965).
77. Moelwynn-Hughes, E. A., R. E. Robertson und S. Sugamori, *J. Chem. Soc., 1965:* 1965.
78. Martin, J. G. und R. E. Robertson, *J. Am. Chem. Soc., 88:* 5354 (1966).
79. Bartlett, P. D. und I. Pockel, *J. Am. Chem. Soc., 60:* 1585 (1938); P. D. Bartlett und H. J. Dauben, *ibid. 62:* 1339 (1940). Wegen weiterer Beispiele zu diesem Effekt vgl. P. D. Bartlett und R. W. Nebel, *ibid. 62:* 1345 (1940); E. Gelles, E. D. Hudges und C. K. Inbold, *J. Chem. Soc., 1954:* 2918; M. F. Hawthorne und D. J. Cram, *J. Am. Chem. Soc., 76:* 3451 (1954); C. G. Swain und M. W. Kreevoy, *ibid. 77:* 1122 (1955).
80. Grunwald, E. und S. Winstein, *J. Am. Chem. Soc., 70:* 846 (1948).
81. Fainberg, A. H. und S. Winstein, *J. Am. Chem. Soc., 79:* 1608 (1957).
82. Smith, S. G., A. H. Fainberg und S. Winstein, *J. Am. Chem. Soc., 83:* 618 (1961).
83. Swain, C. G., R. B. Mosely und D. E. Bown, *J. Am. Chem. Soc., 77:* 3731 (1955).
84. Mulliken, R. S., *J. Am. Chem. Soc., 72:* 600 (1950); *74:* 811 (1952).
85. Eberz, W. F., H. J. Wedge, D. M. Yost und H. J. Lucas, *J. Am. Chem. Soc., 59:* 54 (1937).
86. Benesi, H. A. und J. H. Hildebrand, *J. Am. Chem. Soc., 70:* 2832 (1948); *71:* 2703 (1949).
87. Briegleb, G., „Elektronen-Donator Komplexe", Springer Verlag, Berlin-Göttingen-Heidelberg 1961.
88. Keefer, R. M. und L. J. Andrews, *J. Am. Chem. Soc., 77:* 2164 (1955).
89. Ross, S. D. und I. Kuntz, *J. Am. Chem. Soc.,76:* 74 (1954).
90. von Halban, H. und E. Zempelmann, *Z. Physik. Chem., A 117:* 461 (1925).
91. Berliner, E., *Progr. Phys. Org. Chem., 2:* 253 (1964).
92. Ritchie, C. D., B. A. Bierl und R. J. Honour, *J. Am. Chem. Soc., 84:* 4687 (1962); C. D. Ritchie und A. L. Pratt, *ibid. 86:* 1571 (1964).
93. Taft, R. W., G. B. Klingensmith und S. Ehrenson, *J. Am. Chem. Soc., 87:* 3620 (1965).
94. Smyth, C. P., „Dielectric Constant and Molecular Structure", S. 173, The Chemical Catalog Co. 1931.
95. Bury, C. R. und H. O. Jenkins, *J. Chem. Soc., 1934:* 688.
96. Taft, R. W., G. B. Klingensmith, E. Price und I. R. Fox: *U. S. Army Res. Off. Symp. Linear Free Energy Correlations*, Durham, N.C., Oct. 21, 1964, preprints of papers, S. 265.
97. Taft, R. W., E. Price, I. R. Fox, I. C. Lewis, K. K. Andersen und G. T. Davis, *J. Am. Chem. Soc., 85:* 709, 3146 (1963); M. Karplus und T. P. Das, *J. Chem. Phys., 34:* 1683 (1961); F. Posser und L. Goodman, *ibid. 38:* 374 (1963); R. W. Taft, F. Prosser, L. Goodman und G. T. Davis, *ibid. 38:* 380 1963).

9. Die quantitative Untersuchung von Säuren und Basen

9.1. Der elektrometrische pH in wäßriger Lösung

Chemiker reden sehr oft in Ausdrücken wie „mehr oder weniger sauer, mehr oder weniger basisch". Leider ist es unmöglich, dieser Terminologie eine Bedeutung, die zugleich allgemein gültig und präzise wäre, zuzuschreiben.
Für verdünnte wäßrige Lösungen kennt man den elektrometrischen pH, eine exakt definierte und äußerst nützliche Größe. Sie läßt sich leicht mit handelsüblichen Instrumenten bestimmen und spielt eine große Rolle bei der Untersuchung von biologischen Systemen und bei der Kontrolle von industriellen Prozessen. Der elektrometrische pH in einer wäßrigen Lösung X ist definiert als:

$$\mathrm{pH_X} = -\frac{\mathbf{F}}{2.303\mathbf{R}T}(\mathscr{E}_\mathrm{X} - \mathscr{E}_0) \qquad (1)$$

Dabei ist $\mathscr{E}_\mathrm{X}$ die elektromotorische Kraft der galvanischen Zelle:

Referenz-Elektrode | Referenz-Lösung | gesättigte KCl-Lösung | Lösung X |
Meß-Elektrode

$\mathscr{E}_0$ ist definiert als

$$\mathscr{E}_0 = \mathscr{E}_\mathrm{st} + \frac{2.303\mathbf{R}T}{\mathbf{F}}\mathrm{pH_{st}} \qquad (2)$$

wobei $\mathscr{E}_\mathrm{st}$ die elektromotorische Kraft der Zelle

Referenz-Elektrode | Referenz-Lösung | gesättigte KCl-Lösung |
Standard-Lösung | Meß-Elektrode

bedeutet. Referenz-Elektrode, Referenz-Lösung und Meß-Elektrode sind für beide Zellen gleich.
Der elektrometrische pH wird als $-\log a_{\mathrm{H}^+}$, d. h. als negativer Logarithmus der Wasserstoffionenaktivität interpretiert. Dabei ergeben sich jedoch zwei Schwierigkeiten: Erstens bilden sich stets Potentialdifferenzen an den Berührungsstellen zwischen der gesättigten KCl-Lösung und der Lösung X sowie der Referenz-Lösung. Diese Potentiale tragen zum gemessenen Potential der Zelle bei. Zur Zeit ist keine Theorie vorhanden, die die Werte der Potentialdifferenzen an solchen Verbindungsstellen eindeutig voraussagen könnte. Es ist auch kaum anzunehmen, daß eine solche Theorie in absehbarer Zeit zur Verfügung stehen wird.
Die zweite Schwierigkeit liegt darin, daß Ionenaktivitäten keine Bedeutung haben, wenn man nicht irgendeinem Ion einen willkürlichen Wert zuschreibt (Abschn. 2.18).

Für pH-Messungen in wäßriger Lösung setzt man den Aktivitätskoeffizienten des Chlorid-Ions γ_{Cl^-} wie folgt an:

$$\log \gamma_{Cl^-} = -\frac{AI^{1/2}}{1 + 1.5I^{1/2}} \tag{3}$$

Bates [1] hat die Konsequenzen dieser Zuordnung untersucht: Er führte Messungen an Zellen aus, die sowohl Wasserstoff- wie auch Chlorid-Ionen enthalten und in denen keine wesentlichen Potentialdifferenzen an den Verbindungsstellen auftreten. Aus diesen Messungen lassen sich eindeutige Werte für das Produkt $a_{H^+} a_{Cl^-}$ bestimmen. Durch ähnliche Messungen in verdünnter wäßriger Salzsäure läßt sich das Produkt der Aktivitäten so definieren, daß:

$$\lim_{c \to 0} \frac{a_{H^+} a_{Cl^-}}{c_{H^+} c_{Cl^-}} = 1 \tag{4}$$

Die Aktivität des Wasserstoff-Ions ergibt sich damit zu $a_{H^+} a_{Cl^-}/c_{Cl^-} \gamma_{Cl^-}$, wobei γ_{Cl^-} durch Gl. (3) definiert ist.

In dieser Weise stellte Bates eine in sich selbst konsistente Reihe von Standard-Lösungen auf. King [2] nimmt an, daß pH-Werte, die in einer im wesentlichen wäßrigen Lösung bei einer Ionenstärke von weniger als 0.1 und im pH-Bereich zwischen 2 und 12 gemessen werden, innerhalb von $\pm$ 0.02 Einheiten unabhängig von der verwendeten Standard-Lösung sind. Daß die elektrometrische pH-Bestimmung in wäßriger Lösung so gut funktioniert, muß man sicher als Glücksfall betrachten. Es ist klar, daß jede Ausdehnung der Interpretation der praktischen Messung über die angegebenen Genauigkeitsgrenzen hinaus gefährlich ist.

9.2. Elektrometrische Bestimmung der Acidität in nichtwäßriger Lösung

Trotz allem haben elektrometrische Bestimmungen der Acidität in einem einzelnen nichtwäßrigen Lösungsmittel große Bedeutung. An der Elektrode, die für solche Zwecke verwendet wird, läuft der folgende Prozeß ab:

$$HA + e \rightleftharpoons A^- + H \tag{I}$$

H ist gasförmiger Wasserstoff im Fall der Wasserstoffelektrode und eine Form des Wasserstoff-Ions, die im Glas gelöst ist, im Fall der Glaselektrode. Der Beitrag dieses Prozesses an das Zell-Potential ist somit $(1/F)(\mu_{HA} - \mu_{A^-} - \mu_H)$. Dies gilt für jede vorhandene Säure, eingeschlossen SH^+, die konjugate Säure des Lösungsmittels S, vorausgesetzt, daß die verschiedenen Säure-Base-Paare in mobilem Gleichgewicht stehen. Infolgedessen darf $\mu_{SH^+} - \mu_S$ für $\mu_{HA} - \mu_{A^-}$ substituiert werden. Verwendet man identische Elektroden, so hat μ_H in der Lösung X den gleichen Wert wie in der Standard-Lösung. Sind die Lösungen verdünnt, so hat außerdem μ_S in beiden Lösungen praktisch den gleichen Wert. Kann man die Differenz der Effekte der zwei Verbindungsstellen der Flüssigkeiten vernachlässigen, so läßt sich der pH-Wert der Lösung X gegenüber einem Standard im gleichen Lösungsmittel definieren als:

$$pH_X = pH_{st} - \frac{(\mu_{SH^+})_X - (\mu_{SH^+})_{st}}{RT} \tag{5}$$

Sollen die μ_{SH^+}-Werte eine Bedeutung haben, so sind wiederum gewisse Annahmen nötig. In Ermangelung eines besseren Wertes setzt man gewöhnlich μ_{SH^+} für alle Lösungen gleich eins, in der Hoffnung, dies sei eine nützliche Näherung.

In wäßrigen Lösungen wird Kaliumchlorid in der Salzbrücke verwendet. Als Grund für diese Wahl wird meistens angegeben, daß das Kation und das Anion die gleiche Beweglichkeit hätten und daß die Löslichkeit groß sei. Es ist indessen keineswegs sicher, daß die große Beweglichkeit ein wesentlicher Faktor ist. Wünschenswert ist offenbar, daß in der Brücke eine hohe Salzkonzentration herrscht und daß an der Verbindung nicht zwei verschiedene Lösungsmittel beteiligt sind. Nicht notwendig ist eine Salzbrücke, wenn es unter den Umständen der Messung möglich ist, den gleichen Elektrolyten in der gleichen, relativ hohen Konzentration in der Lösung X und in der Standard-Lösung gelöst zu haben. In diesem Fall hat γ_{SH^+} für beide Lösungen praktisch den gleichen Wert, und die zusätzliche Messung mit einer Referenz-Elektrode ist nicht nötig. Dieselben Schlüsse ergeben sich vermutlich auch dann, wenn die Elektrolyte in den beiden Lösungen ähnlich, aber nicht identisch sind. Dies mag etwa der Fall sein, wenn jede Lösung ein Puffergemisch einer sterisch mäßig anspruchsvollen organischen Säure und des entsprechenden Salzes mit dem gleichen Kation ist.

Sogar in Lösungsmitteln, die von Wasser so verschieden sind wie etwa Acetonitril [3, 4] und Dimethylsulfoxid [5] scheint die pH-Bestimmung mit der Glaselektrode zu einem nützlichen Maß für die Acidität zu führen. Für beide Lösungsmittel empfiehlt es sich, eine Salzbrücke aus 0.1 M Tetraäthylammonium-perchlorat im betreffenden Lösungsmittel und eine Referenz-Elektrode aus Silbermetall in einer Silbersalzlösung im gleichen Lösungsmittel zu verwenden.

Wie man einer Messung, bei der das Lösungsmittel in der Lösung X und in der Standard-Lösung nicht gleich ist, irgendwelche Bedeutung beimessen kann, ist schwierig einzusehen.

9.3. Aciditäts-Bestimmungen mit Indikatoren

Ein Säure-Base-Indikator läßt sich definieren als ein konjugates Säure-Base-Paar, bei dem sich die Lichtabsorption der Säure und der Base in irgendeinem leicht zugänglichen Spektralbereich wesentlich unterscheiden. Ursprünglich wurde der Ausdruck „Indikator“ nur für Säure-Base-Paare verwendet, bei denen eine sichtbare Differenz in der Farbe oder der Farbintensität zwischen Säure und Base besteht. In Anbetracht der modernen Geräte besteht indessen kein Grund, den Ausdruck in dieser Weise einzuschränken, oder auch nur, ihn auf die Absorptions-Spektrophotometrie zu beschränken. Für eine brauchbare Messung mit einem Indikator ist es nur nötig, daß die Intensität der Absorption oder einer anderen Meßgröße so groß ist, daß nur sehr geringe Indikatorkonzentrationen notwendig sind, die die Acidität der Lösung nicht in feststellbarem Maße beeinflussen.

Die gemessene Größe ist eine Absorptions-Intensität, die sich mit dem Verhältnis I der Konzentration der sauren Form des Indikators zu derjenigen der basischen Form in Verbindung bringen läßt. Die Gleichgewichtsbeziehung, die dabei eine Rolle spielt, läßt sich schreiben als

$$\frac{a_{H^+} a_B}{a_A} = K^{\circ\circ} \tag{6}$$

wobei die a die Aktivitäten des Wasserstoff-Ions, der basischen Form B und der sauren Form A des Indikators darstellen. $K^{\circ\circ}$, der Referenz-Wert der Indikator-Konstante, ist gegeben durch

$$K^{\circ\circ} = \lim_{c \to 0} \frac{[SH^+][B]}{[A]} \tag{7}$$

in einem Referenz-Lösungsmittel S, in dem der Grenzwert (bei verschwindender Konzentration) lim a/c nach Definition für alle beteiligten Substanzen gleich eins ist. Da die Konzentrationen von A und B klein sind, darf man annehmen, daß γ_A und γ_B in jedem Lösungsmittel gleich eins sind. Damit führt Gl. (6) zu:

$$I = \frac{a_{H^+} a_B^\circ}{K^{\circ\circ} a_A^\circ} \tag{8}$$

a_A° und a_B° sind Standard-Aktivitäten* (Abschn. 2.10); die zwei Formen des Indikators werden dabei als die einzigen gelösten Partikel betrachtet.
Wenn zwei Indikatoren X und Y in kleinen Konzentrationen zu separaten Teilen einer gut gepufferten Lösung gegeben werden, so gilt:

$$\frac{I_X}{I_Y} = \frac{K_Y^\circ}{K_X^\circ} \tag{9}$$

K°, die Indikator-Konstante im betreffenden Medium, ist dabei gegeben durch:

$$K^\circ = K^{\circ\circ} \frac{a_A^\circ}{a_B^\circ} \tag{10}$$

Es ist somit möglich, das Verhältnis der K°-Werte für zwei beliebige Indikatoren in jedem Medium zu bestimmen, in welchem man I für beide messen kann. Im allgemeinen ist dieses Verhältnis eine Funktion des Mediums, da das Verhältnis a_A°/a_B° vom Medium abhängig ist. Betrachten wir einen Extremfall: Wählt man Wasser als Referenz-Lösungsmittel und zwei Indikatoren, die die gleichen $K^{\circ\circ}$-Werte besitzen, wobei jedoch X in der basischen Form ein neutrales Anilin-Derivat, Y da-

* In früheren Publikationen habe ich anstelle von a° das Symbol f verwendet. Auch das Symbol γ ist dafür gebräuchlich. In diesem Zusammenhang ist es besonders wichtig, zwischen den Größen a^c, γ und $a = a^c\gamma$, wie ich sie in Abschn. 2.7 und 2.10 definiert habe, zu unterscheiden.

gegen ein negativ geladenes Derivat eines Phenolat-Ions ist, so ist K_Y°/K_X° in verdünnter wäßriger Salzsäure gleich eins, in einer verdünnten HCl-Lösung in Äthanol dagegen etwa 10^5.
Sind die Messungen auf ein einziges Lösungsmittel beschränkt, so sind a_A° und a_B° konstant, und es gilt:

$$a_{H^+} = [SH^+]\gamma_{SH^+} \tag{11}$$

Dabei ist SH^+ das Lyonium-Ion, d. h. die konjugate Säure des Lösungsmittels. Unter dieser – und nur unter dieser – Voraussetzung ermöglicht die Messung von I zusammen mit der Kenntnis von K° eine Bestimmung der Acidität der Lösung, die nicht vom verwendeten Indikator abhängt.

9.4. Die Aciditätsfunktion H_0

Trotzdem ist es möglich, aus Indikator-Messungen ohne die Beschränkung auf ein einziges Lösungsmittel – wenn auch nicht ein eindeutiges Maß für die Acidität einer Lösung –, so doch ein interpretierbares Spektrum solcher Maße zu erhalten. Zu diesem Zwecke muß man eine Gruppe von Indikatoren auslesen, deren molekulare Struktur in der Gegend, in der die Protonen-Übertragung stattfindet, so ähnlich wie möglich ist. Die primären Nitroaniline bilden beispielsweise eine solche Gruppe.
Mit Wasser als Referenz-Lösungsmittel ist *p*-Nitroanilin eine genügend starke Base, so daß I in so verdünnter wäßriger Lösung gemessen werden kann, daß eine recht präzise Bestimmung von $K^{\circ\circ}$ mit Hilfe von Gl. (7) möglich ist. Aus einer Betrachtung der sehr genau übereinstimmenden Resultate in einer Anzahl wäßriger Lösungen von starken Säuren haben Paul und Long [7] den Wert +0.99 für die Größe $pK^{\circ\circ} = -\log K^{\circ\circ}$ für diese gewonnen.
Der Wert von I für *p*-Nitroanilin ist in Schwefelsäure-Wasser-Systemen bis zu einem Gehalt an Schwefelsäure von etwa 24% mit guter Genauigkeit meßbar. In diesem Bereich kann man als Arbeitshypothese ein Maß H_0 für die Acidität der Lösung definieren als:

$$H_0 = pK^{\circ\circ} - \log I \tag{12}$$

Nach Gl. (8) ergibt sich daraus:

$$H_0 = -\log a_{H^+} \frac{a_B^\circ}{a_A^\circ} \tag{13}$$

H_0 ist also ein Maß für die Fähigkeit der Lösung, ein Proton auf eine Base zu übertragen, für die sich das Verhältnis a_B°/a_A° bei einem Wechsel des Mediums in der gleichen Weise wie für *p*-Nitroanilin ändert.
Dieses Maß für die Acidität läßt sich auf höhere Säurekonzentrationen ausdehnen. Man macht dazu Gebrauch von den folgenden Tatsachen: 1. Für die schwächere Base *o*-Nitroanilin läßt sich I im Bereich von Schwefelsäure-Konzentrationen von

9 bis 24% ebensogut wie für *p*-Nitroanilin bestimmen. 2. In diesem Bereich ändert sich die Differenz zwischen den log *I*-Werten für die beiden Basen nicht meßbar. 3. Diese Differenz ist in einer Anzahl von Mischungen von starken Säuren und Wasser fast gleich groß, nämlich 1.24 in Schwefelsäure, 1.28 in Salzsäure, 1.31 in Salpetersäure und 1.30 in Perchlorsäure. Aus Gl. (9) und (10) folgt:

$$\log I_o - \log I_p = \mathrm{p}K_o^{\circ\circ} - \mathrm{p}K_p^{\circ\circ} + \log \frac{a_{\mathrm{B}o}^{\circ}\, a_{\mathrm{A}p}^{\circ}}{a_{\mathrm{B}p}^{\circ}\, a_{\mathrm{A}o}^{\circ}} \qquad (14)$$

Der Index *p* bezieht sich dabei auf *p*-Nitroanilin, der Index *o* auf *o*-Nitroanilin. Die Tatsache, daß die Differenz $\log I_o - \log I_p$ im Überlappungsbereich der beiden Indikatoren praktisch konstant ist, bedeutet, daß der letzte Term in Gl. (14) für alle diese starken Säure-Wasser-Mischungen im wesentlichen unabhängig vom Medium ist. Es ist nicht unvernünftig anzunehmen, daß diese Konstanz auch über den Überlappungsbereich bis in sehr verdünnte wäßrige Lösungen hinausreicht. Der letzte Term hat somit den Wert Null. Soweit diese Annahme berechtigt ist, geht Gl. (14) über in:

$$\log I_o - \log I_p = \mathrm{p}K_o^{\circ\circ} - \mathrm{p}K_p^{\circ\circ} \qquad (15)$$

Der Grenzwert der Indikator-Konstante von *o*-Nitroanilin bezogen auf Wasser ist damit bestimmt. Paul und Long [7] fanden als besten Wert für diese Größe −0.29. Dieses Verfahren zur Bestimmung der $K^{\circ\circ}$-Werte von Basen, für die direkte Messungen nicht möglich sind, wird oft als Überlappungs-Methode bezeichnet. Die Annahme,

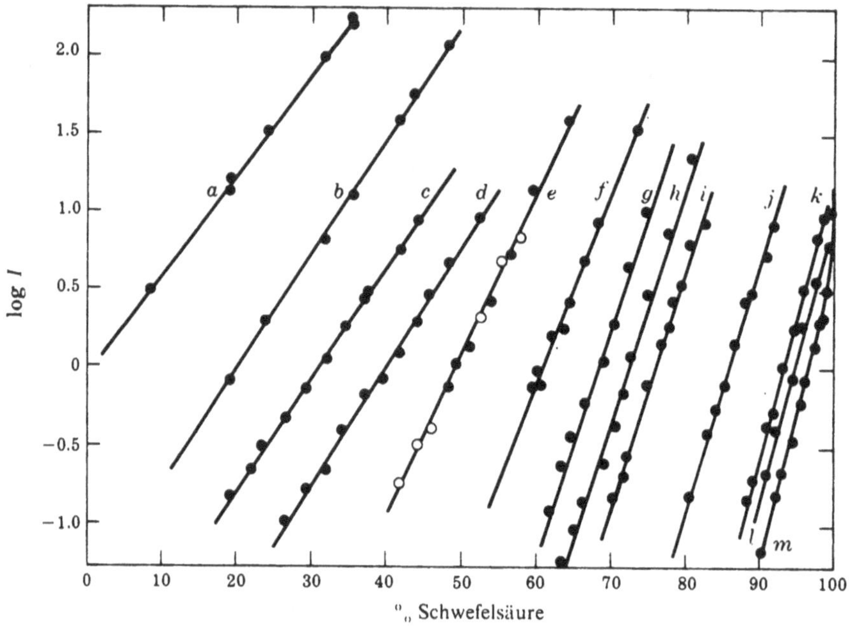

Abb. 9-1. Werte von log *I* für Indikatoren des H_0-Typs in Schwefelsäure-Wasser-Mischungen. Die Buchstaben *a*–*m* beziehen sich auf Tab. 9.1. (Nach Jorgensen und Hartter [10].)

die ihm zugrunde liegt, wird Überlappungs-Annahme genannt. Mit Hilfe des nunmehr bekannten $pK^{\circ\circ}$-Wertes von *o*-Nitroanilin lassen sich H_0-Werte für wäßrige Schwefelsäure im Bereich von 24 bis 35% bestimmen. In diesem Bereich ist *I* meßbar für *o*-Nitroanilin; für *p*-Nitroanilin ist *I* jedoch zu klein für eine Bestimmung.

Der Wert von *I* für *p*-Chlor-*o*-nitroanilin ist in wäßriger Schwefelsäure in einem Bereich von 19 bis 51% meßbar. Im Bereich von 19 bis 35% läßt sich *I* auch für *o*-Nitroanilin bestimmen. Die Differenz in den log *I*-Werten der beiden Basen ist im wesentlichen konstant bei 0.72. Sie liegt somit zwischen 0.71 und 0.77 für Mischungen von anderen starken Säuren und Wasser. Mit der Überlappungs-Methode erhielten Paul und Long [7] −1.03 als besten Wert für den $pK^{\circ\circ}$-Wert von *p*-Chlor-*o*-nitroanilin. Bascombe und Bell [8] fanden mit modernen spektrophotometrischen Mitteln den Wert −1.02.

Das Überlappungs-Verfahren läßt sich so lange wiederholen, wie man passende Indikatoren findet. Aus den frühen Arbeiten von Hammett und Deyrup [9] und den neueren Untersuchungen von Jorgensen und Hartter [10] ist eine Serie von primären Nitroanilin-Derivaten bekannt, für die *I* für jeweils mindestens zwei Indikatoren in allen Schwefelsäure-Wasser-Mischungen bis zu Säurekonzentrationen von 98% bestimmt werden kann. Die Differenz zwischen den log *I*-Werten von je zwei Indikatoren im Überlappungs-Bereich ist nahezu konstant. Die Abweichung bei den Indikatoren *d* und *e* ist mehr scheinbar als echt. In Tab. 9.1 sind die $pK^{\circ\circ}$-Werte dieser Indikatoren zusammengestellt. Tab. 9.2 zeigt, wie die H_0-Werte mit der Säurekonzentration variieren. Eine graphische Darstellung von H_0 gegen die Schwefelsäurekonzentration findet sich in Abb. 9-2.

Tab. 9.1. pK -Werte von Indikatoren des H_0-Typs in Schwefelsäure-Wasser- und Perchlorsäure-Wasser-Systemen.

	H_2SO_4 [a]	$HClO_4$ [b]
m-Nitroanilin	+2.50	
p-Nitroanilin	+0.99	
o-Nitroanilin (*a*)[c]	−0.29	−0.29
4-Chlor-2-nitroanilin (*b*)	−1.03	−1.07
2,5-Dichlor-4-nitroanilin (*c*)	−1.78	−1.79
2-Chlor-6-nitroanilin (*d*)	−2.43	−2.41
2,6-Dichlor-4-nitroanilin (*e*)	−3.27	−3.20
2,4-Dichlor-6-nitroanilin (*e*)	−3.27	
2,4-Dinitroanilin (*f*)	−4.53	−4.26
2,6-Dinitroanilin (*g*)	−5.54	−5.25
4-Chlor-2,6-dinitroanilin (*h*)	−6.14	−6.12
2-Brom-4,6-dinitroanilin (*i*)	−6.68	−6.69
3-Methyl-2,4,6-trinitroanilin (*j*)	−8.22	−8.56
3-Brom-2,4,6-trinitroanilin (*k*)	−9.46	−9.77
3-Chlor-2,4,6-trinitroanilin (*l*)	−9.71	
2,4,6-Trinitroanilin (*m*)	−10.10	

[a] Daten von Hammett und Deyrup [9], nach der Bearbeitung von Paul und Long [7] und von Jorgensen und Hartter [10].
[b] Daten von Yates und Wai [11].
[c] Die Buchstaben beziehen sich auf Abb. 9-1.

Yates und Wai [11] bestimmten die p$K^{\circ\circ}$-Werte einer Anzahl primärer Nitroaniline mit großer Sorgfalt aus Messungen in Perchlorsäure-Wasser-Mischungen und ermittelten die entsprechenden H_0-Werte. Die p$K^{\circ\circ}$-Werte sind auch in Tab. 9.1 zusammengestellt. In den meisten Fällen entsprechen sie praktisch den Werten, die aus Messungen in Schwefelsäure-Wasser-Systemen erhalten wurden. Man muß bedenken, daß der Wert für 2,4-Dinitroanilin in Schwefelsäure-Wasser-Mischungen mit der alten Methode der visuellen Kolorimetrie bestimmt wurde; er dürfte einer der am wenigsten zuverlässigen Werte sein. Die H_0-Werte in Perchlorsäure-Mischungen entsprechen bemerkenswert genau denen in Schwefelsäure-Mischungen mit der gleichen prozentualen Zusammensetzung. Dies gilt bis zu Säurekonzentrationen von 50%. Darüber wird H_0 in Perchlorsäure-Lösungen bedeutend schneller negativ als

Tab. 9.2. Aciditätsfunktionen und verwandte Daten für Schwefelsäure-Wasser-Systeme.[a]

% Säure	H_0	H'''	H_I	H'_R	H_A	$\log a_w$	$\log c_A$	$H_0 + \log c_A$
5	+0.11	+0.01	+0.05	−0.06			−0.28	−0.17
10	−0.31	−0.53	−0.55	−0.69	−0.29	−0.026	+0.03	−0.28
15	−0.66	−0.99	−0.97	−1.28	−0.70		+0.228	−0.43
20	−1.01	−1.47	−1.42	−1.86	−1.00	−0.059	+0.367	−0.64
25	−1.37	−1.96	−1.85	−2.46	−1.25	−0.086	+0.479	−0.89
30	−1.72	−2.44	−2.35	−3.10	−1.50	−0.124	+0.572	−1.15
35	−2.06	−2.93	−2.88	−3.82	−1.74	−0.175	+0.653	−1.41
40	−2.41	−3.46	−3.42	−4.55	−2.00	−0.246	+0.726	−1.68
45	−2.85	−4.01	−4.02	−5.31	−2.24	−0.341	+0.782	−2.07
50	−3.38	−4.54	−4.65	−6.15	−2.51	−0.454	+0.853	−2.53
55	−3.91	−5.11	−5.32	−7.07	−2.77	−0.604	+0.910	−3.00
60	−4.46	−5.91	−6.06	−8.13	−3.10	−0.793	+0.962	−3.50
65	−5.08	−6.73	−6.87	−9.13	−3.38	−1.040	+1.014	−4.07
70	−5.80	−7.65	−7.79	−10.16	−3.74	−1.363	+1.061	−4.74
75	−6.56	−8.53			−4.15	−1.765	+1.106	−5.45
80	−7.34	−9.44		−11.84	−4.62	−2.282	+1.148	−6.19
85	−8.14	−10.30			−5.02	−2.79	+1.187	−6.95
90	−8.92	−11.14		−13.23	−5.57	−3.51	+1.221	−7.70
95	−9.85	−11.89		−13.61		−4.47	+1.249	−8.60
100	−12.2							

[a] Die H_0-Werte bis zu 55% Schwefelsäure entsprechen den Angaben von Paul und Long [7]. Diese beruhen, abgesehen von einer kritischen Betrachtung der Extrapolation auf Wasser als Bezugs-Lösungsmittel, auf den kolorimetrischen Daten von Hammett und Deyrup [9]. Die H_0-Werte für Säurekonzentrationen von 60% und mehr stammen aus Jorgensen und Hartter [10]. Die H'''-Werte wurden der Zusammenstellung von Arnett und Mach [18] entnommen. Einige wurden durch Interpolation erhalten. Die H_I-Werte wurden durch Extrapolation aus der Zusammenstellung von Hinman und Lang [19] ermittelt. Die H'_R-Werte wurden aus den H_R-Werten von Deno, Jaruzelski und Schriesheim [22] berechnet; dazu wurden die in der Tabelle eingeschlossenen $\log a_w$-Werte verwendet. Die H_A-Werte wurden durch Interpolation aus den Daten von Yates, Stevens und Katritzky [20], die durch Daten von Johnson, Katritzky und Shakir [21] ergänzt waren, erhalten. Die Werte von $\log a_w$ bis zu 65% Säure stammen aus Shankman und Gordon [12]. Die Werte bei höheren Konzentrationen wurden den „International Critical Tables", Band III, S. 302, entnommen.

in Schwefelsäure-Lösungen. Bei einer Säurekonzentration von 80% ist H_0 etwa -10.75 in Perchlorsäure und -7.34 in Schwefelsäure.

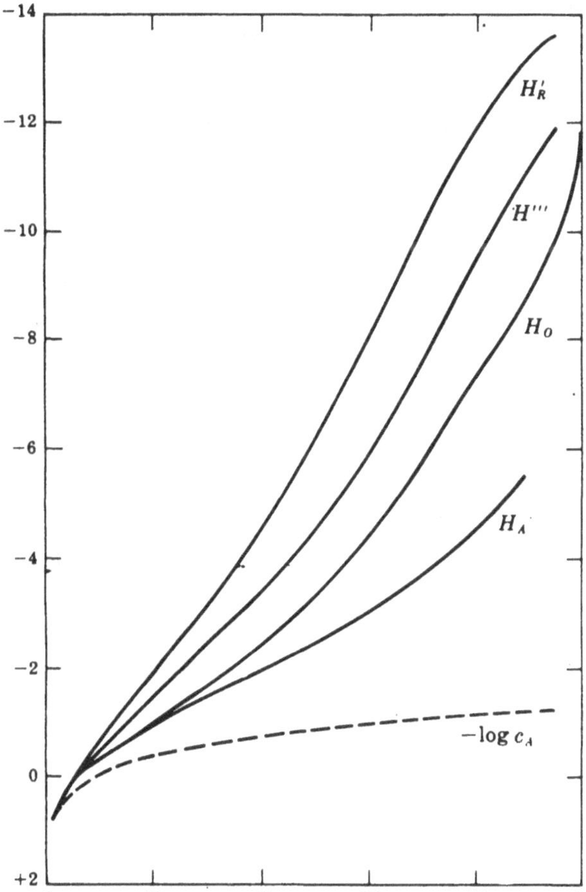

Abb. 9-2. Aciditätsfunktionen in Schwefelsäure - Wasser - Mischungen.

H_0-Werte, die allein aus Messungen mit primären Nitroanilinen bestimmt worden sind, sind für wäßrige Salzsäure bis zu 38%, für wäßrige Phosphorsäure bis zu 85% und für wäßrige *p*-Toluolsulfonsäure bis zu 55% bekannt [13]. Werte, die nicht nur mit Hilfe von primären Nitroanilin-Indikatoren bestimmt worden sind, stehen für Fluorwasserstoffsäure-Wasser-Mischungen von 0 bis 100% Säure [14, 15], für $DCl-D_2O$- und $D_2SO_4-D_2O$-Mischungen [16] und eine Reihe weiterer Säure-Wasser-Mischungen zur Verfügung [7]. Die Werte für die Deuterium-Systeme entsprechen weitgehend denjenigen in den Wasserstoff-Systemen.

9.5. Eine historische Bemerkung*

1923, vielleicht sogar noch etwas später, erzählte ich meinen Studenten jeweils in der Vorlesung über qualitative Analyse, daß HCl in Benzol eine schwächere Säure sei als in Wasser, da es weniger ionisiert sei; die Tatsache, daß die Benzol-Lösung nicht mit Calciumcarbonat reagiere, mache dies deutlich. Bis 1927 kam ich zur Überzeugung, 1. daß Wasser eine Base im gleichen Sinn wie Ammoniak ist; 2. daß das sog. Wasserstoff-Ion in wäßriger Lösung OH_3^+ ist (entsprechend dem Ammonium-Ion NH_4^+ in flüssigem Ammoniak); 3. daß die Acidität von HCl, wie sie durch beliebige Gleichgewichts- oder Geschwindigkeitsphänomene gemessen wird, in Benzol größer ist als in Wasser; 4. daß Wasser in seiner Eigenschaft als Base die Aciditätsunterschiede von starken Säuren maskiert oder ausgleicht und die Bestimmung der relativen Stärke von schwachen Basen in wäßriger Lösung verunmöglicht. – Diese radikale Meinungsänderung ging mehr als auf alles andere auf Ideen von Hantzsch [17] zurück; ebenfalls stark beeinflußt war ich durch Brönsteds Arbeiten sowie Franklins Untersuchungen über Lösungen in flüssigem Ammoniak.
Basierend auf diesen Ideen entwickelten Deyrup und ich eine Serie von Indikatoren mit überlappendem Meßbereich, die die Bestimmung der Acidität von Systemen reichend von Wasser bis zu 100% Schwefelsäure erlaubten [9]. Weiter definierten wir die Aciditätsfunktion H_0 und zeigten, daß dieses Maß für die Acidität wesentlich zum Verständnis der kondensierenden und dehydratisierenden Wirkung von starken Säuren beiträgt. Als einzige Werkzeuge standen uns ein visuelles Kolorimeter und ein Beckmann-Gefrierpunktsapparat zur Verfügung. Es waren die Beschränkungen dieser Hilfsmittel, nicht eigentlich eine freie Wahl, die uns zur Auswahl der Indikatoren (zumeist primäre Nitroaniline) führten. Wir wissen heute, daß dies ein Glücksfall war, daß wir, hätten wir eine größere Auswahl gehabt, leicht in größte Verwirrung hätten geraten können. Trotz aller Beschränkungen leistete Deyrup so hervorragende Arbeit, daß sie, ausgenommen im Bereich über 60% Schwefelsäure, in späteren Arbeiten mit modernen Spektrophotometern nicht wesentlich revidiert wurde.

9.6. Die Aciditätsfunktionen H''', H_I und H_A

H_0 ist, wie die Zeit gezeigt hat, keineswegs ein besonders ausgezeichnetes Maß für die Acidität. Arnett und Mach [18] stellten eine Gruppe von N,N-Dialkylanilinen und N-Alkyl-nitrodiphenylaminen zusammen, die eine Aciditätsfunktion H''' definieren. H''' ändert sich mit steigender Säurekonzentration bedeutend rascher als H_0. Mit dieser Gruppe ist I für jeweils mindestens zwei Indikatoren in allen Schwefelsäure-Wasser-Mischungen bis zu 96% Säure meßbar. Die Bereiche einander folgender Indikatoren überlappen gut, und die Differenz in den log I-Werten ist mit guter Genauigkeit unabhängig von der Säurekonzentration. Die p$K^{\circ\circ}$-Werte, die mit der Überlappungs-Methode bestimmt wurden, reichen von +0.66 für N,N-Dimethyl-4-nitroanilin bis zu −10.56 für N-Methyl-2,4,2',4'-tetranitrodiphenylamin. Werte von H''', die definiert sind als $H''' = pK^{\circ\circ} + \log I$ und die auf diesen p$K^{\circ\circ}$-Werten basieren, sind für Schwefelsäure-Wasser-Mischungen in Tab. 9.2 zusammen-

* Dieser Abschnitt ist im wesentlichen ein Auszug aus *J. Chem. Ed.*, *43*: 464 (1966) (vgl. Abschn. 4.25).

gestellt. Eine graphische Darstellung von H''' als Funktion der Säurekonzentration findet sich in Abb. 9-2.

Hinman und Lang [19] definierten in ähnlicher Weise eine Aciditätsfunktion H_I auf der Grundlage des Verhaltens einer Gruppe von alkylierten Indolen, deren p$K^{\circ\circ}$-Werte von $+0.30$ für 1,2-Dimethylindol bis -6.31 für Tryptamin reichen. Einander folgende Indikatoren überlappen auch in diesem Fall gut, und die Differenz zwischen den entsprechenden log I-Werten ist zufriedenstellend unabhängig von der Säurekonzentration. Die Werte von H_I für Schwefelsäure-Wasser-Mischungen sind ebenfalls in Tab. 9.2 enthalten. Sie sind den H'''-Werten sehr ähnlich.

Yates, Stevens und Katritzky [20] führten eine Aciditätsfunktion H_A ein, die sich mit zunehmender Säurekonzentration weniger schnell als H_0 ändert. Sie basiert auf dem Verhalten einer Gruppe von Amiden, deren p$K^{\circ\circ}$-Werte von -1.23 für 2-Pyrrolcarboxamid bis -4.08 für 2,4,6-Trinitro-benzamid reichen. Die Bedingungen für die Überlappungs-Methode sind erfüllt. Darstellungen von log I gegen die Schwefelsäurekonzentration für eine Anzahl von Pyridin-N-oxiden verlaufen parallel zu den entsprechenden Darstellungen für die Amide [21]. Die basischeren Pyridin-Derivate wurden verwendet, um die H_A-Skala bei geringen Aciditäten genauer zu fixieren. Entsprechend wurde die Skala mit Phenazin-5,10-dioxid auf etwas höhere Aciditäten ausgedehnt. Die H_A-Werte für Schwefelsäure-Wasser-Mischungen sind ebenfalls in Tab. 9.2 gegeben. Eine Antragung von H_A gegen die Säurekonzentration findet sich in Abb. 9-2.

Der einzige Grund, H_0 gegenüber den anderen Aciditätsfunktionen den Vorrang zu geben, ist, daß sich im Verlauf der Zeit zu dieser Funktion sehr viele experimentelle Daten angesammelt haben.

9.7. Die Aciditätsfunktionen H_R und H'_R

Historisch an zweiter Stelle unter den Aciditätsfunktionen rangiert die H_R-Funktion von Deno, Jaruzelski und Schriesheim [22]. Sie basiert auf einer überlappenden Serie von Arylcarbinolen, die von 4,4',4''-Trimethoxy-triphenylmethanol (p$K^{\circ\circ}$ = $+0.82$) über 4,4',4''-Trinitro-triphenylmethanol (p$K^{\circ\circ}$ = -16.27) bis zu 2,4,6-Trimethyl-benzylalkohol (p$K^{\circ\circ}$ = $-17{,}38$) reicht. Sie unterscheidet sich von den oben diskutierten Funktionen dadurch, daß die Reaktion, deren Ablauf durch die Änderung der Lichtabsorption angezeigt wird, nicht bloß in der Addition eines Protons an eine neutrale Base besteht. Vielmehr ist sie von der Art

$$(C_6H_5)_3COH + H^+ \rightleftharpoons (C_6H_5)_3C^+ + H_2O \qquad \text{(II)}$$

Je nach der Säurekonzentration geht das entstandene Wasser in mehr oder weniger großem Maße in das Oxonium-Ion über. Definiert man also die Funktion H_R als

$$H_R = \mathrm{p}K^{\circ\circ} - \log I \qquad (16)$$

so muß man dies als

$$H_R = -\log a_{H^+} \frac{a^{\circ}_{ROH}}{a^{\circ}_{R^+}} + \log a_w \qquad (17)$$

verstehen, wobei a_w die Aktivität des Wassers bedeutet. Definiert man dagegen die Aciditätsfunktion H'_R durch die Beziehung

$$H'_R = pK^{\circ\circ} - \log I - \log a_w \tag{18}$$

so ist:

$$H'_R = -\log a_{H^+} \frac{a^{\circ}_{ROH}}{a^{\circ}_{R^+}} \tag{19}$$

Man sollte somit erwarten, daß H'_R eher mit H_0 und den andern oben diskutierten Aciditätsfunktionen vergleichbar ist als H_R. Tatsächlich fanden Deno, Groves und Saines [23], daß die Antragung von log I gegen H'_R für die Anlagerung eines Protons an Diarylolefine (wie etwa 1,1-Diphenyl-äthylen) innerhalb der experimentellen Fehlergrenze die Steigung 1 besitzt. Die Werte von H'_R für Schwefelsäure-Wasser-Mischungen sind in Tab. 9.2 zusammengestellt. Die graphische Darstellung von H'_R als Funktion der Schwefelsäurekonzentration ist in Abb. 9-2 eingeschlossen. H'_R ändert sich bedeutend rascher mit zunehmender Säurekonzentration als irgendeine der oben diskutierten Aciditätsfunktionen. H_R nimmt fast genau zweimal so schnell zu wie H_0.

9.8. Weitere Daten zu Aciditätsfunktionen

Für wäßrige Salzsäure, Phosphorsäure und Toluolsulfonsäure stehen die Werte von H''' zur Verfügung [24]. H_I ist für Perchlorsäure [19], H_A für Salzsäure [25] bekannt. H_R und H'_R wurden für Perchlorsäure und Salpetersäure [26] und für Salzsäure, Phosphorsäure und Toluolsulfonsäure [24] bestimmt.

9.9. Die Drei-Variabeln-Hypothese

Die Art, in der die Darstellungen der verschiedenen Aciditätsfunktionen in Abb. 9-2 ausfächern, ohne sich zu schneiden, legt den Schluß nahe, daß das Ausmaß, in dem eine Base in Mischungen von starken Säuren und Wasser in die konjugate Säure umgewandelt wird, eine Funktion von drei – und nur drei – Variabeln ist. Vernünftigerweise wird man den Grad der Umwandlung der Base in die konjugate Säure unter bestimmten Referenz-Bedingungen als eine dieser Variabeln wählen. Man kann dies als die Stärke der Base bezeichnen und durch die $pK^{\circ\circ}$-Werte darstellen. Man muß jedoch im Auge behalten, daß diese Werte lediglich die relative Stärke einer Gruppe von Basen in einem willkürlich definierten Referenz-Medium angeben. Eine zweite Variable kann man als Acidität der Lösung bezeichnen. Sie stellt die Tendenz der Lösung, ein Proton auf eine Base zu übertragen, dar. Diese Tendenz nimmt mit steigender Säurekonzentration zu. Die dritte Variable nennt man am besten Solvatationsvariable. Sie muß ein Maß für das unterschiedliche Verhalten von gleich starken Basen in verschiedenen Medien sein. Die Hypothese, daß nur drei Variablen eine Rolle spielen, wird durch die folgenden beiden Tatsachen ganz wesentlich unterstützt: 1. Die H'''- und die H_I-Funktion sind beinahe identisch. 2. Das Verhalten von Pyridin-N-oxiden steht mit der H_A-Funktion in Übereinstimmung.

9.10. Die Solvatationsvariable ϕ

Für die zweite Variable käme etwa eine der Aciditätsfunktionen (wegen der in Abschn. 9.6 erwähnten Vorrangstellung vermutlich H_0) in Frage. Bunnett und Olsen [27] haben indessen gezeigt, daß die Wahl der Größe $H_0 + \log c_A$ wesentliche Vorteile bietet. c_A ist dabei die Molarität der Säure. Wie Abb. 9-3 und 9-4 zeigen, verläuft die Funktion von $H_X + \log c_A$ vs. $H_0 + \log c_A$ gleichmäßig gegen den Ursprung des Koordinatensystems. Die Funktion von H_X vs. H_0 zeigt dagegen im gleichen Bereich eine scharfe Krümmung. Weiter sind die Kurven in den Abb. 9-3 und 9-4 eher linear als Darstellungen von H_X gegen H_0. H_X bedeutet hier eine andere Aciditätsfunktion als H_0.

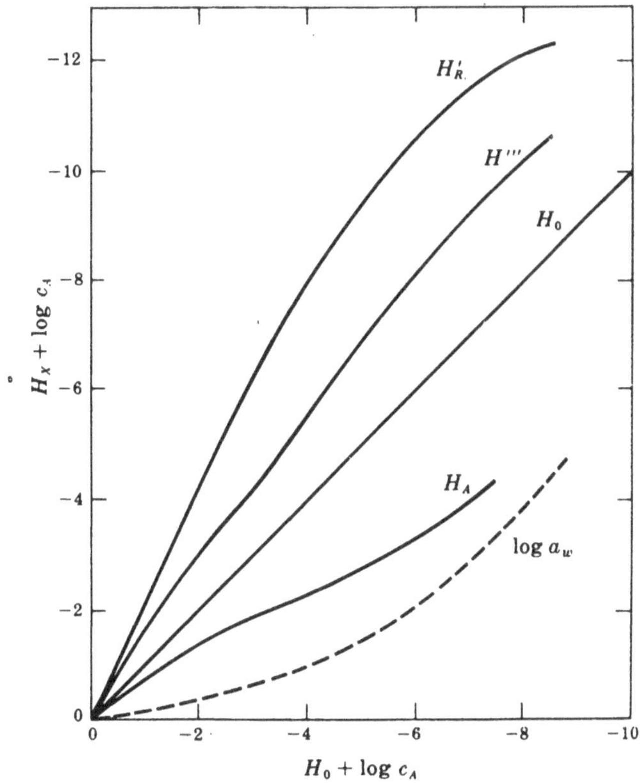

Abb. 9-3. Antragung von $H_X + \log c_A$ gegen $H_0 + \log c_A$ für verschiedene Aciditätsfunktionen in Schwefelsäure-Wasser-Mischungen.

Bunnett und Olsen definieren die Größe $\phi_i - 1$ für eine Base i als die Steigung einer Antragung von $\log I_i - \log c_A$ gegen $H_0 + \log c_A$. Handelt es sich bei der Base um eine der Klasse X, auf die H_X angewendet werden kann, so gilt:

$$\log I_i - \log c_A = pK_i^{\circ\circ} - (H_X + \log c_A) \tag{20}$$

Die Definition bedeutet infolgedessen:

$$1 - \phi = \frac{\delta(H_X + \log c_A)}{\delta(H_0 + \log c_A)} \tag{21}$$

Für Basen der Klasse X ist also $1 - \phi$ gleich der Steigung der Antragung von $H_X + \log c_A$ gegen $H_0 + \log c_A$.

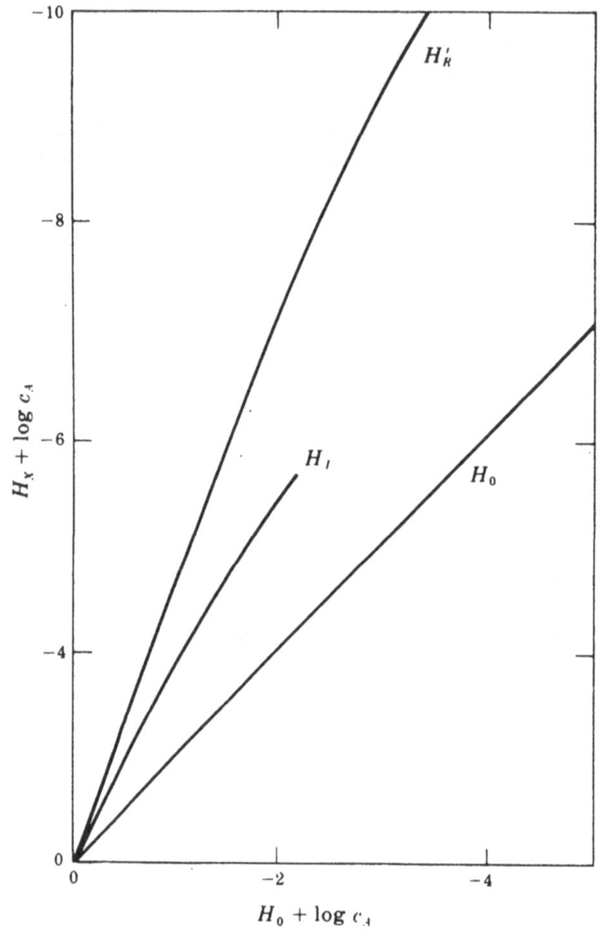

Abb. 9-4. Antragung von $H_X + \log c_A$ gegen $H_0 + \log c_A$ für verschiedene Aciditätsfunktionen in Perchlorsäure-Wasser-Mischungen.

Wäre die Steigung konstant, so ginge Gl. (21) über in:

$$\log I_i - \log c_A = \mathrm{p}K_i^{\circ\circ} + (\phi - 1)(H_0 + \log c_A) \tag{22}$$

Bunnett und Olsen vermuten, daß die Krümmung, insbesondere im Fall der H_A-Funktion, auf Fehler bei der Bestimmung von H_X nach der Überlappungs-Methode zurückzuführen ist. Nach Gl. (22) wäre also der Achsenabschnitt der Darstellung von $\log I_i - \log c_A$ für eine Base i als Funktion von $H_0 + \log c_A$ gleich dem Wert $\mathrm{p}K_i^{\circ\circ}$. Innerhalb der beschränkten Genauigkeit, in der Gl. (22) gelten würde, stünde damit ein Mittel zur Verfügung, die $\mathrm{p}K^{\circ\circ}$-Werte für Basen einer unbekannten Klasse abzuschätzen und die I-Werte für Basen bekannter Klassen vorauszusagen. Dieses Verfahren könnte möglicherweise verfeinert werden, indem man die Krümmung berücksichtigte.

Der Wert von ϕ in einem willkürlich gewählten Medium, etwa in einem, für das $H_0 + \log c_A = -4$ ist, ist ein brauchbarer numerischer Wert für die Solvatationsvariable.
Über die log I-Werte von einzelnen Basen oder kleinen Gruppen von verwandten Basen stehen recht viele Informationen zur Verfügung. Zahlreiche entsprechende ϕ-Werte finden sich in der Arbeit von Bunnett und Olsen. Es ist ziemlich klar, daß ϕ oder irgendeine andere Solvatationsvariable, die man wählen könnte, eine kontinuierlich verlaufende Größe ist. Die in Abb. 9-2 bis 9-4 eingezeichneten Kurven stellen lediglich eine Auswahl aus einer unendlichen Anzahl von sich nicht schneidenden Linien gleichen allgemeinen Charakters dar, die alle durch Interpolation mit recht guter Genauigkeit gefunden werden könnten.
Die sehr gute Übereinstimmung zwischen H''' und H_I zeigt, daß Basen mit sehr verschiedener Struktur den gleichen Wert der Solvatationsvariable haben können. Anderseits können Basen von offensichtlich ähnlicher Struktur verschiedene ϕ-Werte besitzen. Dies läßt sich aus der Tatsache ersehen, daß Hinman und Lang [19] die H_I-Funktion, der ein ϕ-Wert von etwa 0.5 zukommt, basierend auf dem konsistenten Verhalten einer Gruppe von alkylierten Indolen entwickeln konnten, obwohl Indol selbst einen ϕ-Wert von fast Null besitzt und sich die ϕ-Werte verschiedener anderer substituierter Indole erheblich von 0.5 unterscheiden.

9.11. Die Vieldeutigkeit des Konzepts der Acidität

Es kann heute kein Zweifel mehr bestehen, daß eine eindeutige praktikable Definition der Acidität eines Systems eine ganz vertrackte Sache ist. Qualitativ drückt man etwas Wesentliches aus, wenn man etwa sagt, daß 80proz. wäßrige Schwefelsäure stärker sauer ist als 5prozentige. In diesen Worten manifestiert sich übrigens eine Änderung der Ausdrucksweise: Vor 50 Jahren hätte man die 80proz. Säure als weniger stark sauer bezeichnet, weil sie weniger stark dissoziiert ist. Bezogen auf einen Standard, die Reaktion mit Basen des H'_R-Typs, ist die 80proz. Säure um 11.8 logarithmische Einheiten stärker sauer als die 5prozentige; bezogen auf einen andern Standard, die Reaktion mit Basen des H_A-Typs, ist sie jedoch nur um 4.3 Einheiten stärker sauer. Vergleicht man verschiedene Säuren, so verschwimmt das Konzept der Acidität einer Lösung noch weit mehr: 80proz. Phosphorsäure etwa ist, bezogen auf den Standard der Reaktion mit Basen des H_0-Typs, um 0.86 Einheiten weniger stark sauer als 55proz. Schwefelsäure; bezogen auf Reaktionen mit Basen des H'_R-Typs ist sie dagegen um 0.37 Einheiten stärker sauer [24].

9.12. Standard-Aktivitäten in Mischungen von starken Säuren und Wasser

Damit eine bestimmte Aciditätsfunktion für zwei Basen gilt, ist es notwendig, daß die Größe $\delta_M \log (a^\circ_{BH^+}/a^\circ_B)$ für beide Basen den gleichen Wert besitzt. Der Operator δ_M bezeichnet den Effekt der Änderung der Säurekonzentration. Die Linearität der Darstellungen in Abb. 9-3 und 9-4 in einem beschränkten Bereich bedeutet nicht nur, daß die Größe $\delta_M \log (a^\circ_{BH^+}/a^\circ_B)$ für eine Base einer Klasse proportional zur ent-

sprechenden Größe für eine Base einer anderen Klasse sein muß, sondern auch, daß diese beiden Größen proportional zur Größe $\delta_M \log(a_{H^+}/c_A)$ sein müssen.
In Anbetracht dieser Erfordernisse erscheint das individuelle Verhalten der Größen $\delta_M \log a_B^\circ$ und $\delta_M \log a_{BH^+}^\circ$ sehr überraschend. Diese Werte lassen sich durch Löslichkeits- oder Verteilungsmethoden bestimmen, der erste in Lösungen, in denen die Umwandlung von B in BH^+ vernachlässigbar ist, der zweite in Lösungen, in denen diese Umwandlung praktisch vollständig ist. Für eine schwerlösliche gelöste Substanz B ist das Produkt sa°, wobei s die Löslichkeit ist, beinahe unabhängig vom Medium, wenn keine Umwandlung in BH^+ stattfindet. Infolgedessen ist die Standard-Aktivität in einer Lösung X gegeben durch

$$a_X^\circ = \frac{s^\circ}{s_X} \tag{23}$$

wobei s_X die Löslichkeit im Medium X, s° diejenige im Referenz-Medium darstellt.

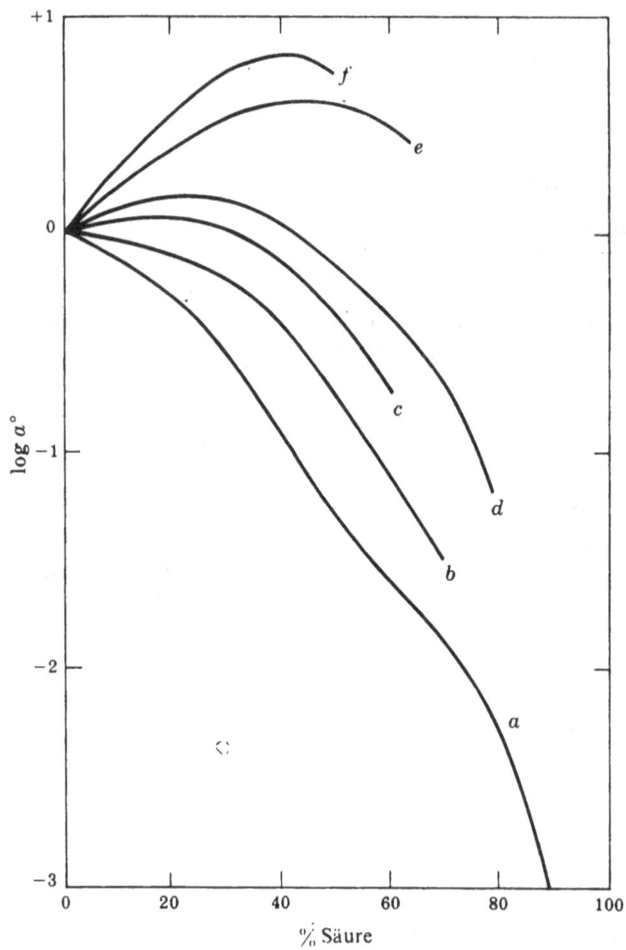

Abb. 9-5. Standardaktivitäten in Schwefelsäure-Wasser-Mischungen. (a) 2,4,6-Trinitroanilin, (b) 2,4-Dinitroanilin, (c) 2,6-Dichlor-4-nitroanilin (Daten von Boyd [29]); (d) Nitrobenzol, (e) Benzoesäure (Daten von Hammett und Chapman [28]); (f) Triphenylcarbinol [29].

In Abb. 9-5 sind Werte von log a°, die Hammett und Chapman [28] sowie Boyd [29] in dieser Weise ermittelten, gegen den Schwefelsäuregehalt angetragen. Keine der beteiligten Substanzen liegt im dargestellten Bereich zu einem wesentlichen Teil in Form der konjugaten Säure vor. Sweeting und Yates [30] untersuchten die Löslichkeit einer Anzahl von Benzamiden in Schwefelsäure-Wasser-Mischungen. Die Änderung der Standardaktivitäten gleicht derjenigen der Nitroaniline, die in Abb. 9-5 gezeigt ist. Der Wert von log a° für 2,4-Dinitro-benzamid ist eine lineare Funktion des entsprechenden Wertes für 2,4-Dinitroanilin.

Boyd [29] fand, daß die Pentacyanpropen-Salze mancher organischer Basen schwerlöslich in Schwefelsäure-Wasser-Mischungen sind. Aus der Beziehung

$$\left(\frac{s_{XP}}{s^{\circ}_{XP}}\right)^2 = \frac{1}{a^{\circ}_{X^+}\,a^{\circ}_{P^-}} \tag{24}$$

in der X^+ ein Kation und P^- das Pentacyanpropenid-Anion ist, folgt für Salze von zwei Kationen X^+ und Y^+:

$$\left(\frac{s_{XP}\,s^{\circ}_{YP}}{s^{\circ}_{XP}\,s_{YP}}\right)^2 = \frac{a^{\circ}_{Y^+}}{a^{\circ}_{X^+}} \tag{25}$$

Einige von Boyds $\log(a^{\circ}_{Y^+}/a^{\circ}_{X^+})$-Werten, wobei Y^+ Tetraäthylammonium-Ion ist, sind in Abb. 9-6 als Funktion der Schwefelsäurekonzentration aufgetragen. Die Werte für *p*-Nitro- und *p*-Chloranilinium-Ionen liegen nahe bei denjenigen für Anilinium-Ionen; diejenigen für *m*-Nitroanilinium-Ionen sind etwa halb so groß.

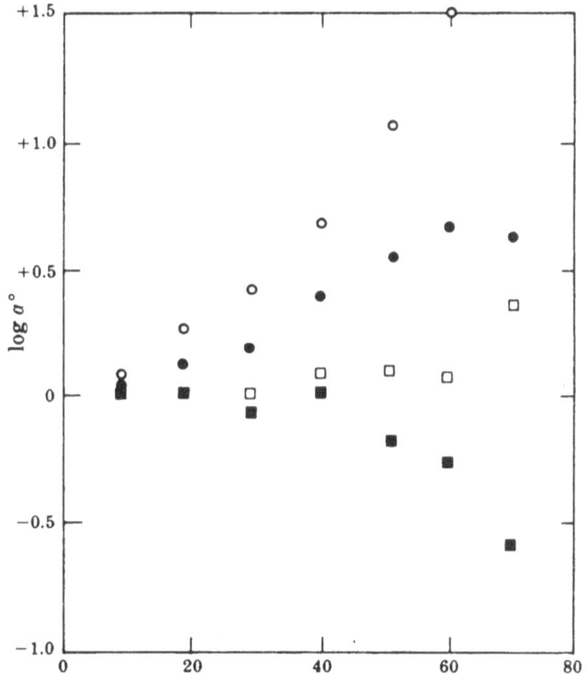

Abb. 9-6. Standardaktivitäten bezogen auf Tetraäthylammonium-Ion in Schwefelsäure-Wasser-Mischungen.
○ = Anilinium-Ion, ● = Dimethylanilinium-Ion, □ = Phenyltrimethylammonium-Ion, ■ = *tris*-(*p*-Methoxyphenyl)-carbonium-Ion (nach Boyd [29]).

Diese Resultate stehen in Übereinstimmung mit einem Vorschlag von Deno [22, 23] und von Taft [31], daß zwischen Wasser und der NH_3^+-Gruppe eines Anilinium-Ions starke Wasserstoffbrücken-Bindungen bestehen. Wenn die Säurekonzentration zu- und die Aktivität des Wassers abnimmt, so werden diese Bindungen schwächer, und die Standard-Aktivität von Anilinium-Ion und -Derivaten nimmt zu. Mit Dimethylanilinium-Ion ist der Effekt geringer; die Differenz entspricht praktisch quantitativ der Differenz zwischen den Aciditätsfunktionen H''' und H_0. In einem Carboniumion oder einem quartären Ammonium-Ion sollten keine solchen Bindungen auftreten.

Es ist offensichtlich, daß Unterschiede im Mediumeffekt auf die Standard-Aktivität einer Serie von Basen für ihr Säure-Base-Verhalten ebenso wichtig sind wie die Unterschiede in den Standard-Aktivitäten der konjugaten Säuren. Die Individualität der Effekte einer Änderung des Mediums auf die Standard-Aktivitäten weckt einige Bedenken hinsichtlich der Gültigkeit der Überlappungs-Annahme. Zwischen den vorhandenen Daten und der Annahme besteht indessen nicht notwendigerweise ein Widerspruch.

9.13. Betrachtungen im Zusammenhang mit der Aktivität des Wassers

Nähme man an, 1. daß das Kation XH^+ eine konstante Anzahl m von Wassermolekülen bindet, 2. daß der Wert von m für alle Basen einer Klasse, auf die eine bestimmte Aciditätsfunktion angewendet werden kann, gleich ist, sich jedoch von Klasse zu Klasse ändert, und 3. daß keine anderen Unterschiede zwischen Basen verschiedener Klassen bestehen, so wäre die Indikator-Gleichung:

$$XH^+(H_2O)_m + nH_2O \rightleftharpoons X + H^+(H_2O)_{m+n} \qquad \text{(III)}$$

n könnte positiv oder negativ sein. Die Aciditätsfunktion H_X wäre gegeben durch:

$$H_X = -\log \frac{a_{H^+}\, a_X^\circ}{a_{XH^+}^\circ} + n_X \log a_w \qquad (26)$$

Die Aciditätsfunktion H_0 wäre gegeben durch

$$H_0 = -\log \frac{a_{H^+}\, a_B^\circ}{a_{BH^+}^\circ} + n_0 \log a_w \qquad (27)$$

wobei B eine Base der H_0-Klasse ist. Auf Grund der Annahme 3. wären die ersten Terme auf den rechten Seiten der Gl. (26) und (27) identisch. Infolgedessen müßte

$$H_X + \log c_A = H_0 + \log c_A + (n_X - n_0) \log a_w \qquad (28)$$

gelten. Die Größen $H_X + \log c_A$ und $H_0 + \log c_A$ könnten somit nur dann praktisch proportional sein, wenn die Größe $(n_X - n_0) \log a_w$ proportional zu $H_0 + \log c_A$ wäre. Wie die Antragung von $\log a_w$ gegen $H_0 + \log c_A$, die in Abb. 9-3 enthalten ist, zeigt, ist dies indessen nicht der Fall. Die Annahme, daß der Unterschied zwischen

Indikatoren verschiedener Klassen lediglich in der Anzahl der Wassermoleküle, die an das Kation gebunden sind, bestehe, läßt sich nur dann mit der Wirklichkeit vereinbaren, wenn man die Größe $n_X - n_0$ als Funktion der Säurekonzentration betrachtet. Dies ist nicht unvernünftig, hilft jedoch auch nicht viel.
In Mischungen von Schwefelsäure, Perchlorsäure, Salzsäure und Salpetersäure mit Wasser ist H_0 praktisch die gleiche Funktion von $\log a_w$ [32]. Die exakte Übereinstimmung im Fall der Schwefelsäure und Perchlorsäure ist besonders auffallend [11]. Die funktionelle Abhängigkeit von H_0 von $\log a_w$ in Phosphorsäure-Wasser- und Fluorwasserstoffsäure-Wasser-Mischungen ist indessen nicht gleich. Weiter besitzen weder die H'_R- noch die H_I-Funktion in Mischungen von Wasser mit Perchlor- und mit Schwefelsäure den gleichen Wert beim gleichen Wert von a_w. Die Beziehung zwischen der Größe $H''' - H_0$ und a_w ist je nach der Säure-Wasser-Mischung verschieden [24].
Es scheint wenig vernünftig, die ganze Verantwortung für die Solvatation nur dem Wasser zuzuschieben. Man sollte wohl eher annehmen, daß das XH^+-Ion Bindungen zu allen basischen Komponenten der Säure-Wasser-Mischungen bilden kann. Mit zunehmender Schwefelsäurekonzentration etwa wird Wasser allmählich durch HSO_4^+ ersetzt. Dies kann sehr wohl zu einem Wert der Solvatationsenergie führen, der nicht so ausgeprägt von der Säurekonzentration abhängt wie die Größe $\mathbf{R}T \log a_w$. Gleichzeitig kann eine Verstärkung der Bindungen der gelösten Base zu den sauren Komponenten der Lösung zu einer Abnahme der Standard-Aktivität der Base führen.

9.14. Aciditätsfunktionen bei hohen Säurekonzentrationen

Bei Schwefelsäurekonzentrationen von über etwa 70% werden die Differenzen $H'_R - H_0$ und $H''' - H_0$ praktisch unabhängig von der Säurekonzentration. Würde man Schwefelsäure statt Wasser als das Referenz-Lösungsmittel wählen, so würden Unterschiede in den Aciditätsfunktionen also erst bei Wasserkonzentrationen von etwa 30% auftreten. Bei kleineren Wasserkonzentrationen wäre die Größe $a_X^\circ a_{BH^+}^\circ / a_{XH^+}^\circ a_B^\circ$ für alle Basen gleich eins. Dieser Schluß wird durch weitere Beobachtungen unterstützt, die auf ein außerordentlich einfaches Verhalten von Schwefelsäure-Wasser-Mischungen in diesem Konzentrationsbereich hindeuten.
Brand [33] zeigte, daß die Beziehung

$$H_0 = -8.36 + \log \frac{x_{HSO_4^-}}{x_{H_2SO_4}} \tag{29}$$

wobei die x Molenbrüche darstellen, im Bereich von 90–99.5% Schwefelsäure gilt, wenn man annimmt, daß das Gleichgewicht der Reaktion

$$H_2O + H_2SO_4 \rightleftharpoons OH_3^+ + HSO_4^- \tag{IV}$$

praktisch völlig auf der rechten Seite liegt. Deno und Taft [34] nehmen an, daß das Verhältnis x/a für alle in Reaktion (IV) auftretenden Partikel gleich eins ist. Damit können sie die Werte von H_0 und von $\log a_w$ für Wasserkonzentrationen bis zu 17% beschreiben. Der Wert der Gleichgewichtskonstante

$$K = \frac{x_{OH_3^+} x_{HSO_4^-}}{x_{H_2O} x_{H_2SO_4}} \tag{30}$$

ist dabei 50. Wyatt [32] schlägt vor, daß sowohl OH_3^+ wie HSO_4^- zu einem großen Teil, aber nicht vollständig in Form von Monohydraten vorliegen und daß die Aktivität aller Partikel gleich den entsprechenden Molenbrüchen ist. Damit kann er die Werte von H_0 und $\log a_w$ im Bereich von 0 bis 19.5% Wasser darstellen. Man darf indessen nicht einfach annehmen, daß alle a^0-Werte in diesem Bereich unabhängig von der Wasserkonzentration seien. Es ist seit langem bekannt, daß die Löslichkeiten von Dinitrobenzol und Trinitrotoluol in diesem Bereich mit zunehmender Wasserkonzentration rasch abnehmen [35], obwohl mit kryoskopischen Methoden in praktisch wasserfreier Schwefelsäure keine Umwandlung dieser Substanzen in die konjugaten Säuren nachgewiesen werden kann [36]. Wahrscheinlich ist in diesem Zusammenhang wesentlich, daß beinahe wasserfreie Schwefelsäure ein sehr komplexes Material ist, das erhebliche Mengen von SO_3, $H_2S_2O_7$ und $HS_2O_7^-$ enthält. Eine spezifische Reaktion einer dieser Substanzen mit der Nitroverbindung könnte die Variation der Löslichkeit erklären.

9.15. Aciditätsfunktionen und die Geschwindigkeiten von säurekatalysierten Reaktionen

Wenn sich die Zusammensetzung des Übergangszustandes einer Reaktion um ein Wasserstoff-Ion von der Summe der Ausgangsstoffe unterscheidet, so ist der Grenzwert k der spezifischen Geschwindigkeit gegeben durch:

$$k^\circ = k^{\circ\circ} a_{H^+} \frac{a_S^\circ}{a^+} \tag{31}$$

$k^{\circ\circ}$ ist der Grenzwert der spezifischen Geschwindigkeit in einem Referenz-Lösungsmittel; a_S° ist die Standard-Aktivität des Ausgangsstoffes S, a^+ diejenige des Übergangszustandes im Reaktionsmedium. Es ist zu erwarten, daß das Verhältnis a_S°/a^+ die gleiche Mediumabhängigkeit zeigt wie das Verhältnis für das Protonübertragungs-Gleichgewicht der einen oder anderen Klasse von Basen, denn in beiden Fällen sollten die gleichen Wechselwirkungen mit dem Medium eine Rolle spielen. Ist dies der Fall, so sollte die Größe $\log (a_{H^+} a_S^\circ/a^+)$ gleich dem negativen Wert der betreffenden Aciditätsfunktion H_X sein, und die Beziehung

$$\log k^\circ = \log k^{\circ\circ} - H_X \tag{32}$$

sollte gelten. Im Bereich von H_0 von -1 bis -6 in Mischungen von starken Säuren und Wasser sind die verschiedenen Aciditätsfunktionen mehr oder weniger gut lineare Funktionen von H_0. Es ist deshalb nicht überraschend, daß $\log k_0$ für eine Vielzahl von säurekatalysierten Reaktionen in solchen Medien eine lineare Funktion von H_0 ist, daß jedoch die Steigung von eins abweicht. Zahlreiche solche Beispiele finden sich in der kritischen Übersicht von Long und Paul [37].

Ein besonders eindrucksvoller Fall, der einen sehr großen Aciditätsbereich überstreicht, ist die Depolymerisation von Trioxan (Abb. 9-7). Paul [38] zeigte, daß $\log k$ bei 40 °C in einer Anzahl von starken Säuren und Wasser eine lineare Funktion von H_0 mit der Steigung eins ist. Spätere Messungen von Bell, Bascombe und McCoubray [15] bei 25 °C, die sich jedoch nur bis zu H_0-Werten von -2 erstreckten, führten zum besten Wert 1.2 für die Steigung; bei dieser Bestimmung wurden die Daten für Schwefelsäure-, Salzsäure- und Perchlorsäure-Systeme kombiniert.

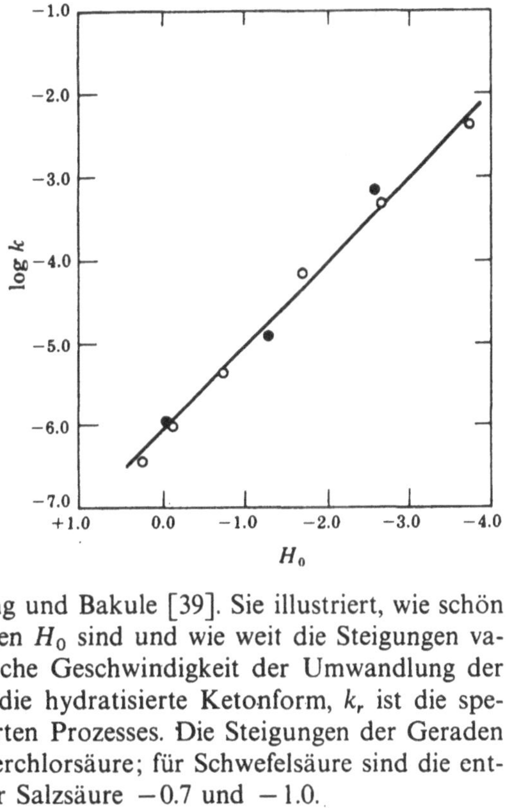

Abb. 9-7. $\log k$ als Funktion von H_0 für die säurekatalysierte Zersetzung von Trioxan. ○ = H_2SO_4 in Wasser, ● = HCl in Wasser. (Nach Paul [38].)

Abb. 9-8 stammt aus Arbeiten von Long und Bakule [39]. Sie illustriert, wie schön linear die Darstellungen von $\log k$ gegen H_0 sind und wie weit die Steigungen variieren. k_f in der Figur ist die spezifische Geschwindigkeit der Umwandlung der Enolform von 1,2-Cyclohexandion in die hydratisierte Ketonform, k_r ist die spezifische Geschwindigkeit des umgekehrten Prozesses. Die Steigungen der Geraden sind -0.5 für k_f und -0.8 für k_r in Perchlorsäure; für Schwefelsäure sind die entsprechenden Werte -0.7 und -0.9, für Salzsäure -0.7 und -1.0.

Viele der vorhandenen kinetischen Daten bewegen sich im Bereich um einen Wert von $H_0 = 0$, in dem sich die Steigung der Antragung von H_X gegen H_0 sehr rasch ändern kann, in dem jedoch Darstellungen von $H_X + \log c_A$ vs. $H_0 + \log c_A$ nahezu linear sind (Abschn. 9.10). Eine umfassende Übersicht von Bunnett und Olsen [27], die 160 Sätze von kinetischen Daten in mäßig konzentrierten wäßrigen Lösungen von starken Säuren einbezieht, zeigt, daß die beiden äquivalenten Gleichungen

$$\log k^\circ - \log c_A = -(1 - \phi)(H_0 + \log c_A) + C \tag{33}$$

und

$$\log k^\circ + H_0 = \phi(H_0 + \log c_A) + C \tag{34}$$

in einem weiten Bereich anwendbar sind. Würde Gl. (22) exakt gelten, so hätte die Konstante C den Wert von $k^{\circ\circ}$. Für alle 160 Sätze von experimentellen Daten ist die mittlere Standard-Abweichung der Punkte von der Regressionsgerade 0.03 logarithmische Einheiten, was kaum größer ist als der wahrscheinliche experimentelle Fehler. Die Betrachtung der Darstellungen läßt keine systematischen Abweichungen von der Linearität erkennen. Abb. 9-9 zeigt ein typisches Beispiel einer Reaktion, für die ϕ einen stark positiven Wert, nämlich $+0.90$, besitzt. Es handelt sich dabei um die Hydrolyse von Isonicotinamid. Die Standardabweichung der Punkte in der Abbildung von der besten Gerade ist 0.027. Die Korrelation von $\log k$ mit H_0 ist bedeutend schlechter; die Standardabweichung ist hier 0.113. Dies ist typisch für Reaktionen, die stark positive ϕ-Werte besitzen und für die die Daten im kritischen Bereich um $H_0 = 0$ liegen.

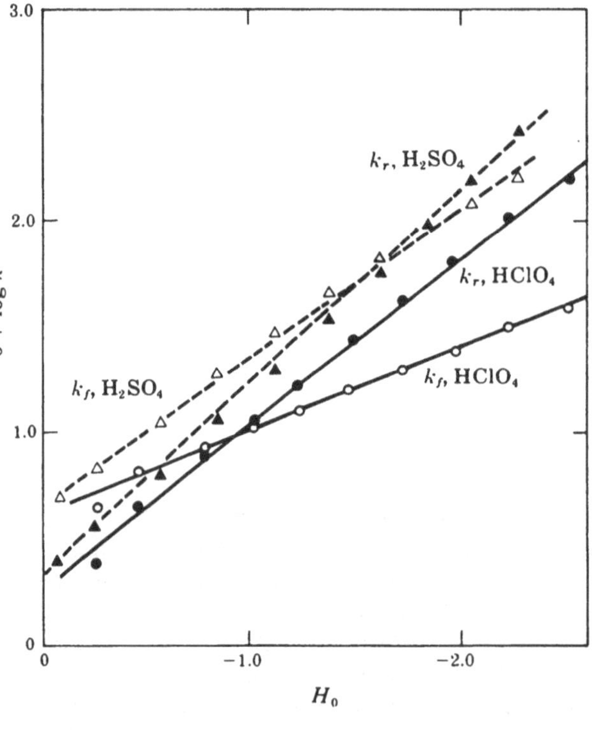

Abb. 9-8. Spezifische Geschwindigkeit der Keto-Enol-Umwandlung von 1,2-Cyclohexandion (nach Long und Bakule [39]).

Die ϕ-Werte von Bunnett und Olsen bewegen sich zwischen -1.0 und $+1.34$. Offensichtliche Aufspaltung in Gruppen oder signifikante Unterbrechungen sind nicht zu erkennen. Für einen ϕ-Wert von $+1$ reduziert sich Gl. (33) zu

$$\log k^{\circ} = \log c_A + C \qquad (35)$$

d. h. die spezifische Geschwindigkeit wird proportional zu c_A. Zucker und Hammett [40] stellten fest, daß die spezifische Geschwindigkeit der Jodierung von Acetophenon in mäßig konzentrierter wäßriger Säure besser linear in $\log c_A$ als in H_0 ist. Sie deuteten diesen Befund durch die Annahme, daß zwischen Reaktionen, die linear in $\log c_A$, und solchen, die linear in H_0 sind, ein qualitativer Unterschied bestehe. Die Analyse von Bunnett und Olsen macht indessen klar, daß die Linearität in $\log c_A$ keineswegs ein wohl unterscheidbares Phänomen ist, sondern kontinuierlich in eine Linearität in H_0 übergeht. In der Tat finden Bunnett und Olsen, daß die Daten von Zucker und Hammett in ausgezeichneter Übereinstimmung mit Gl. (34) stehen, wobei die ϕ-Werte $+0.62$ für Schwefelsäure und $+0.80$ für Perchlorsäure sind.

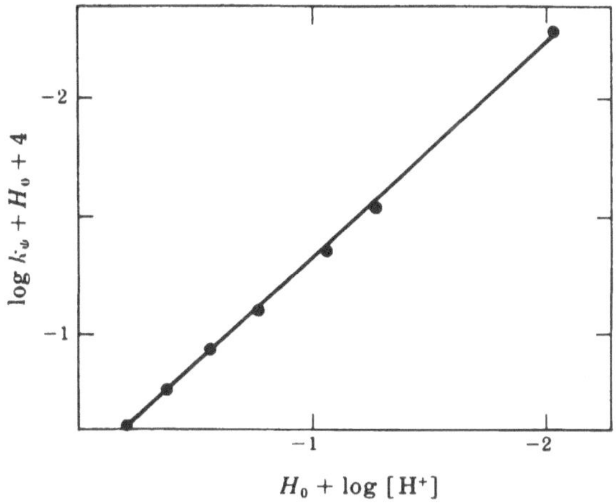

Abb. 9-9. Bunnett und Olson-Korrelation für die Hydrolyse von Isonicotinamid in Salzsäure-Lösung (nach Bunnett und Olsen [27]).

9.16. Aromatische Nitrierung in Schwefelsäure-Wasser-Mischungen

Die log k-Abhängigkeit für die Nitrierung von Nitrobenzol in Schwefelsäure-Wasser-Mischungen von $-H_R$ hat die Steigung eins. Da die Aciditätsfunktion H_R durch die Arylcarbinol-Carboniumion-Reaktion definiert ist (Abschn. 9.7) [41], erscheint die Annahme der folgenden Bruttoreaktion akzeptabel:

$$X + HNO_3 + H^+ \rightleftharpoons XNO_2^+ + H_2O \qquad \text{(V)}$$

Dies drückt man im allgemeinen durch die Aussage aus, daß als eigentliches Nitrier-Reagens das NO_2^+-Ion fungiert.

9.17. Systeme, bei denen zwei Aciditätsfunktionen eine Rolle spielen

Enthält eine Substanz S zwei verschiedene Atome, die beide ein Proton anlagern können, so kann sie einerseits rasch und reversibel in eine konjugate Säure SH^+ umgewandelt werden, anderseits relativ langsam in ein Produkt P übergehen, und zwar über einen Übergangszustand, der isomer mit SH^+ ist. In einem solchen Fall ist die primitive Konzentration von S, d. h. die Summe $[S] + [SH^+]$, gegeben durch:

$$c_S = [S]\left(1 + \frac{a_{H^+} a_S^{\circ}}{K^{\circ\circ} a_{SH^+}^{\circ}}\right) \qquad (36)$$

Der primitive Wert der spezifischen Geschwindigkeit $k^{(p)}$ ist:

$$k^{(p)} = k^{\circ\circ} \frac{a_{H^+} a_S^\circ}{a^+} \frac{1}{1 + (a_{H^+} a_S^\circ / K^{\circ\circ} a_{SH^+}^\circ)} \tag{37}$$

Daraus erhält man

$$\log k^{(p)} = \log k^{\circ\circ} - H_* - \log\left(1 + \frac{h_S}{K^{\circ\circ}}\right) \tag{38}$$

indem man

$$H_* = -\log \frac{a_{H^+} a_s^\circ}{a^+} \tag{39}$$

und

$$\log h_S = -H_S = \log \frac{a_{H^+} a_s^\circ}{a_{SH^+}^\circ} \tag{40}$$

substituiert. Die Aciditätsfunktion $H_{\ddagger}$ bezieht sich auf die Umwandlung von S in den Übergangszustand, H_S auf die Umwandlung in SH^+.
Ist $h_S \ll K^{\circ\circ}$, d. h. bei geringer Acidität, reduziert sich Gl. (38) zu:

$$\log k^{(p)} = \log k^{\circ\circ} - H_* \tag{41}$$

$\log k^{(p)}$ ist eine lineare Funktion von $-H_{\ddagger}$ mit der Steigung 1. Nähert sich h_S dem Wert von $K^{\circ\circ}$, so nimmt die Steigung ab. Bei höheren Aciditäten wird die Beziehung zu:

$$\log k^{(p)} = \log k^{\circ\circ} K^{\circ\circ} - (H_* - H_S) \tag{42}$$

Ist $H_{\ddagger} = H_S$, so wird $\log k^{(p)}$ bei höheren Aciditäten konstant. Nimmt $H_{\ddagger}$ schneller zu als H_S, so geht die spezifische Geschwindigkeit durch ein Maximum und nimmt bei höheren Aciditäten wieder ab.
Die spezifischen Geschwindigkeiten der Hydrolyse von vielen Carbonsäureamiden und -thioamiden zeigen Maxima im Bereich von 4 bis 6 M Konzentrationen von wäßrigen Lösungen starker Säuren [7]. Rosenthal und Taylor [42] fanden, daß die Daten für die Hydrolyse von Thioacetamid in Perchlorsäurelösungen von 0.3 bis 5 M mit Gl. (38) in Übereinstimmung stehen, wenn H_S gleich H_0 und $H_{\ddagger}$ gleich $-\log c_A$ ist. Eine bessere Übereinstimmung ergibt sich, wenn man $\phi_{\ddagger} = 0.8$ und $\phi_S = -0.8$ setzt. Dies führt zu

$$H_* + \log c_A = 0.2(H_0 + \log c_A) \tag{43}$$

Die in Abb. 9-10 dargestellte Kurve entspricht der Gleichung

$$\log k^{(p)} = -4.7 + 0.8 \log c_A - 0.2 H_0 - \log\left[1 + 0.00159 c_A \left(\frac{h_0}{c_A}\right)^{1.8}\right] \tag{44}$$

die auf dieser Basis abgeleitet wurde. Wie Yates und Riordan [25] feststellten, läßt sich die Hydrolyse einer ganzen Anzahl von Amiden in Salzsäure-Lösung durch eine analoge Beziehung beschreiben.

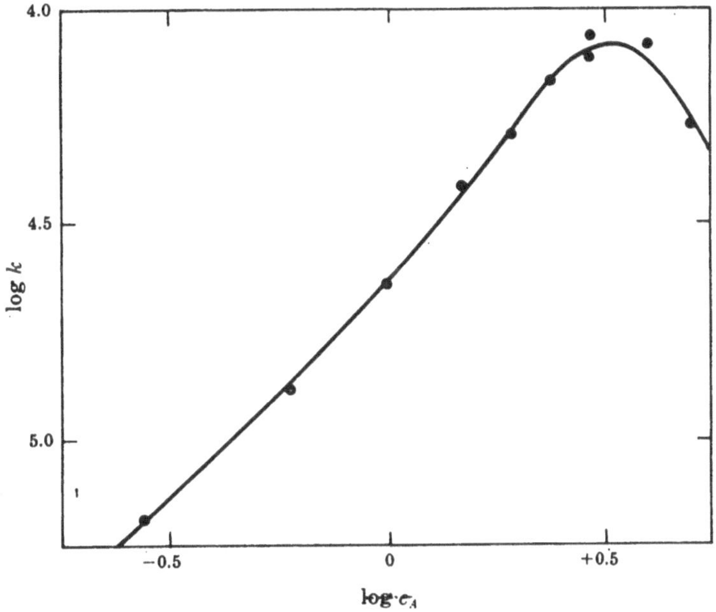

Abb. 9-10. Geschwindigkeit der Hydrolyse von Thioacetamid in Perchlorsäure-Lösung (Daten von Rosenthal und Taylor [42]).

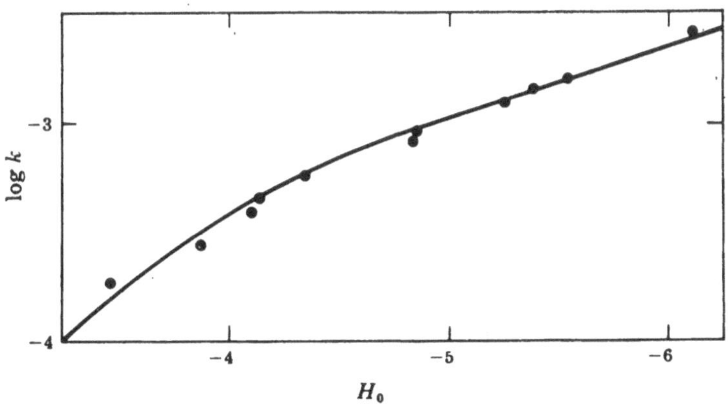

Abb. 9-11. Geschwindigkeit der Hydrolyse von 1-Methoxy-3,5-dihydroxybenzol in Perchlorsäure-Wasser-Mischungen (Daten von Schubert und Quacchia [43]).

Schubert und Quacchia fanden, daß 1-Methoxy-3,5-dihydroxybenzol einen p$K^{\circ\circ}$-Wert von −3.60 besitzt und in Perchlorsäure-Wasser-Lösungen eine Base der H_0-Klasse ist [43, S. 1278]. Sie stellten weiter fest, daß die spezifische Geschwindigkeit der Hydrolyse dieser Substanz bei 50 °C mit zunehmender Säurekonzentration ansteigt, und zwar über den Punkt hinaus, an dem die Ausgangsverbindung praktisch völlig protoniert ist. Dieses Verhalten läßt sich quantitativ erklären, wenn man annimmt, daß $H_{\ddagger} = 1.30\ H_0$ ist. Die Kurve in Abb. 9-11 stellt die Gleichung

$$\log k^{(p)} = -8.06 - 1.3H_0 - \log\left(1 + \frac{h_0}{3.98 \times 10^3}\right) \qquad (45)$$

dar. Die Punkte entsprechen den Daten von Schubert und Quacchia.

9.18. Die Vieldeutigkeit des Konzepts der Basenstärke

Die Stärke einer Base in einem bestimmten Medium A läßt sich mit Hilfe des $pK°$-Wertes definieren. Dabei ist

$$pK° = -\log K° = -\log \frac{a_{H^+}}{I°} \qquad (46)$$

und $I°$ stellt den Grenzwert des Verhältnisses $[BH^+]/[B]$ dar. Die Differenz in der Stärke der Basen X und Y im Medium A ist somit gegeben durch $\log I_X° - \log I_Y°$. Für jedes andere Medium, in dem die Größe $a_X° a_{YH^+}° / a_{XH^+}° a_Y°$ den gleichen Wert besitzt wie im Medium A, wird die Differenz in der Stärke von X und Y gleich wie in A sein. Gehören X und Y jedoch zu Klassen, für die verschiedene Aciditätsfunktionen gelten, so ändert sich das Verhältnis der Aktivitäten bei einer Änderung des Mediums. Infolgedessen ändert sich auch die relative Stärke von X und Y. Betrachten wir ein Beispiel: Wenn eine Base des H_R'-Typs und eine Base des H_A-Typs in 40proz. wäßriger Schwefelsäure die gleiche Basenstärke besitzen, so wird die H_R'-Base in verdünnter wäßriger Lösung um 2.54 logarithmische Einheiten schwächer, in 80-proz. Schwefelsäure dagegen um 4.78 Einheiten stärker als die H_A-Base sein.
Es ist klar, daß ein eindeutiges, stets gültiges Maß für die Stärke einer Base oder einer Säure genauso sinnlos ist wie ein absolutes Maß für die Acidität einer Lösung. Doch schließen wir mit einem Zitat von Arnett [44]: „Glücklicherweise besitzt die Sache dennoch eine gute Seite: Die Untersuchung von schwachen Basen bietet eine ausgezeichnete Gelegenheit zur Entwicklung der strukturellen Theorie der Solvatation, derer die Organische Chemie so dringend bedarf."

9.19. Die Bestimmung von $pK°°$-Werten

Ist es möglich, das Umwandlungsverhältnis $I°$ von Base zu konjugater Säure mit genügender Präzision und über einen genügend großen Bereich zu messen, so daß man die Steigung einer Darstellung von $\log I°$ gegen irgendein günstiges Maß für die Acidität bestimmen kann, so kann man die betreffende Aciditätsfunktion H_X entweder als eine der in Tab. 9.2 zusammengestellten erkennen oder sie durch Interpolation zwischen diesen finden. $pK°°$ ist dann, innerhalb der Genauigkeit der Überlappungs-Annahme, als ein Durchschnittswert der Summe $H_X + \log I°$ gegeben. Die einzige Unsicherheit ist die Zuverlässigkeit des Überlappungs-Verfahrens für die Funktion H_X.

Bunnett und Olson [27] benutzen Gl. (22) oder die gleichwertige Beziehung

$$\log I^\circ + H_0 = \phi(H_0 + \log c_A) + pK^{\circ\circ} \qquad (47)$$

zur Bestimmung von $pK^{\circ\circ}$-Werten. Ihr Verfahren beruht auf der Annahme, daß ϕ in erster Näherung unabhängig von der Säurekonzentration ist. Für Schwefelsäure-Wasser-Mischungen bis zu 85% Säuregehalt entspricht dies weitgehend den Tatsachen. Sie finden, daß die mittlere Abweichung zwischen den in dieser Weise und den nach der Überlappungs-Methode bestimmten $pK^{\circ\circ}$-Werten nur 0.25 beträgt, und zwar für alle Basen der H_A-, H'''-, H_I- und H_R-Klassen, für die I°-Werte im Bereich zwischen 10%–85% Schwefelsäure meßbar sind. Die Werte zeigen eine Tendenz, weniger negativ als die nach der Überlappungs-Methode bestimmten zu sein, weil die ϕ-Werte mit steigender Säurekonzentration stärker positiv werden. Für Perchlorsäure-Lösungen stellen die Gl. (22) oder (47) eine wesentlich schlechtere Näherung dar als für Schwefelsäure-Lösungen.

9.20. Der Einfluß von Mediumeffekten bei der spektrophotometrischen Bestimmung der Basenstärke

Die Charakterisierung der Stärke einer Base wird oft durch die Tatsache erschwert, daß sich das Absorptionsspektrum einer gelösten Substanz, selbst bei Abwesenheit einer feststellbaren chemischen Reaktion, mit variierendem Medium ändern kann. Ein Beispiel für diese Erscheinung findet sich in Abb. 9-12, in der der Logarithmus des Extinktionskoeffizienten ε gegen die Wellenlänge für Acetophenon in verschieden konzentrierter wäßriger Schwefelsäure aufgetragen ist. Im Bereich von Säurekonzentrationen von 55%–86% ist eine rasche Änderung in der Absorption, sowohl in qualitativer wie in quantitativer Hinsicht, festzustellen. Vermutlich ist dies der Bereich von Säurekonzentrationen, in dem die Base in die konjugate Säure umgewandelt wird. Auch außerhalb dieses Bereiches findet man indessen geringfügige Änderungen im Spektrum. Die Tatsache, daß kein isosbestischer Punkt auftritt, zeigt, daß diese Änderungen auch durch den ganzen Bereich der Säure-Base-Umwandlung vorhanden sind. Ein solcher Punkt muß in jeder Serie von Lösungen auftreten, die zwei und nur zwei absorbierende Substanzen, deren Spektren sich nicht verändern, enthalten [45, n.11]. Man versteht darunter bekanntlich den Punkt, an dem sich die Spektren aller Lösungen schneiden. Wegen der Verschiebung kann man den Extinktionskoeffizienten in Wasser oder verdünnter Säure nicht als exaktes Maß für den Koeffizienten ε_B der basischen Form von Acetophenon im Bereich der Säure-Base-Umwandlung betrachten. Ähnlich ist auch der Extinktionskoeffizient in 95-proz. oder 100proz. Säure kein exaktes Maß für den Koeffizienten der konjugaten Säure im Übergangsbereich.

Es ist möglich, daß sich ε_B und ε_{BH^+} im relativ schmalen Bereich, in dem der Großteil der Protonierung erfolgt, nicht sehr schnell ändern. In diesem Fall sollte man Durchschnittswerte für diese Größen wählen können, mit denen die Gleichung

$$\log \frac{\epsilon_B - \epsilon}{\epsilon - \epsilon_{BH^+}} = pK^{\circ\circ} - H_X \qquad (48)$$

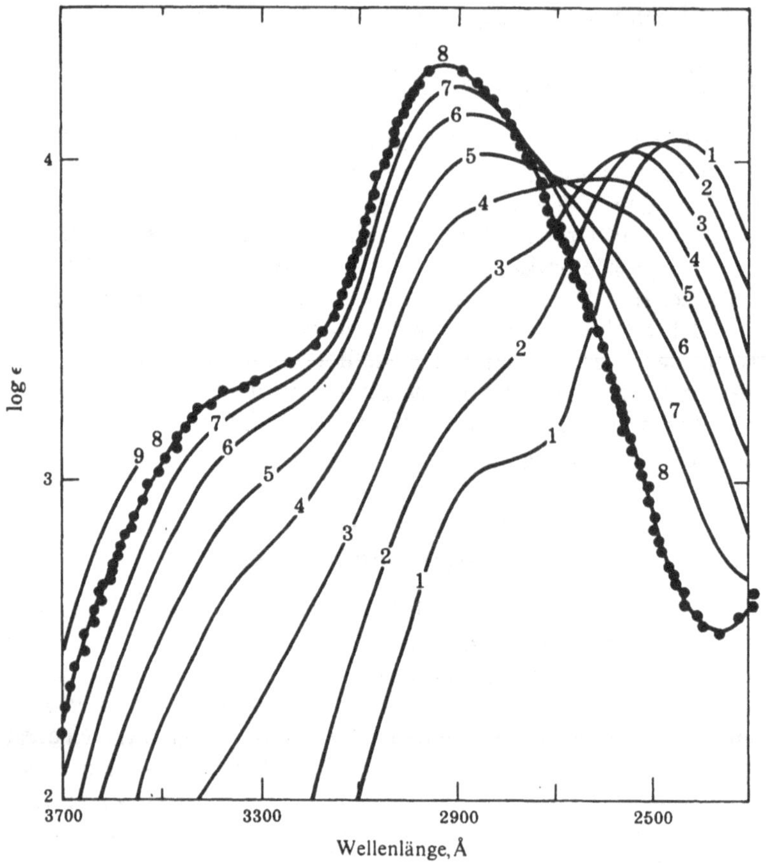

Abb. 9-12. Protonierung von Acetophenon. – Kurve 1: Lösungsmittel Wasser; andere Kurven: Schwefelsäure (2 = 55%, 3 = 65.15%, 4 = 70.45%, 5 = 73.65%, 6 = 77.66%, 7 = 80.40%, 8 = 85.96%, 9 = 95.99%). (Nach Flexser, Hammett und Dingwall [45].)

zu einer guten Näherung wird. In frühen Diskussionen dieses Problems wurde jeweils angenommen, daß H_X für alle Basen gleich H_0 sei, eine Annahme, die, wie wir jetzt wissen, nicht zutrifft. Innerhalb des Bereiches, in dem Messungen der linken Seite von Gl. (48) für eine einzelne Base überhaupt durchführbar sind, bestehen jedoch zwischen den einzelnen Aciditätsfunktionen praktisch lineare Beziehungen. Damit läßt sich Gl. (48) ersetzen durch

$$\log \frac{\epsilon_B - \epsilon}{\epsilon - \epsilon_{BH^+}} = C - xH_0 \qquad (49)$$

wobei C und x unabhängig von der Säurekonzentration sind. Liegt der Bereich der Protonierung bei so niedrigen Säurekonzentrationen, daß der Unterschied signifikant wird, so sollte man statt dessen die Gleichung

$$\log \frac{\epsilon_B - \epsilon}{\epsilon - \epsilon_{BH^+}} + H_0 = \phi(H_0 + \log c_A) + C \tag{50}$$

verwenden (Abschn. 9.10). Beide dieser Gleichungen enthalten vier anpaßbare Parameter. Außerdem darf man der Konstanz von ε_B und ε_{BH^+}, auch wenn sie nur in beschränktem Rahmen variieren können, kaum blind vertrauen. Aus diesen Gründen ist es äußerst schwierig, aus den experimentellen Daten die Werte von x und C oder ϕ und C zu bestimmen. Immerhin läßt sich durch eine geeignete Wahl der Wellenlänge viel gewinnen.

Tab. 9.3. Extinktionskoeffizient von Acetophenon im Bereich von 2500 Å bei verschiedenen Schwefelsäurekonzentrationen.[a]

% H_2SO_4	ϵ_{2400}	ϵ_{2500}	ϵ_{2600}	H_0
0	11 000	11 000	4 300	
50.0	9 000	11 500	7 700	−3.38
55.0	8 600	11 700	8 400	−3.91
65.2	6 200	10 100	10 000	−5.10
70.5	4 300	7 500	9 000	−5.87
73.7	3 000	5 800	7 700	−6.36
77.7	1 650	3 350	5 800	−6.98
80.4	830	2 000	4 200	−7.40
86.0	375	900	2 600	−8.29
96.0	200	400	1 500	−10.04

[a] Daten von Flexser, Hammett und Dingwall [45].

Aus Abb. 9-12 und den Daten in Tab. 9.3 läßt sich deutlich erkennen, daß im Fall des Acetophenons 2500 Å eine besonders günstige Wellenlänge ist. Sie liegt nahe beim Absorptionsmaximum der Base in Wasser und in 50proz. Schwefelsäure; die seitliche Verschiebung der Absorptionsbande von einem Medium zum andern hat deshalb bei dieser Wellenlänge keinen großen Einfluß auf den Extinktionskoeffizienten. Gleichzeitig ist die Absorption der konjugaten Säure so schwach, daß die exakte Größe des Extinktionskoeffizienten nicht wesentlich ist, außer bei hohen I-Werten. Auf Grund dieser Betrachtung kommt man vernünftigerweise zu ε_B- und ε_{BH^+}-Werten von 12 100 und 220 und erhält die Gleichung:

$$\log \frac{\epsilon_B - \epsilon}{\epsilon - \epsilon_{BH^+}} = -3.62 + 0.582 H_0 \tag{51}$$

Die Gerade in Abb. 9-13 entspricht dieser Beziehung. Die ausgefüllten Kreise stellen die experimentellen ε-Werte dar. Die Standard-Abweichung der $\log I$-Werte ist 0.037.

Die Daten stehen in keiner Weise in Übereinstimmung mit einer Steigung von eins in dieser Darstellung. Das bedeutet, daß H_0 für Acetophenon nicht die richtige Aciditätsfunktion ist. Drückt man den geschätzten ε_B-Wert bis auf die unvernünftige Größe von 10 500 hinunter, so steigt der Anstieg in der Mitte des Umwandlungsbereichs lediglich bis auf 0.7 an, und die Darstellung ist offensichtlich nicht linear. Die offenen Kreise in Abb. 9-13 entsprechen dieser Wahl für den ε_B-Wert.

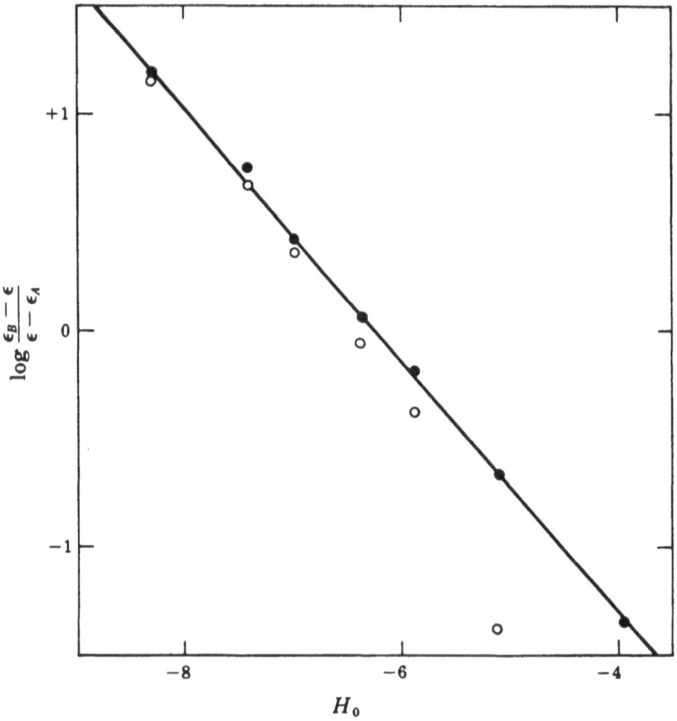

Abb. 9-13. Anwendung von Gl. (51) auf Acetophenon.

Mit dem Wert 12 100 für ε_B und den in Tab. 9.2 zusammengestellten H_A-Werten beschreibt die Gleichung

$$\log I = -4.41 + 1.11 H_A \tag{52}$$

die Daten mit einer Standard-Abweichung von 0.021. Daraus läßt sich schließen, daß der p$K^{\circ\circ}$-Wert von Acetophenon in der Gegend von -4 liegen muß.

Flexser, Hammett und Dingwall benutzten dieselben Daten in der Annahme, daß H_0 die richtige Aciditätsfunktion sei (sie kannten ja keine andere); sie schlossen infolgedessen, daß der p$K^{\circ\circ}$-Wert von Acetophenon etwas stärker negativ als -6 sei. Stewart und Yates fanden, basierend auf neuen experimentellen Daten [46], einen mit Flexers Wert identischen p$K^{\circ\circ}$-Wert. In Flexers Arbeit wurde Gl. (48) in die Form

$$\frac{\epsilon}{h_0(\epsilon - \epsilon_{BH^+})} = -\frac{1}{K^{\circ\circ}} + \frac{1}{h_0(\epsilon - \epsilon_{BH^+})}\,\epsilon_B \tag{53}$$

gebracht. Der Wert von ε_{BH^+} wurde aus dem Spektrum bei hohen Säurekonzentrationen bestimmt. Der Wert von $1/K^{\circ\circ}$ wurde aus dem Achsenabschnitt einer Antragung der linken Seite dieser Gleichung gegen den reziproken Wert von $h_0(\varepsilon - \varepsilon_{BH^+})$ ermittelt. Eine solche Darstellung ist zufriedenstellend linear, und ihre Lage hängt nicht stark von der Wahl des Wertes für ε_{BH^+} ab. Führt man eine Korrektur für die Differenz zwischen den Nullpunkten der verwendeten H_0-Skala und derjenigen von Paul und Long [7] ein, so erhält man schließlich aus den Daten bei 2 500 Å einen p$K^{\circ\circ}$-Wert von -6.08. Der Durchschnitt der Werte, die man in analoger Weise aus den Daten bei allen Wellenlängen erhält, ist -6.15. Diese Zahlen, die auf H_0-Messungen von Paul und Long beruhen, können nicht direkt mit den Werten, die man aus Gl. (51) erhält, verglichen werden, denn diese Beziehung basiert auf Werten von Jorgensen und Hartter. Mit den entsprechenden Paul und Long-Werten wird Gl. (51) zu:

$$\log I = -4.08 + 0.68\, H_0 \tag{54}$$

Diese Beziehung beschreibt die Daten mit einer Standard-Abweichung von 0.037 und führt zu einem H_0-Wert bei halber Protonierung von -6.00.

Die Methode von Flexser, Hammett und Dingwall ist in der Tat ein überraschend leistungsfähiges Verfahren zur Bestimmung der H_X-Werte bei halber Protonierung einer bestimmten Base. H_X ist dabei irgendeine frei gewählte Aciditätsfunktion. Substituiert man die h_A-Funktion für die h_0-Funktion in Gl. (53), so erhält man eine genauso gut lineare Abhängigkeit, doch der p$K^{\circ\circ}$-Wert ergibt sich zu -4.1; er stimmt damit zufriedenstellend mit dem Wert aus Gl. (52) überein. Im übrigen eignet sich die Methode vorzüglich für Fälle, in denen man nicht weiß (oder nicht wissen will), ob die verwendete Aciditätsfunktion wirklich die zutreffende ist.

Stewart und Yates erhielten, basierend auf H_0-Werten von Paul und Long, ebenfalls einen p$K^{\circ\circ}$-Wert von -6.15 für Acetophenon. Sie behandelten ihre Daten nach einem von Davis und Geissmann [47] vorgeschlagenen Verfahren. Dieses beruht auf der Annahme, daß die Größen $\varepsilon_{B2} - \varepsilon_{B1}$ und $\varepsilon_{BH^+2} - \varepsilon_{BH^+1}$ nicht durch eine mediuminduzierte Wellenlängenverschiebung beeinflußt werden. ε_{B2} und ε_{B1} sind die Extinktionskoeffizienten der basischen Form bei den Wellenlängen 2 und 1, ε_{BH^+2} und ε_{BH^+1} sind die entsprechenden Werte für die konjugate Säure. Die Annahme ist nur dann gerechtfertigt, wenn sowohl ε_B als auch ε_{BH^+} linear in der Wellenlänge sind, eine Forderung, die kaum allgemein erfüllt sein dürfte. Trotzdem erhält man mit dieser Methode oft H_0-Werte bei halber Protonierung, die mit den in anderer Weise ermittelten übereinstimmen.

Es scheint also, daß es nicht sehr schwierig ist, den H_0-Wert bei halber Protonierung zu bestimmen, selbst wenn eine mediuminduzierte Wellenlängenverschiebung auftritt. Ein bedeutend größeres Problem ist es indessen, die zutreffende Aciditätsfunktion zu finden und damit den p$K^{\circ\circ}$-Wert zu ermitteln. Immerhin darf man wohl annehmen, daß auf alle Glieder einer Reihe von nahe verwandten Substanzen (wie sie die von Stewart und Yates untersuchten substituierten Acetophenone darstellen) mit großer Wahrscheinlichkeit die gleiche Aciditätsfunktion angewendet werden kann und daß diese Funktion angenähert linear in H_0 sein wird. Ist dies der Fall, so sind die p$K^{\circ\circ}$-Werte in der Serie linear mit den H_0-Werten bei halber Protonierung verbunden. Die Schlüsse, die Stewart und Yates aus der linearen Beziehung zwischen diesen $(H_0)_{1/2}$-Werten und den Substituentenkonstanten ziehen, sind deshalb durchaus gültig.

Die I-Verhältnisse, von denen die in Tab. 9.2 zusammengestellten Werte der Aciditätsfunktionen abhängen, wurden glücklicherweise unter Bedingungen gemessen (oder jedenfalls verifiziert), unter denen der Einfluß von Mediumeffekten vernachlässigbar sein dürfte. Die Messungen wurden bei Wellenlängen durchgeführt, bei denen die eine Form stark, die andere nur schwach absorbiert und die in der Gegend des Absorptionsmaximums der stark absorbierenden Form liegen. Außerdem führen Mediumeffekte außerhalb des Bereichs der Protonierung nur zu geringen seitlichen Verschiebungen. Die Resultate früherer Arbeiten, die durch visuelle Kolorimetrie erhalten wurden [9], wurden entweder durch spektrophotometrische Verfahren bestätigt [8] oder durch neue Daten ersetzt [10]. Im übrigen ist bekannt, worin die Gültigkeit der kolorimetrischen Methode ihren Grund hat [45, S. 2111].
Wenn die Daten im Bereich der halben Protonierung einer Base mit einer bestimmten Aciditätsfunktion H_X in Übereinstimmung stehen, so muß die Änderung des Verhältnisses a_B/a_{BH^+} in diesem Bereich der für die H_X-Funktion charakteristischen Variation entsprechen. Aus dem einheitlichen Verlauf der Kurven in Abb. 9-2 bis 9-4 läßt sich schließen, daß diese Beziehung wohl auch außerhalb des Umwandlungsbereiches gilt. Scheinbaren Unstimmigkeiten in der Gegend hoher oder niedriger Umwandlung sollte man nicht allzugroßes Gewicht beimessen, denn an diesen Stellen wird die Unsicherheit bei der Bestimmung der I-Werte, die von der Unsicherheit in den ε_B- oder ε_{BH^+}-Werten herrührt, groß.

9.21. Methoden zur Korrektur für den Mediumeffekt

Katritzky, Waring und Yates [48] nehmen an, daß der Mediumeffekt linear in H_0 ist. Dies führt zu:

$$\epsilon = \frac{1}{1+I}(\epsilon_B + G_B H_0) + \frac{I}{1+I}(\epsilon_{BH^+} + G_{BH^+} H_0) \tag{55}$$

Die Werte von ε_B, ε_{BH^+}, G_B und G_{BH^+} bestimmt man aus der Absorption außerhalb des Bereiches der Protonierung. Den Wert $\varepsilon_{1/2}$ der Absorption bei halber Protonierung findet man dann als den experimentellen Wert von ε, der die Gleichung

$$\epsilon_{1/2} = \epsilon_B + \epsilon_{BH^+} + H_0(G_B + G_{BH^+}) \tag{56}$$

erfüllt. Der Wert $(H_0)_{1/2}$ von H_0 bei halber Protonierung folgt danach unmittelbar. Die Steigung $d\varepsilon/dH_0$ ist gegeben durch:

$$\frac{d\epsilon}{dH_0} = \frac{\epsilon_{BH^+} - \epsilon_B + (G_{BH^+} - G_B)H_0}{(1+I)^2}\frac{dI}{dH_0} + \frac{G_B + G_{BH^+} I}{1+I} \tag{57}$$

Ist $\log I$ linear in H_0 mit der Steigung $-x$, so sind

$$\frac{dI}{dH_0} = -\frac{xI}{0.434} \tag{58}$$

und:

$$x = \frac{0.87[2(d\epsilon/dH_0)_{1/2} - (G_B + G_{BH^+})]}{\epsilon_B - \epsilon_{BH^+} + (G_B - G_{BH^+})(H_0)_{1/2}} \tag{59}$$

Die Steigung $d\varepsilon/dH_0$ ändert sich nicht schnell beim Punkt der halben Protonierung und kann relativ genau bestimmt werden. Da die andern Größen in Gl. (59) alle bekannt sind, erhält man einen recht zuverlässigen Wert von x.
Reeves [49] benutzte ein ausgeklügeltes mathematisches Verfahren, um zu entscheiden, ob ein signifikanter Mediumeffekt vorliegt, und allenfalls eine entsprechende Korrektur anzubringen.

9.22. Andere Methoden zur Bestimmung der Stärke von schwachen Basen

Arnett und Mitarbeiter [50] bestimmten das Gleichgewichts-Verteilungsverhältnis $D = c_0/c_a$ einer Base zwischen einer Säure-Wasser-Mischung und einem inerten Lösungsmittel wie etwa Isooctan. c_0 ist die Konzentration der Base im inerten Lösungsmittel, c_a ist der primitive Wert der Konzentration in der Säure-Mischung. Der Wert von c_0 wird durch gaschromatographische Analyse bestimmt. c_a berechnet sich aus der Konzentration in der sauren Phase vor dem Zusatz des inerten Lösungsmittels und den relativen Volumina der beiden Phasen. Wenn B die Base bedeutet, so ist

$$c_a = [\mathrm{B}]\left(1 + \frac{h_X}{K^{\circ\circ}}\right) \tag{60}$$

wobei:

$$\log h_X = -H_X \tag{61}$$

H_X ist die Aciditätsfunktion, die im betreffenden Fall anzuwenden ist. Die raffinierte Konzentration [B] der Base in der sauren Schicht ist gegeben durch

$$[\mathrm{B}] = \frac{c_0}{D^{\circ\circ} a_B^\circ} \tag{62}$$

wobei $D^{\circ\circ}$ die Verteilungskonstante für das Referenz-Lösungsmittel ist. Aus diesen Beziehungen ergibt sich:

$$\log \frac{D^{\circ\circ} a_B^\circ - D}{D} = \mathrm{p}K^{\circ\circ} - H_X \tag{63}$$

Das Problem der Wahl der passenden Aciditätsfunktion und der Bestimmung des p$K^{\circ\circ}$-Wertes ist im wesentlichen das gleiche wie bei der spektrophotometrischen Methode der Untersuchung von schwachen Basen. Die Größe $(D^{\circ\circ} a_B^\circ - D)/D$ im einen Verfahren entspricht der Größe $(\varepsilon_B - \varepsilon)/(\varepsilon - \varepsilon_{BH^+})$ im andern. Bei der Verteilungsmethode ist ein anpaßbarer Parameter weniger vorhanden. Anderseits ist die Wahrscheinlichkeit, daß sich a_B° im Protonierungs-Bereich rasch ändert, größer, als es für ε_B oder ε_{BH^+} der Fall ist.

Nimmt man an, daß sich a_B° im Protonierungs-Bereich nicht signifikant ändert und daß H_0 die passende Aciditätsfunktion ist, so erhält man mit der Verteilungsmethode einen p$K^{\circ\circ}$-Wert für Anisol von −6.51. Dies steht in Übereinstimmung mit dem Wert von −6.54, der nach der spektrophotometrischen Methode erhalten wurde [51]. Die Verteilungsmethode erlaubt im allgemeinen eine brauchbare Bestimmung der Basizitäten von Äthern [52]. Auf der andern Seite ist sie offensichtlich auf Verbindungen wie Benzoesäure oder Nitrobenzol nicht anwendbar (Abschn. 9.12). Arnett und Wu erwähnen eine Reihe von anderen Fällen, in denen sie versagt.
Andere Verfahren zur Bestimmung der Stärke von schwachen Basen fanden mehr oder weniger isolierte Anwendung. Die Beziehung zwischen Wasserstoffbrücken-Bindungen und Basen-Stärke (Abschn. 8.6) führt zu brauchbaren Schätzungen für eine Anzahl von Basen, die anderen Methoden zu schwer zugänglich sind. Viele dieser Verfahren und die entsprechenden Resultate sind in Arnetts Übersichtsartikel [53] besprochen. Eine neuere Entwicklung ist die Anwendung der Raman-Spektroskopie auf dieses Problem durch Deno und Wisotsky [54], die sich ebenfalls kritisch mit den Möglichkeiten der kernmagnetischen Resonanz-Spektroskopie auseinandersetzen.

9.23. Temperaturkoeffizienten

Der Temperaturkoeffizient der Größe p$K^{\circ\circ}$ ist gegeben durch (Abschn. 2.20):

$$\frac{d(\mathrm{p}K^{\circ\circ})}{dT} = -\frac{\Delta \bar{H}^{\circ\circ}}{2.303\mathbf{R}T^2} + \frac{d\rho^{\circ\circ}}{dT} \tag{64}$$

Ist Wasser das Referenz-Lösungsmittel, so trägt der die Dichte $\rho^{\circ\circ}$ enthaltende Term nur 36 cal/mol zum Wert von $\Delta \bar{H}^{\circ\circ}$ bei 300 K bei. Dies liegt bestimmt innerhalb der experimentellen Unsicherheit aller vorhandenen experimentellen Daten. Für ein typisches organisches Lösungsmittel ist der Effekt um ein Mehrfaches größer. $\Delta \bar{H}^{\circ\circ}$ ist die Standard-Enthalpieänderung des Prozesses

$$BH^+ + S \rightleftharpoons B + SH^+ \tag{VI}$$

im Referenz-Lösungsmittel S.
In jedem anderen Medium als dem Referenz-Medium ist $\Delta \bar{H}^{\circ}$ gegeben durch:

$$\Delta \bar{H}^{\circ} = \Delta \bar{H}^{\circ\circ} - 2.303\mathbf{R}T^2 \frac{d \log (a_B^\circ / a_{BH^+}^\circ)}{dT} + \bar{H}_{H^+} - \bar{H}_{SH^+}^{\circ\circ} \tag{65}$$

$\Delta \bar{H}^{\circ}$ ist der Grenzwert der molaren Enthalpieänderung bei der Umwandlung von BH^+ in B für unendlich kleine Konzentrationen von B und BH^+ in diesem Medium. $\bar{H}_{H^+}$ ist die molare Enthalpie des solvatisierten Wasserstoff-Ions in allen Formen, in denen es im betreffenden Medium vorliegt. $\bar{H}_{SH^+}^{\circ\circ}$ ist die molare Enthalpie des solvatisierten Wasserstoff-Ions im Referenz-Medium. Diese Gleichung folgt unmittelbar aus der Beziehung:

$$\bar{H}_i^\circ - \bar{H}_i^{\circ\circ} = -2.303\mathbf{R}T^2 \frac{d \log a_i^\circ}{dT} \tag{66}$$

Für zwei Basen *a* und *b*, auf die die gleiche Aciditätsfunktion angewendet werden kann, hat das Verhältnis $a_B^\circ/a_{BH^+}^\circ$ den gleichen Wert. Infolgedessen gilt für ein solches Paar die Beziehung:

$$\Delta\bar{H}_a^\circ - \Delta\bar{H}_b^\circ = \Delta\bar{H}_a^{\circ\circ} - \Delta\bar{H}_b^{\circ\circ} \tag{67}$$

Es ist nicht zu erwarten, daß sie auch für Basen gilt, die nicht in dieser Weise verwandt sind.

Der Temperaturkoeffizient der Aciditätsfunktion H_X ist gegeben durch:

$$\frac{dH_X}{dT} = \frac{\bar{H}_{H^+} - \bar{H}_{SH^+}^{\circ\circ} + \bar{H}_B^\circ - \bar{H}_B^{\circ\circ} - \bar{H}_{BH^+}^\circ + \bar{H}_{BH^+}^{\circ\circ}}{2.303\mathbf{R}T^2} \tag{68}$$

Der Zähler auf der rechten Seite der Gleichung ist die Differenz zwischen den molaren Enthalpieänderungen bei der Umwandlung von BH^+ in B im Medium der Messung und im Referenz-Medium. Er ist ebenfalls die Standard-Enthalpieänderung pro Mol des Prozesses, bei dem äquivalente infinitesimale Mengen von B und von Wasserstoff-Ion aus dem Referenz-Medium ins Medium der Messung übertragen werden, während eine äquivalente Menge von BH^+ in der umgekehrten Richtung transferiert wird.

Tab. 9.4. Thermodynamische Daten (bei 50 °C) für H_0-Indikatoren.[a]

	$pK^{\circ\circ}$	$\Delta\mu^{\circ\circ}$	$\Delta\bar{H}^{\circ\circ}$	$\Delta\bar{S}^{\circ\circ}$
p-Nitroanilin	+0.81	+1 190	+4 600	+10.5
o-Nitroanilin	−0.36	−1 240	+3 360	+12.1
4-Chlor-2-nitroanilin	−1.09	−1 610	+3 075	+14.45
2,4-Dichlor-6-nitroanilin	−3.07	−4 530	+1 680	+19.21
2,4-Dinitroanilin	−4.42	−6 530	+420	+21.5
6-Brom-2,4-dinitroanilin	−6.59	−9 710	0	+30.14
2,4,6-Trinitroanilin	−9.08	−13 400	−3 100	+31.7

[a] Daten von Gelbstein, Shscheglova und Temkin [55].

Gelbstein, Shscheglova und Temkin [55] bestimmten den Temperaturkoeffizienten des Indikatorverhältnisses *I* in Schwefelsäure-Wasser-Mischungen für die in Tab. 9.4 zusammengestellten H_0-Indikatoren. Der $pK^{\circ\circ}$-Wert von *p*-Nitroanilin wurde durch Extrapolation in verdünnter wäßriger Salzsäurelösung bei jeder der verwendeten Temperaturen, d. h. 20, 40, 60 und 80 °C, bestimmt. Die Werte für die anderen Indikatoren wurden bei jeder Temperatur nach der Überlappungsmethode ermittelt. Zwischen 2,4-Dinitroanilin und Bromdinitroanilin sowie zwischen diesem und Trinitroanilin bestand keine wirkliche Überlappung. Weiter sind die Daten für die beiden letztgenannten Verbindungen weniger zuverlässig als für die anderen Basen, da in diesen Fällen extrapoliert werden mußte. Innerhalb der experimentellen Fehlergrenze ist $pK^{\circ\circ}$ in jedem Fall linear in $1/T$. Die Werte bei 50 °C von $pK^{\circ\circ}$, $\Delta\mu^{\circ\circ}$, $\Delta\bar{H}^{\circ\circ}$ und $\Delta\bar{S}^{\circ\circ}$ sind in der Tabelle zusammengestellt.

$\Delta\mu^{\circ\circ}$ und $\Delta\bar{H}^{\circ\circ}$ variieren in paralleler Weise. Die Beziehung

$$\Delta\bar{H}^{\circ\circ} = 3\,940 + 0.49\Delta\mu^{\circ\circ} \tag{69}$$

gilt mit einer Standard-Abweichung in $\Delta\bar{H}^{\circ\circ}$ von 400 für alle Basen. Läßt man die zwei schwächsten Basen weg, so ist die Standard-Abweichung 160. Selbstverständlich müssen ähnliche lineare Beziehungen zwischen $\Delta\bar{S}^{\circ\circ}$ und $\Delta\mu^{\circ\circ}$ und zwischen $\Delta\bar{S}^{\circ\circ}$ und $\Delta\bar{H}^{\circ\circ}$ bestehen.

Soweit die gleiche Aciditätsfunktion auf alle diese Basen angewendet werden kann, sollte Gl. (69) in allen Säure-Wasser-Mischungen gelten. Sie sollte insbesondere auch für die 96.48proz. Schwefelsäure gelten, in der Arnett und Burke [56] kalorimetrisch die Größe $\Delta\bar{H}_t^\circ$ für die Übertragung einer Anzahl von primären Anilinen aus Tetrachloräthanlösung in die saure Lösung bestimmt haben. Ihre Messungen zeigen eine ausgezeichnete lineare Beziehung zwischen $\Delta\bar{H}_t^\circ$ und den für die Umwandlung der konjugaten Säuren in die Basen in wäßriger Lösung berechneten $\Delta\mu^{\circ\circ}$-Werten. Aus den Zahlen in der Arbeit von Arnett und Burke kann man schätzungsweise ableiten, daß

$$\delta_M \Delta\bar{H}_t^\circ = -1.18\delta_M \Delta\mu^{\circ\circ} \tag{70}$$

wobei δ_M der Leffler-Grunwaldsche Lösungsmittel-Stabilisierungs-Operator ist. Mit den Beziehungen

$$\delta_M \Delta\bar{H}^\circ = \delta_M \bar{H}_B^\circ - \delta_M \bar{H}_{BH^+}^\circ \tag{71}$$

und

$$\delta_M \Delta\bar{H}_t^\circ = \delta_M \bar{H}_{BH^+}^\circ - \delta_M \bar{H}_{B(i)}^\circ \tag{72}$$

erhält man aus den Gl. (69) und (70):

$$\delta_M \bar{H}_B^\circ - \delta_M \bar{H}_{B(i)}^\circ = \delta_M \Delta\bar{H}^\circ + \delta_M \Delta\bar{H}_t^\circ = -0.69\delta_M \Delta\mu^{\circ\circ} \tag{73}$$

$\bar{H}_B^\circ$ und $\bar{H}_{BH^+}^\circ$ sind molare Enthalpien in der sauren Lösung, $\bar{H}_{B(i)}^\circ$ ist die molare Enthalpie der Base im inerten Lösungsmittel. Die Übertragungswärme der ungeladenen Base aus dem inerten Lösungsmittel in die saure Lösung ohne damit einhergehende Protonierung ist somit linear in $\Delta\mu^{\circ\circ}$ und infolgedessen auch in der Wärme der Säure-Base-Umwandlung. Wasserstoffbrücken-Bindung zwischen der Base und den stark sauren Bestandteilen der konzentrierten Schwefelsäure bietet eine plausible Erklärung für dieses Verhalten.

Die Einfachheit dieser Beziehungen stellt, wie Arnett und Burke ausführen, ein sehr kräftiges Argument zugunsten der Gültigkeit der beteiligten $pK^{\circ\circ}$-Werte und somit der Überlappungs-Annahme dar.

Die Werte von dH_0/dT, die Gelbstein und Mitarbeiter angeben, ändern sich nicht stark mit der Säurekonzentration. Die Größe besitzt ein Minimum von -0.0025 bei 8% Schwefelsäure, ist konstant bei -0.0020 zwischen 12 und 18% und bei 0 zwischen 32 und 50% und steigt dann allmählich gegen $+0.013$ bei 100% an. Die

Enthalpiedifferenz von Gl. (68) liegt somit in einem Bereich von $-1\,200$ bis $+6\,000$ cal/mol.
Arnett und Bushick [57] bestimmten den Temperaturkoeffizienten des Indikatorverhältnisses für eine Anzahl von Indikatoren des H_R-Typs in Schwefelsäure-Wasser-Mischungen. In diesem Fall nehmen sowohl $\Delta \bar{H}^{\circ\circ}$ als auch $\Delta \bar{S}^{\circ\circ}$ mit abnehmendem $\Delta \mu^{\circ\circ}$ zu, doch scheinen die Darstellungen nicht linear zu sein. $\Delta \bar{S}^{\circ\circ}$ erreicht den bemerkenswert hohen Wert von $+139$ cal/K für 4,4′,4″-Trinitrotriphenylcarbinol und ist bereits $+82$ für das Dinitro-Derivat. Für 4,4′-Dimethoxytriphenylcarbinol ist es indessen -15. Entropieänderungen dieser Größe können nicht allein auf die Wechselwirkung eines gelösten Moleküls mit einer großen Zahl von Lösungsmittel-Molekülen zurückgeführt werden. Es muß sich um eine Wechselwirkung handeln, deren Ausmaß rasch mit der Temperatur, dem Medium und der Struktur variiert. Nach dem Experiment scheint die Größe $d\mathrm{p}K^{\circ\circ}/d(1/T)$ innerhalb des untersuchten Temperaturbereichs von 45 K unabhängig von der Temperatur zu sein. In solchen Fällen kann indessen der Schein trügen.
Die Größe $\Delta H_R/\Delta(1/T)$ variiert sowohl mit der Temperatur als auch mit der Säurekonzentration in einer Art, in der man nur schwer irgendein Muster sehen kann. Oberhalb von 65% wird sie mit zunehmender Säurekonzentration ständig stärker positiv. In 80% Säure hat sie einen Wert von -0.034, was einem Wert der Enthalpie-Differenz in Gl. (68) von -13.5 kcal/mol entspricht.

9.24. Säure-Base-Reaktionen in schwach dissoziierenden Lösungsmitteln

Säure-Base-Reaktionen sind am einfachsten in schwach dissoziierenden Lösungsmitteln zu untersuchen. In solchen spielen über größere Distanz wirksame Wechselwirkungen nur eine vernachlässigbare Rolle, und die Gesetze für ideale Lösungen erlauben eine gute Beschreibung der vorherrschenden Reaktionen, die von der Art

$$a\mathrm{HA} + b\mathrm{B} \rightleftharpoons (\mathrm{HA})_a(\mathrm{B})_b \qquad \text{(VII)}$$

sind. Selbstassoziation („Homokonjugation", Abschn. 8.8) bewirkt, daß die Koeffizienten a und b oft nicht beide gleich eins sind; immerhin ist in den meisten, wenn nicht sogar in allen Fällen einer gleich eins. Davis [58], einer der führenden Forscher auf diesem Gebiet, hat die Literatur zu solchen Reaktionen in praktisch inerten Lösungsmitteln (wie etwa Benzol, Chlorbenzol, Anisol, Tetrachlorkohlenstoff) gründlich und kritisch besprochen. Kolthoff und Bruckenstein [59] befaßten sich in ausgedehnten Untersuchungen mit Säure-Base-Reaktionen in Essigsäure als Lösungsmittel.
Am vertrautesten sind Systeme in wäßriger Lösung. In solchen ist ionische Dissoziation sehr ausgeprägt, und Wechselwirkungen von großer Reichweite haben einen gravierenden Einfluß. Immerhin läßt sich dieser bis zu einem gewissen Grad auf Grund der Debye-Hückel-Theorie voraussagen. Die schwierigsten Systeme sind die dazwischen liegenden: In diesen sind die Ionenkonzentrationen beträchtlich, und der Einfluß von Kräften mit großer Reichweite ist stärker und schwieriger abzuschätzen als in wäßriger Lösung. Wertvolle Untersuchungen von Säure-Base-Reaktionen in Methanol, in dem weder Homo- noch Heterokonjugation (vgl. Abschn.

8.8) beobachtet wurde, stammen von Guss und Kolthoff [60]. Kolthoff und Coetzee führten ausgedehnte Studien über Lösungen in Acetonitril, in denen Assoziation (Konjugation) eine wesentliche Rolle spielt, durch*.

9.25. Indikator-Untersuchungen in Nitromethan und Sulfolan

Nitromethan und Solfolan (A) lassen sich als Lösungsmittel für die Untersuchung von sehr starken Säuren und sehr schwachen Basen in verdünnter Lösung verwenden und sind aus diesem Grunde

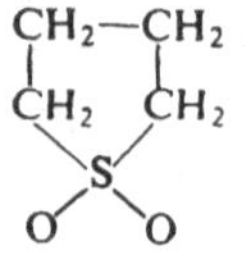

(A)

interessante Medien. Die Dielektrizitätskonstanten, 36 und 38, sind zwar nicht klein, doch solvatisieren die beiden Lösungsmittel Ionen nur schwach. Quartäre Ammoniumsalze sind in beträchtlichem Ausmaß ionisch dissoziiert [62, 63]; bei Salzen, bei denen starke Wasserstoffbrücken-Bindungen zwischen Kation und Anion bestehen, spielt ionische Dissoziation dagegen nur eine kleine Rolle. Nitromethan ist, im Gegensatz zu Sulfolan, eines der Lösungsmittel, die sich nur schwer soweit reinigen lassen, daß ihre Eigenschaften reproduzierbar sind.
Messungen mit Indikatoren des H_0-Typs in Lösungen von Schwefelsäure in Nitromethan [62, 64] und in Sulfolan [65] stehen mit den folgenden Annahmen in Übereinstimmung: 1. Die Indikator-Base B reagiert mit der Säure HA unter Bildung von zwei Arten von Ionenpaaren, BH^+---A^- und BH^+---$A(HA)_2^-$, von denen keines in nennenswertem Ausmaß in freie Ionen dissoziiert ist. 2. Die Gleichgewichtskonstanten K_1 und K_3 für die Bildung dieser Ionenpaare sind praktisch unabhängig von der Säurekonzentration bis zu mindestens 1 M; das bedeutet, daß die Aktivitätskoeffizienten in diesem Bereich ungefähr gleich eins sind. 3. Das Verhältnis $\varkappa = K_1/K_3$ ist für verschiedene Indikatoren der H_0-Klasse gleich. 4. Das spektrophotometrisch bestimmte Umwandlungsverhältnis I ist das Verhältnis

$$\frac{[BH^+\text{---}A^-] + [BH^+\text{---}A(HA)_2^-]}{[B]}$$

Aus diesen Annahmen folgt, daß:

$$-\log(c_A + \varkappa c_A^3) = pK_1 - \log I \qquad (74)$$

Dabei ist vorausgesetzt, daß die Konzentration c_A der Säure groß im Vergleich zur Indikatorkonzentration ist.

---

* Übersicht siehe Coetzee [61].

Tab. 9.5. pK°-Werte von Indikatoren in Nitromethan.[a]

	pK°_{VIII}	$pK^{\circ\circ}_{w}$	pK°_{VIII} − 4.09
4-Chlor-2-nitroanilin	+3.06	−1.03	−1.03
2,4-Dichlor-6-nitroanilin	+0.75	−3.27	−3.34
2,4-Dinitroanilin	−0.08	−4.53	−4.17
6-Brom-2,4-dinitroanilin	−2.37	−6.68	−6.46

[a] Daten von Van Looy und Hammett [62].

Tab. 9.6. Experimentell bestimmte und berechnete Werte von H_0 in Nitromethan.[a]

$\log c_A$	0	−0.5	−1.0	−1.5	−2.0	−2.5
H_0 (exp)	−3.15	−1.66	−0.23	+1.03	+1.95	+2.64
H_0 (ber)	−3.16	−1.66	−0.19	+1.11	+1.97	+2.49

[a] Daten von Van Looy und Hammett [62].

In Tab. 9.5 sind die pK°-Werte für einige Indikatoren in Nitromethan-Lösung, in Tab. 9.7 diejenigen für Sulfolan-Lösung zusammengestellt. In den meisten Fällen besteht zwischen aufeinander folgenden Indikatoren eine beträchtliche Überlappung, und die Differenz zwischen den log I-Werten ist im Überlappungsbereich zufriedenstellend konstant. Einige Unterbrechungen treten im Bereich höherer Säurekonzentrationen in Sulfolan auf. Dies ist indessen keine schwerwiegende Komplikation, da die log I-Werte in diesem Bereich nur sehr langsam mit der Säurekonzentration variieren. pK_{VIII} ist der negative Logarithmus der Gleichgewichtskonstante der Reaktion

$$BH^{+}\text{---}HSO_4^{-} \rightleftharpoons B + H_2SO_4 \qquad \text{(VIII)}$$

in Nitromethan. Für 4-Chlor-2-nitroanilin läßt sich der Wert von pK_{VIII} direkt aus dem Verhalten dieses Indikators in Lösungen von so geringer Säurekonzentration bestimmen, daß die Größe $\varkappa c_A^3$ vernachlässigt werden kann. Die Werte für die anderen Indikatoren erhält man nach dem Überlappungsverfahren. Diese Werte gehen überraschend genau parallel mit den $pK^{\circ\circ}_{w}$-Werten für die gleichen Indikatoren in verdünnter wäßriger Lösung. Ein Vergleich der beiden in Tab. 9.5 zusammengestellten Größen pK°_{VIII} −4.09 und $pK^{\circ\circ}_{w}$ macht dies deutlich.

Definiert man eine Aciditätsfunktion für Lösungen von Schwefelsäure in Nitromethan als

$$H_0 = pK_{VIII} - 4.09 - \log I \qquad (75)$$

so kann man sagen, daß ein gleich großer Wert von H_0 für eine Lösung in Nitromethan und eine Lösung in Wasser einem gleichen Grad der Protonierung der Base 4-Chlor-2-nitroanilin in den beiden Lösungen entspricht. In einer bescheidenen

Näherung entspricht dies auch einem gleichen Grad der Protonierung einer anderen Base der H_0-Klasse in den beiden Lösungen.

Tab. 9.7. p$K°$-Werte von Indikatoren in Sulfolan.[a]

	pK°_{rel}	$pK^{\circ\circ}_{w}$
4-Chlor-2-nitroanilin	−1.03	−1.03
2,5-Dichlor-4-nitroanilin	−2.12	−1.78
2,4-Dichlor-6-nitroanilin	−3.37	−3.32
2,4-Dinitroanilin	−4.36	−4.53
Benzalacetophenon	−5.55	−5.73
6-Brom-2,4-dinitroanilin	−6.55	−6.71
Anthrachinon	−8.64	−8.27
2,4,6-Trinitroanilin	−8.82	−9.41

[a] Daten von Arnett und Douty [65].

Die in dieser Weise definierte Größe H_0 ist in Abb. 9-14 als Funktion von $\log c_A$ dargestellt, und zwar sowohl für Schwefelsäure allein als auch für Schwefelsäure, der verschiedene Mengen von Pyridinium-hydrogensulfat zugesetzt wurden. Vergleicht man die in Tab. 9.6 zusammengestellten experimentell bestimmten H_0-Werte mit der Größe $-4.09 - \log(c_A + 1\,450 c_A^3)$, so erkennt man, daß Gl. (74) für Schwefelsäure-Lösungen offensichtlich gilt. Wie diese Gleichung voraussagt, ist die Steigung der graphischen Darstellung bei hohen Säurekonzentrationen nahe bei −3 und strebt bei tieferen Konzentrationen gegen −1. Eine Gleichung mit drei Termen, die die Gegenwart von BH^+---AHA^- berücksichtigt, führt zu einer ebenso guten, aber keiner bessern Übereinstimmung.

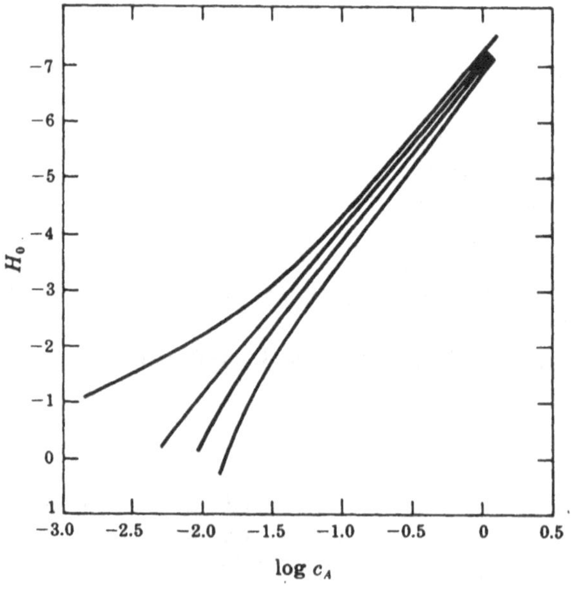

Abb. 9-14. Darstellung der Aciditätsfunktion H_0 als Funktion des Logarithmus von c_A, der molaren Konzentration von Schwefelsäure in Nitromethan bei 25°C. Kurven in der Reihenfolge von oben nach unten: Nur Säure und Indikator, 0.0048 M Pyridiniumbisulfat zugesetzt, 0.0096 M Pyridiniumbisulfat zugesetzt, 0.0192 M Pyridiniumbisulfat zugesetzt. (Nach Van Looy und Hammett [62].)

Arnett und Douty [65] bestimmten die Werte der Größe pK°_{rel} für Lösungen von Schwefelsäure in Sulfolan. Eine entsprechende Zusammenstellung findet sich in Tab. 9.7. pK°_{rel} ist definiert als

$$pK^\circ_{rel} = pK^\circ_{VIII} - pK^\circ_{ref} - 1.03 \tag{76}$$

wobei pK°_{ref} der pK°_{VIII}-Wert von 4-Chlor-2-nitroanilin ist. Im Bereich von 0.1 bis 1 M hat die Darstellung von $pK^\circ_{rel} - \log I$ gegen $\log c_A$ eine Steigung von ungefähr -3. Als bester Wert wird -2.8 angegeben. Die pK°_{rel}-Werte gehen wiederum praktisch parallel mit den entsprechenden $pK^{\circ\circ}_w$-Werten. Die Beziehung

$$pK^\circ_{rel} \doteq -0.20 + 0.995\, pK^{\circ\circ}_w \tag{77}$$

beschreibt die Daten mit einer Standard-Abweichung von 0.25.

Die Tatsache, daß Gl. (74) gilt, ist nicht das einzige Argument zugunsten der Annahmen, auf der sie beruht. Auch die folgenden Betrachtungen unterstützen sie: Nitromethan besitzt zwar eine Dielektrizitätskonstante von 38, was höher als der Wert von 33 für Methanol ist, doch gehen ihm die stark anionsolvatisierenden Eigenschaften eines hydroxylischen Lösungsmittels ab. Aus der Leitfähigkeit von Pyridiniumhydrogensulfat läßt sich auf eine Assoziationskonstante von 600 schließen [62]. Mit dieser Konstante wäre ein Ionenpaar in 0.1 M Lösung nur zu 15% dissoziiert. Dies ist kaum überraschend, denn im ähnlichen Lösungsmittel Nitrobenzol, dessen Dielektrizitätskonstante nur um 3 Einheiten geringer ist als diejenige von Nitromethan, sind Salze von tertiären Aminen in erheblichem Maße zu Ionenpaaren assoziiert (Abschn. 8.7). Die konjugaten Säuren der in Tab. 9.5 zusammengestellten Indikatoren sind um viele Größenordnungen weniger stark sauer als das Pyridinium-Ion. Man sollte deshalb erwarten, daß sie bedeutend stärkere Wasserstoffbrücken-Bindungen zu einem Anion bilden sollten.

Würden die BH^+---HSO_4^--Ionenpaare des Indikators in signifikantem Maß dissoziieren, so würde der Wert von I bei einer bestimmten Säurekonzentration mit zunehmender Indikatorkonzentration abnehmen. Eine sorgfältige Untersuchung, bei der die Indikatorkonzentration um einen Faktor zehn bis zwanzig variiert wurde, ließ für zwei der Indikatoren bei Säurekonzentrationen von 0.05 und mehr keinen solchen Effekt, für 4-Chlor-2-nitroanilin bei Säurekonzentrationen von 0.005 und weniger einen möglichen kleinen Effekt erkennen. Wäre die Dissoziation signifikant, so hätte Zugabe des teilweise dissoziierten Salzes Pyridinium-hydrogensulfat eine starke Abnahme von I zur Folge. Wie Abb. 9-14 zeigt, tritt tatsächlich eine Abnahme auf, die sich indessen auf die Reaktion

$$PyH^+\text{---}HSO_4^- + 2H_2SO_4 \rightleftharpoons PyH^+\text{---}HSO_4^-(H_2SO_4)_2 \tag{IX}$$

zurückführen läßt.

Was die Annahme 4. betrifft, so befinden wir uns in einer besonders glücklichen Lage, denn die Messungen können in einem Bereich des Spektrums ausgeführt werden, in dem weder BH^+ noch die Ionenpaare stark absorbieren. Immerhin ist zu sagen, daß Wasserstoffbrücken-Bindung und Ionenpaarbildung im allgemeinen keinen großen Einfluß auf die Ultraviolett-Absorption von organischen Kationen hat.

Die Rechtfertigung der Annahme 3. ergibt sich aus der Konstanz der Differenz in den log *I*-Werten für einander folgende Indikatoren im Bereich, in dem sich die relativen Mengen von BH^+---HSO_4^- und BH^+---$HSO_4^-(H_2SO_4)_2$ rasch ändern. Verdünnte Lösungen von Schwefelsäure in Nitromethan sind, ausgedrückt durch den Grad der Protonierung der Base 4-Chlor-2-nitroanilin, um etwa zwei logarithmische Einheiten stärker sauer als Lösungen von der gleichen Konzentration in Sulfolan. Lösungen in Sulfolan sind etwa um den gleichen Betrag stärker sauer als Lösungen in Essigsäure, welche ihrerseits um einen etwas geringeren Betrag stärker sauer als wäßrige Lösungen sind [62, 65]. Einige dieser Unterschiede lassen sich ohne weiteres erklären. Sowohl Wasser als auch Essigsäure sind in 100proz. Schwefelsäure praktisch vollständig in die konjugaten Säuren umgewandelt, während dies für Nitromethan und Sulfolan nur zu einem kleinen Teil der Fall ist. Schwefelsäure in Wasser wird in den weniger kräftigen Wasserstoffionen-Donor OH_3^+ umgewandelt; in Essigsäure wird sie vermutlich in ein Ionenpaar umgewandelt, das die konjugate Säure des Lösungsmittels enthält und ein schwächerer Donor als H_2SO_4, jedoch ein stärkerer als OH_3^+ ist. Der Unterschied zwischen Nitromethan- und Sulfolan-Lösungen deutet darauf hin, daß Nitromethan Substanzen in der Art von BH^+---HSO_4^- stärker solvatisiert als Sulfolan, daß Nitromethan Substanzen wie B oder H_2SO_4 weniger stark solvatisiert als Sulfolan oder daß eine Kombination dieser Effekte eine Rolle spielt.

Alder, Chalkey und Whiting [66] berichten kurz über einige sehr starke Säuren in Sulfolan: Auf Grund der Reaktion mit Indikatoren des H_0-Typs ergeben sich für die Säurestärke in 0.1 M Lösung, bezogen auf HCl, die folgenden Werte: H_2SO_4 : 1.3, HBr: 3.6, HSO_3F, HBF_4 und $HClO_4$: ungefähr 6, HPF_6: 7.

Wenn Eigenassoziation („Homokonjugation", s. S. 228) auftritt, so ändert sich das Ausmaß der Umwandlung der Base in die konjugate Säure mit der Säurekonzentration in einer Potenz höher als der ersten Potenz. Man sollte somit erwarten, daß die Geschwindigkeit von Reaktionen, an denen Säuren beteiligt sind, unter für Eigenassoziation günstigen Bedingungen schneller mit der Säurekonzentration variiert als mit der ersten Potenz. Dies wurde im Fall der Addition von HCl an Isobuten in Nitromethan gefunden: Diese Reaktion ist zweiter Ordnung in bezug auf HCl [67].

9.26. Säure-Base-Reaktionen in Dimethylsulfoxid

Eine der vielen interessanten Eigenschaften von Dimethylsulfoxid ist der außerordentlich weite Bereich der Acidität – rund 30 logarithmische Einheiten –, in dem in diesem einzigen Lösungsmittel Untersuchungen innerhalb der Grenzen von verdünnten Lösungen durchgeführt werden können. Dies ermöglicht die quantitative Messung von sehr schwachen Säuren. Da dieses Lösungsmittel Kationen stark solvatisiert (Abschn. 8.11) und eine relativ hohe Dielektrizitätskonstante von 47 besitzt, sind viele Alkalimetall-Verbindungen und quartäre Ammoniumsalze starke Elektrolyte. Da es ein aktiver Wasserstoffbrücken-Akzeptor ist, kann mit Sicherheit keine Eigenassoziation festgestellt werden [68], ausgenommen im Fall der Alkoxide; hier ist sie sehr stark, und außerdem kann die Dissoziation der Ionenpaare unvollständig sein. Das Verhalten von Säure-Base-Systemen in Dimethylsulfoxid gleicht deshalb weitgehend dem vertrauten Verhalten in wäßrigen Lösungen. Sogar die praktische Glaselektrode läßt sich anwenden (Abschn. 9.2).

Tab. 9.8. p$K°$-Werte von Säuren in Dimethylsulfoxid (DMSO)[a b] und in Cyclohexylamin (CHA).[c]

	DMSO	CHA
Stickstoffwasserstoffsäure[a]	7.9	
9-Carbomethoxyfluoren[a]	10.3	
p-Nitrophenol[a]	10.4	
Essigsäure[a]	11.6	
Malonitril[a]	11.0	
Benzoylaceton[a]	12.1	
Tris-(*p*-nitrophenyl)-methan[a]	12.2	
Cyanwasserstoffsäure[a]	12.9	
Acetylaceton[a]	13.4	
2,4-Dinitroanilin[a]	14.8	
Nitromethan[a]	15.9	
9-Phenylfluoren[a]	16.4	(16.4)
4-Nitroanilin[b]	18.4	
Inden[a]	18.5	17.8
9-Methylfluoren[a]	19.7	
4,5-Methylenphenanthren[a]	20.0	20.5
Fluoren[a]	20.5	20.6
9-Phenylxanthen[b]	24.1	26.4
tert.-Butanol[a]	26.8	
n-Propanol[a]	26.2	
Triphenylmethan[b]	27.1	29.4
Diphenylmethan[b]	28.5	31.0
Dimethylsulfoxid[b]	31.2	

[a] Daten von Ritchie und Uschold [6, 71].
[b] Daten von Steiner et al. [69, 70].
[c] Daten von Streitwieser, Ciuffarin und Hammons [74].

Ritchie und Uschold [6] beziehen eine elektrometrische pH-Skala in Dimethylsulfoxid auf verdünnte Lösungen des Monohydrats von Toluolsulfonsäure. Für diese Substanz ist $\mathscr{E}$ als Funktion des Logarithmus der Säurekonzentration im Bereich von Konzentrationen zwischen 10^{-4} und 10^{-2} eine Gerade mit der Steigung 0.059. Dies ist der für starke Säuren charakteristische Wert. Dabei nimmt man an, daß Wasser genügend weniger basisch als das Lösungsmittel ist, daß man tatsächlich das Verhalten einer starken Säure und nicht dasjenige ihres Oxoniumsalzes beobachtet. Bei Titrationen von vielen schwachen Säuren in Konzentrationen von 0.001 M mit dem Cäsiumsalz von Dimethylsulfoxid sind Antragungen von $\mathscr{E}$ gegen $\log x/(1 - x)$ linear mit der Steigung 0.059. x ist hier der titrierte Bruchteil. Daraus ergibt sich der Schluß, daß die Elektrode richtig funktioniert und daß Komplikationen infolge von unvollständiger Dissoziation des Cäsiumsalzes oder von Eigenassoziation keine wesentliche Rolle spielen. Die elektrometrischen pK-Werte sind in Tab. 9.8 zusammengestellt.

Von der Brauchbarkeit der elektrometrischen pH-Bestimmung und der Gültigkeit der pH-Skala kann man sich überzeugen, indem man die Daten mit spektrophotometrisch bestimmten Werten des Ionisierungsgrades von 2,6-Dinitro-4-chlorphenol [6] und von 4-Nitrophenol und 2,4-Dinitrophenol [68] vergleicht. Aus diesen Werten findet man mit Hilfe von überlappenden Indikatoren einen p*K*-Wert von 11.4 für Essigsäure; der entsprechende elektrometrische Wert von Ritchie und Uschold ist 11.6.
Steiner et al. [69, 70] fanden spektrophotometrisch ein Verhältnis der pK°-Werte von 9-Phenylfluoren und Fluoren zu demjenigen von 2,4-Dinitroanilin von 1.9 und 5.8. Die Übereinstimmung mit den Werten 1.6 und 5.7 aus der elektrometrischen Bestimmung ist ein weiteres Argument zugunsten der Gültigkeit dieses Verfahrens. Weiter bildet sie die Basis für die Umwandlung der Steinerschen Daten in Absolutwerte.
Die Werte für die beiden Alkohole stammen aus Messungen des Gleichgewichts der Reaktion von Triphenylmethan mit den Cäsiumalkoholaten [71]. Dieselbe Untersuchung ergab auch einen Wert von 31.3 für den p*K*-Wert von Dimethylsulfoxid, was in guter Übereinstimmung mit Steiners Wert steht.
Der pH-Wert einer 0.01 M Lösung des Cäsium-Derivates von Dimethylsulfoxid in diesem Lösungsmittel, bezogen auf eine verdünnte Lösung einer starken Säure in Dimethylsulfoxid, liegt also mit ziemlicher Sicherheit in der Gegend von 29. In Wasser läßt sich dem pH-Wert jeder verdünnten Lösung die physikalische Bedeutung von $-\log[OH_3^+]$ zuschreiben, abgesehen von etwaigen kleineren Effekten infolge von Abweichungen von den Gesetzen der verdünnten Lösungen. In der gleichen Weise kann man den pH-Wert in Dimethylsulfoxid mit der Größe $-\log[(CH_3)_2SOH^+]$ identifizieren, solange das System nicht allzu basisch ist. Eine Konzentration von 10^{-29} M hat indessen offensichtlich keine physikalische Bedeutung. Die Größe 29 bedeutet hier lediglich, daß ein vernünftig zugeordneter Wert der Änderung im Standard-Potential, die mit der Übertragung eines Protons aus einer 0.01 M Lösung einer starken Säure in eine Lösung von pH = 29 einhergeht, dem 27fachen Wert der Größe 2.303 **R** *T* entspricht und somit bei 25 °C gleich 36 800 cal/mol ist.

9.27. Aciditätsfunktionen und Basenstärke in anderen stark basischen Medien*

Für einige der in Tab. 9.8 zusammengestellten Kohlenwasserstoffe und für eine beträchtliche Anzahl weiterer relativ stark saurer Kohlenwasserstoffe wurden mit Hilfe von Cäsium-Derivaten relative p*K*-Werte im Lösungsmittel Cyclohexylamin bestimmt [74]. Die in der Tabelle angeführten Werte beruhen auf der willkürlichen Identifikation des p*K*-Wertes von 9-Phenylfluoren in Cyclohexylamin mit dem entsprechenden Wert in Dimethylsulfoxid. Sie zeigen beträchtliche Unterschiede zu den Werten in Dimethylsulfoxid. Mit zunehmendem p*K*-Wert scheint eine systematische Vergrößerung dieser Differenz einherzugehen. Steiner und Starkey [70] erwähnen im gleichen Zusammenhang eine starke Abhängigkeit der relativen Stärke der CH-Säure 9-Phenylfluoren und der NH-Säure *p*-Nitroanilin vom Lösungsmittel.

---

* Zu diesem Thema bestehen neuere Übersichtsartikel von Rochester [72] und Bowden [73].

Hier wie anderswo läßt sich kein absolutes, vom Medium unabhängiges Maß für die Stärke einer Säure geben.
Stewart und Mitarbeiter [75, 76] entwickelten eine H_--Skala* auf Grund einer spektrophotometrischen Untersuchung einer überlappenden Serie von Nitroanilinen und Nitrodiphenylaminen. Sie spannt sich von 2,4,6-Trinitroanilin, dessen p$K^{\circ\circ}$-Wert, bezogen auf verdünnte wäßrige Lösung, direkt zu 12.20 bestimmt wird, bis zu 4-Nitroanilin, für das man nach der Überlappungsmethode einen p$K^{\circ\circ}$-Wert von 18.37 findet. Die p$K^{\circ\circ}$-Werte der Indikatoren in der Reihe liegen nahe beieinander; die Differenz zwischen den log I-Werten einander folgender Indikatoren in verschiedenen Mischungen von Wasser und Dimethylsulfoxid, die 0.011 M Tetramethylammoniumhydroxid enthalten, ist unabhängig von der Zusammensetzung des Lösungsmittels. Zwischen den in Dimethylsulfoxid Wasser- und den in Sulfolan-Wasser-Mischungen bestimmten p$K^{\circ\circ}$-Werten bestehen indessen Unterschiede von bis zu 0.3 Einheiten.

9.28. Reaktionsgeschwindigkeiten in stark basischen Systemen

Der H_--Wert in 0.025 M Lösungen von Natriummethanolat in Mischungen von Dimethylsulfoxid und Methanol steigt mit zunehmendem Dimethylsulfoxid-Gehalt steil an. Dies ist in Abb. 9-15 dargestellt. Die Geschwindigkeit der Zunahme ist mehr oder weniger linear im Molenbruch. Wie Abb. 9-16 zeigt, ist der Logarithmus der spezifischen Geschwindigkeit der Racemisierung von (+)-2-Methyl-3-phenylpropionitril im selben Bereich ebenfalls praktisch linear in H_-. Der beste Wert der Steigung ist 0.87. Die spezifische Geschwindigkeit des Deuterium-Austauschs ist fast gleich derjenigen der Racemisierung. Die beobachtete Geschwindigkeit ist somit vermutlich diejenige der Deprotonierung, die zur Bildung eines symmetrischen oder rasch racemisierenden Carbanions führt. Bemerkenswert bei dieser Reaktion ist nicht bloß die große Gesamtänderung in der Racemisierungsgeschwindigkeit und im Gleichgewicht der Indikator-Reaktion, sondern auch die Tatsache, daß bereits relativ kleine Mengen von Dimethylsulfoxid eine große Änderung bewirken.
Die Größe des Gesamteffektes ist nicht schwer zu verstehen. Es ist vernünftig anzunehmen, daß die negative Ladung auf dem Methanolat-Ion stark konzentriert ist, während sie auf dem Anion des verwendeten Indikators oder auf einem Übergangszustand der Struktur B

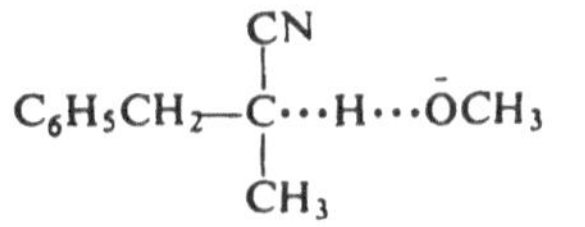

(B)

---

* Deyrup und ich [9] benutzten das Symbol H_0 für eine Aciditätsfunktion, die auf der Indikator-Reaktion $BH^+ \rightleftarrows B + H^+$ beruht. Wir schlugen das Symbol H_- für eine entsprechende Funktion vor, die auf der Reaktion $HA \rightleftarrows A^- + H^+$ basiert. H besitzt dabei die gleiche Bedeutung wie in pH, das Indexzeichen (0 bzw. −) weist auf den Ladungszustand der Base hin. Boyd [77] entwickelte eine H_--Skala für starke Säuren in wäßriger Lösung auf Grund der Verhalten von Cyankohlenstoff-Säuren; eine H_+-Skala für analoge Systeme wurde von Isaks und Jaffé [78] eingeführt. Keine dieser beiden unterscheidet sich stark von der H_0-Skala in Mischungen von starken Säuren und Wasser.

weit verteilt und diffus ist. Der $\Delta\mu°$-Wert für die Bildung des Indikator-Anions oder des Übergangszustandes aus dem Methanolat-Ion sollte deshalb in einem anion-solvatisierenden Lösungsmittel wie Methanol viel stärker positiv als in Dimethylsulfoxid sein (Abschn. 8.14).

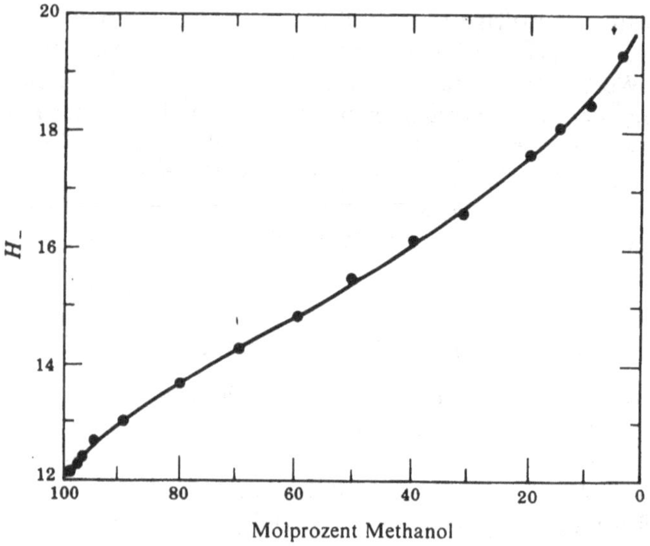

Abb. 9-15. H_- als Funktion der Zusammensetzung des Lösungsmittels für Dimethylsulfoxid - Methanol - Mischungen, die zugesetztes Natriummethanolat (0.025 M) enthalten; Temperatur = 25 °C. (Nach Stewart, O'Donnell, Cram und Rickborn [79].)

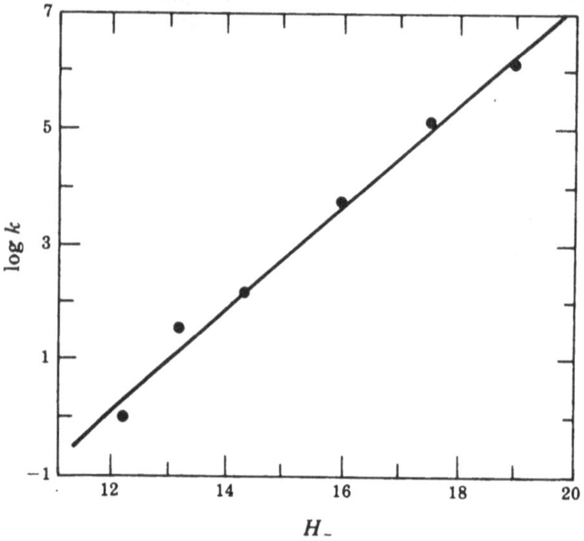

Abb. 9-16. Geschwindigkeit der Razemisierung von (+)-2-Methyl-3-phenyl-propionitril als Funktion der Basizität des Mediums (H_-) für Mischungen von Dimethylsulfoxid und Methanol, die zugesetztes Natriummethanolat (0.025 M) enthalten; Temperatur = 25 °C. (Nach Stewart, O'Donnell, Cram und Rickborn [79].)

Die Tatsache, daß $\Delta\mu°$ oder $\Delta\mu^{\ddagger}$ beinahe linear im Molenbruch sind, ist schwieriger zu erklären. Dimethylsulfoxid ist ein sehr guter Wasserstoffbrücken-Akzeptor. Mischt man es mit Wasser, so wird eine große Menge Wärme freigesetzt, nämlich 600 cal/mol bei einem Molenbruch von Dimethylsulfoxid von 0.35 [80]. Dies läßt auf starke Wechselwirkungen schließen, die wohl auch in Mischungen mit Methanol vorhanden sein dürften und bewirken, daß Methanol weniger leicht zur Solvatisierung von Methanolat-Ion zur Verfügung steht. Wollte man allerdings die Erscheinung auf Grund des Prozesses

$$RNH_2 + {}^-OCH_3(CH_3OH)_n \rightleftharpoons RNH^- + (n+1)CH_3OH \qquad (X)$$

erklären, so müßte man einen überraschend hohen Wert von n annehmen.

Die Geschwindigkeit der Reaktion von Methyljodid mit Hydroxid-Ion in Wasser-Dimethylsulfoxid-Mischungen, mit Methanolat-Ion in Methanol-Dimethylsulfoxid-Mischungen und mit Äthanolat-Ion in Äthanol-Dimethylsulfoxid-Mischungen nimmt rasch und ungefähr linear mit steigendem Molenbruch des Dimethylsulfoxids zu [81].

Dasselbe ist der Fall für eine Anzahl weiterer Reaktionen von Methanolat-Ion in Methanol-Dimethylsulfoxid-Mischungen [82].

Der H_--Wert von verdünnten (0.011 M) Lösungen von Tetramethylammoniumhydroxid nimmt nahezu linear mit dem Molenbruch des Dimethylsulfoxids von 12 in Wasser bis zu 21.2 bei einem Molenbruch von 0.85 zu [76]. Darüber wird der Anstieg sehr steil, und H_- erreicht den Wert von 26.2 bei einem Molenbruch von 0.996. Der Wert von log k für die Reaktion von Methyljodid mit Hydroxid-Ion nimmt ebenfalls steil und beinahe linear mit dem Molenbruch von Dimethylsulfoxid zu [81]. Die Geschwindigkeit der Reaktion von Äthylacetat mit Natriumhydroxid nimmt erheblich langsamer zu; die Zunahme entspricht lediglich einem Faktor 9 bei einem Molenbruch von 0.7 [83].

Nimmt man an, daß die Aktivität von Wasser in Mischungen mit Dimethylsulfoxid bei 25 °C gleich ist wie bei 70 °C (bei welcher Temperatur sie bestimmt wurde [80]), so kann man den Anstieg von H_- auf Grund einer Reaktion in der Art von (X) erklären, wenn man einen Wert von 11 für n annimmt. Da jedoch die Mischungswärme groß und negativ ist, muß die Aktivität von Wasser mit zunehmenden Mengen von Dimethylsulfoxid bei 25 °C rascher als bei 70 °C abnehmen. Dies würde zu einem Wert von n führen, der bedeutend kleiner als 11 ist. Untersuchungen über den Effekt von mäßigen Mengen von Dimethylsulfoxid auf das Standard-Potential von Alkalihydroxiden und von Alkalisalzen großer, raumbeanspruchender Anionen dürften wesentlich zum Verständnis dieser Phänomene beitragen.

Einige Arbeiten befassen sich mit dem Effekt von Dimethylsulfoxid und Sulfolan auf die H_--Werte (gemessen mit Nitroanilin-Indikatoren) und auf die Geschwindigkeit einiger Reaktionen mit *tert.*-Butanolat in *tert.*-Butanol [84]. Die Lage ist im letzteren Fall durch starke Ionenassoziation kompliziert. Dies ist vermutlich der Grund, weshalb Lösungen von Tetramethylammoniumhydroxid um mehr als 3 Einheiten stärker positive H_--Werte besitzen als Kalium-*tert.*-butanolat-Lösungen, und zwar sogar in Lösungen von 0.001 M Konzentration.

9.29. Die Basizität der Alkalialkoxide

In Dimethylsulfoxid sind die Alkalisalze von Carbonsäuren und Phenolen und die Alkalimetall-Derivate von phenylierten Methanen offenbar starke Elektrolyte, und Komplikationen infolge von Eigenassoziation sind nicht augenfällig. Im Fall der

Alkalialkoxide (Alkoholate) ist die Lage indessen anders. Steiner und Gilbert [69] fanden unter Verwendung von Kohlenwasserstoff-Indikatoren mit den Basen in Form der Kaliumsalze, daß sich *n*- und *tert.*-Butanol entsprechend der Säure-Base-Reaktion

$$ROH \rightleftharpoons RO^- + H^+ \qquad (XI)$$

verhalten. Dabei ist der p*K*-Wert um 3.8 Einheiten geringer als derjenige des Lösungsmittels, solange das Verhältnis [ROH]/[RO^-] kleiner als 1/2 ist. Ist das Verhältnis größer als 1/2, so nimmt der pH-Wert mit zunehmender Alkoholkonzentration viel rascher ab. Daraus läßt sich schließen, daß Reaktion (XI) durch

$$nROH \rightleftharpoons {}^-OR(ROH)_{n-1} + H^+ \qquad (XII)$$

ersetzt wird, wenn das Verhältnis ansteigt. Die pH-Abnahme ist im Fall von *n*-Butanol schneller als im Fall von *tert.*-Butanol. Eine mögliche Erklärung dafür ist, daß sich der tertiäre Alkohol auf Grund von sterischen Effekten nicht so stark mit dem tertiären Alkoxid-Ion verbinden kann wie der primäre Alkohol mit dem primären Alkoxid-Ion.

Die spezifische Geschwindigkeit der Racemisierung von Methylphenylpropionitril ist $4 \cdot 10^6$mal schneller mit Kalium-*tert.*-butanolat in *tert.*-Butanol als mit Kalium-methanolat in Methanol [85]. Dieser Effekt steht in Übereinstimmung mit dem Befund von Steiner und Gilbert, daß Eigenassoziation mit primären Alkoxid-Ionen stärker ist als mit tertiären.

Aus kinetischen Untersuchungen ergeben sich Hinweise auf unvollständige Dissoziation von mindestens einigen Alkoxiden in Dimethylsulfoxid-Lösung [86]. Die spezifische Geschwindigkeit der Racemisierung von 1-Phenyl-1-methoxyäthan-1-d in Dimethylsulfoxid-Lösung durch Kalium-*tert.*-butanolat, das 0.9 Äquivalente *tert.*-Butanol enthält, ist im Konzentrationsbereich von 0.05 bis 0.23 ungefähr von der Ordnung 1/2 in bezug auf die Base. Weiter wird die Geschwindigkeit bei Zugabe von Kaliumjodid, das in diesem Medium ein starker Elektrolyt ist, beträchtlich erhöht. Mit Natrium-*tert.*-butanolat, das nur 0.32 Äquivalente *tert.*-Butanol enthält, entspricht die spezifische Geschwindigkeit nur etwa einem hundertstel derjenigen der Kaliumverbindung.

9.30. Literatur

1. Bates, R. G., „Determinations of pH", John Wiley & Sons, New York 1964.
2. King, E. J., „Acid-Base Equilibria", The Macmillan Company, New York 1965.
3. Romberg, E. und K. Cruse, *Z. Elektrochem.*, *63*: 404 (1959).
4. Coetzee, J. F., *Progr. Phys. Org. Chem.*, *4*: 64 (1967) und frühere dort zitierte Literatur.
5. Kolthoff, I. M. und T. B. Reddy, *Inorg. Chem.*, *1*: 189 (1962).
6. Ritchie, C. D. und R. E. Uschold: *J. Am. Chem. Soc.*, *89*: 1721, 2752 (1967).
7. Paul, M. A. und F. A. Long, *Chem. Rev.*, *57*: 1 (1957).
8. Bascombe, K. N. und R. P. Bell, *J. Chem. Soc.*, *1959*: 1096.
9. Hammett, L. P. und A. J. Deyrup, *J. Am. Chem. Soc.*, *54*: 2721 (1932).
10. Jorgenson, M. J. und D. R. Hartter, *J. Am. Chem. Soc.*, *85*: 878 (1963).
11. Yates, K. und H. Wai, *J. Am. Chem. Soc.*, *86*: 5408 (1964).
12. Shankman, S. und A. R. Gordon, *J. Am. Chem. Soc.*, *61*: 2370 (1939).

13. Arnett, E. M. und G. W. Mach, *J. Am. Chem. Soc.*, *88:* 1177 (1966).
14. Hyman, H. H., M. Kilpatrick und J. J. Katz, *J. Am. Chem. Soc.*, *79:* 3668 (1957).
15. Bell, R. P., K. N. Bascombe und J. C. McCoubrey, *J. Chem. Soc.*, *1956:* 1286.
16. Högfeldt, E. und J. Bigeleisen, *J. Am. Chem. Soc.*, *82:* 15 (1960).
17. Hantzsch, A., *Z. Elektrochem.*, *29:* 221 (1923); *30:* 194 (1924); *31:* 167 (1925).
18. Arnett, E. M. und G. W. Mach, *J. Am. Chem. Soc.*, *86:* 2671 (1964).
19. Hinman, R. L. und J. Lang, *J. Am. Chem. Soc.*, *86:* 3796 (1964).
20. Yates, K., J. B. Stevens und A. R. Katritzky, *Can. J. Chem.*, *42:* 1957 (1964).
21. Johnson, C. D., A. R. Katritzky und N. Shakir, *J. Chem. Soc.*, *B 1967:* 1235.
22. Deno, N. C., J. J. Jaruzelski und A. Schriesheim, *J. Am. Chem. Soc.*, *77:* 3044 (1955).
23. Deno, N. C., P. T. Groves und G. Saines, *J. Am. Chem. Soc.*, *81:* 5790 (1959).
24. Arnett, E. M. und G. W. Mach, *J. Am. Chem. Soc.*, *88:* 1177 (1966).
25. Yates, K. und J. C. Riordan, *Can. J. Chem.*, *43:* 2328 (1965).
26. Deno, N. C., H. E. Berkheimer, W. L. Evans und H. J. Peterson, *J. Am. Chem. Soc.*, *81:* 2344 (1959).
27. Bunnett, J. F. und F. P. Olson, *Chem. Commun.*, *1956:* 601; *Can. J. Chem.*, *44:* 1899, 1917 (1966).
28. Hammett, L. P. und R. P. Chapman, *J. Am. Chem. Soc.*, *56:* 1282 (1934).
29. Boyd, R. H., *J. Am. Chem. Soc.*, *85:* 1555 (1963).
30. Sweeting, L. M. und K. Yates, *Can. J. Chem.*, *44:* 2395 (1966).
31. Taft, R. W., Jr., *J. Am. Chem. Soc.*, *82:* 1965 (1960).
32. Wyatt, P. A. H., *Discussions Faraday Soc.*, *24:* 162 (1957).
33. Brand, J. C. D., *J. Chem. Soc.*, *1950:* 997.
34. Deno, N. C und R. W. Taft, *J. Am. Chem. Soc.*, *76:* 244 (1954).
35. Hough, A., W. Savage und D. J. van Marle, *Chem. Met. Eng.*, *23:* 666 (1920).
36. Hantzsch, A., *Z. Physik. Chem.*, *61:* 257 (1907); *65:* 41 (1908).
37. Long, F. A. und M. A. Paul, *Chem. Rev.*, *57:* 935 (1957).
38. Paul, M. A., *J. Am. Chem. Soc.*, *72:* 3813 (1950); *74:* 141 (1952).
39. Long, F. A. und R. Bakule, *J. Am. Chem. Soc.*, *85:* 2313 (1963).
40. Zucker, L. und L. P. Hammett, *J. Am. Chem. Soc.*, *61:* 2791 (1939).
41. Westheimer, F. H. und M. S. Kharasch: *J. Am. Chem. Soc.*, *68:* 1871 (1946).
42. Rosenthal, D. und T. I. Taylor, *J. Am. Chem. Soc.*, *79:* 2684 (1957).
43. Schubert, W. M. und R. H. Quacchia, *J. Am. Chem. Soc.*, *85:* 1278, 1284 (1963).
44. Arnett, E. M., *Progr. Phys. Org. Chem.*, *1:* 243 (1963).
45. Flexser, L. A., L. P. Hammett und A. Dingwall, *J. Am. Chem. Soc.*, *57:* 2103 (1935).
46. Stewart, R. und K. Yates, *J. Am. Chem. Soc.*, *80:* 6355 (1958).
47. Davis, C. T. und T. A. Geissman, *J. Am. Chem. Soc.*, *76:* 3507 (1954).
48. Katritzky, A. R., A. J. Waring und K. Yates, *Tetrahedron*, *19:* 4651 (1963).
49. Reeves, R. L., *J. Am. Chem. Soc.*, *88:* 2240 (1966).
50. Arnett, E. M., C. Y. Wu, J. N. Anderson und R. D. Bushick, *J. Am. Chem. Soc.*, *84:* 1674 (1962).
51. Arnett, E. M. und C. Y. Wu, *J. Am. Chem. Soc.*, *82:* 5660 (1960).
52. Arnett, E. M. und C. Y. Wu, *J. Am. Chem. Soc.*, *84:* 1680, 1684 (1962).
53. Arnett, E. M., *Progr. Phys. Org. Chem.*, *1:* 223 (1963).
54. Deno, N. C. und M. J. Wisotsky, *J. Am. Chem. Soc.*, *85:* 1735 (1963).
55. Gelbstein, A. I., G. Shscheglova und M. I. Temkin, *Zh. Neorgan. Khim.*, *1:* 506 (1956).
56. Arnett, E. M. und J. J. Burke, *J. Am. Chem. Soc.*, *88:* 4308 (1966).
57. Arnett, E. M. und R. D. Bushick, *J. Am. Chem. Soc.*, *86:* 1564 (1964).
58. Davis, M. M., Acid-Base Behavior in Aprotic Organic Solvents, *Natl. Bur. Std. Monograph*, 105, 1968.
59. Kolthoff, I. M. und S. Bruckenstein, *J. Am. Chem. Soc.*, *78:* 1 (1956); *79:* 1 (1957); S. Bruckenstein und I. M. Kolthoff, *ibid.* *78:* 10, 2974 (1956); *79:* 5915 (1957).
60. Guss, L. S. und I. M. Kolthoff, *J. Am. Chem. Soc.*, *62:* 1494 (1940).
61. Coetzee, J. F., *Progr. Phys. Org. Chem.*, *4:* 45 (1967).
62. Van Looy, H. und L. P. Hammett, *J. Am. Chem. Soc.*, *81:* 3872 (1959).
63. Burwell, R. L. und C. H. Langford, *J. Am. Chem. Soc.*, *81:* 3799 (1959).
64. Smith, L. C. und L. P. Hammett, *J. Am. Chem. Soc.*, *72:* 301 (1950); R. Natoli, Ph. D. dissertation, Columbia University, 1955, *Univ. Microfilms Publ.* 21809.
65. Arnett, E. M. und C. F. Douty, *J. Am. Chem. Soc.*, *86:* 409 (1964).
66. Alder, R. W., G. R. Chalkley und M. C. Whiting, *Chem. Commun.*, *1966:* 405.

67. Pocker, Y., *J. Chem. Soc., 1960:* 1292.
68. Clare, B. W., D. Cook, E. C. F. Ko, Y. C. Mac und A. J. Parker, *J. Am. Chem. Soc., 88:* 1911 (1966).
69. Steiner, E. C. und J. M. Gilbert, *J. Am. Chem. Soc., 87:* 382 (1965).
70. Steiner, E. C. und J. D. Starkey, *J. Am. Chem. Soc., 89:* 2751 (1967).
71. Ritchie, C. D. und R. E. Uschold, *J. Am. Chem. Soc., 89:* 2960 (1967).
72. Rochester, C. H., *Quart. Rev. (London), 20:* 511 (1966).
73. Bowden, K., *Chem. Rev., 66:* 119 (1966).
74. Streitwieser, A., Jr., E. Ciuffarin und J. H. Hammons, *J. Am. Chem. Soc., 89:* 63 (1967).
75. Stewart, R. und J. P. O'Donnell, *J. Am. Chem. Soc., 84:* 493 (1962); *Can. J. Chem., 42:* 1681 (1964).
76. Dolman, D. und R. Stewart, *Can. J. Chem., 45:* 911 (1967).
77. Boyd, R. H., *J. Am. Chem. Soc., 83:* 4288 (1961).
78. Isaks, M. und H. H. Jaffé, *J. Am. Chem. Soc., 86:* 2209 (1964).
79. Stewart, R., J. P. O'Donnell, D. J. Cram und B. Rickborn, *Tetrahedron, 18:* 917 (1962).
80. Kentämaa, J. und J. J. Lindberg, *Suomen Kemistilehti, B 33:* 32, 98 (1960).
81. Murto, J., *Suomen Kemistilehti, B 34:* 92 (1961).
82. Kingsbury, C. A., *J. Org. Chem., 29:* 3262 (1964).
83. Tommila, E. und M.-L. Murto, *Acta Chim. Scan., 17:* 1947 (1963).
84. Bethell, D. und A. F. Cockerill, *J. Chem. Soc., B 1966:* 913, 917, 920; A. F. Cockerill, S. Rottschaefer und W. H. Saunders, Jr., *J. Am. Chem. Soc., 89:* 901 (1967).
85. Cram, D. J., B. Rickborn, C. A. Kingsbury und P. Haberfield, *J. Am. Chem. Soc., 83:* 3678 (1961).
86. Cram, D. J., C. A. Kingsbury und B. Rickborn, *J. Am. Chem. Soc., 83:* 3688 (1961).

10. Die Geschwindigkeit von Reaktionen, an denen Säuren und Basen beteiligt sind

10.1. Allgemeine Säure- und Basekatalyse

In der ersten enthusiastischen Reaktion auf die Theorie der Ionisierung entstand das Dogma, daß die Geschwindigkeit einer säurekatalysierten Reaktion stets proportional zur Konzentration der Wasserstoff-Ionen, diejenige einer basekatalysierten Reaktion proportional zur Konzentration der Hydroxid-Ionen sei. 1924 indessen entdeckten Brönsted und Pedersen [1] das Phänomen der allgemeinen Basekatalyse. Die Daten über die spezifische Geschwindigkeit der Zersetzung von Nitramid in Benzoat-Puffern, die in Tab. 10.1 zusammengestellt sind, machen das Charakteristikum für diese Art der Katalyse deutlich. Die Reaktion ist

$$H_2N_2O_2 \rightarrow H_2O + N_2O \qquad \text{(I)}$$

Das Pufferverhältnis $[HA]/[A^-]$ der verwendeten Puffer ist fast konstant (0.50 bis 0.56). Gemäß der Gleichgewichtsbeziehung

$$\frac{[A^-][OH_3^+]}{[HA]} = K_a \qquad (1)$$

muß die Konzentration des Oxonium-Ions, abgesehen von einem sehr kleinen Salzeffekt, konstant sein. Nach der Gleichung

$$[OH_3^+][OH^-] = K_w \qquad (2)$$

muß die Konzentration des Hydroxid-Ions ebenfalls konstant sein. Trotzdem nimmt die Geschwindigkeit zu, und zwar linear mit der Pufferkonzentration. Der katalytische Effekt ist somit weder auf Wasserstoff- noch auf Hydroxid-Ion zurückzuführen. Andere Experimente zeigen, daß die Geschwindigkeit unabhängig von der Benzoesäurekonzentration ist und daß die Gleichung

$$k = 1.45 \times 10^{-5} + 7.25 \times 10^{-3}\,[A^-] \qquad (3)$$

die Daten sehr gut beschreibt. k ist dabei die spezifische Geschwindigkeit erster Ordnung und A^- ist Benzoat-Ion. Benzoat-Ion ist somit der Katalysator.
Weitere Untersuchungen zeigten, daß die Anionen einer ganzen Anzahl von Carbonsäuren diese Reaktion katalysieren. Der katalytische Effekt ist um so kleiner, je stärker die Säure, d. h. je geringer die Affinität des Anions für Protonen ist. In Essigsäure-Puffern ist die spezifische Geschwindigkeit etwa gegeben durch

$$k = 1.45 \times 10^{-5} + 1.94 \times 10^{-2}[A^-] \qquad (4)$$

wobei A^- Acetat-Ion darstellt. Verwendet man Anilin-Anilinhydrochlorid- oder ähnliche Puffer, so findet man eine analoge Situation: Anilin ist der Katalysator, und die Geschwindigkeit ist unabhängig von der Konzentration des Anilinium-Ions [2]. Kationen der Art von $Co(NH_3)_5OH^{++}$ katalysieren die Reaktion ebenfalls nicht [3]. Hydroxid-Ion ist ein so wirkungsvoller Katalysator, daß die Reaktion in alkalischer Lösung zu schnell für eine Messung ist.

Tab. 10.1. Katalyse des Nitramid-Zerfalls in Benzoat-Puffern.

Experiment	$C_6H_5CO_2Na$	$C_6H_5CO_2H$	10^5k	10^3k_i
1	0.0225	0.0125	7.76	3.16
2	0.0167	0.00830	5.92	3.17
3	0.01125	0.00625	4.30	3.26
4	0.00750	0.00375	2.90	3.01

Alle diese Katalysatoren besitzen offenbar nur eine einzige gemeinsame Eigenschaft, nämlich ihre Affinität zu Protonen. Es scheint deshalb vernünftig, die katalytische Aktivität der Protonenaffinität zuzuschreiben und den Term $1.45 \cdot 10^{-5}$, der in Gl. (3) und (4) erscheint, als Ausdruck eines analogen katalytischen Effektes des Lösungsmittels Wasser zu deuten. Die spezifische Geschwindigkeit der Nitramid-Zersetzung läßt sich somit ausdrücken als

$$k = \sum_i k_i [B_i] \tag{5}$$

wobei B irgendeine elektrisch neutrale oder positiv oder negativ geladene Partikel, die Protonenaffinität besitzt, ist. Der Koeffizient k_i heißt der katalytische Koeffizient der Base B_i. Der Ausdruck wird sinngemäß auch auf andere Partikel angewandt [4]. Ähnliche Beobachtungen im Zusammenhang mit der Säurekatalyse legen nahe, den Ausdruck „Säure“ auch für Partikel wie OH_3^+, NH_4^+, H_2O und Essigsäure, die unter Protonabspaltung eine Base bilden können, zu verwenden.

Am Beispiel des Nitramid-Zerfalls läßt sich diese Art der Katalyse besonders gut beobachten. Säuren katalysieren die Reaktion kaum oder gar nicht [5]. Die Katalyse durch Carboxylat-Anionen und Anilin-Basen tritt in saurer Lösung, in der die Hydroxidionen-Katalyse vernachlässigbar ist, klar zutage. Eine kompliziertere Situation ließe sich nur durch kompliziertere Geschwindigkeitsgleichungen beschreiben und wäre viel schwieriger zu entwirren. Bell und Jones [6] fanden, daß sich die spezifische Geschwindigkeit der Jodierung von Aceton in Acetat-Puffern bei einer konstanten Ionenstärke von 0.2 sehr gut durch die Gleichung

$$\begin{aligned} k = {} & 4.7 \times 10^{-10} + 2.7 \times 10^{-5}[OH_3{}^+] + 0.25[OH^-] \\ & + 8.3 \times 10^{-8}[HA] + 2.5 \times 10^{-7}[A^-] + 3.3 \times 10^{-7}[HA][A^-] \end{aligned} \tag{6}$$

beschreiben läßt. Ähnliche Beziehungen lassen sich auf die Reaktion in Trimethylacetat- und Glykolat-Puffern anwenden.

Nicht bei allen säure- oder basekatalysierten Reaktionen findet man indessen das Phänomen der allgemeinen Säure- oder Basekatalyse. Die spezifische Geschwindigkeit etwa der Inversion von Sucrose, der Zersetzung von Diazoessigsäureester und der Hydrolyse von Äthylorthoformiat in verdünnter wäßriger Lösung ist innerhalb der Meßgenauigkeit proportional zur Konzentration des Oxonium-Ions. Diese Art der Katalyse wird als spezifische Lyoniumionen-Katalyse bezeichnet. Ist die Geschwindigkeit in wäßriger Lösung proportional zur Konzentration des Hydroxid-Ions oder in Äthanol proportional zur Äthanolationen-Konzentration, so nennt man den Effekt spezifische Lyationen-Katalyse.

10.2. Die Brönstedsche Katalyse-Beziehung

Die Brönstedsche Katalyse-Beziehung läßt sich in der Form

$$\delta_R \log k_c = \beta \delta_R \log K_b \qquad (7)$$

für Basekatalyse und in der Form

$$\delta_R \log k_c = \alpha \delta_R \log K_a \qquad (8)$$

für Säurekatalyse darstellen. k_c ist die katalytische Konstante für eine Reihe von Säuren oder Basen in einer bestimmten katalysierten Reaktion. Die Gleichgewichtskonstante K_a oder K_b mißt die Acidität oder Basizität des Katalysators. δ_R ist der Leffler-Grunwald-Operator [7], der den Effekt einer Änderung der Struktur (in diesem Fall der Struktur des Katalysators) auf die ihm folgende Größe beschreibt. Die Parameter α und β sind charakteristisch für eine bestimmte katalysierte Reaktion und hängen nicht vom Katalysator ab.

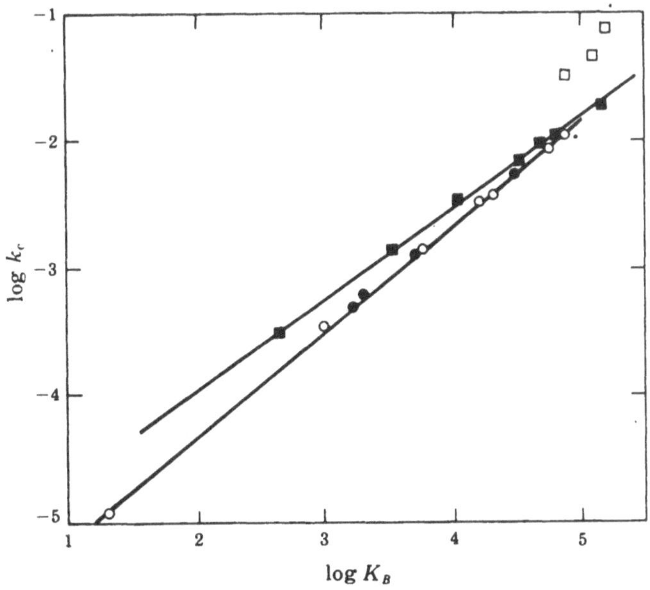

Abb. 10-1. Beziehung zwischen den katalytischen Konstanten k_c und den Basizitätskonstanten K_b bei der Nitramid-Zersetzung. ○ = Carboxylat-Ionen von einbasigen Säuren, ● = einfach geladene Carboxylat-Ionen von zweibasigen Säuren, ■ = kernsubstituierte Aniline, □ = andere Amin-Basen. (Daten von Brönsted et al. [1].)

Im Fall der Katalyse des Nitramid-Zerfalls durch Carboxylat-Ionen sind die Basizitätskonstanten K_b die Gleichgewichtskonstanten der Reaktion

$$RCOO^- + OH_3^+ \rightleftharpoons RCOOH + H_2O \tag{II}$$

d. h. sie sind gleich den reziproken Werten der Aciditätskonstanten der Säuren RCOOH. In Abb. 1-1 sind die Logarithmen der katalytischen Konstanten für die Nitramid-Reaktion gegen diese Basizitätskonstanten angetragen. Die Daten für sechs Anionen von einbasigen Carbonsäuren stehen in Übereinstimmung mit der Beziehung:

$$\log k_c = -5.964 + 0.822 \log K_b \tag{9}$$

Die Standard-Abweichung beträgt 0.024. Für sieben ringsubstituierte Aniline lassen sich die Daten durch die Gleichung

$$\log k_c = -5.418 + 0.718 \log K_b \tag{10}$$

darstellen. Die Standardabweichung ist 0.037.

10.3. Die statistische Korrektur

Einfach geladene Anionen, die sich von zweibasigen Säuren ableiten, würden wesentlich von der durch die Anionen von einbasigen Säuren bestimmten Gerade abweichen, würde man nicht eine statistische Korrektur anbringen. Diese Korrektur läßt sich verstehen, indem man annimmt, daß K_b nicht das richtige Maß für die Basizität eines Ions der Art $HOOC(CH_2)_xCOO^-$ sein kann. Grund dafür ist, daß es auf zwei äquivalenten Wegen aus der Säure $HOOC(CH_2)_xCOOH$ gebildet werden kann, nämlich durch Proton-Abspaltung von je einer der Carboxylgruppen. Infolgedessen hat das Anion eine zweimal größere Chance, gebildet zu werden, als man auf Grund der Energie, die zur Abspaltung des Protons aufgewendet werden muß, erwarten würde. Das richtige Maß für diese Energie ist deshalb nicht K_a, sondern $\frac{1}{2}K_a$. Aus demselben Grund ist nicht K_b, sondern $2K_b$ das richtige Maß für die Basizität. Die ausgefüllten Kreise in Abb. 10-1 beziehen sich auf Basen dieser Art. Auf der Abszisse ist in diesem Fall die Größe $2K_b$ dargestellt. Die Abweichung dieser Punkte von der Gerade ist nur 0.018. Hätte man die Korrektur nicht angebracht, so lägen sie im Mittel um 0.3 Einheiten links von dieser Linie*.

10.4. Sterische Effekte

Die drei nicht ausgefüllten Quadrate in Abb. 10-1 beziehen sich auf die Daten von Brönsted und Pedersen für die tertiären Amine Pyridin, Chinolin und Dimethylanilin. Mit oder ohne statistische Korrektur lassen sich diese Punkte nicht mit der

* Wegen einer allgemeinen Diskussion von Symmetriekorrekturen, für die diese statistische Korrektur ein Beispiel darstellt, s. Benson [8]. Westheimer [9] diskutiert den Fall von polybasigen Säuren, in denen die Protonen strukturell nicht äquivalent sind.

Linie, die durch die primären Anilinderivate bestimmt ist, in Übereinstimmung bringen. Neuere Arbeiten [10] haben diesen Effekt bestätigt: Im allgemeinen sind tertiäre Amine ungefähr zweimal wirksamere Katalysatoren für die Nitramid-Zersetzung als primäre Amine mit dem gleichen K_b-Wert. Dieses Phänomen illustriert eine allgemeine Beschränkung von linearen Freien-Energie-Beziehungen (Abschn. 11.10): Diese brechen oft völlig zusammen, wenn die Änderung der Struktur den Bereich in der unmittelbaren Umgebung des Reaktionszentrums betrifft. Effekte dieser Art wurden auch bei einer Anzahl weiterer Reaktionen, bei denen eine Protonen-Übertragung eine Rolle spielt, beobachtet [11].
Aus demselben Grund kann auch die Tatsache, daß die Punkte für Carboxylat-Ionen und Anilin-Derivate nicht auf der gleichen Linie liegen, nicht allein darauf zurückgeführt werden, daß eine Gruppe von Basen negativ geladen, die andere jedoch elektrisch neutral ist. In der Tat lassen die Basen

$$CH_3COO^-,\ {}^+H_3NCH_2COO^-,\ {}^-OOCCH(NH_3^+)COO^-$$

und

$${}^+H_3N(CH_2)_4CH(NH_3^+)COO^-$$

in denen die Ladung von -1 zu $+1$ variiert, keinen systematischen Effekt der Ladung auf die Nitramid-Zersetzung erkennen [12].

10.5. Die Brönstedsche Katalyse-Beziehung in der Theorie des Übergangszustandes

Die Größe $-\mathbf{R}T \ln k_i$, wobei k_i die katalytische Konstante für die Säure HA_i ist, mißt die Differenz zwischen der Summe der Standard-Potentiale der Ausgangsverbindung und von HA_i und dem Standard-Potential des Übergangszustandes der katalysierten Reaktion. In diesem Übergangszustand ist das Proton sowohl mit dem Reaktanden wie mit der Base A_i^- verbunden. Die Größe $-\mathbf{R}T \ln K_i$, wobei K_i die Aciditätskonstante von HA_i ist, mißt die $\Delta\mu°$-Werte für die vollständige Übertragung eines Protons von HA_i auf eine Standard-Base. Das Katalyse-Gesetz läuft also auf eine lineare Beziehung zwischen $\Delta\mu^{\neq}$ und $\Delta\mu°$ hinaus; es ist nichts anderes als eine lineare Freie-Energie-Beziehung.
Gemäß diesen Betrachtungen läßt sich das Katalyse-Gesetz in der Form

$$\delta_R(\mu^{\neq} - \mu^{\circ}_{HA}) = \alpha\delta_R(\mu^{\circ}_{A^-} - \mu^{\circ}_{HA}) \tag{11}$$

schreiben. Daraus ergibt sich:

$$\delta_R\,\mu^{\neq} = \alpha\delta_R\,\mu^{\circ}_{A^-} + (1-\alpha)\,\delta_R\,\mu^{\circ}_{HA} \tag{12}$$

Der Effekt einer Änderung in der Struktur der Säure auf das Standard-Potential des Übergangszustandes einer allgemein säurekatalysierten Reaktion entspricht somit dem gewichteten Mittel der Effekte auf die Standard-Potontiale der Katalysator-Säure und ihrer konjugaten Base. Der Gewichtungs-Faktor ist der Brönsted-Para-

meter α. Wenn α groß ist, so entspricht die Änderung in μ^{+} praktisch derjenigen in $\mu^{\circ}_{A^-}$; ist α klein, so ist sie im wesentlichen gleich der Änderung in μ°_{HA}.
In Analogie dazu ist der Effekt einer Änderung in der Struktur der Base auf das Standard-Potential des Übergangszustandes einer allgemein basekatalysierten Reaktion das gewichtete Mittel der Effekte auf die Standard-Potentiale der Base und ihrer konjugaten Säure. In diesem Fall ist der Gewichtungs-Faktor der Brönsted-Parameter β, d. h.:

$$\delta_R \mu^{+} = \beta \delta_R \mu^{\circ}_{BH^+} + (1 - \beta) \delta_R \mu^{\circ}_{B} \tag{13}$$

Qualitativ erscheinen diese Schlüsse vernünftig. Wenn die Proton-Übertragung zwischen Substrat und Katalysator im Übergangszustand erst beginnt, so sollte eine Änderung in der Struktur des Katalysators die Eigenschaften des Übergangszustandes in weitgehend der gleichen Weise beeinflussen, wie sie die Eigenschaften des Katalysators selbst beeinflußt. Ist die Proton-Übertragung im Übergangszustand beinahe vollständig, so sollte sich eine Änderung in der Struktur des Katalysators auf die Eigenschaften des Übergangszustandes in ähnlicher Weise auswirken, wie auf die Eigenschaften der konjugaten Base des Katalysators in einer säurekatalysierten Reaktion oder der konjugaten Säure des Katalysators in einer basekatalysierten Reaktion. Die quantitativen Beziehungen ergeben sich nicht ohne weiteres aus der Theorie*.

10.6. Katalyse durch das Lösungsmittel und durch Lyonium- und Lyat-Ionen

Brönsted und Pedersen [1] nehmen an, daß sich der Term $1{,}45 \cdot 10^{-5}$ in den Gl. (3) und (4) auf einen Prozeß bezieht, bei dem das Lösungsmittel Wasser die gleiche Rolle wie die gelösten Basen spielt. Sie kommen zum Schluß, daß die katalytische Konstante k_c für das Lösungsmittel, soll sie mit den Konstanten für gelöste Basen vergleichbar sein, durch den Ausdruck

$$k_c = \frac{v_0}{c_w[\mathrm{R}]} \tag{14}$$

gegeben sein muß. v_0 ist die bei Abwesenheit von gelösten Katalysatoren gemessene Geschwindigkeit, R ist die reagierende Verbindung und c_w ist die Anzahl Mole des Lösungsmittels pro Liter. Für Wasser bei 25 °C ist $c_w = 55.5$. Bei diesen Vergleichen setzen Brönsted und Pedersen die Aciditätskonstante des Lyonium-Ions gleich c_w und die Aciditätskonstante des Lösungsmittels gleich K_w/c_w, wobei K_w das Ionenprodukt des Lösungsmittels ist. Für Wasser beträgt diese Größe $1.79 \cdot 10^{-16}$ bei 25 °C.
Diese Überlegungen lassen sich wie folgt rechtfertigen: Markiertes Wasser $H_2{}^*O$ bildet ideale Lösungen mit gewöhnlichem Wasser und besitzt die gleiche Protonen-

* Eine ausgezeichnete Diskussion der theoretischen Grundlagen findet sich bei Bell [14], S. 166 – 177.

Affinität wie dieses. In einer Lösung, die geringe Mengen von markiertem Wasser enthält, ist die Größe

$$*k = \frac{*v}{[H_2{*O}][R]} \tag{15}$$

ein brauchbares Maß für die katalytische Wirksamkeit der Base Wasser im Vergleich zu gelösten Basen. $*v$ ist dabei derjenige Teil der Gesamt-Reaktionsgeschwindigkeit, der auf die Reaktion mit dem markierten Wasser zurückzuführen ist. Da das markierte Wasser eine ideale gelöste Substanz ist, gilt $*v = *N v_0$, wobei $*N$ den Mol-Anteil des markierten Wassers symbolisiert. Da $*N \ll 1$ gilt auch $[H_2{*O}] = c_w {*N}$. Infolgedessen ist:

$$*k = \frac{v_0}{c_w[R]} \tag{16}$$

Die Aciditätskonstante K eines Säure-Base-Paares in verdünnter wäßriger Lösung ist gegeben durch:

$$K = \frac{[B][OH_3^+]}{[BH^+]} \tag{17}$$

Die Aciditätskonstante des markierten $*OH_3^+$ ist somit:

$$*K = \frac{[H_2{*O}][OH_3^+]}{[*OH_3^+]} \tag{18}$$

Wiederum darf man alle gelösten Partikel als ideal betrachten, und es gilt $*N_{OH_3^+}/N_{OH_3^+} = *N_{H_2O}$. Daraus folgt:

$$*K = c_w \tag{19}$$

Analog findet man die Beziehung

$$*K = \frac{K_w}{c_w} \tag{20}$$

für die Aciditätskonstante des Wassers.

Basen wie Amine und Carboxylat-Ionen unterscheiden sich in der molekularen Umgebung der Proton-Akzeptorstelle strukturell so grundlegend von Wasser und Hydroxid-Ion, daß man den durch Extrapolation von Beziehungen, die für gelöste Basen gelten, ermittelten Werten der katalytischen Konstanten von Wasser und Hydroxid-Ion wohl nicht zu viel Vertrauen schenken darf. Auf analoge Weise extrapolierte Werte der katalytischen Konstanten der Säuren Oxonium-Ion und Wasser sind natürlich ebenso unzuverlässig. Bell [15] weist darauf hin, daß neben den strukturellen Problemen eine weitere Komplikation besteht, nämlich daß für eine solche

Bestimmung mindestens über sechs Größenordnungen extrapoliert werden muß. Auf Grund einer Betrachtung der vorhandenen Daten über die Katalyse durch die Base Wasser im Lösungsmittel Wasser kommt Bell zum Schluß, daß der durch Gl. (14) gegebene und der durch Extrapolation bestimmte Wert der katalytischen Konstante trotz allem innerhalb einer Größenordnung übereinstimmen. Für die Hydroxidionen-Katalyse sind indessen die gemessenen Werte gewöhnlich kleiner als die extrapolierten. Oft beträgt die Differenz bis zu drei Größenordnungen.

10.7. Die Feststellung von allgemeiner Säure- und Basekatalyse

Allgemeine Säurekatalyse ist nur dann feststellbar, wenn die Geschwindigkeit einer Reaktion durch Zusatz irgendeiner Säure HA signifikant gegenüber der Geschwindigkeit der durch das Lyonium-Ion und das Lösungsmittel katalysierten Reaktion gemacht werden kann. Für wäßrige Lösungen bedeutet dies, daß die beiden Größen $k_a[HA]/(k_H[OH_3^+])$ und $k_a[HA]/k_w$ signifikant gegenüber eins sein müssen. Wegen des Einflusses von Mediumeffekten bedeutet signifikant in diesem Fall nicht weniger als 0.1. Die erste Bedingung ist dann äquivalent zu:

$$\frac{k_a}{K_a k_H}[A^-] \geqslant 0.1 \tag{21}$$

Sie läßt sich um so leichter erfüllen, je größer die Konzentration von A^- ist; eine Konzentration von mehr als etwa 0.1 würde indessen wegen der Mediumeffekte wieder beträchtliche Unsicherheiten einführen. Die Bedingung lautet somit:

$$\frac{k_a}{K_a k_H} \geqslant 1 \tag{22}$$

Eine ähnliche Betrachtung für die zweite Bedingung führt zu:

$$\frac{k_a}{k_w} \geqslant 1 \tag{23}$$

Nach dem Katalyse-Gesetz $k_a = GK_a^\alpha$ nehmen diese Bedingungen die Form

$$\left(\frac{G}{k_H}\right)^{1/(1-\alpha)} \geqslant K_a \geqslant \left(\frac{k_w}{G}\right)^{1/\alpha} \tag{24}$$

an.

Für die Katalyse durch H_3O^+ findet man $k_H = G(55.5)^\alpha$, für die Katalyse durch H_2O $k_w = 55.5\,G\,1.8 \cdot 10^{-16})^\alpha$. In der groben Näherung, in der das Katalyse-Gesetz für gelöste Säuren für die Katalyse durch H_3O^+ und Wasser gilt, wird die Bedingung für die Feststellbarkeit von allgemeiner Säurekatalyse damit zu

$$1.8 \times 10^{-16}\,55.5^{1/\alpha} \leqslant K_a \leqslant 0.018^{\alpha(1-\alpha)} \tag{25}$$

oder:

$$1.75\frac{\alpha}{1-\alpha} \leqslant pK_a \leqslant 15.75 - \frac{1.75}{\alpha} \tag{26}$$

Für $\alpha = 0.8$ ist der Bereich noch ziemlich groß, nämlich:

$$7 \leqslant pK_a \leqslant 13.6 \tag{27}$$

Für $\alpha = 0.9$ ist allgemeine Säurekatalyse bereits nicht mehr feststellbar. Der Bereich ist nur noch:

$$15.7 \leqslant pK_a \leqslant 13.8 \tag{28}$$

Eine ähnliche Betrachtung führt zum Schluß, daß allgemeine Base-Katalyse nur dann feststellbar ist, wenn der Parameter β signifikant kleiner als eins ist. In der Literatur beschriebene Werte von α und β liegen im Bereich zwischen 0.27 und 0.83.

10.8. Die Geschwindigkeit von Protonübertragungs-Reaktionen

In den letzten Jahren sind Methoden für die Untersuchung von sehr schnellen Reaktionen entwickelt worden*. Mit ihrer Hilfe wurde gezeigt, daß die spezifische Geschwindigkeit der Übertragung eines Protons von einem Sauerstoff- oder Stickstoffatom in einem Molekül auf ein Sauerstoff- oder Stickstoffatom in einem anderen Molekül, abgesehen von wenigen Ausnahmen, diejenige des Zusammendiffundierens der beiden Moleküle ist. Dies gilt, solange der $\Delta\mu°$-Wert der Proton-Übertragung Null oder negativ ist. Die Ausnahmen sind Fälle, in denen das zu übertragende Proton an intramolekularen Wasserstoffbrücken im Substrat beteiligt ist. Die spezifischen Geschwindigkeiten derartiger Proton-Übertragungen in wäßriger Lösung bei Raumtemperatur liegen in der Größenordnung von 10^{10} bis 10^{11} l/mol s. Ist indessen $\Delta\mu°$ positiv, so verlangt ein diffusionskontrollierter Prozeß in einer Richtung eine spezifische Geschwindigkeit für den Vorgang in der andern Richtung, die geringer als diejenige der Diffusion ist.

Eigen und Schön [18] fanden für die Reaktion von Oxonium-Ion und Acetat-Ion unter Bildung von Essigsäure und Wasser eine spezifische Geschwindigkeit von $5 \cdot 10^{10}$. Da die Gleichgewichtskonstante $1.8 \cdot 10^{-5}$ ist, muß die spezifische Geschwindigkeit der Ionisation der Essigsäure $9 \cdot 10^5$ sein. Für Borsäure sind die entsprechenden Werte $1.2 \cdot 10^{10}$ und 10 [19], für Trimethylammonium-Ion sind sie $6 \cdot 10^{10}$ und 10 [20]. Die spezifische Geschwindigkeit der Reaktion $NH_4^+ + NH_3 \rightleftharpoons NH_3 + NH_4^+$ ist $1.1 \cdot 10^9$ [21].

Eine wesentlich verschiedene Situation liegt vor, wenn das Proton von einem Kohlenstoffatom abgespalten oder auf ein solches übertragen wird. Die spezifische Geschwindigkeit der Reaktion $CH_3CHNO_2^- + OH_3^+ \rightleftharpoons CH_3CH_2NO_2 + H_2O$ ist nur 16 [22], obwohl der $\Delta\mu°$-Wert -11.7 kcal/mol beträgt und damit nicht stark verschieden vom Wert -12.6 für die diffusionskontrollierte Reaktion von Borat-Ion mit Oxonium-Ion ist. Es bestehen indessen Hinweise, daß die Geschwindigkeit von

* Übersichten siehe [14], [16] und [17].

Proton-Übertragungen von oder zu Kohlenstoffatomen in Dimethylsulfoxid-Lösung viel höher als in hydroxylischen Lösungsmitteln sein kann [23].

Die spezifische Geschwindigkeit einer diffusionskontrollierten Proton-Übertragung hängt von der Größe der diffundierenden Moleküle, der Viskosität des Mediums und, gegebenenfalls, von der Ladung der reagierenden Moleküle ab. Sie ist unabhängig von der Struktur und der internen Elektronenverteilung der Partikel. Die Geschwindigkeit einer chemisch kontrollierten Reaktion, d. h. einer solchen, deren Geschwindigkeit geringer als die der Diffusion ist, hängt von der gleichen Art von Faktoren ab, wie sie auch das Gleichgewicht der Proton-Übertragung bestimmen. Es handelt sich dabei insbesondere um die Elektronendichte und die Form der Moleküle im Bereich, in dem die Reaktion stattfindet. Dieser Unterschied kann bei der Interpretation von Reaktionsmechanismen sehr nützlich sein.

10.9. Die Elektronen-Verschiebungs-Hypothese

Hinter all unserem heutigen Denken über Reaktionsmechanismen und die Beziehung zwischen Struktur und Reaktivität steht die Annahme, daß jede Änderung der Struktur eines Moleküls, die ein bindendes Elektronenpaar gegen den Teil des Moleküls verschiebt, in den es nach der heterolytischen Bindungs-Brechung zu liegen kommt, zu einer Erhöhung der spezifischen Geschwindigkeit und der Gleichgewichtskonstante der Reaktion führt. Das gleiche gilt für die Annahme, daß bei einer heterolytischen Reaktion jede Änderung der Struktur, die die Elektronendichte am Atom, das die Elektronen liefert, erhöht oder die Elektronendichte am Atom, das die Elektronen erhält, erniedrigt, die Reaktionsgeschwindigkeit erhöht. Diese Prinzipien haben ihren Ursprung in der Valenztheorie („electronic theory of valence"), die in den zwanziger Jahren von Lapworth, von Robinson und von Ingold entwickelt wurde [24]. Ihre Daseinsberechtigung ergibt sich nicht aus detaillierten quantenmechanischen Beweisen, sondern daraus, daß sehr viele spezifische Fälle mit den Konsequenzen, die sich aus ihr ergeben, in Einklang stehen. Ingold [25] hat die qualitative Beweisführung überzeugend dargestellt.
Eine außerordentlich wirkungsvolle Art, eine Verschiebung der Elektronendichte zu erzeugen, ist, ein Proton an ein Molekül anzulagern oder eines von ihm zu entfernen. Es besteht kein Zweifel, daß solche Verschiebungen für die starke katalytische Wirkung von Säuren und Basen verantwortlich sind.

10.10. Die Hydratation von Acetaldehyd

Bell und Mitarbeiter haben die Hydratation von Acetaldehyd gründlich untersucht [26] (siehe auch [14, S. 151 ff.]). Sie stellt ein einfaches Beispiel für eine weitverbreitete Klasse von – meist komplizierteren – Reaktionen dar, in denen ein Proton und ein Nucleophil an eine C=O- oder eine C=N-Doppelbindung angelagert werden. Die Reaktion ist reversibel. Ihre Gleichgewichtskonstante beträgt 1.6 bei 25 °C. Man findet sowohl allgemeine Säure- wie allgemeine Basekatalyse. Das Brönstedsche Katalyse-Gesetz gilt mit guter Genauigkeit für eine heterogene Gruppe von Katalysator-Säuren, vier Carbonsäuren, sieben Pyridine und ein Phenol. Der Parameter α ist 0.54. Die katalytischen Koeffizienten der konjugaten Basen dieser Säuren sind nur schlecht mit den Basizitätskonstanten korrelierbar, wenn auch die beiden Größen einen Trend in der gleichen Richtung zeigen. Extrapoliert man die Geschwindigkeit in Pufferlösungen auf die Pufferkonzentration Null, so findet man, daß die Gleichung

$$k = 930[OH_3^+] + 7.9 \times 10^{-3} + 8 \times 10^4[OH^-] \qquad (29)$$

die Daten bei 25 °C bei Abwesenheit aller anderen Katalysatoren als OH_3^+, H_2O und OH^- beschreibt. Was gewöhnlich als pH-Profil der Reaktion bezeichnet wird, zeigt deshalb ein breites Minimum mit dem Mittelpunkt pH = 6. Auf beiden Seiten, in saurer wie in alkalischer Lösung, steigt es steil an. Die Halbwertszeit beim Minimum beträgt etwa 1.5 min. Die Untersuchung dieser Reaktion verlangt deshalb große Geschicklichkeit und genaue Planung.

10.11. Der Mechanismus der basenkatalysierten Hydratation

Der Mechanismus der basekatalysierten Hydratation läßt sich wie folgt darstellen:

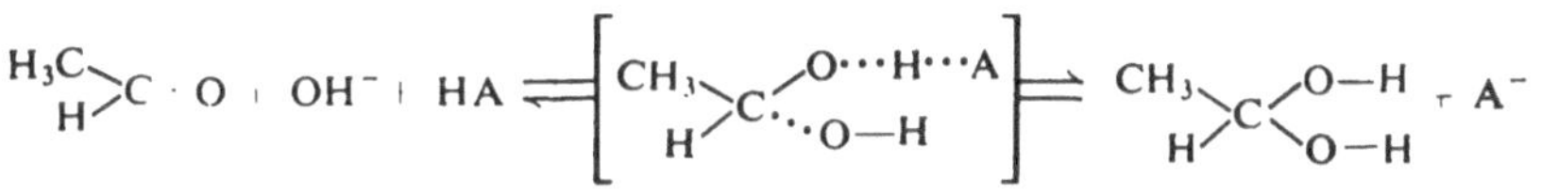

(IIIa)

$$A^- + H_2O \underset{k_{-2}}{\overset{k_2}{\rightleftharpoons}} HA + OH^-$$

(IIIb)

Dabei ist A^- die Katalysator-Base, die Struktur in den Klammern stellt den Übergangszustand dar und die punktierten Linien symbolisieren Bindungen, die bei der Reaktion gebrochen oder gebildet werden. Die teilweise Bildung der Bindung zwischen dem Carbonyl-Sauerstoff und dem Proton der Säure HA im Übergangszustand zieht Elektronen von der Carbonylgruppe weg. Dadurch wird die Energiebarriere, die der Bildung der Bindung zwischen dem Carbonyl-Kohlenstoff und der Hydroxygruppe entgegensteht, erniedrigt. Der Prozeß (IIIb) ist in allen Fällen, in denen Basekatalyse gefunden wurde, sicher schnell im Vergleich mit der Reaktion (IIIa). Für die schwächste Base, die untersucht wurde, Formiat-Ion, ist die Gleichgewichtskonstante $K_2 = 5.6 \cdot 10^{-11}$. Die spezifische Geschwindigkeit k_{-2} ist, wie sich gezeigt hat, stets diffusionskontrolliert, d. h. nicht kleiner als 10^{10}. Die spezifische Geschwindigkeit k_2 kann deshalb nicht kleiner als 0.6 sein. Die gemessene spezifische Geschwindigkeit der Formiationen-katalysierten Hydratation ist 0.065. Die Geschwindigkeit des ersten Schritts dieses Mechanismus ist somit, selbst bei Aldehydkonzentrationen von 0.1, nicht höher als 1 % der Geschwindigkeit des zweiten Schritts. Wir haben also ein mobiles Gleichgewicht (IIIb) vor uns, das durch die relativ langsame Reaktion (IIIa) gestört ist. In solchen Systemen entspricht die Netto-Geschwindigkeit in guter Näherung (Abschn. 4.18) der Geschwindigkeit des langsamen Schrittes, und das Produkt $[HA][OH^-]$ ist praktisch gleich dem Gleichgewichtswert $K_2[A^-]$. Man findet somit

$$k = k_0[OH^-][HA] = k_0 K_2[A^-] \tag{30}$$

wobei k die spezifische Geschwindigkeit erster Ordnung ist. Dieser Mechanismus erklärt also die beobachtete Proportionalität zwischen der Geschwindigkeit und der Konzentration der Katalysator-Base.
Aus Gl. (30) folgt, daß:

$$\delta_R \log k = \delta_R \log k_0 + \delta_R \log K_2 = \delta_R \log k_0 - \delta_R \log K_a \tag{31}$$

Der Operator δ_R bezieht sich dabei auf eine Änderung des Katalysators, und K_a ist die Aciditätskonstante von HA. Nach dem Brönstedschen Katalyse-Gesetz ergibt sich

$$\delta_R \log k_0 = \alpha \delta_R \log K_a \tag{32}$$

wobei $\alpha < 1$. Daraus folgt:

$$\delta_R \log k = -(1 - \alpha)\, \delta_R \log K_a \tag{33}$$

Dies ist die experimentell gefundene Beziehung.
Es ist möglich, wenn auch kaum besonders wichtig, daß bei der Bildung des Übergangszustandes dieser Reaktion in einer mobilen, reversibeln Reaktion Wasserstoffbrücken-Bindungen zwischen dem Carbonyl-Sauerstoff und HA gebildet werden.
Ebenfalls vereinbar mit der Kinetik ist der Mechanismus:

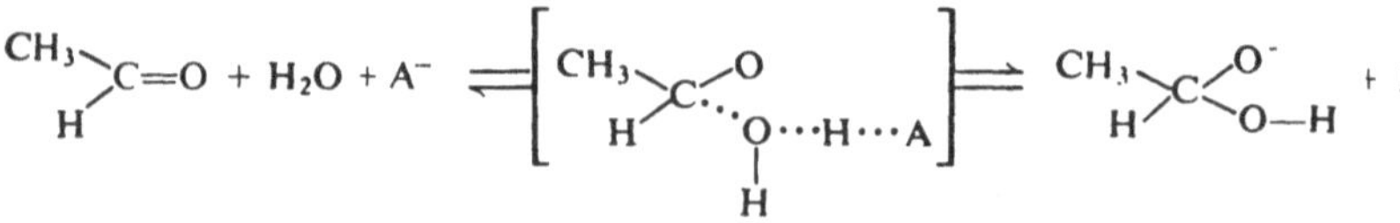

(IVa)

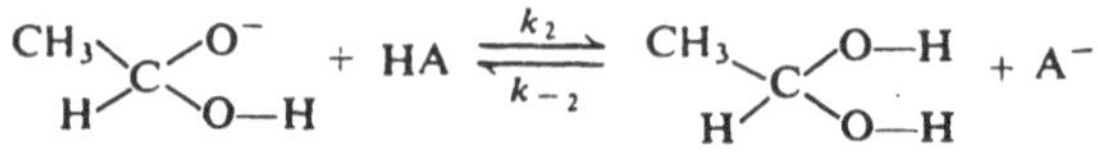

(IVb)

Die Aciditätskonstante von Acetaldehyd-hydrat ist $2.7 \cdot 10^{-14}$ [27]. Die spezifische Geschwindigkeit k_2 ist sicher diffusionskontrolliert. Der Wert von k_2 kann somit nicht kleiner als 1.6 sein. Die experimentell bestimmte spezifische Geschwindigkeit der Formiationen-katalysierten Dehydratation von Acetaldehyd ist 0.04. Die Konzentrationen an HA, A^- und OH^- sollten wiederum weitgehend den Gleichgewichtswerten entsprechen, und die Geschwindigkeit der Dehydratation sollte praktisch proportional zur Konzentration von A^- sein. Im Übergangszustand der Reaktion (IIIa) tragen beide Sauerstoffatome eine ganze und eine teilweise gebildete Bindung. Im isomeren Übergangszustand der Reaktion (IVa) dagegen trägt eines der beiden Sauerstoffatome nur eine Bindung, und zwar eine ganze, während das andere eine ganze und zwei teilweise gebildete Bindungen trägt. Man muß deshalb annehmen, daß der Übergang des geschwindigkeitsbestimmenden Übergangszustandes des Mechanismus (III) in denjenigen des Mechanismus (IV) mit einer beträchtlichen Erhöhung der Energie und wohl auch des Standard-Potentials verbunden ist. Der Gleichgewichtsprozeß (IIIb) führt dazu, daß die Summe der Potentiale auf der

linken Seite des Mechanismus (IIIa) gleich der entsprechenden Summe für den Mechanismus (IVa) ist. Der Anteil der Reaktion, der über Mechanismus (IV) abläuft, sollte deshalb gegenüber dem Anteil, der über Mechanismus (III) abläuft, vernachlässigbar sein.
Man könnte sich denken, daß der Prozeß (IVa) mobil und reversibel und der Schritt (IVb) geschwindigkeitsbestimmend wäre. Dieser besteht in der Reaktion einer mäßig starken Säure mit einer sehr starken Base und ist deshalb sicherlich diffusionskontrolliert; seine Geschwindigkeit ließe sich nicht mit der Acidität von HA korrelieren. Weiter könnte die Reaktion (IVa) sicher nicht schnell im Vergleich zu einem diffusionskontrollierten Vorgang sein.
Gegen einen Ein-Schritt-Mechanismus mit einem Übergangszustand der Struktur A wurde eingewendet, daß ein solcher der Struktur B weniger Energie besitzen sollte, weshalb in der Geschwindigkeitsgleichung ein Term, der das Produkt $[HA][A^-]$ enthält, auftreten sollte. Eine sehr sorgfältige Untersuchung hat indessen keinerlei Hinweise auf einen solchen Effekt gegeben [28]. Man muß jedoch bedenken, daß dabei die relativen Geschwindigkeiten der Anlagerung der Säuren H_2O und HA an ein stark basisches Atom, den Carbonyl-Sauerstoff, der im Begriffe ist, in einen Alkoxid-Sauerstoff überzugehen, eine Rolle spielen. Sowohl theoretische Erkenntnisse, wie auch experimentelle Daten* weisen darauf hin, daß der Parameter α in solchen Fällen klein ist. Ist er genügend klein, so läßt sich Katalyse durch jede andere Säure als Wasser nicht mehr feststellen. Auf Grund dieser Argumente darf man den Ein-Schritt-Mechanismus wohl ausschließen. Eigen [16] schlägt einen cyclischen Übergangszustand, der eine ganze Kette von Wassermolekülen enthält, vor. Die Details sind indessen nicht klar, namentlich was die Erklärung der Existenz von sowohl Säure- wie Basekatalyse angeht.

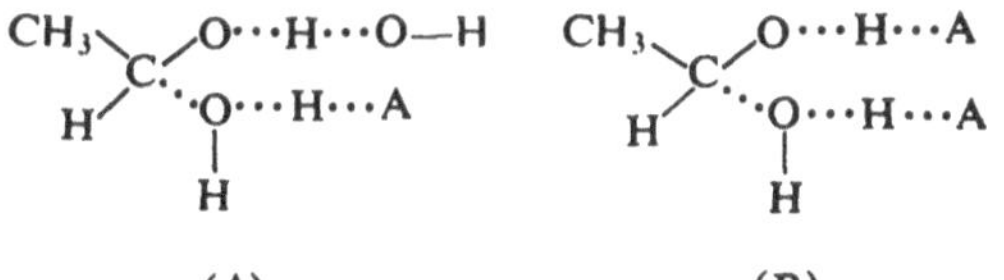

(A) (B)

10.12. Der Mechanismus der säurekatalysierten Reaktion

Die spezifische Geschwindigkeit der Reaktion (Va)

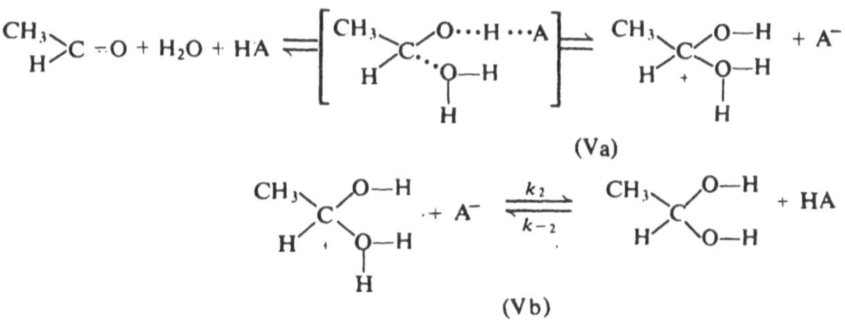

(Va)

(Vb)

* Siehe [14], insbesondere S. 172.

ist bestimmt geringer als diejenige der Reaktion (III a). Die spezifischen Geschwindigkeiten beider Prozesse nehmen mit steigender Säurestärke von HA zu. Die Geschwindigkeit der Reaktion (III a) nimmt jedoch, im Gegensatz zur spezifischen Geschwindigkeit, bei einem gegebenen Pufferverhältnis ab, da die Konzentration der Hydroxid-Ionen schneller ab- als die spezifische Geschwindigkeit zunimmt. Die Reaktion (V) kann deshalb schneller als die Reaktion (III) sein und eine spezifische Geschwindigkeit besitzen, die mit der Säurestärke zunimmt. Im Fall der Hydratation von Acetaldehyd ließ sich Säurekatalyse, abgesehen von einer Ausnahme, mit allen untersuchten Säuren feststellen. Die Ausnahme ist 2,4-Dichlorphenol, die schwächste der verwendeten Säuren, mit einer Aciditätskonstante von $K_a = 1.8 \cdot 10^{-8}$. Für Säuren mit K_a-Werten von mehr als 10^{-6} ist die Geschwindigkeit der säurekatalysierten Reaktion in ungefähr äquimolaren Puffer-Gemischen größer als diejenige der basekatalysierten Reaktion.

Es ist indessen nicht sicher, daß (V) der richtige Mechanismus ist. k_2 besitzt mit Sicherheit den Wert eines diffusionskontrollierten Vorgangs, d. h. $k_2 \approx 10^{10}$. Damit das kinetisch einfache Verhalten der Reaktion erklärt werden kann, muß der Wert von k_{-2} mindestens zehnmal größer als die spezifische Geschwindigkeit der Dehydratation des Acetaldehyd-Hydrates sein. Die spezifische Geschwindigkeit der Reaktion mit der schwächsten Säure, für die Säurekatalyse noch feststellbar ist (2,6-Lutidinium-Ion, mit einer Aciditätskonstante $K_a = 1.9 \cdot 10^{-7}$), ist 0.018. Der Mechanismus kann somit nur dann richtig sein, wenn $K_2 \leq 6 \cdot 10^{10}$, d. h. wenn die Aciditätskonstante der konjugaten Säure von Acetaldehyd-Hydrat nicht größer als 10^4 ist. Direkte Hinweise auf die Größe dieser Konstanten sind nicht vorhanden. Sie wird indessen auf jeden Fall wesentlich größer sein als der entsprechende Wert für die konjugate Säure eines Alkohols, der nur eine Hydroxygruppe besitzt. Um wieviel größer als diese Werte, die offenbar in der Gegend von 10^2 [29] liegen, ist jedoch sehr schwer zu sagen.

Ein Ein-Schritt-Mechanismus mit einem Übergangszustand der Struktur C oder D

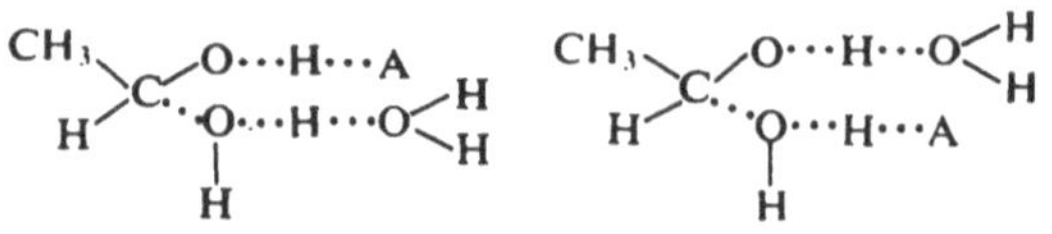

(C) (D)

ist möglich, wenn man die Zweifel in Zusammenhang mit dem Fehlen eines Terms, der das Produkt [HA][A⁻] enthält, zerstreut.

10.13. Katalyse bei der Enolisierungsreaktion

Viele Hinweise (Abschn. 4.18 und 4.27) zeigen, daß die Halogenierung von Aceton über eine geschwindigkeitsbestimmende Umwandlung des Ketons in ein Zwischenprodukt verläuft, das dann in einem zweiten Schritt rasch mit Halogen oder einem Halogenderivat, wie beispielsweise Unterchloriger Säure oder Hypochlorit-Ion, reagiert. Das Zwischenprodukt könnte entweder das Enol E oder das Anion F sein. Die Reaktion ist viel langsamer als die Hydratation von Acetaldehyd. Man kann deshalb ohne weiteres einen Zwei-Schritt-Mechanismus annehmen, bei dem mobile Proton-Übertragungen von oder zu Sauerstoff vorkommen, ohne befürchten zu müssen, daß die Übertragung zu langsam sein könnte. Anders als bei der Acetaldehyd-Hydratation tritt in diesem Fall eindeutig ein Term mit dem Produkt [HA][A^-] auf. Es scheint deshalb, daß wir eine synchrone Reaktion vor uns haben: Die Säure HA und die Base A^- greifen gleichzeitig an, wobei ein Übergangszustand der Struktur G entsteht.

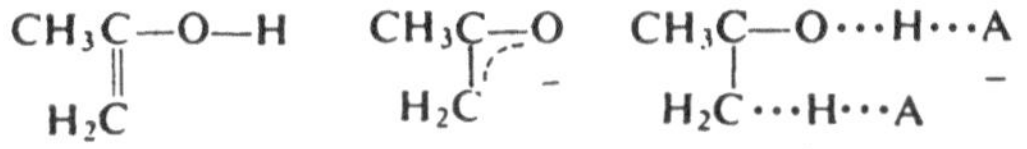

(E) (F) (G)

Pedersen [30] zog die Hypothese, daß die Reaktion in jedem Fall synchron sei, in Zweifel. Er argumentierte, daß die Übergangszustände der Struktur H für den Term mit [HA], der Struktur I für den Term mit [A^-] und der Struktur J für den konstanten Term die experimentell gefundenen katalytischen Konstanten nicht vernünftig erklären würden. Stellten diese Strukturen die einzig möglichen Wege für die Reaktion dar, so wäre etwa die Reaktion mit Wasser als angreifender Base 180mal schneller, wenn die Säure Essigsäure als wenn sie Wasser ist. Ist dagegen Acetat-Ion die angreifende Base, so wäre sie nur 1.3mal schneller, wenn die Säure Essigsäure als wenn sie Wasser ist.

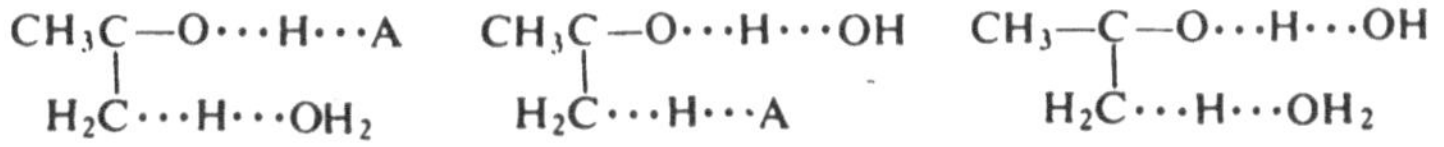

(H) (I) (J)

Dieses Argument wurde allgemein akzeptiert, bis Swain [31] darauf hinwies, daß der Übergangszustand K, bei dem OH_3^+ die angreifende Säure und A^- die angreifende Base ist, ebenfalls zu einem Term in der Geschwindigkeitsgleichung, der proportional zu [HA] ist, führt. Analog dazu führt ein Übergangszustand der Struktur L zu einem weiteren Term, der [A^-] enthält, einer der Struktur M zu einem weiteren konstanten Term. Auf dieser Grundlage besitzt die Geschwindigkeitsgleichung neun, und nicht nur sechs, anpaßbare Parameter. Es ist deshalb nicht schwierig, Werte mit irgendeiner Beziehung zwischen ihnen in Einklang zu bringen.

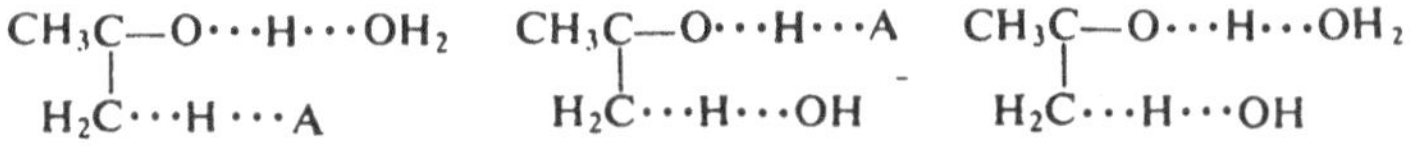

(K) (L) (M)

Die katalytischen Koeffizienten für sieben Carbonsäuren stehen mit der üblichen Präzision mit der Brönstedschen Katalyse-Beziehung in Übereinstimmung. Das dürfte kaum der Fall sein, wenn die beobachteten Koeffizienten Summen in der Art von $k'[HA] + k''[A^-][OH_3^+]$ mit zwei Termen von vergleichbarer Größe wären, ist jedoch möglich, wenn einer der Terme überwiegt.

Swain und Mitarbeiter [32] packten das Problem mit einer Untersuchung über Isotopeneffekte an. Die Bromierung von Nitromethan ist nullter Ordnung in bezug auf Brom. Vermutlich ist die einfache Proton-Übertragung

$$CH_3NO_2 + B \rightleftharpoons CH_2NO_2^- + BH^+ \qquad (VI)$$

der geschwindigkeitsbestimmende Schritt. Reitz [33] stellte fest, daß das Verhältnis k_H/k_D, definiert als das Verhältnis der Reaktionsgeschwindigkeiten von CH_3NO_2 und CD_3NO_2, 3.78 ist, wenn die Base B Wasser ist. Mit Chloracetat-Ion als Base ist es 4.28, mit Acetat-Ion 6.53. Das bedeutet, daß das Proton, das übertragen wird, irgendwie um so weniger Nullpunkts-Energie besitzt (Abschn. 5.22), je stärker die angreifende Base ist. Bei der Enolisierung von

$$C_6H_5-CO-CT(C_6H_5)-CH_2-CH(CH_3)_2$$

und der nicht tritiierten Verbindung findet man ein Verhältnis k_H/k_T von 9.7 für den zu $[OH_3^+]$ proportionalen Term, 11.4 für den zu $[CH_3COOH]$ proportionalen Term, 10.2 für den zu $[CH_3COO^-]$ proportionalen Term und 12.9 für den zu $[OH^-]$ proportionalen Term. Ist die angreifende Säure in den beiden ersten Fällen Oxonium-Ion, so steht der Anstieg des Isotopeneffekts in Übereinstimmung mit der Reitz-Regel, denn Acetat-Ion ist eine stärkere Base als Wasser. Ähnlich läßt sich aus dem Anstieg vom dritten zum vierten Fall schließen, daß die angreifende Säure in beiden Fällen Wasser ist. Es scheint somit, daß der Übergangszustand der durch Essigsäure katalysierten Reaktion besser durch die Struktur K als durch H dargestellt wird. Desgleichen dürfte bei der Acetationen-Katalyse die Struktur I über L überwiegen.

10.14. Cyclische Übergangszustände

Die Mutarotation von Substanzen wie Tetramethylglucose besteht in der Umwandlung des cyclischen Hemiacetals N in ein Diastereomeres. Dies erfolgt vermutlich über den offenkettigen Aldehyd O. In sehr verdünnter Lösung in Benzol bei Gegenwart eines Phenols und eines Amins ist die Geschwindigkeit der Mutarotation proportional zur Konzentration des Amins und des Phenols [34]. Dies läßt sich durch einen synchronen „push-pull"-Vorgang erklären, in dem das Phenol ein Proton an das mit einem Stern versehene Sauerstoffatom abgibt, während gleichzeitig das Amin das mit einem Stern markierte Proton entfernt. Swain und Brown fanden, daß 2-Hydroxypyridin in einer Konzentration von 0.001 M ein 7000mal wirksamerer Katalysator ist als eine Mischung von 0.001 M Phenol und 0.001 M Pyridin, obwohl das Hydroxypyridin nur eine 0.0001mal so starke Base wie Pyridin und eine 0.01mal so starke Säure wie Phenol ist. Die Kinetik ist durch die Dimerisierung des Katalysators und die rasche, reversible Bildung einer 1:1-Verbindung zwischen Tetramethylglucose und Hydroxypyridin kompliziert. In verdünnter Lösung ist die Geschwindigkeit jedoch erster Ordnung in bezug auf den Katalysator. Sowohl 3- wie 4-Hydroxypyridin sind mindestens 1000mal weniger wirksame Katalysatoren als die 2-Verbindung. Außerdem ist die Reaktion zweiter Ordnung in bezug auf diese Katalysatoren. Dies deutet darauf hin, daß ein Katalysatormolekül als Proton-Donor, ein anderes als Akzeptor wirkt. 2-Hydroxy-4-methyl-chinolin verhält sich wie 2-Hydroxypyridin, 3-Hydroxychinolin wie 3-Hydroxypyridin; 4-Hydroxychinolin zeigt keinen feststellbaren katalytischen Effekt. N-Methyl-α-pyridon ist ein schwacher Katalysator, der jedoch bei Gegenwart von Phenol sehr viel wirksamer ist.

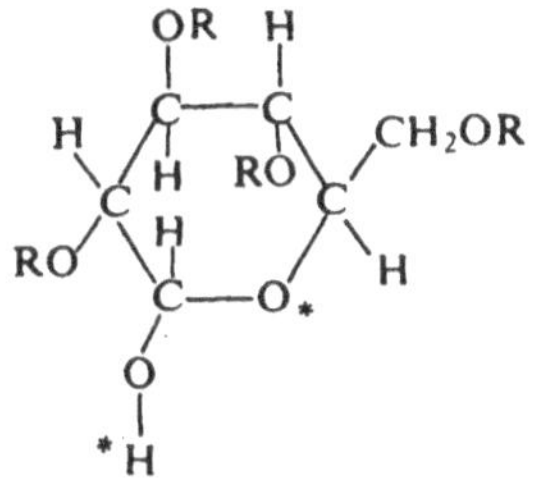

(N)

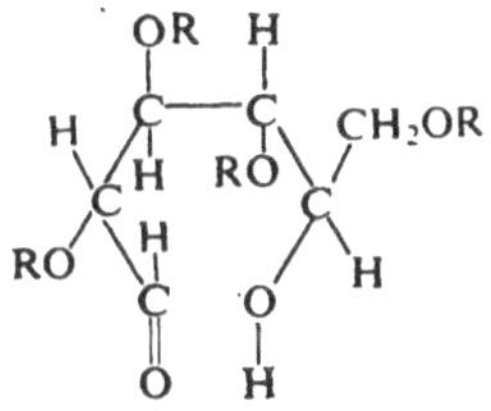

(O)

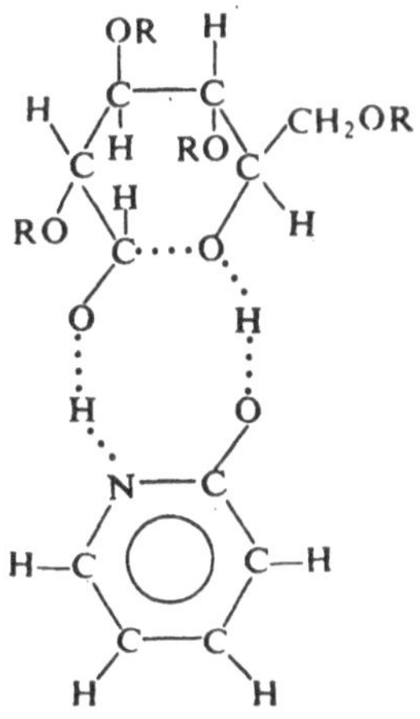

(P)

Diese auffallenden Resultate legen nahe, daß das Standard-Potential des cyclischen Übergangszustandes P etwa 4 kcal kleiner sein muß als dasjenige eines Übergangszustandes, in dem ein Phenolmolekül ein Proton an den Sauerstoff abgibt, während ein anderes Pyridinmolekül ein Proton von der Hydroxygruppe entfernt. Der cyclische Übergangszustand dürfte einen signifikanten Entropie-Vorteil besitzen, doch ist anzunehmen, daß auch die leichte Beweglichkeit der Elektronen im Hydroxypyridin-System eine wichtige Rolle spielt.

Die kritische Konfiguration im Übergangszustand P besitzt praktisch die gleiche Geometrie wie ein stabiles Dimeres einer Carbonsäure. Auf Grund dieser Ähnlichkeit kann man schließen, daß Carbonsäuren bei der Mutarotation und ähnlichen Reaktionen Übergangszustände mit relativ niedrigem Standard-Potential bilden sollten. In einem solchen Übergangszustand würde das Carbonyl-Sauerstoffatom der Säure ein Proton von einer Stelle des Substrates entfernen, während die Hydroxygruppe der Säure gleichzeitig ein Proton an eine andere Stelle abgibt. In der Tat katalysieren Carbonsäuren die Mutarotation von Glucose in Benzol- [34] oder Nitromethan-Lösung [35] viel stärker als Phenole von der gleichen Acidität. In wäßriger Lösung spielen solche Strukturen zweifellos eine weit weniger wichtige Rolle, denn Wasser ist selbst ein sehr wirksamer Proton-Donor und -Akzeptor. 2-Hydroxypyridin ist in wäßriger Lösung nur ein 4- bis 5mal besserer Katalysator, als man auf Grund seiner sauren und basischen Eigenschaften erwarten würde.

10.15. Ester-Hydrolyse

Bender [36] untersuchte die Hydrolyse von ^{18}O-markierten Estern. Er stellte fest, daß die Hydrolyse in einer Anzahl Fällen von Sauerstoff-Austausch zwischen dem Carbonyl-Sauerstoff des Esters und dem Lösungsmittel begleitet ist. Werte des Verhältnisses k_h/k_{ex}, der Hydrolysegeschwindigkeit zur Austauschgeschwindigkeit, sind in Tab. 10.2 zusammengestellt. Besonders bemerkenswert ist, daß dieses Verhältnis für saure und alkalische Hydrolyse praktisch gleich ist, obwohl die spezifische Geschwindigkeit der alkalischen Hydrolyse bei einer bestimmten Temperatur 10^4mal größer als die der sauren Hydrolyse ist. Dieser Befund läßt sich offenbar nur durch den Mechanismus

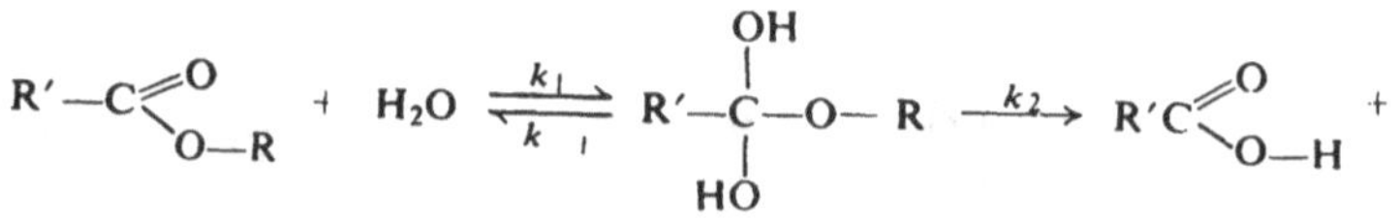
(VII)

erklären, wobei k_2 größer, aber nicht viel größer als k_{-1} sein muß.
Bei der Ester-Hydrolyse wird gewöhnlich die Acyl-Sauerstoff-Bindung gespalten, d. h. der Äther-artige Sauerstoff bleibt mit der Alkylgruppe verbunden [37]. In wäßriger Lösung und in Lösungen, die viel Wasser enthalten, wird die Reaktion durch Oxonium- und Hydroxid-Ionen stark beschleunigt, doch findet man keine allgemeine Säure- oder Basekatalyse. Obwohl der erste Schritt in der Hydratation einer Carbonylgruppe besteht, ist die Geschwindigkeit einer typischen Ester-Hydrolyse rund 10^6- bis 10^7mal kleiner als diejenige der Hydratation von Acetaldehyd.

Tab. 10.2. Verhältnis k_h/k_{ex} der spezifischen Geschwindigkeiten der Hydrolyse und des Sauerstoff-Austauschs.[a]

	Alkalische Hydrolyse		Saure Hydrolyse
	Wasser	33% Dioxan-Wasser	Wasser
Äthylbenzoat	4.8	10.6	5.2
Isopropylbenzoat	2.7	3.7	
tert.-Butylbenzoat		7.6	

[a] Temperatur 25 °C für die alkalische Hydrolyse in Wasser und für Äthylbenzoat in Dioxan-Wasser; 62.5 °C für Isopropylbenzoat und *tert.*-Butylbenzoat in Dioxan-Wasser; 99 °C für die saure Hydrolyse. Daten von Bender [36].

Es gibt auch nicht typische Ester, die unter Spaltung der Alkyl-Sauerstoff-Bindung hydrolysiert werden. Dies tritt dann auf, wenn durch Abspaltung der Alkylgruppe ein relativ stabiles Carboniumion gebildet werden kann (Abschn. 6.14), sowie auch bei der Hydrolyse von *β*-Lactonen in neutraler oder saurer Lösung [38].
Weitere nicht typische Ester, die Äthylester von Monochlor-, Dichlor-, Trichlor- und Difluoressigsäure und Glycinäthylesterhydrochlorid, zeigen allgemeine Basekatalyse, wobei die Brönstedsche Katalyse-Beziehung recht gut erfüllt ist. In anderen Fällen wurde gefunden, daß bereits eine recht geringe Änderung in den Ausgangsstoffen zu einer Verschiebung von spezifischer Lyonium- oder Lyationen-Katalyse zu allgemeiner Säure- oder Basekatalyse führen kann. Die Hydrolyse von Äthylorthoacetat in Wasser ist allgemein säurekatalysiert, die Hydrolyse von Äthylorthoformiat dagegen ist spezifisch durch Oxonium-Ion katalysiert [40].
Bei der Hydrolyse von *p*-Nitrophenylacetat, nicht jedoch bei der Hydrolyse von Äthylacetat, ist Imidazol ein etwa 4000mal besserer Katalysator als HPO_4^{--}, das die gleiche Basizitätskonstante besitzt [41]. Acetyl-imidazol ist, wie sich direkt zeigen läßt, ein Zwischenprodukt der Reaktion (Abschn. 5.26). Dieser Mechanismus unterscheidet sich deutlich von demjenigen der allgemeinen Basekatalyse in Reaktionen wie der Hydratation von Acetaldehyd. Diese Art der Katalyse wird als nucleophile Katalyse bezeichnet.

10.16. Glockenkurven und umgekehrte Glockenkurven

Trotz Komplikationen im Detail läuft Säurekatalyse im wesentlichen auf die Möglichkeit hinaus, auf einer Seite der Bindung, die gebildet oder gebrochen wird, ein Proton an das reagierende System anzulagern. Die Quintessenz der Basekatalyse ist in Analogie dazu die Möglichkeit, ein Proton vom anderen Ende dieser Bindung zu entfernen. Sind beide dieser Möglichkeiten gegeben und ist das oder die Edukt(e) zugleich weniger sauer und weniger basisch als das Lösungsmittel, so weist das pH-Geschwindigkeits-Profil ein Minimum auf im Sinne einer umgekehrten Glockenkurve. Dies ist der Fall bei der Hydratation von Aldehyden, der Enolisierung von Ketonen und der typischen Ester-Hydrolyse.
Sind keine leicht abspaltbaren Protonen, sondern lediglich Stellen für eine Proton-Anlagerung vorhanden, so kann Säurekatalyse, aber keine Basekatalyse auftreten. Bei kleinen pH-Werten nimmt die Geschwindigkeit mit zunehmendem pH-Wert ab; bei hohen pH-Werten flacht sie ab und strebt einem kleinen Grenzwert zu. Dies ist der Fall bei der Hydrolyse von Acetalen und Orthoestern.
Ist die Acidität oder Basizität eines Substrats vergleichbar mit derjenigen des Lösungsmittels, so kann das pH-Profil bei einer hohen Geschwindigkeit abflachen, oder es kann ein scharfes Maximum aufweisen. Die Azo-Kupplungsreaktion ist ein solches Beispiel (Abb. 6-6 und 6-7). Die Chloramin-Reaktion (Abschn. 5.18), die symmetrisch ist, stellt ein einfacheres Beispiel dar. Die Aciditätskonstanten K_N des Ammonium-Ions und K_C der Unterchlorigen Säure sind, unabhängig von der Chloramin-Reaktion, bekannt. Sie betragen $6.1 \cdot 10^{-10}$ und $3.7 \cdot 10^{-8}$. Da die Reaktion $NH_3 + ClOH \rightleftharpoons NH_4^+ + ClO^-$ reversibel und schnell im Vergleich zur Bildung von Chloramin ist, sind die primitiven Konzentrationen c_N und c_C von Ammoniak und Unterchloriger Säure gegeben durch:

$$c_N = [NH_3] + [NH_4^+] = [NH_3]\left(1 + \frac{[H^+]}{K_N}\right) \tag{34}$$

$$c_C = [ClOH] + [ClO^-] = [HOCl]\left(1 + \frac{K_C}{[H^+]}\right) \tag{35}$$

Führt der einzige signifikante Weg von den Reaktanden zu den Produkten über einen Übergangszustand der Zusammensetzung $H_3N \cdot ClOH$ oder $H_3N \cdot ClOH \cdot (H_2O)_x$, dann ist:

$$k^{(p)} = \frac{kK_N[H^+]}{(K_N + [H^+])(K_C + [H^+])} \tag{36}$$

Dabei ist k definiert als $v/([NH_3][ClOH])$ und $k^{(p)}$ als $v/c_N c_C$. Die graphische Darstellung dieser Gleichung mit k = 5.3 l/mol s findet sich in Abb. 10-2.

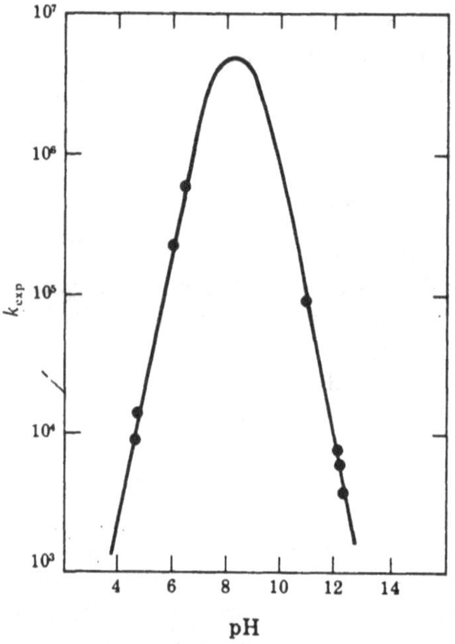

Abb. 10-2. pH-Abhängigkeit der spezifischen Geschwindigkeit der Chloramin-Reaktion. (Nach Weill und Morris [42].)

Aus der Ableitung von Gl. (36) ergibt sich, daß die Geschwindigkeit maximal ist, wenn

$$[H^+] = \sqrt{K_N K_C} \tag{37}$$

und daß die spezifische Geschwindigkeit beim Maximum gegeben ist durch:

$$k_{max}^{(p)} = \frac{k}{\{1 + (K_C/K_N)^{1/2}\}^2} \tag{38}$$

Ein Maximum im pH-Geschwindigkeits-Profil ist nur dann möglich, wenn die Konzentration von Systemen auf dem Gipfel der Energiebarriere zwischen Edukten und

Produkten bei pH-Werten im Bereich des Maximums größer ist als die Konzentration von Systemen auf dem Maximum, die ein Proton mehr oder weniger enthalten. Ist K_+ die Gleichgewichtskonstante für die Umwandlung eines Übergangszustandes der Zusammensetzung $H_4N \cdot ClOH \cdot (H_2O)_x^+$ in einen solchen der Zusammensetzung $H_3N \cdot ClOH \cdot (H_2O)_x$ und K_- die Gleichgewichtskonstante für die Umwandlung dieses Übergangszustandes in einen solchen der Zusammensetzung $H_3N \cdot ClO \cdot (H_2O)_x^-$, so ist die vollständige Beziehung für den primitiven Wert der spezifischen Geschwindigkeit der Chloramin-Bildung:

$$k^{(p)} = kK_N \frac{[H^+]^2/K_+ + [H^+] + K_-}{(K_N + [H^+])(K_C + [H^+])} \tag{39}$$

Die allgemeine Bedingung für die Existenz eines Maximums ist nicht sehr aufschlußreich. Es ist klar, daß die Geschwindigkeit bei einer Wasserstoffionen-Konzentration von $(K_N K_C)^{\frac{1}{2}}$ nicht kleiner sein kann als der Wert, der durch Gl. (38) gegeben ist, d. h. nicht kleiner als k, wenn K_N/K_C groß, und nicht kleiner als kK_N/K_C, wenn K_N/K_C klein ist. Für den Wert von $k^{(p)}$ bei hoher Acidität ergibt sich aus Gl. (39) kK_N/K_+. Wenn also K_+ größer ist als entweder K_N oder K_C, so wird die Geschwindigkeit bei hoher Wasserstoffionen-Konzentration geringer sein als bei einer solchen in der Gegend von $(K_N K_C)^{\frac{1}{2}}$. Ähnlich findet man für den Wert von $k^{(p)}$ bei geringer Acidität kK_-/K_C. Ist K_- kleiner als K_N oder K_C, so wird die Geschwindigkeit in alkalischer Lösung geringer sein als im Bereich der Wasserstoffionen-Konzentration von $(K_N K_C)^{\frac{1}{2}}$. Das bedeutet, daß die Geschwindigkeit nur dann ein Maximum bei der Wasserstoffionen-Konzentration von $(K_N K_C)^{\frac{1}{2}}$ aufweisen kann, wenn der Übergangszustand mit der Zusammensetzung $H_3N \cdot ClOH \cdot (H_2O)_x$ weniger basisch als entweder NH_3 oder ClO^- und weniger sauer als entweder NH_4^+ oder ClOH ist.

Im Fall der Chloramin-Bildung sind diese Bedingungen, wie man leicht sieht, erfüllt. Ein Übergangszustand der Struktur Q oder R

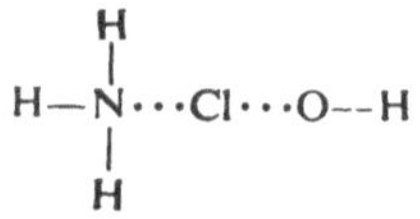

(Q)

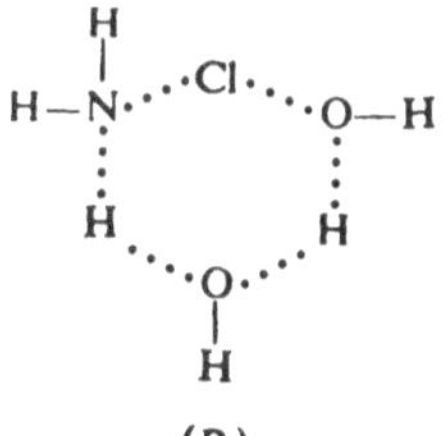

(R)

muß weniger sauer als ClOH sein, da die teilweise gebildete N–Cl-Bindung das Elektronensystem in einer Weise beeinflußt, die die Entfernung des Protons vom Sauerstoff erschwert. Er muß auch weniger sauer als NH_4^+ sein, da die teilweise gebildete N–Cl-Bindung die Entfernung eines Protons nicht so wirkungsvoll erleichtert wie die vollständig ausgebildete vierte N–H-Bildung. Analog dazu findet man, daß es schwieriger sein muß, ein Proton an Q oder R als an NH_3 oder ClO^- anzulagern.

Die kleinere Geschwindigkeit auf der basischen Seite des Maximums läßt sich nicht auf mangelnde Größe des Produktes $[NH_3][ClO^-]$ zurückführen. Beim pH-Wert des Maximums ist diese Größe 8mal größer als das Produkt $[NH_3][ClOH]$, und die Proton-Übertragung, die nötig ist, um diesen Wert beizubehalten, sollte genügend rasch sein. Ähnlich läßt sich die geringere Geschwindigkeit auf der sauren Seite nicht durch mangelnde Größe des Produktes $[NH_4^+][ClOH]$ erklären.

Die Möglichkeit eines Übergangszustandes der Struktur S

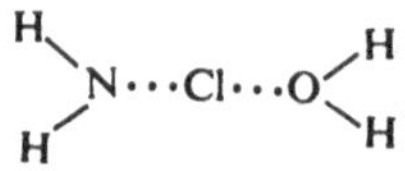

(S)

kann man ziemlich sicher ausschließen, weil die Protonen-Übertragung

$$H_3N + ClOH \rightarrow H_2N \ + ClOH_2^+ \tag{VIII}$$

nicht schnell genug wäre.

Es ist vernünftig, diese Schlüsse in eine Regel zu verallgemeinern: Wenn eine Säure HA mit einer Base anders als durch Protonen-Übertragung reagieren kann und die Geschwindigkeit dieser Reaktion klein gegenüber derjenigen der Proton-Übertragung ist, so hat die Geschwindigkeit der langsamen Reaktion ein Maximum bei einer Wasserstoffionen-Konzentration, die dem geometrischen Mittel der Aciditätskonstanten von HA und BH^+ entspricht. Die spezifische Geschwindigkeit beim Maximum ist um so größer, je größer der Wert des Verhältnisses K_{BH^+}/K_{HA} ist. Dies gilt ungeachtet der Ladungen von HA und B. Bei der Chloramin-Reaktion ist das Verhältnis 0.0165, die spezifische Geschwindigkeit beim Maximum ist nur 0.013 k, und das Maximum ist scharf. Für größere Werte des Verhältnisses ist das Maximum breiter, und die spezifische Geschwindigkeit ist ein größerer Bruchteil von k. Ist K_{BH^+} bedeutend größer als K_{SH^+}, die Aciditätskonstante des entsprechenden Lyonium-Ions, so reduziert sich Gl. (36) für den Bereich verdünnter Lösungen zu:

$$k^{(p)} = \frac{k[SH^+]}{K_{HA} + [SH^+]} \tag{40}$$

Die spezifische Geschwindigkeit nimmt deshalb proportional zu $[SH^+]$ zu, wenn dieser Wert bedeutend kleiner als K_{HA} ist, flacht jedoch auf den konstanten Wert k ab, wenn $[SH^+]$ wesentlich größer als K_{HA} ist. Selbst dann jedoch muß die Geschwindigkeit bei genügend hoher Acidität in einem weniger basischen Lösungsmittel abnehmen, denn jede Stelle in B, an die sich HA in der langsamen Reaktion anlagern kann, ist notwendigerweise auch eine Stelle, an die sich ein Proton anlagern kann.

Wegen der Existenz solcher glockenförmiger Profile kann die natürliche Idee, wenn wenig Säure gut für eine Reaktion sei, so sei mehr Säure besser, irreführend sein. In der Tat kann diese Annahme leicht dazu führen, daß man nützliche synthetische Verfahren einfach übersieht. Dies ist namentlich so, weil glockenförmige Profile nicht auf verdünnte wäßrige Lösungen beschränkt sind. Sie können beispielsweise in Mischungen von starken Säuren und Wasser oder in stark basischen Lösungen in Dimethylsulfoxid auftreten.

10.17. Oxim-Bildung und ähnliche Reaktionen

Ein Maximum im pH-Geschwindigkeitsprofil, d. h. der Beziehung zwischen spezifischer Geschwindigkeit und pH für Systeme, in denen die einzigen Katalysatoren Lösungsmittel, Lyonium-Ion und Lyat-Ion sind, kann auch aus anderen Gründen als den eben diskutierten auftreten. Ist irgendeiner der beiden Schritte des Zwei-Schritt-Prozesses

$$R \underset{k_{-1}}{\overset{k_1}{\rightleftharpoons}} X \xrightarrow{k_2} P \tag{IX}$$

säurekatalysiert, während der andere pH-unabhängig ist, ist außerdem die Bodensteinsche Stationaritäts-Bedingung erfüllt, und steht R in einem mobilen Gleichgewicht mit seiner konjugaten Säure, deren Aciditätskonstante K_R ist, so ist der primitive Wert der spezifischen Geschwindigkeit gegeben durch

$$k^{(p)} = \frac{k_1 k_2 [H^+] K_R}{(K_R + [H^+])(k_2 + k_{-1}[H^+])} \tag{41}$$

wenn der erste Schritt säurekatalysiert ist, und durch

$$k^{(p)} = \frac{k_1 k_2 [H^+] K_R}{(K_R + [H^+])(k_{-1} + k_2[H^+])} \tag{42}$$

wenn der zweite Schritt säurekatalysiert ist. In beiden Fällen besitzt die Darstellung von $k^{(p)}$ gegen den pH-Wert ein Maximum. Im ersten Fall liegt das Maximum bei

$$[H^+] = \sqrt{\frac{K_R k_2}{k_{-1}}} \tag{43}$$

im zweiten Fall bei

$$[H^+] = \sqrt{\frac{K_R k_{-1}}{k_2}} \tag{44}$$

Jencks [43] hat gezeigt, daß die Reaktion von Carbonylverbindungen mit Hydroxylamin, Semicarbazid und ähnlichen Verbindungen im wesentlichen dieser Situation entspricht. Dies ist in Abb. 10-3 für die Reaktion von Aceton mit Hydroxylamin dargestellt. Die Aciditätskonstante der konjugaten Säure von Hydroxylamin ist $1.0 \cdot 10^{-6}$ Mit Hilfe von spektroskopischen Methoden wurde gezeigt, daß der geschwindigkeitsbestimmende Prozeß im pH-Bereich von 2 – 3

$$(CH_3)_2CO + H_2NOH \rightleftharpoons (CH_3)_2C(OH)NHOH \tag{X}$$

ist. Die Reaktion ist schwach säurekatalysiert. Trotzdem nimmt die Reaktionsgeschwindigkeit mit steigendem pH-Wert rasch zu, weil die Konzentration an unprotoniertem Hydroxylamin rasch ansteigt. Bevor pH = 6 erreicht ist, ist die Reaktion so schnell, daß der Prozeß

$$(CH_3)_2C(OH)NHOH \xrightarrow{k_2} (CH_3)_2C{=}NOH + H_2O \tag{XI}$$

nicht mehr mithalten kann. Da dies eine säurekatalysierte Reaktion ist, geht die Netto-Geschwindigkeit durch ein Maximum und nimmt dann wieder ab. Die Konzentration des Carbinolamin-Zwischenproduktes ist unter allen Bedingungen so klein, daß die Bodensteinsche Stationaritäts-Hypothese erfüllt ist. Setzt man die spezifischen Geschwindigkeiten der Vorwärts- und Rückwärtsreaktion des Prozesses (X) gleich $k_1 + k'_1[H^+]$ und $k_{-1} + k'_{-1}[H^+]$, so erhält man die Gleichung:

$$k^{(p)} = \frac{k_2(k_1 + k'_1[H^+])}{(1 + [H^+]/K_R)(k_2 + k'_{-1} + k_{-1}/[H^+])} \tag{45}$$

Sie ist als durchgezogene Linie in Abb. 10-3 graphisch dargestellt.

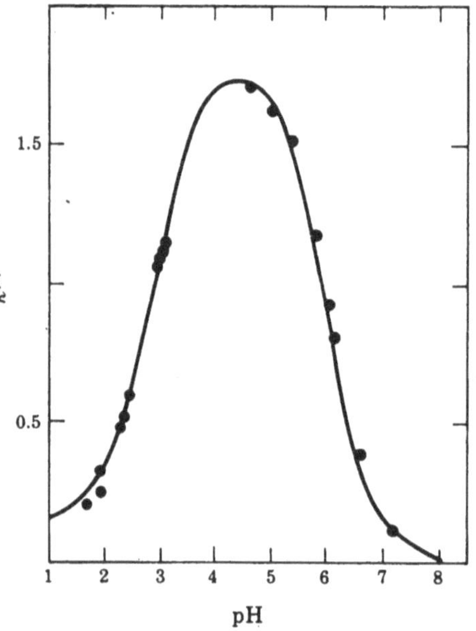

Abb. 10-3. pH-Abhängigkeit der spezifischen Geschwindigkeit der Reaktion von 0.0005 M Aceton mit 0.0167 M Hydroxylamin in Wasser. (Nach Jencks [44].)

Will man aus der Gegenwart eines Maximums auf die Existenz eines Zweischritt-Mechanismus schließen, so muß man darauf achten, daß es dann ein Maximum ist, wenn allgemeine Säure- oder allgemeine Basekatalyse auftritt. Die spezifische Geschwindigkeit einer allgemein säurekatalysierten Reaktion in Puffer-Gemischen der Säure HA und ihrer konjugaten Base A^- ist gegeben durch:

$$k^{(p)} = \frac{K_R}{K_R + [OH_3^+]}(k_a[HA] + k_H[OH_3^+]) \tag{46}$$

Dabei ist vorausgesetzt, daß R in mobilem Gleichgewicht mit seiner konjugaten Base steht. K_R ist die Aciditätskonstante von RH^+. Dies läßt sich in die Form

$$k^{(p)} = \frac{k_a K_R c_b[OH_3^+]}{(K_R + [OH_3^+])(K_a + [OH_3^+])} + \frac{k_H K_R[OH_3^+]}{K_R + [OH_3^+]} \tag{47}$$

bringen, wobei $c_b = [HA] + [A^-]$ und K_a die Aciditätskonstante von HA ist. Nach dieser Gleichung zeigt die Darstellung von $k^{(p)}$ gegen pH ein Maximum, wenn c_b, wie es bei derartigen Untersuchungen üblich ist, konstant gehalten wird. Ist die Katalyse durch HA ausgeprägt, so daß $k_H[OH_3^-] \ll k_a[HA]$, so erscheint das Maximum, wenn $[OH_3^+] = \sqrt{K_R K_a}$.

10.18. Die Hydrolyse von Phenyliminolacton

Die Reaktionen von Substanzen, die C = O- oder C = N-Gruppen enthalten, können recht kompliziert sein [44]*. Die Untersuchung von Schmir und Cunningham [46, 47] über die Hydrolyse des Iminolactons 2-Phenylamino-tetrahydrofuran T

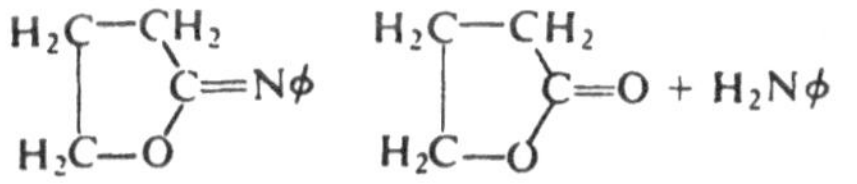

(T) (U)

illustriert sehr schön, wie man die Probleme, die sich bei der Untersuchung derartiger Reaktionssysteme stellen, angehen kann. Die Reaktion wurde bei 30 °C durchgeführt. Die Ionenstärke wurde durch Zugabe entsprechender Mengen von Kaliumchlorid konstant auf 0.5 M gehalten. Das Lösungsmittel war 90% Wasser/10% Acetonitril. In sehr stark alkalischen Lösungen wurde Acetonitril durch Äthanol ersetzt. pH- und pK-Werte der Puffersysteme wurden mit Hilfe von Glaselektroden bestimmt. Als Bezugslösung diente offenbar eine verdünnte wäßrige Lösung. Dies berührt jedoch die Gültigkeit der Schlüsse, die aus den relativen Werten dieser Größen abgeleitet sind, nicht.
Bei pH-Werten unterhalb 6 ist das einzige feststellbare Reaktionsprodukt Anilin und Butyrolacton U; bei pH-Werten > 9 ist das einzige faßbare Produkt γ-Hydroxybutyranilid V.

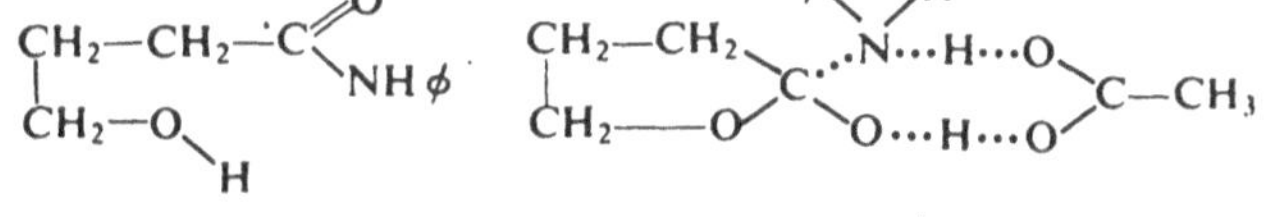

(V) (W)

Bei pH-Werten zwischen 6 und 9 entstehen beide Reaktionsprodukte in meßbaren Mengen. Wenn der pH-Wert durch Imidazol- oder „Tris" (Trishydroxymethylaminomethan)-Puffer von geringer Konzentration kontrolliert ist, so sind die relativen Anteile der zwei Reaktionsprodukte nur durch den pH bestimmt, und zwar nach der Gleichung:

$$\frac{[U]}{[V]} = 1.2 \times 10^7 [H^+] \qquad (48)$$

* Übersicht siehe [44] und [45].

Gibt man indessen Phosphat in so geringer Menge zu, daß weder der pH-Wert noch die Geschwindigkeit des Verschwindens des Iminolactons verändert werden, so nimmt der Anteil des Anilins beträchtlich zu. In einem Tris-Puffer von 0.3 M Konzentration bei einem pH von 7.25 erhöht ein Zusatz von 0.0005 M Phosphat den Anteil des Ausgangsmaterials, der in Anilin übergeht, von 40 auf 65%. Ähnliche Effekte haben Arsenat, in etwas geringerem Maße auch Hydrogencarbonat, Acetat, 1,1-Cyclopentan-diessigsäure und Monophenylphosphat, nicht jedoch *p*-Nitrophenol.
Eine solche Änderung der Produkt-Verteilung ohne Änderung der Reaktionsgeschwindigkeit ist absolut charakteristisch für die Gegenwart eines Zwischenproduktes (Abschn. 5.17), das, mindestens im pH-Bereich der variablen Produkt-Zusammensetzung, irreversibel aus den Reaktanden gebildet wird und mit verschiedenen Substanzen unter Bildung verschiedener Produkte weiterreagieren kann. Alle Substanzen, die diesen großen, spezifischen Effekt auf die Produkt-Verteilung haben, besitzen eine Struktur, die die Bildung eines cyclischen Übergangszustandes in der Art von W ermöglicht. Das Zwischenprodukt, das die Produktverteilung kontrolliert, ist das Carbinolamin X.

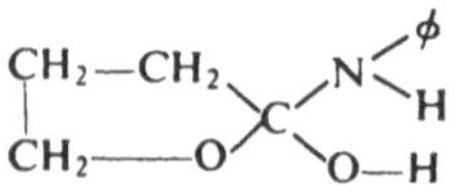

(X)

Nach dieser Hypothese könnte die Produktverteilung bei Abwesenheit von spezifischen Katalysatoren durch eine säurekatalysierte Bildung von Anilin und Butyrolacton und eine nicht katalysierte Bildung von Hydroxybutyroanilid bestimmt sein.

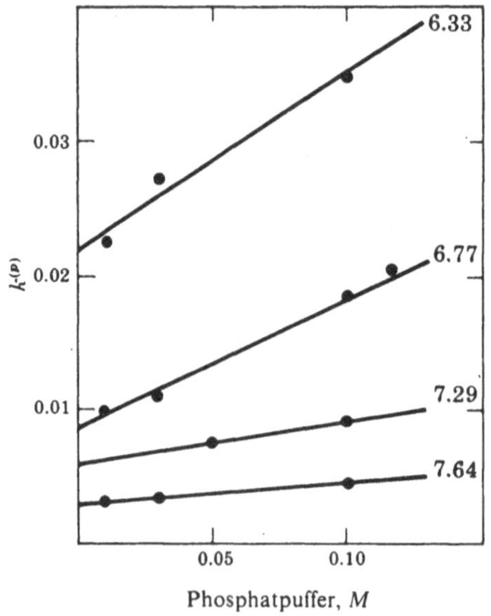

Abb. 10-4. Einfluß der Phosphatpuffer-Konzentration auf die spezifische Geschwindigkeit der Iminolacton-Hydrolyse. Die Zahlen geben den pH-Wert für die entsprechenden Kurven an. (Nach Schmir und Cunningham [46].)

Eine andere, gleichwertige Möglichkeit wäre, daß die Bildung von Anilin und Butyrolacton nicht katalysiert und die Bildung von Hydroxybutyroanilid basekatalysiert wäre.

Experimentell stellt man fest, daß das Verschwinden des Iminolactons allgemein säurekatalysiert ist. Wie Abb. 10-4 zeigt, nimmt die spezifische Geschwindigkeit $k^{(p)}$, die definiert ist als die Reaktionsgeschwindigkeit dividiert durch die Iminolacton-Konzentration, mit steigender Pufferkonzentration bei konstantem pH-Wert zu. Die Achsenabschnitte auf der vertikalen Achse stellen die Grenzwerte der spezifischen Geschwindigkeit für jeden pH-Wert bei der Pufferkonzentration Null dar, d. h. sie entsprechen dem Beitrag von OH_3^+, H_2O und OH^- – und nur von diesen – zur spezifischen Geschwindigkeit. Der katalytische Koeffizient der Pufferkomponente HA läßt sich aus der Steigung der Geraden bestimmen. Die Steigung nimmt mit abnehmendem pH-Wert zu. Daraus ergibt sich der Schluß, daß Säure- und nicht Basekatalyse vorliegt.

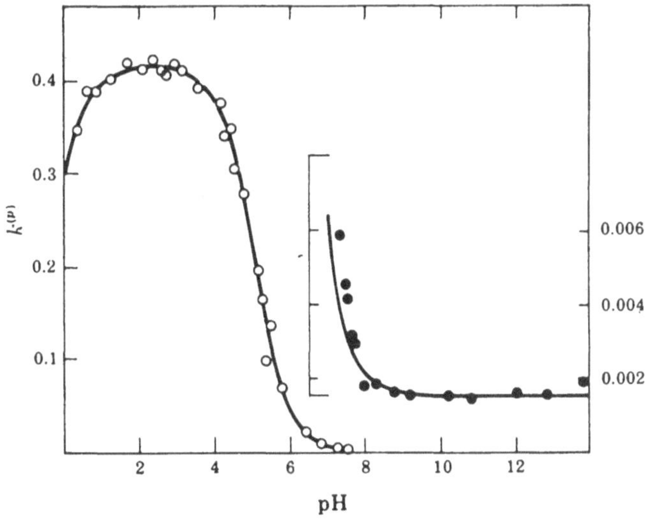

Abb. 10-5. Darstellung des Grenzwertes der spezifischen Geschwindigkeit als Funktion des pH für die Hydrolyse von Iminolacton. Linke Ordinate: pH 0 bis 7, rechte Ordinate: pH 7 bis 14. (Nach Schmir und Cunningham [46].)

Trägt man die Grenzwerte der spezifischen Geschwindigkeit als Funktion des pH-Wertes auf, so kommt man zu dem in Abb. 10-5 dargestellten pH-Geschwindigkeits-Profil. Erfolgt die Bildung des Carbinolamins nach dem Mechanismus

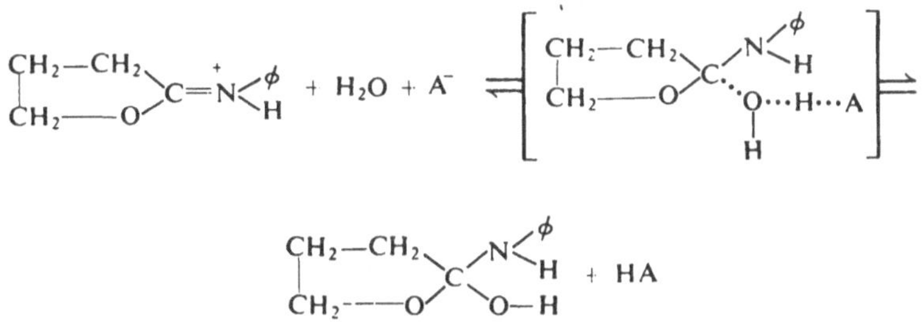

(XII)

und steht das Iminolacton in mobilem Gleichgewicht mit seiner konjugaten Säure, so ist der Grenzwert der spezifischen Geschwindigkeit gegeben durch:

$$k^{(p)} = \frac{k_1 + k_2[OH^-]}{1 + K_I/[H^+]} = \frac{k_1[H^+] + k_2 K_w}{[H^+] + K_I} \tag{49}$$

Dabei ist K_I die Aciditätskonstante der konjugaten Säure des Iminolactons, K_w die Wasser-Konstante. k_1 und k_2 sind die spezifischen Geschwindigkeiten für A^- = Wasser und A^- = Hydroxid-Ion. Dies ist eine S-förmige Funktion. Ihr oberer Grenzwert für hohe Wasserstoffionen-Konzentration ist k_1, ihr unterer Grenzwert für niedere Wasserstoffionen-Konzentrationen ist $k_2 K_w/K_I$. Außer für hohe Aciditäten entspricht sie der in Abb. 10-5 dargestellten Kurve, wenn $k_1 = 0.415$, $k_2 K_w/K_I = 1.55$ und $K_I = 8.75 \cdot 10^{-6}$. Die Zeit ist dabei in Minuten angegeben. Das Absinken bei hohen Aciditäten stellt ein Problem dar. Es könnte von einem Zusammenbruch der Näherung für verdünnte Lösungen herrühren (vgl. [46], n. 24b). Dies ist ohne weiteres denkbar, da sich die pH-Werte auf einen Standard beziehen, dessen Bedeutung für das Reaktionsmedium nicht ganz klar ist. Andernfalls muß man annehmen, daß das Zwischenprodukt, durch dessen Weiterreaktion die Produkt-Verteilung bestimmt wird, in einer zweischrittigen Reaktion gebildet wird, wobei ein Schritt säurekatalysiert, der andere nicht katalysiert ist. Was der Mechanismus dieses Prozesses sein sollte, ist nicht leicht zu sehen, denn alle beteiligten Proton-Übertragungen sollten hohe spezifische Geschwindigkeiten besitzen.

10.19. Katalyse durch Lewis-Säuren

Bereits zu Anfang der Entwicklung seiner Valenz-Theorie erkannte Lewis, daß Moleküle mit Elektronenlücken, wie etwa BF_3, $AlCl_3$, $SnCl_4$, die heute allgemein als Lewis-Säuren bezeichnet werden, Moleküle mit ungepaarten Elektronenpaaren in der gleichen Weise anlagern können, wie es ein Proton kann. In der Franklin-Institut-Arbeit [48] von 1938 wies er darauf hin, daß gefärbte Moleküle von der Art von Dimethylaminoazobenzol, Cyanin und Kristallviolett in völlig trockenen Lösungsmitteln ihre Farbe in der gleichen Weise ändern, wenn $SnCl_4$ wie wenn ein Proton-Donor wie HCl zugegeben wird. 1943 zeigten Lewis und Biegeleisen [49] in einer sehr sorgfältigen Arbeit, daß Methylenblau in Acetonitril oder Benzonitril mit $SnCl_4$ ein Produkt bildet, dessen ganzes Absorptions-Spektrum im sichtbaren und ultravioletten Bereich identisch mit demjenigen des protonierten Farbstoffs ist. Derselbe Effekt wurde mit BCl_3 in Acetonlösung beobachtet. Die Systeme wurden jeweils sehr sorgfältig getrocknet. In jedem Fall hätte selbst bei vollständiger Hydrolyse des $SnCl_4$ nicht soviel HCl entstehen können, daß die Änderung im Absorptionsspektrum auf eine Proton-Anlagerung hätte zurückgeführt werden können.
In diesem Fall haben also die Anlagerung eines $SnCl_4$-Moleküls und eines Protons denselben Effekt auf die Energie, die im elektronischen Übergang, der für die Lichtabsorption verantwortlich ist, absorbiert wird. Daraus läßt sich schließen, daß die Anlagerung eines $SnCl_4$-Moleküls und eines Protons die räumliche Verteilung der Elektronen in diesem komplexen Molekül in der gleichen Weise beeinflussen. Infolgedessen ist zu erwarten, daß Reaktionen, die durch Proton-Donoren katalysiert

werden, durch Lewis-Säuren ebenfalls katalysiert werden. In manchen Fällen ist dies der Fall. Bell und Skinner [50] fanden beispielsweise, daß Lewis-Säuren die Depolymerisation von Paraldehyd, einem cyclischen Trimeren von Acetaldehyd, in Chlorbenzol oder in Anisol so wirkungsvoll katalysieren, daß die Reaktionsgeschwindigkeit nicht mit konventionellen Methoden gemessen werden kann. In Äther dagegen sind, wie die Daten in Abb. 10-6 zeigen, die Geschwindigkeiten leicht meßbar. Die Reaktionen sind erster Ordnung in bezug auf den Paraldehyd und zweiter Ordnung in bezug auf den Katalysator, und zwar sowohl für Lewis-Säuren wie für Salzsäure und Bromwasserstoffsäure. Kleine Mengen von Wasser verzögern die Reaktion. Die Katalyse kann deshalb nicht auf die Bildung eines starken Proton-Donors in einer Reaktion wie etwa

$$AlCl_3 + H_2O + (C_2H_5)_2O \rightleftharpoons AlCl_3OH^- + (C_2H_5)_2OH^+ \qquad \text{(XIII)}$$

zurückgeführt werden.

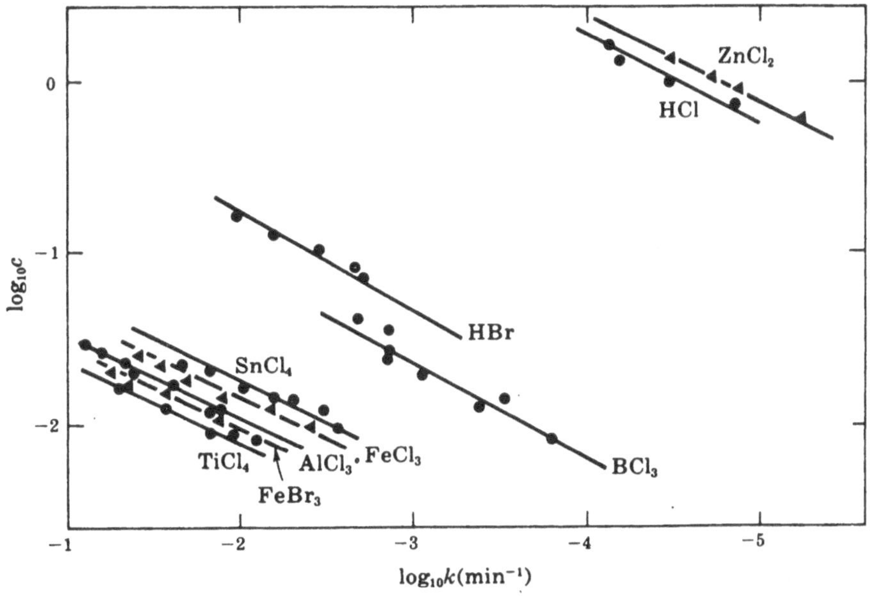

Abb. 10-6. Spezifische Geschwindigkeit der Depolymerisation von Paraldehyd mit verschiedenen Katalysatoren in der Konzentration *c*. (Nach Bell und Skinner [50].)

Auf der andern Seite gibt es viele Reaktionen, in denen Lewis-Säuren nur dann wirkungsvolle Katalysatoren sind, wenn kleine Mengen von Substanzen vorhanden sind, die zusammen mit den Lewis-Säuren als starke Proton-Donoren wirken. Dies ist beispielsweise der Fall bei der Polymerisation von Isobuten [51]. Wasser kann dank Reaktionen wie XIII als sogenannter Kokatalysator oder Promotor wirken. Dasselbe gilt für HCl dank Reaktionen wie

$$AlCl_3 + HCl + B \rightleftharpoons AlCl_4^- + BH^+ \qquad \text{(XIV)}$$

wobei B irgendeine basische Substanz sein kann, eingeschlossen das Substrat der katalysierten Reaktion. Warum bei diesen Polymerisationen ein Kokatalysator notwendig sein soll, scheint gar nicht klar zu sein. Ein Vorschlag lautet [52], es könnte sich um einen sterischen Effekt handeln. Die Anlagerung einer Partikel wie Y an ein Isobuten-Molekül könnte wesentlich schwieriger sein als die Anlagerung des Carboniumions Z.

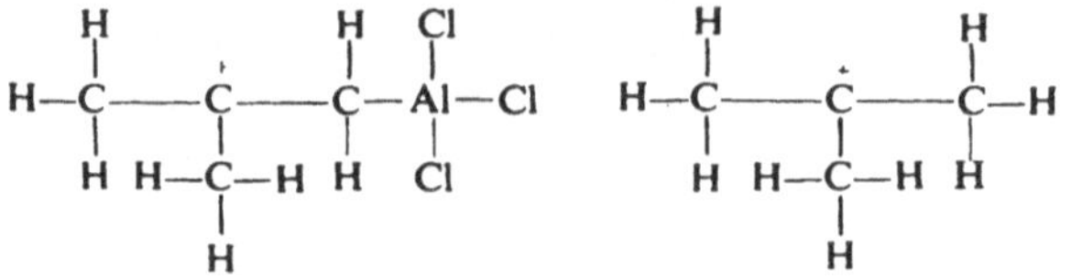

(Y) (Z)

10.20. Literatur

1. Brönsted, J. N. und K. Pedersen, *Z. Physik. Chem.*, *108:* 185 (1924).
2. Brönsted, J. N. und H. C. Duus, *Z. Physik. Chem.*, *117:* 299 (1925).
3. Brönsted, J. N. und K. Volqvartz, *Z. Phys. Chem.*, *A 155:* 211 (1931).
4. Brönsted, J. N., *Rec. Trav. Chim.*, *42:* 718 (1923).
5. Marlies, C. A. und V. K. LaMer, *J. Am. Chem. Soc.*, *57:* 1812 (1935).
6. Bell, R. P. und P. Jones, *J. Chem. Soc.*, *1953:* 88.
7. Leffler, J. E. und E. Grunwald, „Rates and Equilibria of Organic Reactions", S. 26, John Wiley & Sons, New York 1963.
8. Benson, S. W., *J. Am. Chem. Soc.*, *80:* 5151 (1958).
9. Westheimer, F. H., *J. Org. Chem.*, *2:* 431 (1937).
10. Bell, R. P. und G. L. Wilson, *Trans. Faraday Soc.*, *46:* 407 (1950).
11. Pearson, R. G. und F. V. Williams, *J. Am. Chem. Soc.*, *75:* 3073 (1953); *76:* 258 (1954); E. S. Lewis und J. D. Allen, *ibid.* *86:* 2022 (1964); J. Hine, J. G. Houston, J. H. Jensen und J. Mulders, *ibid.* *87:* 5050 (1965); J. A. Feather und V. Gold, *J. Chem. Soc.*, *1965:* 1752.
12. Westheimer, F. H., *J. Org. Chem.*, *2:* 431 (1937).
13. Leffler, J. E., *Science*, *117:* 340 (1953).
14. Bell, R. P., „The Proton in Chemistry", Cornell University Press, Ithaca, N.Y., 1959.
15. Bell, R. P., „Acid-Base Catalysis", Oxford University Press, New York 1941.
16. Eigen, M., *Angew. Chem.*, *75:* 489 (1963).
17. Hammes, G. G., *Ann. Rev. Phys. Chem.*, *15:* 13 (1964).
18. Eigen, M. und J. Schön, *Z. Elektrochem.*, *59:* 483 (1955).
19. Gilkerson, W. R., *J. Chem. Phys.*, *27:* 914 (1957).
20. Grunwald, E., A. Loewenstein und S. Meiboom, *J. Chem. Phys.*, *27:* 630 (1957).
21. Meiboom, S., A. Loewenstein und S. Alexander, *J. Chem. Phys.*, *29:* 969 (1958).
22. Pearson, R. G. und R. L. Dillon, *J. Am. Chem. Soc.*, *75:* 2439 (1953).
23. Ritchie, C. D. und R. Uschold, *J. Am. Chem. Soc.*, *86:* 4488 (1964); *89:* 1730 (1967).
24. Lapworth, A., *Nature*, *115:* 625 (1925); J. Allen, A. E. Oxford, R. Robinson und J. C. Smith, *J. Chem. Soc.*, *1926:* 401; C. K. Ingold und E. H. Ingold, *ibid.* 1310; C. K. Ingold, *Ann. Rept. Chem. Soc.*, *1926:* 129.
25. Ingold, C. K., „Structure and Mechanism in Organic Chemistry", S. 49 – 52, Cornell University Press, Ithaca, N. Y., 1953.
26. Bell, R. P., M. H. Rand und K. M. A. Wynne-Jones, *Trans Faraday Soc.*, *52:* 1093 (1956).
27. Bell, R. P. und D. P. Onwood, *Trans. Faraday Soc.*, *58:* 1557 (1962).
28. Bell, R. P. und J. C. Clunie, *Nature*, *167:* 363 (1951); *Proc. Roy. Soc. (London)*, *A 212:* 33 (1952).
29. Arnett, E. M. und J. N. Anderson, *J. Am. Chem. Soc.*, *85:* 1542 (1963).
30. Pedersen, K. J., *J. Phys. Chem.*, *38:* 581 (1934).
31. Swain, C. G., *J. Am. Chem. Soc.*, *72:* 4578 (1950).

32. Swain, C. G., E. C. Stivers, J. F. Reuwer, Jr. und L. J. Schaad, *J. Am. Chem. Soc.*, *80:* 5885 (1958).
33. Reitz, O., *Z. Physik. Chem.*, *A 176:* 363 (1936).
34. Swain, C. G. und J. F. Brown, *J. Am. Chem. Soc.*, *74:* 2534, 2538 (1952).
35. Blackall, E. L. und A. M. Eastham, *J. Am. Chem. Soc.*, *77:* 2184 (1955).
36. Bender, M. L., *J. Am. Chem. Soc.*, *73:* 1626 (1951).
37. Kursanov, D. N. und R. V. Kudryavtsev, *J. Gen. Chem. USSR (Eng. Transl.)*, *26:* 1183 (1956); S. C. Datta, J. N. E. Day und C. K. Ingold, *J. Chem. Soc.*, *1939:* 838; F. A. Long und L. Friedman, *J. Am. Chem. Soc.*, *72:* 3692 (1950).
38. Cowdrey, W. A., E. D. Hughes, C. K. Ingold, S. Masterman und A. D. Scott, *J. Chem. Soc.*, *1937:* 1264; A. R. Olson und R. J. Miller, *J. Am. Chem. Soc.*, *60:* 2687 (1938).
39. Jencks, W. P. und J. Carriuolo, *J. Am. Chem. Soc.*, *83:* 1743 (1961).
40. Brönsted, J. N. und W. F. K. Wynne-Jones, *Trans. Faraday Soc.*, *25:* 59 (1929).
41. Bruice, T. C. und R. Lapinsky, *J. Am. Chem. Soc.*, *80:* 2265 (1958); W. P. Jencks und J. Carriuolo, *ibid.* *82:* 1778 (1960).
42. Weill, I. und J. C. Morris, *J. Am. Chem. Soc.*, *71:* 1664 (1949).
43. Jencks, W. P., *J. Am. Chem. Soc.*, *81:* 475 (1959).
44. Jencks, W. P., *Progr. Phys. Org. Chem.*, *2:* 63 (1964).
45. Bender, M. L., *Chem. Rev.*, *60:* 53 (1960).
46. Schmir, G. L. und B. A. Cunningham, *J. Am. Chem. Soc.*, *87:* 5692 (1965).
47. Cunningham, B. A. und G. L. Schmir, *J. Am. Chem. Soc.*, *88:* 551 (1966).
48. Lewis, G. N., *J. Franklin Inst.*, *226:* 293 (1938).
49. Lewis, G. N. und J. Bigeleisen, *J. Am. Chem. Soc.*, *65:* 1144 (1943).
50. Bell, R. P. und B. G. Skinner, *J. Chem. Soc.*, *1952:* 2955.
51. Evans, A., D. Holden, P. Plesch, M. Polanyi, H. Skinner und M. Weinberger, *Nature*, *157:* 102 (1946).
52. Norrish, R. G. W. und K. E. Russell, *Trans. Faraday Soc.*, *48:* 91 (1952).

11. Quantitative Beziehungen zwischen Struktur und Reaktivität

11.1. Das theoretische Problem

Von der abstrakten Theorie aus gesehen stellt sich das Problem der Beziehung zwischen Struktur und Reaktivität wie folgt:

1. Man lernt, die potentielle Energie E_p der statischen Anordnung von Atomen zu berechnen, die jedem Ausgangsstoff, Reaktionsprodukt und Übergangszustand entspricht. Sie ist gleich dem negativen Wert der Arbeit, die aufgebracht werden muß, um alle Atome der Struktur aus den zur niedrigsten potentiellen Energie gehörenden Positionen zu entfernen und in unendlich großen Abstand voneinander zu bringen.
2. Man sagt die möglichen Bewegungsarten der Atome in jeder Struktur voraus und leitet mathematische Ausdrücke für die vibratorischen und rotatorischen Bewegungen der Struktur ab.
3. Für manche dieser Bewegungen ist die niedrigste kinetische Energie nicht Null, sondern gleich einem halben Bewegungs-Quantum. Diese Nullpunkts-Energie addiert man zur potentiellen Energie. Dies führt zur Energie E_0, die die Struktur im Zustand der niedrigst möglichen Gesamt-Energie charakterisiert.
4. Auf Grund der verschiedenen Bewegungsarten berechnet man die Zustandssumme Q als Funktion der Temperatur. Mit Hilfe der Beziehungen

$$\mu^\circ = E_0 - \mathbf{R}T \ln \frac{Q}{N_0 V} \tag{1}$$

und

$$\bar{H}^\circ = E_0 + \mathbf{R}T^2 \frac{d \ln (Q/N_0 V)}{dT} \tag{2}$$

erhält man daraus das Standard-Potential und die Standard-Enthalpie für den verdünnten Gaszustand.

5. Daraus berechnet man das Standard-Potential und die Standard-Enthalpie in Lösung, indem man theoretisch hergeleitete Werte für die Änderungen des Standard-Potentials und der Standard-Enthalpie, die mit dem Übergang aus der Gasphase in die Lösung einhergehen, addiert.
6. Falls nötig berechnet man Aktivitätskoeffizienten als Funktion der Temperatur. Damit ist es möglich, Werte für das Potential und die Enthalpie in Lösungen von endlicher Konzentration zu berechnen.
7. Schließlich bestimmt man die $\Delta\mu^\circ$- und $\Delta\bar{H}^\circ$-Werte als Differenz zwischen den μ°- und $\bar{H}^\circ$-Werten der Edukte und Produkte, die $\Delta\mu^{\ddagger}$- und $\Delta\bar{H}^{\ddagger}$-Werte als Differenz zwischen den entsprechenden Werten für die Ausgangsstoffe und den Übergangszustand.

Es ist klar, daß dieses ehrgeizige Programm bis heute nur zu einem kleinen Teil erfüllt werden konnte. Um dennoch mehr über die Voraussage und die Kontrolle von chemischen Reaktionen lernen zu können, muß man deshalb vorderhand – wie in manchen andern Fällen – zu empirischen und semiempirischen Regeln Zuflucht nehmen.

11.2. Das lineare Freie-Energie-Prinzip

Seit ihren Anfängen hat sich die Organische Chemie auf die empirische und qualitative Regel verlassen, daß ähnliche Substanzen ähnlich reagieren und daß ähnliche Änderungen in der Struktur zu ähnlichen Änderungen in der Reaktivität führen. Die Anwendung dieser Regel verlangt indessen viele subjektive Entscheidungen und läßt sehr viel Spielraum für die Weisheit, die sich nur mit der Erfahrung einstellt, ja für die Intuition. In diesem Lichte scheint die – lobende oder spöttische – Bemerkung, Organische Chemie sei keine Wissenschaft, sondern eine Kunst, nicht ganz unbegründet.
Trotz allem läßt sich diese Regel innerhalb gewisser Grenzen in Form von linearen Freien-Energie-Beziehungen* quantitativ fassen. Dieser Name ist eine Abkürzung, denn die beteiligten Größen sind Differenzen im Standard-Potential, d. h. in den Standard-Werten der partiellen molaren Freien Energie; sie dürfte indessen nicht gefährlich irreführend sein. Das Prinzip der linearen Freien Energie betrifft Moleküle, deren Struktur in eine reagierende Gruppe X und einen Rest R unterteilt werden kann. Es besagt, daß bei Abwesenheit von starken spezifischen Wechselwirkungen zwischen R und X

1. die Änderungen im Wert von $\Delta\mu^{\neq}$ für irgendeine Reaktion der reagierenden Gruppe X, die mit einer Serie von Änderungen in R einhergehen, linear mit den Änderungen im Wert von $\Delta\mu^{\circ}$ für die gleiche Reaktion verbunden ist.
2. die Änderungen in den Werten von $\Delta\mu^{\neq}$ oder $\Delta\mu^{\circ}$ für eine Reaktion der reagierenden Gruppe X_1, die durch eine Serie von Änderungen in R hervorgerufen werden, linear mit den Änderungen in den entsprechenden Werten für eine andere Reaktion von X_1 wie auch mit denjenigen für eine Reaktion einer anderen reagierenden Gruppe X_2 verbunden sind.

Mit Hilfe des Leffler-Grunwald-Operators δ_R (Abschn. 10.2) läßt sich das lineare Freie-Energie-Prinzip durch die zwei Gleichungen

$$\delta_R \Delta\mu_1^{\neq} = a_1 \delta_R \Delta\mu_1^{\circ} \tag{3}$$

und

$$\delta_R \Delta\mu_1^{\neq} = b_{12} \delta_R \Delta\mu_2^{\neq} = a_2 b_{12} \delta_R \Delta\mu_2^{\circ} \tag{4}$$

---

* *Anmerkung des Übersetzers:* Im Englischen spricht man von linear free-energy relationships, was sprachlich einwandfrei als „lineare Beziehungen der Freien Energie" wiederzugeben wäre. Ein sachlicher Mangel haftet allen diesen Formulierungen an, da in Wirklichkeit meistens die Freie Enthalpie und gar nicht die Freie Energie gemeint ist.

darstellen. Dabei beziehen sich $\Delta\mu_1^{\ddagger}$ und $\Delta\mu_1^{\circ}$ auf eine bestimmte Reaktion 1 und $\Delta\mu_2^{\ddagger}$ und $\Delta\mu_2^{\circ}$ auf eine andere Reaktion 2. Die Größen a_1, a_2 und b_{12} sind unabhängig von R, sind jedoch eine Funktion der betreffenden Reaktion.
Da δ_R eine Änderung der Struktur bei konstanter Temperatur bedeutet, lassen sich die Gl. (3) und (4) auch schreiben als

$$\delta_R \log k_1 = a_1 \delta_R \log K_1 \tag{5}$$

und:

$$\delta_R \log k_1 = b_{12} \delta_R \log k_2 = a_2 b_{12} \log K_2 \tag{6}$$

Hier sind k_1 und k_2 die spezifischen Geschwindigkeiten der Reaktionen 1 und 2, K_1 und K_2 die Gleichgewichtskonstanten der gleichen Reaktionen*.

11.3. Die Beziehung zwischen Geschwindigkeit und Gleichgewicht

Die Brönstedsche Katalyse-Beziehung (Abschn. 10.2) ist die am besten untersuchte Anwendung von Gl. (5). Die Größe K in der Brönsted-Beziehung ist nicht die Gleich-

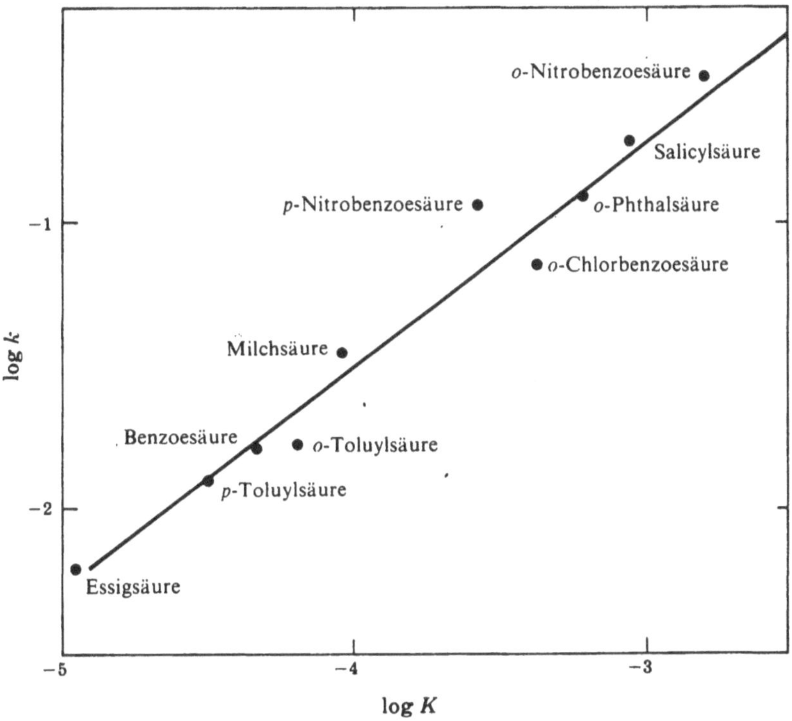

Abb. 11-1. Korrelation der spezifischen Geschwindigkeit k der Trimethylamin-Ester-Reaktion mit der Aciditätskonstante K. Zeiteinheit: Stunden. (Daten von Hammett und Pfluger [8, 9].)

* Wegen einer neueren Übersicht über lineare Freie-Energie-Beziehungen siehe [1].

gewichtskonstante der geschwindigkeitsbestimmenden Proton-Übertragung in der betreffenden Reaktion; nach den thermodynamischen Gesetzen ist sie jedoch notwendigerweise proportional dazu. Pedersen [2] erkannte dies bereits 1924. Historisch gesehen kommt der Katalyse-Beziehung eine Schlüsselstellung zu: Sie zeigte nämlich 1924, daß sich der im wesentlichen diskontinuierliche Effekt einer Änderung der Struktur durch eine kontinuierliche mathematische Funktion beschreiben läßt. Damit wurde sie zum Vorläufer einer ganzen Anzahl von quantitativen Beziehungen.

Innerhalb einer Gruppe von Katalysatoren von nahe verwandter Struktur, z. B. einer Gruppe von Carbonsäuren, bewegt sich die Standard-Abweichung in $\log k$ zwischen 0.024 und 0.1. Dies entspricht einer zufälligen Abweichung in der spezifischen Geschwindigkeit von 6 – 26 %. Die größeren Abweichungen übersteigen die wahrscheinliche experimentelle Unsicherheit bei weitem.

Lineare logarithmische Beziehungen zwischen dem Effekt einer Änderung der Struktur auf die spezifische Geschwindigkeit und die Gleichgewichtskonstante der gleichen Reaktion sind nicht auf Proton-Übertragungsreaktionen beschränkt. Sie wurden auch beobachtet bei der Luftoxidation einer Gruppe von Leuko-Farbstoffen [3], der Reduktion einer Gruppe von Chinonen durch ein bestimmtes Reduktionsmittel und der Oxidation einer Gruppe von Hydrochinonen durch ein Oxidationsmittel [4], ferner bei der Isomerisierung einer Gruppe von substituierten 5-Aminotriazolen [5] und der Bildung von Carbinolaminen aus Semicarbazid und einer Gruppe von *meta*- und *para*-substituierten Benzaldehyden (vgl. Abschn. 5.19) [6].

11.4. Lineare Beziehungen zwischen verschiedenen Reaktionen

Kindler [7] stellte 1926 fest, daß die Geschwindigkeit der alkalischen Hydrolyse einer Gruppe von *meta*- und *para*-substituierten Zimtsäureestern proportional zur Quadratwurzel der Reaktionsgeschwindigkeit einer Gruppe von entsprechend substituierten Benzoesäureestern ist. Dies entspricht einer linearen logarithmischen Beziehung mit der Steigung 0.5. Hammett und Pfluger [8, 9] fanden 1933 die in Abb. 11-1 dargestellte Beziehung zwischen den spezifischen Geschwindigkeiten der Reaktionen

$$RCOOCH_3 + N(CH_3)_3 \rightarrow RCOO^- + N(CH_3)_4^+ \qquad (I)$$

bei 100 °C in Methanol und den Gleichgewichtskonstanten der Reaktionen

$$RCOOH + H_2O \rightleftharpoons RCOO^- + OH_3^+ \qquad (II)$$

bei der gleichen Temperatur in Wasser. Die Standardabweichung der Punkte von der besten Gerade ist 0.1. 1935 erkannten sowohl Burkhardt [10] als auch Hammett [9] eine ganze Anzahl von linearen Freien-Energie-Beziehungen in den Reaktionen von substituierten Benzol-Derivaten.

11.5. Die Gettler-Korrelationen

Die Abszissen in Abb. 11-2 sind die Logarithmen der Geschwindigkeitskonstanten zweiter Ordnung von Fitzpatrick und Gettler [11] für die Bildung der Oxime einer Anzahl von Carbonyl-Verbindungen. Für die Gerade *S* sind die Ordinaten die Werte von Price und Hammett [12] für die Bildung der entsprechenden Semicarbazone, für die Gerade *T* diejenigen für die Bildung der Thiosemicarbazone [13] und für die Gerade *G* diejenigen für die Bildung der Guanylhydrazone [14]. In allen Fällen war die Temperatur 25 °C und der pH-Wert 7. Wie Gettler und Mitarbeiter zeigten, besteht unzweifelhaft eine Tendenz zu linearen Beziehungen. Die Abweichungen scheinen zufällig und klein im Vergleich zum Bereich der spezifischen Geschwindigkeiten, die um einen Faktor 1 000 variieren. Trotz allem sind sie jedoch bedeutend größer, als man vernünftigerweise für die experimentelle Unsicherheit annehmen wird.

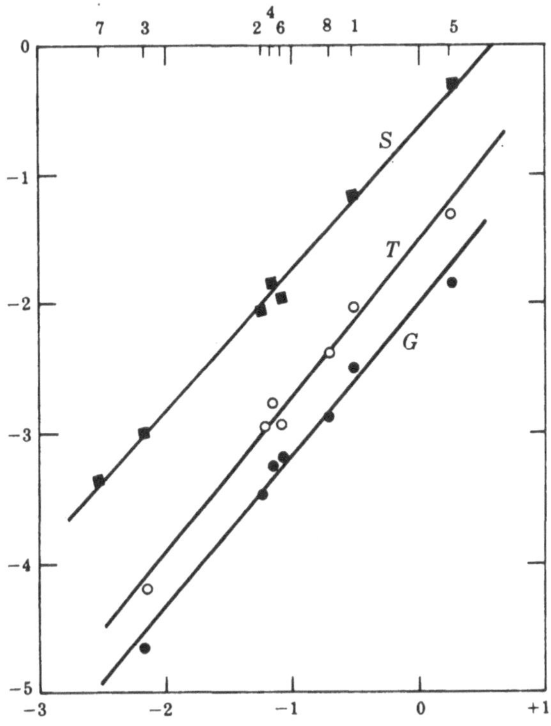

Abb. 11-2. Gettler-Korrelationen. Carbonylverbindungen: 1 = Aceton, 2 = Diäthylketon, 3 = Pinakolon, 4 = Cyclopentanon, 5 = Cyclohexanon, 6 = Furfural, 7 = Acetophenon, 8 = Methyläthylketon.

Die Struktur des nicht-reagierenden Teils der Carbonylverbindungen variierte in diesen Versuchen in weiten Grenzen; einige der Verbindungen sind cyclisch, andere nicht; einige tragen große, raumbeanspruchende Gruppen in der Nähe der Carbonylgruppe, andere nicht; einige besitzen aromatische Strukturen, die mit der Carbonylgruppe in Resonanz stehen, andere nicht. Die Bildung der Oxime und die Bildung der verschiedenen Semicarbazon-Derivate sind indessen nahe verwandte Reaktionen. Beim pH-Wert, der bei den Messungen herrschte, hat der geschwindigkeitsbestimmende Übergangszustand die Struktur A oder B (Abschn. 10.12).

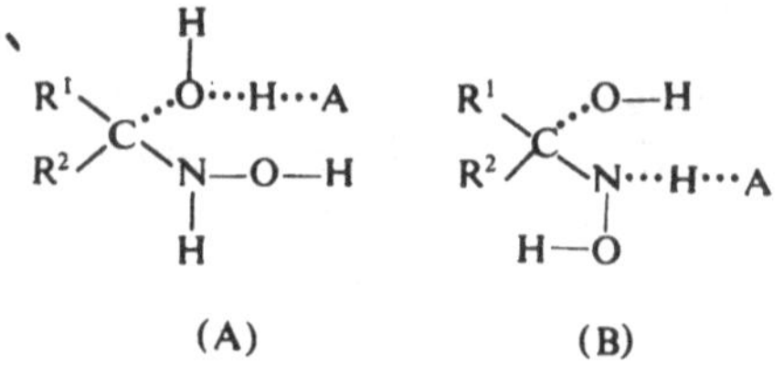

Offensichtlich wird die Abhängigkeit der $\Delta\mu^{\neq}$-Werte für die Bildung dieses Zustandes aus $R^1R^2C{=}O + H_2N{-}OH$ von der Art der R's kaum beeinflußt, wenn man für $-OH$ in Hydroxylamin eine der Gruppen $-NHCONH_2$, $-NHCSNH_2$ oder $-NHC(NH)NH_2$ setzt.

11.6. Ester-Hydrolyse und Säurestärke

Lineare Freie-Energie-Beziehungen gelten auch für Reaktionen von deutlich verschiedener Natur, solange der Bereich der strukturellen Änderungen in R streng beschränkt bleibt. Abb. 11-3 zeigt die log k-Werte für die alkalische Hydrolyse von Äthylestern in 87.8proz. wäßrigem Äthanol [7] als Funktion der log K/K_0-Werte für die Ionisation der entsprechenden Säuren in Wasser. K_0 ist dabei die Aciditätskonstante von Benzoesäure. Für *meta*- und *para*-substituierte Benzoesäureester besteht eine ausgezeichnete lineare Korrelation mit einer Standardabweichung von 0.1; allerdings liegt die zufällige Abweichung von 26% in k weit außerhalb der wahrscheinlichen experimentellen Fehlergrenze.

Ortho-substituierte Benzoesäureester andererseits reagieren rund zwei Größenordnungen langsamer, als man auf Grund dieser Beziehung erwarten würde; aliphatische

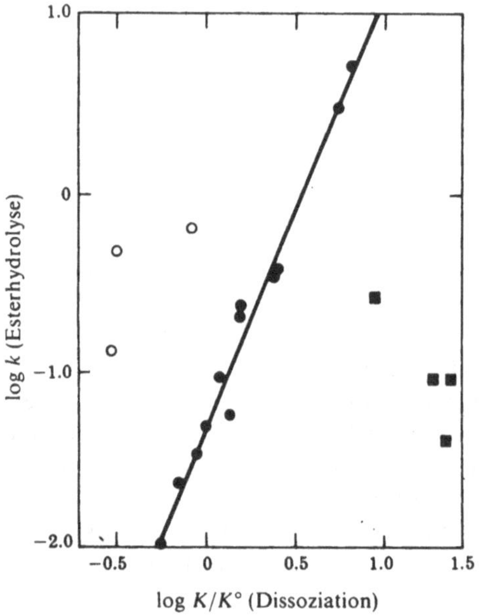

Abb. 11-3. Vergleich der Hydrolysegeschwindigkeiten von Estern mit den Dissoziationskonstanten von Säuren. ● = *m*- und *p*-Benzolderivate, ■ = *o*-Benzolderivate, ○ = aliphatische Verbindungen.

Ester reagieren um eine bis zwei Größenordnungen schneller. Die Reaktionen, die miteinander verglichen werden, unterscheiden sich hier ihrem Typ nach stärker als in dem in Abb. 11-2 dargestellten Fall. Demgemäß ist der Bereich von strukturellen Änderungen, der sich mit der linearen Beziehung verträgt, bedeutend kleiner.

11.7. Phenole und Carbonsäuren

Abb. 11-4 zeigt einen Fall, in dem der Bereich der möglichen strukturellen Änderungen noch beschränkter ist. Hier sind die log K/K_0-Werte für die Ionisierung einer Gruppe von Phenolen gegen die entsprechenden Werte für die Ionisierung von

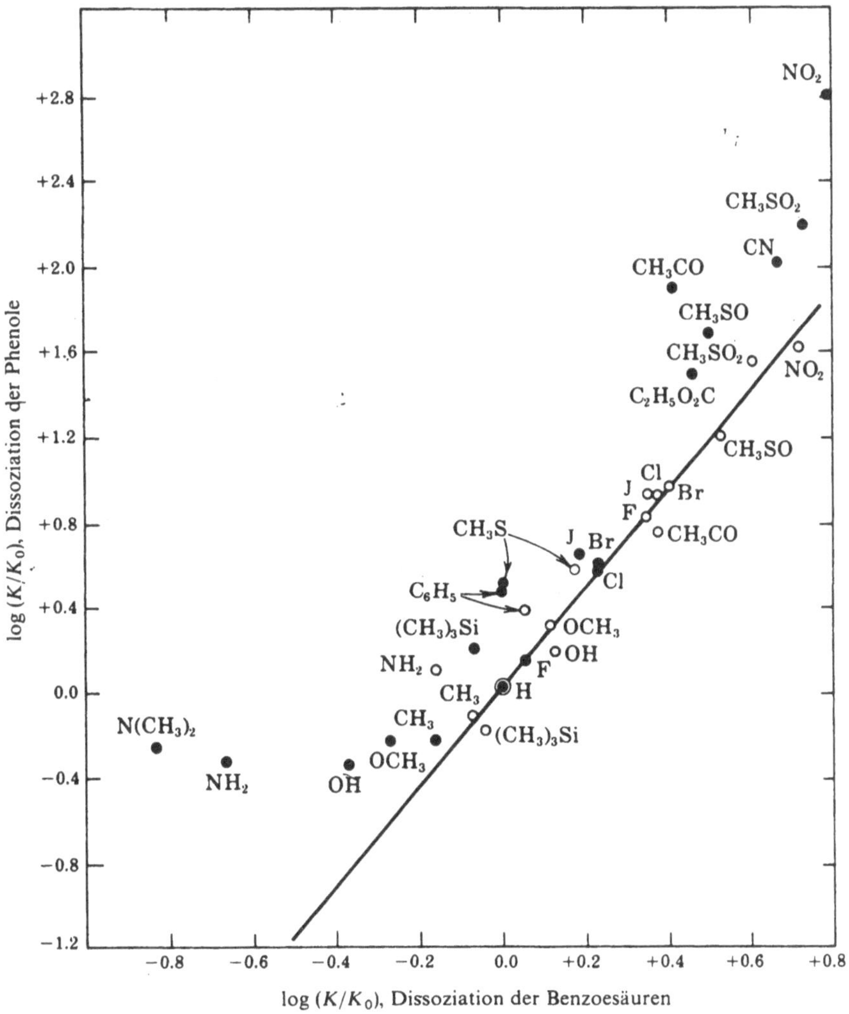

Abb. 11-4. Vergleich der Aciditätskonstanten von *meta-* und *para-*substituierten Phenolen mit denjenigen von entsprechend substituierten Benzoesäuren in Wasser bei 25 °C. ● = *para-*Substituenten, ○ = *meta-*Substituenten. (Nach Taft und Lewis [15].)

gleich substituierten Benzoesäuren aufgetragen. Für die *meta*-Derivate besteht eine mäßig zufriedenstellende lineare Beziehung; die *para*-Derivate weichen jedoch, von wenigen Ausnahmen abgesehen, ab, an den beiden Enden des Diagramms sogar sehr beträchtlich [15].

11.8. Die elektronische Interpretation

Die breite Anwendbarkeit des linearen Freie-Energie-Prinzips bestätigt den Hinweis, der sich bereits aus der Brönstedschen Katalyse-Beziehung ergibt: Die Auswirkung einer Änderung in der Struktur eines Reaktanden hängt von einem Struktur-Parameter ab, der kontinuierlich variabel ist und nicht sprungweise den diskreten Strukturänderungen folgt. In Übereinstimmung mit der Elektronen-Verschiebungs-Hypothese (Abschn. 10.9) scheint es vernünftig anzunehmen, daß diese Variable ein Maß für das Angebot von Elektronen aus dem nichtreagierenden Teil des Moleküls in der Reaktionszone ist. Diese Annahme läßt sich wie folgt plausibel machen: Die Umwandlung von Benzoat-Ion in Benzoesäure bedingt notwendigerweise eine Verschiebung von Elektronen aus dem Rest des Moleküls in die Carboxylgruppe, denn das angelagerte Proton zieht Elektronen stark an. Ersetzt man nun ein Wasserstoffatom am Benzolring durch ein stärker elektronegatives Atom, etwa ein Chloratom, so verändert man das Elektronensystem des Moleküls in einer Richtung, die eine Verschiebung von Elektronen in die Carboxylgruppe erschwert. Infolgedessen braucht es mehr Energie, ein Proton an Chlorobenzoat- als an unsubstituiertes Benzoat-Ion anzulagern. Soweit die Standard-Potentiale mit den potentiellen Energien parallel gehen, wird der $\Delta\mu^{\circ}$-Wert für die Umwandlung der Säure ins Anion stärker negativ und die Aciditätskonstante größer für die Chlor-substituierte als für die unsubstituierte Säure sein.
Es wurde vorgeschlagen, daß zwei Arten von Elektronen-Verschiebung unterschieden werden müßten [16], nämlich die sog. Polarisation, die das Gleichgewicht der Reaktion bestimmt, und die sog. Polarisierbarkeit, die einen zusätzlichen Effekt auf Reaktionsgeschwindigkeiten hat. Aus der Theorie des Übergangszustandes ergibt sich indessen keinerlei Grundlage für eine solche Unterscheidung, und die Anwendbarkeit der linearen Freie-Energie-Beziehungen auf Geschwindigkeiten und Gleichgewichte zeigt, daß sie gar nicht nötig ist.

11.9. Die Hammett-Gleichung*

Lineare Freie-Energie-Beziehungen in Reaktionen von *meta*- und *para*-substituierten Benzol-Derivaten, etwa in der Art, wie sie in Abb. 11-3 dargestellt sind, haben zahlreiche Anwendungen. Trotz Abweichungen der in Abb. 11-4 gezeigten Art sind sie oft genügend präzis, um nützliche Voraussagen zu ermöglichen. Weiter sind die Größe und das Vorzeichen der Steigung wesentliche Charakteristika einer Reaktion,

---

* Es wäre reine Heuchelei, wollte ich behaupten, ich wüßte nicht, daß Gl. (8) allgemein als Hammett-Gleichung bezeichnet wird, oder ich wäre denen nicht dankbar, die mich in dieser Weise geehrt haben. Ich kann jedoch ehrlich sagen, daß ich diese Bezeichnung nicht eingeführt und mich bis anhin auch nicht für ihre Verbreitung eingesetzt habe.

und selbst die Abweichungen haben ihre Bedeutung im Zusammenhang mit dem Problem der Beziehung zwischen Struktur und Reaktivität.
Es ist beinahe offensichtlich und läßt sich leicht zeigen, daß zwei Serien von Geschwindigkeits- oder Gleichgewichtskonstanten, die linear mit einer dritten Serie verbunden sind, auch untereinander linear verbunden sind. Infolgedessen ist es möglich, die verschiedenen Serien alle auf eine einzige Referenz-Serie zu beziehen. Dafür eignen sich die Ionisationskonstanten von substituierten Benzoesäuren in Wasser bei 25 °C, aus dem einfachen Grund, weil dafür viele genaue Daten bekannt

Tab. 11.1.[a]

	meta-Substituenten			*para*-Substituenten					
	σ	σ^n	σ°	σ	σ^n	σ°	σ^+	σ_p^-	σ_a^-
$CH_2Si(CH_3)_3$	−0.19			−0.22					
tert.-C_4H_9	−0.10			−0.197			−0.256		
CH_3	−0.069	−0.069	−0.07	−0.170	−0.129	−0.15	−0.311		
$N(CH_3)_2$		−0.049	−0.15		−0.172	−0.44			
NH_2		−0.038	−0.14		−0.172	−0.38			
OCH_3	+0.115	+0.076	+0.13	−0.268	−0.111	−0.12	−0.778		
OH	+0.121	+0.095		−0.37	−0.178				
OC_6H_5	+0.252			−0.320					
$COOCH_3$	+0.39	+0.321	+0.36	+0.31	+0.385	+0.46	+0.489		
COOH					+0.406		+0.421		
OCF_3	+0.40			+0.35				+0.26	+0.27
SCF_3	+0.40			+0.50				+0.57	+0.64
F	+0.337	+0.337	+0.35	+0.062	+0.056	+0.17	−0.073	+0.02	
J	+0.352	+0.352	+0.35	+0.18	+0.299	+0.27	+0.135		
Cl	+0.373	+0.373	+0.37	+0.227	+0.238	+0.27	+0.114		
$COCH_3$	+0.376	+0.376	+0.34	+0.502	+0.502	+0.46		+0.85	
Br	+0.391	+0.391	+0.38	+0.232	+0.265	+0.26	+0.150	+0.26	
CF_3	+0.43	+0.467		+0.54	+0.532		+0.612		
CN	+0.56	+0.613	+0.62	+0.660	+0.674	+0.69	+0.659	+0.89	+1.00
SO_2NH_2	+0.55			+0.62					+0.94
SO_2CH_3	+0.56	+0.678		+0.68	+0.686				+1.14
NO_2	+0.710	+0.710	+0.70	+0.778	+0.778	+0.82	+0.790	+1.25	+1.27
SO_2CF_3	+0.79			+0.93				+1.36	+1.65

[a] Die meisten σ-Werte stammen aus der Zusammenstellung von McDaniel und Brown [18]. Diejenigen für SO_2NH_2 und SO_2CH_3 stammen aus Zollinger und Wittwer [22], die für OCF_3, SCF_3 und SO_2CF_3 aus Sheppard [23], der für $CH_2Si(CH_3)_3$ aus Exner [24]. Die McDaniel und Brown- und die Zollinger und Wittwer-Werte wurden direkt aus den Aciditätskonstanten von substituierten Benzoesäuren in Wasser bei 25 °C bestimmt, die andern aus Aciditätskonstanten in teilweise wäßrigen Medien. Diejenigen σ-Werte, die nach McDaniel und Brown am zuverlässigsten den K_0-Werten entsprechen, sind unterstrichen. Die σ^n-Werte wurden der Zusammenstellung von Bekkum, Verkade und Wepster [25] entnommen. Die σ°-Werte stammen aus Taft [26]. Die σ_p^--Werte wurden aus Daten von Fischer, Leary, Topson und Vaughan [27] über die Aciditätskonstanten von substituierten Phenolen in Wasser ermittelt. Die σ_a^--Werte wurden aus Daten von Zollinger und Wittwer und von Sheppard über Aciditätskonstanten von substituierten Anilinium-Ionen erhalten.

sind, namentlich aus den Arbeiten von Dippy und Mitarbeitern [17]. Es bestehen auch neuere kritische Zusammenstellungen [18, 19].
Definiert man also eine für den Substituenten i charakteristische Substituentenkonstante σ_i nach der Gleichung

$$\sigma_i = \log K_i - \log K_0 \tag{7}$$

so erhält die lineare Freie-Energie-Beziehung die Form:

$$\log k_{ij} - \log k_{0j} = \rho_j \sigma_i \tag{8}$$

Dabei ist K_0 die Aciditätskonstante von Benzoesäure und K_i diejenige der substituierten Benzoesäure. Weiter bedeutet k_{ij} die Geschwindigkeits- oder Gleichgewichtskonstante der Reaktion j, wenn der Substituent i beteiligt ist; k_{0j} ist die entsprechende Konstante bei Abwesenheit jedes Substituenten. Der Parameter ρ_j heißt Reaktionskonstante der Reaktion j.
Tab. 11.1 enthält unter der Bezeichnung σ eine Anzahl von Substituentenkonstanten, die direkt aus Daten über die Ionisation von substituierten Benzoesäuren in Wasser bei 25 °C erhalten wurden. Die Werte für eine Anzahl weiterer Substituenten wurden indirekt ermittelt. Wenn man den Effekt einer genügend großen Zahl von Substituenten auf die Geschwindigkeit oder das Gleichgewicht der Reaktion j bestimmt hat, daß ein zuverlässiger Wert von ρ_j berechnet werden kann, so kann man den $\log k_{ij}$-Wert für einen Substituenten i in Gl. (8) einsetzen und den Wert von σ_i ermitteln. Umfangreiche Zusammenstellungen von σ-Werten stehen heute zur Verfügung [1, 19–21]. Jaffé gibt eine Übersicht über die bekannten ρ-Werte; eine revidierte und erweiterte Liste findet sich bei Wells [1].

11.10. Sterische Effekte

In derartigen Vergleichen fallen die Punkte für aliphatische Verbindungen und *ortho*-substituierte Benzol-Derivate kaum je auf die durch *meta*- und *para*-substituierten Benzol-Derivate definierte Linie. Dies läßt sich, mindestens zu einem großen Teil, auf spezifische, über kurze Distanz wirksame Wechselwirkungen, die gewöhnlich als „sterisch" bezeichnet werden, zurückführen. Die Tatsache, daß die Effekte verschwinden, wenn die Reaktionszone weiter von der Stelle wegrückt, an der die strukturelle Änderung erfolgt, macht dies deutlich. So ist etwa (vgl. Abb. 11-1) $\log k$ für die Reaktion (I) linear mit $\log K$ für die Reaktion (II) verbunden, und zwar sowohl für die aliphatische wie für die aromatische Ester, für *ortho*-substituierte wie für *meta*- und *para*-substituierte Benzoesäureester. Die Struktur des Übergangszustandes ist ohne Zweifel C.

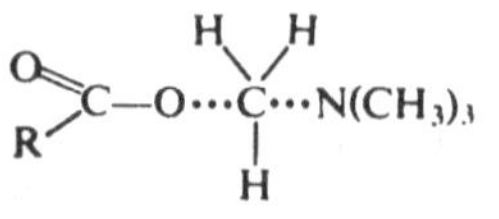

(C)

Die an seiner Bildung beteiligte Reaktionszone ist weiter von der R-Gruppe entfernt als der Carboxyl-Kohlenstoff, das Reaktionszentrum bei der Ester-Hydrolyse (Abschn. 10.15).

11.11. Wechselwirkungen durch Direkt-Resonanz

Die Abweichung der Punkte für die *para*-substituierten Verbindungen in Abb. 11-4 muß, im Gegensatz dazu, auf spezifische, über lange Distanz wirkende Wechselwirkungen zurückgeführt werden. Diese lassen sich mit dem einfachen Bild der Resonanz-Wechselwirkung zwischen dem Substituenten und der reagierenden Gruppe erklären [28]. So leistet etwa die Struktur D einen wesentlichen Beitrag zur Elektronenverteilung im *p*-Nitrophenolat-Anion, während die Struktur E einen kleineren Beitrag zu derjenigen in *p*-Nitrophenol selbst leistet.

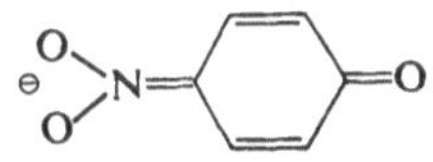

(D)

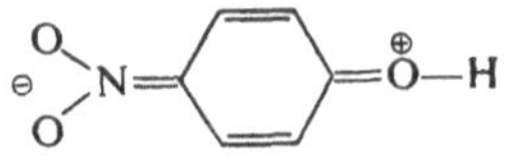

(E)

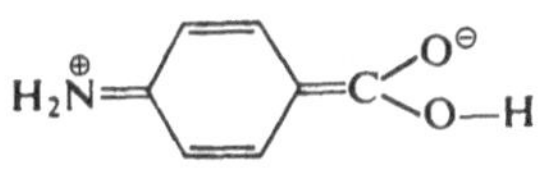

(F)

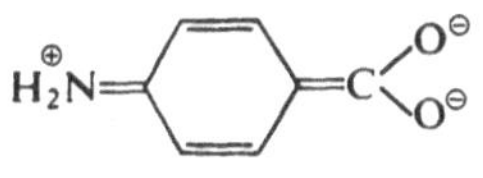

(G)

Das Anion ist somit stärker durch Resonanz stabilisiert und im Gleichgewicht gegenüber der protonierten Form bevorteilt. In *p*-Nitrobenzoesäure und ihrem Anion oder in *m*-Nitrophenol und seinem Anion ist keine Wechselwirkung dieser Art* zu erwarten. *p*-Nitrophenol ist infolgedessen eine stärkere Säure, als man auf Grund des Verhaltens von *p*-Nitrobenzoesäure und von *m*-Nitrophenol voraussagen würde.

Analog dazu sollte die Struktur F einen größeren Beitrag zur Elektronenverteilung in *p*-Aminobenzoesäure als die Struktur G zu derjenigen in *p*-Aminobenzoat-Ion leisten. Infolgedessen ist *p*-Aminobenzoesäure eine schwächere Säure, als man auf Grund des Verhaltens von *p*-Aminophenol und von *meta*-substituierten Benzoesäuren erwarten würde.

11.12. Normale Substituentenkonstanten

Van Bekkum, Verkade und Wepster [25] stellten eine Liste von normalen Substituentenkonstanten, die sie mit σ^n bezeichneten, auf. Sie gingen dabei von den σ-Werten der Substituenten *m*-CH_3, *m*-F, *m*-Cl, *m*-J, *m*-$COCH_3$, *m*-NO_2, *p*-$COCH_3$

---

* *Anmerkung des Übersetzers:* Im amerikanischen Original ist nach einem von Clark und Perrin [29] eingeführten Terminus von „through-resonance“ die Rede, wofür oben „Direkt-Resonanz“ gesetzt wurde, um anzudeuten, daß die Resonanz *direkt* auf das Reaktionszentrum wirkt.

und *p*-NO_2 aus, die direkt aus den Aciditätskonstanten der substituierten Benzoesäuren ermittelt worden waren und für die angenommen werden darf, daß der Resonanzeffekt nur eine vernachlässigbare Rolle spielt. Mit nur diesen σ-Werten berechneten sie ρ-Werte für rund 80 Reaktionen, für die entsprechende Geschwindigkeits- oder Gleichgewichtsdaten zur Verfügung standen. Die übrigen Werte, die in Tab. 11.1 zusammengestellt sind, sind Mittelwerte, die mit Hilfe von Gl. (8) unter ausschließlicher Verwendung von Daten, für die ein Resonanzeffekt nicht wahrscheinlich ist, berechnet wurden. So wurden σ^n-Werte für alle Substituenten ermittelt, für die Daten über den Einfluß auf die Ionisationskonstanten der (substituierten) Phenylessigsäuren zur Verfügung standen; für Substituenten wie *p*-CN und *p*-$COOCH_3$ wurden sie aus dem Effekt auf die Ionisationskonstante von Phenylborsäure oder auf die spezifische Geschwindigkeit der Solvolyse von Benzylchlorid bestimmt; für Substituenten wie *p*-NH_2 und *p*-OCH_3 wurden sie aus den Ionisationskonstanten der entsprechenden Phenole abgeleitet.

Die σ^n-Werte für *para*-Substituenten mit $+T$-Effekt* (z. B. $-NH_2$ und $-OCH_3$), die durch Resonanz Elektronen liefern können, lassen sich nur auf solche Reaktionen anwenden, bei denen Direkt-Resonanz mit eben diesen Substituenten keine Rolle spielt (z. B. die Ionisation von Phenolen bei $+T$-Substituenten). Entsprechendes gilt für $-T$-Substituenten in *para*-Stellung.

Mit Hilfe der σ^n-Werte lassen sich – mit den genannten Einschränkungen – Geschwindigkeits- und Gleichgewichtsdaten mit erstaunlicher Genauigkeit voraussagen. Die Variationsbreite der Größe $\bar{\sigma}$ illustriert dies. $\bar{\sigma}$ ist, entsprechend einem Vorschlag von Taft [26], definiert als:

$$\bar{\sigma} = \frac{\log k/k_0}{\rho} \qquad (9)$$

ρ wird dabei aus der Beziehung zwischen log k und den normalen Substituentenkonstanten bestimmt. Ohne die oben diskutierte Einschränkung ist die Differenz zwischen dem höchsten und dem niedrigsten Wert von $\bar{\sigma}$, der für die *p*-CN-Gruppe berechnet wird, 0.54; mit der Einschränkung beträgt sie nur 0.11. Die entsprechenden Werte für die *p*-OCH_3-Gruppe sind 0.74 und 0.04. Mit der Einschränkung variiert die Standardabweichung für die 26 Fälle, für die für einen gegebenen Substituenten mehr als ein $\bar{\sigma}$-Wert berechnet werden kann, zwischen 0.025 und 0.14, wobei nur ein Wert über 0.1 und sieben über 0.05 liegen. Diese Abweichungen liegen in den meisten Fällen immer noch weit außerhalb der experimentellen Unsicherheit; sie scheinen zwar zufällig und sind schwierig zu interpretieren, doch sind sie bestimmt nicht bedeutungslos.

Im Fall der vier starken $+T$-Substituenten *p*-OH, *p*-OCH_3, *p*-NH_2 und *p*-$N(CH_3)_2$ bleiben auch jetzt noch systematische Abweichungen bestehen, die man auf Grund des einfachen Bilds der Direkt-Resonanz nicht erwarten würde. Für diese vier Substituenten sind die besten $\bar{\sigma}$-Werte für Gleichgewichte, an denen substituierte Aniline beteiligt sind, -0.335, -0.223, -0.423 und -0.266, während für Gleich-

---

* $+T$ ist Ingolds Symbol für Elektronenlieferung durch Konjugation. Van Bekkum, Verkade und Wepster benutzen dafür das Symbol $+M$. $+M$ ist Ingolds Symbol für einen Effekt, von dem angenommen wird (Abschn. 11.8), daß er sich nur auf physikalische Eigenschaften und Gleichgewichte auswirkt. Taft benutzt Whelands Symbol $-R$ anstelle von Ingolds $+T$.

gewichte, an denen keine Anilinderivate beteiligt sind, die Werte -0.178, -0.111, -0.172 und -0.172 gefunden werden.

Die $\sigma°$-Werte, die ebenfalls in Tab. 11.1 zusammengestellt sind, wurden von Taft [26] nach einem anderen Verfahren bestimmt. Es unterschied sich von der Methode von van Bekkum, Verkade und Wepster im wesentlichen dadurch, daß die Werte für *para*-Substituenten ausschließlich aus der Ionisierung von substituierter Phenylessigsäure, $C_6H_5CH_2COOH$, und β-Phenylpropionsäure, $C_6H_5CH_2CH_2COOH$, sowie aus den Geschwindigkeiten der alkalischen Hydrolyse der substituierten Ester $C_6H_5CH_2COOC_2H_5$ und $C_6H_5CH_2OCOCH_3$ berechnet wurden. Für einige Substituenten fand Taft signifikante Unterschiede zwischen den $\sigma°$-Werten, die aus Reaktionen in stark polaren Medien, und solchen, die aus Reaktionen in schwach polaren Medien berechnet wurden. Für den Fall der schwach polaren Medien ergeben sich seine Werte für *m*-OCH_3, *p*-OCH_3, *p*-CN, *p*-$COCH_3$ und *p*-NO_2 zu $+0.06$, -0.16, $+0.63$, $+0.40$ und $+0.73$.

11.13. Die Konstante σ^-

Man kann den Anwendungsbereich von Gl. (8) ausdehnen, indem man zwei Sätze von σ-Werten für Substituenten wählt, die zur Ausbildung von Direkt-Resonanz neigen. Dies wurde 1937 auf Grund der über den *p*-Nitro-Substituenten bekannten Daten vorgeschlagen [30]. Der Wert 0.778 für diesen Substituenten, der aus der Aciditätskonstante von *p*-Nitrobenzoesäure erhalten wurde, ließ sich auf viele Reaktionen in zufriedenstellender Weise anwenden (vgl. Abb. 11-3), für Reaktionen von Phenolen und Anilinen war er jedoch nicht brauchbar. Reaktionen von Phenolen und Anilinen lassen sich indessen recht gut beschreiben, wenn man der Substituentenkonstante der *p*-Nitrogruppe für diese – und nur für diese – Reaktionen den Wert 1.27 zuschreibt.

Jaffé akzeptierte in seiner Übersicht [20] dieses Verfahren der doppelten σ-Werte für $-T$-Substituenten in *para*-Stellung und legte eine Liste von doppelten Werten für sieben solche Substituenten vor. Er benutzte das Symbol σ^* für die Werte, die sich auf die Reaktionen von Phenolen und Anilinen bezogen; heute ist die Bezeichnung σ^- gebräuchlicher, unter der eine Reihe von Werten in Tab. 11.1 zusammengestellt sind.

11.14. Die Konstante σ^+

Brown und Okamoto [31] bestimmten σ^+-Werte für $+T$-Substituenten in *para*-Stellung aus dem Substituenteneffekt auf die spezifische Geschwindigkeit der Solvolyse-Reaktion erster Ordnung von Phenyldimethylcarbinyl-chlorid in 90proz. wäßrigem Aceton. Bei Gegenwart eines $+T$-Substituenten sollte der Übergangszustand dieser Reaktion durch Direkt-Resonanz stabilisiert sein, wie es in der Struktur H dargestellt ist:

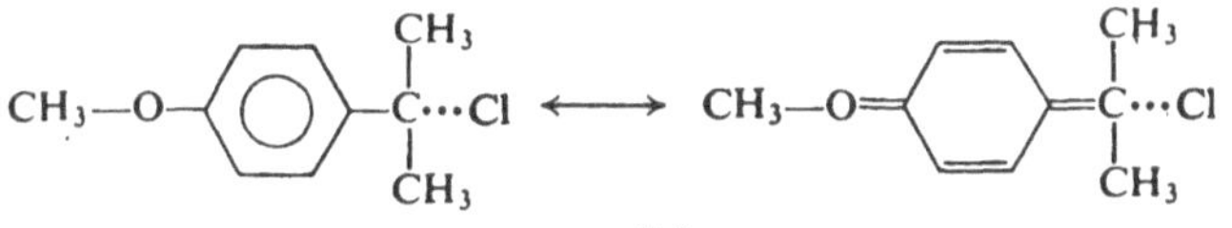

(H)

In der Tat ist eine Antragung von σ gegen die $\log k/k_0$-Werte für diese Reaktion für *meta*-Substituenten in guter Näherung linear, und der Wert für die *para*-Nitrogruppe liegt auf derselben Geraden; die Steigung ist -4.54. Im Gegensatz dazu weichen die Werte für $+T$-Substituenten erheblich ab. Substitution der $\log k/k_0$-Werte für diese Substituenten in die Gleichung

$$\sigma^+ = \frac{\log k/k_0}{-4.54} \tag{10}$$

führt zu den σ^+-Werten, die in Tab. 11.1 zusammengestellt sind.

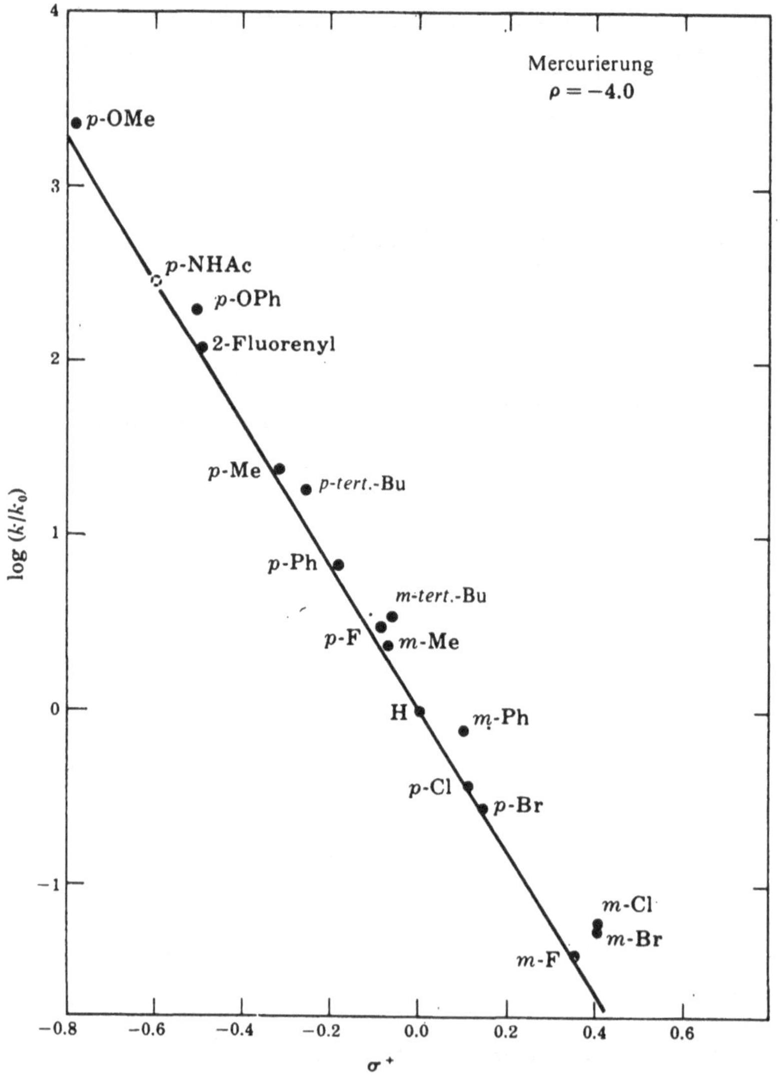

Abb. 11-5. Vergleich der spezifischen Geschwindigkeit der Mercurierung von substituierten Benzolen mit den σ^+-Konstanten. (Nach Brown und Goldman [32].)

Brown und Mitarbeiter fanden zahlreiche Reaktionen, für die starke Direkt-Resonanz zwischen der Reaktionszone und dem $+T$-Substituenten zu erwarten ist, und für die $\log k$ linear von σ^+ abhängig ist. Dies ist etwa der Fall für eine Anzahl von Reaktionen, an denen der Benzolring selbst und nicht eine Seitenkette beteiligt ist. Bei solchen ist eine statistische Korrektur nötig, weshalb $\log(6k/k_0)$ für *para*-Substituenten und $\log(6k/2k_0)$ für *meta*-Substituenten als Funktion von σ^+ zu bilden sind. Abb. 11-5 zeigt als Beispiel die Mercurierung von substituierten Benzolen durch Quecksilberacetat in Essigsäure, für die Daten für besonders viele Substituenten zur Verfügung stehen. Weitere Reaktionen, für die ähnlich gute lineare Beziehungen bestehen, sind Nitrierungen, Halogenierungen und Friedel-Crafts-Alkylierungen*.

11.15. Die Unzulänglichkeit der Hypothese der doppelten σ-Werte

Die Einführung von doppelten σ-Werten ist nützlich für Systematisierungszwecke, für Voraussagen und für Betrachtungen über die Natur von Übergangszuständen. Wenn sich etwa der $\log k$-Wert für eine bestimmte Reaktion besser mit σ^+ als mit σ^n korrelieren läßt, so ist es vernünftig anzunehmen, daß im Übergangszustand eine starke Wechselwirkung zwischen der Reaktionszone und dem $+T$-Substituenten besteht. Die Übersicht von Ritchie und Sager [21] enthält eine Anzahl Beispiele für diese Art der Beweisführung.
Die Hypothese, daß die zwei Werte für einen bestimmten Substituenten auf eine echte Unterteilung von Reaktionen in zwei verschiedene Klassen deute, geriet indessen in Zweifel, als Bordwell und Andersen [34] fanden, daß der $\bar{\sigma}$-Wert [Gl. (9)] für die *para*-Nitrogruppe bei der Ionisierung von Phenol 1.00 ist und damit genau in der Mitte zwischen den Werten von σ und σ^- liegt. Die Analyse von van Bekkum, Verkade und Wepster [25] führte zu einer definitiven Antwort auf die Frage: Sie zeigte, daß die $\bar{\sigma}$-Werte für die *para*-Nitrogruppe nahezu kontinuierlich zwischen 0.6 und 1.4 verteilt sind und daß keinerlei Anzeichen für eine Konzentrierung in der Gegend von 0.78 oder von 1.27 bestehen. Die Werte für die *para*-Methoxygruppe schwanken ebenso gleichmäßig zwischen -0.8 und 0.

11.16. Gesetzmäßigkeiten bei der Direktresonanz

Für gewisse Gruppen von Reaktionen, die nicht unbedingt von nahe verwandter Natur sein müssen, lassen sich lineare Freie-Energie-Beziehungen anwenden, obwohl bei manchen Substituenten starke Direkt-Resonanz auftritt. Ein derartiges Beispiel bilden etwa die Reaktionen, die als Grundlage für Abb. 11-5 dienten. Eine der Reaktionen ist eine Seitenkette-Solvolyse, die andere ist eine elektrophile aromatische Substitution. Bei beiden ist starke Direkt-Resonanz des $+T$-Typs zu beobachten. Nichtsdestoweniger besteht zwischen den beiden eine ausgezeichnete lineare Freie-Energie-Beziehung. Abb. 11-3, die einen Punkt für die *p*-Methoxygruppe (Direkt-Resonanz!) enthält, ist ein weiteres Beispiel, und man könnte noch viele weitere anführen.

---

* Übersicht siehe Stock und Brown [33].

Es ist nützlich, ein Maß σ^r für den Einfluß der Direkt-Resonanz durch

$$\sigma^r = \bar{\sigma} - \sigma^n \quad (11)$$

zu definieren.

Für einen Substituenten x in Reaktion 1, bei dem Direkt-Resonanz auftritt, führt Gl. (9) damit zu:

$$\log \frac{k_{x1}}{k_{01}} = \rho_1(\sigma_x{}^n + \sigma_{x1}{}^r) \quad (12)$$

ρ_1 wird auf Grund des Einflusses von Substituenten bestimmt, für die Direkt-Resonanz vernachlässigbar ist. Für den gleichen Substituenten in Reaktion 2 ergibt sich:

$$\log \frac{k_{x2}}{k_{02}} = \rho_2(\sigma_x{}^n + \sigma_{x2}{}^r) \quad (13)$$

Soll der Punkt für diesen Substituenten in einer Darstellung von $\log k_1$ als Funktion von $\log k_2$ auf der Gerade mit der Steigung ρ_1/ρ_2 liegen, so muß die Bedingung

$$\frac{\log k_{x1}/k_{01}}{\log k_{x2}/k_{02}} = \frac{\rho_1}{\rho_2} \quad (14)$$

erfüllt sein. Das ist nur möglich, wenn $\sigma^r_{x1} = \sigma^r_{x2}$, d. h. wenn die Direkt-Resonanz in beiden Reaktionen gleich stark ist.

11.17. Die Yukawa-Tsuno-Gleichung

Yukawa und Tsuno [35] schlagen eine allgemeinere Gesetzmäßigkeit vor: Sie machen für Reihen von Substituenten x, y, z usw. mit Direkt-Resonanz den Ansatz

$$\frac{\sigma_{x1}{}^r}{\sigma_{x2}{}^r} = \frac{\sigma_{y1}{}^r}{\sigma_{y2}{}^r} = \frac{\sigma_{z1}{}^r}{\sigma_{z2}{}^r} = \cdots \quad (15)$$

wobei das konstante Verhältnis eine positive Zahl ist. In Abb. 11-6 sind σ^r-Werte, die aus den Gleichgewichtskonstanten der Reaktion

$$(XC_6H_4)_3CHO + 2H_2SO_4 \rightleftarrows (XC_6H_5)_3C^+ + OH_3^+ + 2HSO_4^-$$

in Schwefelsäure erhalten wurden [36], gegen die entsprechenden Werte aus der spezifischen Geschwindigkeit der Halogenierung von substituierten Benzolen in Essigsäure-Lösung [37] aufgetragen.

Definiert man Reaktion 2 als diejenige, aus der sich die σ^+-Werte ableiten, so kann man Gl. (15) schreiben als:

$$\log \frac{k}{k_0} = \rho[\sigma^n + r(\sigma^+ - \sigma^n)] \quad (16)$$

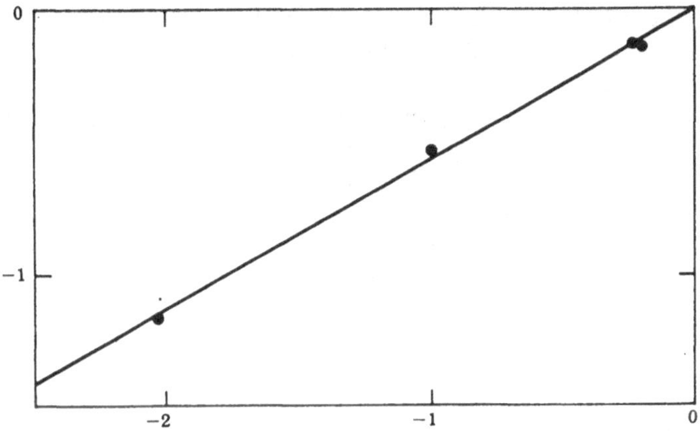

Abb. 11.6. Abszisse: σ^r-Werte für das Ionisierungs-Gleichgewicht von substituierten Triphenylcarbinolen [36]. Ordinate: σ^r-Werte für die spezifische Geschwindigkeit der Halogenierung von substituierten Benzolen [37].

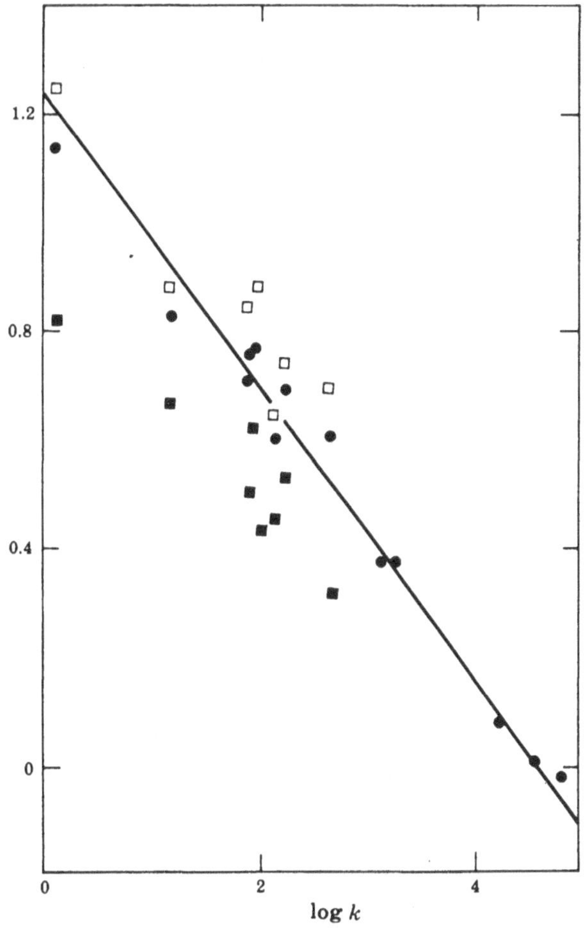

Abb. 11-7. Korrelation der log k-Werte für die Reaktion zwischen Pikrylchlorid und *meta*- und *para*-substituierten Anilinen mit ■ = σ^n, □ = σ^-, ● = $0.76\,\sigma^- + 0.24\,\sigma^n$. (Daten von Ryan und Humffray [38].)

Dies ist die Form, in der Yukawa und Tsuno ihre Hypothese ausdrückten (abgesehen von dem unwesentlichen Unterschied, daß sie in der Gleichung σ statt σ^n verwendeten). Abb. 11-7 stellt eine Prüfung dieser Gleichung für einen Fall dar, in dem Direkt-Resonanz vom $-T$-Typ auftritt. Auf der Abszisse sind die log k-Werte von Ryan und Humffray für die Reaktion von Pikrylchlorid mit *meta*- und *para*-substituierten Anilinen aufgetragen [38].

Schlüssige Beweise für die Yukawa-Tsuno-Hypothese lassen sich nur aus Korrelationen erhalten, die mehr als einen Substituenten mit starker Direkt-Resonanz enthalten und für die der Wert von r weder nahe bei eins noch nahe bei null liegt. Dies scheint bisweilen nicht erkannt zu werden.

11.18. Zufällige und systematische Abweichungen

Abweichungen von linearen Freie-Energie-Beziehungen treten immer auf – Abweichungen, die gewöhnlich deutlich außerhalb des Bereichs der experimentellen Unsicherheit liegen. Oft lassen sie keine Systematik erkennen; in anderen Fällen scheinen sich Muster aufzudrängen, die aber selten von zufälliger Streuung sicher unterschieden werden können. Die Interpretation ist besonders schwierig, wenn der gesamte Variationsbereich einer Variable nur klein ist.

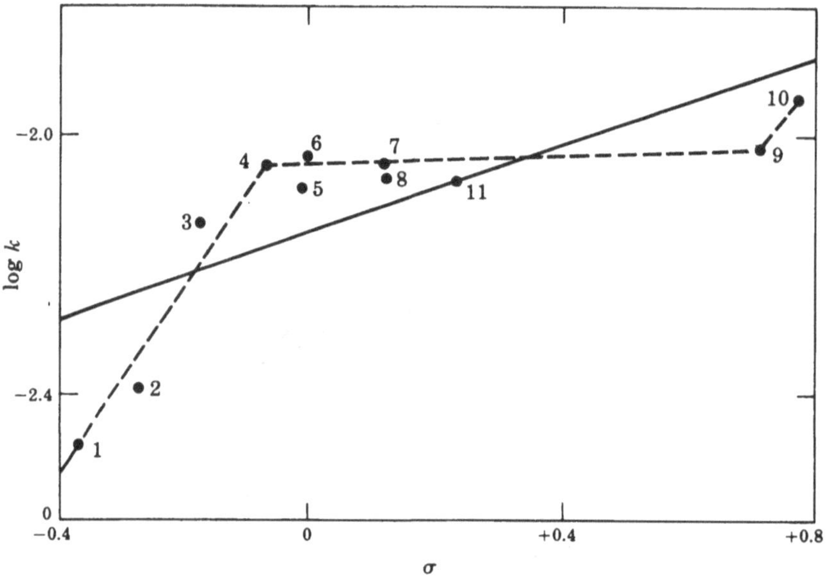

Abb. 11-8. Darstellung von log k für die Reaktion von mono-substituierten Benzophenonen mit Hydroxylamin als Funktion von σ. Substituenten: 1 = p-OH, 2 = p-OCH_3, 3 = p-CH_3, 4 = m-CH_3, 5 = p-C_6H_5, 6 = H, 7 = m-OCH_3, 8 = m-OH, 9 = m-NO_2, 10 = p-NO_2, 11 = p-Br. (Daten von Dickinson und Eaborn [39].)

Abb. 11-8 zeigt die von Dickinson und Eaborn [39] gefundene log k-σ-Funktion für die Reaktion von monosubstituierten Benzophenonen mit Hydroxylamin in einem Acetatpuffer in einer Mischung von 70 Vol.-% Methanol in Wasser. Die spezifische Geschwindigkeit der schnellsten Reaktion ist nur 3.5mal größer als die der langsamsten. Ein solches Problem kann man mit Leffler und Grunwald [40] dadurch angehen, daß man eine Zickzacklinie durch die Punkte legt (gestrichelte Linie in der Abbildung). Die Standard-Abweichung der Punkte von dieser Linie ist 0.036. Man kann jedoch auch, wie Dickinson und Eaborn, die Daten mit einer Standard-Abweichung von 0.034 durch die Gleichung

$$\log k = -2.025 + 0.064[\sigma + 11(\sigma^+ - \sigma)] \tag{17}$$

beschreiben. Diese Beziehung läßt sich in dem Sinne verstehen, daß ein kleiner normaler Substituenteneffekt und ein großer Direkt-Resonanzeffekt wirken. Die Standard-Abweichung für die Gleichung

$$\log k = -2.030 + 0.128[\sigma^n + 4.06(\sigma^+ - \sigma^n)] \tag{18}$$

ist fast die gleiche, nämlich 0.031. Weiter kann man annehmen, daß die scheinbar systematischen Abweichungen in Tat und Wahrheit zufällig sind, und eine Gerade durch die Punkte legen (ausgezogene Linie in der Abbildung). Die Gleichung dieser Geraden ist:

$$\log k = -2.150 + 0.337\sigma \tag{19}$$

Die entsprechende Standard-Abweichung beträgt 0.105. Noch besser lassen sich die Daten durch die Gleichung

$$\log k = -2.106 + 0.284\sigma^+ \tag{20}$$

mit einer Standard-Abweichung von 0.07 beschreiben.

11.19. Abschwächung entlang einer Seitenkette

Der Effekt eines Substituenten im Benzolring auf eine bestimmte Reaktion in einer Seitenkette nimmt mit zunehmender Länge der Kette stets ab. Dies läßt sich als Folge von elektronischen Einflüssen verstehen. Der Wert von ρ für die Ionisierung von substituierten *trans*-Zimtsäuren in Wasser bei 25 °C ist 0.466. Da der Wert für substituierte Benzoesäuren eins ist, ergibt sich ein Abschwächungsverhältnis ε von 0.466. Dieses ist ein Maß für die Abschwächung des Substituenteneffekts durch die zwischengeschaltete Vinylengruppe. Der ρ-Wert für die alkalische Hydrolyse von substituierten *trans*-Zimtsäure-äthylestern ist 1.31, derjenige für die Hydrolyse von substituierten Benzoesäure-estern 2.43; das Abschwächungsverhältnis ist somit $1.31/2.43 = 0.54$. Für die Reaktion der Säuren mit Diazomethan findet man in der gleichen Weise ein Abschwächungsverhältnis von 0.45. Für das durchschnittliche Abschwächungsverhältnis für eine Vinylengruppe darf man somit den Wert 0.48 ± 0.03 annehmen.

Diese Daten lassen sich so verstehen, daß die Abschwächung des Substituenteneffektes durch eine zwischengeschaltete Vinylengruppe im wesentlichen für alle

Reaktionen gleich ist, unabhängig davon, ob sie sehr empfindlich oder sehr unempfindlich gegenüber Änderungen des elektronischen Einflusses der Substituenten sind. Aus dem Substituenteneffekt auf die Reaktionen von Phenylessigsäure und Phenylessigsäure-estern erhält man einen ε-Wert für eine zwischengeschaltete Methylengruppe von 0.43 ± 0.06. Es mag überraschen, daß dieser Wert so nahe beim Wert für die Vinylengruppe liegt, von der man glaubt, sie übertrage elektronische Effekte in besonders wirkungsvoller Weise. Aus dem Substituenteneffekt auf die Reaktionen von Phenylpropionsäure und Phenylpropionsäure-estern findet man einen ε-Wert für die Zwischenschaltung von zwei Methylengruppen von 0.22 ± 0.02. Dies unterscheidet sich nicht sehr stark vom Quadrat des Wertes für eine einzelne zwischengeschaltete Methylengruppe. Miller [42] gibt die folgende Zusammenstellung von Durchschnittswerten von ε für verschiedene zwischengeschaltete Gruppen: *p*-Phenylengruppe: 0.24 ± 0.01; *trans*-Cyclopropylengruppe: 0.28 ± 0.06; *cis*-Cyclopropylengruppe: 0.36 ± 0.07; $-C{\equiv}C-$-Gruppe: 0.39 ± 0.04.

11.20. Mehrfach-Substitution

Eine weitere wichtige Eigenschaft von *meta*- und *para*-substituierten Benzolderivaten ist die Additivität der Effekte im Fall von Mehrfach-Substitution. Jaffé [20] prüfte 33 Reaktionen, für die genügend Daten für die Auswirkung von 3,4-Disubstitution, 3,5-Disubstitution und 3,4,5-Trisubstitution zur Verfügung standen. Er fand, daß die Beziehung

$$\log \frac{k}{k_0} = \rho \sum \sigma \tag{21}$$

recht gut erfüllt ist. Die mittlere Abweichung im Wert von $\sum \sigma$ ist 0.052. Die Reaktionen umfassen unter anderem die Ionisierung von substituierten Benzoesäuren, die alkalische Hydrolyse von substituierten Benzoesäureestern und die Methylierung von substituierten Dimethylanilinen mit Pikrylmethyläther.
McCullough und Mitarbeiter [43] fanden, daß sich der Effekt der gleichzeitigen Substitution in den beiden Benzolringen in der Reaktion

$$(C_6H_5)_2SeBr_2 \rightarrow (C_6H_5)_2Se + Br_2 \tag{III}$$

durch die Gleichung

$$\log \frac{k}{k_0} = \rho(\sigma_1 + \sigma_2) \tag{22}$$

beschreiben läßt. Dabei bezieht sich die Konstante σ_1 auf den Substituenten im einen Ring, σ_2 auf denjenigen im andern Ring. Jaffé [20] prüfte 24 Reaktionen, für die genügend Daten zur Anwendung von Gl. (22) zur Verfügung standen. Er fand, daß die Übereinstimmung ebensogut ist, wie es im allgemeinen für die Hammett-Gleichung der Fall ist. Die Verhältnisse bei Substitution in zwei Benzolringen, die sich in unsymmetrischer Lage in einem Molekül befinden, sind mangels Daten noch unklar.

Hancock und Westmoreland [44] untersuchten die Reaktion von *meta*- und *para*-substituierten Benzoesäuren mit *meta*- und *para*-substituierten Diphenyl-diazomethanen. Sie fanden die Beziehung

$$\log k = -0.1089 - 1.620 \sum \sigma_D + 2.37 \sum \sigma_B \tag{23}$$

in 46 Fällen mit einer Standard-Abweichung von 0.078 gut erfüllt. σ_D bezieht sich hier auf den Substituenten im Diphenyl-diazomethan, σ_B auf denjenigen in der Benzoesäure.

11.21. Sterische Hinderung der Resonanz

Westheimer und Metcalf [45] bemerkten, daß die spezifische Geschwindigkeit der alkalischen Hydrolyse des Esters I um eine Größenordnung höher ist als der Wert, den man auf Grund der Additivitätsregel erwarten würde.

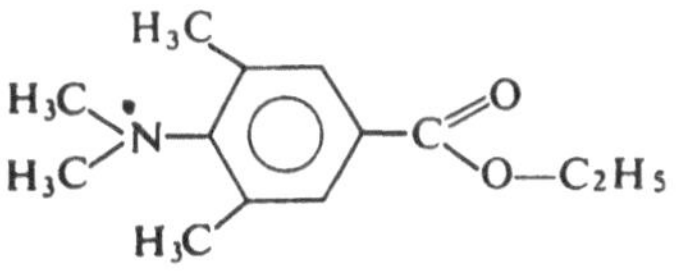

(I)

(J)

Sie weisen darauf hin, daß der Ester J durch die dargestellte Resonanz stabilisiert ist, während im Übergangszustand für die Hydrolyse keine derartige Stabilisierung vorhanden ist. Dieser Effekt trägt wesentlich zur starken Reduzierung der Hydrolysegeschwindigkeit durch den Dimethylamino-Substituenten bei. Er kann sich indessen nur dann äußern, wenn die Dimethylamino-Struktur koplanar – oder mindestens beinahe koplanar – mit dem Benzolring ist. Die *ortho*-ständigen Methylgruppen in I stören diese Koplanarität, behindern die Resonanz und erhöhen die Geschwindigkeit über den Wert, den die Additivitätsregel angibt.

Besonders überzeugende Beispiele für die sterische Hinderung der Resonanz liefern die Ionisationskonstanten der Nitro- und Cyanphenole. Wheland, Brownell und Mayo [46] fanden für 3,5-Dimethyl-4-nitrophenol einen p*K*-Wert von 8.25. Der p*K*-Wert von Phenol ist 9.99, derjenige von 3,5-Dimethylphenol ist 10.18 und derjenige von 4-Nitrophenol ist 7.16. Auf Grund der Additivität erwartet man infolgedessen den Wert 7.16 + 10.18 – 9.99 = 7.35 für die trisubstituierte Verbindung. Die erhebliche Differenz zwischen diesem und dem experimentell bestimmten Wert läßt sich verstehen, indem man annimmt, daß die Resonanz K nur dann möglich ist, wenn die Nitrogruppe koplanar mit dem Ring ist.

Diese Resonanz trägt wesentlich zum acidifizierenden Effekt der Nitrogruppe bei; der p*K*-Wert von 3-Nitrophenol ist 8.35. Die *ortho*-ständigen Methylgruppen in 3,5-Dimethyl-4-nitrophenol behindern die Koplanarität, verringern die Stabilität des Anions und erhöhen den p*K*-Wert. Im Gegensatz dazu ist der p*K*-Wert von 4-Cyanphenol 7.95, derjenige von 3,5-Dimethyl-4-cyanphenol 8.21, was dem Wert von 8.14, der sich aus der Additivitätsregel ergibt, recht nahe kommt. Die in Struktur L dargestellte Resonanz ist wichtig; da jedoch die Cyanogruppe linear ist, tritt kaum eine Behinderung der Resonanz durch die *ortho*-ständigen Methylgruppen im Dimethylderivat auf.

(K)

(L)

Schäfer und Miraglia [47] bestimmten die p*K*-Werte einer Reihe von 4-substituierten 3,5-Dimethylbenzoesäuren in einer Mischung von 50 Vol.-% Äthanol und Wasser; der normale ρ-Wert für die Ionisierung substituierter Benzoesäuren in diesem Medium ist 1.522. Als Maß für den Effekt der sterischen Hinderung der Resonanz benutzen sie die Differenz zwischen der Summe der σ-Werte der Substituenten und der Größe $(pK_0 - pK)/1.522$. Ein negatives Vorzeichen bedeutet dabei, daß die betreffende Resonanz die Säure stärker als das Anion stabilisiert. Gefunden wurden die folgenden Werte: −0.63 für $N(CH_3)_2$, −0.18 für OC_2H_5, −0.16 für $NHCOCH_3$, −0.03 für NH_2, +0.11 für NO_2, +0.13 für CO_2CH_3 und 0 für OH, Cl, Br und CN.

11.22. Die Natur der sterischen Effekte

Der sehr ausgeprägte und spezifische Effekt einer Strukturänderung nahe bei der Reaktionsstelle eines Moleküls wurde erstmals von Meyer [48] bei der säurekatalysierten Veresterung von Carbonsäuren erkannt und als sterische Hinderung bezeichnet. Bei Benzoesäuren wird die Veresterungsgeschwindigkeit durch einen einzigen Methyl-, Halogen- oder Nitrosubstituenten in *ortho*-Stellung wesentlich verringert; durch Substitution in beiden *ortho*-Stellungen wird sie sogar so stark herabgesetzt, daß die Reaktion unter Bedingungen, die normalerweise zu quantitativer Umsetzung führen, nur in vernachlässigbarem Maße abläuft. Charakteristisch für diesen wie für ähnliche Fälle ist die unerwartet starke Auswirkung der Doppelsubstitution, die Tatsache, daß Methyl- und Nitrogruppen einen Einfluß in derselben Richtung ausüben, die deutliche Abhängigkeit von der Raumbeanspruchung des Substituenten und der relativ große Effekt bereits durch *einen* Substituenten in *ortho*-Stellung. Die ausgeprägte Verlangsamung durch zweifache *ortho*-Substitution scheint bei Reaktionen von Carbonsäureestern, -amiden und -halogeniden wie auch von Nitrilen, Ketonen und Aminen vorhanden zu sein und ist in der präparativen Chemie seit langem wohlbekannt.

Die in Tab. 11.2 zusammengestellten Daten zeigen, daß die Aciditätskonstanten von Benzoesäuren und Anilinium-Ionen in Wasser sowie die spezifischen Geschwindigkeiten der alkalischen Hydrolyse von Benzoesäureestern und der Reaktion von Anilinen mit Dinitrochlorbenzol alle einige gemeinsame Merkmale aufweisen: Methyl- und Nitrogruppen in *ortho*-Stellung üben Effekte in der gleichen Richtung aus, und die Größe der *ortho*-Substituenteneffekte ist sehr verschieden von den *meta*- und *para*-Substituenteneffekten. Aus Gründen, die sich aus der Geschichte des Konzepts der sterischen Hinderung ergeben, wird oft übersehen, daß solche Effekte bei Gleichgewichtsvorgängen, wie etwa der Ionisation von Benzoesäuren, ebenso klar in Erscheinung treten wie bei kinetischen Prozessen.

Tab. 11.2. Effekt von *ortho*-Substituenten auf Gleichgewicht und Geschwindigkeit.[a]

	(1)	(2)	(3)	(4)	(5)	(6)	(7)
p-CH_3	0.68	0.47	0.33	2.47	0.71	0.77	0.59
p-Cl	1.67	4.32	3.8	0.28	2.03	1.21	3.63
p-NO_2	6.00	104	3 100	<0.001	9.8	5.00	34.7
o-OCH_3	1.29		1.2	0.58	0.38	1.49	
o-CH_3	1.96	0.124	1.6	0.103		0.87	0.48
o-F	8.63	5.55			2.34		1.62
o-Cl	18.2	1.91	65	<0.001	1.99	1.46	6.60
o-Br	22.3	1.89	96		3.06		8.13
o-J	21.9	0.84			2.52		9.10
o-NO_2	107	5.71	58 000	<0.001	7.93	4.02	151

[a] Die eingetragenen Werte sind die Verhältnisse K/K_0 oder k/k_0, wobei K_0 und k_0 die Gleichgewichtskonstante und die spezifische Geschwindigkeit für die unsubstituierte Ausgangsverbindung bedeuten. Zu Vergleichszwecken sind auch einige wenige Daten zu *para*-Substituenten angegeben. Die Werte in Kolonne (1) sind aus den Aciditätskonstanten von substituierten Benzoesäuren in Wasser bei 25 °C abgeleitet [17]; diejenigen in (2) stammen aus den spezifischen Geschwindigkeiten der alkalischen Hydrolyse von Äthylbenzoaten in wäßrigem Äthanol bei 30 °C [7, 49], diejenigen in (3) aus den Aciditätskonstanten von Anilinium-Ionen in Wasser bei 25 °C [50], diejenigen in (4) aus den spezifischen Geschwindigkeiten der Reaktion von Anilinen mit Dinitrochlorbenzol bei 100 °C [51], diejenigen in (5) aus den spezifischen Geschwindigkeiten der alkalischen Hydrolyse von Zimtsäureäthylestern (gleiche Bedingungen wie (2)) [7], diejenigen in (6) aus den spezifischen Geschwindigkeiten der Hydrolyse von Phenylschwefelsäuren in Wasser bei 78.6 °C [52], diejenigen in (7) aus dem Gleichgewicht der Reaktion von Benzoesäuren mit Diphenylguanidin in Benzol bei 25 °C [53].

Der Einfluß der sterischen Hinderung verschwindet in jedem Fall, wenn die Reaktionsstelle an einen weiter vom Ort der strukturellen Veränderung entfernten Ort verschoben wird. Ein solches Beispiel haben wir bereits besprochen (Abschn. 11.10). Ein weiteres ist die aus Tab. 11.2 ersichtliche Tatsache, daß *ortho*- und *para*-substituierte Zimtsäureester fast die gleichen Hydrolysegeschwindigkeiten haben. Die große Ähnlichkeit der Einflüsse der *ortho*- und *para*-Substitution auf die Hydrolysegeschwindigkeit von Arylschwefelsäuren dürfte ein weiteres Beispiel sein.

Die sterischen Effekte stehen also offensichtlich mit auf kurze Distanz wirksamen Kräften in Zusammenhang, die die Standard-Potentiale von Edukt und Produkt oder Edukt und Übergangszustand verschieden stark beeinflussen. Für eine detaillierte Interpretation bieten sich zahlreiche – vielleicht zu zahlreiche – Hypothesen an. Die Bildung des Übergangszustandes bei der Hydrolyse eines Benzoesäureesters bringt die Umwandlung der Carbäthoxygruppe in eine Anordnung mit größerem Raumbedarf, wie etwa M, mit sich. In einer solchen ist es sehr wohl möglich,

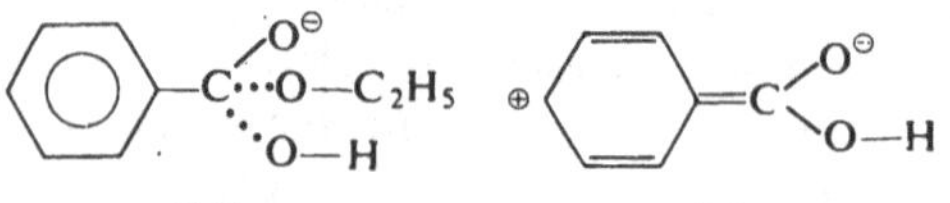

(M) (N)

daß die über kurze Distanz wirksame *ortho*-Substituentenwirkung den Energieinhalt erhöht und dadurch die spezifische Geschwindigkeit erniedrigt. Im Fall der Ionisierung von Benzoesäuren kann man annehmen, daß eine Struktur wie N in der Säure einen größeren Beitrag zur Elektronenverteilung leistet als im Anion. Die für N erforderliche Koplanarität wird durch *ortho*-Substituenten gestört, wodurch der Energieinhalt der Säure stärker als der des Anions erhöht wird. Infolgedessen muß die Acidität ansteigen.

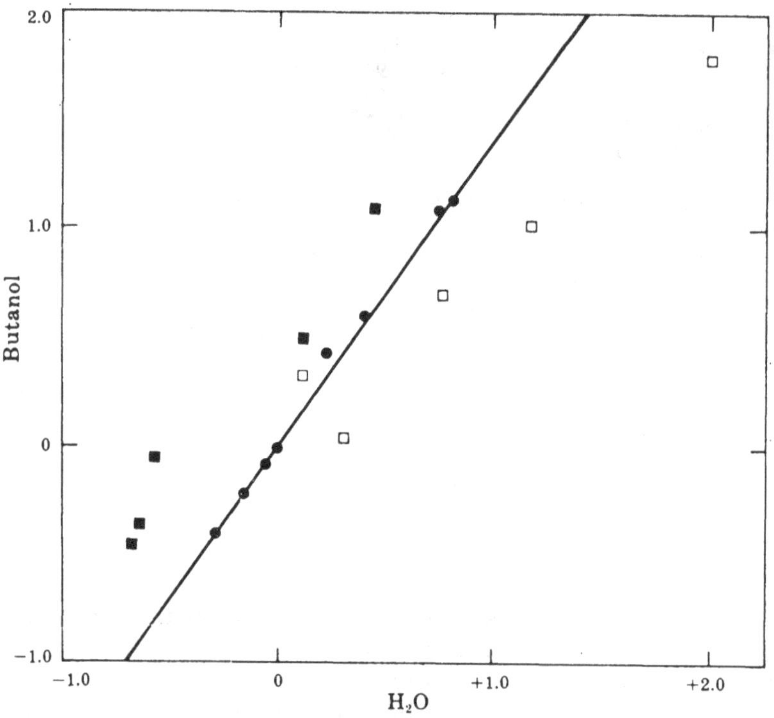

Abb. 11-9. Vergleich von log K/K_0 für die Ionisierung in *n*-Butanol [57] und in Wasser. Die Bezugs-Säure ist Benzoesäure. ● = *meta*- und *para*-substituierte Benzoesäuren von *p*-OCH_3 bis *p*-NO_2; □ = *o*-OCH_3, *o*-CH_3, *o*-Cl und *o*-NO_2-Benzoesäure; ■ = Butter-, Propion-, *β*-Chloropropion-, Essig- und Ameisensäure.

Strukturelle Veränderungen in der Nähe des Reaktionszentrums beeinflussen bekanntlich – und dies ist einer der wichtigsten sterischen Effekte überhaupt – die Wechselwirkung zwischen Lösungsmittel und Gelöstem. In Abb. 11-9 sind die relativen Aciditätskonstanten K/K_0 nach Wooten und Hammett [54] für *n*-Butanol, das 0.05 M Lithiumchlorid enthält, gegen die entsprechenden Werte für Wasser als Lösungsmittel angetragen. K_0 bedeutet dabei die Aciditätskonstante von Benzoesäure. Die Punkte für *meta*- und *para*-substituierte Benzoesäuren stimmen gut mit einer linearen Freie-Energie-Beziehung mit der Steigung 1.5 überein. Die Punkte für *ortho*-substituierte Benzoesäuren (mit Ausnahme des *ortho*-Methoxyderivates) liegen rechts, die Punkte für aliphatische Säuren, die in α-Stellung nicht substituiert sind, links von dieser Geraden. Die qualitative Übereinstimmung mit Abb. 11-3 ist frappant.

Die Daten von Davis und Hetzer (Spalte 7 in Tab. 11.2) stellen ein weiteres Beispiel für die Wichtigkeit der Solvatation dar. Im relativ inerten Lösungsmittel Benzol ist *ortho*-Methylbenzoesäure eine stärkere Säure als das entsprechende *para*-Methylderivat. In Wasser liegen die Verhältnisse umgekehrt. In Benzol ist *ortho*-Chlorbenzoesäure nur 1.8mal stärker sauer als *para*-Chlorbenzoesäure, *ortho*-Nitrobenzoesäure nur 4.4mal stärker sauer als *para*-Nitrobenzoesäure; die entsprechenden Faktoren in Wasser sind 11 bzw. 18.

Der ausgeprägte, spezifische Effekt von *ortho*-Substitution auf Reaktions- oder Aktivierungsenthalpien oder -entropien (Abschn. 12.2) steht zweifellos auch im Zusammenhang mit der Wechselwirkung zwischen Lösungsmittel und Gelöstem.

11.23. Die Additivität von sterischen Effekten

In einigen Fällen ist der Wert von ρ in der Gleichung

$$\log \frac{k}{k_0} = \sigma_1 \rho + X \tag{24}$$

bei Variation des *meta*- oder *para*-Substituenten R_1 in einer Reihe von Verbindungen des Typs $R^1R^2C_6H_3Y$ gleich wie in der Gleichung

$$\log \frac{k}{k_0} = \sigma_1 \rho \tag{25}$$

bei Variation von R^1 in einer Reihe von Verbindungen des Typs $R^1C_6H_4Y$. Y ist hier die reagierende Gruppe, R^2 steht in *ortho*-Stellung dazu, und k_0 ist der Wert von k für C_6H_5Y. Gl. (24) gilt beispielsweise, wenn R^2 eine Methylgruppe und k die spezifische Geschwindigkeit der Reaktion einer Reihe von (substituierten) Benzoesäuren mit Diphenyldiazomethan ist [55]. In solchen Fällen stellt der Gesamteffekt des *ortho*-Substituenten (sterische Wirkung eingeschlossen) einen konstanten additiven Term zur Fernwirkung des *meta*- oder *para*-Substituenten dar.

Beträchtliche Abweichungen von dieser Additivitätsregel treten indessen auf, wenn die reagierende Gruppe durch *ortho*-Substituenten stark eingeengt ist. So ist beispielsweise die Antragung der pK-Werte von 4-substituierten Di-*tert*.-butylphenolen

gegen die entsprechenden Werte von 4-substituierten Phenolen zwar zufriedenstellend linear, doch hat sie eine Steigung von 1.65 für wäßrige Lösungen und von 1.73 für 50% Äthanol/Wasser als Lösungsmittel [56]. Cohen und Jones [56] interpretieren diesen Befund in dem Sinne, daß 1. Ladung vom Phenolat-Sauerstoff auf den *para*-Substituenten übertragen wird, 2. Wechselwirkung des Lösungsmittels mit dem Anion einen wesentlichen Faktor zur Stabilisierung des Ions bildet, 3. die *tert.*-Butylgruppen diesen Solvatationsprozeß am Phenolat-Sauerstoff behindern und dadurch die Aciditätskonstante verkleinern, und daß 4. dieser Effekt um so weniger wichtig wird, je mehr Ladung auf den *para*-Substituenten übertragen ist.
Mit weniger großen *ortho*-Substituenten werden die Abweichungen von der Additivität geringer. Die Antragung der p*K*-Werte von 4-substituierten 2,6-Dimethylphenolen gegen die entsprechenden Werte von 4-substituierten Phenolen in wäßriger Lösung hat eine Steigung von 1.21; die Steigung der analogen Darstellung für 4-substituierte 2,6-Dichlorphenole ist 1.17 [57]. Für 4-substituierte 2-Nitrophenole ist die Steigung innerhalb einer Unsicherheit von rund 2% eins.
Eine Antragung der p*K*-Werte von (substituierten) Dimethylanilinium-Ionen gegen die Werte der entsprechenden Anilinium-Ionen hat eine Steigung von 1.15 [58]. Ähnlich liefern die p*K*-Werte von N-(2,4-Dinitrophenyl)-benzylammonium-Ionen als Funktion der Werte für die Benzylammonium-Ionen eine Steigung von 1.60 [59].

11.24. Weitere Beschränkungen linearer Freie-Energie-Beziehungen

Leider kann man nicht erwarten, daß lineare Freie-Energie-Beziehungen für Paare von Reaktionen gelten, in denen der Vorgang der Bindungs-Bildung oder Bindungs-Lösung sehr verschieden ist. Bei der Hydratation von Acetaldehyd (Abschn. 10.12) sind Säuren wie etwa Nitromethan, in denen das zu übertragende Proton an Kohlenstoff gebunden ist, um eine bis zwei Größenordnungen schlechtere Katalysatoren als Carbonsäuren oder Phenole von gleicher Acidität [60]. Auf der anderen Seite sind eine Anzahl von Ketoximen um eine bis zwei Größenordnungen wirksamere Katalysatoren als Carbonsäuren oder Phenole von gleicher Acidität.
Wie Tab. 11.3 zeigt, ergeben die Geschwindigkeiten von Reaktionen, in denen ein Nucleophil an ein Kohlenstoffatom angelagert wird, ein höchst unklares Bild, wenn das nucleophile Atom in weiten Grenzen verändert wird. Im besten Fall besteht eine Andeutung einer Beziehung zur Basizität des Nucleophils, wie sie durch den p*K*-Wert der entsprechenden Säure gemessen wird. Jeder Erklärungsversuch muß selbstverständlich der ausgeprägten Abhängigkeit der relativen Geschwindigkeiten solcher Reaktionen vom Lösungsmittel, in dem die Reaktion abläuft, Rechnung tragen (Abschn. 8.15). Zu diesem wichtigen, doch verwirrenden Gebiet existiert ein ausgezeichneter Übersichtsartikel von Bunnett [61].

11.25. Induktive Effekte und Resonanzeffekte

Auf der Grundlage der Theorie der Elektronenverschiebung kann man die Reaktivität von Benzolderivaten wie folgt qualitativ erklären: Ein Chloratom, dessen Valenzelektronen entfernt worden sind, besitzt eine Ladung von +7, während ein entsprechendes Wasserstoffatom eine Ladung von +1 besitzt. Substitution von Wasserstoff durch Chlor bedeutet somit Ersatz eines Bereichs von relativ geringer positiver Ladungsdichte durch einen solchen von viel höherer Ladungsdichte. Dadurch wird das ganze Elektronensystem des Moleküls in Richtung auf die Substitutionsstelle gezogen. Eine solche Verschiebung erleichtert die Abspaltung eines Protons von einer Säuregruppe im Molekül oder die Anlagerung eines Nucleophils, beispielsweise eines Hydroxid-Ions bei der Ester-Hydrolyse. Die Anlagerung einer elektrophilen Partikel, wie etwa des NO_2^+-Ions bei der Nitrierung wird indessen erschwert. Erfolgt die Einführung von Chlor oder eines anderen elektronegativen Atoms anstelle von Wasserstoff an einem gesättigten Kohlenstoffatom und ist die Substitutionsstelle von der Reaktionsstelle genügend weit entfernt, daß über kurze Distanz wirksame Effekte im Zusammenhang mit der Raumbeanspruchung des Chlors keine Rolle spielen, so sollte diese Verschiebung (der sog. induktive Effekt) weitgehend den Gesamt-Substituenteneffekt ausmachen.

Tab. 11.3. Relative Reaktivitäten von Nucleophilen.[a]

Nucleophil	(1) p*K*	(2)[b] CH_3Br	(3)[c] NPA
J^-	≪0	5.04	<−5
Cl^-	≪0	3.04	<−5
$S_2O_3^{--}$	1.9	6.36	−3.0
F^-	3.2	2.0	−3.0
$CH_3CO_2^-$	4.7	2.72	−3.3
C_5H_5N	5.3	3.6	−1.0
NH_2OH	6	6	2.0
SH^-	7.2	5.1	
ClO^-	7.2		3.2
CN^-	9.1	5.1	1.0
HOO^-	11.5		5.3
OH^-	15.7	4.20	3.0

[a] Die Daten in Kolonne (1) sind die p*K*-Werte der konjugaten Säuren in Wasser; in Kolonne (2) sind die log *k*-Werte für die nucleophile Substitutionsreaktion zweiter Ordnung mit CH_3Br, in Kolonne (3) diejenigen für die Reaktion mit *p*-Nitrophenylacetat zusammengestellt.
[b] Daten aus [62].
[c] Daten aus [63].

Erfolgt indessen die Substitution an einem ungesättigten Kohlenstoff, so genügt der induktive Effekt allein nicht zur Erklärung der Tatsachen. Für Chlorbenzol beispielshalber bietet die Resonanzstruktur vom Typ O eine befriedigende Beschreibung. Hierin sind die Elektronen der nicht an der Bindung beteiligten Elektronenpaare des Chlors teilweise in die *ortho-* und *para*-Stellung im Ring delokalisiert. Diese Delokalisierung (oder „Resonanz") bewirkt, daß Elektronen bei Reaktionen in *ortho-* oder *para*-Stellung (oder an einer Seitenkette an einer dieser Stellen) leichter verfügbar sind, als man zunächst erwarten würde.

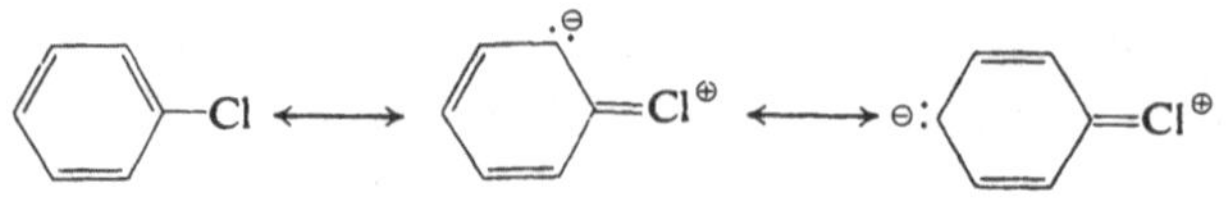

(O)

Im Fall des Chlors ist das Vorzeichen des Resonanzeffekts umgekehrt zu dem des induktiven Effekts; der Resonanzeffekt ist indessen schwächer als der induktive Effekt. Substitution eines Wasserstoffs durch Chlor macht somit Elektronen in allen Ringpositionen weniger leicht zugänglich, in *ortho*-und *para*-Stellung jedoch nicht in so starkem Maße wie in *meta*-Stellung. In Übereinstimmung damit sind sowohl *m*- als auch *p*-Chlorbenzoesäure stärkere Säuren als Benzoesäure selbst, und die *para*-Säure ist schwächer als die *meta*-Säure. Aus demselben Grund ist auch die Nitrierung von Chlorbenzol langsamer als die von Benzol, jedoch noch schneller in *ortho*- und *para*- als in *meta*-Stellung.

Wie läßt sich die Tatsache erklären, daß *m*-Methoxybenzoesäure eine stärkere, *p*-Methoxybenzoesäure jedoch eine schwächere Säure als Benzoesäure ist? Der induktive Effekt der Methoxygruppe macht wiederum Elektronen in beiden Stellungen weniger leicht verfügbar; in der *para*-Stellung (p-$CH_3O-C_6H_4-COOH$) ist dieser Effekt jetzt aber durch den entgegengesetzten Resonanzeffekt mehr als kompensiert.

Der induktive Effekt der Nitrogruppe bewirkt, daß Elektronen an sämtlichen Ring-Kohlenstoffatomen weniger leicht zu Verfügung stehen (z. B. in Benzol, verglichen mit Nitrobenzol). Der Resonanzeffekt, den man auf Grund der Resonanzstruktur P erwartet, sollte diesen Effekt in der *ortho*- und *para*-Stellung noch verstärken. Dies steht in Übereinstimmung mit der Tatsache, daß *p*-Nitrobenzoesäure stärker sauer ist als *m*-Nitrobenzoesäure und daß beide stärkere Säuren als Benzoesäure sind. Entsprechend erniedrigt auch eine Nitrogruppe die Reaktivität in Reaktionen wie der Nitrierung, und zwar stärker in *para*- als in *meta*-Stellung.

(P)

Das Problem von Struktur und Reaktivität kann man auch auf andere Weise als mit der Theorie der Elektronenverschiebung angehen. Eine Möglichkeit bietet die elektrische Feld-Theorie, wie sie ursprünglich von Bjerrum [64] vorgeschlagen und später von Kirkwood und Westheimer [65] bedeutend verfeinert wurde. Sie erklärt das Verhältnis der ersten und zweiten Ionisationskonstante von zweibasigen Säuren auf Grund des Einflusses der negativen Ladung der COO^--Gruppe im einfach geladenen Ion auf die Energie, die aufgebracht werden muß, um ein Proton von der andern COOH-Gruppe zu entfernen. Weiter erklärt sie auch den Effekt der Substitution von Wasserstoff durch Chlor in einer Säure als Wirkung des elektrischen Feldes des C – Cl-Dipols auf die Energie, die zur Entfernung des Protons nötig ist.

Sowohl der induktive Effekt als auch der elektrische Feldeffekt sollten als mathematische Näherungsmethoden betrachtet werden, mit denen man versucht, die vierfache Energiedifferenz zwischen substituiertem und unsubstituiertem Edukt und substituiertem und unsubstituiertem Produkt (oder den entsprechenden Übergangszuständen) zu berechnen – eine außerordentlich schwierige Aufgabe. Es ist sehr wohl möglich, daß die eine oder die andere Methode eine bessere Näherung ist oder daß eine Linearkombination der beiden noch bessere Ergebnisse liefert. Der Versuchung, sie als besondere physikalische Phänomene zu betrachten, sollte man indessen entschieden widerstehen.

Soweit man auf Grund der gegenwärtig zur Verfügung stehenden Daten schließen kann, sind nicht mehr als zwei unabhängige Struktur-Parameter notwendig, um den Effekt von Substituenten über größere Entfernung zu beschreiben*. Sollten weitere Parameter nötig werden, wenn neue Daten erscheinen, so ist die Theorie bestens auf eine solche Herausforderung vorbereitet. Dewar und Grisdale [66] bemerken: „Es gibt mindestens fünf verschiedene Prozesse, durch die Substituenten ein entferntes Reaktionszentrum beeinflussen können."

11.26. Die Taft-Gleichung

Taft [67] schlägt vor, den induktiven Effekt (I), unabhängig vom Vorhandensein oder Fehlen von sterischen und Resonanzeffekten, durch die Beziehung

$$I = \rho_I \sigma_I \tag{26}$$

darzustellen. Dabei hängt ρ_I nur von der Reaktion ab, und σ_I ist nur eine Funktion von Art und Struktur des nichtreagierenden Teils des Moleküls. Der Wert von σ_I für eine reagierende Gruppe X ist gegeben durch die Gleichung:

$$\sigma_I = 0.262 \log \frac{K}{K_0} \tag{27}$$

K_0 ist hier die Aciditätskonstante von Essigsäure in wäßriger Lösung bei 25 °C, K die entsprechende Konstante für die Säure XCH_2COOH. Bei der Substitution von Wasserstoff durch X in Essigsäure ist nicht zu erwarten, daß sterische oder Resonanzeffekte eine Rolle spielen. Taft fand eine ganze Anzahl weiterer Reaktionen, bei denen nur induktive Effekte zu erwarten sind und für die Gl. (26) mit guter Genauigkeit erfüllt ist.

Von besonderer Bedeutung für die Theorie (vgl. Abschn. 11.30) sind die Aciditätskonstanten der 4-X-Bicyclo[2,2,2]octan-1-carbonsäuren Q

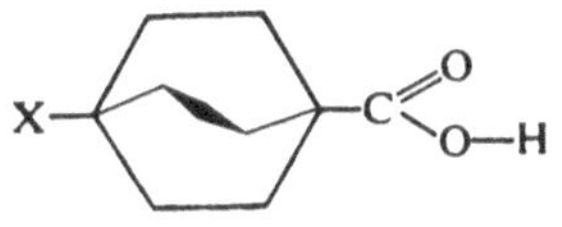

(Q)

---

* Eine wichtige statistische Analyse von Swain und Lupton [83], die zu spät für eine detaillierte Besprechung in diesem Buch erschien, unterstreicht diesen Schluß.

und die spezifischen Geschwindigkeiten der Hydrolyse der entsprechenden Äthylester. Roberts und Moreland [68] synthetisierten eine Anzahl dieser Substanzen und bestimmten die Konstanten. Abb. 11-10 zeigt, wie gut die Korrelation ist. Sie enthält einige Punkte, die nicht von Roberts und Moreland bestimmt worden sind.

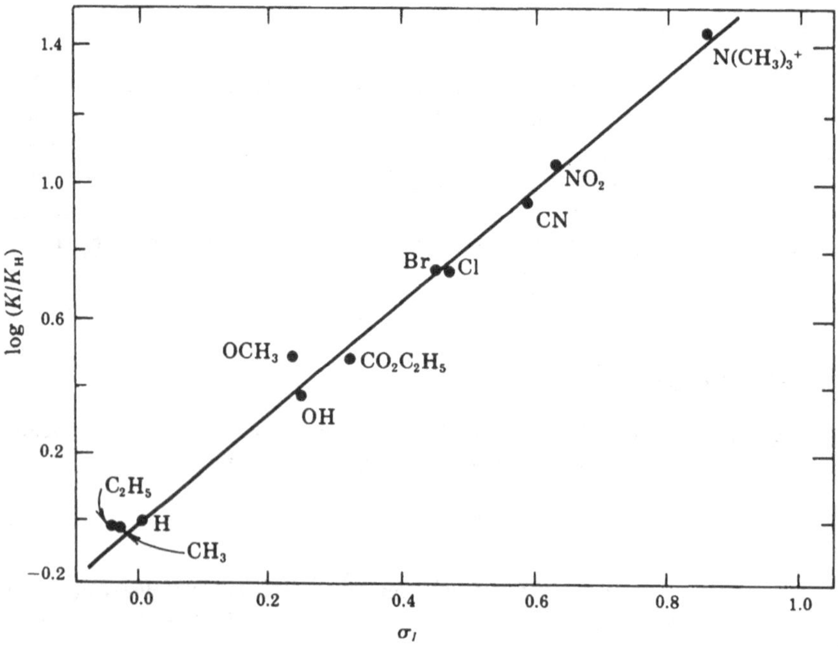

Abb. 11-10. Korrelation der Säure-Dissoziationskonstanten von 4-substituierten Bicyclo-[2.2.2]octan-1-carbonsäuren mit σ_I. Der Carboxylat-Substituent (nicht eingezeichnet) gehorcht dieser Beziehung. (Nach Holtz und Stock [69].)

Eine weitere Korrelation zeigt in interessanter Weise, daß sterische Effekte manchmal durch Vergleich von verschiedenen Reaktionen bestimmt werden können. Taft [67] faßte die Vermutung von Ingold [70], daß die sterischen Effekte in der alkalischen und der sauren Hydrolyse eines Esters gleich sein könnten, in eine quantitative Form. Ist diese Voraussetzung nämlich erfüllt, so sollte die Größe

$$A = \log\left(\frac{k}{k_0}\right)_B - \log\left(\frac{k_0}{k}\right)_A \tag{28}$$

nicht von sterischen Einflüssen abhängen. Hier sind die k die spezifischen Geschwindigkeiten der Hydrolyse von RCOOR′, die k_0 die entsprechenden Werte für die Hydrolyse von CH_3COOR'. Die Indizes B und A beziehen sich auf die Hydrolyse in alkalischer und saurer Lösung. Taft bildete den Durchschnitt der A-Werte für viele R′-Gruppen und Lösungsmittel. Er zeigte, daß eine Antragung dieses Durchschnittswertes aus einer Reihe von Verbindungen XCH_2COOH gegen $\log(K/K_0)$ für die Ionisierung von XCH_2COOH linear mit der Steigung 0.236 und einer Standard-Abweichung von 0.35 ist.

11.27. Eine historische Bemerkung

Taft schrieb ursprünglich

$$I = \rho^* \sigma^* \tag{29}$$

wobei der Wert von σ^* für eine Gruppe R definiert ist durch:

$$\sigma^* = \frac{1}{2.48}\left[\log\left(\frac{k}{k_0}\right)_B - \log\left(\frac{k}{k_0}\right)_A\right] \tag{30}$$

Er stellte fest, daß der in dieser Weise definierte σ^*-Wert für R = XCH_2 gut mit den Aciditätskonstanten der Säuren XCH_2COOH korrelierbar ist. Auf Grund dessen definierte er den Wert von σ_I für die Gruppe X als:

$$\sigma_I = 0.45\sigma^* \tag{31}$$

Den Koeffizienten 0.45 wählte er deshalb, damit σ_I gleich den $\log(K/K_0)$-Werten für die Aciditätskonstanten der Roberts-Moreland-Säuren in Wasser wird. Da sich ein großer Teil der bekannten σ_I-Werte aus den Aciditätskonstanten von XCH_2COOH ableiten, ist Gl. (27) gegenüber Gl. (31) als Definition vorzuziehen.

11.28. Die Korrelation von aliphatischen und aromatischen Reaktivitäten

Eine Antragung von $\log(K/K_0)$ für die Ionisation von *meta*- und *para*-substituierten Benzoesäuren gegen σ_I zeigt Punkte, die über einen weiten Bereich verstreut sind (Abb. 11-11) [71]. Sogar für *meta*-Substituenten allein ist die Streuung recht beträchtlich. Trotzdem bestehen direkte Hinweise, daß die aus aliphatischen Reaktivitäten abgeleiteten σ_I-Parameter sich auch auf die Eigenschaften von Benzolderivaten anwenden lassen. So sind etwa die Werte der Fluor-NMR-Abschirmungsparameter von *meta*-substituierten Fluorbenzolen, bezogen auf Fluorbenzol in Tetrachlorkohlenstofflösung, linear mit den σ_I-Werten verbunden. Dies ist in Abb. 11-12 dargestellt. Die Abschirmung ist vermutlich ein sehr empfindliches Maß für die Elektronendichte in der unmittelbaren Umgebung des Fluoratoms. Sie scheint indessen nur von dem Teil einer Änderung der Elektronendichte beeinflußt zu werden, der auf den induktiven Effekt zurückgeführt werden kann. Für den Effekt von *para*-Substituenten auf die Abschirmung (der bedeutend größer ist als derjenige von *meta*-Substituenten) spielen offenbar noch andere Faktoren eine Rolle; dies dürfte auch auf den Einfluß sowohl von *meta*- als auch von *para*-Substituenten die Reaktivität zutreffen*.

Im Lichte dieser Erscheinungen ist es vernünftig, versuchsweise die Gleichungen

$$\log\frac{k^p}{k_0} = \rho_I{}^p \sigma_I + \rho_R{}^p \sigma_R^\circ \tag{32}$$

---

* Eine theoretische Diskussion der Abschirmung siehe bei [73]; vgl. auch [74].

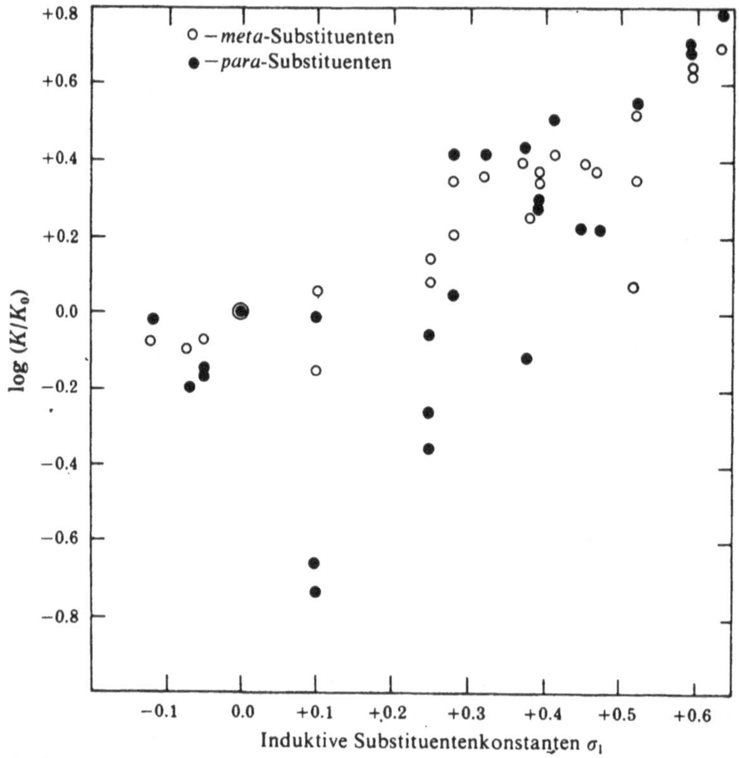

Abb. 11-11. Fehlen einer Korrelation zwischen den Aciditätskonstanten von *meta*- und *para*-substituierten Benzoesäuren in Wasser und σ_I. (Nach Taft und Lewis [71].)

und

$$\log \frac{k^m}{k_0} = \rho_I{}^m \sigma_I + \rho_R{}^m \sigma_R^\circ \tag{33}$$

aufzustellen. Der Index *p* bezieht sich hier auf *para*-Substituenten, der Index *m* auf *meta*-Substituenten. Zwei Gleichungen und zwei Sätze von ρ_I- und ρ_R°-Werten sind nötig, weil die Substituentenkonstanten σ_I und σ_R° unabhängig von der Stellung des Substituenten sind*. Aus Gl. (32) und (33) ergibt sich

$$\frac{\log(k^p/k_0)}{\log(k^m/k_0)} = \frac{\rho_I{}^p \sigma_I + (\rho_R{}^p/\rho_I{}^p)\,\sigma_R^\circ}{\rho_I{}^m \sigma_I + (\rho_R{}^m/\rho_I{}^m)\,\sigma_R^\circ} \tag{34}$$

k_p und k_m beziehen sich dabei auf den gleichen Substituenten in *para*- und *meta*-Stellung. Bei Abwesenheit von Direkt-Resonanz und innerhalb der Genauigkeit der Hammett-Gleichung ist das Verhältnis

---

* Eine Beziehung dieser Art ist implizit in der Diskussion von Taft und Lewis [75] enthalten. Die Verwendung der obigen Gleichungen geht auf Ehrenfest [76] zurück.

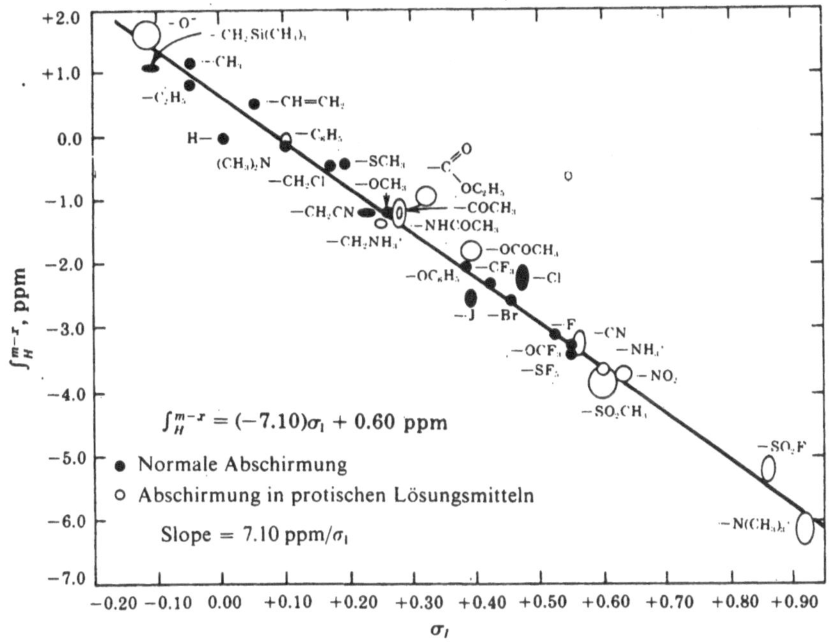

Abb. 11-12. Korrelation der Fluor-NMR-Abschirmungskonstanten für *meta*-substituierte Fluorbenzole mit σ_I. (Nach Taft et al. [72].)

$$\frac{\log(k^p/k_0)}{\log(k^m/k_0)} = \frac{\sigma^p}{\sigma^m} \tag{35}$$

unabhängig von der Reaktion. Innerhalb dieser Beschränkungen müssen somit die Verhältnisse

$$K_I = \frac{\rho_I{}^p}{\rho_I{}^m} \tag{36}$$

$$K_R = \frac{\rho_R{}^p}{\rho_R{}^m} \tag{37}$$

und

$$K_m = \frac{\rho_R{}^m}{\rho_I{}^m} \tag{38}$$

unabhängig von der Reaktion und vom Substituenten sein, vorausgesetzt, die ρ sind nur eine Funktion der Reaktion. Mit Hilfe dieser Parameter und der Definitionsgleichung von σ lassen sich Gl. (32) und (33) in die Form

$$\sigma^p = \frac{\rho_I{}^m}{\rho}(K_I\,\sigma_I + K_R\,K_m\,\sigma_R^\circ) \tag{39}$$

und

$$\sigma^m = \frac{\rho_I^{\,m}}{\rho}(\sigma_I + K_m \sigma_R^\circ) \tag{40}$$

bringen. Die Parameter ρ_I^m/ρ und K_m können beliebig festgelegt werden, ohne daß der allgemeine Charakter der Beziehungen beeinträchtigt wird; ein Anstieg in ρ_I^m/ρ führt nämlich einfach zu einer Abnahme aller σ_I- und σ_R°-Werte in einem festen Verhältnis, eine Vergrößerung von K_m zu einer Abnahme aller σ_R°-Werte in einem festen Verhältnis. Für eine absolute Wert-Skala von σ_I oder σ_R° besteht keine Grundlage. Setzt man $\rho_I^m/\rho = 1$ und $K_m = 1/K_R$, so erhält man

$$\sigma^p = K_I \sigma_I + \sigma_R^\circ \tag{41}$$

und:

$$\sigma^m = \sigma_I + \frac{1}{K_R}\sigma_R^\circ \tag{42}$$

Daraus ergibt sich:

$$\frac{\sigma^p}{\sigma_I} = (K_I - K_R) + K_R \frac{\sigma^m}{\sigma_I} \tag{43}$$

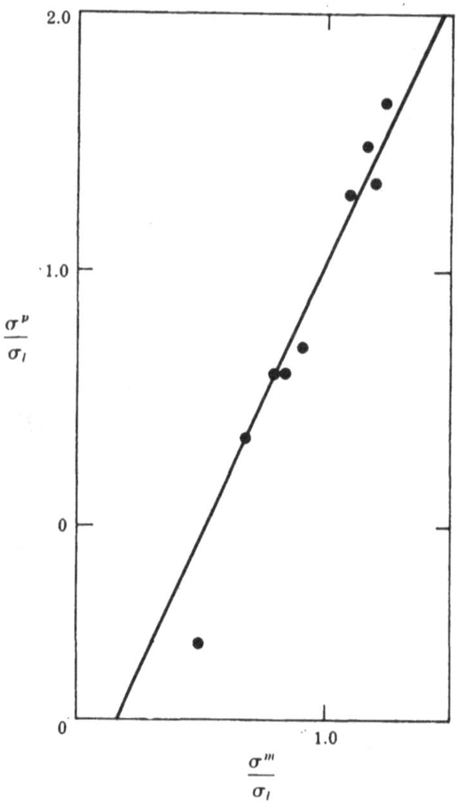

Abb. 11-13. Korrelation von σ^p/σ_I mit σ^m/σ_I. Substituenten in der Reihenfolge zunehmender σ^p/σ_I-Werte sind: OCH_3, F, Cl, Br, J, NO_2, $COOCH_3$, CN und $COCH_3$.

Sind die Annahmen, auf Grund derer Gl. (41) und (42) abgeleitet wurden, richtig, so muß σ^p/σ_I linear von σ^m/σ_I abhängen. Für σ_I werden dabei die aus aliphatischen Reaktivitäten abgeleiteten Werte verwendet. Abb. 11-13 zeigt eine solche Darstellung. Die Standard-Abweichung von der Beziehung

$$\frac{\sigma^p}{\sigma_I} = -1.60 + 2.61\,\frac{\sigma^m}{\sigma_I} \tag{44}$$

ist 0.11. Für σ^p wurden in diesem Fall Tafts σ°-Werte für *para*-Substituenten verwendet. Die Punkte für CH_3, NH_2 und $N(CH_3)_2$ wurden weggelassen, da der Wert von σ_I klein und unsicher ist. Gl. (44) führt zu Werten von 1.01 für K_I und 2.61 für K_R. Taft und Mitarbeiter [77] fanden auf etwas anderem Weg den Wert 1 für K_I und Schätzungen im Bereich zwischen 2 und 3 für K_R.

11.29. Die Exner-Analyse

Die in Gl. (44) verwendeten σ_I-Werte beruhen auf einem intuitiv gewählten numerischen Koeffizienten in der Definitionsgleichung [Gl. (27)]. Ersetzt man σ_I durch $\sigma_I' = a\sigma_I$, so ändert man dadurch weder die Form der Gleichung noch die Steigung der Gerade, sondern nur den Wert des Achsenabschnittes, der zu $a(K_I - K_R)$ wird. Diese Substitution bedingt somit einen neuen Wert von K_I und, gemäß Gl. (41), einen neuen Satz von σ_R°-Werten. Rein mathematisch kann man im Prinzip einen beliebigen Wert für a wählen; die Chemie setzt indessen ziemlich enge Grenzen. Werte $a > 1.12$ führen zu einem negativen Wert für den σ_R°-Wert der Nitrogruppe, einem Resultat also, das in Anbetracht unserer Resonanz-Vorstellungen schockieren muß. Ein kleinerer Wert als 0.88 führt zu dem ebenso „unmöglichen" Ergebnis eines positiven σ_R°-Wertes für Jod.

Auf Grund einer Analyse von Exner [24] kann man K_I einen bestimmten Wert zuordnen. Daraus ergibt sich ebenfalls ein bestimmter Wert von a und ein Satz von σ_R°-Werten. Sie beruht auf den Aciditätskonstanten von substituierten Benzoesäuren in Lösungen von 80 Gew.-% Methylcellosolve in Wasser und 50 Vol.-% Äthanol in Wasser. Die Substituenten – für die keine Resonanz-Wechselwirkung mit dem Benzolring zu erwarten ist – sind bemerkenswert mannigfaltig; sie reichen von $CH_2Si(CH_3)_3$, mit einem σ^p-Wert von -0.22, bis zu SO_2CF_3 mit $+0.91$. Wie Abb. 11-14 zeigt, besteht im Methylcellosolve-Wasser-Lösungsmittel eine ausgezeichnete lineare Beziehung zwischen dem *para*- und dem *meta*-Substituenteneffekt. Im Äthanol-Wasser-Lösungsmittel findet man eine ähnliche Korrelation mit der gleichen Steigung von 1.14. Überraschenderweise liegen die Punkte für NO_2 und CN praktisch auf der Linie, während diejenigen für $+T$-Substituenten wie F, Cl, OCH_3 und OH weit davon abweichen.

Es ist klar, daß $\sigma^p/\sigma^m = 1.14$, wenn σ_R° vernachlässigbar ist. Nach Gl. (41) und (42) ergibt sich daraus $K_I = 1.14$. Aus der Beziehung $-1.60 = a(1.14 - 2.61)$ findet man $a = 1.09$. Es ist deshalb wünschenswert, jedenfalls im Zusammenhang mit der Korrelation von aliphatischen und aromatischen Reaktivitäten, σ_I nicht nach Gl. (27), sondern nach

$$\sigma_I = 0.276 \log \frac{K}{K_0} \tag{45}$$

zu definieren. Damit erhält man

$$\sigma^p = 1.14\sigma_I + \sigma_R^\circ \tag{46}$$

und:

$$\sigma^m = \sigma_I + 0.38\sigma_R^\circ \tag{47}$$

In Tab. 11.4 sind einige σ_I- und σ_R°-Werte, die sich aus dieser Analyse ergeben, zusammengestellt. Die σ_R°-Werte wurden aus Gl. (46) bestimmt, indem man als σ^p

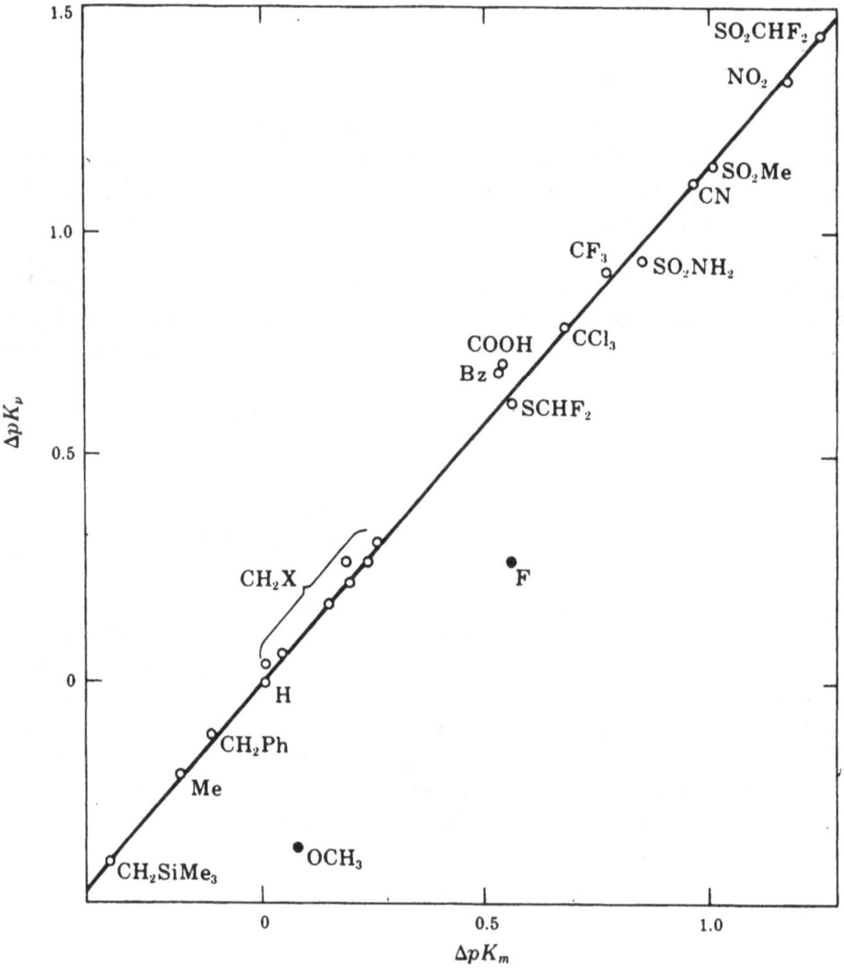

Abb. 11-14. Korrelation zwischen den Aciditätskonstanten von *meta*- und *para*-substituierten Benzoesäuren. (Nach Exner [24].)

Tafts σ°-Werte für *para*-Substituenten verwendete. Sie unterscheiden sich etwas von Exners Werten, hauptsächlich weil Exner für seine Berechnung σ- und nicht σ°-Werte verwendete.

Aus all dem folgt, daß es offenbar eine Gruppe von Substituenten gibt, für die der σ°-Wert in der *para*-Stellung um den Faktor 1.14 größer als der entsprechende Wert in der *meta*-Stellung ist. Sie umfaßt manche $-T$-Typen sowie auch solche, für die keine Resonanz-Wechselwirkung mit dem Ring zu erwarten ist. Der σ°-Wert in den beiden genannten Stellungen ist auch proportional zum σ_I-Wert, der durch Reaktionen aliphatischer Verbindungen definiert ist. Im Fall von $+T$-Substituenten tritt ein zusätzlicher Effekt auf, der für die *para*-Stellung 2.6mal größer als für die *meta*-Stellung ist.

Die theoretische Interpretation dieser rein pragmatischen Analyse stößt auf Schwierigkeiten hauptsächlich begrifflicher Natur. Nach der einfachen Resonanztheorie, wie wir sie in Abschn. 11.25 diskutiert haben, sollte man für keinen Substituenten in *meta*-Stellung irgendeinen Resonanzeffekt erwarten; dennoch leistet die Größe σ_R° einen wesentlichen Beitrag zum σ^m-Wert für $+T$-Substituenten. Nach der einfachen Theorie sollte der induktive Effekt mit zunehmender Entfernung zwischen Substituent und Reaktionszone abnehmen; der Term mit σ_I hat jedoch einen größeren Einfluß auf den Wert von σ^p als von σ^m. Nach der einfachen Theorie sollten im Fall von $-T$-Substituenten wie NO_2 und CN gewöhnlich beträchtliche Resonanz-Wechselwirkungen auftreten; dennoch sind die σ_R°-Werte für diese Substituenten nicht signifikant von null verschieden. Ein einziger Schluß drängt sich auf, nämlich, daß die einfache Theorie zu einfach ist und daß die Worte, derer sie sich bedient, gefährlich sind.

Tab. 11.4. Induktive und Resonanz-Parameter

Substituent	σ_I	σ_R°
$CH_2Si(CH_3)_3$	−0.19	0.0
CH_3	−0.05	−0.08
$N(CH_3)_2$	+0.11	−0.57
NH_2	+0.11	−0.51
OCH_3	+0.27	−0.43
$COCH_3$	+0.31	+0.10
$OCOCH_3$	+0.33	+0.08
J	+0.43	−0.22
Br	+0.49	−0.29
Cl	+0.51	−0.31
F	+0.57	−0.48
CN	+0.63	−0.06
NO_2	+0.69	+0.03
SO_2CF_3	+0.80	0.0

11.30. Flexible und starre Moleküle

Siegel und Komarmy [78] fanden, daß die $\log(K/K_0)$-Werte für die Aciditätskonstanten der starren *trans*-4-X-Cyclohexan-carbonsäuren proportional zu den entsprechenden Werten für die Bicyclooctansäuren Q von Roberts und Moreland sind. In einer Mischung von 50 Vol.-% Äthanol in Wasser ist das Verhältnis für die vier Substituenten, die in beiden Serien untersucht wurden, 0.78; die Standard-Abweichung beträgt 0.021. In diesem Fall wurde angenommen, daß Cl und Br denselben Effekt haben. Die $\log(K/K_0)$-Werte für die Cyclohexansäuren in Wasser sind proportional zu denen in Äthanol-Wasser; das Verhältnis ist 0.64 mit einer Standard-Abweichung von 0.017. Man darf somit annehmen, daß der $\log(K/K_0)$-Wert für den Substituenten Brom in Wasser für die Bicyclooctansäure 0.49 ist. Dies ist identisch mit dem Beitrag des induktiven Effekts zur Aciditätskonstante von *p*- und *m*-Bromobenzoesäuren.

In den Cyclohexansäuren ist der Substituenteneffekt 22% kleiner als in den Bicyclooctansäuren. Im Gegensatz dazu ist er in den Bicyclooctensäuren R durchschnittlich um 7% größer [79].

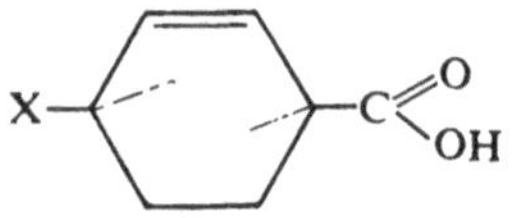

(R)

Die Korrelation der 4-substituierten Dibenzo-bicyclo[2,2,2]octa-2,5-dien-1-carbonsäuren mit den Bicyclooctansäuren ist nicht sehr gut; der Mittelwert der Steigung ist 0.75 [79].

In auffallendem Gegensatz zum Verhalten der starren cyclischen Säuren ist der $\log(K/K_0)$-Wert bei Einführung eines Bromatoms für ein Wasserstoffatom am terminalen Kohlenstoffatom von Valeriansäure nur 0.09. In der Valeriansäure liegt nur eine biegsame, viergliedrige Kette von Kohlenstoffatomen zwischen dem Halogen und der Carboxylgruppe; in den cyclischen Säuren finden wir starre zwei- oder dreifache Ketten. Auf Grund der Werte in den Bicyclooctan- und Cyclohexan-Fällen darf man für den Effekt der Substitution eines Broms am Ende einer starren Kette von der Länge, wie sie in der Valeriansäure vorliegt, einen Wert von 0.26 annehmen. Es scheint also, daß erhebliche Komplikationen zu erwarten sind, wenn die Verbindung zwischen dem Substituenten und der reagierenden Gruppe flexibel ist.

Die Effekte von *trans*-3-Substituenten auf die Aciditätskonstante von Acrylsäure läßt sich mit den Werten für *para*-Substituenten in Benzolderivaten korrelieren [80]. Die Steigung ist 2.23, die Standard-Abweichung 0.12. Beziehungen von ähnlicher Präzision mit Steigungen in der Gegend von zwei findet man auch für Substituenten in der 3-Stellung in Acetylencarbonsäure und in der *trans*-3-Stellung in 3-Methacrylsäure und 3-Carboxyacrylsäure. *Cis*-Substitution in den Acrylsäure-Derivaten führt zu keiner Korrelation.

11.31. Lösungsmitteleffekte auf $\delta_R \Delta \mu^{\ddagger}$ und $\delta_R \Delta \mu^{\circ}$

Taft sah sich gezwungen, einigen Substituenten je nach der Art des Lösungsmittels, in dem die Reaktion abläuft, signifikant verschiedene σ°-Werte zuzuschreiben (Abschn. 11.12). Ein solcher Effekt ist keineswegs überraschend. Nehmen wir an, ein polarer Substituent stehe mit dem Lösungsmittel A durch Bildung von Wasserstoffbrücken-Bindungen oder multipolaren Komplexen in Wechselwirkung, während derartige Wechselwirkungen mit dem Lösungsmittel B fehlen: In einem solchen Fall wird die Natur des Substituenten und sein Einfluß auf das elektronische System des Edukts, Produkts oder des Übergangszustandes in den beiden Lösungsmitteln bis zu einem gewissen Grad verschieden sein.

Ein signifikanter systematischer Mediumeffekt erscheint in den Daten von Davis und Hetzer [53] über die Gleichgewichtskonstanten der Reaktion

$$XC_6H_4COOH + B \rightleftharpoons XC_6H_5COO^- \text{---} BH^+ \qquad \text{(IV)}$$

in Benzol-Lösung bei 25 °C. B ist Diphenylguanidin, das Assoziationsprodukt ist vermutlich ein wasserstoffbrückengebundenes Ionenpaar (Abschn. 8.7). Eine Antragung von $\log K_b$ gegen σ (untere Kurve in Abb. 11-15) zeigt beträchtliche Abweichungen für $+T$-Substituenten. Die eingezeichnete Gerade entspricht der Beziehung

$$\log K_b = 5.27 + 2.17\sigma \qquad (48)$$

mit der, wie Davis und Hetzer fanden, alle Substituenten mit Ausnahme von NH_2, $N(CH_3)_2$, OCH_3 und OH in guter Übereinstimmung stehen. Eine Antragung gegen σ^n oder σ°, wie sie Taft und Mitarbeiter [77] vorschlagen (obere Kurve in Abb. 11-15), zeigt wesentlich kleinere Abweichungen. Verwendung einer Beziehung in der Art der Yukawa-Tsuno-Gleichung würde zweifellos zu noch besserer Übereinstimmung führen.

Es ist vernünftig, diese Erscheinungen dem Einfluß des Lösungsmittels auf die Größe von Beiträgen, wie sie beispielsweise die Struktur F zur Elektronenverteilung in *p*-Aminobenzoesäure leistet, zuzuschreiben. Ein stark polares Lösungsmittel wie etwa Wasser, das starke Wasserstoffbrücken bilden kann, wird das „Gewicht" einer solchen Struktur verstärken, ein inertes Lösungsmittel mit niedriger Dielektrizitätskonstante wird es verringern. Infolgedessen sollten Säuren, die $+T$-Substituenten enthalten, in Wasser stabilisiert sein und somit eine relativ niedrige Aciditätskonstante zeigen.

Okamoto, Inukai und Brown [81] untersuchten sehr sorgfältig die Solvolyse von *meta-* und *para*-substituierten Phenyldimethylcarbinyl-chloriden in vier Lösungsmitteln. Vergleicht man die spezifische Geschwindigkeit in Methanol k_m mit derjenigen in 90proz. wäßrigem Aceton k_a, so findet man die Beziehung

$$\log k_m = 1.93 + 1.063 \log k_a \qquad (49)$$

die mit einer Standard-Abweichung von 0.06 für 12 Substituenten gilt. Korrelationen von sehr ähnlicher Qualität findet man auch für die spezifischen Geschwindigkeiten in Äthanol und Isopropanol. Die Autoren schätzen die experimentelle Unsicherheit eines individuellen k-Wertes auf 3%; daraus ergibt sich eine Unsicherheit von 0.026 für die Größe, die den Effekt einer Änderung des Lösungsmittels auf die Differenz der spezifischen Geschwindigkeiten der Reaktionen von zwei verschieden substituierten Ausgangsprodukten mißt. Die Abweichungen zeigen kein offensichtliches Muster und keinen deutlich erkennbaren Trend; wenn sie auch zufällig erscheinen, so sind sie doch mit großer Wahrscheinlichkeit nicht bloß eine Folge der experimentellen Fehler.

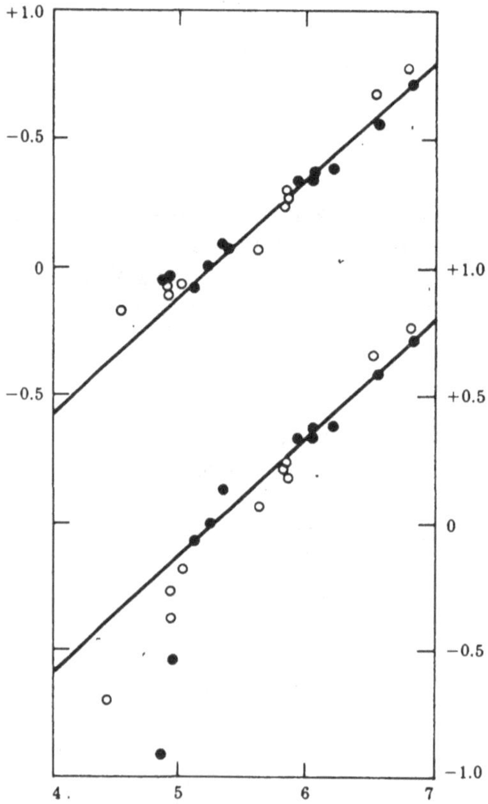

Abb. 11-15. Abszisse: log *K* für die Reaktion von *meta-* und *para*-substituierten Benzoesäuren mit Diphenylguanidin in Benzol. Ordinaten: Untere Kurve (rechte Skala): σ-Konstanten; obere Kurve (linke Skala): σ^n-Konstanten.

Ritchie und Lewis [82] bestimmten die Auswirkung der Substitution von OH, $CO_2C_2H_5$, COOH, Br und CN für Wasserstoff in der 4-Stellung von Bicyclo[2,2,2]-octan-1-carbonsäure in 11 Lösungsmitteln oder wäßrigen Lösungsmittel-Gemischen. Für Alkohol und wäßrigen Alkohol stehen die Daten in guter Übereinstimmung mit denjenigen von Roberts und Moreland für 50proz. wäßrigen Alkohol (Abschn. 11.26). Die Standard-Abweichung ist 0.075 für Methanol, 0.089 für 90 Vol.-% Methanol in Wasser, 0.095 für 75proz. Methanol, 0.036 für Äthanol, 0.098 für 90proz. Äthanol und 0.10 für 75proz. Äthanol. In Aceton indessen ist die Standard-Abweichung 0.14, in Dimethylsulfoxid 0.29, in 90proz. wäßrigem Dimethylsulfoxid 0.21 und in 75proz. Dimethylsulfoxid 0.17. Die Abweichungen in dieser zweiten Gruppe von Lösungsmitteln scheinen systematisch zu sein; der Effekt von OH ist kleiner als in der ersten Gruppe, derjenige von Br größer. Diese Lösungsmitteleffekte sind wichtig für die Theorie, weil die Substituenteneffekte im Prinzip nur induktiv sind.

11.32. Literatur

1. Wells, P. R., *Chem. Rev.*, *63:* 171 (1963).
2. Pedersen, K. J., Dissertation, Kopenhagen 1932.
3. Barron, E. S. G., *J. Biol. Chem.*, *97:* 287 (1932).
4. Dimroth, O., *Z. Angew. Chem.*, *46:* 571 (1933).
5. Lieber, E., C. N. Ramachandra Rao und T. S. Chao, *J. Am. Chem. Soc.*, *79:* 5962 (1957).
6. Anderson, B. M. und W. P. Jencks, *J. Am. Chem. Soc.*, *82:* 1773 (1960).
7. Kindler, K., *Ann.*, *450:* 1 (1926).
8. Hammett, L. P. und H. L. Pfluger, *J. Am. Chem. Soc.*, *55:* 571 (1933).
9. Hammett, L. P., *Chem. Rev.*, *17:* 125 (1935).
10. Burkhardt, G. N., *Nature*, *136:* 684 (1935).
11. Fitzpatrick, F. W. und J. D. Gettler, *J. Am. Chem. Soc.*, *78:* 530 (1956).
12. Price, F. P. und L. P. Hammett, *J. Am. Chem. Soc.*, *63:* 2387 (1941).
13. Fiarman, I. D. und J. D. Gettler, *J. Am. Chem. Soc.*, *84:* 961 (1962).
14. Brooks, D. W. und J. D. Gettler, *J. Org. Chem.*, *27:* 4469 (1962).
15. Taft, R. W., Jr. und I. C. Lewis, *J. Am. Chem. Soc.*, *80:* 2436 (1958).
16. Ingold, C. K. und F. R. Shaw, *J. Chem. Soc.*, *1927:* 2918.
17. Dippy, J. F. J. und F. R. Williams, *J. Chem. Soc.*, *1934:* 161 und nachfolgende Mitteilungen bis 1937.
18. McDaniel, D. H. und H. C. Brown, *J. Org. Chem.*, *23:* 420 (1958).
19. Barlin, G. B. und D. D. Perrin, *Quart. Rev. (London)*, *20:* 75 (1966).
20. Jaffé, H. H., *Chem. Rev.*, *53:* 191 (1953).
21. Ritchie, C. D. und W. F. Sager, *Progr. Phys. Org. Chem.*, *2:* 323 (1964).
22. Zollinger, H. and C. Wittwer, *Helv. Chim. Acta*, *39:* 347 (1955).
23. Sheppard, W. A., *J. Am. Chem. Soc.*, *85:* 1314 (1963).
24. Exner, O., *Collection Czech. Chem. Commun.*, *31:* 65 (1966).
25. van Bekkum, H., P. E. Verkade und B. M. Wepster, *Rec. Trav. Chim.*, *78:* 815 (1959).
26. Taft, R. W., Jr., *J. Phys. Chem.*, *64:* 1805 (1960).
27. Fischer, A., G. J. Leary, R. D. Topsom und J. Vaughan, *J. Chem. Soc.*, *B 1966:* 782.
28. Branch, G. E. K. und M. Calvin, „The Theory of Organic Chemistry“, S. 246–257, 417, Prentice-Hall, New York 1941.
29. Clark, J. and D. D. Perrin, *Quart. Rev. (London)*, *18:* 295 (1964).
30. Hammett, L. P., *J. Am. Chem. Soc.*, *59:* 96 (1937).
31. Brown, H. C. und Y. Okamoto, *J. Am. Chem. Soc.*, *79:* 1913 (1957); *80:* 4979 (1958).
32. Brown, H. C. und G. Goldman, *J. Am. Chem. Soc.*, *84:* 1650 (1962).
33. Stock, L. M. und H. C. Brown, *Advan. Phys. Org. Chem.*, *1:* 35 (1963).
34. Bordwell, F. G. und H. M. Andersen, *J. Am. Chem. Soc.*, *75:* 6019 (1953).
35. Yukawa, Y. und Y. Tsuno, *Bull. Chem. Soc. Japan*, *32:* 971 (1959).
36. Deno, N. C. und A. Schriesheim, *J. Am. Chem. Soc.*, *77:* 3051 (1955).
37. Robertson, P. W., P. D. B. de la Mare und E. B. Swedlund, *J. Chem. Soc.*, *1953:* 782; J. Miller, *Australian J. Chem.*, *9:* 61 (1956).
38. Ryan, J. J. und A. A. Humffray, *J. Chem. Soc.*, *B 1967:* 1300.
39. Dickinson, J. D. und C. Eaborn, *J. Chem. Soc.*, *1959:* 3036.
40. Leffler, J. E. und E. Grunwald, „Rates and Equilibria of Organic Reactions“, S. 383, John Wiley & Sons, New York 1963.
41. Jaffé, H. H., *J. Chem. Phys.*, *21:* 415 (1953); E. N. Trachtenberg und G. Odian, *J. Am. Chem. Soc.*, *80:* 4018 (1958); M. Charton, *J. Org. Chem.*, *26:* 735 (1961); R. M. O'Ferrall und S. I. Miller, *J. Am. Chem. Soc.*, *85:* 2440 (1963).
42. Miller, S. I., *U.S. Army Res. Off. Symp. Linear Free Energy Correlations*, Durham, N.C., 1964, S. 45.
43. McCullough, J. P. und B. A. Eckerson, *J. Am. Chem. Soc.*, *67:* 707 (1945); J. P. McCullough und M. K. Barsh, *ibid.* *71:* 3029 (1949).
44. Hancock, C. K. und J. S. Westmoreland, *J. Am. Chem. Soc.*, *80:* 545 (1958).
45. Westheimer, F. H. und R. P. Metcalf, *J. Am. Chem. Soc.*, *63:* 1339 (1941).
46. Wheland, G. W., R. M. Brownell und E. C. Mayo, *J. Am. Chem. Soc.*, *70:* 2492 (1948).
47. Schaefer, J. P. und T. J. Miraglia, *J. Am. Chem. Soc.*, *86:* 64 (1964).
48. Meyer, V., *Ber.*, *27:* 510 (1894).

49. Evans, D. P., J. J. Gordon und H. B. Watson, *J. Chem. Soc., 1937:* 1430.
50. Hall, N. F., *J. Am. Chem. Soc., 52:* 5115 (1930); N. F. Hall und M. R. Sprinkle, *ibid. 54:* 3469 (1932); L. P. Hammett und M. A. Paul, *ibid. 56:* 827 (1934); H. C. Farmer und F. J. Warth, *J. Chem. Soc., 85:* 1713 (1904).
51. Van Opstall, H. J., *Rec. Trav. Chim., 52:* 901 (1933).
52. Burkhardt, G. N., W. G. Ford und E. Singleton, *J. Chem. Soc., 1936:* 17; G. N. Burkhardt, C. Horrex und D. I. Jenkins, *ibid. 1936:* 1654.
53. Davis, M. M. und H. B. Hetzer, *J. Res. Natl. Bur. Std., 60:* 569 (1958).
54. Wooten, L. A. und L. P. Hammett, *J. Am. Chem. Soc., 57:* 2289 (1935).
55. Roberts, J. D. und J. A. Yancey, *J. Am. Chem. Soc., 73:* 1011 (1951).
56. Cohen, L. A. und W. M. Jones, *J. Am. Chem. Soc., 85:* 3397 (1963).
57. Fischer, A., G. J. Leary, R. D. Topsom und J. Vaughan, *J. Chem. Soc., B 1966:* 782; *B 1967:* 686.
58. Fickling, N. M., A. Fischer, B. R. Mann, J. Packer und J. Vaughan, *J. Am. Chem. Soc., 81:* 4226 (1959).
59. Fischer, A., M. P. Hartshorn, U. M. Senanayake und J. Vaughan, *J. Chem. Soc., B 1967:* 833.
60. Bell, R. P. und W. C. E. Higginson, *Proc. Roy. Soc. (London), A 197:* 141 (1949); R. P. Bell and R. G. Pearson, *J. Chem. Soc., 1953:* 3443; R. P. Bell, „The Proton in Chemistry", S. 164.ff., Cornell University Press, Ithaca, N.Y., 1959.
61. Bunnett, J. F., *Ann. Rev. Phys. Chem., 14:* 271 (1963).
62. Swain, C. G. und C. B. Scott, *J. Am. Chem. Soc., 75:* 141 (1953).
63. Jencks, W. P. und J. Carriuolo, *J. Am. Chem. Soc., 82:* 1778 (1960).
64. Bjerrum, N., *Z. Physik. Chem., 106:* 219 (1923).
65. Kirkwood, J. G. und F. H. Westheimer, *J. Chem. Phys., 6:* 506, 513 (1938).
66. Dewar, M. J. S. und P. J. Grisdale, *J. Am. Chem. Soc., 84:* 3539 (1962).
67. Taft, R. W., Jr., *J. Am. Chem. Soc., 75:* 4231 (1953); R. W. Taft, Jr., in M. S. Newman: „Steric Effects in Organic Chemistry", Kap. 13, John Wiley & Sons, New York 1956; R. W. Taft, Jr. und I. C. Lewis, *J. Am. Chem. Soc., 80:* 2436 (1958).
68. Roberts, J. D. und W. T. Moreland, *J. Am. Chem. Soc., 75:* 2167 (1953)
69. Holtz, H. D. und L. M. Stock, *J. Am. Chem. Soc., 86:* 5188 (1964).
70. Ingold, C. K., *J. Chem. Soc., 1930:* 1032.
71. Taft, R. W., Jr. und I. C. Lewis, *Tetrahedron, 5:* 210 (1959).
72. Taft, R. W., E. Price, I. R. Fox, I. C. Lewis, K. K. Andersen und G. T. Davis, *J. Am. Chem. Soc., 85:* 709 (1963).
73. Taft, R. W., F. Prosser, L. Goodman und G. T. Davis, *J. Chem. Phys., 38:* 380 (1963).
74. Pews, R. G., Y. Tsuno und R. W. Taft, *J. Am. Chem. Soc., 89:* 2391 (1967); C. S. Giam undR. W. Taft, *ibid.* 2397.
75. Taft, R. W., Jr. und I. C. Lewis, *J. Am. Chem. Soc., 80:* 2442 (1958).
76. Ehrenson, S., *Tetrahedron Letters, 1964,* 351.
77. Taft, R. W., S. Ehrenson, I. C. Lewis und R. E. Glick, *J. Am. Chem. Soc., 81:* 5352 (1959).
78. Siegel, S. und J. M. Komarmy, *J. Am. Chem. Soc., 82:* 2547 (1960).
79. Baker, F. W., R. C. Parish und L. M. Stock, *J. Am. Chem. Soc., 89:* 5677 (1967).
80. Charton, M. und H. Meislich, *J. Am. Chem. Soc., 80:* 5940 (1958); M. Charton, *J. Org. Chem., 26:* 735 (1961).
81. Okamoto, Y., T. Inukai und H. C. Brown, *J. Am. Chem. Soc., 80:* 4972 (1958).
82. Ritchie, C. D. und E. S. Lewis, *J. Am. Chem. Soc., 84:* 591 (1962).
83. Swain, C. G. und E. C. Lupton, *J. Am. Chem. Soc., 90:* 4328 (1968).

12. Der Einfluß der Struktur auf Enthalpie- und Entropieänderungen

12.1. Die isokinetische Beziehung

Lineare Beziehungen zwischen Struktureffekten in Edukten auf Reaktions- und Aktivierungs-Standardpotentiale, -Standardenthalpien und -Standardentropien sind durchaus nicht selten, namentlich, wenn die Strukturänderung nicht zu nahe bei der Reaktionszone erfolgt. Sind zwei der Größen $\delta_R \Delta \mu^\circ$, $\delta_R \Delta \bar{H}^\circ$ oder $\delta_R T \Delta \bar{S}^\circ$ proportional zueinander, so müssen beide auch zur dritten Größe proportional sein. Eine Ausnahme bildet lediglich der Fall, wenn zwei dieser Größen gleich sind, denn dann muß die dritte Größe notwendigerweise gleich null sein. Dieselbe Regel gilt auch für die Größen $\delta_R \Delta \mu^{\ddagger}$, $\delta_R \Delta \bar{H}^{\ddagger}$ und $\delta_R T \bar{S}^{\ddagger}$. Sie ist eine notwendige Folge der thermodynamischen Beziehung $\mu = H - TS$.

Die Barclay-Butler-Regel (Abschn. 3.10) ist ein Beispiel einer linearen Beziehung zwischen $\Delta \bar{H}^\circ$ und $\Delta \bar{S}^\circ$. In der Literatur wurden verschiedentlich Abhängigkeiten beschrieben, die auf ähnliche lineare Beziehungen zwischen $\Delta \bar{H}^{\ddagger}$ und $\Delta \bar{S}^{\ddagger}$ – bei Änderung der Struktur der Reaktanden, des Lösungsmittels oder beider – hinauslaufen [1].

Die zuverlässige Bestimmung der Werte von $\Delta \bar{H}^{\ddagger}$ und $\Delta \bar{S}^{\ddagger}$ ist stets sehr schwierig (Abschn. 2.23). Aus diesem Grunde war es lange Zeit nicht klar, ob derartige Beziehungen möglicherweise bloß ein rechnerisches Artefakt seien. Erst 1955 berichtete Leffler [2] über einige Fälle, in denen die Anwendbarkeit der Beziehung klar ersichtlich war. Leffler schlug den Namen „isokinetische Beziehung" für die Gleichung

$$\delta_R \Delta \bar{H}^{\ddagger} = \beta \delta_R \Delta \bar{S}^{\ddagger} \tag{1}$$

vor. Er diskutierte auch einige Folgerungen, die sich aus der Annahme, daß β unabhängig von der Temperatur sei, ergeben. Die Beziehung

$$\delta_R \Delta \bar{H}^\circ = \beta \delta_R \Delta \bar{S}^\circ \tag{2}$$

wird bisweilen als „Isothermodynamische Beziehung" (engl.: isoequilibrium) bezeichnet. Bis 1963 hatten Leffler und Grunwald [3] 42 Reaktionen zusammengestellt, bei denen sowohl $\delta \Delta \bar{H}^{\ddagger}$ als auch $\delta \Delta \bar{S}^{\ddagger}$ deutlich abhängig von der Struktur sind und bei denen der Effekt einer Strukturänderung auf die eine dieser Größen mit einem Korrelationskoeffizienten von 0.95 oder besser proportional zum Effekt auf die andere Größe ist.

In Abb. 12-1 sind als typisches Beispiel Daten über die Solvolysegeschwindigkeit von *para*-substituierten Benzoylchloriden in einer Mischung von Äther und Äthanol bei 0 °C und 25 °C dargestellt. Die Regressionsgerade entspricht einem β-Wert von 411. Die Gleichungen

$$\delta_R \Delta \mu^{\ddagger} = (\beta - T)\, \delta_R \Delta \bar{S}^{\ddagger} \tag{3}$$

und

$$\delta_R \Delta\mu^{\neq} = \left(1 - \frac{T}{\beta}\right) \delta_R \Delta\bar{H}^{\neq}, \tag{4}$$

ergeben sich als notwendige Folge aus Gl. (1). Innerhalb der Präzision der isokinetischen Beziehung gelten die Gleichungen

$$\delta_R \Delta\mu^{\neq} = 113 \delta_R \Delta\bar{S}^{\neq} \tag{5}$$

und

$$\delta_R \Delta\mu^{\neq} = 0.28 \delta_R \Delta\bar{H}^{\neq} \tag{6}$$

für die Solvolyse von Benzoylchlorid bei 298 K.

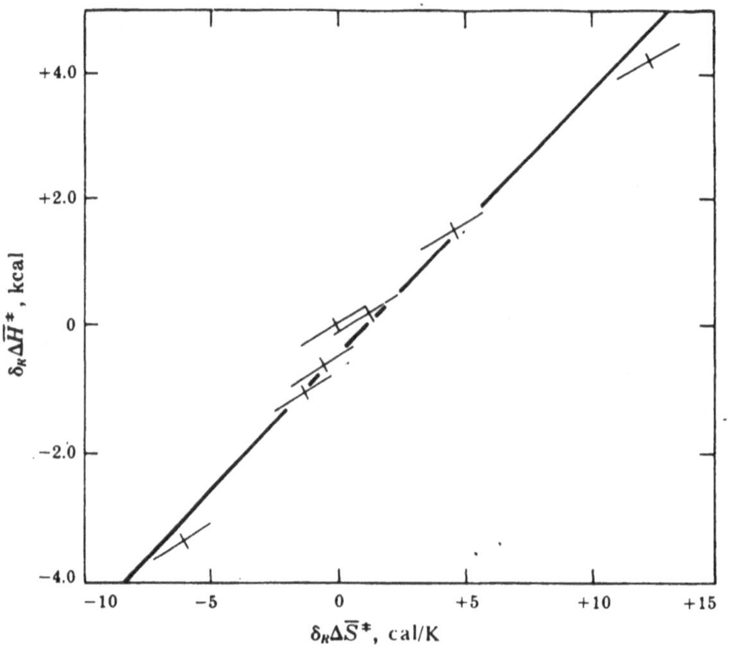

Abb. 12-1. Entropie-Enthalpie-Korrelation für die Solvolyse von *para*-substituierten Benzoylchloriden (Daten von Branch und Nixon [4]). Die Substituenten in der Reihenfolge von zunehmendem $\delta_R \Delta\bar{S}^{*}$ sind NO_2, Cl, Br und J, H, F, CH_3, OCH_3.

12.2. Isentrope Reaktionsreihen

Wenn β unendlich wird, streben die Gleichungen (1) und (4) gegen die Grenzwerte

$$\delta_R \Delta\bar{S}^{\neq} = 0 \tag{7}$$

und:

$$\delta_R \Delta\mu^{\neq} = \delta_R \Delta\bar{H}^{\neq} \tag{8}$$

In Tab. 12.1 sind Daten für eine Reihe von Reaktionen zusammengestellt, auf die diese Beziehungen in guter Näherung anwendbar sind. Die gesamte Variation in $\Delta \bar{S}^{+}$ ist 2.0 cal/K, die Standardabweichung vom Mittelwert beträgt 0.6. Die entsprechende Variation in $\Delta \mu^{+}/T$ bei 298 K ist 11.8, diejenige in $\Delta \bar{H}^{+}/T$ ist 11.3. Läßt man die vier letzten Substituenten in der Tabelle weg, so fällt die Standardabweichung auf 0.2. Es ist schwer zu sagen, ob dies ein echter Ausdruck der Tatsache ist, daß diese vier Gruppen Elektronen am stärksten anziehen, oder ob in diesen Fällen einfach die Fehler am größten sind, weil die Reaktionsgeschwindigkeiten sehr hoch sind.

Tab. 12.1. Alkalische Hydrolyse von substituierten Äthylbenzoaten in einer Mischung von 56 Gew.-% Aceton in Wasser[a].

Substituent	$10^2 k$, l/mol · s 25 °C	$\Delta \bar{S}^{+}$, cal/K	$\Delta \bar{H}^{+}$, kcal
p-$N(CH_3)_2$	0.00634	−23.0	16.24
p-NH_2	0.00864	−22.9	16.7
p-CH_3	0.114	−22.9	15.16
m-NH_2	0.166	−22.8	14.98
m-CH_3	0.169	−23.2	14.87
H	0.289	−23.1	14.56
m-OCH_3	0.3918	−23.3	14.35
p-F	0.586	−23.1	14.2
p-Cl	1.167	−22.8	13.8
p-Br	1.390	−22.8	13.73
p-J	1.219	−22.8	13.80
m-J	1.495	−22.9	13.67
m-Br	1.785	−22.7	13.60
m-Cl	1.819	−22.9	13.55
m-CN	12.20	−21.3	12.83
m-NO_2	13.65	−21.4	12.8
p-CN	15.70	−22.0	12.6
p-NO_2	24.63	−21.4	12.4

[a] Daten von Tommila [5].

Wenn die strukturellen Änderungen einen größeren Bereich überstreichen, so bricht die Regelmäßigkeit zusammen (Tab. 12.2). Die Aktivierungsentropie der Hydrolyse von Äthylacetat ist um 10.6 cal/K stärker negativ als der entsprechende Wert für Äthylbenzoat. Für andere aliphatische Ester variieren sowohl $\Delta \bar{H}^{+}$ als auch $\Delta \bar{S}^{+}$ in wirrer Weise. Untersuchungen über die Hydrolyse von Estern in einer Mischung von 85 Vol.-% Äthanol in Wasser ergaben ein ähnliches Bild [6]. Im weiteren geben sie die zusätzliche Information, daß die $\Delta \bar{S}^{+}$-Werte für die *o*-Nitro-, *o*-Chlor- und *o*-Methyl-Ester um 4.3, 4.5 und 3.1 cal/K stärker negativ sind als der Mittelwert für die entsprechenden *meta*- und *para*-substituierten Ester, daß jedoch der Wert für den *o*-Fluor-Ester diesem Mittelwert entspricht. Die Standardabweichung vom Mittelwert für die *meta*- und *para*-Substituenten ist 0.45. Die $\Delta \bar{S}^{+}$-Werte für aliphatische Äthylester sind um 5.1 bis 8.5 cal/K stärker negativ als der Wert für Äthylbenzoat.

Andere angenähert isentrope Reaktionsreihen finden sich in der alkalischen Hydrolyse von substituierten Benzylacetaten und Phenylacetaten [8].

Tab. 12.2. Alkalische Hydrolyse von aliphatischen Äthylestern $RCOOC_2H_5$ in einer Mischung von 56 Gew.-% Aceton in Wasser.[a]

R	$10^2 k$, l/mol · s $T = 25\,°C$	$\Delta\bar{S}^{*}$, cal/K	$\Delta\bar{H}^{*}$, kcal
CH_3	4.65	−33.7	9.3
C_2H_5	2.20	−32.5	9.9
n-C_3H_7	0.881	−28.0	12.1
i-C_3H_7	0.55	−32.0	10.7
n-C_4H_9	0.192	−28.9	12.5
$(CH_3)_2CHCH_2$	0.218	−23.4	12.7
$(CH_3)_3C$	0.0223	−33.5	12.4
$(C_2H_5)_2CH$	0.0083	−31.2	13.7
n-C_6H_{13}	0.608	−28.9	11.8

[a] Daten von Davies und Evans [7].

12.3. Isenthalpe Reaktionsreihen

Wenn $\beta = 0$ ist, werden die Gleichungen (2) und (3) zu

$$\delta_R \Delta\bar{H}^\circ = 0 \tag{9}$$

und:

$$\delta_R \Delta\mu^\circ = -\delta_R T \Delta\bar{S}^\circ \tag{10}$$

In Abb. 12-2 ist $\Delta\bar{H}^\circ$ gegen $\Delta\mu^\circ$ für die Ionisierung von *meta-* und *para*-substituierten Phenolen in Wasser bei 25 °C angetragen. Die Standardabweichung von ΔH° vom Mittelwert ist 0.30 kcal, diejenige von der Regressionsgerade mit der Steigung 0.25

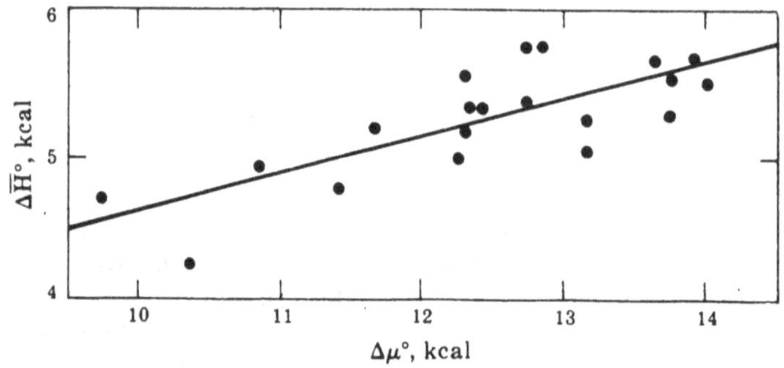

Abb. 12-2. Einfluß von *meta-* und *para*-Substituenten auf $\Delta\bar{H}^\circ$ und $\Delta\mu^\circ$ für die Ionisierung von Phenolen in Wasser. Die Substituenten reichen von p-NO_2 bis zu p-OCH_3 und p-CH_3. (Daten von Bolton, Hall und Reece [20], Chen und Laidler [21], Fernandez und Hepler [22], Allen, Robinson und Bower [23].)

ist 0.24 kcal. Es ist deshalb zweifelhaft, ob der Trend signifikant ist. Die Abweichungen für *ortho*-substituierte Phenole sind etwas größer und erscheinen mehr zufällig. Die Standardabweichung der $\Delta\bar{H}^\circ$-Werte vom Mittelwert für die Ionisation von *meta*- und *para*-substituierten Benzoesäuren in Wasser beträgt 0.11 kcal, und die Abweichungen erscheinen zufällig. Die Methyl-Derivate sind dabei weggelassen; der Wert für den *m*-Methyl-Substituenten ist nämlich um 1.1 kcal, derjenige für den *p*-Methyl-Substituenten um 1.0 kcal höher als der Mittelwert der anderen Substituenten [9]. Abgesehen davon ist keinerlei Systematik in den $\Delta\bar{H}^\circ$- und $\Delta\bar{S}^\circ_c$-Werten für die Ionisation von Carbonsäuren zu erkennen [3, S. 372].

12.4. Die isokinetische Temperatur

Wäre Gl. (3) exakt erfüllt und β unabhängig von der Temperatur, so wäre für alle Reaktanden $\Delta\mu^{\ddagger} = 0$ bei der isokinetischen Temperatur $T = \beta$, und die Geschwindigkeit wäre unabhängig von der Struktur. Im weiteren wäre die Reihenfolge der Reaktivität einer Serie von Verbindungen umgekehrt zu derjenigen auf der andern Seite der isokinetischen Temperatur. Da indessen stets zufällig erscheinende Abweichungen von Gl. (3) auftreten, ist zu erwarten, daß eine Darstellung von $\Delta\mu^{\ddagger}$ als Funktion von $\Delta\bar{H}^{\ddagger}$ mehr oder weniger verstreute Punkte ohne ersichtlichen Trend zeigt, wenn die Messungen bei einer Temperatur in der Gegend von β durchgeführt wurden. Dies ist in Abb. 12-3 dargestellt. Sie beruht auf den Daten von Yukawa und Tsuno [10] für die Curtius-Umlagerung

$$XC_6H_5CON_3 \rightarrow XC_6H_5NCO + N_2 \qquad \text{(I)}$$

in Toluol bei Temperaturen in der Gegend von 65 °C. Mit einer erheblichen Portion Optimismus könnte man eine ansteigende Tendenz feststellen; der gesamte Bereich von $\Delta\mu^{\ddagger}$ ist indessen nur 3.5mal größer als die Standardabweichung vom Mittelwert.

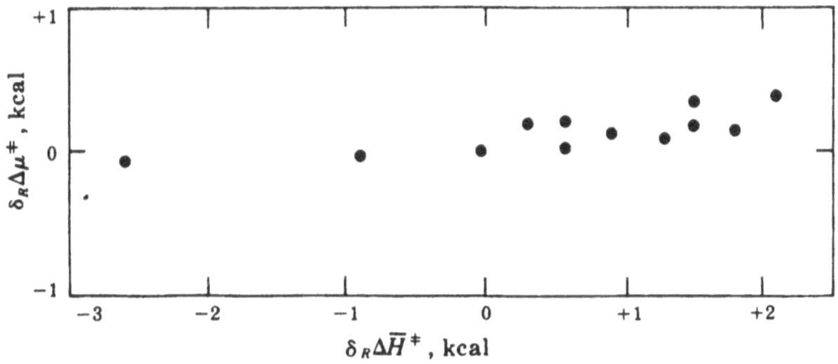

Abb. 12-3. Einfluß von *meta*- und *para*-Substituenten auf $\Delta\mu^{\ddagger}$ und $\Delta\bar{H}^{\ddagger}$ für die Umlagerung von Benzoylazid (Daten von Yukawa und Tsuno [10]). Die Substituenten in der Reihenfolge von zunehmendem $\Delta\bar{H}^{\ddagger}$ sind: *m*-CH_3, *p*-*tert*.-C_4H_9, H, *p*-Br, *p*-Cl, *m*-Br und *m*-OCH_3, *p*-NO_2, *p*-CH_3, *p*-OCH_3 und *p*-OC_2H_5, *p*-OH, *m*-NO_2.

Dickinson und Eaborn (s. Abschn. 11.18) untersuchten die Reaktion von substituierten Benzophenonen mit Hydroxylamin. Sie stellten fest, daß die gesamte Variation von $\Delta\mu^{\neq}$ nur klein ist und mehr oder weniger zufällig erscheint. Wie Abb. 12-4 zeigt, macht eine Antragung von $\delta_R \Delta \bar{H}^{\neq}$ gegen σ einen bedeutend besseren Eindruck als eine Antragung von $\delta_R \Delta\mu^{\neq}$ gegen σ. Dieser Eindruck täuscht indessen, denn die Standard-Abweichung der oberen Darstellung von der Gerade $\delta_R \Delta \bar{H}^{\neq} = 0.14 - 2.19\,\sigma$ beträgt 0.12; für die untere Darstellung hat die Standard-Abweichung von der Gleichung $\delta_R \Delta\mu^{\neq} = 0.17 - 0.50\,\sigma$ den Wert 0.16.

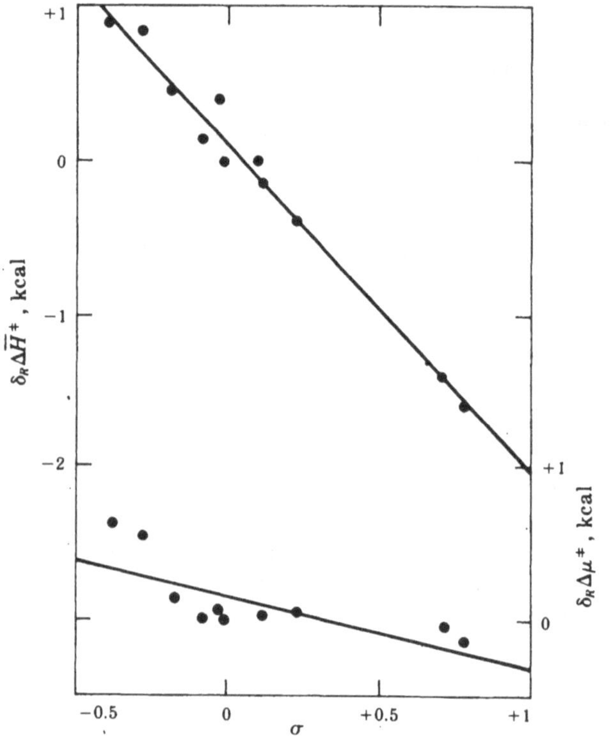

Abb. 12-4. Korrelation von $\Delta \bar{H}^{\neq}$ (obere Darstellung, linke Skala) und $\Delta\mu^{\neq}$ (untere Darstellung, rechte Skala) mit σ für die Bildung von Oximen aus *mono*-substituierten Benzophenonen. Die Substituenten von links nach rechts sind: *p*-OH, *p*-OCH_3, *p*-CH_3, *m*-CH_3, *p*-C_6H_5, H, *m*-OCH_3, *m*-OH, *p*-Br, *m*-NO_2, *p*-NO_2. (Daten von Dickinson und Eaborn [24].)

Da

$$\frac{d\delta_R \Delta \bar{H}^{\neq}}{dT} = \delta_R \Delta \bar{C}_p^{\neq} \tag{11}$$

und

$$\frac{d\delta_R \Delta \bar{S}^{\neq}}{dT} = \frac{\delta_R \Delta \bar{C}_p^{\neq}}{T} \tag{12}$$

wobei $\bar{C}_p$ die molare Wärmekapazität darstellt, folgt aus Gl. (1):

$$\frac{d\beta}{dT} = \frac{\delta_R \Delta \bar{C}_p^{\neq}(1 - \beta/T)}{\delta_R \Delta \bar{S}^{\neq}} \tag{13}$$

β kann somit bei allen Temperaturen nur dann unabhängig von der Temperatur sein, wenn $\delta_R \Delta \bar{C}_p^{\neq} = 0$. An der allgemeinen Gültigkeit dieser Folgerung kann man aus verschiedenen Gründen zweifeln (Abschn. 2.24).

12.5. Die Gültigkeit der isokinetischen Beziehung

Wenn $\log k$ nur schwach abhängig von der Struktur ist, kann eine isokinetische Beziehung zwischen berechneten $\Delta \bar{H}^{\neq}$- und $\Delta \bar{S}^{\neq}$-Werten unter Umständen bloß eine Folge von rein zufälligen experimentellen Fehlern sein (Abschn. 2.23). Exner [11] stellte in einer sehr eingehenden Analyse heraus, welche Operationen bei der Bestimmung von $\Delta \bar{H}^{\neq}$ und $\Delta \bar{S}^{\neq}$ eine Rolle spielen: Diese Bestimmung verlangt die Messung von k_1-Werten bei einer Temperatur T_1 und von k_2-Werten bei einer Temperatur T_2. Weiter werden die Beziehungen

$$\Delta \bar{H}^{\neq} = \frac{4.574 T_1 T_2}{T_2 - T_1}(\log k_2 - \log k_1) - \mathbf{R}T \tag{14}$$

und

$$\Delta \bar{S}^{\neq} = \frac{4.574(T_2 \log k_2 - T_1 \log k_1)}{T_2 - T_1} - 4.574 \log \frac{\mathbf{k}T}{\mathbf{h}} \tag{15}$$

verwendet. T ist der Mittelwert von T_1 und T_2. Ist $T_1 = 273$ K und $T_2 = 298$ K, so führt ein positiver Fehler von 5% in k_2 auf Grund dieser beiden Gleichungen zu einem Fehler von 300 cal in $\Delta \bar{H}^{\neq}$ und einem solchen von 1.2 cal/K in $\Delta \bar{S}^{\neq}$. Negative Fehler in k_2 führen zu ähnlichen negativen Fehlern in $\Delta \bar{H}^{\neq}$ und $\Delta \bar{S}^{\neq}$. Die dünnen, schrägen Linien, die zu jedem Punkt in Abb. 12-1 eingezeichnet sind, zeigen die Auswirkung einer Unsicherheit von $\pm 5\%$ in k_2 auf die Lage des Punktes an. Man darf wohl zu Recht annehmen, daß in dieser Reaktionsreihe eine echte Korrelation zwischen $\Delta \bar{H}^{\neq}$ und $\Delta \bar{S}^{\neq}$ mit einer Steigung in der Gegend von 400 besteht, es sei denn, die Fehler in den spezifischen Geschwindigkeiten von Branch und Nixon wären viel größer als angenommen. Sehr wahrscheinlich sind größere Abweichungen von der Linearität physikalisch relevant und gehen nicht einfach auf experimentelle Fehler zurück.

Aus Gl. (14) und (15) folgt, daß

$$\delta_R \Delta \bar{H}^{\neq} = \frac{2.303 \mathbf{R} T_1 T_2}{T_2 - T_1} \delta_R \log k_1 (b - 1) \tag{16}$$

und:

$$\delta_R \Delta \bar{S}^{\neq} = \frac{2.303 \mathbf{R} T_2}{T_2 - T_1} \delta_R \log k_1 \left(b - \frac{T_1}{T_2}\right) \tag{17}$$

Daraus ergibt sich

$$\beta = T_2 \frac{1 - b}{1 - \tau b} \tag{18}$$

wobei $b = \delta_R \log k_2 / \delta_R \log k_1$ die Steigung der Funktion $\log k_2$ gegen $\log k_1$ ist und $\tau = T_2/T_1$. Abb. 12-5 zeigt eine Antragung von $\log k_{298}$ gegen $\log k_{273}$ für die Solvolyse von Benzoylchlorid. Die Steigung der Regressionsgerade ist 0.77. Nach Gl. (18) sollte β gleich 430 sein, ein Wert, der in vernünftiger Übereinstimmung mit der Steigung der Regressionsgerade von 411 in Abb. 12-1 steht.

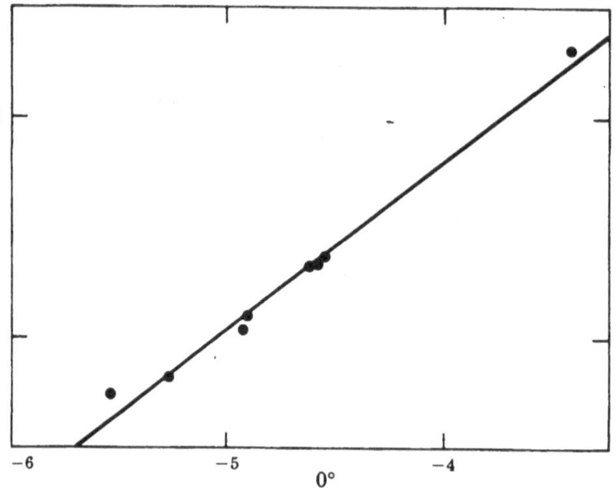

Abb. 12-5. Korrelation von log *k* bei 25 °C mit log *k* bei 0 °C für die Solvolyse von *para*-substituierten Benzoylchloriden (Daten von Branch und Nixon [4]). Die Substituenten reichen von OCH_3 (links) bis NO_2 (rechts).

Die Differentiation von Gl. (18) führt zu:

$$\frac{d\beta/\beta}{db/b} = \frac{b(\tau - 1)}{(1 - b)(1 - \tau b)} \qquad (19)$$

Für $\tau = 298/273 = 1.092$ und $b = 0.77$, also die Werte von Abb. 12-1 und 12-4, ist die relative Unsicherheit in β 1.9mal größer als in b. Für den gleichen τ-Wert beträgt das Verhältnis der Unsicherheiten 7.2 für $b = 0.85$, 48 für $b = 0.90$ und -48 für $b = 0.95$. Dieses Verhältnis ist in der Tat für alle Werte von b zwischen $1/\tau$ und 1 sehr groß; dies sind die einzigen b-Werte, die zu negativen Werten von β führen. Im Prinzip spricht nichts gegen die Möglichkeit eines negativen β-Wertes, doch dürfte es schwierig sein, einer solchen Größe je festes Vertrauen entgegenzubringen.

12.6. Die Grenzen der isokinetischen Beziehung

Das Beispiel der alkalischen Ester-Hydrolyse (Abschn. 12.2), die für *meta*- und *para*-substituierte Benzoesäureester isentrop ist, in anderen Fällen jedoch starke Variationen in der Entropie zeigt, legt den Schluß nahe, daß wohl jede isokinetische Beziehung zusammenbrechen wird, wenn die strukturelle Änderung nahe bei der Reaktionszone erfolgt. Abb. 12-6 zeigt eine Antragung von $\log k_2$ gegen $\log k_1$,

Abb. 12-7 eine solche von $\Delta \bar{H}^{*}$ gegen $\Delta \bar{S}^{*}$ für die Bildung von Semicarbazonen aus zahlreichen, strukturell sehr mannigfaltigen Carbonylverbindungen. Die Regressionsgerade in Abb. 12-6 besitzt eine Steigung von 0.95. Dies entspricht, trotz der ausgezeichneten Korrelation in dieser Darstellung, einem praktisch nicht bestimmten Wert von β. Wie in Abb. 12-1 stellen die diagonalen Linien, die für jeden Punkt in Abb. 12-7 eingezeichnet sind, den Effekt einer Unsicherheit von $\pm 5\%$ in k auf die Lage des Punktes dar. Es ist offensichtlich, daß nicht nur keine Korrelation zwischen $\Delta \bar{H}^{*}$ und $\Delta \bar{S}^{*}$ besteht, sondern daß sich das Fehlen einer solchen Korrelation auch auf keinen vernünftig geschätzten experimentellen Fehler zurückführen läßt. Ähnliche Resultate ergeben sich auch aus den Daten zur Bildung von Oximen [13], Thiosemicarbazonen [14] und Guanylhydrazonen [15] aus praktisch

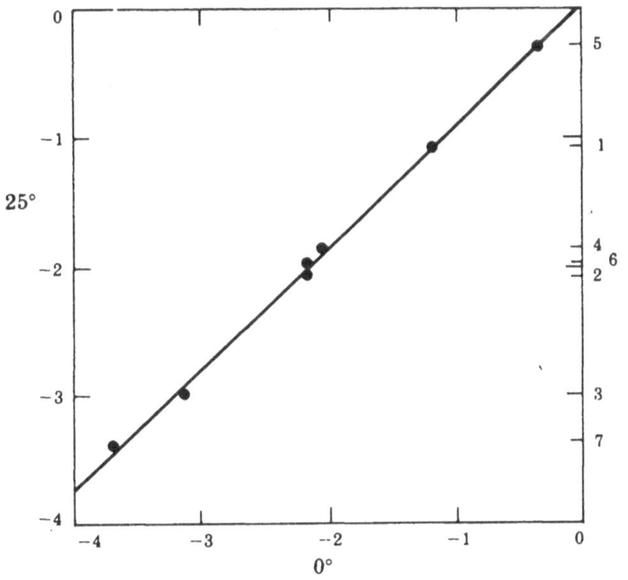

Abb. 12-6. Korrelation von $\log k$ bei 25 °C mit $\log k$ bei 0 °C für die Semicarbazon-Bildung (Daten von Price und Hammett [12]). Carbonylverbindungen: 1 = Aceton, 2 = Diäthylketon, 3 = Pinakolon, 4 = Cyclopentanon, 5 = Cyclohexanon, 6 = Furfural, 7 = Acetophenon.

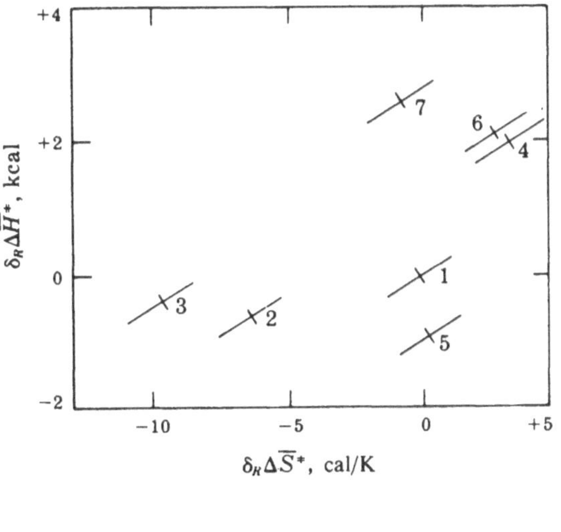

Abb. 12-7. Enthalpie- und Entropieeffekte bei der Semicarbazon-Bildung (Daten von Price und Hammett [12]). Die Carbonylverbindungen sind wie in Abb. 12-6 numeriert.

den gleichen Carbonylverbindungen. Die Punkte in all diesen $\Delta \bar{H}^{+}/\Delta \bar{S}^{+}$-Diagrammen streuen über einen weiten Bereich, und es bestehen keine offensichtlichen Beziehungen zwischen den verschiedenen Streuungs-Mustern.

Eines verdient festgehalten zu werden. Durch die Tatsache, daß diese Reaktionen über mindestens zwei Schritte ablaufen (Abschn. 5.19), wird die Situation nicht kompliziert. Der experimentell bestimmte $\Delta \mu^{+}$-Wert ist die Differenz zwischen dem μ^{+}-Wert des Übergangszustandes des geschwindigkeitsbestimmenden Schritts und der Summe der μ°-Werte der Carbonylverbindung, der Stickstoff-Base und des Säure-Katalysators. Die experimentell bestimmten $\Delta \bar{H}^{+}$- und $\Delta \bar{S}^{+}$-Werte sind die entsprechenden Enthalpie- und Entropiedifferenzen. Keine dieser Größen hängt in irgendeiner Weise von den Eigenschaften eines Zwischenproduktes ab.

12.7. Die Launen von Enthalpie- und Entropie-Effekten

Abb. 12-8 zeigt $\log k$ für die Semicarbazon-Bildung als Funktion von $\log k$ für die Oxim-Bildung (Abschn. 11.5). Die gestrichelten Linien markieren den Einfluß der Temperaturänderung von 0 °C auf 25 °C auf die Lage der einzelnen Punkte. Man stellt eine interessante Mannigfaltigkeit in diesen Verschiebungen fest: Die Steigungen der gestrichelten Linien variieren von 0.22 bis 0.9, die relativen Längen von 1 bis 6. Die Linien zeigen eine Tendenz, bei den reaktiveren Carbonylverbindungen kürzer zu sein. Vergleicht man die spezifischen Geschwindigkeiten der Bildung von Thiosemicarbazonen mit denjenigen der Bildung von Guanylhydrazonen, so findet man keine solche Tendenz. Abgesehen davon verhalten sich diese Verbindungen analog.

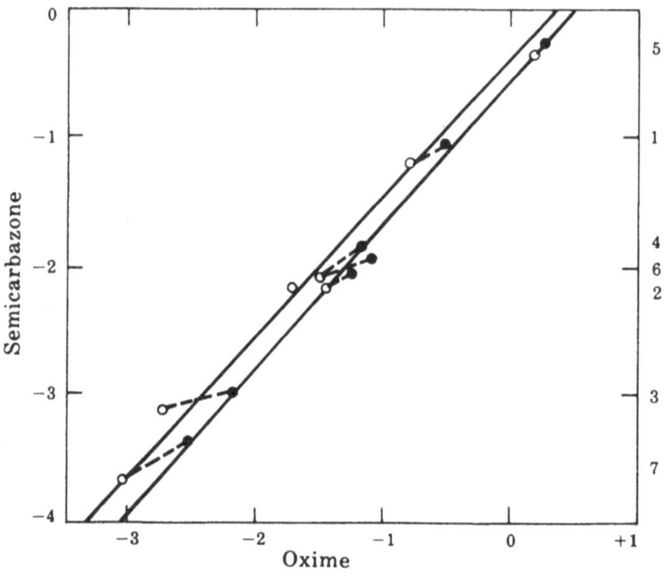

Abb. 12-8. Korrelation von $\log k$ für die Semicarbazon-Bildung mit $\log k$ für die Oxim-Bildung. ○ = 0 °C, ● = 25 °C. Die Nummern auf der rechten Seite haben die gleiche Bedeutung wie in Abb. 12-6.

Wie man auf Grund des zufälligen Charakters dieser Verschiebungen erwartet, zeigt eine Antragung von $\Delta \bar{H}^{\ddagger}$ für die Semicarbazon-Bildung gegen $\Delta \bar{S}^{\ddagger}$ für die Oxim-Bildung das Bild einer zufälligen Streuung. Auch ein Vergleich der Enthalpie-Effekte in der Thiosemicarbazon-Bildung mit denjenigen in der Guanylhydrazon-Bildung oder auch mit den Effekten in der Oxim- oder Semicarbazon-Bildung führt zu keiner besseren Korrelation. Auch in den Entropie-Effekten in den verschiedenen Reaktionen läßt sich keinerlei Korrelation erkennen.

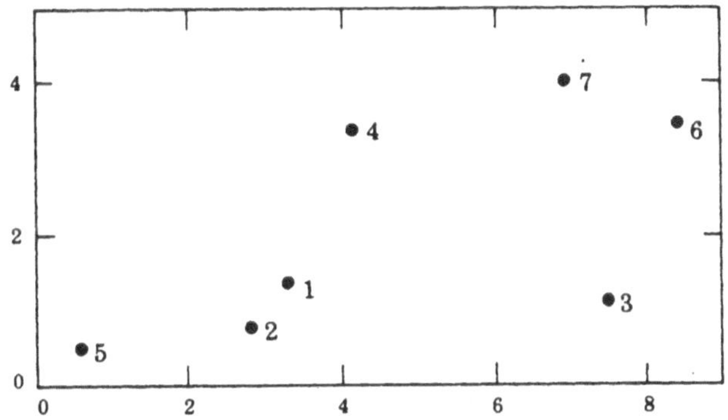

Abb. 12-9. Abszisse: $\Delta \bar{H}^{\ddagger}$ (in kcal) für die Oxim-Bildung. Ordinate: $\Delta \bar{H}^{\ddagger}$ für die Semicarbazon-Bildung. – Die Nummern zeigen die gleichen Carbonylverbindungen wie in Abb. 12-6 an.

Bestünde zwischen zwei Reaktionsreihen eine exakte lineare Freie-Energie-Beziehung und würde für jede Serie eine exakte isokinetische Beziehung gelten, so wären auch die $\Delta \bar{H}^{\ddagger}$- und $\Delta \bar{S}^{\ddagger}$-Werte der beiden Serien linear voneinander abhängig. Wenn die Abweichungen von der Linearität bei der Freie-Energie-Beziehung und bei den isokinetischen Beziehungen jedoch zufälliger Art sind, so muß man eine relativ schlechte Korrelation zwischen den $\Delta \bar{H}^{\ddagger}$- oder den $\Delta \bar{S}^{\ddagger}$-Werten erwarten.

12.8. Statistisch-mechanische Betrachtungen

Je zwei der drei Größen $\delta_R \Delta \mu°$, $\delta_R \Delta \bar{H}°$ und $\delta_R \Delta \bar{S}°$ bestimmen den Effekt einer Strukturänderung (dargestellt durch den Operator δ_R) auf die Lage des Gleichgewichts und die Temperaturabhängigkeit der Gleichgewichtskonstanten einer chemischen Reaktion. Sie sind mit den fundamentalen molekularen Eigenschaften potentielle Energie E_p, vibratorische Nullpunktsenergie E_z und Zustandssumme Q durch die Gleichungen

$$\delta_R \Delta \mu° = \delta_R \Delta E_p + \delta_R \Delta E_z - \mathbf{R}T\delta_R \Delta \ln Q \tag{20}$$

und

$$\delta_R \Delta \bar{H}° = \delta_R \Delta E_p + \delta_R \Delta E_z + \mathbf{R}T^2 \delta_R \Delta \frac{\partial \ln Q}{\partial T} \tag{21}$$

$$\delta_R \Delta \bar{S}° = \mathbf{R}\delta_R \Delta \ln Q + \mathbf{R}T\delta_R \Delta \frac{\partial \ln Q}{\partial T} \tag{22}$$

verbunden.

Von den vier Größen $\delta_R \Delta E_p$, $\delta_R \Delta E_z$, $\delta_R \Delta \ln Q$ und $\delta_R \Delta \partial \ln Q/\partial T$ läßt sich nur eine, $\delta_R \Delta E_z$, mit einiger Zuverlässigkeit experimentell oder theoretisch bestimmen. Wären nun diese vier Größen unabhängig voneinander veränderlich, so wäre es äußerst schwierig, irgendwelche quantitativen Beziehungen zwischen Struktur und Reaktivität zu finden. In der Tat wäre es beinahe unmöglich, die Organische Chemie in eine systematische Wissenschaft zu entwickeln.

12.9. Thesen

Die beobachteten Erscheinungen lassen sich indessen auf Grund der folgenden Thesen erklären:

1. Für strukturelle Änderungen, die nicht nahe bei der Reaktionszone erfolgen, sind die Größen $\delta_R \Delta E_p$, $\delta_R \Delta E_z$ und $\delta_R \Delta \ln Q$ in guter Näherung proportional zueinander; dabei ist es auch möglich, daß eine oder mehrere dieser Größen gleich null sind.
2. Die internen Beiträge zu den beiden Größen $\delta_R \Delta \ln Q$ und $\delta_R \Delta \partial \ln Q/\partial T$ sind für strukturelle Änderungen, die nicht in der Nähe der Reaktionszone erfolgen, vernachlässigbar. Unter internen Beiträgen sind diejenigen Werte zu verstehen, die diese Größen besäßen, wenn Ausgangsstoffe und Produkte oder Ausgangsstoffe und Übergangszustand Bestandteile eines verdünnten Gases wären. Bei keiner Strukturvariation ändern die internen Beiträge die Geschwindigkeit oder das Gleichgewicht um mehr als eine Größenordnung.
3. Der externe Beitrag zum Temperaturkoeffizienten $\delta_R \Delta \partial \ln Q/\partial T$ ist im allgemeinen vernachlässigbar, es sei denn, die strukturelle Änderung erfolge nahe bei der Reaktionszone.
4. Wenn weder $\delta_R \Delta \ln Q$ noch $\delta_R \Delta \partial \ln Q/\partial T$ vernachlässigt werden können, so sind die beiden unabhängig voneinander variabel.
5. Für zwei Reaktionsreihen i und j ist das Verhältnis $(\delta_R \Delta E_{p(j)})/(\delta_R \Delta E_{p(i)})$ mit guter Näherung unabhängig von der Struktur. Dies gilt mindestens, wenn die strukturelle Änderung nicht nahe bei der Reaktionszone erfolgt, vielleicht sogar allgemein.
6. Sind die Reaktionsreihen i und j von sehr ähnlicher Natur, so ist das Verhältnis $(\delta_R \Delta \ln Q_j)/(\delta_R \Delta E_{p(j)})$ selbst dann ungefähr gleich dem Verhältnis $(\delta_R \Delta \ln Q_i)/(\delta_R \Delta E_{p(i)})$, wenn die strukturelle Änderung so nahe bei der Reaktionszone stattfindet, daß das Verhältnis $(\delta_R \Delta \ln Q)/(\delta_R \Delta E_p)$ variabel ist.
7. Für strukturelle Änderungen in der Nähe der Reaktionszone unterscheidet sich das Verhältnis $(\delta_R \Delta \partial \ln Q_j/\partial T)/(\delta_R \Delta E_{p(j)})$ stark und zufällig vom Verhältnis $(\delta_R \Delta \partial \ln Q_i/\partial T)/(\delta_R \Delta E_{p(i)})$. Dies ist selbst dann der Fall, wenn die Reaktionen i und j so ähnlich sind, daß Fall 6 gilt.

12.10. Anwendungen

Nach den Thesen 2 und 3 ist der Leffler-Koeffizient β gegeben durch:

$$\beta = \frac{\delta_R \Delta(E_p + E_z)}{\mathrm{R}\delta_R \Delta \ln Q} \qquad (23)$$

Dies gilt für strukturelle Änderungen, die nicht nahe bei der Reaktionszone erfolgen. Nach These 1 ist er für solche Änderungen unabhängig von der Struktur. Dies steht in Übereinstimmung mit vielen experimentellen Befunden. Für isentrope Reaktionen ist $\delta_R \Delta \ln Q = 0$ und $\beta = \infty$. Für isenthalpe Reaktionen ist $\delta_R \Delta (E_p + E_z) = 0$ und $\beta = 0$. Die isenthalpe Situation ist zweifellos eine Folge von entgegengesetzten internen und externen Beiträgen zu $\delta_R \Delta E_p$ und möglicherweise einer weiteren Kompensation in $\delta_R \Delta E_z$. Wenn $\beta = T$, so gilt

$$\delta_R \Delta (E_p + E_z) \approx \mathbf{R}\, T \delta_R \Delta \ln Q$$

und:

$$\delta_R \Delta \mu^\circ \approx 0$$

Die Steigung ρ in Korrelationen von der Art der Hammett- oder Taft-Gleichung ist gegeben durch

$$\rho = \frac{\delta_R \Delta E_{p(j)}}{\delta_R \Delta E_{p(i)}} \frac{1 + x_j - y_j}{1 + x_i - y_i} \tag{24}$$

wobei

$$x = \frac{\delta_R \Delta E_z}{\delta_R \Delta E_p} \tag{25}$$

und:

$$y = \frac{\mathbf{R} T \delta_R \Delta \ln Q}{\delta_R \Delta E_p} \tag{26}$$

Nach These 5 ist der erste Faktor in Gl. (24) unabhängig von der Struktur; nach These 1 ist auch der zweite Faktor unabhängig von der Struktur, solange die strukturelle Änderung nicht zu nahe bei der Reaktionszone erfolgt. ρ ist auch dann temperaturabhängig, wenn die beiden Reaktionen bei derselben Temperatur untersucht wurden. Dies rührt daher, daß die y nicht dieselbe Funktion der Temperatur zu sein brauchen. Wurden die beiden Reaktionen bei verschiedenen Temperaturen untersucht, so ist ρ noch stärker temperaturabhängig.

Für Korrelationen von der Art der Hammett- oder Taft-Gleichung gilt:

$$\frac{\delta_R \Delta \bar{H}_j^\circ}{\delta_R \Delta \bar{H}_i^\circ} = \frac{\delta_R \Delta (E_{p(j)} + E_{z(j)})}{\delta_R \Delta (E_{p(i)} + E_{z(i)})} \tag{27}$$

$\Delta \bar{H}^\circ$ oder $\Delta \bar{H}^{+}$ ist somit ein besseres Maß für $\Delta (E_p + E_z)$ als $\Delta \mu^\circ$ oder $\Delta \mu^{+}$, außer in Fällen, in denen die Enthalpie-Größen klein und unregelmäßig sind. Dies ist beispielsweise bei der Ionisation von Phenolen oder *meta*- und *para*-substituierten Benzoesäuren der Fall.

Für Beziehungen vom Gettler-Typus (Abschn. 11.5) steht zu erwarten, daß die y_j und y_i in Gl. (24), obwohl sie an sich strukturabhängig sind, für die zwei sehr ähnlichen korrelierten Reaktionen gleich sind. Damit ergibt sich:

$$\frac{\delta_R \Delta\mu_j^*}{\delta_R \Delta\mu_i^*} = \frac{\delta_R \Delta(E_{p(j)} + E_{z(j)})}{\delta_R \Delta(E_{p(i)} + E_{z(i)})} \tag{28}$$

Nach These 7 muß man jedoch erwarten, daß das Verhältnis

$$\frac{\delta_R \Delta\bar{H}_j^*}{\delta_R \Delta\bar{H}_i^*} = \frac{\delta_R \Delta(E_{p(j)} + E_{z(j)}) + \mathbf{R}T^2\,\delta_R \Delta\,\partial \ln Q_j/\partial T}{\delta_R \Delta(E_{p(i)} + E_{z(i)}) + \mathbf{R}T^2\,\delta_R \Delta\,\partial \ln Q_i/\partial T} \tag{29}$$

in unregelmäßiger Weise variiert. Dies steht in Übereinstimmung mit den experimentellen Befunden.

12.11. Weitere Betrachtungen und Befunde

These 2 scheint unerläßlich, weil jede Beziehung zwischen ΔE_p und dem internen Beitrag zu $\Delta \ln Q$ unvernünftig ist, während eine Korrelation mit dem externen Beitrag relativ leicht zu verstehen ist. Eine starke Stütze dafür ist der Befund, daß Strukturänderungen, die nicht in der Nähe der Reaktionszone erfolgen, in der Gasphase einen sehr geringen Effekt auf $\Delta \bar{S}°$ haben, selbst wenn sie $\Delta \mu°$ stark beeinflussen; selbst der Ersatz von Ammoniak durch ein tertiäres Amin führt nur zu einer Änderung von wenigen cal/K in $\Delta \bar{S}°$ (Abschn. 3.13).
Nach der Theorie der Elektronenverschiebung beruht der Einfluß eines Substituenten auf das Ionisierungs-Gleichgewicht einer Säure auf der Änderung der Elektronendichte in der Reaktionszone, die durch Anziehung oder Abstoßung von Elektronen durch den Substituenten zustande kommt und die Anlagerung eines Protons an das Anion behindert oder erleichtert. Es ist vernünftig anzunehmen, daß der Substituent einen parallelen Effekt auf die Anlagerung von Lösungsmittelmolekülen an die Säure wie an das Anion ausübt. Dies führt zu einer Änderung der Solvatation, die sich in einer Variation sowohl von ΔE_p als auch von $\Delta \ln Q$ äußert. Direkte Hinweise auf die parallele Beeinflussung von ΔE_p und $\Delta \ln Q$ ergeben sich aus der Arbeit von Love, Cohen und Taft [16]. Tab. 12.3 enthält die $\delta_R \Delta \mu°$- und $\delta_R \Delta \bar{S}°$-Werte für die Reaktion

$$XCH_2NH_2B(CH_3)_3 + CH_3CH_2NH_2 \rightleftharpoons XCH_2NH_2 + CH_3CH_2NH_2B(CH_3)_3 \tag{II}$$

in der Gasphase bei 54°C und für die Reaktion

$$XCH_2NH_3^+ + CH_3CH_2NH_2 \rightleftharpoons XCH_2NH_2 + CH_3CH_2NH_3^+ \tag{III}$$

in wäßriger Lösung bei 25°C. Die $\delta_R \Delta \bar{S}°$-Werte in der Gasphase sind im wesentlichen gleich null; in der Lösung gehen sie, so gut man erwarten kann, mit den $\delta_R \Delta \mu°$-Werten parallel.
Die Größe $\delta_R \Delta E_z$ ist klein für Reaktionen, an denen keine Proton-Übertragungen beteiligt sind. Spektroskopische Hinweise deuten darauf hin, daß sie im Fall der Ionisierung von substituierten Phenolen in Wasser direkt proportional zu $\delta_R \Delta(E_p - \mathbf{R}T \ln Q)$ ist. In Abb. 12-10 ist die Frequenz der O – H-Streckschwingung in Tetrachlorkohlenstoff-Lösung als Funktion des p*K*-Wertes in Wasser einer Reihe von *meta*- und *para*-substituierten Phenolen dargestellt. Es handelt sich dabei um

Daten von Goulden [17]. Die Standardabweichung von der Gleichung $\nu = 3.545 + 6.67\,pK$ ist 1.9. Dies läßt deutlich erkennen, daß zwischen der Kraftkonstante der Vibration und der Arbeit, die zur Entfernung des Protons aufgebracht werden muß, eine funktionelle Abhängigkeit besteht.

Tab. 12.3. Entropieeffekte bei Reaktionen in Gasphase und in Lösung.[a]

Amin	Reaktion II		Reaktion III	
	$\delta_R \Delta\mu^\circ$	$\delta_R \Delta\bar{S}^\circ$	$\delta_R \Delta\mu^\circ$	$\delta_R \Delta\bar{S}^\circ$
$CH_3CH_2NH_2$	(0)	(0)	(0)	(0)
$FCH_2CH_2NH_2$	−1160	+0.1	−2510	−3.1
$F_2CHCH_2NH_2$	−2700	0.0	−4830	−3.4
$F_3CCH_2NH_2$	−3870	+0.1	−6850	−5.3

[a] Daten von Love, Cohen und Taft [16].

Daß These 5 eine notwendige Konsequenz der Quantenmechanik ist, wurde anscheinend bis heute nicht bewiesen. Auch das Gegenteil wurde indessen nicht bewiesen. Es ist schwierig einzusehen, wie lineare Freie-Energie-Beziehungen existieren könnten, wenn sie nicht gelten würde.

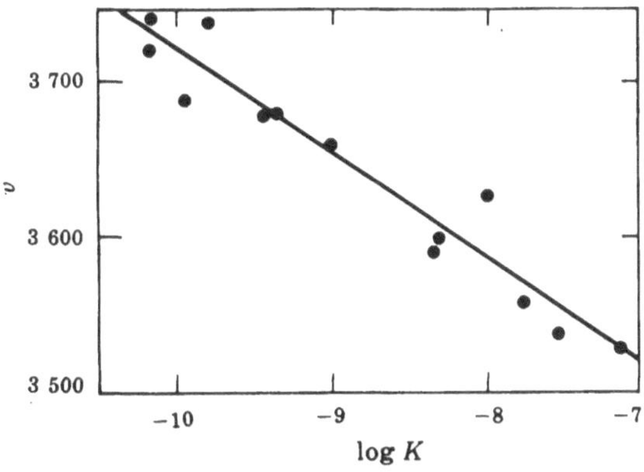

Abb. 12-10. Korrelation zwischen der OH-Streckfrequenz ν (Daten von Goulden [17]) und der Aciditätskonstante von *meta-* und *para-*substituierten Phenolen. Die Substituenten reichen von p-OCH_3 und p-NH_2 bis zu p-NO_2.

Manche Chemiker, namentlich diejenigen, die sich nicht mit Reaktionen in polaren Lösungsmitteln beschäftigen, möchten den Temperaturkoeffizienten $\delta_R \Delta\, \partial \ln Q/\partial T$ gerne vergessen. Er ist indessen für Reaktionen in Lösung eine signifikante Größe. Dies geht aus der Tatsache hervor, daß Enthalpie-Korrelationen für Paare von Reaktionen, bei denen große strukturelle Änderungen auftreten, zusammenbrechen, während Standardpotential-Korrelationen vom Gettler-Typus noch gelten. Um das zu verstehen, braucht man sich nur an das in Abschn. 2.24 Gesagte zu erinnern: Ist ein Edukt, ein Produkt oder der Übergangszustand an einem mobilen Gleichgewicht irgendwelcher Art (beispielsweise einem Solvatations-Gleichgewicht) beteiligt, so können ohne weiteres struktur- und temperaturabhängige Effekte auf $\Delta\bar{H}^\circ$ oder $\Delta\bar{H}^{\neq}$ auftreten, die größer als die Effekte auf $\Delta\mu^\circ$ oder $\Delta\mu^{\neq}$ sind.

Die Existenz von Isoequilibrium- und isokinetischen Beziehungen verlangt These 3, wonach der Temperaturkoeffizient für strukturelle Änderungen in größerer Entfernung von der Reaktionszone vernachlässigbar ist.
These 4 wird durch die Tatsache unterstützt, daß für einen einzelnen harmonischen Oszillator keine lineare Korrelation zwischen dem Effekt einer Frequenzänderung auf $\ln Q$ und dem Effekt auf $\partial \ln Q/\partial T$ besteht. Dies läßt sich aus Abb. 12-11 ersehen. Wäre diese These nicht gültig, so müßte eine isokinetische oder Isoequilibrium-Beziehung für alle Reaktionen gelten, für die lineare Freie-Energie-Beziehungen bestehen.

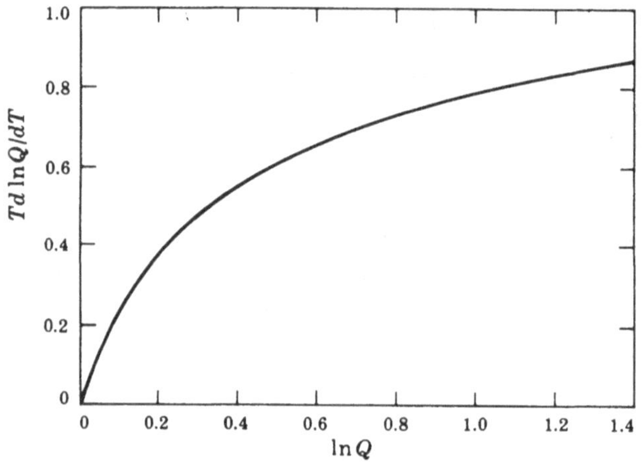

Abb. 12-11. Beziehung zwischen $T d \ln Q/dT$ und $\ln Q$ für einen harmonischen Oszillator.

12.12. Ein Kommentar zu anderen Verfahren

Hepler [18] unterstrich die Bedeutung der Unterscheidung zwischen internen und externen Beiträgen und argumentierte, daß der interne Beitrag zu $\delta_R \Delta \bar{S}°$ vernachlässigbar sei. Er schlägt vor [19], daß

$$\delta_R \Delta \bar{H}^\circ_{\text{ext}} - \beta \delta_R \Delta \bar{S}^\circ = \gamma \delta_R \Delta \bar{H}^\circ_{\text{int}} \tag{30}$$

wobei β und γ unabhängig von der Struktur sind. Daraus ergibt sich

$$\delta_R \Delta \bar{H}^\circ = (1+\gamma)\,\delta_R \Delta \bar{H}^\circ_{\text{int}} + \beta \delta_R \Delta \bar{S}^\circ \tag{31}$$

und

$$\frac{\delta_R \Delta \bar{H}^\circ}{\delta_R \Delta \bar{S}^\circ} = \beta + \frac{(1+\gamma)\,\delta_R \Delta \bar{H}^\circ_{\text{int}}}{\delta_R \Delta \bar{S}^\circ} \tag{32}$$

Um die Existenz von isokinetischen und Isoequilibrium-Beziehungen erklären zu können, muß man aber zusätzlich die Regel einführen, daß das Verhältnis $(\delta_R \Delta \bar{H}^\circ_{\text{int}})/(\delta_R \Delta \bar{S}^\circ)$ für diejenigen Änderungen, für die die Beziehungen gelten, unabhängig von der Struktur ist.

Leffler und Grunwald [3] sehen in dem Versagen der isokinetischen oder Isoequilibrium-Beziehung ein Zeichen dafür, daß der Substituent die Reaktionszone nach mehr als einem Mechanismus beeinflußt. Nach dieser Theorie deutet ein $\delta_R \Delta \ln Q$-Wert, der weder gleich null noch proportional zu $\delta_R \Delta E_p$ ist, auf die Überlagerung des Effekts, der den Wert von $\delta_R \Delta E_p$ bestimmt, mit einer zusätzlichen Wechselwirkung hin. Ein $\delta_R \Delta \partial \ln Q/\partial T$-Wert, der ungleich null ist, entspricht noch einem weiteren Wechselwirkungs-Mechanismus. Nicht jedoch kann man das Versagen der isokinetischen oder Isoequilibrium-Beziehung direkt dadurch erklären, daß man die Größe $\delta_R \Delta (E_p + E_z)$ in die Beiträge verschiedener Wechselwirkungs-Mechanismen zerlegt. Diese Größe ist unabhängig von der Temperatur, wie oft oder auf welche Weise man sie auch zu zerlegen sucht.

12.13. Literatur

1. Roginsky, S. und L. Rosenkewitsch, *Z. Physik. Chem., B 10:* 47 (1930); L. P. Hammett, *J. Chem. Phys., 4:* 613 (1936); R. A. Fairclough und C. N. Hinshelwood, *J. Chem. Soc., 1937:* 538, 1573.
2. Leffler, J. E., *J. Org. Chem., 20:* 1202 (1955).
3. Leffler, J. E. und E. Grunwald, „Rates and Equilibria of Organic Reactions“, John Wiley & Sons, New York 1963.
4. Branch, G. E. K. und A. C. Nixon, *J. Am. Chem. Soc., 58:* 2499 (1936).
5. Tommila, E., *Ann. Acad. Sci. Fennicae, A 57* (13): 3 (1941).
6. Ingold, C. K. und W. S. Nathan, *J. Chem. Soc., 1936:* 222; D. P. Evans, J. J. Gordon und H. B. Watson, *ibid. 1937:* 1430; H. A. Smith und H. S. Levenson, *J. Am. Chem. Soc., 61:* 1173 (1939).
7. Davies, G. und D. P. Evans, *J. Chem. Soc., 1940:* 339.
8. Tommila, E. und C. N. Hinshelwood, *J. Chem. Soc., 1938:* 1801.
9. Wilson, J. M., N. E. Gore, J. E. Sawbridge und F. Cardenas-Cruz, *J. Chem. Soc., B 1967:* 852.
10. Yukawa, Y. und Y. Tsuno, *J. Am. Chem. Soc., 79:* 5530 (1957).
11. Exner, O., *Collection Czech. Chem. Commun., 29:* 1094 (1964); vgl. auch J. Mandel und F. J. Linnig, *Anal. Chem., 29:* 743 (1957) und [3], S. 323.
12. Price, F. P., Jr. und L. P. Hammett, *J. Am. Chem. Soc., 63:* 2387 (1941).
13. Fitzpatrick, F. W. und J. D. Gettler, *J. Am. Chem. Soc., 78:* 530 (1956).
14. Fiarman, I. D. und J. D. Gettler, *J. Am. Chem. Soc., 84:* 961 (1962).
15. Brooks, D. W. und J. D. Gettler, *J. Org. Chem., 27:* 4469 (1962).
16. Love, P., R. B. Cohen und R. W. Taft, *J. Am. Chem. Soc., 90:* 2455 (1968).
17. Goulden, J. D. S., *Spectrochim. Acta, 6:* 129 (1954).
18. Hepler, L. G., *J. Am. Chem. Soc., 85:* 3089 (1963).
19. Larson, J. W. und L. G. Hepler, *J. Org. Chem., 33:* 3961 (1968).
20. Bolton, P. D., F. M. Hall und I. H. Reece, *Spectrochim. Acta, 22:* 1825 (1966); *J. Chem. Soc., B 1967:* 709.
21. Chen, D. T. Y. und K. J. Laidler, *Trans. Faraday Soc., 58:* 480 (1962).
22. Fernandez, L. P. und L. G. Hepler, *J. Am. Chem. Soc., 81:* 1783 (1959).
23. Allen, G. F., R. A. Robinson und V. E. Bower, *J. Phys. Chem., 66:* 171 (1962).
24. Dickinson, J. D. und C. Eaborn, *J. Chem. Soc., 1959:* 3036.

Autorenverzeichnis

Sachverzeichnis

FSC
www.fsc.org
MIX
Papier | Fördert
gute Waldnutzung
FSC® C083411

Kolibri 360 GmbH
Ferdinand-Jühlke-Straße 7
99095 Erfurt, Deutschland
produktsicherheit@kolibri360.de

FSC
www.fsc.org
MIX
Papier | Fördert
gute Waldnutzung
FSC® C083411

Kolibri 360 GmbH
Ferdinand-Jühlke-Straße 7
99095 Erfurt, Deutschland
produktsicherheit@kolibri360.de